全国一级造价工程师（水利工程）职业资格考试辅导教材

建设工程技术与计量
（水利工程）

中国水利水电勘测设计协会 编

黄河水利出版社

·郑州·

图书在版编目(CIP)数据

建设工程技术与计量.水利工程/中国水利水电勘测设计
协会编.—郑州:黄河水利出版社,2019.7 (2020.7 重印)
全国一级造价工程师(水利工程)职业资格考试辅导教材
ISBN 978 - 7 - 5509 - 2446 - 8

Ⅰ.①建… Ⅱ.①中… Ⅲ.①水利工程 – 建筑造价管
理 – 资格考试 – 自学参考资料 Ⅳ.①TU723.3

中国版本图书馆 CIP 数据核字(2019)第 147644 号

出 版 社:黄河水利出版社　　　　　　　　　网址:www.yrcp.com
　　　地址:河南省郑州市顺河路黄委会综合楼 14 层　邮政编码:450003
发行单位:黄河水利出版社
　　　发行部电话:0371 –66026940、66020550、66028024、66022620(传真)
　　　E-mail:hhslcbs@ 126. com
承印单位:河南承创印务有限公司
开本:787 mm ×1 092 mm　1/16
印张:26.25
字数:640 千字　　　　　　　　　　　　　　印数:3 001—6 000
版次:2019 年 7 月第 1 版　　　　　　　　　印次:2020 年 7 月第 2 次印刷

定价:98.00 元

《建设工程技术与计量》（水利工程）
编审委员会

编审单位　水利部水利建设经济定额站
　　　　　黄河勘测规划设计研究院有限公司
　　　　　四川省水利水电勘测设计研究院
　　　　　武汉大学
　　　　　长江勘测规划设计研究有限责任公司

主　　编　王朋基　尚友明
副 主 编　董崇民　王小英　袁国芹　肖　宜
审　　查　荣　冠　何金平　朱劲木　贺昌海　张　博
　　　　　蔡新华　陈　嘉　李晓萍　周　雄　蔡文勇
编写分工　第一章　秦俊芬　田　浪
　　　　　第二章　王　晖　白一帆
　　　　　第三章　杨芳芳　白一帆
　　　　　第四章　任晓龙　王盼盼　雷　霆　宋　果
　　　　　　　　　冷　伟
　　　　　第五章　白一帆　王伟娟　岳绍华　邢乃春
　　　　　第六章　张利娟　罗武先

前　言

　　为提高固定资产投资效益,维护国家、社会和公共利益,加强工程造价专业人员队伍建设,提高工程造价专业人员素质,提升建设工程造价管理水平,充分发挥造价工程师在工程建设经济活动中合理确定和有效控制工程造价的作用,根据《国家职业资格目录》,国家设置造价工程师职业资格制度,从事建设工程造价工作的专业技术人员通过职业资格考试取得中华人民共和国造价工程师职业资格证书并注册后方可以造价工程师名义执业。工程造价咨询企业应配备造价工程师,工程建设活动中有关工程造价专业技术岗位按需要配备造价工程师。

　　造价工程师分为一级造价工程师和二级造价工程师。一级造价工程师职业资格考试设《建设工程造价管理》《建设工程计价》《建设工程技术与计量》和《建设工程造价案例分析》4 个科目,其中《建设工程造价管理》和《建设工程计价》为基础科目,《建设工程技术与计量》和《建设工程造价案例分析》为专业科目,专业科目分为土木建筑工程、交通运输工程、水利工程和安装工程 4 个专业类别,报考人员可根据实际工作需要选择其中一个专业类别。

　　为更好地帮助考生复习,中国水利水电勘测设计协会成立了由水利行业资深专家组成的考试辅导教材编审委员会,编写了一级造价工程师(水利工程)专业科目考试的辅导教材。教材包括《建设工程技术与计量》(水利工程)和《建设工程造价案例分析》(水利工程)两册,供选择参加一级造价工程师(水利工程)专业科目考试的考生参考,由黄河水利出版社出版,与中国计划出版社出版的《建设工程造价管理》和《建设工程计价》配套使用。

　　本教材依据《全国一级造价工程师职业资格考试大纲(2019 年版)》编写,以造价工程师应掌握的专业知识为重点,力求准确体现大纲内容,紧密联系工程实践,帮助考生系统掌握专业知识和工程量计算规则,使考生具备对水利工程进行计量与计价、解决水利工程造价实际问题的职业能力。本教材不仅对参加职业资格考试人员有较大帮助,也可作为造价专业技术人员从事勘察设计、施工、招标代理、监理、造价管理等工作的辅导读本。

　　本教材的编写专家以其强烈的责任感、深厚的理论功底、丰富的工程实践经验,对教材字斟句酌,精心编撰,付出了辛勤劳动。我们对各位作者表示深切的谢意,对编者所在单位给予的关心和支持表示衷心的感谢,对黄河水利出版社展现的专业精神表示敬意。

中国水利水电勘测设计协会

2019 年 7 月

目 录

第一章　工程地质

　　工程地质学是调查、研究、解决与各种建筑工程活动有关的地质问题的科学,是地质学的一个分支。研究工程地质学的目的是查明各类工程建筑场区的地质条件,分析、预测在工程建筑物作用下,地质条件可能出现的变化;对工程建筑地区的各种地质问题进行综合评价,并提出解决不良地质问题的措施,以便保证对工程建筑物进行正确合理的选址、设计、施工和运营。水利工程地质则主要研究水利水电工程建设中的工程地质问题。

　　工程地质问题指与工程活动有关的地质问题,包括以下两个方面引起的相关问题:

　　(1)自然环境地质因素对工程活动的制约和影响而产生的问题。这种环境地质因素通常称为工程地质条件,主要包括地形地貌、地层岩性、地质构造、水文地质条件、物理地质现象(滑坡、崩塌、泥石流、风化、侵蚀、岩溶、地震等)以及天然建筑材料等六个方面。

　　(2)由工程活动而引起环境地质条件的变化,从而形成不利于工程建设的、新的地质作用,通常称为工程地质作用,主要包括建筑物荷载引起地基岩土体的沉陷变形和剪切滑动;人工开挖造成边坡或地下洞室岩土体的变形和失稳破坏;水库诱发地震、渗漏、坍岸和浸没;砂土振动液化;以及潜蚀、流沙等。

　　这些工程地质问题都可关系到建筑物的安全稳定和经济效益,所以都是工程地质学的主要研究内容。此外,工程地质勘察、试验及计算方法等,也都是工程地质学的主要研究内容。

　　工程地质学在水利水电工程建设中的主要任务是:

　　(1)选择工程地质条件最优良的建筑地址。在规划设计阶段,大型工程的选址、选线,工程地质条件是一个重要因素,工程地质条件良好的地址,可以节省投资,缩短工期,并保证安全施工和运营。

　　(2)查明建筑地区的工程地质条件和可能发生的不良工程地质作用。工程建筑地址的选定不完全决定于地质条件,而首先考虑的是整体经济建设的发展和需要。即便是根据地质条件选择的地址,也不会是完全理想的,总会存在地质问题。不良的地质条件并不可怕,怕的是没有查明或认识不足而不够重视。只要查明并给予足够的重视,绝大多数工程地质问题都可以通过工程措施得到妥善解决。

　　(3)根据选定地址的工程地质条件,提出枢纽布置、建筑物结构类型、施工方法及运营使用中应注意的事项。

第一节　岩(土)体的工程特性

一、土体的工程特性

(一)土的组成和结构

土是由不同成因的岩石,在长期的自然历史进程中,经各种风化(包括物理风化、化学风化与生物风化)作用后,以不同的搬运方式,在不同的地点沉积下来的由矿物颗粒、流体水和气体三相组成的松散集合体。其形成历史在地质年代中相对较短,因此也称为第四纪沉积物。

1. 土的固相

土的固体颗粒是三相中的主体,是决定土的工程性质的主要成分。

颗粒大小、形状的变化和矿物成分的不同,可使土体具有完全不同的性质,两者之间存在一定的联系。岩石经物理风化破碎而形成的矿物叫原生矿物,其成分与原岩矿物相同,颗粒较大;岩石经化学风化改变了其原来的成分,形成一种颗粒很细的新矿物,叫次生矿物,以黏土矿物为主。自然形成的土颗粒大小相差悬殊,工程性质各异。为便于研究,常常将工程性质相近的土颗粒划分为一个粒组,可划分为 6 个大的粒组,如图 1-1-1 所示。随着颗粒大小的变化,土具有完全不同的性质。如粗颗粒的卵石、砾石具有很大的透水性,完全没有黏性;而细颗粒的黏粒则具有黏性,透水性极小,常称为不透水性土。因此,粒组划分是土按颗粒大小分类的基础。

图 1-1-1　土的粒径分组

国家标准《土的工程分类标准》(GB/T 50145—2007)中对土的粒组详细划分见表 1-1-1。

表 1-1-1　土的粒组划分

粒组	颗粒名称		粒径 d 的范围(mm)
巨粒	漂石(块石)		$d > 200$
	卵石(碎石)		$60 < d \leqslant 200$
粗粒	砾粒	粗砾	$20 < d \leqslant 60$
		中砾	$5 < d \leqslant 20$
		细砾	$2 < d \leqslant 5$
	砂粒	粗砂	$0.5 < d \leqslant 2$
		中砂	$0.25 < d \leqslant 0.5$
		细砂	$0.075 < d \leqslant 0.25$
细粒	粉粒		$0.005 < d \leqslant 0.075$
	黏粒		$d \leqslant 0.005$

粒径小于 0.005 mm 的颗粒称为黏粒,其中主要成分是原岩经化学风化而成的黏土矿物,常见的黏土矿物有高岭石、伊利石和蒙脱石。黏土颗粒具有呈片(针)状、极细小、比表面积大、带负电荷等特性,使土具有可塑性、黏性、膨胀性、收缩性和触变性。

工程上通过室内颗粒级配试验确定各粒组的含量,一般以 0.075 mm 作为分界粒径,大于 0.075 mm 的颗粒采用筛分法,小于 0.075 mm 的颗粒采用密度计法。筛分法采用一套孔径不同的标准筛从上到下依次由大到小排列,将事先称过质量的干土过筛,称出留在各筛上的土粒质量,可算出这些土粒质量占总质量的百分数。密度计法是将少量细粒土放入水中,根据大小不同的土粒在水中下沉的速度各不相同,大颗粒下沉快,小颗粒下沉慢,利用专门的密度计测定不同时间土悬液的密度,可计算小于某一粒径的土粒质量占总质量的百分数。

2. 土的液相

土的液相指固体颗粒之间的水,分为结合水和自由水两大类。结合水是附着于土粒表面,受土粒表面电分子引力作用而不服从水力学规律的土中水,有强结合水和弱结合水两种。自由水是处于土粒表面引力作用范围以外的土中水,与普通水无异,包括重力水和毛细管水两种。

强结合水定向、紧密地排列在土粒表面,几乎呈现固体性质,对工程性质影响较小,105 ℃才被蒸发;弱结合水仍受电分子引力作用,虽定向但不过于紧密地排列在土粒的周围,呈黏滞状态,对黏性土的物理力学性质影响较大。

重力水是存在于自由水面以下,在其自身重力作用下可在土体中自由运动的土中水;在地下水位以上受水和空气分界处的表面张力作用,土中的自由水通过土中的细小通道逐渐上升形成了毛细管水,毛细管水受重力和表面张力的共同作用。

3. 土的气相

在非饱和土的孔隙中,除水外还存在着气体。土中气体主要是空气,有时也可能存在二氧化碳、沼气及硫化氢等。存在于土中的气体可分为两种基本类型:一种是与大气连通的气体;另一种是与大气不连通的以气泡形式存在的封闭气体。

土的饱和度较低时,土中气体与大气相连通,当土受到外力作用时,气体很快就会从孔隙中排出,土的压缩稳定和强度提高都较快,对土的性质影响不大。若土的饱和度较高,土中出现封闭气泡时,封闭气泡无法逸出,在外力作用下,气泡被压缩或溶解于水中,而一旦外力除去后,气泡就又膨胀复原,所以封闭的气泡对土的性质有较大的影响。土中封闭气泡的存在将增加土的弹性,能阻塞土内的渗流通道使土的渗透性减小,并能延长土体受力后变形达到稳定的历时。

4. 土的结构

土的结构是土粒的相互排列及连接方式,是在生成过程中自然形成的。它与土粒的矿物成分、颗粒形状和沉积条件有关。通常土的结构可归纳为三种基本类型,即单粒结构、蜂窝结构和絮凝结构。

在沉积过程中,颗粒较粗的矿物颗粒在自重作用下沉落,一般形成粒与粒间的相互接触,即单粒结构,其特点是土粒间存在点与点的接触。随着沉积条件的不同,可形成密实或疏松的状态。

较细的土粒在自重作用下沉落时,碰到已沉稳的土粒,由于土粒细而轻,粒间接触点处的引力大于下沉土粒重量,土粒就被吸引着不再下沉,形成链环状单元,很多这样的链环在沉落中连接,便形成孔隙较大的蜂窝结构,常存在于粉土和黏性土中。

絮凝结构一般存在于黏性土中,微小的黏粒呈片状或针状,往往形成面与边或面与角的接触方式凝聚成絮状物下沉,因而具有很大的孔隙。

天然状态下的土体常呈现出以某种结构型式为主的由上述几种结构混合起来的复合形

式。当土的结构受到破坏或扰动时,不仅改变了土粒的排列方式,也不同程度地破坏了土粒间的连接,从而影响土的工程性质。

(二)土的物理力学性质指标

1.试验测定指标

1)土的天然密度(重度)

单位体积天然土体的质量称为土的天然密度,以 ρ 表示,土的天然密度常用单位为 g/cm³。

$$\rho = m/V \qquad (1-1-1)$$

单位体积天然土体的重量称为土的天然重度(也称为容重),以 γ 表示。土的天然重度常用单位为 kN/m³。

$$\gamma = W/V \qquad (1-1-2)$$

两者的关系 $\gamma = \rho g$,g 为重力加速度。

土的天然密度在实验室常采用环刀法测定。天然状态下的土体密度一般在 1.6 ~ 2.2 g/cm³。

2)土的含水率

土中水的质量与土粒质量之比称土的含水率,以 ω 表示,土的含水率常以百分数表示。

$$\omega = m_w / m_s \times 100\% \qquad (1-1-3)$$

土的含水率在实验室常采用烘干法测定。土的含水率变化幅度很大,砂土从 0 ~ 40%,黏性土从 20% ~ 100%以上。含水率反映土的干湿及软硬程度。

3)土粒比重

土粒质量与同体积4 ℃时水的质量之比称土粒比重,以 G_s 表示:

$$G_s = \frac{m_s}{V_s \rho_w} \qquad (1-1-4)$$

土粒比重常以比重瓶法测定。砂土的比重平均值为 2.65,黏性土的比重介于 2.67 ~ 2.74,平均值为 2.70,土中含有有机质时其土粒比重显著降低。

上述三个指标是试验直接测定的基本指标,其他指标可由其换算获得,称间接换算指标。

2.换算指标

1)孔隙比和孔隙率

土中孔隙体积与土粒体积之比称为土的孔隙比,以 e 表示:

$$e = V_v / V_s \qquad (1-1-5)$$

孔隙比反映土体的密实程度,对于同一类土,孔隙比越大土体越疏松。

土中孔隙体积与土体总体积之比,即单位体积的土体中孔隙所占的体积称孔隙率,以 n 表示:

$$n = V_v/V \times 100\% \qquad (1-1-6)$$

孔隙率常以百分数表示。

2)饱和度

土中水的体积与孔隙体积之比,指土孔隙被水充满的程度,以 S_r 表示:

$$S_r = \frac{V_w}{V_v} \times 100\%$$ (1-1-7)

饱和度常以百分数表示,其变化范围为 0 ~ 100%,表示土体的干湿程度。

3)饱和重度与饱和密度

土中孔隙完全被水充满时的重度称土体的饱和重度,以 γ_{sat} 表示:

$$\gamma_{sat} = \frac{W_s + V_v \gamma_w}{V}$$ (1-1-8)

式中,W_s 为土粒的重量;γ_w 为水的重度。

饱和重度常以 kN/m³ 为单位,天然土为饱和土,则 $\gamma = \gamma_{sat}$。而饱和密度:

$$\rho_{sat} = \frac{m_s + V_v \rho_w}{V}$$ (1-1-9)

4)有效重度(浮重度)与有效密度

处于水下的土受到浮力作用,单位体积中土的有效重量称为有效重度或浮重度,以 γ' 表示:

$$\gamma' = \frac{W_s - V_s \gamma_w}{V} = \gamma_{sat} - \gamma_w$$ (1-1-10)

浮重度常以 kN/m³ 为单位。有效密度:

$$\rho' = \frac{m_s - V_s \rho_w}{V} = \rho_{sat} - \rho_w$$ (1-1-11)

5)干重度与干密度

单位体积的土体中固体颗粒的重量称为干重度,以 γ_d 表示:

$$\gamma_d = \frac{W_s}{V}$$ (1-1-12)

干重度常以 kN/m³ 为单位。干密度:

$$\rho_d = \frac{m_s}{V}$$ (1-1-13)

干密度和干重度反映土颗粒排列的紧密程度,即反映土体的松密程度,工程上常用它作为控制人工填土施工质量的指标。

3. 土的物理状态

1)砂土的密实状态

砂土的密实状态由土体中孔隙体积决定,因此孔隙比是确定土体的密实状态的简便指标,孔隙比越大则土体中的孔隙体积越大,土体越松。但根据孔隙比评定土体的密实度没有考虑级配的影响,同样密实度当土体颗粒均匀时 e 值较大,而当颗粒大小混杂时 e 值较小;级配不同的土体,e 值相同,它们变密的趋势却不相同。因此,常用相对密度 D_r 判定砂土的密实度:

$$D_r = \frac{e_{max} - e}{e_{max} - e_{min}}$$ (1-1-14)

式中,e_{max} 为砂土在最疏松状态的孔隙比,即最大孔隙比;e_{min} 为砂土在最紧密状态的孔隙比,即最小孔隙比;e 为砂土在天然状态的孔隙比。

显然,当 $D_r = 1$ 时, $e = e_{\min}$,土体处于最密实状态;当 $D_r = 0$ 时, $e = e_{\max}$,土体处于最疏松状态。根据相对密度,砂土的松密状态可按下列标准确定:

$D_r < 0.33$ 时,疏松;

$D_r = 0.33 \sim 0.67$ 时,中密;

$D_r > 0.67$ 时,密实。

用相对密度表示砂土的密实状态,可综合反映土粒级配、形状和结构等因素的影响,但由于天然孔隙比不易确定,实验室确定 $e_{\max}$ 和 $e_{\min}$ 时误差也较大,故常采用现场标准贯入试验(SPT)所获得的标准贯入击数 $N_{63.5}$ 来判定砂土的密实度。标准贯入试验是常用的一种原位试验方法,测得的标准贯入击数是采用标准质量为 63.5 kg 的击锤,落距为 76 cm,击入土层中的深度为 30 cm 时所需的锤击数量,很明显,击数越大,土层越密实,可由表 1-1-2 判定土层中原位砂土的密实状态。

表 1-1-2　砂土的密实度

标准贯入试验锤击数	密实度
$N_{63.5} \leqslant 10$	松散
$10 < N_{63.5} \leqslant 15$	稍密
$15 < N_{63.5} \leqslant 30$	中密
$N_{63.5} > 30$	密实

2)黏性土的稠度状态

(1)黏性土的稠度状态。黏性土随着含水率的变化,可具有不同的状态,当含水率很大时,土粒被自由水隔开,土可呈现液体状态的泥浆;黏性土随着含水率减小,多数土粒间存在弱结合水,土粒在外力作用下相互错动而颗粒间的结构连接并不丧失,变成可塑的土膏;黏性土含水率再减小,弱结合水膜变薄,黏滞性增大,土呈半固态;若土中主要含强结合水,结构连接强,土则处于固态。土体的这种软硬状态即稠度状态,如图 1-1-2 所示。

图 1-1-2　黏性土的稠度状态及界限含水率

将土体从一种状态过渡到另一种状态的分界含水率称为界限含水率。土体液态和可塑态的界限含水率称为液限,以 ω_L 表示;土体的可塑态与半固态的分界含水率称为塑限,以 ω_P 表示;土体的固态与半固态的分界含水率称为缩限,以 ω_S 表示。

黏性土处于可塑状态时,土具有可塑性,是区别黏性土和无黏性土的重要特征之一。可塑性是土体在外力作用下形状可以发生变化而不产生裂缝,外力移去后形状仍能保持不变的特性。

(2)塑性指数和液性指数。土体液限和塑限的差值称为塑性指数,以 I_P 表示:

$$I_P = \omega_L - \omega_P \tag{1-1-15}$$

塑性指数常以百分数的绝对值表示。如图 1-1-2 所示,塑性指数表示土体的可塑状态的范围大小,塑性指数越大土的可塑性范围越广,土中的结合水越多,土与水之间的作用越强烈。因此,塑性指数大小与黏粒含量多少有关,黏粒含量越高,I_P 越大,故塑性指数是能综合反映土的矿物成分和颗粒大小影响的重要指标,被广泛用于黏性土的分类定名。

液性指数是判别黏性土的软硬程度,即稠度状态的指标,也称稠度,以 I_L 表示:

$$I_L = \frac{\omega - \omega_P}{\omega_L - \omega_P} \tag{1-1-16}$$

式中,ω 为天然含水率。按表 1-1-3 的标准可判别天然土的软硬程度。

表 1-1-3　黏性土的状态

状态	坚硬	硬塑	可塑	软塑	流塑
液性指数	$I_L \leqslant 0$	$0 < I_L \leqslant 0.25$	$0.25 < I_L \leqslant 0.75$	$0.75 < I_L \leqslant 1$	$I_L > 1$

4. 土的抗剪强度

土的抗剪强度指土体对于外荷载所产生的剪应力的极限抵抗能力。在外荷载作用下,土体中任一截面将同时产生法向应力和剪应力,其中法向应力作用将使土体发生压密,而剪应力作用可使土体发生剪切变形。当土中一点某截面上由外力所产生的剪应力达到土的抗剪强度时,它将沿着剪应力方向产生相对滑动,该点便发生剪切破坏。工程实践和室内试验研究都证实了土的破坏主要是由于剪切所引起的,剪切破坏是土体破坏的重要特点。

在工程实践中,与土的抗剪强度有关的工程问题主要有三类:第一类是土质边坡,如土坝、路堤等填方边坡以及天然土坡等的稳定性问题;第二类是土对工程建筑物的侧向压力,即土压力问题,如挡土墙、地下结构等所受的土压力,它受土强度的影响;第三类是建筑物地基的承载力问题,如果基础下的地基产生整体滑动或局部剪切破坏而导致过大的地基变形,都会造成上部结构的破坏事故或影响其正常使用。

1776 年,库仑根据砂土的摩擦试验提出了著名的库仑抗剪强度定律,对于无黏性土,抗剪强度的表达式为

$$\tau_f = \sigma \tan\varphi \tag{1-1-17}$$

对于黏性土,抗剪强度的表达式为:

$$\tau_f = c + \sigma \tan\varphi \tag{1-1-18}$$

式中,τ_f 为土的抗剪强度,kPa;σ 为滑动面上的法向应力,kPa;c 为土的黏聚力,kPa;φ 为土的内摩擦角,即抗剪强度线的倾角。

该定律说明,土的抗剪强度是滑动面上的法向总应力 σ 的线性函数,如图 1-1-3 所示。对于无黏性土,其抗剪强度仅由粒间的摩擦分量所构成;而对于黏性土,其抗剪强度由黏聚分量和摩擦分量两部分所构成。c、φ 称为抗剪强度指标或抗剪强度参数。土的抗剪强度与其他固体材料的重要差别是强度并非常量,而是随着法向应力的增加而成正比地增加,不仅如此,作为强度参数的抗剪强度指标也随着试验方法和试验条件而变化,使得土体的抗剪强度的确定更加复杂和困难。

在土压力计算、土坡稳定分析及地基承载力的确定中,都需要土的抗剪强度指标,因此在实际工程中抗剪强度指标选择得当与否是非常重要的。

(三)土的分类

国家标准《岩土工程勘察规范》(GB 50021—2001)对土的分类如下。

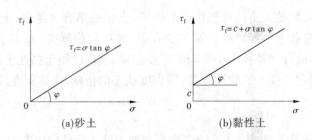

(a)砂土　　　　　　　　　　　(b)黏性土

图 1-1-3　土的抗剪强度

1. 碎石土

粒径大于 2 mm 的颗粒质量超过总质量的 50%,则该土属于碎石土。碎石土根据粒组的土粒含量可按表 1-1-4 进一步细分。

表 1-1-4　碎石土的分类

土的名称	颗粒形状	粒组含量
漂石	圆形及亚圆形为主	粒径大于 200 mm 的颗粒超过全重 50%
块石	棱角形为主	
卵石	圆形及亚圆形为主	粒径大于 20 mm 的颗粒超过全重 50%
碎石	棱角形为主	
圆砾	圆形及亚圆形为主	粒径大于 2 mm 的颗粒超过全重 50%
角砾	棱角形为主	

2. 砂土

粒径大于 2 mm 的颗粒质量不超过总质量的 50%,粒径大于 0.075 mm 的颗粒质量超过总质量的 50%,则该土属于砂土。砂土根据粒组的土粒含量可按表 1-1-5 进一步细分。

表 1-1-5　砂土的分类

土的名称	粒组含量
砾砂	粒径大于 2 mm 的颗粒占全重 25% ~ 50%
粗砂	粒径大于 0.5 mm 的颗粒超过全重 50%
中砂	粒径大于 0.25 mm 的颗粒超过全重 50%
细砂	粒径大于 0.075 mm 的颗粒超过全重 85%
粉砂	粒径大于 0.075 mm 的颗粒超过全重 50%

3. 粉土

粒径大于 0.075 mm 的颗粒质量不超过总质量的 50%,且土的塑性指数小于或等于 10,则该土属于粉土。

4. 黏性土

塑性指数大于 10 的土属于黏性土。黏性土可按表 1-1-6 进一步细分。

表 1-1-6 黏性土的分类

土的名称	塑性指数(I_P)范围
黏土	$I_P > 17$
粉质黏土	$10 < I_P \leqslant 17$

二、岩体的工程特性

岩体赋存于一定的地质环境,由岩石或土受结构面切割的岩块构成,岩体的性质取决于岩石或土和结构面的性质。岩石是组成地壳的矿物集合体,通常由一种或多种矿物有规律地组合而成。矿物是存在于地壳中具有一定化学成分和物理性质的自然元素和化合物。目前,自然界中已发现的矿物有 3 300 多种,但是常见的只有五六十种,构成岩石主要成分的不过二三十种。

(一)造岩矿物

构成岩石的矿物,称为造岩矿物。造岩矿物明显影响岩石性质,对鉴定岩石类型起重要作用。

矿物的物理性质是鉴定矿物的主要依据。矿物的物理性质主要有以下几个方面。

(1)形态。矿物的形态是指固态矿物单个晶体或集合体的状态,常见的晶体有柱状、针状、片状、板状等。矿物集合体的形状有纤维状、粒状、放射状、鳞片状、晶簇等。非晶质矿物可具块状、土状、钟乳状、豆状、结核状等。

(2)颜色。颜色是矿物对不同波长可见光吸收程度的反映,是矿物最明显、最直观的物理性质。根据成因可分为自色、他色和假色。自色是矿物本身固有的成分、结构所具有的颜色;他色是某些透明矿物混有不同杂质或其他原因引起的;假色是由于某种物理或化学原因而产生的颜色。

(3)条痕。矿物在条痕板上擦划而留下的粉末的颜色称为条痕。

(4)光泽。矿物表面对光线的反射能力称为光泽,可分为金属光泽、半金属光泽和非金属光泽。造岩矿物一般呈非金属光泽,有玻璃光泽、油脂光泽、珍珠光泽、丝绢光泽等。

(5)解理。矿物晶体或晶粒在外力打击下,能沿一定方向发生破裂并产生光滑平面的性质叫解理,开裂平面称为解理面。解理可能有一个或几个方向。

(6)断口。矿物受外力打击出现的破裂面呈各种凹凸不平的形状称为断口。如锯齿状(自然铜)、贝壳状(石英)、参差状(黄铁矿)等。

(7)硬度。矿物抵抗外力作用(如刻划、压入、研磨)的能力称为硬度。常用摩氏硬度计来表示矿物的相对硬度,见表 1-1-7。

表 1-1-7 摩氏硬度计

硬度等级	1	2	3	4	5	6	7	8	9	10
标准矿物	滑石	石膏	方解石	萤石	磷灰石	长石	石英	黄玉	刚玉	金刚石

(8)其他。如磁性(磁铁)、弹性(云母)、滑感(滑石)、咸味(岩盐)、比重(重晶石)、臭味(硫黄)等物理性质,对鉴定某些矿物具有重要意义。

(二)岩石的基本类型

1. 岩浆岩(火成岩)

岩浆岩是岩浆活动的产物,即地下深处的岩浆侵入地壳或喷出地表冷固形成的岩石。岩浆在地下深处(通常距地表3 km以下)冷固形成的岩石称为深成岩,如花岗岩、正长岩、闪长岩、辉长岩等;在浅处(通常距地表3 km以内)冷固形成的岩石称为浅成岩,如花岗斑岩、闪长玢岩、辉绿岩、脉岩等。深成岩与浅成岩统称为侵入岩。喷出地表的岩浆冷固或堆积而成的岩石,称为喷出岩,常见流纹岩、粗面岩、安山岩、玄武岩、火山碎屑岩等。

2. 沉积岩

沉积岩是由风化产物、有机物质和某些火山作用产生的物质,经风化、搬运、沉积和成岩等一系列地质作用而形成的层状岩石。沉积岩的形成过程是一个长期而复杂的地质作用过程,一般分为风化破坏阶段、搬运作用阶段、沉积作用阶段和成岩作用阶段。根据岩石成分的颗粒形态、大小及胶结的特性,常见沉积岩结构类型有碎屑结构、泥质结构、结晶状结构和生物结构。根据沉积岩的组成成分、结构、构造和形成条件,可分为碎屑岩(如砾岩、砂岩、粉砂岩)、黏土岩(如泥岩、页岩)、化学岩及生物化学岩(如石灰岩、白云岩、泥灰岩等)。

3. 变质岩

地壳中原已形成的岩石(火成岩、沉积岩、早成变质岩)由于地壳运动和岩浆活动等所造成的物理、化学条件的变化,使原来岩石的成分、结构、构造发生一系列改变而形成的新岩石,称为变质岩。这种促使岩石发生变化的作用,称为变质作用。引起岩石变质作用的因素,主要是温度、压力,以及化学活动性流体。变质岩的结构主要有变余结构、变晶结构、碎裂结构。常见变质岩有大理岩、石英岩等。

4. 三大岩类的属性比较

三大岩类的属性比较见表1-1-8。

表1-1-8　三大岩类的属性比较

属性	岩浆岩	沉积岩	变质岩
成因	岩浆冷却凝固形成	风化作用、生物作用、火山作用产物经搬运、沉积而成	已成岩石在高温、高压及化学活动物质的作用下变质而成
产状	岩基、岩株、岩盘、岩床、熔岩被、熔岩流等	层状产出	多随变质前的岩石产状
矿物成分	直接由岩浆生产的原生矿物:石英、长石、角闪石、辉石、橄榄石、云母等	除石英、长石外,富含黏土矿物、方解石、白云石、有机质等	除石英、长石、云母、角闪石、辉石等外,常含变质矿物,例如石榴子石、滑石、硅辉石、红柱石、十字石等
结构	大部分为结晶的岩石,具有粒状、似斑状、斑状结构。部分为隐晶质、玻璃质结构	碎屑结构、泥质结构、化学岩结构	多为变晶结构,少数为变余结构和破裂结构
构造	气孔状、杏仁状、流纹状、块状等	各种层理构造:水平层理、斜层理、交错层理;化石、结核、雨痕、波痕等	大部分为片理构造;片麻状、片状、千枚状、板状;部分为块状构造

5.岩石的工程地质评述

1)岩浆岩

一般来说,岩浆岩的力学强度较高,可作为各类建筑物良好地基及天然建筑材料,但这类岩石抗风化能力较弱,易风化破碎形成风化层带而影响岩石的工程性能。因此,岩石的风化问题通常是岩浆岩地区进行工程建设遇到的主要地质问题,应注意对岩石风化程度和深度的调查研究。岩浆岩中各类岩石的工程地质性质有所差异,分述如下:

深成岩具有全晶质结构,晶粒粗大均匀,孔隙率小,裂隙不发育,岩石整体稳定性好,新鲜的岩石是良好的建筑物地基,但此类岩石中的矿物抗风化能力弱,特别是含铁、镁质的基性岩,更易风化,形成风化层带,影响岩石的工程性质。

浅成岩常是斑状结构、细晶隐晶质结构,所以这类岩石力学强度各不相同,一般情况下,中细晶质和隐晶质结构的岩石透水性弱,抗风化能力较深成岩强;斑状结构岩石的透水性和力学强度变化大,特别是脉岩类,岩体小,且穿插于不同的岩石中,易蚀变风化,使得强度和变形性能降低,透水性增大。

喷出岩由于结构和构造多种多样,岩性不均一,产状也不规则,厚度变化大,所以其强度、变形及透水性能相差很大。喷出岩常具有气孔构造、流纹构造及发育原生裂隙,透水性较大,且多呈流纹产出,岩相变化大,岩体厚度小,对地基的均一性和整体稳定性影响大。

2)沉积岩

沉积岩具有成层分布规律,存在着各向异性特征,且层的厚度变化大,在水工建设中应注重其成层构造的研究。

碎屑岩包括砾岩、砂岩、粉砂岩,工程地质性质一般较好,但其胶结物的成分和胶结类型影响显著,如硅质基底或胶结的岩石比泥质接触式胶结的岩石强度高、孔隙率小、透水性低、抗风化能力强。碎屑岩的成分、粒度、级配对岩石工程地质性质也有一定影响,如石英质的砂岩比长石质的砂岩好。

黏土岩主要由黏土矿物组成,常见黏土矿物有高岭石、蒙脱石、水云母等。黏土岩和页岩的性质相近,抗压强度和抗剪强度低,浸水后易软化和泥化。尤其是含蒙脱石成分的岩石,遇水后具有膨胀、崩解性质,不适合作为大型水工建筑物的地基。

化学岩和生物化学岩抗水性弱,常表现出不同程度的可溶性。碳酸盐类岩石具有中等强度,一般能满足水工设计的要求,但其中存在着各种的喀斯特现象,如溶蚀裂隙、洞穴、地下暗河等,往往成为集中渗漏通道。易溶的石膏、岩盐等化学岩,往往以夹层形式存在于其他沉积岩中,质软,浸水易溶解,常导致地基和边坡失稳。影响水工建筑物安全的主要工程地质问题有渗漏、塌陷等。

此外,砂岩、砾岩、石灰岩的孔隙率较大,往往储存有较丰富的地下水资源,一些水量较大的泉流,大多位于石灰岩分布区域边缘部位,是重要的水源地。

3)变质岩

变质岩的工程地质与原岩密切相关,往往与原岩的性质相似或相近。一般情况下由于原岩矿物成分在高温高压下重结晶的缘故,岩石的力学强度较变质前相对增高,但是,如果在变质过程中形成某些变质矿物,如滑石、绿泥石、绢云母等,则其力学强度会相对降低,抗风化能力较弱。动力变质作用形成的变质岩,其岩石性质取决于碎屑矿物成分、粒径大小和胶结程度。通常胶结得不好,裂隙发育、强度低、抗水性差。

变质岩的片理构造(包括板状、千枚状、片状及片麻状构造)会使岩石具有各向异性的特征,水工建筑中应注意研究其在垂直及平行于片理构造方向上工程性质的变化。变质岩中往往裂隙发育,在裂隙发育部位或较大断裂带部位,常常形成裂隙含水带,这样的地区可以作为小规模的地下水源地。

(三)岩石的物理力学性质指标

1. 岩石的主要物理性质指标

1)岩石块体密度和重度

岩石块体密度 ρ (g/cm^3)是试样质量 m (g)与试样体积 V (cm^3)的比值,分为天然密度 ρ、干密度 ρ_d 和饱和密度 ρ_s 等。密度的表达式为

$$\rho = m/V \tag{1-1-19}$$

岩石的密度取决于其矿物成分、孔隙大小及含水量的多少。测定密度用量积法、蜡封法和水中称量法等。

岩石的重力密度简称重度 γ (kN/m^3),是单位体积岩石受到的重力,它与密度的关系为

$$\gamma = \rho g \tag{1-1-20}$$

式中,g 为重力加速度。

2)岩石颗粒密度

岩石颗粒密度 ρ_p 是干试样质量 m_s (g)与岩石固体体积 V_s (cm^3)的比值,即

$$\rho_p = \frac{m_s}{V_s} \tag{1-1-21}$$

岩石颗粒密度取决于组成岩石的矿物的密度,一般用比重瓶法测定岩石颗粒密度。

3)孔隙率

孔隙率 n 为岩石试样中孔隙(包括裂隙)的体积 V_v (cm^3)与岩石试样总体积 V (cm^3)的比值,以百分数表示,即

$$n = \frac{V_v}{V} \times 100\% \tag{1-1-22}$$

孔隙率越大,表示孔隙和微裂隙越多,岩石的力学性质也就越差。

4)岩石的吸水性

岩石在一定条件下吸收水分的性能称为岩石的吸水性。它取决于岩石孔隙的数量、大小、开闭程度和分布情况。表征岩石吸水性的指标有吸水率、饱和吸水率和饱和系数。

岩石吸水率 ω_a (%)是试件在大气压力和室温条件下吸入水的质量 $m_a - m_d$ (g)与试件烘干后的质量 m_d (g)的比值,以百分数表示,即

$$\omega_a = \frac{m_a - m_d}{m_d} \times 100\% \tag{1-1-23}$$

式中,m_a 为试件浸水 48 h 的质量。

岩石饱和吸水率 ω_s (%)是试件在强制饱和状态下的最大吸水量 $m_s - m_d$ (g)与试件烘干后的质量 m_d (g)的比值,以百分数表示,即

$$\omega_s = \frac{m_s - m_d}{m_d} \times 100\% \tag{1-1-24}$$

式中,m_s 为试件饱和后的质量。

　　岩石吸水性试验包括岩石吸水率试验和岩石饱和吸水率试验。岩石吸水率采用自由浸水法测定,岩石饱和吸水率采用煮沸法或真空抽气法测定。

　　岩石饱和系数 K_ω 是指岩石吸水率与饱和吸水率的比值,即

$$K_\omega = \frac{\omega_a}{\omega_s} \tag{1-1-25}$$

　　一般岩石的饱和系数 K_ω 介于 0.5 ~ 0.8,饱和系数对于判别岩石的抗冻性具有重要意义。一般认为 K_ω 小于 0.7 的有黏土物质充填的岩石是抗冻的。对于粒状结晶、孔隙均匀的岩石,则认为 K_ω 小于 0.8 是抗冻的。

　　5)岩石的抗冻性

　　岩石抵抗冻融破坏的性能称为岩石的抗冻性。岩石的抗冻性常用冻融质量损失率 L_f 和冻融系数 K_f 等指标表示。冻融质量损失率是饱和试件在(-20 ±2) ~ (+20 ±2)℃条件下,冻结融解 20 次或更多次,冻融前后饱和质量的差值 $m_s - m_f$ (g)与冻融前试件饱和质量 m_s (g)的比的百分率,即

$$L_f = \frac{m_s - m_f}{m_s} \times 100\% \tag{1-1-26}$$

　　冻融系数为冻融试验后的饱和单轴抗压强度平均值 $\overline{R}_f$ (MPa)与冻融试验前的饱和单轴抗压强度平均值 $\overline{R}_s$ (MPa)之比,即

$$K_f = \frac{\overline{R}_f}{\overline{R}_s} \tag{1-1-27}$$

　　2. 岩石的主要力学性质指标

　　1)单轴抗压强度

　　岩石单轴抗压强度 R (MPa)是试件在无侧限条件下,受轴向压力作用破坏时单位面积上所承受的荷载,以下式表示:

$$R = \frac{P}{A} \tag{1-1-28}$$

式中, P 为试件破坏荷载,MN; A 为试件截面面积,m^2。

　　抗压强度是表示岩石力学性质最基本、最常用的指标。影响抗压强度的因素主要是岩石本身的性质,如矿物成分、结构、构造、风化程度和含水情况等。另外,也与试件大小、形状和加荷速率等试验条件有关。岩石吸水后,抗压强度都有不同程度的降低,表示这一特性的指标是软化系数 η ,即饱和状态下单轴抗压强度平均值 $\overline{R}_s$ (MPa)与干燥状态下单轴抗压强度平均值 $\overline{R}_d$ (MPa)之比。即

$$\eta = \frac{\overline{R}_s}{\overline{R}_d} \tag{1-1-29}$$

软化系数小于 0.75 的岩石,被认为是强软化岩石,其抗水、抗风化、抗冻性差。

　　2)岩石的变形参数

　　岩石在外力作用下发生变形,外力撤去后能够恢复的变形称为弹性变形;岩石在超过其屈服极限外力作用下发生变形,外力撤去后不能恢复的变形称为塑性变形。

岩石的变形参数有弹性模量 E_e、变形模量 E_o、泊松比 μ_e 等,通过单轴压缩变形试验测定试样在单轴应力条件下的应力和应变(含纵向和横向应变)即可求得。

3)抗剪强度

抗剪强度 τ 指岩石抵抗剪切破坏的能力。常采用平推法直剪强度试验测定抗剪强度指标:凝聚力 c 和内摩擦角 φ。抗剪强度可用公式来表示:

$$\tau_s = c + \sigma\tan\varphi \tag{1-1-30}$$

式中,τ_s 为岩石的抗剪强度,kPa;σ 为垂直压应力,kPa;c 为岩石的凝聚力,kPa;φ 为岩石的内摩擦角。

(四)工程岩体分级

岩体工程地质分类是根据岩体的结构特征和物理力学性质,对岩体的工程特性和质量进行分级,用以对岩体的质量和基本工程地质特性做出评价,为岩石工程的设计计算及工程处理措施的选择提供基础。工程岩体分级相关内容有多个标准规范涉及,不同的标准规范从分类角度、行业标准等方面有所区别,因此对岩土体的分类不完全相同,但分类原则是一致的。具体应用时可根据所属行业标准和要求来选用。以下简要介绍国家标准《水利水电工程地质勘察规范》(GB 50487—2008)以及《工程岩体分级标准》(GB/T 50218—2014)中对岩土体的分类。

1.《水利水电工程地质勘察规范》(GB 50487—2008)

(1)国家标准《水利水电工程地质勘察规范》(GB 50487—2008)中附录 F 对岩土体的渗透性分级见表 1-1-9。

表 1-1-9　岩土体渗透性分级

渗透性等级	标准	
	渗透系数 K(cm/s)	透水率 q(Lu)
极微透水	$K < 10^{-6}$	$q < 0.1$
微透水	$10^{-6} \leqslant K < 10^{-5}$	$0.1 \leqslant q < 1$
弱透水	$10^{-5} \leqslant K < 10^{-4}$	$1 \leqslant q < 10$
中等透水	$10^{-4} \leqslant K < 10^{-2}$	$10 \leqslant q < 100$
强透水	$10^{-2} \leqslant K < 1$	$q \geqslant 100$
极强透水	$K \geqslant 1$	

透水率 q(Lu)称为吕荣值,一般通过钻孔压水试验获取,表示使用灌浆材料作为试验流体时地层的渗透系数。1 吕荣为 1 MPa 作用下 1 m 试段内每分钟注入 1 L 水量(在 100 m 的水柱压力下,每米长度标准钻孔内,历时 10 min,平均每分钟压入岩石裂隙中的水量)。作为近似关系,1 Lu 相当于渗透系数 10^{-5} cm/s。

钻孔压水试验(吕荣试验方法)一般用栓塞将钻孔隔离出一定长度的孔段,并向该孔段压水,根据压力与流量的关系确定岩体的渗透特性,栓塞为将钻孔隔离出单独孔段的试验设备。该方法 1933 年由吕荣(M. Lugeon)提出,在实践中经过多次修正而臻于完善,目前已为大多数国家所采用。

(2)国家标准《水利水电工程地质勘察规范》(GB 50487—2008)中附录 N.0.1 如

表1-1-10所示。

表 1-1-10　围岩稳定性评价

围岩类型	围岩稳定性评价	支护类型
Ⅰ	稳定。围岩可长期稳定,一般无不稳定块体	不支护或局部锚杆或喷薄层混凝土。大跨度时,喷混凝土、系统锚杆加钢筋网
Ⅱ	基本稳定。围岩整体稳定,不会产生塑性变形,局部可能产生掉块	
Ⅲ	局部稳定性差。围岩强度不足,局部会产生塑性变形,不支护可能产生塌方或变形破坏。完整的较软岩,可能暂时稳定	喷混凝土,系统锚杆加钢筋网。采用TBM掘进时,需及时支护。跨度 > 20 m 时,宜采用锚索或刚性支护
Ⅳ	不稳定。围岩自稳时间很短,规模较大的各种变形和破坏都可能发生	喷混凝土、系统锚杆加钢筋网,刚性支护,并浇筑混凝土衬砌。不适宜于开敞式 TBM 施工
Ⅴ	极不稳定。围岩不能自稳,变形破坏严重	

围岩工程地质分类分为初步分类和详细分类。初步分类适用于规划阶段、可研阶段以及深埋洞室施工之前的围岩工程地质分类,详细分类主要用于初步设计、招标和施工图设计阶段的围岩工程地质分类。根据分类结果,评价围岩的稳定性,并作为确定支护类型的依据。岩质类型的划分和现行国家标准《工程岩体分级标准》(GB/T 50218—2014)一致。

2.《工程岩体分级标准》(GB/T 50218—2014)

1)岩体基本质量的分级因素

根据国家标准《工程岩体分级标准》(GB/T 50218—2014),工程岩体分级应采用定性与定量相结合的方法,并分两步进行,先确定岩体基本质量,再结合具体工程的特点确定工程岩体级别。

岩体基本质量由岩石坚硬程度和岩体完整程度两个因素确定。岩石坚硬程度和岩体完整程度,应采用定性划分和定量指标两种方法确定。

(1)定性划分。

①岩石坚硬程度的定性划分应符合表1-1-11的规定。

表 1-1-11　岩石坚硬程度的定性划分

坚硬程度		定性鉴定	代表性岩石
硬质岩	坚硬岩	锤击声清脆,有回弹,震手,难击碎; 浸水后,大多无吸水反应	未风化 ~ 微风化的花岗岩、正长岩、闪长岩、辉绿岩、玄武岩、安山岩、片麻岩、硅质板岩、石英岩、硅质胶结的砾岩、石英砂岩、硅质石灰岩等
	较坚硬岩	锤击声较清脆,有轻微回弹,稍震手,较难击碎; 浸水后,有轻微吸水反应	1. 中等(弱)风化的坚硬岩; 2. 未风化 ~ 微风化的熔结凝灰岩、大理岩、板岩、白云岩、石灰岩、钙质砂岩、粗晶大理岩等

续表 1-1-11

坚硬程度		定性鉴定	代表性岩石
软质岩	较软岩	锤击声不清脆,无回弹,较易击碎; 浸水后,指甲可刻出印痕	1. 强风化的坚硬岩; 2. 中等(弱)风化的较坚硬岩; 3. 未风化~微风化的凝灰岩、千枚岩、砂质泥岩、泥灰岩、泥质砂岩、粉砂岩、砂质页岩等
	软岩	锤击声哑,无回弹,有凹痕,易击碎; 浸水后,手可掰开	1. 强风化的坚硬岩; 2. 中等(弱)风化~强风化的较坚硬岩; 3. 中等(弱)风化的较软岩; 4. 未风化的泥岩、泥质页岩、绿泥石片岩、绢云母片岩等
	极软岩	锤击声哑,无回弹,有较深凹痕,手可捏碎; 浸水后,可捏成团	1. 全风化的各种岩石; 2. 强风化的软岩; 3. 各种半成岩

②岩石风化程度的定性划分按表 1-1-12 的规定确定。

表 1-1-12　岩石风化程度的定性划分

风化程度	风化特征
未风化	岩石结构构造未变,岩质新鲜
微风化	岩石结构构造、矿物成分和色泽基本未变,部分裂隙面有铁锰质渲染或略有变色
中等(弱)风化	岩石结构构造部分破坏,矿物成分和色泽较明显变化,裂隙面风化较剧烈
强风化	岩石结构构造大部分破坏,矿物成分和色泽明显变化,长石、云母和铁镁矿物已风化蚀变
全风化	岩石结构构造完全破坏,已崩解和分解成松散土状或砂状,矿物全部变色,光泽消失,除石英颗粒外的矿物大部分风化蚀变为次生矿物

③岩体完整程度的定性划分应符合表 1-1-13 的规定。

④结构面的结合程度,应根据结构面特征按表 1-1-14 确定。

(2)定量指标。

①坚硬程度。岩石坚硬程度的定量指标,应采用岩石饱和单轴抗压强度 R_c 表示,R_c 一般应采用实测值。无实测值时,也可采用岩石点荷载强度指数进行换算。

②完整程度。岩体完整程度的定量指标,应采用岩体完整性指数 K_V 表示,为岩体与岩石的纵波速度之比的平方。K_V 一般应采用实测值,无实测值时,也可根据岩体体积节理数确定对应的 K_V 值。

表 1-1-13 岩体完整程度的定性划分

完整程度	结构面发育程度		主要结构面的结合程度	主要结构面类型	相应结构类型
	组数	平均间距(m)			
完整	1~2	>1.0	结合好或结合一般	节理、裂隙、层面	整体状或巨厚层状结构
较完整	1~2	>1.0	结合差	节理、裂隙、层面	块状或厚层状结构
	2~3	1.0~0.4	结合好或结合一般		块状结构
较破碎	2~3	1.0~0.4	结合差	节理、裂隙、劈理、层面、小断层	裂隙块状或中厚层状结构
	≥3	0.4~0.2	结合好		镶嵌碎裂结构
			结合一般		薄层状结构
破碎	≥3	0.4~0.2	结合差	各种类型结构面	裂隙块状结构
		≤0.2	结合一般或结合差		碎裂结构
极破碎	无序		结合很差		散体状结构

表 1-1-14 结构面结合程度的划分

结合程度	结构面特征
结合好	张开度小于 1 mm,为硅质、铁质或钙质胶结,或结构面粗糙,无填充物; 张开度 1~3 mm,为硅质或铁质胶结; 张开度大于 3 mm,结构面粗糙,为硅质胶结
结合一般	张开度小于 1 mm,结构面平直,钙泥质胶结或无填充物; 张开度 1~3 mm,为钙质胶结; 张开度大于 3 mm,结构面粗糙,为铁质或钙质胶结
结合差	张开度 1~3 mm,结构面平直,为泥质胶结或钙泥质胶结; 张开度大于 3 mm,多为泥质或岩屑充填
结合很差	泥质充填或泥夹岩屑充填,充填物厚度大于起伏差

③岩石饱和单轴抗压强度 R_C 与岩石坚硬程度的对应关系见表 1-1-15。

表 1-1-15 R_C 与岩石坚硬程度的对应关系

R_C(MPa)	>60	60~30	30~15	15~5	≤5
坚硬程度	硬质岩		软质岩		
	坚硬岩	较坚硬岩	较软岩	软岩	极软岩

④岩体完整性指数 K_V 与岩体完整程度的对应关系,可按表 1-1-16 确定。

表 1-1-16　K_V 与岩体完整程度的对应关系

K_V	>0.75	0.75 ~ 0.55	0.55 ~ 0.35	0.35 ~ 0.15	≤0.15
完整程度	完整	较完整	较破碎	破碎	极破碎

2)岩体基本质量分级

(1)基本质量级别的确定:

岩体基本质量指标(BQ)指岩体所固有的,影响工程岩体稳定性的最基本属性,岩体基本质量由岩石坚硬程度和岩体完整程度决定。

岩体基本质量分级,应根据岩体基本质量的定性特征和岩体基本质量指标 BQ 两者相结合,并按表 1-1-17 确定。

表 1-1-17　岩体基本质量分级

岩体基本质量级别	岩体基本质量的定性特征	岩体基本质量指标(BQ)
I	坚硬岩,岩体完整	>551
II	坚硬岩,岩体较完整; 较坚硬岩,岩体完整	550 ~ 451
III	坚硬岩,岩体较破碎; 较坚硬岩,岩体较完整; 较软岩,岩体完整	450 ~ 351
IV	坚硬岩,岩体破碎; 较坚硬岩,岩体较破碎 ~ 破碎; 较软岩,岩体较完整 ~ 较破碎; 软岩,岩体完整 ~ 较完整	350 ~ 251
V	较软岩,岩体破碎; 软岩,岩体较破碎 ~ 破碎; 全部极软岩及全部极破碎岩	≤250

当根据基本质量定性特征和岩体基本质量指标 BQ 确定的级别不一致时,应通过对定性划分和定量指标的综合分析,确定岩体基本质量级别。当两者的级别划分相差达 1 级及以上时,应进一步补充测试。

确定岩体基本质量级别后,各基本质量级别岩体的物理力学参数以及结构面抗剪断峰值强度参数等,可参照《工程岩体分级标准》(GB/T 50218—2014)附录中相应内容确定。

(2)基本质量的定性特征和基本质量指标:

①岩体基本质量的定性特征,应由本书表 1-1-11 岩石坚硬程度的定性划分和表 1-1-13 岩体完整程度的定性划分所确定的岩石坚硬程度及岩体完整程度组合确定。

②岩体基本质量指标的确定应符合下列规定:

岩体基本质量指标 BQ,应根据分级因素的定量指标 R_c 的兆帕数值和 K_V,按下式计算:

$$BQ = 100 + 3R_c + 250K_V \qquad (1\text{-}1\text{-}31)$$

使用上述公式计算时,应遵守下列规定:

当 $R_c > 90K_v + 30$ 时,应以 $R_c = 90K_v + 30$ 和 K_v 代入计算 BQ 值;

当 $K_v > 0.04R_c + 0.4$ 时,应以 $K_v = 0.04R_c + 0.4$ 和 R_c 代入计算 BQ 值。

对工程岩体进行详细定级时,还应在岩体基本质量分级的基础上,结合不同类型工程的特点,根据地下水状态、初始应力状态、工程轴线或工程走向线的方位与主要结构面产状的组合关系等修正因素,确定各类工程岩体质量指标。

(五)地质构造

1.地壳运动的主要形式

地壳运动的主要形式有垂直(升降)运动和水平运动两种。垂直运动是指地壳物质发生垂直大地水准面方向的运动。常表现为大面积的上升或下降,造成地势高差的改变,如海陆变迁、山体高程改变等。水平运动是指地壳物质发生平行于大地水准面方向的运动。常表现为地壳物质的相互分离(拉张)、靠拢(挤压)、平错(剪切),造成岩石、岩层发生破裂(断层)、弯曲(褶皱)以至形成巨大的山系。

2.水平构造和单斜构造

水平构造,是未经构造变动的沉积岩层,形成时的原始产状是水平的,先沉积的老岩层在下,后沉积的新岩层在上(见图1-1-4)。这里所说的水平构造只是相对而言的,因为地壳的发展经历了长期复杂的运动过程,岩层的原始产状都发生了不同程度的变化。

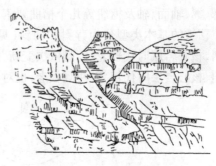

图 1-1-4　水平构造地貌景观

单斜构造,是原来水平的岩层,在受到地壳运动的影响后,产状发生变动形成岩层向同一个方向倾斜,这种产状变动往往是褶曲的一翼、断层的一盘或者是局部地层不均匀的上升或下降所引起的(见图1-1-5)。

(a)单面山

(b)猪背岭

图 1-1-5　单斜构造地貌景观

岩层的产状:指岩层在岩石圈中的空间方位和产出状态。岩层的产状用岩层层面的走向、倾向和倾角三个要素来表示(见图1-1-6),通常可用地质罗盘仪在野外测量得到。

岩层走向:是指岩层层面与水平面交线的方位角,表示岩层在空间延伸的方向。

岩层的倾向:是垂直走向顺倾斜面的倾向线(见图1-1-6中 ce)在水平面上投影的方向(见图1-1-6中 cd),表示岩层在空间的倾斜方向。

岩层的倾角:是岩层层面与水平面所夹的锐角,表示岩层在空间倾斜角度的大小。

3.褶皱构造

岩层在构造运动中受力产生一系列弯曲的永久变形称为褶皱构造,简称为褶皱。褶曲

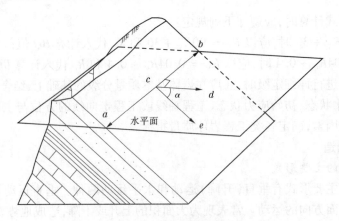

ab—走向线；cd—倾向线；ce—倾斜线；α—倾角

图 1-1-6　岩层的产状要素

是褶皱构造中的一个弯曲,两个或两个以上褶曲构造的组合构成褶皱构造,每一个褶曲都有核部、翼、轴面、轴及枢纽等几个褶曲要素。

褶皱的基本类型分为背斜和向斜(见图 1-1-7)。背斜指岩层向上弯曲,两侧岩层相背倾斜,核心岩层时代较老,两侧依次变新并对称分布。向斜指岩层向下弯曲,两侧岩层相向倾斜,核心岩层时代较新,两侧较老,也对称分布。

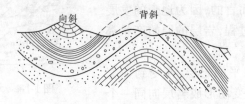

图 1-1-7　背斜和向斜

4. 断裂构造

断裂构造是指构成地壳的岩体受力作用发生变形,当变形达到一定程度后,使岩体的连续性和完整性遭到破坏,产生各种大小不一的断裂,它是地壳上层常见的地质构造,分布很广,特别在一些断裂构造发育的地带,常成群分布,形成断裂带。根据岩体断裂后两侧岩块相对位移的情况,将其分为裂隙和断层两类。

1) 裂隙

裂隙也称为节理,是存在于岩体中的裂缝,是岩体受力断裂后两侧岩块没有显著位移的小型断裂构造。在数值上一般用裂隙率表示,即岩石中裂隙的面积与岩石总面积的百分比,裂隙率越大,表示岩石中的裂隙越发育;反之,则表示裂隙不发育。根据裂隙的成因,一般分为构造裂隙和非构造裂隙两类。

2) 断层

断层是岩石受力发生断裂,断裂面两侧岩石存在明显位移的断裂构造。断层要素包含断层面和断层破碎带、断层线、断盘和断距(见图 1-1-8)。

根据断层两盘相对位移的情况,可分为正断层、逆断层、平推断层。

正断层是上盘沿断层面相对下降、下盘相对上升的断层。一般是受水平张应力或垂直作用力上盘相对向下滑动而形成的,所以在构造变动中多在垂直于张应力的方向上发生,但也有沿已有的剪节理发生的。

逆断层是上盘沿断层面相对上升、下盘相对下降的断层。一般是由于岩体受到水平方向强烈挤压力的作用,使上盘沿断面向上错动而成。断层线的方向常和岩层走向或褶皱轴的方向近于一致,和压应力作用的方向垂直。

平推断层是由于岩体受水平扭应力作用,使两盘沿断层面发生相对水平位移的断层。

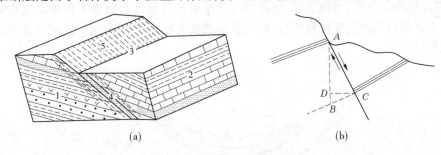

(a)　　　　　　　　　　　(b)

1—下盘;2—上盘;3—断层线;4—断层破碎带;5—断层面
AC—地层的断距(总断距);AD—铅直断距;CD—水平断距

图 1-1-8　断层要素和断距

(六)水文地质和自然地质作用

1. 河谷地貌

河水流动时,由于本身动能的变化,或河底地质条件的不同,以及地壳运动的影响,河谷在发育演变过程中,可形成各种不同类型的纵、横剖面和特有的地貌形态。河流的纵剖面总是起伏不平的,并且由于河流流经地段的岩性或地质构造的差异,在局部地段还会出现深潭、陡坎、瀑布、深槽等。河流纵剖面的这种变化,为水资源的梯级开发创造了有利的自然条件。

在横剖面上,河流上、下游的河谷也具有不同的形态。在上游地区,河流的下蚀作用超过侧向侵蚀作用,多形成两壁陡峭的 V 形河谷。在河床坡度平缓的中、下游地区,河流侵蚀作用以侧向侵蚀为主,拓宽河谷的作用较强,并伴有不同程度的沉积作用,因而河谷多为谷底平缓、谷坡较陡的 U 形河谷。根据河谷两岸谷坡对称情况,可分为对称谷和不对称谷,前者两岸谷坡坡度相近(见图 1-1-9(a)、(b)、(e));后者则一岸谷坡平缓,一岸陡峻(见图 1-1-9(c)、(d))。河谷的对称性,对坝址、坝型的选择具有重要意义。

根据河流与地质构造的关系可将河谷分为纵谷和横谷。纵谷是指河谷延伸方向与岩层走向或地质构造线方向一致,横谷是指两者方向近于垂直的河谷。河流是沿软弱岩层、断层带、向斜或背斜轴等发育而成的。根据地质构造特征又可将纵谷分为向斜

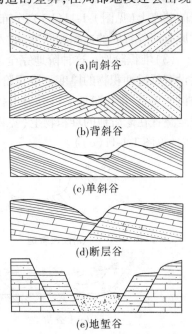

(a)向斜谷
(b)背斜谷
(c)单斜谷
(d)断层谷
(e)地堑谷

图 1-1-9　各种纵谷横剖面图

谷、背斜谷、单斜谷、断层谷、地堑谷等,如图1-1-9所示。

河流阶地是河谷地貌的另一种重要形态。阶地是指河谷谷坡上分布的洪水不能淹没的台阶状地形。一般河谷中常出现多级阶地,按照高低位置的不同,自下而上依次称为一级阶地、二级阶地等(见图1-1-10)。阶地的形成是由于地壳运动的影响,使河流侧向侵蚀和下蚀作用交替进行的结果。在地壳运动相对稳定时期,由于河流的侧向侵蚀作用,河床加宽,并形成平缓的滩地,枯水期露出水面,洪水期被洪水淹没,这些滩地称为河漫滩。当地壳上升时,基准面相对下降,河流下切,河漫滩位置相对升高至洪水期也不再被水淹没时便成为阶地。上述作用如此反复交替进行,则不断形成新的河漫滩和新的阶地,多次地壳运动将出现多级阶地。

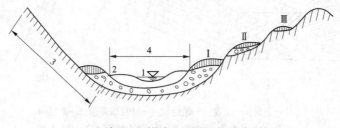

1—河床;2—河漫滩;3—谷坡;4—谷底
Ⅰ——级阶地;Ⅱ—二级阶地;Ⅲ—三级阶地
图1-1-10　河谷的组成

根据成因,阶地可分为以下几种类型:

(1)侵蚀阶地。其特点是由基岩构成,阶地面上基岩直接裸露或只有很少的残余冲积物(见图1-1-11(a)),只在山区河谷中常见。

(2)基座阶地。由两部分组成,上部为冲积物,下部为基岩,即上部的冲积物覆盖在基岩的基座上(见图1-1-11(b)),分布于地壳上升显著的山区,它是由后期河流的下蚀深度超过原有河谷谷底的冲积物厚度,切入基岩内部所形成的。

(3)堆积阶地。这种阶地完全由冲积物组成,反映出在阶地形成过程中,河流下切的深度没有超过冲积物的厚度。堆积阶地在河流的中、下游最常见。根据下切的深度和阶地间的接触关系,堆积阶地又可分为上叠阶地和内叠阶地。上叠阶地的特点是新阶地的堆积物完全叠置在老阶地的堆积物上(见图1-1-11(c)),而内叠阶地是指新的阶地套在老的阶地之内(见图1-1-11(d))。

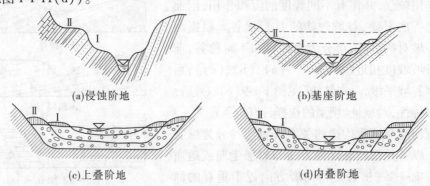

(a)侵蚀阶地　　　　　　　　　　　　(b)基座阶地

(c)上叠阶地　　　　　　　　　　　　(d)内叠阶地

图1-1-11　阶地的类型

2. 地下水

地下水是埋藏在地表以下岩层或土层空隙(包括孔隙、裂隙和空洞等)中的水,主要是由大气降水和地表水渗入地下形成的。在干旱地区,水蒸气也可以直接在岩石的空隙中凝成少量的地下水。地下水是一种宝贵的地下资源,但地下水也往往给工程建设带来一定的困难和危害。

根据埋藏条件,地下水分为包气带水、潜水、承压水三大类。根据含水层的空隙性质,地下水又分为孔隙水、裂隙水和岩溶水三个亚类。

1)包气带水

包气带水处于地表以下潜水位以上的包气带岩土层中,包括土壤水、沼泽水、上层滞水以及岩层风化壳(黏土裂隙)中季节性存在的水。包气带水主要受气候控制,季节性明显,变化大。雨季水量多,旱季水量少,甚至干涸。包气带水对农业有很大的意义,对工程意义不大。

2)潜水

潜水是埋藏在地表以下第一层较稳定的隔水层以上具有自由水面的重力水,其自由表面承受大气压力,受气候条件影响,季节性变化明显。

潜水面以上无稳定的隔水层存在,大气降水和地表水可直接渗入,成为潜水的主要补给来源。大多数情况下,潜水的分布区与补给区是一致的。潜水自水位较高处向水位较低处渗流。

3)承压水

承压水也称自流水,是地表以下充满两个稳定隔水层之间的重力水。

承压水是因为限制在两个隔水层之间而具有一定压力,特别是含水层透水性越好,压力越大,人工开凿后能自流到地表。因有隔水顶板存在,承压水不受气候的影响,动态较稳定,不易受污染。一般来说,向斜构造盆地以及单斜构造自流斜地适宜形成承压水。

4)裂隙水

裂隙水是指埋藏在基岩裂隙中的地下水。根据基岩裂隙成因,将裂隙水分为风化裂隙水、成岩裂隙水、构造裂隙水。裂隙水运动复杂,水量变化较大。

5)岩溶水

岩溶水赋存和运移于可溶盐溶隙、溶洞中。岩溶潜水广泛分布在大面积出露的厚层灰岩地区,动态变化很大,水位变化幅度可达数十米。在岩溶地区进行工程建设,特别是地下工程,必须弄清岩溶的发育与分布规律,因为岩溶的发育可能使工程地质条件恶化。

3. 风化作用

风化作用是指由于温度、大气、水溶液及生物等因素的作用,分布在地表或地表附近的岩石,发生物理破碎、化学分解和生物分解的作用。风化作用可分为物理风化作用、化学风化作用和生物风化作用。

4. 河流地质作用

河水沿河床流动时,具有一定的动能。动能的大小取决于河水的质量和河水的流速。河水在流动过程中,动能主要消耗于以下两个方面:一是克服阻碍流动的各种摩擦力;二是搬运水流中所挟带的泥沙。河流的地质作用可分为侵蚀作用、搬运作用和沉积作用三种形式。

5.岩溶(喀斯特)

在可溶性岩石分布地区,岩石长期受水的淋滤、冲刷、溶蚀等地质作用而形成各种独特地貌形态的地质现象,称为岩溶作用。

6.泥石流

多发生在暴雨集中或有大量冰雪融水的陡峻山区,是一种含大量泥沙、石块等固体物质,具强大破坏力的特殊洪流。

7.地震

地震是由于地质构造运动、火山活动及岩溶塌陷等引起的地壳震动。构造地震占世界地震总数的90%以上,此外还有因人类活动直接造成的地震,如水库诱发地震、地下核爆炸、爆破工程等。

第二节　水库工程地质

一、概述

在江河上修建的水库,特别是大型水库,在水库蓄水之后,水文条件发生剧烈变化,水位上升、水深增大、流速减慢,使库区及其邻近地带的地质环境受到较大影响。当库区产生某些不利的地貌地质因素时,就可能产生各种工程地质问题,如水库渗漏、库岸稳定、水库浸没、水库淤积、水库诱发地震等问题。以上问题不一定同时存在于一个水库工程中,且问题严重性也不尽相同。

二、水库渗漏

(一)水库渗漏形式

在一定地质条件下,水库蓄水过程中及蓄水后会产生水库渗漏。水库渗漏形式可分为暂时性渗漏和永久性渗漏。

(1)暂时性渗漏。是指水库蓄水初期,库水渗入库水位以下库周不与库外相通的未被饱和的岩土体中的孔隙、裂隙和洞穴(岩溶)等,使之饱和而出现的库水渗漏量。这部分渗漏损失在所有水库都存在,但因其没有渗出库外,并未构成对水库蓄水的威胁,一旦含水岩(土)体饱和即停止入渗,库水位回落时,部分渗入水体可回流水库。

(2)永久性渗漏。指库水通过与库外相通的、具渗漏性的岩(土)体长期向库外相邻的低谷、洼地或坝下游产生渗漏。这种渗漏一般是通过松散土体孔隙性透水层、坚硬岩层的强裂隙性透水带(特别是断层破碎带)和可溶岩类的岩溶洞穴管道系统产生。其中以岩溶管道系统的透水性最为强烈,渗漏最为严重。

通常所说的水库渗漏是指水库的永久性渗漏。永久性渗漏不仅造成库水漏失,影响水库的效益,而且可能引起库水排泄区出现诸如农田、矿山和建筑物地基的浸没、边坡失稳破坏等环境工程地质问题。在岩溶发育地区,水库产生突发性大量漏水,甚至可能带来灾害性后果。严重的水库渗漏导致库盆无法蓄水,使工程不能发挥应有的效益甚至报废。

实际上完全不漏水的水库是没有的。一般情况下,只要是渗漏总量(包括坝区的渗漏量)小于该河流多年平均流量的5%,或渗漏量小于该河流段平水期流量的1%~3%,则是可以允许的。对于渗漏规模更大或集中的渗漏通道,则需进行工程处理。

(二)水库渗漏通道的地质条件分析

1. 岩性条件

水库通过地下渗漏通道渗向库外的首要条件是库底和水库周边有透水岩层(渗漏通道)存在。水库的渗漏通道主要有如下两类:一是第四纪松散沉积层,特别是河流冲积洪积层中的疏松卵砾石和砂土层,常以古河道形式埋藏或隐伏着,并沟通库内外;二是基岩中存在有贯通库内外的溶洞层、未胶结或胶结不良的断裂破碎带、各种不整合面、层面和古风化壳、多气孔构造的火山岩或裂隙发育的其他岩层,在一定地质构造和地貌条件下(例如分水岭地区无可靠的隔水层或隔水层被断裂和岩溶破坏,不起隔水作用),它们往往成为水库永久性渗漏的重要通道。

2. 地形地貌条件

水库与相邻河谷间分水岭的宽窄和邻谷的切割深度对水库渗漏影响很大。当地表分水岭很单薄,而邻谷又低于库水位很多时,就具备了水库渗漏的地形条件。分水岭越单薄、邻谷或洼地下切越深,则库水向外漏失的可能性就越大。若邻谷或洼地底部高程比水库正常蓄水位高,库水就不会向邻谷渗漏(见图1-2-1)。若有透水岩层通过单薄分水岭地段,由于渗径短、渗流坡降大,外渗的可能性大。例如库区和坝下游河道之间的单薄分水岭河湾地段、坝上下游的支沟间单薄分水岭地段,水库一侧或两侧与邻谷有横向支流相对发育的垭口地段等。垭口一侧或两侧山坡若有冲沟分布,则地形显得相对单薄,库水就会沿冲沟取捷径向外漏失。

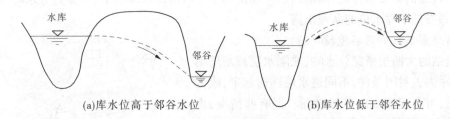

(a)库水位高于邻谷水位   (b)库水位低于邻谷水位

图 1-2-1　邻谷高程与水库渗漏的关系

根据大量的实践经验,对位于下列地形地貌部位的水库,当有强渗透性岩(土)体分布时,应特别注意研究水库渗漏问题:①河湾地段;②地表分水岭单薄的水库;③大坝位于与支流(或干流)或深切沟谷汇口处不远的水库;④兴建于岩溶化高原、坡立谷和岩溶洼地上的水库;⑤悬河水库;⑥与相邻河谷(沟谷)谷底高差悬殊的水库。

3. 地质构造条件

1)纵向河谷地段

当库区位于向斜部位时,若有隔水层阻水,即使库区内为强溶岩层,水库也不会发生渗漏(见图1-2-2);在没有隔水层阻水,且与邻谷相通的情况下,则会导致渗漏。

当库区位于单斜构造时,库水会顺倾向渗向低邻谷。但是当单斜谷岩层倾角较大时,水库渗漏的可能性就会减小。

当库区位于背斜部位时,若存在透水层,且其产状平缓,又被邻谷切割出露,则有沿透水层向两侧渗漏的可能性(见图1-2-3(a));若岩层倾角较大,又未在邻谷中出露,则不会导致

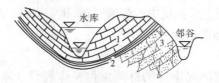

1—透水层;2—隔水层;3—弱透水层

图 1-2-2　有隔水层阻水的向斜构造

库水向邻谷的渗漏(见图 1-2-3(b))。

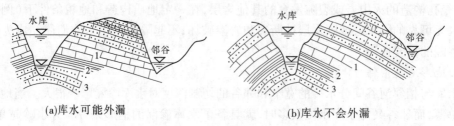

(a)库水可能外漏　　　　　　　　　(b)库水不会外漏

1—透水层;2—隔水层;3—弱透水层

图 1-2-3　透水岩层倾角不一的背斜构造

　　如果库区没有隔水层,或隔水层较薄,隔水性能差,或隔水层被未胶结的横向断层切断,则水库仍可能漏水。

　　2)横向河谷地段

　　水库渗漏的必要条件是:渗漏通道一端出露于库区的库水位以下,并穿过分水岭与邻谷相通,在邻谷低于库水位的高程出露。

　　3)有断层通过的河谷地段

　　未胶结的大断层横穿分水岭,或隔水层被断层切断,使水库失去封闭条件,不同透水层连通起来,成为渗漏通道,可引起库水向邻谷渗漏。但有些情况,由于断层效应,反可起阻水作用(见图 1-2-4)。

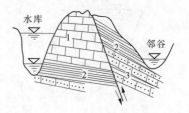

　　4.水文地质条件

　　1)潜水分布区

　　水库与邻谷间河间地块的潜水地下水位、水库正

1—透水层;2—隔水层;3—弱透水层

图 1-2-4　阻止水库渗漏的断层

常高水位和邻谷水位三者之间的关系,是判断水库是否渗漏的重要条件,如图 1-2-5 所示,有下列五种情况。

　　(1)水库蓄水前,河间地块的地下水分水岭高于水库正常高水位。水库蓄水后,地下水分水岭基本不变,不会产生库水向邻谷的渗漏。

　　(2)水库蓄水前,河间地块分水岭略低于水库正常高水位。水库蓄水后,由于地下水位也相应升高,地下水分水岭向库岸方向移动,库水不致产生渗漏。

　　(3)水库蓄水前,河间地块存在地下水分水岭,但其高程远远低于水库正常高水位。水库蓄水后,地下水分水岭消失,产生库水向邻谷的渗漏。

　　(4)水库蓄水前,河间地块无地下水分水岭,水库河段河水向邻谷渗漏。水库蓄水后库水必然大量流失。

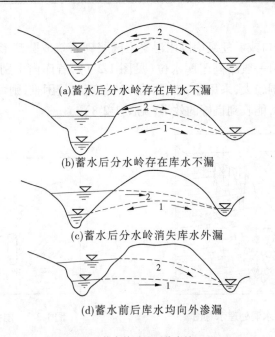

(a)蓄水后分水岭存在库水不漏

(b)蓄水后分水岭存在库水不漏

(c)蓄水后分水岭消失库水外漏

(d)蓄水前后库水均向外渗漏

1、2—蓄水前后地下分水岭

图 1-2-5 分水岭地带水库渗漏示意图

(5)如果建库前邻谷地下水流向库区河谷,河间地区无地下水分水岭,但邻谷水位低于水库正常蓄水位,则建库后水库可向邻谷渗漏。

2)岩溶水分布区

(1)在岩溶地区,当建库河谷是地下水补给区时,是最容易产生大量渗漏的建库地区,库水会沿库区的落水洞、盲谷、溶洞等岩溶通道大量外漏。

(2)在覆盖型岩溶洼地建库时,如果覆盖层厚度不大、抗渗性不强,则覆盖层会因库水渗漏而产生塌陷,或因地下岩溶空腔中的气、水体击穿覆盖层引起水库大量渗漏。

(3)在河床下存在与河床平行或叠置的地下径流,其排泄点在库外时,会发生水库渗漏。

(4)在河湾地段,凸岸地下岩溶强烈发育时,可形成与河流大致平行的纵向径流带,此时即使存在地下水分水岭,也会因纵向径流带的地下水位低于水库蓄水位而产生水库渗漏。

在水库渗漏问题中,岩溶渗漏给工程建设带来的困难最大,不仅渗漏量大而且处理技术措施也比较复杂。

(三)水库渗漏处理措施

对可能影响水库正常运用或带来危害的渗漏地段,应进行防渗处理。防渗措施通常在水库蓄水前进行,也可在水库蓄水后观测一段时间,再有针对性地进行。

1.堵洞

对集中漏水的通道如落水洞、溶洞及溶缝使用浆砌块石、混凝土或级配料进行封堵(见图 1-2-6)。如某水库对溶洞用块石、碎石填塞后再浇一层混凝土,然后铺上黏土;或进行开挖回填混凝土并做接触灌浆。对深度较大的漏水口则用混凝土盖板,其上再设反滤层并夯填黏土。但是对于受地下水位升降影响产生巨大气压和水压的洞口,在进行堵塞时必须同时采取排水措施,防止气、水冲破封堵体。

2. 围井或隔离

对河床边缘漏水口或反复泉周围用混凝土或浆砌石筑成圆筒形建筑物,以拦截漏水口的方法称为围井,井口一般略高于库水位(见图 1-2-7);若库内个别地段落水洞集中分布,或溶洞较多,分布范围较大,采用铺、堵、围的方法处理均较困难,则可采用隔离法,用隔堤把渗漏地带与水库隔开,能收到良好的效果(见图 1-2-8)。

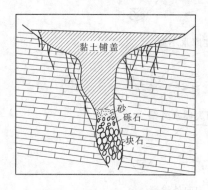

图 1-2-6　落水洞处理示意图

图 1-2-7　围井处理示意图

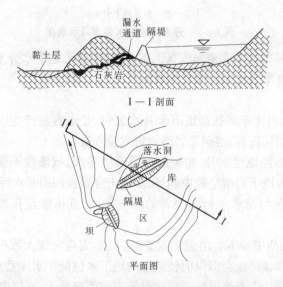

图 1-2-8　某水库隔离法处理渗漏示意图

3. 铺盖

在坝上游或水库的某一部分,以黏土、土工布、混凝土板或利用天然淤积物组成铺盖,覆盖漏水区以防止渗漏。铺盖防渗主要适用于大面积的孔隙性或裂隙性渗漏。库底大面积渗漏,常采用黏土铺盖;对于库岸斜坡地段的局部渗漏,用混凝土铺盖。为防止坝基、坝肩渗漏而设置的铺盖,最好使坝体与上游的隔水岩层相衔接,或铺盖的范围扩大使绕过铺盖的水流比降和流量均控制在允许限度以内。一般情况下,铺盖工程应在蓄水前或水库放空以后施工,以保证质量。

4. 截水墙

截水墙适用于坝基下面松散岩层透水性强,抗管涌能力差,而又分布深度不大的情况,以及坝基岩溶不很发育,相对隔水层埋藏较浅的情形。墙体必须设置到不透水岩层。截水墙根据使用的墙体材料分为黏土截水墙和混凝土防渗墙。前者多用于土石坝,后者多用于混凝土重力坝等。

5. 帷幕灌浆

通过钻孔向地下灌注水泥浆或其他浆液,填塞岩土体中的渗漏通道形成阻水帷幕,以达到防渗的目的。帷幕灌浆适用于很厚的砂砾石地基、裂隙发育的岩基以及岩溶透水层,对裂隙性岩溶渗漏有显著的防渗效果。对规模不大的管道性岩溶渗漏采用填充性灌浆也有一定的效果。帷幕灌浆广泛应用于我国已建工程中,其造价甚至占工程总造价的10%以上。

一般在坝基和坝肩部位都设置帷幕灌浆,以防止绕坝渗漏。坝肩帷幕应布置在无相对隔水层分布的坝址,以垂直(或有较大的交角)谷坡地下水等水位线及岸坡地形线为宜。在利用相对隔水层防渗的坝址,帷幕在深入岸坡一定距离后,即转向相对隔水层,与相对隔水层连接。帷幕深度及向两岸的延伸范围则根据防渗处理范围确定。

帷幕的灌浆压力、孔距、排距、排数等,根据壅水高度、建筑物特点、岩溶发育程度和灌浆试验结果确定。

6. 排水

将建筑物基础下及其周围的承压地下水或泉水通过有反滤设备的减压井、导管及排水沟(廊道)等将承压地下水引导排泄至建筑物范围以外,以降低渗透压力。排水孔、减压井或其他排水设施一般布置在防渗帷幕后面和两岸边坡。

三、库岸稳定

水库周边岸坡在水库初次蓄水时,其自然环境和水文地质条件将发生强烈的改变,如岩土体浸水饱和及强度降低,库水涨落,引起地下水位波动变化,从而导致岸坡内动水压力、静水压力的变化,以及波浪冲刷作用加剧等,尤其是疏松土石库岸在水位升降及风浪冲蚀作用下,岸壁将逐渐后退和浅滩逐渐扩大,到一定程度(达到新的平衡时)就稳定下来,形成新的稳定岸坡的过程称为水库塌岸,亦称水库边岸再造。

水库塌岸是不同于岩土体崩塌和滑坡的一种特殊的破坏形式,这种现象主要发生于土质岸坡地段。严重的水库塌岸再造过程,会引起:近坝库区的大规模坍塌和滑坡,将产生冲击大坝的波浪,直接影响坝体安全;危及河岸主要城镇、铁路、厂房等建筑物安全,使大量农田遭受毁坏;坍塌物质造成大量固体径流,使水库迅速淤积,减少有效库容,并可能诱发大规模的岩崩、滑坡,堵塞水库航道。因此,必须对水库塌岸做出预测,以便迁出塌岸范围内的已有建筑设施,避免在塌岸带内再修新建筑工程。

(一)水库塌岸的影响因素

影响水库塌岸的因素有库岸岩性和构造条件、库岸形态特征、水文气象条件和其他因素等。

1. 库岸岩性和构造条件

库岸坡的地层岩性及地质构造条件是影响坍滑的内因,决定着岩土边坡的抗剪强度和抗冲刷能力,也决定着最终坍滑的范围、作用强度和坍塌类型。

库水作用于性质松软的第四纪松散(软)土层,尤其是对水反应敏感的特殊土(例如黄土类土等)时,往往容易产生严重的塌岸。半坚硬岩石中抗冲蚀性差的黏土岩、页岩、泥灰岩、千枚岩、凝灰岩等，位于水上部分易风化，位于水下部分易软化，甚至具崩解性，由这类岩石组成的库岸，在水库运行期间，往往塌岸比较严重。坚硬岩石和部分半坚硬岩石抗冲蚀性强，一般不易形成水库塌岸。

2.库岸形态特征

库岸形态是指岸高、岸的坡度、库岸沟谷切割及岸线弯曲情况等。它们对塌岸也有很大影响。库岸越高陡、库岸线曲率越大、切割愈破碎，愈容易产生塌岸。水下岸形陡直，岸前水深的库岸，波浪对库岸的作用强烈，塌落物质被搬运得快，因此加快了塌岸过程。

3.水文气象条件

库面波浪、库岸环流、库水位变化、降雨以及浮冰作用等，对塌岸均有一定影响，其中以风浪冲蚀作用对库岸的破坏最为显著，波浪冲蚀作用是造成塌岸的主要外动力因素。风浪的大小、作用强度取决于波浪高度及波长和持续作用时间，前者又与库水深度、水域面积、自然风力等有关。波浪对塌岸的影响主要表现为击岸浪对岸壁土体的淘刷和磨蚀，对塌落物质进行搬运，从而加速塌岸过程。

水库回水，促使地下水位上升，引起库岸岩土体的湿化和物理、力学、水理性质改变，破坏了岩土体的结构，从而大大降低其抗剪强度和承载力，易发生塌岸。随着库水上升，地下水壅高，地下水的坡降减缓，动水压力降低，暂时有利于库岸的稳定。当库水再度消落时，却又增加了地下水的动水压力，库岸的稳定性又显著降低。

此外，库水位的变化幅度与各种水位持续的时间对水库塌岸影响甚大。高水位时所形成的浅滩，当水位下降时就会受到破坏。在其他条件相同的情况下，库水位的变化幅度越大，浅滩就越容易受到破坏，变得越宽缓；库水位的持续时间越长，波浪作用的或然率就越高，使塌岸速度加快，塌岸范围扩大。

4.其他因素

岸坡植被覆盖程度、自然地质现象、水文地质条件等都与塌岸带的形成和发展密切相关。库岸带良好的植被和库尾的淤积作用，可保护岸壁和减弱水库塌岸。风化作用、滑坡崩塌、地表水流的冲刷作用、冲沟、泥石流等自然地质现象都与塌岸带的形成和发展密切相关，在一定程度上加速了塌岸的过程。

（二）水库塌岸类型及稳定性分析评价

水库岸坡可划分为土质岸坡和岩质岸坡两大类，其破坏形式和稳定性的分析评价方法不同。

1.土质岸坡

土质岸坡多见于平原和山间盆地水库，主要由各种成因的土层、砂砾石层等松散堆积物组成。其破坏形式主要以塌岸为主，可分为风浪塌岸和冲刷塌岸。

风浪塌岸主要发生在水库库面宽阔、库水较深的地段。在库水浸泡和波浪冲蚀作用下，库岸首先形成内凹的浪蚀穴，然后引起上部岸坡的崩塌。

冲刷塌岸多发生在水库库尾地段，特别是上游有梯级水电站的情况。

2.岩质岸坡

岩质岸坡多出现在峡谷和丘陵水库，其破坏形式以滑坡和崩塌为主。近坝库岸（一般认为大致在距坝5 km 范围内）的高速滑坡可能激起翻坝涌浪，是库岸稳定性研究的重点。

滑坡的发生与岸坡的地形地质条件，例如坡面形态、排水条件、物质组成、岩体结构以及水文、气象等条件有密切关系。水库滑坡多属老滑坡复活,新生滑坡较少。

除滑坡外,岩质岸坡另一种常见的失稳是岩崩,多发生在岸坡陡峻、岩性坚硬、呈厚层状、岸坡卸荷裂隙发育的岩体中,尤其是当岸坡岩体结构呈上硬下软或下部有采空区的岸坡,极易产生大型岩崩。

(三)水库塌岸防治措施

水库蓄水后某一期限内以及最终的塌岸宽度、塌岸速度、形成最终塌岸的可能期限的预测,直接关系到水库移民数量、新居民点的建设、工矿企业、道路等设施迁移计划和库岸防护工程的兴建。预测的方法很多,包括计算法、图解法、类比法、试验法等。目前,我国对北京官厅水库、河南三门峡水库等黄土库岸和黄土质库岸进行了比较准确的塌岸预测工作,取得了较系统的观测资料。

预测塌岸时,一般以工程地质分析方法划分稳定和不稳定区。可以根据水面长度和风向、风速及其分布频率,采用经验公式计算浪高和浪爬高度,根据对蓄水前河岸边坡或相同岩性的其他水库边坡的调查,采用类比原则以及图解或计算方法,预测出最终塌岸范围;也有用波浪冲刷能量法预测塌岸范围的。

水库塌岸的防治是通过在塌岸段修造防护体,以减缓或阻止库水对岸坡的浪蚀作用。通常可以采用抛石、草皮护坡、砌石护坡、护岸墙、防波堤等措施。

四、水库浸没

水库蓄水后,引起库岸周围一定范围内地下水位抬升,当壅高后的地下水位接近或超出地面时,除地表水体形成淹没及移民损失外,还可能导致农田沼泽化、土地盐碱化、建筑物地基饱水恶化、地下工程和矿坑充水等不良后果,称为浸没。

(一)水库浸没的地质条件分析

产生水库浸没问题的条件及其影响因素是多方面的、复杂的,主要是库岸的地形地貌、岩土性质、水文地质条件。其次与水文气象、水库的运行管理,以及某些人为活动有关。

1.地形地貌

库区周边地区的地面高程和起伏变化是决定是否产生浸没及其范围的主要因素。地面高程低于或略高于水库正常蓄水位的盆地型水库边缘与山前洪积扇直接相接的地段,喀斯特地区暗河出口位于水库水位以下且暗河系统有大片的溶蚀洼地地区,平原型水库的坝下游、顺河坝或围堤或引水渠道的外侧地段,均易产生浸没。地面越是宽阔低平,则浸没范围越大。若研究地段与库岸之间有经常性水流沟谷,其水位相当于或高于水库正常蓄水位,则这种地段地下水位不受水库水位抬升的影响,不会产生浸没。

2.岩土性质

库岸带为透水岩层,易产生浸没。若库岸由相对不透水岩土体组成,或研究地段与库岸之间有连续完整的相对不透水层阻隔,则不致产生浸没。

3.水文地质条件

蓄水前地下水埋藏较浅,地下水排泄不畅,蓄水后地下水壅高,地下水补给量大于排泄量的库岸地段、封闭或半封闭的洼地、沼泽的边缘地带,易产生浸没。若水库蓄水前研究地区的地下水在水库边岸的露头已经高于水库正常蓄水位,或者是水库蓄水前研究区的地下水埋藏很深,地下水位与建筑物基底或植物根系的距离远大于水库水位升高值,则不会产生浸没。

(二)水库浸没问题的研究

对水库浸没问题的研究,大体遵循以下步骤:

(1)在水库区工程地质测绘基础上,针对可能浸没地段,选择代表性剖面进行勘探和试验,了解地质结构,各岩(土)层的性质、厚度、渗透系数、含盐量、给水度、毛管水饱和带高度,地下水类型、水位、水质及补给量等。

(2)通过计算、类比或模型试验提出地下水壅高值。

(3)会同有关单位调查并确定农田和工业建筑物的地下水临界深度。

(4)做出与水库正常蓄水位、持续时间较长的水位相对应的浸没范围和浸没程度预测图。由于地质条件的复杂性,地下水壅高值的计算结果与实际情况往往有出入,在确定浸没范围时,要留有安全裕度。

(5)选择典型地段,从水库蓄水时起即进行浸没范围地下水水位的长期观测,蓄水后,按已发生的浸没情况,根据当年最高蓄水位和持续时间,预测第二年浸没变化,以便及时采取措施,尽量减少浸没损失。

(三)水库浸没防治措施

对可能产生浸没的地段,根据分析计算及长期观测成果,视被浸没对象的重要性,采取必要的防护措施。浸没防治应从三方面予以考虑:一是降低浸没库岸段的地下水位,这是防治浸没的有效措施,对重要建筑物区,可以采用设置防渗体或布设排渗和疏干工程等措施降低地下水位;二是采取工程措施,可以考虑适当降低正常高水位;三是考虑被浸没对象,例如可否调整农作物种类、改进耕作方式和改变建筑设计等农业措施。此外还有灌溉、排水工程措施相结合的综合防治方法。城镇工况的可能浸没区,主要采取防渗堵截或疏干排水等工程措施予以保护;农田可根据水、土、盐条件,采取工程与农业措施相结合的治理方案。

五、水库淤积

在多泥沙的河流上修建水库后,由于水流断面加大,坡降和流速大大减小,因此水库上游河流挟带的悬移质或推移质泥沙,除一部分可随洪水泄向下游外,绝大部分沉积在库底,造成水库淤积。粗粒沉积在上游,细粒沉积在下游,更细的散布于整个水库中,极细的可以悬浮于水中随库水泄出库外,但随着时间的推移,泥沙沉积的部位从库尾逐渐向坝前推进,直至均匀地分布于库底。

(一)研究水库淤积问题的重要性

当淤积层的渗透系数远小于库盆岩层的渗透系数时,水库淤积虽然能起到天然铺盖防渗的良好作用,但却使水库的库容大为减小,降低了水库调节径流的能力,有些淤积严重的水库将会在短期内失去大部分有效库容,缩短了水库的寿命,影响航运和发电,因而是有害的。我国北方黄土分布地区的水库淤积问题也很严重,例如黄河在全世界河流含沙量中名列前茅。因此,在多泥沙的河流上修建水库时,淤积问题非常突出,防止泥沙淤积是工程能否长期发挥效益的关键。

(二)水库淤积的固体径流来源问题

固体径流是指河水挟带的固体物质,包括悬移质和推移质。前者为悬浮于水中的细砂、粉砂和黏土,后者为被水流推动沿河底移动的粗砂和卵砾石等。

悬移质泥沙用水流的平均含沙量表示。我国南方河流的含沙量较小,为 $0.1 \sim 0.2$ kg/m^3,而北方河流含沙量则较高,尤其是黄河、泾河、渭河、无定河等流经黄土地区的河流,含沙量极高,多年平均含沙量均在 $35\ kg/m^3$ 以上。这类地区黄土和黄土类松软土广泛分布,厚度巨大,沟壑发育,暴雨集中,森林和草原遭到破坏,由于盲目开垦农田,冲刷强烈,水土流失极为严重,造成了河流很高的含沙量。

粗砂、砾石等推移质颗粒主要来自松散碎屑堆积物,例如崩落、剥落的岩堆、滑坡、基岩破碎风化严重地段、泥石流地段、水库塌岸段。

所以,造成水库淤积的固体径流来源问题与地区的地质结构、地貌条件和动力地质作用等有关系。确定固体径流来源可为分析水库淤积量提供依据。

(三)水库淤积防治措施

加强上游各支流的水土保持工作,整治冲沟、植树造林及建拦沙坝,加固库岸,排洪蓄清和异重流排沙等是减少水库淤积的主要措施。

由于目前国家已开展全面的水土保持工作,在易于形成水土流失的地区,修梯田、打坝淤地、大面积植树造林、种草,在水利枢纽建设中,增设清淤排沙工程(例如在坝身留底孔,或布置大孔口排沙隧洞)等,对于控制水库进沙量,防治水库淤积,均是行之有效的措施。

在水库调度中,科学运行管理对改善淤积情况也有一定的作用,例如部分工程采用的"两蓄一泄"——冬春蓄水保夏灌,汛末蓄水保秋灌,汛期泄空防洪淤,以及缓洪排沙、异重流排沙、泄空冲沙等,均能取得较好的效果。

六、水库诱发地震

水库蓄水后,库区及其邻近地带地震活动明显增强的现象称为水库诱发地震,又称水库地震。它是人类兴建水库的工程建设活动与地质环境中原有的内、外应力引起的不稳定因素相互作用的结果,是诱发地震中震例最多、震害最重的一种类型。

水库诱发地震的特点有:地震震级小,震源浅,但震中强度偏高;空间分布上震中大部分集中在库盆和距库岸 $3 \sim 5\ km$ 以内的地方,少数主震发生在大坝附近,大部分是在水库中段甚至在库尾;时间分布上存在着十分复杂的现象,初震往往出现在水库开始蓄水后不久,地震高潮和大多数主震发生在蓄水初期 $1 \sim 4$ 年内;震型通常为前震—主震—余震型,与构造地震相比,余震衰减率缓慢得多;强和中强的水库诱发地震多数情况下都超过了当地历史记载的最大地震;发生诱发地震的水库在水库工程总数(坝高大于 $15\ m$)中所占比例不足 0.1%,但随着坝高和库容的增大,比例明显增高。中国 $100\ m$ 以上大坝和 $100\ 亿\ m^3$ 以上库容水库中发震比例均在 30% 以上,超过世界平均水平。

根据成因类型,水库诱发地震可分为构造型水库诱发地震、岩溶型水库诱发地震、地表卸荷型水库诱发地震和混合型等。水库诱发地震的主要影响因素有库水深度、构造应力环境、断层活动性、岩性以及水文地质结构面的发育规模和透水深度等。

第三节　水工建筑物工程地质

一、水工建筑物工程地质条件

水工建筑物主要由三大部分组成:挡水建筑物(坝、闸)、泄水建筑物(溢洪道、泄洪洞、排沙洞等)及取水输水建筑物(隧洞、管道及渠系建筑物等),其中挡水建筑物的拦河大坝或闸是主要建筑物。此外,水电站厂房、航运船闸、鱼道等为附属建筑物。通常将建筑物的综合体,称为水利枢纽。

工程地质条件是一个综合性概念,可理解为与工程建筑有关的地质因素的综合。一般认为,它包括工程建筑地区的地形地貌、岩土类型及工程地质性质、地质结构、水文地质条件、物理地质现象、地质物理环境(例如地应力及地热等)、天然建筑材料等 7 个方面。

(一)地形地貌

地形是指地表形态、高程、地势高低、山脉水系、自然景物、森林植被,以及人工建筑物等,常以地形图予以反映。地貌主要指地表形态的成因、类型以及发育程度等,常以地貌图予以反映。地形地貌是相互关联的,但都受地区的岩性和地质构造条件所控制。河流地带的地形地貌条件往往对坝址选择、坝型选择、枢纽布置、施工方案选择等,都有直接影响。如拱坝要求坝址两岸谷坡规整对称,最好为坚硬完整的基岩山体;土石坝要求坝址地区应有布置溢洪道的地形条件。

(二)岩土类型及工程地质性质

岩土类型及工程地质性质对建筑物的稳定性、技术上的可行性、经济上的合理性有着极为重要的作用。例如坝基,基本上可分为两大类:岩基坝基和土体坝基(简称为岩基与土基),一般情况下岩基的工程性质比土基好,在岩基上可以修建高坝、混凝土坝,水利枢纽多采用集中式布置方案;而在土基上,则可以修建低坝、土石坝,水利枢纽多采用分散式布置方案。

(三)地质结构

地质结构包括地质构造(褶皱和断裂构造)和岩土体结构。地质结构是水利工程建设的决定因素,它对工程建筑物的稳定有很大影响,例如坝址的选择、工程建筑物的布置都应考虑地质构造和岩体结构的不利因素。

(四)水文地质条件

水文地质条件一般包括地下水类型,含水层与隔水层的埋藏条件、组合关系、空间分布规律及特征,岩层的水理性质,地下水的运动特征(流向、流速、流量)、动态特征(水位、水温、水质随时间变化规律)以及水质、水文评价等。水文地质条件好坏直接关系到水库是否漏水、坝基是否稳定以及地下水资源评价是否可靠等一系列工程建设问题。

(五)物理地质现象

自然地质现象如滑坡、泥石流、崩塌、岩溶、地震、岩石风化、冲沟等不利因素直接影响工程建筑物的稳定、安全、经济和正常运行。在水利水电工程建设中,对大坝区附近及水库区的自然地质现象,要求在工程地质勘察时进行充分的调查和研究,对影响大坝或水库安全的应采取有效措施,进行处理或整治。

(六)地质物理环境

地质物理环境包括地应力及地热条件等。地应力主要是在重力和构造运动综合作用下形成的,有时也包括岩体的物理、化学变化及岩浆侵入等作用形成的应力。地应力的大小、方向和分布、变化规律除与地震和人类活动密切相关,影响到工程场地的区域稳定性外,还对工程建筑的设计和施工有直接影响。在水利工程施工时,由于地应力的存在常引起基坑、边坡、地下工程开挖面产生卸荷回弹和应力释放变形破坏现象,例如基坑底部隆起、基坑边坡滑移、地下洞室侧墙的变形、岩爆等。

（七）天然建筑材料

水工建筑材料主要有砂砾石、土、碎石及块石料等。砂砾石料主要用作混凝土骨料，或用作土石坝体的填筑材料；黏土主要用作土坝坝体材料，或用作防渗墙、围堰、堤防等；碎石及块石料，用作堆石坝、砌石坝、土石混合坝材料，以及混凝土坝的填石料。在水利工程建筑中，天然建筑材料的用量相当大，特别是当地材料坝基本上都是土石方工程，所以天然建筑材料的数量、质量及开采运输条件，直接关系到坝址、坝型的选择，工程造价，工期长短。因此，天然建筑材料是工程地质条件评价的主要内容，有时甚至可以成为工程决策的决定因素。

以下简要介绍坝、边坡、地下洞室以及渠道的工程地质条件。

二、坝

大坝坐落在岩土体地基上，承受了巨大垂直压力和水平推力。坝基可能由于变形或滑动破坏坝体的稳定；与此同时，由于水库蓄水坝的上下游形成了水头差，会引起坝基岩土体渗透变形破坏等，以降低坝基的强度和稳定性。坝与地质环境间的相互作用，使得大坝的修建十分复杂，不仅要求大坝本身的结构强固，尤其要求坝基与坝肩具有足够的坚固性和稳定性。

（一）不同坝型对地形、地质的要求

1. 土石坝

土石坝又称当地材料坝，根据材料不同可分为土坝、砌石坝及土石混合坝。土坝对地基的要求较低，除有活断层和大的顺河断层、巨厚强透水层、压缩变形强烈的淤泥软黏土层、膨胀崩解较强黏土层、强震区存在较厚的粉细砂层等不利条件外，一般均可修建。土坝坝体属于塑性坝体，可适应一定的地基变形；塑性心墙或斜墙坝的适应性更强，特别是抗震性能比其他坝型都好。由于土坝的坝顶不能直接溢流，因此在坝址选择时，需要考虑有利于溢洪道布置的地形地貌条件。另外，需要在坝址附近分布天然建筑材料料场。

堆石坝用当地石料筑成，并用防渗料作心墙或斜墙。堆石坝同土坝一样，坝顶一般不溢流。堆石坝对地基变形的适应性能较好。砂卵石、砂土及黏性土地基上均可修建，但需要对坝基做防渗处理。对于岩石坝基要注意整体性，要适当处理大裂缝、断层和破碎带。

2. 重力坝

重力坝是一种常见的坝型，它的横断面近于三角形，用混凝土或浆砌石筑成。它体积大，重量大，主要依靠坝体自重与地基间摩擦角维持稳定，坝体坚固可靠，使用耐久。

重力坝对坝基的要求比土石坝高，大坝都建造在基岩上。要求坝基应具有足够的抗压强度以承受坝体的重量和各种荷载；坝基整体应具有足够的整体性和均一性，尽量避开大的断层带、软弱带、裂隙密集带等不良地质条件；坝基岩体应具有足够的抗剪强度，抵抗坝基滑动破坏；坝基岩体应具有足够的抗渗性能，抵抗坝基渗透变形破坏；坝基及两岸边坡要稳定等。

3. 拱坝

拱坝是一空间壳体结构，整体性好。平面上呈拱形，凸向上游，两端支撑在岸坡岩体上，它利用拱的作用，把水压力的大部或全部传递给两岸山体，以保持稳定。所有坝型中，拱坝

对地形、地质条件的要求最高。除考虑重力坝对地基的要求外,尚应考虑:两岸岩体应当完整坚硬而新鲜;坝基岩体要有足够整体性和均一性,以免发生不均匀沉降影响整个坝体产生附加应力,导致坝体破坏;要求拱端有较厚的稳定岩体;地形应是对称的 V 形或 U 形峡谷等。

4. 支墩坝

支墩坝是由倾斜的挡水面板部分和一系列支墩(大致呈三角形)组成的坝型,一般也由混凝土浇筑而成。上游水压力由面板传到支墩上,再经支墩传给地基岩体。根据挡水面板的形式,又可分为平板坝、大头坝、连拱坝及设有基础板的平板坝等。

支墩坝对地形地质条件的要求,介于拱坝和重力坝之间。支墩所在的地基岩体要坚固。支墩坝适于宽阔的河谷地形,但支墩之间不允许不均匀沉降。

(二)坝基工程地质问题

坝基的工程地质问题包括坝区渗漏、坝基渗透变形、坝基抗滑稳定以及坝基的沉降与承载力等。

1. 坝区渗漏

坝区的渗漏包括坝基渗漏和绕坝渗漏,其产生原因是水库蓄水以后,坝上、下游形成一定的水位差,使库水在一定的水头压力作用下,通过坝基或坝肩的渗漏通道向河谷下游渗漏。渗漏通道是指具有较强透水性的岩土体,可分为透水层、透水带和透水喀斯特管道。长期大量的坝区渗漏会导致水库蓄水量减少,甚至水库不能蓄水;同时渗流水流会引起坝基潜蚀和渗透变形,危及大坝安全。

对坝区渗漏问题的工程地质分析,主要是查明渗漏通道、渗漏通道连通性、渗透性指标,进行渗透量计算。

1)透水层

水工建筑中,通常以渗透系数(K)小于10^{-7} cm/s 为隔水层,大于此值的为透水层。透水层可分为第四系松散沉积层透水层和基岩透水层。第四系松散沉积层,包括河流冲积层、坡积层、残积层、崩积层及冰川沉积层等。此类地区坝区渗漏主要是通过古河道、河床和阶地内的砂、卵砾石层。河谷地带埋藏的古河道具有较厚的松散粗碎屑沉积物,常与现代河床平行或交角较小,是良好的渗漏通道。此外,山坡坡麓地带常有岩堆和坡积层,其孔隙大,当粗颗粒较多时,也是渗漏通道。

基岩透水层主要为胶结不良的砂岩、砾岩层,具气孔构造并且裂隙发育的玄武岩、流纹岩等,对基岩地区渗透通道分析,特别应注意河谷的地质构造。

2)透水带

透水带主要是断层破碎带和裂隙密集带,这是基岩中的主要渗漏通道。当断层破碎带和裂隙密集带比较宽大,破碎严重又无充填物或充填物较少时,其透水性很强烈。但与透水层相比,其宽度有限,且具有一定方向性,呈带状分布,因而得名透水带。透水带中的岩性不同,其透水性是有差别的。一般情况下,断层碎块岩为强透水,压碎岩为中等透水,断层角砾岩为弱透水或不透水,片状岩、糜棱岩、断层泥为不透水,可看作相对隔水层。

3)喀斯特管道

坝区为可溶性岩石时,通常可能发育喀斯特物理地质现象。在岩体中产生溶洞、暗河以及溶隙等相互连通而构成喀斯特渗漏管道,可能造成严重的坝区渗漏。这类渗漏管道的透水性极不均匀,渗透边界条件比较复杂。

2.坝基渗透变形

渗透变形指坝基岩土体在渗透水流作用下,某些颗粒移动或颗粒成分、结构发生改变的现象。渗透变形可引起坝基土体强度降低,渗透性增大,严重的渗透变形不仅影响工程效益,而且危及大坝稳定。

渗透变形的类型主要有管涌、流土、接触冲刷和接触流失四种类型。

1)管涌

管涌是指土体内的细颗粒或可溶成分由于渗流作用而在粗颗粒孔隙通道内移动或被带走的现象,又称为潜蚀作用,可分为机械潜蚀、化学潜蚀和生物潜蚀。管涌可以发生在坝闸下游渗流逸出处,也可以在砂砾石地基中。在基岩地区,若岩体中裂隙被可溶盐充填,或裂隙充填物为可溶盐胶结时,可因地下水的化学溶蚀作用和渗漏动水压力的作用,形成渗透通道,即化学潜蚀。此外,穴居动物(如各种田鼠、蚂蚁等)有时也会破坏土体结构,若在堤内外构成通道,亦可形成管涌,称为生物潜蚀。

2)流土

流土是指在上升的渗流作用下,局部黏性土和其他细粒土体表面隆起、顶穿或不均匀的砂土层中所有颗粒群同时浮动而流失的现象。一般发生于以黏性土为主的地带。坝基若为河流沉积的二元结构土层组成,特别是上层为黏性土,下层为砂性土地带,下层渗透水流的动水压力如超过上覆黏性土体的自重,就可能产生流土现象。这种渗透变形常会导致下游坝脚处渗透水流出逸地带出现成片的土体破坏、冒水或翻砂现象。

3)接触冲刷

接触冲刷是指渗透水流沿着两种渗透系数不同的土层接触面或建筑物与地基的接触流动时,沿接触面带走细颗粒的现象。

4)接触流失

接触流失是指渗透水流垂直于渗透系数相差悬殊的土层流动时,将渗透系数小的土层中细颗粒带进渗透系数大的粗颗粒土的孔隙的现象。

3.坝基抗滑稳定

坝基岩体的抗滑稳定是指坝基岩体在建坝后的各种工程荷载作用下,抵抗发生剪切滑动破坏的性能。它是混凝土坝,特别是重力坝工程地质勘察和设计研究的主要地质问题。

一般情况下,重力坝坝身比较坚固,很少有坝身受到剪切滑动破坏的坝,但是坝基岩体则不然,多数坝基存在岩体风化、软弱夹层、断层破碎带、地下水等不利地质条件,在不利条件组合下易引起坝基滑动。重力坝坝基滑动破坏形式有三种:表层滑动、浅层滑动和深层滑动。

1)表层滑动

表层滑动是沿坝体底面与坝基岩体的接触面发生的剪切破坏现象。一般发生在坝基岩体坚硬、均匀、完整,无控制滑动的软弱结构面,岩体强度远大于坝体混凝土强度的条件下。此时,坝体混凝土与岩体接触面常成为薄弱而有滑动可能的面,如图1-3-1(a)所示。

2)浅层滑动

浅层滑动的发生主要是坝基岩体软弱、风化岩层清除不彻底,或岩体比较破碎、岩体本身抗剪强度低于坝体混凝土与基岩接触面的强度而引起,即滑动面位于坝基岩体浅部,如

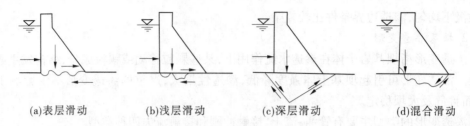

(a)表层滑动　　　(b)浅层滑动　　　(c)深层滑动　　　(d)混合滑动

图 1-3-1　坝基滑动形式示意图

图 1-3-1(b)所示。一般国内较大型的混凝土坝对坝基处理要求严格,故浅层滑动不作为控制设计的主要因素。而有些中小型水库,坝基发生事故常是由于清基不彻底而造成的。

3)深层滑动

深层滑动发生于坝基岩体深部。当坝基岩体深部存在特别软弱的可能滑动面时,坝体连同一部分基岩沿深部滑动面产生剪切滑动,如图 1-3-1(c)所示。这类滑动的形成条件比较复杂,是坝基工程地质中要重点研究和预测的问题。

此外,有时还会出现上述几种滑动类型组合而成的混合滑动类型,如图 1-3-1(d)所示。

4. 坝基沉降与承载力

大坝所承受的各种荷载,连同坝体的自重,最后都要由坝基承担。坝基的稳定除渗透稳定和抗滑稳定外,还有坝基的沉降变形和强度问题。坝基的变形通常有两种方式:垂直变位和角变位,如图 1-3-2 所示。对于拱坝来说,应是垂直于拱端坝肩岩面的变位。当坝基由均质岩层组成时,坝基的变形(沉降)往往也是均匀的,如图 1-3-2(a)所示。当坝基由非均质岩层组成,且岩性差异显著时,则将产生不均匀变形,如图 1-3-2(b)所示。如果变形量特别是不均匀变形量超过了允许变形量,则坝基将会产生破坏,进而导致坝体裂缝,甚至失稳。因此,在进行坝址坝轴线选择时,应尽量选择均质岩体作为坝基,坝基的变形量要小于坝的设计要求,但自然界地质体性质多变,完全为均质的坝基几乎是没有的。这就要求对坝基进行工程地质试验或观测,以便分析研究坝基变形和承载力变化规律,采取有效地基处理措施,保证坝基稳定。

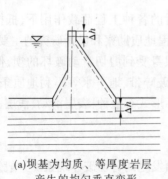
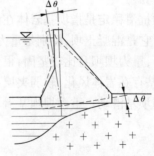

(a)坝基为均质、等厚度岩层　　　　(b)坝基为非均质、不等厚度岩层
　　产生的均匀垂直变形　　　　　　　　产生的不垂直变形

图 1-3-2　坝基沉降变形方式

坝基的沉降变形,从坝体施工开始,一直持续到大坝建成、水库蓄水后的一个相当长的时间。一般坝基为坚硬岩石或砂卵石时,坝基沉降变形持续时间短,在大坝建成和水库蓄水

后不久就趋向稳定,但当坝基为软弱岩石,特别为软土时,其沉降变形时间可持续很长。坝基的沉降变形,一方面取决于坝高和坝型,另一方面也取决于坝基岩土体的变形性质。一般混凝土坝,特别是拱坝,整体性刚度较大,坝基断面较小,坝体应力集中传递到坝基或坝肩岩体上。而土石坝是松散结构,坝底断面较大,坝基应力相对较小,故在相同的坝高和相同的地质条件下,前者的变形量会比后者大。此外,地质条件不同时,即使是同等坝高和同一坝型,其变形量也不尽相同。

基岩坝基承载力,一般认为对于裂隙较少的坚硬岩基的承载力是不成问题的。相反,对于整体性较差,不够坚硬的岩基应进行承载力的验算和试验。基岩坝基承载力,通常是根据岩块单轴饱和极限抗压强度,结合岩体裂隙发育程度,折减后作为基岩坝基的承载力。

(三)坝基处理措施

坝基处理的目的在于提高坝基的强度和稳定性,以满足大坝对地基在承载力和变形、渗透和渗透稳定、抗滑稳定、边坡稳定等方面的要求。坝基处理方法随地而异,与坝型、工程等级、坝基工程地质条件、施工条件等因素有关。通常包括开挖清基、岩土体的加固、防渗和排水以及改变建筑物结构形式等方法。

1. 开挖清基

开挖清基,就是将坝基表部的松软土层、风化破碎岩体或浅部的软弱夹层等开挖除掉,使坝体位于比较坚实的土层或坚硬完整的岩体上。

清基对于保证水工建筑物的稳定是一项重要的工作。根据建筑物的类型和等级的不同,有不同的要求。

对于混凝土高坝或重要的水工建筑物,清基要求达到坚硬、新鲜、渗透性很小的基岩,并应挖成一定的反坡,以提高坝基的抗滑能力。

对于中等高度坝或低坝(混凝土坝),常常可以不必清到新鲜基岩,只要各种力学指标能够满足抗滑稳定要求,有时可以只清到轻微风化带。如果岩石是坚硬的、只因裂隙切割使其力学性质降低,为避免清基过深,可以考虑采取其他加固措施,以提高坝基的抗滑稳定性。

中小型土坝一般不要全部清基,除地基中存在有压缩性大、抗剪性能很低的软弱土层,如淤泥、高塑性软黏土、流沙、腐殖土等必须清除外,其他稳定性较好的砂砾层、密实的黏土层等则可不必清除。

坝基具体开挖深度,应根据坝基的应力、岩土体的力学指标、地基的变形和稳定性,结合上部结构对坝基的要求以及坝基处理效果、工期、费用等经过技术经济比较确定。

2. 岩土体的加固

岩土体的加固措施主要有固结灌浆,锚固,断裂破碎带的槽、井、洞挖回填处理,以及桩基加固等。

1)固结灌浆

固结灌浆就是在坝基中用钻孔进行浅层灌注水泥浆,使水泥浆或其他胶结材料填充岩体裂隙,使之连成整体。通过固结灌浆可以改善岩体力学性能,提高岩体变形指标和承载力,加强岩体完整性和均一性,凡经过固结灌浆可以处理的岩体,则可以不予挖除,从而减少开挖量。

灌浆设计要根据坝基的地质特点进行,事先应在典型地段进行灌浆试验,以便正确确定灌浆的施工工艺及各种技术参数。灌浆孔一般按梅花形布置,孔距视浆液扩散的有效范围而定,通常为 2~3 m。孔深根据加固岩体的要求而定,一般不大于 15 m。

2)锚固

锚固是用钻孔穿过控制岩体的滑移的软弱结构面,深入至坚硬、完整岩体一定深度,插入预应力钢筋或钢缆,钻孔中回填水泥砂浆封闭,以增强岩体稳定的一种加固措施。

3)断裂破碎带的槽、井、洞挖回填处理

对高倾角的断裂破碎带或埋藏较深的软弱夹层,因无法彻底清除,通常采用槽、井或洞挖的方式,将一定范围的软弱破碎物质清除,然后回填混凝土,以增强地基的稳定性和防渗能力。当缓倾角的断裂破碎带埋藏较浅时可全部挖除,回填混凝土。

4)桩基加固

桩基加固是一种用打桩来加固软土地基的方法。桩基有两类,一类是支承桩,其下端直接支承在硬土层上;另一类是摩擦桩,桩身仍在软土层中,利用桩身的表面摩擦作用将建筑物的重量传到四周土层上。由于所需材料较多,施工期长,故使用上受到限制。

3. 防渗和排水

坝基渗流控制是指为了减少通过坝基的渗漏损失、防止坝基岩土体产生渗透变形破坏而采取的防渗排水措施。坝基渗流的控制方法主要有截水槽、混凝土防渗墙、帷幕灌浆、铺盖、回填混凝土、坝基排水等。

1)截水槽

对覆盖层厚度较薄、基岩埋藏较浅(一般不超过 20 m)的坝基,可以将截水槽挖至不透水层或基岩面,然后向槽内回填黏土或其他防渗土料并压实。在基岩裂隙密集处用混凝土填塞处理。对于较高的坝,在岩面上还要浇筑混凝土盖板,以免上部填充的土料和裂隙接触,产生集中渗流冲刷破坏填土。

2)混凝土防渗墙

混凝土防渗墙可在坝基现场凿空,就地浇筑。它是防治深厚砂砾石地基渗透变形的有效措施。

3)帷幕灌浆

当坝基透水层很厚、混凝土防渗墙难以达到隔水层时,可用帷幕灌浆或上墙下幕的方法进行处理。帷幕灌浆的主要作用是:可以减少坝基和绕坝渗漏,防止其对坝基及两岸边坡稳定产生不利影响;在帷幕和坝基排水的共同作用下,帷幕后坝基面渗透压力降至允许值之内;防止在软弱夹层、断层破碎带、岩石裂隙充填物以及抗水性能差的岩体中产生渗透变形。

4)铺盖

铺盖指在坝上游设置水平铺盖,其作用主要是延长渗径,把渗流坡降控制在允许范围以内,以防止地基土发生渗透变形。

5)回填混凝土

回填混凝土指挖除一定深度的破碎软弱岩体后再回填混凝土的处理措施。

6)坝基排水

采用上述各种防渗措施的透水坝基,有时在下游仍有超过允许值的水力坡降,需要采取排水措施。对于良好的坝基,在帷幕下游设置排水设施,可以充分降低坝基渗透压力并排除渗水;对于地质条件较差的坝基,设置排水孔应注意防止渗透变形破坏。为降低岸坡部位渗透压力,保证岸坡稳定,一般在岸坡坝段的坝体内设置横向排水廊道,并向岸坡内设置排水孔和专门排水设施,使渗水尽量靠近基础面排出坝体。

对于砂砾石坝基,在防渗的同时,在下游也常采用排渗沟和减压井并进一步降低剩余水头压力,确保大坝安全。

常见的排水措施有排水垫层、排水沟,当表层有较厚的黏性土时,则采用减压井深入到强透水层中进行排水减压,以防止渗流在地表或坝坡逸出,在采用排水措施的渗流出逸段,均需采用反滤保护措施,以防止渗流对地基造成破坏。

4.改变建筑物结构形式

如果采取上述措施还不能满足要求,也可以适当改变建筑物的结构形式,以适应坝基的地质条件。如改变坝型、加大坝体断面、扩大基础、设立支撑墙、增加压重、坝肩加设重力墩、预留沉降缝、降低坝高、移动坝轴线、坝轴线拐弯等。这类方法包括增大坝体、放缓边坡、加深齿墙、延长上游防冲板或护坦以增大垂直荷载,以及预留沉陷缝以消除不均匀沉陷的危害等。

三、边坡

边坡是指岩土体表面具有侧向临空面的地质体,包括自然边坡和人工边坡。自然边坡是指在自然地质作用下形成的山体斜坡、河谷岸坡、海岸陡崖等天然斜坡。人工边坡是指人类工程活动形成的规模不同、陡缓不等的斜坡,例如道路工程中的路堤边坡、房屋桥梁工程的基坑边坡、露天矿山边坡,水利水电工程中运河渠道边坡、船闸和溢洪道边坡、引水隧洞进出口边坡、土石坝边坡及坝肩边坡等。

(一)边坡变形与破坏的类型

1.松弛张裂

松弛张裂是指当边坡侧向应力减弱之后,由于卸荷回弹而出现张开裂隙的现象。一般在多层卸荷裂隙发育的情况下,往往在边坡形成松弛张裂带,这种表生结构面及岩体,通常称为卸荷带。其发育深度与组成边坡的岩性、岩体结构特征、天然应力状态、外形以及边坡形成演化历史等因素有关。

松弛张裂的危害性在于其破坏了岩土体的完整性,进而破坏了其整体稳定性,可使大气降水、坡面地表水易渗入边坡内部,加剧了风化作用的强度,促使边坡进一步破坏。松弛张裂变形后,可导致倾倒、蠕动等其他变形。

2.蠕动

边坡的蠕动是在坡体应力(以自重应力为主)长期作用下,向临空面方向发生的一种缓慢变形现象。这种变形包含某些局部破裂,并产生一些新的表生破裂面。蠕动可分为表层蠕动和深层蠕动两种类型。

表层蠕动主要表现为表部岩体发生的弯曲变形。在脆性岩层中,例如石英岩、砂岩、花岗岩等一般是沿着已有的滑动面或绕一定的转点,向临空面方向长期缓慢地滑动或转动,使岩块发生滑动或扭转,但岩块本身的形态不发生显著的变化,仅岩块之间相对位置发生变化或出现岩块之间拉裂现象,严重的甚至发生倒转破裂、倾倒。

深层蠕动是指在埋深较大的较坚硬岩层之间存在软弱岩层,沿软弱岩层产生的长期缓慢蠕动变形。其表现为上部硬岩层出现张裂隙及不均匀沉陷等,软岩层则向外挤出,当蠕动进一步发展并在裂隙水、震动等外部因素影响下导致边坡破坏。

3. 崩塌

崩塌是指在陡坡地段的边坡上,岩土体被多组张裂缝和节理裂隙分割,因受重力作用突然脱离母体,倾倒、翻滚坠落于坡脚的现象,包括小规模块石的坠落、倾倒块体的翻倒和大规模的山(岩)崩。崩塌体通常破裂成碎块堆积于坡脚,形成具有一定天然休止角的岩堆。

4. 滑坡

滑坡是边坡岩土体在重力作用下,沿贯通的剪切破坏面(带)整体滑动破坏的现象,主要是以水平运动为主的变形,这也是滑坡区别于其他斜坡变形的主要标志和特征。滑坡是边坡破坏中危害最大、最常见的一种变形破坏形式。一般在山区和黄土高原区分布较广泛,规模较大。

(二)影响边坡稳定性的因素

1. 岩土类型和性质的影响

不同的岩层组成的边坡,其变形破坏也有所不同,在黄土地区,边坡的变形破坏形式以滑坡为主;在花岗岩、厚层石灰岩、砂岩地区则以崩塌为主;在片岩、板岩、千枚岩地区则往往产生表层挠曲和倾倒等蠕动变形;在碎屑岩及松散土层区,则产生碎屑流或泥石流等。岩性不但对边坡的稳定起控制作用,而且对边坡的坡高和坡角也起重要的控制作用。

2. 地质构造和岩体结构的影响

在区域构造复杂、褶皱比较强烈、新构造运动比较活跃的地区,边坡稳定性差。断层带岩石破碎,风化严重,又是地下水最丰富和活动的地区极易发生滑坡。岩层和结构的产状对边坡稳定也有很大影响,水平岩层的边坡稳定性较好,但如存在陡倾的节理裂隙,则易形成崩塌和剥落。

3. 风化作用

边坡岩土体每时每刻都在发生物理化学风化和生物风化作用,物理化学风化作用使边坡岩体产生裂隙,黏聚力遭到破坏,促使边坡变形破坏。生物风化作用使边坡岩体遭受机械破坏(例如裂隙中树根生长促发边坡岩体崩塌),或岩体被分解腐蚀破坏。

4. 水的作用

地表水和地下水是影响边坡稳定性的重要因素。不少滑坡的典型实例都与水的作用有关或者水是滑坡的触发因素。处于水下的透水边坡将承受水的浮托力的作用,而不透水的边坡,坡面将承受静水压力;充水的张开裂隙将承受裂隙水静水压力的作用;地下水的渗流,将对边坡体产生动水压力。水对边坡岩土体还产生软化或泥化作用,使岩土体的抗剪强度大为降低;地表水的冲刷、地下水的溶蚀和潜蚀也直接对边坡产生破坏作用。不同结构类型的边坡,有其自身特有的水动力模型(指在水的动力作用下,岩土体破坏的模式)。

5. 地震作用的影响

地震对边坡稳定性的影响表现为累积和触发(诱发)等两方面效应。

边坡中由地震引起的附加力 S 值的大小,通常以边坡变形体的重量 W 与地震振动系数 k 之积表示($S = kW$)。在一般边坡稳定计算中,将地震附加力考虑为水平指向坡外的力,但实际上应以垂直与水平地震力的合力的最不利方向为计算依据。滑坡体总位移量的大小不仅与震动强度有关,也与经历的震动次数有关,频繁的小震对斜坡的累进性破坏起着十分重要的作用,其累积效果使影响范围内岩体结构松动,结构面强度降低。

触发(诱发)效应可有多种表现形式。在强震区,地震触发的崩塌、滑坡往往与断裂活动相联系。

6.地形地貌

地形地貌与自然边坡稳定性有一定的关系。边坡潜在不稳定的地形地貌有:临空面多的山体;陡坡、陡崖、阶地前缘地带;易受水流冲刷和淘蚀的河流凹岸地带;易汇水的山间缓坡地带;泉水出露地带;山坡表面有裂缝地段等。通常地形变化越大,坡度越陡,对边坡的稳定越不利。

7.植被作用

植被在很多方面有利于边坡的稳定,例如树木根系起加筋作用,提高边坡表土的抗剪强度;树木的蒸腾作用和树叶的拦截作用,减少或延缓雨水的入渗,防止土体过度饱和或饱和时间过长等。但是,植被特别是高大树木,有时对边坡稳定不利,例如在风力作用下,树根上拔边坡土体,另外树根生长和腐烂可增大地下孔隙,地表水易沿孔隙入渗等。

8.工程荷载条件及人为因素

在水利水电工程中,工程荷载的作用影响边坡的稳定性。例如,拱坝坝肩承受的拱端推力、边坡坡顶附近修建大型水工建筑物引起的坡顶超载、压力隧洞内水压力传递给边坡的裂隙水压力、库水对库岸的浪击淘刷力、为加固边坡所施加的力如预应力锚杆所加的预应力等都影响边坡的稳定性。工程的运行也可能间接地影响边坡的稳定,例如引水隧洞运行中的水锤作用,使隧洞围岩承受超静水荷载,引起出口边坡开裂变形等。此外,坡角人工开挖、爆破、水库蓄水、植被破坏等均可影响边坡的变形与破坏。

(三)边坡变形破坏的防治措施

边坡的治理应根据工程措施的技术可能性和必要性、工程措施的经济合理性、工程措施的社会环境特征与效应,并考虑工程的重要性及社会效应来制订具体的整治方案。防治边坡变形和破坏的目的在于消除其危害性,依据防治原则,能避开的尽量避开,能预防的尽量预防。对于不能避开的,或施工开挖后出现的不稳定边坡,做到一次根治,不留后患。

不稳定边坡的防治原则为以防为主,及时治理。常用的防治措施可归纳如下。

1.防渗与排水

1)防止地表水入浸到滑坡体

地表防渗和排水的目的是把滑坡区以外的来水截排,不使其流入滑坡区,滑坡区以内的降水及地下水露头(泉水、湿地及其他水体)通过人工沟渠排出滑坡区,减少其对边坡稳定性的影响。

地表排水系统包括滑坡区以外的山坡截水沟、滑坡区内的树枝状排水沟及自然沟的疏通和铺砌等,形成一个统一的排水网络,如图1-3-3所示。

对滑坡区以外的山坡截水沟,应布设在滑坡可能发展扩大的范围以外至少5 m处,以免滑坡滑动,滑坡体范围扩大,破坏截水沟,致使截水沟内水集中灌入滑坡后缘裂缝,加速滑坡的发展。

在滑坡区内,首先采取填塞裂缝和消除地表积水洼地,然后在滑坡体上设置不透水的树枝状排水沟。主沟方向应尽量与滑坡体的主滑方向一致,或充分利用滑坡体内外的自然沟,把滑坡区内的地表水排至区外,防止地表水的下渗。另外,也可采取种植蒸腾量大的树木等措施。

2)对地表水丰富的滑坡体进行排水

排水的目的主要是截断补给滑坡带的水源,或排出滑坡体内的地下水,降低地下水位,减少滑坡带内土的孔隙水压力,提高其抗剪强度。

地下水排水工程依据不同滑坡地下水分布和补给情况,常用的措施有:设置截水沟和排水隧洞;在滑坡体内设仰斜(水平)排水孔、垂直钻孔排水、虹吸排水、支撑盲沟、排水廊道等,如图1-3-4所示。

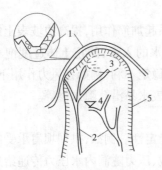

1—截水沟;2—树枝状排水沟;
3—积水洼地;4—泉;5—滑坡体
图1-3-3　排水沟示意图

图1-3-4　排水廊道示意图

2.削坡减重或反压

削坡减重是指在滑坡体的上部牵引段和部分主滑段(即产生剩余下滑力的部分)挖去一部分岩土体,以减少滑坡重量和滑坡推力的工程措施。减重设计的方量和坡形,应以不影响上方边坡的稳定为原则,但削坡一定要注意有利于降低边坡有效高度并保护抗力体(见图1-3-5、图1-3-6)。削坡减重形成的坡面,也应有排水措施、必要的防护及绿化措施。

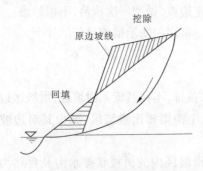

图1-3-5　削坡处理示意图

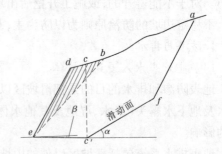

图1-3-6　错误的削坡方法

反压就是在滑坡体的前缘抗滑段及其以外填筑土石,增加抗滑力的工程措施。将滑坡体上部减重的土石方,移填到其前缘抗滑段进行反压,既降低下滑力,又增加了抗滑力,有利于增加边坡的稳定性,是最为经济和有效的治理措施。

3.修建支挡工程

修建支挡工程主要是提高不稳定边坡的抗滑力,采取的工程措施主要有修建抗滑挡土墙、布设抗滑桩等。

抗滑挡土墙主要是在不稳定边坡岩土体下部或滑体前缘,修建挡土墙或支撑墙,靠挡土墙本身的重量支挡坡体的剩余下滑力(见图 1-3-7)。按建筑材料和结构形式的不同,一般可分为浆砌石挡土墙、混凝土或钢筋混凝土挡土墙等。

抗滑桩是将桩穿入滑动面(带)以下稳定的地层中,以平衡滑坡的剩余推力,使滑坡稳定的一种结构物。一般设置在滑坡前缘的抗滑段,并在垂直滑坡的主滑方向成排布设(见图 1-3-8)。抗滑桩按桩身材料可分为木桩、钢管桩、水泥搅拌桩、混凝土或钢筋混凝土桩等。

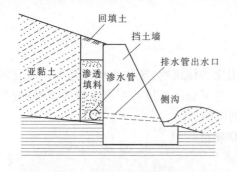

图 1-3-7　具有排水措施的挡土墙

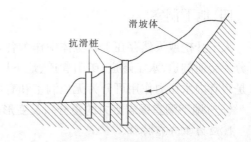

图 1-3-8　抗滑桩布设图

抗滑桩的优点是:①抗滑能力大;②施工安全、方便、省时,对滑坡稳定性扰动小;③桩位灵活;④能及时增加抗滑力,保证滑坡的稳定。抗滑桩技术在国内外得到了广泛的应用,特别是多排桩联合使用,使大中型滑坡也可以治理。

4. 锚固

锚固是指利用预应力锚杆和锚索将边坡不稳定的岩体加固起来,形成一个整体,借以稳定边坡。锚固主要应用于防治岩质边坡的变形和破坏,是一种有效治理崩塌和滑坡的工程措施。

锚固的具体方法是先在不稳定岩体上钻孔,钻孔深度达到滑动面以下坚硬完整的岩体中,在钻孔中插入锚杆或预应力钢筋、钢索,然后用混凝土或砂浆封闭钻孔(见图 1-3-9),以提高边坡岩体抗崩塌、抗滑动的能力。

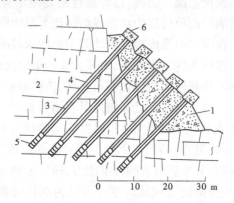

1—混凝土挡墙;2—裂隙灰岩;3—预应力锚索;

4—锚固孔;5—锚索锚固端;6—混凝土锚墩

图 1-3-9　某边坡锚固示意图

5.其他措施

除上述防治措施外,对易风化的岩质边坡,护面通常采用喷素混凝土,或先打砂浆锚杆,再挂网,然后喷素混凝土即喷锚支护。其目的是保护坡面、防止掉块及地表水入渗等。

上述边坡变形破坏的防治措施,应根据边坡变形破坏的类型、程度及其主要影响因素等,有针对性地选择使用。实践证明,多种方法联合使用,处理效果更好,例如常见的锚固与支挡联合使用、喷混凝土护面和锚固联合使用等。

四、地下洞室

人工开挖或天然存在于岩土体中作为各种用途的构筑物,统称为地下建筑。按其用途可分为交通隧道、水工隧道、矿山巷道、地下厂房、地下仓库及地下军事工程等类型;按其内壁是否有内水压力作用可分为无压洞室和有压洞室两类。

(一)地下洞室围岩应力的重分布及变形破坏特征

1.应力重分布特征

地下洞室开挖前,岩体内的应力状态称为初始应力状态,即地应力状态,此时,岩体内的地应力处于静止平衡状态。开挖后,由于洞室周围岩体失去了原有支撑,围岩将向洞内产生松胀位移,从而引起洞周围一定范围内岩体的应力重新调整(应力大小和主应力方向发生变化),直至达到新的平衡,这种现象称为应力的重分布。这种应力重分布只限于洞室周围的岩体,通常将洞室周围发生应力重分布的这一部分岩体叫作围岩,而把重分布后的应力状态叫作围岩应力状态或二次应力状态。

直接影响围岩稳定的是二次应力状态,它与岩体的初始应力状态、洞室断面形状及岩体特性等因素有关。

洞室开挖后围岩的稳定性,取决于二次应力与围岩强度之间的关系。如果洞室周边应力小于岩体的强度,围岩稳定。否则,周边岩石将产生破坏或较大的塑性变形。地下洞室开挖后洞壁的切向应力集中最大,当围岩应力超过了岩体的屈服极限时,围岩就由弹性状态转化为塑性状态,形成一个塑性松动圈。但是,这种塑性松动圈不会无限扩大,因为随着距洞壁距离的增大,应力状态由洞壁的单向应力状态逐渐转化为双向应力状态,围岩也就由塑性状态转化为弹性状态,最终在围岩中形成塑性松动圈和弹性承载圈。塑性松动圈的出现,使圈内应力释放而明显降低,被称为应力降低区;而最大应力集中由原来的洞壁转移至塑性松动圈与弹性承载圈的交界处,使弹性区的应力明显升高,该区即称为应力升高区。

松动圈和承载圈的出现,对于洞室设计和施工具有重要意义。首先,松动圈(应力降低区或塑性变形区)可以确定山岩压力的大小,并借以确定隧洞支护或衬砌的设计要求。其次,承载圈(应力升高区或弹性变形区)可以承受上覆岩体的自重以及侧向地应力的附加荷载,在设计支衬时,应当考虑充分发挥围岩的自承能力,即尽量利用围岩支衬代替人工支衬,这样就可以节省设计费用和提高施工速度。这一点已为现代隧洞施工——"新奥法"施工经验所证实。最后,应指出的是松动圈和承载圈不是固定不变的,而是随地质条件和时间而变化;同时与施工方法和速度密切相关,其关键是确定松动圈。

2.洞室围岩变形破坏的类型和特点

由于岩体在强度和结构方面的差异,洞室围岩变形与破坏的形式多种多样,主要的形式有以下几种。

1）坚硬完整岩体的脆性破裂和岩爆

这类岩体本身具有很高的力学强度和抗变形能力,并存在有较稀疏且延伸较长的结构面,含有极少量的裂隙水。在力学属性上可视为均质、各向同性的连续介质,应力与应变呈直线关系。在坚硬完整的岩体中开挖地下洞室,围岩一般是稳定的。主要破坏方式有脆性破裂和岩爆。

（1）脆性破裂。脆性开裂常出现在拉应力集中部位,例如洞顶或岩柱中。

（2）岩爆。岩爆是在高地应力地区,由于开挖后围岩中高应力集中,围岩产生突发性破坏的现象。随着岩爆的产生,常伴随有岩块弹射、声响及气浪产生,对地下开挖及建筑物产生危害。

2）块状结构岩体的滑移掉块

块状滑移是块状岩体中常见的破坏形式之一。这种破坏常以结构面组合交切形成不同形状的块体滑移、塌落等形式出现。其破坏规模与形态受结构面的分布、组合形式及其与开挖面的相对关系控制。分离块体的稳定性取决于块体的形状、有无临空条件、结构面的光滑程度及是否夹泥等。

3）层状结构岩体的弯折和拱曲

这类岩体常呈软硬岩层相间的互层形式出现。岩体中的结构面以层理面为主,并有层间错动及泥化夹层等软弱结构面发育。层状岩体的变形破坏主要受岩层产状及岩层组合等因素控制。其破坏形式主要有沿层面张裂、折断塌落、弯曲内鼓等（见图1-3-10）。

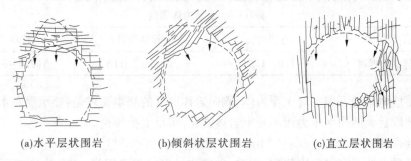

(a)水平层状围岩　　　(b)倾斜状层状围岩　　　(c)直立层状围岩

图 1-3-10　层状围岩变形与破坏特征

4）碎裂结构岩体的松动解脱

碎裂结构岩体在张力和振动力作用下容易松动、解脱,在洞顶则产生大块岩石冒落或滑落,在边墙上则表现为滑塌或碎块的坍塌。碎裂岩体的结构特征比较复杂,有不规则块状的、砌块状的和破碎状的几种类型。不规则块状结构围岩的稳定性,取决于岩块分离体的形状、结构面性质及岩块间咬合的程度、含泥量多少。当结构面间夹泥量很高时,由于岩块间失去刚性接触,则易产生大的塌方,如不及时支护,将产生大的冒顶。

5）散体结构岩体的塑性变形和破坏

散体结构围岩主要为断层破碎带、剧烈风化带及泥化夹层、岩浆岩侵入接触破碎带或新近堆积的松散土体等,其主要特征是岩体极为破碎,常呈片状、碎屑状、颗粒状及碎块状,其间经常大量夹泥。这类围岩的力学属性表现为弹塑性、塑性或流变性,在重力、围岩应力和地下水作用下常产生冒落及塑性变形。因此,这类围岩整体强度低,极易变形,在有地下水参与时极易塌方,甚至冒顶,其破坏方式以塌方、滑动、塑性挤入等形式表现出来（见

图 1-3-11)。

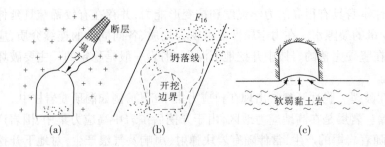

图 1-3-11　散体结构围岩变形与破坏形式

(二)地下洞室选线(址)的地质要求

地下洞室位置的选择除取决于工程目的要求外,主要受地形、岩石性质、地质构造、地下水及地应力等工程地质条件的控制。

1. 地形地质条件

地下洞室的位置要求地形完整,山体稳定,无冲沟、山洼等地形的切割破坏,无滑坡、塌方等不良地质现象。水工隧洞进出口地段要有稳定的洞脸边坡,洞口岩石宜直接出露或覆盖层较薄,岩层宜倾向山里并有较厚的岩层作为顶板。此外,洞室的围岩应有一定的厚度,洞室围岩最小厚度的确定与洞径大小、岩体完整性及岩石强度有关。根据水利水电工程经验,无压隧洞上覆岩体的最小厚度与洞径(B)的关系如表 1-3-1 所示。

表 1-3-1　上覆岩体厚度

岩石类别	坚硬岩石	中等坚硬岩石	软弱岩石
上覆岩体最小厚度	$(1.0 \sim 1.5)B$	$(1.5 \sim 2.0)B$	$(2.0 \sim 3.0)B$

抽水蓄能电站地下洞室对上覆岩体、侧向岩体厚度的基本要求是:能承受高水头作用下隧洞岔管地段巨大的内水压力而不发生岩体破裂,满足上抬理论。

2. 岩性条件

岩石性质是地下洞室围岩稳定、掘进、支撑和衬砌的重要因素,也是决定工程工期和造价的主要条件之一。在坚硬岩石中开挖地下洞室,围岩稳定性好,便于施工;在软弱岩层、破碎岩层和松散岩层中开挖地下洞室,围岩稳定性差,施工困难。因此,地下洞室应尽量避开岩性条件差的围岩,使洞身置于坚硬完整的岩层中。

3. 地质构造条件

地质构造条件对洞室围岩稳定性有重要的影响。洞室应选在岩体结构完整、地质构造简单的地段,尽量避开大的构造破碎带。洞室轴线宜与构造线、岩层走向垂直或大角度相交。

4. 地下水条件

地下水对洞室的不良影响主要表现为静水压力对洞室衬砌的作用、动水压力对松散或破碎岩层的渗透变形,以及施工开挖的突然涌水等。因此,应尽量将洞室置于非含水岩层中或地下水位以上,或采取地下排水措施,避免或减少渗透压力对围岩稳定的影响。

5. 地应力条件

岩体中的初始应力状态对洞室围岩的稳定性有重要的影响。理论与实践研究表明当天然应力比值系数较小时,洞室的顶板和边墙容易变形破裂;当洞室处于大致均匀的应力状态时,围岩稳定性较好。因此,要重视岩体初始应力状态对洞室围岩稳定性的影响。当岩体中的水平应力值较大时,洞室轴线最好平行最大主应力方向或与其小角度布置。

抽水蓄能电站地下岔管段要求最小主应力要大于岔管处的内水压力至少 1~2 倍,满足最小主应力理论。

(三)隧洞施工的工程地质问题及提高围岩稳定性的措施

为保证地下洞室施工的安全和正常运行,应针对岩体的不同条件,对隧洞施工的工程地质问题进行分析,采取一定的工程技术措施和相应的施工方法,提高围岩的稳定条件。

1. 隧洞施工的工程地质问题

影响隧洞施工的不良地质条件除了前述的围岩变形破坏引起的塌方和岩爆以外,还有地下涌水和突泥、有害气体的冒出、高温等。

地下工程施工中,在一定水压力作用下,沿透水岩体(带)以及无(少)泥沙充填的洞穴,突然发生大量出水的现象称为涌水。在一定水压力作用下,沿松散(软)岩带或充填性溶洞,突然大量涌出水、泥、沙等混杂物的现象称为突泥。

形成涌水与突泥的因素很多,但最主要的是岩性、地质构造、岩体风化卸荷状态、地下水和施工方法。在硬质岩内可能发育透水(含水)结构面;在碳酸盐岩内常形成透水或充水、充泥的溶蚀裂隙或洞穴;软质岩中的断层带、软质岩与硬质岩的接触带岩石往往松软破碎,是突泥的物源。在向斜构造轴部,断层破碎带及断层交会带、胶结不良或松弛的层面以及裂隙密集带易形成地下水汇聚的储水构造,也是岩溶发育的控制条件,属易发生涌水、突泥的构造。岩体的全、强风化带及风化夹层、岩体卸荷带也是容易产生涌水、突泥的地质环境。地下水有一定的水压力是形成涌水与突泥的必需条件,流动的地下水是突泥的载体,正确的施工方法是防止涌水、突泥地质灾害的必要措施,即使存在发生涌水与突泥的条件,只要采取超前勘探、提前疏干、排水等措施,就可能减轻甚至防止涌水、突泥等灾害的发生。

在坚硬岩体内发生涌水,一般不致引起塌方;而在软岩或破碎岩体中的涌水,常常招致塌方,甚至引起大塌方,严重威胁施工安全,这是由于在掘进过程中,围岩应力发生变化,导致岩体产生破坏、松动,如果支护不及时,围岩破坏范围逐渐扩大,具有隔水能力的地层也受到破坏;或当地下开挖揭穿隔水岩体遇到或接近承压含水层、断层破碎带、溶蚀洞穴、不整合面时,渗流场突然变化,引发涌水与突泥,或泥、水俱下,继之围岩应力场发生变化,使围岩的整体强度降低、变形加大引起塌方。当地下水的补给来源较远时,初期涌水量较大,后逐步趋于稳定;当地下水补给来源较近或地下水来量不丰时,涌水量逐渐衰减,后以枯竭而告终。

为防止涌水和突泥而采取排水措施时,应充分研究其形成的水文地质条件,防止大范围改变水文地质条件,以免引起供水水源被疏干、地面塌陷等新的环境地质问题。

隧洞穿过煤系地层、石油地层及火山岩地层地区有时会出现沼气、二氧化碳、一氧化碳及硫化氢等有害气体。特别是沼气在空气中含 5%~6% 以上就会发生"瓦斯爆炸",其他气体超过一定含量(例如硫化氢超过 0.1%)就能使人中毒死亡。

在高山地区,由于地热,隧洞随深度增温(一般在常温层以下每深 33 m 增加 1 ℃),洞内温度会很高,例如日本的黑部川第三发电站尾水隧洞,岩层温度达 175 ℃,在火山地区还会出现热泉。在这种情况下不仅工人无法施工,而且高温爆破及混凝土施工也相当困难。

2. 隧洞施工监控、信息反馈和超前预报

施工阶段的地质工作,不仅应做好地质编录工作,还应协助设计及施工人员做好施工监控和信息反馈工作。施工监控和信息反馈,指在施工过程中及时发现地质问题,并根据新测试的地质数据,验证原设计方案是否符合当地的地质条件,如不符合则应修改设计,并采取有效的施工措施,解决工程地质问题。在施工地质监控工作中应注意:

(1)开挖中应观测围岩的变形量、变形速率及加速度,以判别围岩的稳定性,预报险情。

(2)确定围岩松动圈范围,找出不稳定的部位,提出支护及补强措施,这就需要及时做好地质记录及编绘工作、岩体物理力学性质的试验工作,以及声波量测工作等,为设计及施工提供地质参数或信息指标。

(3)监控量测工作应紧跟施工工作面进行,并注意尽量减少与施工的干扰。明确监控工作实际上也是施工程序中不可缺少的组成部分。

(4)超前预报,是施工阶段施工地质工作的重要环节,应在地下洞室地质勘察的基础上,选用合适的方法实施适时的地质超前预报。在长大复杂的隧洞(特别是岩溶隧洞)施工地质预报工作中,应坚持洞内探测与洞外地质勘探相结合、地质方法与物探方法相结合、多种物探方法相结合、地球物理方法与超前水平钻探相结合、隧洞施工方法与地质超前预报方法相结合,开展多层次、多手段的超前地质预报,并贯穿整个施工过程中。

3. 围岩加固措施

1)支撑

支撑是在开挖过程中,为防止围岩塌方而进行的临时性措施,过去通常采用木支撑、钢支撑及混凝土预制构件支撑等。在不太稳定的岩体中开挖时,应考虑及时设置支撑,以防止围岩早期松动。支撑的结构和强度必须与可能产生的围压大小和性质相适应。

2)衬砌

衬砌是维护隧洞围岩稳定的永久性结构,用以承受山岩压力和内、外水压力。衬砌厚度往往取决于岩石的性质,例如对于坚硬类岩石一般要求 20~30 cm 即可,特别坚固或裂隙稀少的岩石甚至可不加衬砌,中等坚硬岩石一般 40~50 cm,软弱岩石及松散土层则要求 50~150 cm 或更厚的混凝土衬砌。

3)喷锚支护

当地下洞室开挖后,围岩总是逐渐地向洞内变形。喷锚支护就是在洞室开挖后,及时地向围岩表面喷薄层混凝土(一般厚度 5~20 cm),有时再增加一些锚杆,从而部分地阻止围岩向洞内变形,以达到支护的目的。

传统的刚性支撑或衬砌,由于不能与围岩紧密地接触,架空部分的围岩仍然继续向洞内变形,并可能产生部分坍塌压在支护或衬砌上,严重时可导致支撑或衬砌的破坏。喷锚支护的情况则不同,它能使混凝土喷层与围岩连续地紧密贴合,并且喷层本身具有一定的柔性和变形特性,因而能及时有效地控制和调整围岩应力的重分布,最大限度地保护岩体的结构和力学性质,防止围岩的松动和坍塌。如果喷混凝土再配合锚杆加固岩体,则会更有效地提高围岩的承载力和稳定性。

4)固结灌浆

在裂隙严重切割的岩体中和极不稳定的第四系松散堆积物中开挖洞室,常需要加固,以增大围岩的稳定性,降低其渗水性。最常用的加固方法就是水泥灌浆,其次还有沥青灌浆、水玻璃(硅酸性)灌浆及冻结法等。通过这种方法,可在围岩中大体形成一圆柱形或球形的固结层。

　　4.合理施工

　　围岩的稳定程度不同,应选择不同的施工方法。施工方法的合理选择,对保护围岩稳定性具有重要的意义。合理施工遵循的原则:一是循序渐进;二是开挖后及时支护或衬砌,以尽可能防止围岩早期松动破坏或把松动范围限制在最小范围内。

　　1)导洞分部开挖

　　导洞分部开挖适用于断面较大而岩体又不太稳定的情况。为了缩小开挖断面,采取分部开挖、分部衬砌、逐步扩大断面的方法。又可分为如下三种方法。

　　(1)上导洞先拱后墙法。适用于洞顶不太稳定的洞室。开挖和衬砌顺序是,先在洞顶部开挖导洞后立即支撑,掘进到一定长度后,扩大上部断面,做洞顶衬砌。然后,再扩大断面,做边墙衬砌。这种方法对维护围岩原有稳定性很有效,但施工条件较差。

　　(2)上下导洞先拱后墙法。适用于上下导洞同时开挖,衬砌顺序为先拱后墙。施工时出渣轨道在下导洞内,上下导洞以竖井相连,便于出渣。

　　(3)侧导洞先墙后拱法。适用于围岩很不稳定,不仅洞顶易塌方、侧墙也不稳定的情况。这时可先在设计断面两侧开挖导洞,由下向上逐段开挖和衬砌,到一定高度后,再开挖顶部导洞,做好顶拱衬砌,最后挖除残留岩体。

　　2)导洞全面开挖法

　　若围岩较稳定,可采用导洞全面开挖、连续衬砌的方法施工,或上下双导洞全面开挖,或下导洞全面开挖,或中央导洞全面开挖,将整个断面挖成后,再由边墙到顶拱一次衬砌。这样,施工速度快,衬砌质量高。

　　3)全断面开挖法

　　若围岩稳定、无塌方掉块危险或断面尺寸较小时,可全断面一次开挖成型,然后再衬砌。此法施工速度快,施工场地开阔、出渣方便。

　　5.新奥法、TBM法和盾构法在隧洞施工中的应用

　　1)新奥法

　　新奥法是一种喷锚支衬的隧洞施工方法,既适合于坚硬岩石,也适合于软弱岩石,特别适合于破碎、变质、易变形的施工困难段,因此在国内外得到广泛的应用。喷射混凝土、锚杆和现场量测,称为新奥法的三大支柱,有效地提高了围岩的承载能力。采取光面爆破、掘进机全断面开挖及根据顶拱和边墙的不同地质条件采用分部开挖等施工方法,也有利于围岩的稳定。

　　新奥法隧洞掘进的施工工序一般分为:开挖、一次被覆、构筑防水层和二次被覆等。

　　为了充分利用围岩天然承载力,开挖应采用光面爆破或机械开挖,并尽量采用全断面法开挖。只有地质条件较差时,才采用台阶式等方式开挖。一次开挖的长度应根据岩质条件和开挖方式确定。

　　一次被覆作业包括:一次喷混凝土、打锚杆、设金属网、立钢拱架和二次喷混凝土等工序。为保护围岩不发生早期松动,一次被覆作业要及时进行,常与开挖作业同时交叉进行。为了达到支护围岩的目的,一次被覆作业的完成时间非常重要,一般情况下应在开挖后1/2围岩自稳时间内完成。一次被覆又称喷锚支护,是形成隧道支承环结构的重要工序,以后也

不再拆除。喷锚结构设计是新奥法支衬设计的重要内容。

防水层的设置在一次被覆后、临近二次被覆前进行。常用带有锥形孔的聚酯隔水板或金属薄板构筑在一次被覆与二次被覆之间。防水层中的水可通过集水排水管排出。

二次被覆大约在一次被覆 3~6 个月后进行。能否进行二次被覆作业，要根据一次被覆完成后围岩位移是否稳定来确定。二次被覆结构不应承受围岩位移引起的荷载，只起修饰和提高安全度的作用。因此，围岩位移不稳定时一般不能构筑二次被覆。

喷锚支护所遵循的原则是：支护要适时；支护结构要有柔性并有一定的强度；在不出现有害松动的条件下，允许围岩产生一定的变形，而把握好支护时机和正确选择支护种类是很重要的。

新奥法喷锚支护结构的种类有喷射混凝土、锚杆加固及锚喷联合支护等。应根据不同的围岩类别和隧洞的跨度，来确定喷锚支护类型和有关的设计参数。

2) TBM 法

TBM 的全文是 tunnel boring machine，即"全断面隧洞掘进机"方法。TBM 法的优点有：在条件合适的情况下，掘进速度很快，如果岩石不是十分坚硬，岩爆现象不严重，地质构造不复杂，围岩基本稳定，采用 TBM 法可比钻爆法加快 50% 以上，同时通风设备要低于钻爆法，可以单头掘进 10~12 m，可节省支洞，节省工程量，缩短工期；洞壁开挖光滑，断面可大大减小，衬砌工程量也大为减小，故造价低并减小糙率；TBM 是用大型旋转钻头钻进、电瓶车出渣，无爆炸烟尘，无废气及内燃机废气污染，对工人施工安全度高。

TBM 法的缺点有：设备比较复杂，安装费时，因此洞较短时使用不经济，一般 3~4 m 洞径隧洞不宜短于 2~3 km，4~7 m 洞径不宜短于 4~5 km；TBM 法的洞径不能变化太大，弯道半径不能太小(一般半径不小于 150~450 m)；坚硬多裂隙岩体，对 TBM 法施工不利，例如石灰岩、钙质页岩等岩石，比花岗岩、石英岩的开挖速度可相差 10 倍以上。

据施工经验，TBM 法宜开凿断面较小的长隧洞，经济而快速、安全，对于直径较大的隧洞(超过 10 m)宜用钻爆法，也可先用小直径 TBM 法打通全洞，实际上是一个地质探洞，掌握隧洞全线的地质条件后，再进行扩洞，或全断面开挖。

3) 盾构法

盾构法也是用特制机器开挖隧洞的施工技术，与 TBM 法基本相似，主要用于第四系松软土层掘进成洞，是一项先进的高度机械化、自动化施工技术。其优点是避开干扰，不影响地面建筑和环境，可充分开发地下空间。在施工中能把掘进、出渣、支护和衬砌融为一体。施工安全、可靠、准确，能缩短工期、提高工效、节约资金。

五、渠道

(一)渠道选线的工程地质条件

渠道属线型建筑物，在不同的渠段上存在的问题不完全相同，即具有一定的分带性。为了避免和尽量减少不利地质因素的影响，渠道的选线问题是工程成败的关键。在渠道选线时，一般遵循如下原则：①尽量避开和绕过陡壁悬崖以及沟谷密集地带；②尽量避开造成渠道半挖半填或填方过多的斜坡低洼地带；③尽量绕避风沙堆积、崩塌堆积和容易产生地基失稳与强烈渗漏的地段。

渠道工程地质条件主要包括地形地貌、地层岩性、地质构造、水文地质条件，自然地质现象和天然建筑材料等方面,分述如下。

1.地形地貌条件

地形地貌条件在渠道线路选择上非常重要,它直接关系到渠道线路的长短、施工的难易、工程量的多少、附属建筑物配备,从而直接影响工程工期和造价。根据地形地貌条件选择渠道线路主要有以下方案。

(1)岭脊线:沿着山顶或分水脊选线。这种线路控制面积最大,配水方便;交叉建筑物最少,容易维护;土石方最少,节省工料。实践表明,这种线路一般适用于山脊地形起伏不大的丘陵地区,对于高山峡谷地区则不适用。

(2)山腹线:在半山坡且平行山坡的盘山渠道。这种线路根据控制面积的大小,选择不同的高程布置。土石方量,特别是石方开挖量及填方量较大,而且易产生崩塌、漏水、暴雨冲刷、流土淤塞等地质问题。为防止这些不良地质现象,常修建挡土墙、高架渡槽、隧洞、过水涵洞等附属建筑物,因此往往费工费料,还要经常维修养护。

(3)谷底线:在山谷底部或山麓上开渠,这种线路因高程低,控制面积小,一般容易施工,多为土方工程,石方开挖量较少,但过沟谷建筑物(渡槽、倒虹吸管、涵洞等)往往增多,故工程造价相应提高。

(4)横切岭谷线:为了缩短渠道线路,直接切穿山脊分水岭和沟谷的布置形式。这种线路虽然可以节省大量的盘山绕行渠道,但往往需要开凿较深的地堑或陡坡明渠以及隧洞。在岩石条件较好的情况下,这种方案一般比山腹线或谷底线节省工料。

(5)平原线:适宜在地势平坦的山前平原及平原区的线路。这种线路多为土方工程,而石方工程很少或没有,故施工容易并便于机械化施工。线路选择时应注意微地形变化,尽量选在地势最高处,而且要有适当纵坡降(0.5%左右),以控制自流灌溉面积。此外在地势低洼处,应注意尽量减少填方工程并与排水系统配合使用。

2.地层岩性条件

基岩山区的渠道选线应注意岩石的类型和风化程度。深成侵入岩、厚层坚硬的沉积岩等坚硬及半坚硬岩石一般均适于修建渠道,但对强度很高的岩石(例如石英岩),则施工困难且当裂隙发育时容易漏水;玄武岩、安山岩、火山角砾岩等,其原生节理,尤其是柱状节理发育时,易产生渗漏和渠道边坡失稳;岩溶发育的石灰岩、白云岩,以及风化很深的花岗岩、片麻岩等都易形成渗漏段;软弱岩石,例如黏土质的黏土岩、页岩、千枚岩、板岩及凝灰岩等,一般透水性小,是良好的隔水层,但有的遇水易软化、泥化、崩解和膨胀,直接影响渠道边坡的稳定性,故应十分注意它们的水理性质和力学性质的变化。尤其是蒙脱石含量较高时,具有很高的可塑性和胀缩性,常给渠道工程的建设带来困难和危害;石膏层(我国第三系地层常含有石膏层)亦应避开,因石膏有见水快速溶解的特性,对渠道修建十分不利。

松散沉积物地区的渠道选线应注意其成因类型、埋藏厚度和分布规律。对渗透性大的厚层砂砾岩、卵石及漂石层等应尽量避开。在戈壁及沙漠地区修建渠道必须研究全线的防渗处理方案;在黏土、亚黏土及亚砂土层地区,则可以减少渠道渗漏损失及防渗措施;黄土及黄土质土层,因其有遇水湿陷性,会造成渠道失稳和严重破坏,故应做特殊的地基处理;膨胀土地区,应特别注意“见水膨胀”问题,可造成渠道衬砌的上抬和开裂;软土地区,包括淤泥、淤泥质土、泥炭和泥炭质土,由于具有触变形、流变形、高压缩性、低强度和不均匀性,易产生差异沉降;冻土区,由于冻土的冻结膨胀和融化沉陷,可造成渠道基底沉陷和衬砌破裂;分散性土是一种灾害性土,其破坏是一个复杂的物理化学过程,具有快速、隐蔽的特点和潜在的危险性,对渠道工程会产生严重影响。

3. 地质构造条件

山区渠道,特别是山腹线路,应注意地质构造对渠道及其附属建筑物的稳定性影响。一般水平或近于水平的岩层,对渠道线路是有利的,缓倾角及顺坡向的地质构造是不利的。断层破碎带、强烈褶皱带可能引起渠道的失稳和大量渗漏,切忌沿其走向平行布置,如必须通过应尽量垂直走向布置,以减少施工处理段长度。

4. 水文地质条件

对于灌溉渠道沿线,主要是查明地下水的埋藏深度及动态变化规律,如地下水埋藏较深,上部透水层又较厚,则可能导致渠道大量渗漏。反之,如地下水埋藏较浅,高于渠底设计高程,则将形成水下开挖,造成施工困难,而且引灌后渠道两侧将由于渗漏使地下水位更加抬高,当地下水位接近地面高程时,可能形成土壤盐碱化,在低洼地区将形成沼泽化。因此,这种地区的渠道选线应考虑灌溉和排水结合的布置方案。对于以排水为主的渠道,沿地下水等水位线(或垂直地下水流向)布置效果最好。

5. 自然地质现象

如滑坡、崩塌、岩堆、泥石流,以及岩溶的地表出露现象(落水洞、溶斗、溶蚀洼地、坡立谷等),成为自然地质现象。渠道选线时都应十分注意它们在沿线的分布和发育程度,在不能避开的情况下,应分别提出治理措施,以保证渠系建筑物的畅通无阻,长期使用。

6. 天然建筑材料

渠道选线亦应查明天然建筑材料的分布、储量和质量,以及开采运输条件,以便最大限度地充分利用当地材料修建渠系工程。此外,还应反复测绘及计算土石方开挖量和填方量,尽量使其取得平衡,以减少天然建筑材料的使用量。

(二)渠道的渗漏问题

渗漏问题是渠道设计的关键问题,如果渗漏问题处理不好,渠道就不能达到引水或输水的目的。渠道的严重渗漏不仅仅影响经济效益,而且还会造成不良后果,如大量渗漏引起地下水位上升,出现盐碱地、沼泽地、冷底田、反酸田等受害田地。有的地区会形成头几年增产、后几年减产、再过几年绝产的严重后果;还有的地带由于渗漏会引起山坡滑动、渠底潜蚀等,直接危及渠道的安全运行。

影响渠道渗漏损失的主要因素有:沿渠道地段的土壤特性(特别是土壤的透水性),水文地质条件,渠道水深、湿周、速率和糙率,渠水含沙量以及输水历时等。

渠道渗漏包括渠道地基渗漏和渠道本身渗漏两种,前者是不良地质条件引起的,后者是设计未采取合理的防渗措施或施工质量问题引起的。

渠道防渗不仅可节约灌溉用水,还有利于控制灌溉区的地下水位,防止土壤次生盐碱化,减少渠道泥沙淤积和杂草滋生,提高渠道的输水能力。渠道防渗措施有衬砌混凝土板、干砌卵石、干砌卵石灌浆、块石、青砖、夯实黏土、陶瓷板、塑料薄膜、沥青混凝土、沥青席、草皮、沿渠植柳等10多种,可归纳为改变渠床土壤渗透性措施、衬砌护面措施和化学材料防渗措施等类型。此外,加强工程的维修养护、合理调配水量等管理措施,也可减少渠道的渗漏损失。防渗措施的选定,取决于防渗的效益目标、施工和材料条件以及渠道的用水管理措施等。

(三)渠道边坡的稳定问题

无论山区开挖的岩质渠道或平原地区开挖的土质渠道,在工程运行期间都受到各种因素的影响,引起渠道边坡的变形破坏,直接关系到渠道的安全、经济及能否正常运行。

渠道坍塌的根本原因是渠坡内部的剪应力超过了土壤或岩石的抗剪强度,从而引起剪切破坏。抗剪强度的大小取决于渠坡内部的物质组成和结构,一般页岩、泥岩、碎石、土等材料的抗剪强度较低,容易发生变形,浸水后产生软化、泥化、湿陷、崩解、膨胀等,是边坡失稳的重要原因。渠坡物质的含水量对抗剪强度也有很大影响,含水量越高,抗剪强度越低,所以雨季渠坡浸水后容易滑塌。渠坡物质的结构包括不同土石层的组合情况、岩石中断层和裂隙特征等。渠坡坍塌往往是沿着相对阻力最小的软弱层面发生的。岩层的层面、断层面和节理、裂隙以及夹在石层之间的风化层或坚硬土层之间的黏土夹层,都是渠坡内部抗剪强度较低的软弱结构面,当岩层倾向渠内,或因渠道开挖后岩层下部失去支撑,或因渠道的坡角大于软弱结构面的倾角时,就有可能产生滑坡。剪切力来自上部荷载和土石体的自重。

渠道滑塌的外因主要有渠道断面设计不合理、施工方法不当或施工质量不好、水量调配不合理以及寒冷地区冻融破坏等。

渠道边坡的破坏类型主要有滑坡、塌方以及崩塌等。

不稳定渠道边坡的处理措施有防渗排水,削坡减重反压、修建支挡建筑物(包括抗滑桩)、锚固等边坡防治措施也适用于不稳定渠道边坡的处理。此外,对可能发生滑塌的渠段,可因地制宜地采取以下预防措施:

(1)渠道选线要避开地质条件较差的地带;对地质条件不好的渠段,应改用隧道、暗渠等输水方式。

(2)对边坡很陡的渠段进行削坡处理。

(3)对深挖方渠段结合削坡增设平台和截流排水设施。

(4)对抗剪强度较小的土质渠段,用打桩编柳、草袋护坡、植树或砌石衬砌等措施加固渠坡,必要时还可以采取换土的办法加固渠坡。

(5)在沉陷性较大的土壤上筑渠时,不要把渠道断面挖至设计深度,在渠堤上预留超高,以便沉陷后渠道断面达到设计高程。渠道正式投入使用之前,要进行泡水试渠,逐渐使渠道浸水沉陷。

(6)合理调配水量,使渠道流量缓慢增减。

(7)在低温区,冬季使渠道充水,形成冰盖,防止渠坡结冻。

(8)加强渠道巡护,一旦发现滑塌的征兆,及时采取适当的防治措施。

(9)对已经坍塌的渠坡,清除下滑土体,再把渠坡挖成阶梯形,还土夯实。

第四节　特殊岩(土)体工程地质

分布在一定地理区域,有工程意义上的特殊成分、状态和结构特征的土称为特殊土。特殊土的类别有湿陷性黄土、膨胀土(岩)、软土、红黏土、盐渍土、冻土以及人工填土等。

一、黄土

黄土是一种在第四纪时期形成的黄色粉状土,在干旱和半干旱气候条件下受风力搬运堆积形成。未经次生扰动不具层理的称为原生黄土,而由风成以外的其他成因堆积而成常具有层理和砂或砾石夹层的则称为次生黄土或黄土状土。

天然状态下其强度一般较高,压缩性较低,但有的黄土在一定压力作用下,受水浸湿后土的结构迅速破坏,发生显著的湿陷变形,强度也随之降低,导致建筑物破坏,称为湿陷性黄土。

湿陷性黄土分为自重湿陷性和非自重湿陷性两种。自重湿陷性黄土在上覆土层自重应力作用下受水浸湿后即发生湿陷。在自重应力作用下受水浸湿后不发生湿陷,需要在自重应力和由外荷载引起的附加应力共同作用下,受水浸湿才发生湿陷的称为非自重湿陷性黄土。湿陷性黄土地基的湿陷特性会给结构物带来不同程度的危害,使结构物大幅度沉降、开裂、倾斜,甚至严重影响其安全和使用。

湿陷性黄土有如下特征:

(1)一般呈黄色、褐黄色、灰黄色。

(2)颗粒成分以粉粒(0.005~0.075 mm)为主,一般占土的总质量的60%。

(3)孔隙比在1.0左右或更大。

(4)含有较多的可溶盐类。

(5)竖直节理发育,能保持直立的天然边坡。

(6)一般具有肉眼可见的大孔隙(故黄土又称为大孔土)。

由于黄土形成的地质年代和所处的自然地理环境的不同,它的外貌特征和工程特征又有明显的差异。对上述两种湿陷性黄土地区的工程建设,采取的地基基础设计和处理、防护措施及施工要求等方面均应有较大差别。

二、膨胀土(岩)

膨胀土是一种含一定数量亲水矿物质(蒙脱石、伊利石、高岭石或混层结构)且随着环境的干湿循环变化而具有显著的干燥收缩、吸水膨胀和强度衰减的黏性土,有的裂隙很发育,且液限和塑性指数较大,压缩性偏低,在天然含水量状态下较坚硬,一般具有超固结性。在地层分布上一般属于上第三系河湖相砂砾岩、砂岩和第四系中更新统冲洪积分支黏土,在结构上夹层多,上层滞水明显,开挖后易产生卸荷失稳。

膨胀岩的初判主要从岩土矿物成分、地形、地貌以及地层岩性方面进行。对含有大量亲水矿物、湿度变化时有较大体积变化、变形受约束时产生较大内应力的岩土按照有关规定应判定为膨胀岩。

膨胀土(岩)主要特征有:

(1)自由膨胀率大于或等于40%。膨胀土主要根据自由膨胀率大小划分为强、中、弱三个等级,一般可认为土体试样自由膨胀率大于90%时,为强膨胀土;大于65%小于90%时,为中膨胀土;大于40%小于65%时,为弱膨胀土。土体膨胀性与地层时代、地貌特征、岩性、颜色、钙质结核分布、裂隙特征等都具有相关性。

(2)多出露于二级或二级以上阶地、山前和盆地边缘丘陵地带,地形平缓,无明显自然陡坎。

(3)裂隙发育,方向不规则,常有光滑面和擦痕,有的裂隙中充填灰白、灰绿色土。在自然条件下呈坚硬或硬塑状态。

(4)常见浅层塑性滑坡、地裂、新开挖坑(槽)壁易发生坍塌等。

(5)建筑物裂缝随气候变化而张开和闭合。

膨胀土(岩)的分布范围广泛,在我国 20 多个省(区)300 多个县都有存在。一般黏性土都具有胀缩性,但量不大,对工程没有太大的影响,而膨胀土(岩)的膨胀、收缩、再膨胀的往复变形非常显著。建造在膨胀土(岩)地基上的建筑物,随季节气候的变化会反复不断地产生不均匀的抬升和下沉而使建筑物破坏,出现裂缝的建筑物很难修复。膨胀土(岩)的胀缩特性还会使公路路基发生破坏,堤岸、路堑产生滑坡,涵洞、桥梁等刚性结构产生不均匀沉降导致开裂等。

在南水北调中线一期工程总干渠渠道施工中遇到的膨胀土(岩)的处理问题,其处理技术难度、工程量和投资都比较大,且膨胀土(岩)施工又是实现通水目标的关键项目,因此成为南水北调中线工程总干渠面临的关键技术问题之一。水泥改性土换填是中线渠道膨胀土处理的主要方法之一。水泥改性土是指将一定比例的水泥掺入膨胀土土料之中以改善膨胀土的性质或结构,使膨胀土丧失膨胀潜能,并在一定程度上提高土体强度或承载力。水泥改性土换填处理方法效果良好,在膨胀土地区通过对开挖料进行改性,能减少对非膨胀土的需求,且在施工中具有操作简便的特点,可以做到连续、大规模的施工,在膨胀土地区值得推广。

三、软土

软土是指沿海的滨海相、三角洲相、河谷相,内陆平原或山区的河流相、湖泊相、沼泽相等主要由细粒土组成的天然含水率高(接近或大于液限)、孔隙比大(一般大于 1)、压缩性高和强度低的软塑到流塑状态的土层,包括淤泥、淤泥质黏性土和淤泥质粉土等。

由于沉积环境不同及成因的区别,不同地区软土的性质、成层情况各有特点,但共同的物理性质是天然含水率大,饱和度高,天然孔隙比大,黏粒、粉粒含量高。其工程特性有:①抗剪强度低;②透水性低;③高压缩性;④由于沉积环境的影响,一般软土都是结构性沉积物,常具有絮凝状结构,天然结构被破坏后的重塑土强度会有较大降低,且一般不能恢复到原有结构强度,其对结构破坏的敏感性高;⑤软土具有流变形,土体在长期荷载作用下,虽荷载保持不变,因土骨架黏滞蠕变而发生随时间而变化的变形,土中黏土颗粒含量越多,这种特性越明显。

软基是指主要由淤泥、淤泥质土、冲填土、杂质土或其他高压缩性土层构成的地基。对于软土地基开挖工程,通常采用换填法处理。换填法是将开挖范围内的软弱土层利用人工、机械或其他方法清除,分层置换为强度较高的砂、碎石、素土、灰土等,并夯实至要求密度。按施工方法不同,换填法又可分为:

(1)机械换填法。包括机械碾压、重锤夯实、振动压实等,既可分层回填,又可一次性回填。

(2)爆破排淤法。有先爆后填、先填后爆两种。先爆后填是用炸药将软土爆出一条沟槽然后填土,适用于液限较小、回淤较慢的软土。采用这种方法应事先做好充分的准备,爆破后立即回填以免回淤。

(3)抛石挤淤法。采用该方法施工,不用抽水、挖淤,施工简单、迅速。此法适用于湖塘、河流等积水洼地,且软土液限大、层厚小,石块能下卧底层者。石块直径一般不小于

0.3 m。抛石时应自中部开始,逐次向两旁展开,使淤泥向两旁挤出。当石块高出水面后,用重碾碾压,然后在其上铺设反滤料或黏土即可。

四、红黏土

红黏土为碳酸盐岩系的岩石经红土化作用形成的高塑性黏土。其液限一般大于50%。红黏土经再搬运后仍保留其基本特征、液限大于45%的土为次生红黏土。

红黏土具有两大特点:①土的天然含水率、孔隙比、饱和度以及液性指数、塑性指数都很高,例如其含水率几乎与液限相等,孔隙比在1.1~1.7,饱和度大于85%,但是却具有较高的力学强度和较低的压缩性;②各种指标变化幅度很大,具有高分散性。

红黏土地层从地表向下由硬变软。上部坚硬、硬塑状态的土约占红黏土层的75%以上,厚度一般都大于5 m,可塑状态的土占10%~20%,接近基岩处软塑、流塑状态的土小于10%,位于基岩凹部溶槽内。相应地,土的强度逐渐降低,压缩性逐渐增大。

工程建设中,应充分利用红黏土上硬下软的特征,基础尽量浅埋。红黏土的厚度常随下卧基岩面的起伏而变化,常引起不均匀沉降,对此应做地基处理。

五、盐渍土

地表深度1.0 m范围内易溶盐含量大于0.5%的土称为盐渍土,盐渍土中常见的易溶盐有氯盐、硫酸盐和碳酸盐。

形成盐渍土的区域地质条件是有充分的盐类来源,能形成矿化度高的地下水;或者区域内地下水位距离地面较近,土体中的上升毛细水发育并不断被蒸发;或者区域气候条件干燥,蒸发量大于降水量。具备上述条件的地区就容易形成盐渍土。

我国盐渍土按其地理分布可划分为滨海型盐渍土、内陆型盐渍土和冲填平原盐渍土三种类型。按盐渍土中易溶盐的化学成分可将盐渍土划分为氯盐型、硫酸盐型和碳酸盐型,其中氯盐型吸水性极强,含水率高时松软易翻浆;硫酸盐型易吸水膨胀,失水收缩,性质类似膨胀土;碳酸盐型碱性大,土颗粒结合力小,强度低。

盐渍土的液限、塑限随土中含盐量的增大而降低,当土的含水率等于其液限时,土的抗剪强度近乎等于零,因此高含盐量的盐渍土在含水率增大时极易丧失其强度,应引起高度重视。

六、冻土

当土的温度降低至0 ℃以下时,土中部分孔隙水冻结而形成冻土。冻土可分为季节性冻土和多年冻土两类。季节性冻土在冬季冻结而夏季融化,每年冻融交替一次。多年冻土则常年处于冻结状态,至少冻结连续3年以上。

季节性冻土地区结构物的破坏很多是地基土冻胀造成的。位于冻胀区内的基础,在土体冻结时,受到冻胀力的作用而上抬。融陷和上抬往往都是不均匀的,致使建筑物墙体产生方向相反、互相交叉的斜裂缝,或是轻型构筑物逐年上抬。

土的冻结不一定产生冻胀,即使冻胀,程度也有所不同,与土的类别、含水率及地下水位的位置等因素有关。确定基础埋置深度时应考虑地基冻胀性的影响。

七、填土

人工填土是指人类活动而形成的堆积物。其物质成分较杂乱,均匀性较差。按堆积物的成分,人工填土分为素填土、杂填土和冲填土。

素填土是由碎石土、砂土、粉土、黏性土等组成的填土。成分比较单一,多是山丘高地挖方后在低洼处原土回填而成,回填时未做加密处理,常较疏松且不均匀。若在回填时进行充分的碾压处理仍属于良好地基。

杂填土是含有建筑垃圾、工业废料、生活垃圾等杂物的填土,因而其特征表现为成分复杂。另外,无规律性,成层有厚有薄,性质有软有硬,土的颗粒有大有小,强度和压缩性有高有低。杂填土的性质随着堆积龄期而变化,一般认为,填龄达5年以上的填土,性质才逐渐趋于稳定,杂填土的承载力常随填龄增大而提高。杂填土常常含腐殖质及水化物,因而遇水后容易发生膨胀和崩解,使填土的强度迅速降低。在大多数情况下,杂填土是比较疏松和不均匀的,在同一建筑场地的不同位置,其承载力和压缩性往往有较大的差异。如作为地基持力层,一般须经人工处理。

冲填土是由水力冲填泥沙形成的填土,因而其成分和分布规律与所冲填泥沙的来源及冲填时的水力条件有着密切的关系。在大多数情况下,冲填的物质是黏土和粉砂,在冲填的入口处,沉积的土粒较粗,顺出口处方向则逐渐变细,反映出水力分选作用的特点。有时在冲填过程中,由于泥沙的来源有所变化,更加造成冲填土的纵横方向上的不均匀性。由于土的颗粒粗细的不均匀分布,土的含水率也是不均匀的,土的颗粒越细,排水越慢,土的含水率也越大。冲填土的含水率较大,一般大于液限,当土粒很细时,水分难以排出,土体形成的初期呈流动状态;冲填土经自然蒸发后,表面常形成龟裂,但下部仍然处于流塑状态,稍加扰动,即出现"触变"现象。冲填土的工程性质与其颗粒组成有密切关系,对于含砂量较多的充填土,它的固结情况和力学性质较好;对于含黏土颗粒较多的冲填土,则往往属于欠固结的软弱土,其强度和压缩性指标都比同类天然沉积土差。

八、可液化土

某些天然形成的砂土可能处于松散、稍密或密实度不均匀的状态,因而压缩性较高且抗剪强度较低,容易产生过量沉降和地基剪切破坏而丧失稳定性。

在静力荷载作用下,粗、中砂的性质与饱和度的关系不大,而细、粉砂则略受影响。在振动荷载作用下,饱和砂土,特别是松散或稍密的饱和粉细砂(以及粉土)将产生"液化"现象,因此这类土常称为可液化土。

液化的原因在于松散砂土(粉土)受到振动后趋于密实,但是在瞬时振动荷载条件下,土体来不及排水,导致土体中的孔隙水压力骤然上升,根据有效应力原理,相应地粒间的应力减小,从而降低了土的抗剪强度。在周期性的振动荷载作用下,孔隙水压力逐渐积累,甚至可以抵消有效应力,使土粒处于悬浮状态。此时土体完全失去抗剪强度而显示出近于液体的特性,土的这种现象就称为液化。

强烈的液化可使地表喷砂冒水,如基础下大范围土体液化,则建筑物将产生大量沉陷,甚至发生整体失稳破坏;轻型的地下构筑物也可能浮出地表。

防止砂土产生液化的方法,最重要的是改良土质,增加土体的密实度。施加动荷载是增加砂土密实度的有效方法。

消除地基液化沉陷的措施有：

（1）采用桩基穿透可液化土层，使桩端伸入稳定土层中。对碎石土、砾、粗砂、中砂、坚硬黏土，伸入长度不应小于0.5 m，对其他非岩石土不小于1.0 m。

（2）采用深基础，且埋入液化深度下稳定土层中的深度不少于0.5 m。

（3）采用加密法（如振冲振动加密、挤密砂桩、强夯等），使可液化砂土骨架挤密，孔隙水排出，土的密度增加。

（4）全部或部分挖除可液化土层，置换砂石或灰土垫层。

第二章　建筑材料

第一节　建筑材料的分类

建筑材料是指各类建筑工程中应用的各种材料及其制品,它是一切工程建筑的物质基础。建筑材料种类繁多,为了便于叙述、研究和使用,常从不同的角度对建筑材料进行分类,最常见的分类方法是按化学成分来分类,见表 2-1-1。

表 2-1-1　建筑材料的分类

		黑色金属	钢、铁及其合金
无机材料	金属材料	有色金属	铝、铜等及其合金
	非金属材料	天然石材	砂石料及石材制品等
		烧土制品	砖、瓦、玻璃等
		胶凝材料	石灰、石膏、水泥等
有机材料	植物材料		木材、竹材等
	沥青材料		石油沥青、煤沥青及沥青制品
	高分子材料		塑料、合成橡胶等
复合材料	非金属材料与非金属材料复合		水泥混凝土、砂浆等
	无机非金属材料与有机材料复合		玻璃纤维增强塑料、沥青混凝土等
	金属材料与无机非金属材料复合		钢纤维增强混凝土等
	金属材料与有机材料复合		轻质金属夹心板等

水利工程建筑材料是指用于水利建筑物和构筑物的所有材料,是原材料、半成品、成品的总称。工程中用于材料的费用占工程投资的比例大多高于 60%。根据材料所占的投资比重,水利工程中一般把建筑材料分为主要材料和次要材料。

一、主要材料

主要材料包括水泥、混凝土、钢材、木材、火工材料、油料(汽油、柴油)、砂石料、土工合成材料、粉煤灰等相对用量较多、影响投资较大的材料。

二、次要材料

次要材料包括电焊条、铁件、氧气、卡扣件、铁钉等相对用量较少、影响投资较小的材料。

主要材料和次要材料是相对的,根据不同工程的具体情况进行调整,如采用沥青混凝土作为心墙的工程,沥青用量大,应该列为主要材料。

第二节　建筑材料的性能及应用

一、水泥

水泥是水硬性胶凝材料,广泛应用于工业、农业、国防、交通、城市建筑、水利水电及海洋开发等工程建设中。

水泥种类繁多,按其主要矿物组成可分为硅酸盐类水泥、铝酸盐类水泥、硫铝酸盐类水泥等,其中以硅酸盐类水泥应用最为广泛,工程中常用的有硅酸盐水泥、普通硅酸盐水泥、矿渣硅酸盐水泥、火山灰质硅酸盐水泥及粉煤灰硅酸盐水泥等,常称为五大品种水泥。还有一些为满足特殊要求的硅酸盐类水泥,如低热水泥、快硬硅酸盐水泥、抗硫酸盐硅酸盐水泥等。

(一)硅酸盐水泥

1.定义

根据《通用硅酸盐水泥》(GB/T 175—2007)的规定,凡由硅酸盐水泥熟料、0 ~ 5%的石灰石或粒化高炉矿渣、适量石膏磨细制成的水硬性胶凝材料,均称为硅酸盐水泥(国外通称为波特兰水泥)。硅酸盐水泥可分为两种类型:不掺混合材料的称为Ⅰ型硅酸盐水泥,代号为P·Ⅰ;掺入不超过水泥质量5%的石灰石或粒化高炉矿渣混合材料的称为Ⅱ型硅酸盐水泥,代号为P·Ⅱ。

2.硅酸盐水泥熟料的组成

硅酸盐水泥熟料主要矿物组成及其含量范围和各种熟料单独与水作用所表现的特性见表 2-2-1。

表 2-2-1　硅酸盐水泥熟料矿物含量与主要特征

矿物名称	化学式	代号	含量 (%)	主要特征				
				水化速度	水化热	强度	体积收缩	抗硫酸盐侵蚀性
硅酸三钙	$3CaO \cdot SiO_2$	C_3S	37 ~ 60	快	大	高	中	中
硅酸二钙	$2CaO \cdot SiO_2$	C_2S	15 ~ 17	慢	小	早期低,后期高	中	最好
铝酸三钙	$3CaO \cdot Al_2O_3$	C_3A	7 ~ 15	最快	最大	低	最大	差
铁铝酸四钙	$4CaO \cdot Al_2O_3 \cdot Fe_2O_3$	C_4AF	10 ~ 18	较快	中	中	最小	好

3.硅酸盐水泥的凝结硬化

硅酸盐水泥加水拌和后,最初是具有可塑性的浆体,然后逐渐变稠失去可塑性,称为凝结;失去可塑性后强度逐渐增长变成坚固的水泥石,这一过程称为硬化。硅酸盐水泥的凝结硬化是一系列同时交错进行的复杂的物理化学变化过程。

水泥的凝结硬化包括化学反应(水化)及物理化学作用(凝结硬化)。水泥的水化反应过程是指水泥加水后,熟料矿物及掺入水泥熟料中的石膏与水发生一系列化学反应;水泥凝结硬化机制比较复杂,一般解释为水化是水泥产生凝结硬化的必要条件,而凝结硬化是水泥水化的结果。影响水泥凝结硬化的主要因素有熟料的矿物组成、细度、水灰比、石膏掺量、环境温湿度和龄期等。

4.硅酸盐水泥的技术性质

1)细度

细度是指硅酸盐水泥及普通水泥颗粒的粗细程度,用比表面积法表示。水泥的细度直接影响水泥的活性和强度。颗粒越细,与水反应的表面积越大,水化速度越快,早期强度越高,但硬化收缩较大,且粉磨时能耗大,成本高。颗粒过粗,又不利于水泥活性的发挥,强度也低。现行国家标准《通用硅酸盐水泥》(GB 175—2007)规定,硅酸盐水泥比表面积应大于300 m^2/kg。

2)凝结时间

凝结时间分为初凝时间和终凝时间。初凝时间为水泥加水拌和起,至水泥浆开始失去塑性所需的时间;终凝时间指从水泥加水拌和起至水泥浆完全失去塑性并开始产生强度所需的时间。水泥凝结时间在施工中有重要意义,为使混凝土和砂浆有充分的时间进行搅拌、运输、浇捣和砌筑,水泥初凝时间不能过短;当施工完毕后,则要求尽快硬化,具有强度,故终凝时间不能太长。现行国家标准《通用硅酸盐水泥》(GB 175—2007)规定,硅酸盐水泥初凝时间不得早于45 min,终凝时间不得迟于6.5 h;普通硅酸盐水泥初凝时间不得早于45 min,终凝时间不得迟于10 h。

水泥初凝时间不合要求,该水泥报废;终凝时间不合要求,视为不合格。

3)安定性

水泥在硬化过程中,体积变化是否均匀,简称安定性。水泥安定性不良会导致构件(制品)产生膨胀性裂纹或翘曲变形,造成质量事故。引起安定性不良的主要原因是熟料中游离氧化钙、游离氧化镁或石膏含量过多。安定性不合格的水泥不得用于水利工程。

4)强度等级

水泥强度是指胶砂的强度而不是净浆的强度,它是评定水泥强度等级的依据。根据现行国家标准《水泥胶砂强度检验方法(ISO法)》(GB/T 17671—1999)的规定,将水泥、标准砂和水按照(质量比)水泥∶标准砂 = 1∶3、水灰比为0.5的规定制成胶砂试件,在标准温度(20 ±1)℃的水中养护,测3 d和28 d的试件抗折强度和抗压强度,以规定龄期的抗压强度和抗折强度划分强度等级。

5)水化热

水泥的水化热是水化过程中放出的热量。水泥的水化热主要在早期释放,后期逐渐减少。对大型基础、水坝、桥墩等大体积混凝土工程,由于水化热产生的热量积聚在内部不易发散,将会使混凝土内外产生较大的温度差,所引起的温度应力使混凝土可能产生裂缝,因此水化热对大体积混凝土工程是不利的。

(二)混合材料水泥

1.混合材料

在生产水泥时,为改善水泥性能,调节水泥强度等级,而加到水泥中的人工或天然矿物材料,称为水泥混合材料。按其性能分为活性(水硬性)混合材料和非活性(填充性)混合材料两类。

1)活性混合材料

凡本身不具有水硬性或水硬性很弱的混合材料,在石灰、石膏的作用下具有较强的水硬性,这种混合材料称为活性混合材料。活性混合材料有粒化高炉矿渣、火山灰质混合材料和粉煤灰、硅粉等。

(1)粒化高炉矿渣。高炉熔炼生铁时,浮在铁水表面的熔融物,经过骤冷处理,成为多孔、疏松、颗粒状的矿渣,称为粒化高炉矿渣,也称水渣。粒化高炉矿渣的活性较高,这是由含有类似水泥熟料的化学成分和通过骤冷处理形成玻璃体结构决定的。粒化高炉矿渣以 $CaO \cdot Al_2O_3$ 含量较高而 SiO_2 含量较少者为质量较好。

具有活性成分的矿渣,经过骤冷处理后,形成的玻璃质结构,贮存大量的化学内能,因不稳定而具有较高的活性。活性氧化硅和活性氧化铝,在常温下能与氢氧化钙反应,生成水化硅酸钙和水化铝酸钙,水化铝酸钙与石膏反应生成水化硫铝酸钙,而具有强度。

(2)火山灰质混合材料。凡天然或人工的矿质材料,本身磨细加水后虽不能硬化,但与气硬性石灰混合加水拌和后,不但能在空气中硬化,而且能继续在水中硬化,称为火山灰质混合材料。火山灰质混合材料按其活性成分和组成结构分为含水硅酸质材料、铝硅玻璃质材料和烧黏土质材料等三种。

①含水硅酸质材料。这种材料的主要成分为无定形含水硅酸,常用的有硅藻土、硅藻石、蛋白石以及硅质渣等。

②铝硅玻璃质材料。以 SiO_2 为主要成分,并含有一定量的 Al_2O_3 和少量的 K_2O、Na_2O 等,均为高温熔融状态的岩浆喷出物,经过急速冷却形成的天然材料,常用的有火山灰、凝灰岩、浮石等。

③烧黏土质材料。以脱水高岭土为主要成分的天然或人工矿质材料,主要活性成分为活性 Al_2O_3 和活性 SiO_2。这种材料有烧黏土、煤矸石、沸腾炉渣、页岩渣等。

(3)粉煤灰。从火力发电厂煤粉炉烟道中收集的粉状灰,称为粉煤灰,是煤粉经高温燃烧后形成的一种似火山灰质混合材料。它是燃烧煤的发电厂将煤磨成 $100 \ \mu m$ 以下的煤粉,用预热空气喷入炉膛成悬浮状态燃烧,产生混杂有大量不燃物的高温烟气,经集尘装置捕集得到的。粉煤灰是一种废渣,对环境污染严重,利用粉煤灰作为混合材料是变废为宝,也有利于净化环境。

粉煤灰主要化学成分是 Al_2O_3 及 SiO_2,这两种成分总含量达到60%以上,是活性的主要来源。除此之外,还含有少量的 Fe_2O_3、CaO、MgO 及 SO_3 等。

燃烧用煤及其燃烧的程度对粉煤灰的质量影响很大,与粉煤灰化学成分和结构特征也有密切关系。由高温经过骤冷的粉煤灰,产生的玻璃体较多,具有较高的活性。其中有一部分球形中空玻璃体颗粒,称为粉煤灰空心微珠。它表面圆滑,强度和硬度均较高。含有空心微珠多的粉煤灰需水量小,因此能使水泥石干缩较小,抗裂性较强。细度大的粉煤灰,活性大,可以提高在水泥中的掺量。粉煤灰中未燃烧炭能降低粉煤灰的活性,需水量增大,因此国家标准规定烧失量不大于8%。

①粉煤灰的物理和化学性质。

a.物理性质。粉煤灰的物理性质包括密度、堆积密度、细度、比表面积、需水量等,这些性质是化学成分及矿物组成的宏观反映。由于粉煤灰的组成波动范围很大,这就决定了其物理性质的差异也很大,粉煤灰的基本物理性质见表2-2-2。

表 2-2-2　粉煤灰基本物理性质

粉煤灰的基本物理特性		范围均值
密度(g/cm³)		1.9~2.9
堆积密度(g/cm³)		0.531~1.261
比表面积 (cm²/g)	氮吸附法	800~19 500
	透气法	1 180~6 530
原灰标准稠度(%)		27.3~66.7
吸水量(%)		89~130
28 d 抗压强度比(%)		37~85

　　粉煤灰的物理性质中,细度和粒度是比较重要的项目。它直接影响着粉煤灰的其他性质,粉煤灰越细,细粉占的比重越大,其活性也越大。粉煤灰的细度影响早期水化反应,而化学成分影响后期的反应。

　　b. 化学性质。粉煤灰是一种人工火山灰质混合材料,它本身略有或没有水硬胶凝性能,但当以粉状及有水存在时,能在常温,特别是在水热处理(蒸汽养护)条件下,与氢氧化钙或其他碱土金属氢氧化物发生化学反应,生成具有水硬胶凝性能的化合物,成为一种增加强度和耐久性的材料。

　　②粉煤灰的应用。在混凝土中掺加粉煤灰可节约大量的水泥和细骨料、减少用水量、改善混凝土拌和物的和易性、增强混凝土的可泵性、减少了混凝土的徐变、减少水化热、降低热能膨胀性、提高混凝土抗渗能力、增加混凝土的修饰性。

　　a. 国标一级粉煤灰:采用优质粉煤灰和高效减水剂复合技术生产高强度等级混凝土的现代混凝土新技术正在全国迅速发展。

　　b. 国标二级粉煤灰:优质粉煤灰特别适用于配制泵送混凝土,大体积混凝土,抗渗结构混凝土,抗硫酸盐混凝土和抗软水侵蚀混凝土及地下、水下工程混凝土,压浆混凝土和碾压混凝土。

　　c. 国标三级粉煤灰:粉煤灰混凝土具有和易性好、可泵性强、修饰性改善、抗冲击能力提高、抗冻性增强等优点。

　　粉煤灰的化学组成与黏土质相似,主要用来生产粉煤灰水泥、粉煤灰砖、粉煤灰硅酸盐砌块、粉煤灰加气混凝土及其他建筑材料,还可用作农业肥料和土壤改良剂,回收工业原料和作为环境材料。

　　粉煤灰在水泥工业和混凝土工程中的应用:粉煤灰代替黏土原料生产水泥的,水泥工业采用粉煤灰配料可利用其中的未燃尽炭;粉煤灰作水泥混合材料;粉煤灰生产低温合成水泥,生产原理是将配合料先蒸汽养护生成水化物,然后经脱水和低温固相反应形成水泥矿物;粉煤灰制作无熟料水泥,包括石灰粉煤灰水泥和纯粉煤灰水泥,石灰粉煤灰水泥是将干燥的粉煤灰掺入 10%~30% 的生石灰或消石灰和少量石膏混合磨粉,或分别磨细后再混合均匀制成的水硬性胶凝材料;粉煤灰作为砂浆或混凝土的掺和料,在混凝土中掺加粉煤灰代替部分水泥或细骨料,不仅能降低成本,而且能提高混凝土的和易性:不透水、气性、抗硫酸盐性能和耐化学侵蚀性能,降低水化热,改善混凝土的耐高温性能,减轻颗粒分离和析水现象,减少混凝土的收缩和开裂以及抑制杂散电流对混凝土中钢筋的腐蚀。

粉煤灰在建筑制品中的应用:蒸制粉煤灰砖,以电厂粉煤灰和生石灰或其他碱性激发剂为主要原料,也可掺入适量的石膏,并加入一定量的煤渣或水淬矿渣等骨料,经过加工、搅拌、消化、轮碾、压制成型、常压或高压蒸汽养护后而形成的一种墙体材料;烧结粉煤灰砖,以粉煤灰、黏土及其他工业废料为原料,经原料加工、搅拌、成型、干燥、焙烧制成砖;蒸压生产泡沫粉煤灰保温砖,以粉煤灰为主要原料,加入一定量的石灰和泡沫剂,经过配料、搅拌、烧制成型和蒸压而成的一种新型保温砖;粉煤灰硅酸盐砌块,以粉煤灰、石灰、石膏为胶凝材料,煤渣、高炉矿渣等为骨料,加水搅拌、振动成型、蒸汽养护而成的墙体材料;粉煤灰加气混凝土,以粉煤灰为原料,适量加入生石灰、水泥、石膏及铝粉,加水搅拌成浆,注入模具蒸养而成的一种多孔轻质建筑材料;粉煤灰陶粒,以粉煤灰为主要原料,掺入少量黏结剂和固体燃料,经混合、成球、高温焙烧而制成的一种人造轻质骨料;粉煤灰轻质耐热保温砖,是用粉煤灰、烧石、软质土及木屑作为配料而制成,保温效率高,耐火度高,热导率小,能减轻炉墙厚度、缩短烧成时间、降低燃料消耗、提高热效率、降低成本。

粉煤灰可用作生产原料:粉煤灰是无机防火保温板生产原料的一种,聚能无机防火保温板的原料为 70% 的普通水泥、30% 的粉煤灰。

(4)硅粉。硅粉也称硅灰或硅烟,是钢厂和铁合金厂生产硅钢和硅铁时产生的一种烟尘。它的主要成分是活性 SiO_2,一般含量超过 90% ,另外含有少量铁、镁等的氧化物。硅粉的颗粒呈极细的玻璃球状,粒径为 $0.1 \sim 1\ \mu m$,是水泥颗粒粒径的 $1/50 \sim 1/100$,比表面积为 $20\ 000 \sim 25\ 000\ cm^2/g$。因此,它是一种特效的混合材料。水泥中掺入适量的硅粉,能明显地改善其和易性,提高密实性,从而大幅度地提高强度、抗渗性、抗冻性、抗冲磨性等一系列性能。

2)非活性混合材料

非活性混合材料是指与水泥成分中的氢氧化钙不发生化学作用或很少掺加水泥化学反应的天然或人工的矿物质材料,如石英砂、石灰石及各种废渣,活性指标低于相应国家标准要求的粒化高炉矿渣、粉煤灰、火山灰质混合材料。掺入硅酸盐水泥中,主要起调节水泥强度、改善和易性及水泥的耐磨性(如加入磨细的石英砂粉)等。

2.掺混合材料的硅酸盐水泥

1)普通硅酸盐水泥

国标规定,凡由硅酸盐水泥熟料、5% ~20% 混合材料、适量石膏磨细制成的水硬性胶凝材料,均称为普通硅酸盐水泥(简称普通水泥),代号 P·O。

掺活性混合材料时,最大掺量不得超过 20% ,其中允许用不超过水泥质量 5% 的窑灰或不超过水泥质量 8% 的非活性混合材料来代替。

普通硅酸盐水泥成分中,80% 以上是硅酸盐水泥熟料,混合材料是少量的,因此基本性能与硅酸盐水泥相似,某些性能具有规律性的差异。如同强度等级的水泥,其早期强度较硅酸盐水泥稍低,水化热较小,抗冻性不如硅酸盐水泥。

国标规定,细度、凝结时间、体积安定性等与硅酸盐水泥、矿渣硅酸盐水泥、火山灰质硅酸盐水泥、粉煤灰硅酸盐水泥等四种水泥相同。

2)矿渣硅酸盐水泥

国标规定,凡由硅酸盐水泥熟料和粒化高炉矿渣、适量石膏磨细制成的水硬性胶凝材料,均称为矿渣硅酸盐水泥(简称矿渣水泥),代号 P·S。水泥中粒化高炉矿渣掺加量按重量百分比计为 >20% 且 ≤70%,并分为 A 型和 B 型。A 型矿渣硅酸盐水泥掺量 >20% 且 ≤50%,代号 P·S·A;B 型矿渣硅酸盐水泥粒化高炉矿渣掺量 >50% 且 ≤70%,代号 P·S·B。允许用石灰石、窑灰、粉煤灰和火山灰质混合材料中的一种材料代替矿渣,代替数量不得超过水泥质量的 8%,替代后水泥中粒化高炉矿渣不得少于 20%。

与硅酸盐水泥相比,矿渣水泥具有早期强度低、后期强度增长率较高,水化热较低,抗侵蚀性较强,耐热性较好,泌水性较大,抗渗性及抗冻性差,耐磨性差,温度敏感性大,干缩性较大,碳化较快等特点。

矿渣水泥比较适用于大体积、有抗溶出性及抗硫酸盐侵蚀要求及工期较长的水工混凝土、也适用于具有较高温度和湿度的蒸汽养护的混凝土、处于环境温度较高的耐热混凝土及普通混凝土,不适于低温施工及要求早强的混凝土工程。如将矿渣水泥用于低温或干燥环境施工时,必须加强温、湿养护,也不宜用于有抗冻、抗渗及耐磨要求的混凝土工程。

3)火山灰质硅酸盐水泥

由硅酸盐水泥熟料和 >20% 且 ≤40% 的火山灰质混合材料、适量石膏磨细制成的水硬性胶凝材料,称为火山灰质硅酸盐水泥,代号 P·P。

火山灰水泥的水化原理和矿渣水泥一样,分两步进行(二次水化)。火山灰水泥强度等级的划分及主要技术指标同矿渣水泥,故其性能与矿渣水泥有许多共同之处,如早期强度低、后期强度增长率大、水化热低、抗溶出性侵蚀能力强,但抗冻性、耐磨性、抗碳化性要差且干缩性更大。

火山灰水泥颗粒较细,再加上火山灰混合材料颗粒内部孔隙率较大,因此火山灰水泥的保水性较好。由于火山灰混合材料与 $Ca(OH)_2$ 作用会产生膨胀现象,并且泌水性小,促使水泥石结构较均匀密实,具有较高的抗渗性。

火山灰水泥使用条件与矿渣水泥相仿,也适用于大体积混凝土工程,尤其是有抗渗要求的工程,但不宜用于干燥环境和有抗冻、耐磨要求的工程。

4)粉煤灰硅酸盐水泥

由硅酸盐水泥熟料和 20%～40% 的粉煤灰、适量石膏磨细制成的水硬性胶凝材料,称为粉煤灰硅酸盐水泥,代号 P·F。

5)复合硅酸盐水泥

由硅酸盐水泥熟料和 >20% 且 ≤50% 的两种以上混合材料、适量石膏磨细制成的水硬性胶凝材料,称为复合硅酸盐水泥,代号 P·C。

(三)常用水泥的特性及应用

常用水泥的主要特性及适用范围见表 2-2-3。

(四)常用水泥的包装及标志

水泥有散装或袋装,袋装水泥每袋净质量 50 kg,且应不少于标准质量的 99%;随机抽取 20 袋,总质量(含包装袋)应不少于 1 000 kg。水泥包装袋上应清楚标明执行标准、水泥品种、代号、强度等级、生产者名称、生产许可证标志(QS)及编号、出厂编号、包装日期、净含量。包装袋两侧应根据水泥的品种采用不同的颜色印刷水泥名称和强度等级,硅酸盐水泥和普通硅酸盐水泥采用红色,矿渣硅酸盐水泥采用绿色,火山灰质硅酸盐水泥、粉煤灰硅酸盐水泥和复合硅酸盐水泥采用黑色或蓝色。散装发运时应提交与袋装标志相同内容的卡片。

表 2-2-3　常用水泥的主要特性及适用范围

水泥种类	硅酸盐水泥	普通硅酸盐水泥	矿渣硅酸盐水泥	火山灰质硅酸盐水泥	粉煤类硅酸盐水泥
密度 (g/cm³)	3.0~3.15	3.0~3.15	2.8~3.1	2.8~3.1	2.8~3.1
堆密度 (kg/m³)	1 000~1 600	1 000~1 600	1 000~1 200	900~1 000	900~1 000
强度等级	42.5,42.5R 52.5,52.5R 62.5,62.5R	42.5,42.5R 52.5,52.5R	32.5,32.5R 42.5,42.5R 52.5,52.5R	32.5,32.5R 42.5,42.5R 52.5,52.5R	32.5,32.5R 42.5,42.5R 52.5,52.5R
主要特性	1.早期强度较高,凝结硬化快; 2.水化热大; 3.抗冻性好; 4.耐热性差; 5.耐腐蚀及耐水性较差	1.早期强度较高; 2.水化热大; 3.抗冻性好; 4.耐热性差; 5.耐腐蚀及耐水性较差	1.早期强度低,后期强度增长较快; 2.水化热小; 3.耐热性好; 4.耐硫酸盐侵蚀及耐水性好; 5.抗冻性差; 6.干缩性大; 7.抗碳化能力差	1.早期强度低,后期强度增长较快; 2.水化热小; 3.耐热性差; 4.耐硫酸盐侵蚀及耐水性较好; 5.抗冻性差; 6.干缩性大; 7.抗渗性好; 8.抗碳化能力差	1.早期强度低,后期强度增长较快; 2.水化热小; 3.耐热性差; 4.耐硫酸盐侵蚀及耐水性较好; 5.抗冻性差; 6.干缩性小; 7.抗碳化能力差
适用范围	快硬早强的工程、配制高强度等级混凝土	制造地上、地下及水中的混凝土、钢筋混凝土及预应力钢筋混凝土结构,包括受反复冰冻的结构;也可配制高强度等级混凝土及早期强度要求高的工程	1.高温车间和有耐热、耐火要求的混凝土结构; 2.大体积混凝土结构; 3.蒸汽养护的混凝土结构; 4.一般地上、地下和水中混凝土结构; 5.有抗硫酸盐侵蚀要求的一般工程	1.适用于大体积工程; 2.有抗渗要求的工程; 3.蒸汽养护混凝土构件; 4.用于一般混凝土结构; 5.有抗硫酸盐侵蚀要求的一般工程	1.适用于地上、地下和水中及大体积混凝土工程; 2.蒸汽养护混凝土构件; 3.一般混凝土工程; 4.有抗硫酸盐侵蚀要求的一般工程

二、建筑钢材

水利工程常用的建筑钢材主要由碳素结构钢、优质碳素结构钢、普通低合金钢等加工而成。

(一)碳素结构钢

1.碳素结构钢的牌号及性能

碳素结构钢按其力学性能和化学成分含量可分为 Q195、Q215、Q235、Q275 四个牌号,其力学性能见表 2-2-4,工艺性能见表 2-2-5。

表 2-2-4　碳素结构钢的力学性能

牌号	等级	屈服点 σ_s(MPa)						抗拉强度(MPa)	伸长率 δ_5(%)					冲击试验	
		钢材厚度(直径,mm)							钢材厚度(直径,mm)					温度(℃)	V型冲击力(纵向,J)
		≤16	>16~40	>40~60	>60~100	>100~150	>150~200		≤40	>40~60	>60~100	>100~150	>150~200		
		不小于							不小于						不小于
Q195	—	195	185	—	—	—	—	315~430	33	—	—	—	—	—	—
Q215	A	215	205	195	185	175	165	335~450	31	30	29	27	26	—	—
	B													20	27
Q235	A	235	225	215	205	195	185	370~500	26	25	24	22	21	—	—
	B													20	27
	C													0	
	D													−20	
Q275	A	275	265	255	245	225	215	410~540	22	21	20	18	17	—	—
	B													20	27
	C													0	
	D													−20	

注:Q195 的化学成分与标准 1 号钢的乙类钢 B1 同,力学性能(抗拉强度、伸长率和冷弯)与甲类钢 A1 同。

表 2-2-5　碳素结构钢的工艺性能

牌号	试样方向	冷弯试验 $B=2d_0$ 180°	
		钢材厚度(直径)(mm)	
		≤60	>60~100
		弯心直径 d	
Q195	纵	0	—
	横	0.5a	
Q215	纵	0.5a	1.5a
	横	a	2a
Q235	纵	a	2a
	横	1.5a	2.5a
Q275	纵	1.5a	2.5a
	横	2a	3a

注:B 为试样宽度;a 为钢材厚度(直径)。

从 Q195～Q275,钢号越大,钢中含碳量越多,其强度、硬度也就越高,但塑性和韧性降低。由于四个牌号钢的性能不同,其用途也不同。Q195、Q215 号钢塑性高,易于冷弯和焊接,但强度较低,故多用于受荷较小及焊接构件中,以及制造铆钉和地脚螺栓等。

Q235 号钢有较高的强度和良好的塑性、韧性,易于焊接,且在焊接及气割后机械性能仍稳定,有利于冷热加工,故广泛地用于建筑结构中,作为钢结构的屋架、闸门、管道和桥梁及钢筋混凝土结构中的钢筋等,是目前应用最广的钢种。

Q275 号钢的屈服强度较高,但塑性、韧性和可焊性较差,可用于钢筋混凝土结构中配筋及钢结构构件和制造螺栓。

2. 碳素结构钢牌号的表示方法

钢的牌号由代表屈服点的字母、屈服点数值、质量等级符号、脱氧方法符号等四个部分按顺序组成。其表示方法见表 2-2-6。

表 2-2-6　钢牌号表示方法

名称	采用汉字及其汉语拼音		符号
	汉字	汉语拼音	
屈服点	屈	Q	
质量等级			A、B、C、D
沸腾钢	沸	F	
半镇静钢	半	b	
镇静钢	镇	Z	
特种镇静钢	特镇	TZ	

注:在钢牌号组成的表示方法中,"Z"与"TZ"代号可以省略。

例如:Q235 – B. F,表示屈服强度为 235 MPa,质量等级为 B 级的沸腾钢。

(二)优质碳素结构钢

优质碳素结构钢,简称优质碳素钢。这类钢主要是镇静钢,与碳素结构钢相比,质量好,磷硫含量限制较严,一般均不得大于 0.04%。

优质碳素钢按含碳量划分钢号,并按锰含量不同分为普通含锰量钢(含锰量小于0.80%)、较高含锰量钢(含锰量小于 1.2%)和高级优质碳素钢。较高含锰量的钢具有较好的淬透性以及较高的强度和硬度。

1. 优质碳素结构钢钢号的表示方法

优质碳素结构钢的钢号,如 08、10、15、20、25、30、35、40、45、50、55、60、65、70、75、80、85、15Mn、20Mn、25Mn、30Mn、35Mn、40Mn、45Mn、50Mn、60Mn、65Mn、70Mn。

优质碳素结构钢的钢号(牌号)以两位数字表示,数字代表平均含碳量的万分数的近似值,如 45——称为 45 号钢,表示平均含碳量为万分之四十五(即 0.45%),较高含锰量钢则在钢号后面加"锰"或"Mn"字。普通含锰量钢又分为镇静钢和沸腾钢两种,沸腾钢在牌号后面加注"沸"或"F"以示区别,高级优质碳素钢在钢号尾部加"A"表示。

2. 优质碳素结构钢的应用

优质碳素结构钢适用于热处理后,但也可不经过热处理而直接使用。这种钢在建筑上应用不太多。一般常用 30、35、40 号钢和 45 号钢做高强度螺栓,45 号钢用作预应力钢筋的锚具,65、70、75 号钢和 80 号钢可用于生产预应力混凝土用的碳素钢丝、刻痕钢丝和钢绞线。

(三)普通低合金钢

为了改善碳钢的力学性能和工艺性能,或为了得到某种特殊的理化性能,在冶炼过程中有意识地加入一定量的一种或几种元素,加入钢中的元素叫作合金元素,这样的钢就叫作合金钢。合金元素被加入钢中后便与碳和铁发生不同的作用,结果改变了钢组织、改善了钢性质。

普通低合金钢(简称普低钢)是在碳素钢的基础上加入少量合金元素(不超过 5%)的钢。在满足塑性、韧性及工艺性能(主要指可焊性等)要求的条件下使钢具有更高的强度和具有耐腐蚀、耐磨损等优良性能。由于合金元素的强化作用,普通低合金钢的屈服强度比碳素结构钢高 25% ~150%,碳素结构钢 Q235 A 级屈服强度只有 240 MPa 左右,而普通低合金钢的屈服强度可达 300~650 MPa。由于强度大大提高,用普通低合金钢取代碳素钢可大量节约钢材,减轻结构质量,并保证产品使用可靠、耐久。

1. 普通低合金钢钢号表示方法

普通低合金钢钢号表示方法是钢号前面的数字表示平均含碳量的万分数,后面的化学元素名称为所加合金元素,元素的角标表示合金元素的含量。当合金元素平均含量小于 1.5% 时仅标明元素,一般不标明含量。当平均合金含量为 1.5% ~2.49%、2.5% ~3.49%、…时,元素角标相应写 2、3、…。

2. 普通低合金钢的应用

普通低合金钢强度较高,综合性能较好,可用于一般冶炼、轧制设备生产,其成本与碳素结构钢接近,普通低合金钢较多地用于大型结构或荷载较大的结构。

(四)常用的建筑钢材

建筑钢材可分为钢筋混凝土结构用钢、钢结构用钢和钢管混凝土结构用钢等。

1. 钢筋混凝土结构用钢

1)热轧钢筋

根据现行国家标准《钢筋混凝土用钢 第 1 部分:热轧光圆钢筋》(GB 1499.1—2017)和《钢筋混凝土用钢 第 2 部分:热轧带肋钢筋》(GB 1499.2—2018)的相关规定,热轧光圆钢筋为 HPB300 一种牌号,普通热轧钢筋分 HRB400、HRB500、HRB600、HRB400E、HRB500E 五种牌号,细晶粒热轧钢筋分 HRBF400、HRBF500、HRBF400E、HRBF500E 四种牌号。热轧钢筋的技术要求见表 2-2-7。表中所列的强度值和伸长率均为要求的最小值。

由表 2-2-7 可知,随钢筋级别的提高,其屈服强度和极限强度逐渐增加,而其塑性则逐渐下降。

综合钢筋的强度、塑性、工艺性和经济性等因素,非预应力钢筋混凝土可选用 HPB300、HRB400 钢筋,而预应力钢筋混凝土则宜选用 HRB600、HRB500 钢筋和 HRB400 钢筋。

表 2-2-7　热轧钢筋的技术要求

表面形状	牌号	公称直径（mm）	∂_s 或 $\partial_{p0.2}$（MPa）	∂_b（MPa）	∂_5（%）	冷弯试验
热轧光圆钢筋	HPB300	6 ~ 22	300	420	25	180°, $d = a$
热轧带肋钢筋	HRB400	6 ~ 25 28 ~ 40 >40 ~ 50	400	540	16	180°, $d = 4a$ 180°, $d = 5a$ 180°, $d = 6a$
	HRBF400		400	540	16	
	HRB400E		400	540		
	HRBF400E		400	540		
	HRB500	6 ~ 25 28 ~ 40 >40 ~ 50	500	630	15	180°, $d = 6a$ 180°, $d = 7a$ 180°, $d = 8a$
	HRBF500		500	630	15	
	HRB500E		500	630		
	HRBF500E		500	630		
	HRB600	6 ~ 25 28 ~ 40 >40 ~ 50	600	730	14	180°, $d = 6a$ 180°, $d = 7a$ 180°, $d = 8a$

注：d 为弯心直径；a 为公称直径；∂_s 或 $\partial_{p0.2}$ 为下屈服强度；∂_b 为抗拉强度；∂_5 为断后伸长率。

2）冷加工钢筋

冷加工钢筋是在常温下对热轧钢筋进行机械加工（冷拉、冷拔、冷轧、冷扭、冲压等）而成。常见的品种有冷拉热轧钢筋、冷轧带肋钢筋和冷拔低碳钢丝。

（1）冷拉热轧钢筋。在常温下将热轧钢筋拉伸至超过屈服点小于抗拉强度的某一应力，然后卸荷，即制成了冷拉热轧钢筋。如卸荷后立即重新拉伸，卸荷点成为新的屈服点，因此冷拉可使屈服点提高，材料变脆，屈服阶段缩短，塑性、韧性降低。若卸荷后不立即重新拉伸，而是保持一定时间后重新拉伸，钢筋的屈服强度、抗拉强度进一步提高，而塑性、韧性继续降低，这种现象称为冷拉时效。实践中，可将冷拉、除锈、调直、切断合并为一道工序，这样可简化流程，提高效率。

（2）冷轧带肋钢筋。用低碳钢热轧盘圆条直接冷轧或经冷拔后再冷轧，形成三面或两面横肋的钢筋。根据现行国家标准《冷轧带肋钢筋》（GB 13788—2017）的规定，冷轧带肋钢筋分为 CRB550、CRB650、CRB800、CRB600H、CRB680H、CRB800H 六个牌号。CRB550、CRB600H 为普通混凝土用钢，CRB650、CRB800、CRB800H 用于预应力钢筋混凝土，CRB680H 既可作为普通混凝土用钢也可作为预应力钢筋混凝土用钢。

（3）冷拔低碳钢丝。将直径 6.5 ~ 8.0 mm 的 Q235 或 Q215 盘圆条通过小直径的拔丝孔逐步拉拔而成，直径 3 ~ 5 mm。由于经多次拔制，其屈服强度可提高 40% ~ 60%，同时失去了低碳钢的良好塑性，变得硬脆。现行国家标准《钢结构工程施工质量验收规范》（GB 50205—2001）规定，冷拔低碳钢丝分为两级，甲级用于预应力混凝土结构构件中，乙级用于非预应力混凝土结构构件中。

3）热处理钢筋

热处理钢筋是钢厂将热轧的带肋钢筋（中碳低合金钢）经淬火和高温回火调质处理而

成的,即以热处理状态交货,成盘供应,每盘长约 200 m。热处理钢筋强度高,用材省,锚固性好,预应力稳定,主要用作预应力钢筋混凝土轨枕,也可以用于预应力混凝土板、吊车梁等构件。

4)预应力混凝土用钢丝

预应力混凝土用钢丝是用优质碳素结构钢经冷加工及时效处理或热处理等工艺过程制得,具有很高的强度,安全可靠,且便于施工。根据现行国家标准《预应力混凝土用钢丝》(GB/T 5223—2014)的规定,预应力混凝土用钢丝按照加工状态分为冷拉钢丝和消除应力钢丝两类,消除应力钢丝的塑性比冷拉钢丝好。消除应力钢丝按松弛性能又分为低松弛钢丝(WLR)和普通松弛钢丝(WNR)两种;按外形分为光面钢丝(P)、螺旋类钢丝(H)和刻痕钢丝三种。消除应力后钢丝的塑性比冷拉钢丝高;刻痕钢丝是经压痕轧制而成的,刻痕后与混凝土握裹力大,可减少混凝土裂缝。

预应力混凝土用钢丝强度高、柔性好,适用于大跨度屋架、薄腹梁、吊车梁等大型构件的预应力结构。

5)预应力混凝土钢绞线

钢绞线是将若干根碳素钢丝,经绞捻及消除内应力的热处理后制成。根据《预应力混凝土用钢绞线》(GB/T 5224—2014),钢绞线按其所用钢丝种类和根数不同分为五种类型。预应力混凝土用钢绞线强度高、柔性好,与混凝土黏结性能好,多用于大型屋架、薄腹梁、大跨度桥梁等大负荷的预应力混凝土结构。

2. 钢结构用钢

钢结构用钢主要是热轧成型的钢板和型钢等。薄壁轻型钢结构中主要采用薄壁型钢、圆钢和小角钢。钢材所用的母材主要是普通碳素结构钢及低合金高强度结构钢。

钢结构常用的热轧型钢有:I 型钢、H 型钢、T 型钢、槽钢、等边角钢、不等边角钢等。型钢是钢结构中采用的主要钢材。

钢板材包括钢板、花纹钢板、建筑用压型钢板和彩色涂层钢板等。钢板规格表示方法为"宽度×厚度×长度"(单位为 mm)。钢板分厚板(厚度大于 4 mm)和薄板(厚度小于或等于 4 mm)两种。厚板主要用于结构,薄板主要用于屋面板、楼板和墙板等。在钢结构中,单块钢板一般较少使用,而是用几块板组合成工字形、箱形等结构形式来承受荷载。

3. 钢管混凝土结构用钢

钢管混凝土结构即在薄壁钢管内填充普通混凝土,将两种不同性质的材料组合而形成的复合结构。近年来,随着理论研究的深入和新施工工艺的产生,钢管混凝土结构工程应用日益广泛。钢管混凝土结构按照截面形式的不同,可分为矩形钢管混凝土结构、圆钢管混凝土结构和多边形钢管混凝土结构等,其中矩形钢管混凝土结构和圆钢管混凝土结构应用较广。从已建成的众多建筑来看,目前钢管混凝土的使用范围还主要限于柱、桥墩、拱架等。

(五)钢材的性能

钢材的主要性能包括力学性能和工艺性能。其中力学性能是钢材最重要的使用性能,包括抗拉性能、冲击性能、硬度、疲劳性能等。工艺性能表示钢材在各种加工过程中的行为,包括冷弯性能和焊接性能等。

1. 抗拉性能

抗拉性能是钢材的最主要性能,表征其性能的技术指标主要是屈服强度、抗拉强度和伸长率。低碳钢(软钢)受拉的应力—应变图能够较好地解释这些重要的技术指标,见图 2-2-1。

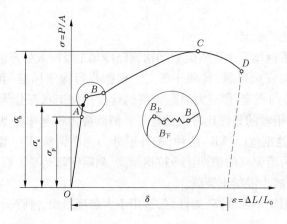

图 2-2-1　应力—应变图

1)屈服强度

在弹性阶段 OA 段,如卸去拉力,试件能恢复原状,此阶段的变形为弹性变形,应力与应变成正比,其比值即为钢材的弹性模量。与 A 点对应的应力称为弹性极限(σ_p)。当对试件的拉伸进入塑性变形的屈服阶段 AB 时,应力的增长滞后于应变的增加,屈服下限 $B_{下}$ 所对应的应力称为屈服强度,记作 σ_s。设计时一般以 σ_s 作为强度取值的依据。对屈服现象不明显的钢,规定以 0.2% 残余变形时的应力 $\sigma_{0.2}$ 作为屈服强度。

2)抗拉强度

从 BC 曲线逐步上升可以看出:试件在屈服阶段以后,其抵抗塑性变形的能力又重新提高,称为强化阶段。对应于最高点 C 的应力称为抗拉强度,用 σ_b 表示。设计中抗拉强度虽然不能利用,但屈强比 σ_s/σ_b 能反映钢材的利用率和结构安全可靠程度。屈强比愈小,反映钢材受力超过屈服点工作时的可靠性愈大,因而结构的安全性愈高,若屈强比太小,则反映钢材不能有效地被利用。

3)伸长率

当曲线到达 C 点后,试件薄弱处急剧缩小,塑性变形迅速增加,产生"缩颈"现象而断裂。

伸长率表征了钢材的塑性变形能力。伸长率的大小与标距长度有关。塑性变形在标距内的分布是不均匀的,颈缩处的伸长较大,离颈缩部位越远变形越小。因此,原标距与试件的直径之比越大,颈缩处伸长值在整个伸长值中的比重越小,计算伸长率越小。

2. 冲击性能

冲击性能指钢材抵抗冲击荷载的能力。其指标是通过标准试件的弯曲冲击韧性试验确定的。按规定,将带有 V 形缺口的试件进行冲击试验。试件在冲击荷载作用下折断时所吸收的功,称为冲击吸收功(或 V 形冲击功)A_{kV}(J)。钢材的化学成分、组织状态、内在缺陷及环境温度等都是影响冲击韧性的重要因素。A_{kV} 值随试验温度的下降而减小,当温度降低达到某一范围时,A_{kV} 急剧下降而呈脆性断裂,这种现象称为冷脆性。发生冷脆时的温度称为脆性临界温度,其数值越低,说明钢材的低温冲击韧性越好。因此,对直接承受动荷载而且可能在负温下工作的重要结构,必须进行冲击韧性检验,并选用脆性临界温度较使用温度低的钢材。另外,时效敏感性越大的钢材,经过时效以后,其冲击韧性和塑性的降低越显著,对于承受动荷载的结构物应选用时效敏感性较小的钢材。

3. 硬度

钢材的硬度是指表面层局部体积抵抗较硬物体压入产生塑性变形的能力,表征值常用布氏硬度值 HB 表示。测试钢材硬度的方法常采用布氏法,在布氏硬度机上用一定直径的硬质钢球,以一定荷载将其压入试件表面,持续至规定的时间后卸去荷载,使其形成压痕,将荷载除以压痕面积,所得的应力值为该钢材的布氏硬度值,数值越大,表示钢材越硬。

4. 耐疲劳性

在交变荷载反复作用下,钢材往往在应力远小于抗拉强度时发生断裂,这种现象称为钢材的疲劳破坏。疲劳破坏的危险应力用疲劳极限来表示,它是指钢材在交变荷载作用下于规定的周期基数内不发生断裂所能承受的最大应力。试验表明,钢材承受的交变应力越大,则断裂时的交变循环次数越少,相反,交变应力越小,则断裂时的交变循环次数越多;当交变应力低于某一值时,交变循环次数达无限次也不会产生疲劳破坏。

5. 冷弯性能

冷弯性能是指钢材在常温下承受弯曲变形的能力,是钢材的重要工艺性能。冷弯性能指标是通过试件被弯曲的角度(90°、180°)及弯心直径 d 对试件厚度(或直径)a 的比值(d/a)区分的。试件按规定的弯曲角和弯心直径进行试验,试件弯曲处的外表面无裂断、裂缝或起层,即认为冷弯性能合格。冷弯时的弯曲角度越大、弯心直径越小,则表示其冷弯性能越好。

冷弯试验能揭示钢材是否存在内部组织不均匀、内应力、夹杂物未熔合和微裂缝等缺陷,而这些缺陷在拉力试验中常因塑性变形导致应力重分布而得不到反映,因此冷弯试验是一种比较严格的试验,对钢材的焊接质量也是一种严格的检验,能揭示焊件在受弯表面存在的未熔合、裂纹和夹杂物等问题。

6. 焊接性能

钢材的可焊性是指焊接后在焊缝处的性质与母材性质的一致程度。影响钢材可焊性的主要因素是化学成分及含量。含碳量超过 0.3% 时,可焊性显著下降;特别是硫含量较多时,会使焊缝处产生裂纹并硬脆,严重降低焊接质量。正确地选用焊接材料和焊接工艺是提高焊接质量的主要措施。

三、木材

木材是人类使用最早的建筑材料之一。木材的有效综合利用,是提高木材利用率、避免浪费、物尽其用、节约木材的发展方向。充分利用木材的边角废料,生产各种人造板材,则是对木材进行综合利用的重要途径。人造板质量主要取决于木材质量、胶料质量和加工工艺等。

(一)木材的分类

1. 按树种分类

按树种分类,可分为针叶树和阔叶树。

针叶树的树叶细长如针,多为常绿树,树木材质轻软,故又名软木材,如松、杉、柏等。这类树木树干通直而高大,是建筑工程中主要的材种。

阔叶树树叶宽大,叶脉成网状,大多为落叶树,材质坚硬而重,又称硬木材,如桦、樟、青杠等。

2. 按材种分类

按材种分类,可分为原条、原木、锯材三类。

原条又称条木,是指经修枝、剥皮、没有加工的伐木。原条主要用作建筑施工的脚手杆。

原木是伐倒木经修枝、剥皮以后,按树种和树干的粗细、长短、体态状况,依其最合适的用途,加以截断的圆形木段。原木根据用途不同,分为直接使用原木和加工用原木。直接使用原木是指不需再经加工,就直接使用的原木,如电杆、桩木、坑木以及做屋架、椽等。加工用原木是指要经过锯切加工后才能使用的原木。

锯材又称成材,是原木经过加工后的初步产品。锯材分普通锯材和枕木。

木材包括圆材和成材两大类。圆材又包括原条和原木;成材又称锯材,包括板材、枋材和枕木。普通锯材根据厚度分为薄板、中板、厚板。

(二)木材的物理性质

1. 木材的含水率

木材含水率以木材中所含水的质量占木材干燥质量的比值(%)表示。

木材中所含水分由自由水(存在于细胞腔内和细胞间隙中)、吸附水(存在于细胞壁内)、化合水三部分组成。

影响木材物理力学性质和应用的最主要的含水率指标是纤维饱和点和平衡含水率。

纤维饱和点是木材仅细胞壁中的吸附水达饱和而细胞腔和细胞间隙中无自由水存在时的含水率。其值随树种而异,一般为25%～35%,平均值为30%。它是木材物理力学性质是否随含水率而发生变化的转折点。

平衡含水率是指木材中的水分与周围空气中的水分达到吸收与挥发动态平衡时的含水率。平衡含水率因地域而异,如我国吉林省为12.5%,青海省为15.5%,江苏省为14.8%,海南省为16.4%,平衡含水率是木材和木制品使用时避免变形或开裂而应控制的含水率指标。

2. 木材的湿胀干缩与变形

木材仅当细胞壁内吸附水的含量发生变化才会引起木材的变形,即湿胀干缩。

木材含水量大于纤维饱和点时,表示木材的含水率除吸附水达到饱和外,还有一定数量的自由水。此时,木材如受到干燥或受潮,只是自由水改变,故不会引起湿胀干缩。只有当含水率小于纤维饱和点时,表明水分都吸附在细胞壁的纤维上,它的增加或减少才能引起木材的湿胀干缩,即只有吸附水的改变才影响木材的变形,而纤维饱和点正是这一改变的转折点。

由于木材构造的不均匀性,木材的变形在各个方向上也不同;顺纹方向最小,径向较大,弦向最大。因此,湿材干燥后,其截面尺寸和形状会发生明显的变化。

湿胀干缩将影响木材的使用。干缩会使木材翘曲、开裂、接榫松动、拼缝不严,湿胀可造成表面鼓凸,所以木材在加工或使用前应预先进行干燥,使其接近于与环境湿度相适应的平衡含水率。

（三）木材力学性质

木材按受力状态分为抗拉、抗压、抗弯和抗剪四种强度,而抗拉、抗压和抗剪强度又有顺纹和横纹之分。所谓顺纹是指作用力方向与纤维方向平行,横纹是指作用力方向与纤维方向垂直。木材的顺纹和横纹强度有很大差别。木材各种强度之间的比例关系见表2-2-8。

表 2-2-8　木材各种强度之间的比例关系

抗压强度		抗拉强度		抗弯强度	抗剪强度	
顺纹	横纹	顺纹	横纹		顺纹	横纹
1	1/10 ~ 1/3	2 ~ 3	1/3 ~ 3/2	3/2 ~ 2	1/7 ~ 1/3	1/2 ~ 1

注:以顺纹抗压强度为1,其他各项强度皆为其倍数。

木材的强度除由本身组成构造因素决定外,还与含水率、疵病、外力持续时间、温度等因素有关。木材构造的特点使其各种力学性能具有明显的方向性,木材在顺纹方向的抗拉和抗压强度都比横纹方向高得多,其中,在顺纹方向的抗拉强度是木材各种力学强度中最高的,顺纹抗压强度仅次于顺纹抗拉和抗弯强度。

（四）木材的应用

1. 在结构中的应用

主要用于构架、屋顶、梁柱、门窗、地板。

2. 在施工中的应用

施工中的柱桩、模板、支撑等。

3. 在装饰装修中的应用

广泛地用于地板、护墙板、木花格、木制装饰等。

四、汽油、柴油

（一）汽油

汽油的英文名为 Gasoline(美)/Petrol(英),外观为透明液体,可燃,馏程为30 ℃至220 ℃,主要成分为 C5 ~ C12 脂肪烃和环烷烃类,以及一定量芳香烃,汽油具有较高的辛烷值(抗爆震燃烧性能),并按辛烷值的高低分为90 号、93 号、95 号、97 号等牌号。汽油由石油炼制得到的直馏汽油组分、催化裂化汽油组分、催化重整汽油组分等不同汽油组分经精制后与高辛烷值组分经调和制得,主要用作汽车点燃式内燃机的燃料。

1. 汽油的分类

汽油是用量最大的轻质石油产品之一,是引擎的一种重要燃料。

根据制造过程,汽油组分可分为直馏汽油、热裂化汽油(焦化汽油)、催化裂化汽油、催化重整汽油、叠合汽油、加氢裂化汽油、烷基化汽油和合成汽油等。

汽油产品根据用途可分为航空汽油、车用汽油、溶剂汽油三大类。前两者主要用作汽油机的燃料,广泛用于汽车、摩托车、快艇、直升飞机、农林业用飞机等。溶剂汽油则用于合成橡胶、油漆、油脂、香料等生产;汽油组分还可以溶解油污等水无法溶解的物质,起到清洁油污的作用;汽油组分作为有机溶液,还可以作为萃取剂使用。

2. 汽油的牌号

汽油按牌号来生产和销售,牌号规格由国家汽油产品标准加以规定,并与不同标准有关。目前我国国Ⅳ的汽油牌号有 3 个,分别为 90 号、93 号、97 号。国Ⅴ分别为 89 号、92 号、95 号。汽油的牌号是按辛烷值划分的。例如,97 号汽油指与含 97% 的异辛烷、3% 的正庚烷抗爆性能相当的汽油燃料。牌号越大,抗爆性能越好。应根据发动机压缩比的不同来选择不同牌号的汽油。

高压缩比的发动机如果选用低牌号汽油,会使汽缸温度剧升,汽油燃烧不完全,机器强烈震动,从而使输出功率下降,机件受损,耗油及行驶无力。如果低压缩比的发动机用高标号油,就会出现"滞燃"现象,即压缩比最高时还不到自燃点,一样会出现燃烧不完全现象,对发动机也没什么好处。此外,国家标准对汽油各种化学成分的含量如苯和烯烃也有严格的规定。烯烃的含量过高,使用过程中会产生胶状物质,聚积在进气管及气门导管部位。在发动机处于正常工作温度时,无异常现象;而当发动机熄火冷却一段时间后,这些胶质会把气门粘在气门导管内。这时起动发动机,就会发生顶气门现象。有毒的苯含量规定不得超过 1%。

(二)柴油

柴油是轻质石油产品,复杂烃类(碳原子数为 10 ~ 22)混合物,为柴油机燃料。主要由原油蒸馏、催化裂化、热裂化、加氢裂化、石油焦化等过程生产的柴油馏分调配而成,也可由页岩油加工和煤液化制取。

1.柴油的分类

柴油分为普通柴油(沸点范围为 180 ~ 370 ℃)和重柴油(沸点范围为 350 ~ 410 ℃)两大类。柴油使用性能中最重要的是着火性和流动性,其技术指标分别为十六烷值和凝点,我国柴油现行规格中要求含硫量控制在 0.5% ~ 1.5%,同车用汽油一样。

2.柴油的牌号

柴油也有不同的牌号,柴油按凝点分级,轻柴油有 5、0、-10、-20、-35、-50 六个牌号,重柴油有 10、20、30 三个牌号。

普通柴油应根据季节和工程所在地区的温度,选用牌号。根据普通柴油标准要求,选用普通柴油牌号应遵照以下原则:5 号车用柴油适用于风险率为 10% 的最低气温 8 ℃以上的地区;0 号车用柴油适用于风险率为 10% 的最低气温在 4 ℃以上的地区;-10 号车用柴油适用于风险率为 10% 的最低气温在 -5 ℃以上的地区;-20 号车用柴油适用于风险率为 10% 的最低气温在 -14 ℃以上的地区;-35 号车用柴油适用于风险率为 10% 的最低气温在 -29 ℃以上的地区;-50 号车用柴油适用于风险率为 10% 的最低气温在 -44 ℃以上的地区;选用柴油的牌号如果高于上述温度,发动机中的燃油系统就可能结蜡,堵塞油路,影响发动机的正常工作。

五、火工材料

(一)炸药

炸药就是可以非常快速地燃烧或分解的物质,能在短时间内产生大量的热量和气体。典型的炸药包含爆炸物、引爆装置。

1.炸药分类

1)按炸药的用途分类

按炸药的用途分类可以将炸药分为起爆药、猛炸药和发射药几大类。

2）按使用条件分类

按使用条件分类可以将工业炸药分为三类。

第一类为准许在地下和露天爆破工程中使用的炸药,包括沼气和矿尘爆炸危险的作业面。

第二类为准许在地下和露天爆破工程中使用的炸药,但不包括沼气和矿尘爆炸危险的作业面。

第三类为只准许在露天爆破工程中使用的炸药。

3）按炸药的主要化学成分分类

(1)硝铵类炸药,以硝酸铵为主要成分,加入适量的可燃剂、敏化剂及其他添加剂的混合炸药,是目前国内外爆破工程中用量最大、品种最多的一大类混合炸药。现应用较为广泛的乳化炸药(含粉状乳化炸药)、铵油炸药、水胶炸药、浆状炸药及膨化硝铵炸药均属此类。

(2)硝化甘油类炸药,以硝化甘油为主要爆炸成分,加入硝酸钾、硝酸铵作氧化剂,硝化棉为吸收剂,木粉为疏松剂,多种组分混合而成的混合炸药。就其外观来说,有粉状和胶状之分。硝化甘油类炸药具有爆炸威力大、感度高、装药密度大等特点,适用于小直径炮孔、坚硬矿岩和水下爆破作业,但其安全性较差,炸药有毒,爆后生成的有毒气体量大,不易加工,且生产成本较高。

(3)芳香族硝基化合物类炸药,主要是苯及其同系物的硝基化合物,如 TNT、黑索金等。这类炸药在我国工程爆破中用量不大。

2. 炸药的性能

炸药的爆炸性能主要有感度、威力、猛度、殉爆、安定性等。

1）感度

炸药的感度是指炸药在外界能量(如热能、电能、光能、机械能及爆能等)的作用下发生爆炸变化的难易程度,是衡量爆炸稳定性的一个重要标志。通常以引起爆炸变化的最小外界能量来表示,这个最小的外界能量习惯上称为引爆冲能。引爆冲能越小,其感度越高,反之则越低。影响炸药的感度的因素很多,主要有以下几种:

(1)温度。随着温度的升高,炸药的各种感度指标都升高。

(2)密度。随着炸药密度的增大,其感度通常是降低的。

(3)杂质。它对炸药的感度有很大的影响,不同的杂质有不同的影响。一般说来,固体杂质,特别是硬度大、有尖棱和高熔点的杂质,如砂子、玻璃屑和某些金属粉末等,能增加炸药的感度。

2）威力

威力是指炸药爆炸时做功的能力,亦即对周围介质的破坏能力。爆炸产生的热量越大,气态产物生成物越多,爆温越高,其威力也就越大。

3）猛度

猛度是炸药在爆炸后爆轰产物对周围物体破坏的猛烈程度,用来衡量炸药的局部破坏能力。猛度越大,则表示该炸药对周围介质的粉碎破坏程度越大。

4）殉爆

殉爆是指当一个炸药药包爆炸时,可以使位于一定距离处,与其没有什么联系的另一个炸药药包也发生爆炸的现象。起始爆炸的药包称为主发药包,受它爆炸影响而爆炸的药包称为被发药包。因主发药包爆炸而能引起被发药包爆炸的最大距离,称为殉爆距离。引起殉爆的主要原因是主发药包爆炸而引起的冲击波的传播作用。离药包的爆炸点越近,冲击波的强度越高;反之,则冲击波的强度越弱。

5)安定性

安定性是指炸药在一定储存期间内不改变其物理性质、化学性质和爆炸性质的能力。

3.炸药的用途

炸药因其具有成本低廉、节省人力,并能加快工程建设的优点,和在特殊环境下做功的特性,广泛应用于水利工程建设中。炸药用于修筑水坝、疏通河道、平整土地,开凿隧道、洞室等;炸药还大量用于开采各种石料。

(二)雷管

雷管是爆破工程的主要起爆材料,它的作用是产生起爆能来引爆各种炸药及导爆索、传爆管。

电雷管是在火雷管的构造基础上加电引火装置组成的。电雷管有瞬发电雷管、秒延期电雷管、毫秒延期电雷管和抗杂散电流电雷管4种。

(三)引爆线

1.导电线

导电线指传递火焰、传递爆轰波和传导电流引爆雷管的线,也叫引爆线。

2.导爆索

导爆索又称传爆线,常用于同时起爆多个装药的绳索,将棉线或麻线包缠猛性炸药和芯线,并将防潮剂涂在表面而制成。猛性炸药可用肽胺,或特屈儿和雷汞的混合物等。用雷管引爆。爆速为 500 ~ 6 600 m/s。

(四)火工材料的应用

国防科学技术工业委员会、公安部科工爆(2008)203 号文《关于做好淘汰导火索、火雷管、铵梯炸药相关工作的通知》要求:在2008 年1 月1 日起,全国范围内停止生产导火索、火雷管、铵梯炸药后,2008 年3 月31 日后,全国范围内停止销售导火索、火雷管、铵梯炸药;2008 年6 月30 日后,全国范围内停止使用导火索、火雷管、铵梯炸药。对逾期仍生产、销售、使用的单位,将依法予以处罚。

因此,水利工程主要采用乳化炸药、电雷管、导电线等火工材料。

六、混凝土

(一)概述

水泥混凝土(简称混凝土)是以水泥(或水泥加适量活性掺和料)为胶凝材料,与水和骨料等材料按适当比例拌制而成,再经浇筑成型,硬化后得到的人造石材。

1.混凝土的分类

混凝土常按表观密度的大小分类。干表观密度大于 2 600 kg/m³ 的称为重混凝土,是用密实的特殊骨料配制的,如重晶石混凝土。它主要用于国防及原子能工业的防辐射混凝土工程。干表观密度在 1 950 ~ 2 600 kg/m³ 的称为普通混凝土,是用天然(或人工)砂、石做骨料配制的,广泛应用于各种建筑工程中,其中干表观密度在 2 400 kg/m³ 左右的最为常用。干表观密度小于 1 950 kg/m³ 的称为轻混凝土,其中,用轻骨料配制的轻混凝土称为轻骨料混凝土;加入气泡代替骨料的轻混凝土称为多孔混凝土,如泡沫混凝土、加气混凝土;不加细骨料的轻混凝土称为大孔混凝土。轻混凝土多用于建筑工程的保温、结构保温或结构材料。

按用途、性能或施工方法的不同,混凝土分为普通混凝土、水工混凝土、海工混凝土、道路混凝土、防水混凝土、防射线混凝土、耐酸混凝土、耐热混凝土、高强混凝土、高性能混凝土、自流平混凝土、碾压混凝土、喷射混凝土、泵送混凝土、水下浇筑混凝土等。此外,还有纤维增强混凝土、聚合物混凝土等。

2. 混凝土的特点

混凝土是现代土建工程上应用最广、用量极大的建筑材料。其主要优点是:具有较高的强度及耐久性,可以调整其配合成分,使其具有不同的物理力学特性,以满足各种工程的不同要求;混凝土拌和物具有可塑性,便于浇筑成各种形状的构件或整体结构,能与钢筋牢固地结合成坚固、耐久、抗震且经济的钢筋混凝土结构。混凝土的主要缺点是:抗拉强度低,一般不用于承受拉力的结构,在温度、湿度变化的影响下,容易产生裂缝。此外,混凝土原材料品质及混凝土配合成分的波动以及混凝土运输、浇筑、养护等施工工艺,对混凝土质量有很大的影响,施工过程中需要严格的质量控制。

3. 混凝土的组成及组成材料的作用

混凝土是由水泥、水、砂及石子四种基本材料组成的。为节约水泥或改善混凝土的某些性能,常掺入一些外加剂及掺和料。水泥和水构成水泥浆;水泥浆包裹在砂颗粒的周围并填充砂子颗粒间的空隙形成砂浆;砂浆包裹石子颗粒并填充石子的空隙组成混凝土。在混凝土拌和物中,水泥浆在砂、石颗粒之间起润滑作用,使拌和物便于浇筑施工。水泥浆硬化后形成水泥石,将砂、石胶结成一个整体,混凝土中的砂称为细骨料(或细集料),石子称为粗骨料,细骨料一般不与水泥起化学反应,其作用是构成混凝土的骨架,并对水泥石的体积变形起一定的抑制作用。

工程中使用的混凝土,一般必须满足以下四个基本要求:

(1)混凝土拌和物应具有与施工条件相适应的和易性,便于施工时浇筑振捣密实,并能保证混凝土的均匀性。

(2)混凝土经养护至规定龄期,应达到设计所要求的强度。

(3)硬化后的混凝土应具有与工程环境相适应的耐久性,如抗渗、抗冻、抗侵蚀、抗磨损等。

(4)在满足上述三项要求的前提下,混凝土各种材料的配合应经济合理。

此外,对于大体积混凝土(结构物实体最小尺寸不小于 1 m 的混凝土),还需考虑低热性要求,以利于避免产生裂缝。

4. 混凝土的应用

水泥混凝土是随着硅酸盐水泥的出现而问世的,至今已有 180 多年的历史。随着科学技术的进步,混凝土的配制技术从经验逐步发展到理论;混凝土的施工技术从手工发展到机械化;混凝土的强度不断提高,性能不断改善,品种不断增多;对混凝土的研究也从宏观到细观及微观不断深入。进入 20 世纪以来,它已经成为各种工程建设中的一种主要的建筑材料。工业与民用建筑、给水与排水工程、水利水电工程,交通工程以及地下工程、国防建设等都广泛地应用混凝土。

(二)混凝土的主要技术性质

混凝土的主要技术性质包括混凝土拌和物的和易性、凝结特性、硬化混凝土的强度、变形及耐久性等。一般常用坍落度定量地表示拌和物流动性的大小,根据经验,通过对试验或现场的观察,定性地判断或评定混凝土拌和物黏聚性及保水性的优劣。

1. 混凝土拌和物的和易性

和易性是指混凝土拌和物在一定的施工条件下,便于施工操作并获得质量均匀、密实混凝土的性能,和易性包括流动性、黏聚性及保水性三方面的含义。

(1)流动性。流动性指混凝土拌和物在自身重量或施工振捣的作用下产生流动,并均匀、密实地填满模型的性能。流动性的大小反映拌和物的稀稠,它关系着施工振捣的难易和浇筑的质量。

(2)黏聚性。黏聚性也称抗离析性,指混凝土拌和物有一定的黏聚力,在运输及浇筑过程中不致出现分层离析,使混凝土拌和物保持整体均匀的性能。黏聚性不好的拌和物,砂浆与石子容易分离,振捣后会出现蜂窝、空洞等现象,严重影响工程质量。

(3)保水性。保水性指混凝土拌和物具有一定的保持水分不泌出的能力。如果混凝土拌和物保水性差,浇筑振实后,一部分水分就从内部析出,不仅水渗过的地方会形成毛细管孔隙,成为今后混凝土内部的渗水通道,而且水分及泡沫等轻物质浮在表面,还会使混凝土上下浇筑层之间形成薄弱的夹层。在水分泌出过程中,一部分水还会停留在石子及钢筋的下面形成水隙,减弱水泥石与石子及钢筋的黏结力。这些都将影响混凝土的密实性及均匀性,并降低混凝土的强度和耐久性。

混凝土拌和物的流动性、黏聚性和保水性三者是相互联系的。一般来说,流动性大的拌和物,其黏聚性及保水性相对较差。所谓拌和物具有好的和易性,就是其流动性、黏聚性及保水性都较好地满足具体施工工艺的要求。

2. 混凝土拌和物的凝结时间

水泥的水化反应是混凝土拌和物产生凝结的根源,但是混凝土拌和物的凝结时间与配制该混凝土所用水泥的凝结时间并不相等。水泥的凝结时间是水泥标准稠度净浆在规定温度及湿度条件下测得的,而且一般配制混凝土时所用的水灰比与水泥标准稠度是不同的。此外,混凝土拌和物的凝结时间还会受到其他各种因素的影响,如混凝土掺入掺和料、外加剂,混凝土所处环境的温度、湿度条件等。

在其他条件不变时,混凝土所用水泥的凝结时间长,则混凝土拌和物凝结时间也相应较长;混凝土的水灰比越大,混凝土拌和物的凝结时间越长;一般情况下,掺用粉煤灰将延长拌和物的凝结时间;混凝土掺用缓凝剂将明显延长拌和物的凝结时间;混凝土所处环境温度高,拌和物凝结时间缩短。

混凝土拌和物的凝结时间(分为初凝时间和终凝时间)通常是用贯入阻力法测定的。先用 5 mm 筛孔的筛从拌和物中筛取砂浆,按规定方法装入规定的容器中,然后用贯入阻力仪的试杆每隔一定时间插入待测砂浆一定深度 (25 mm),测得其贯入阻力,绘制贯入阻力与时间关系曲线,贯入阻力 3.5 MPa 及 28.0 MPa 对应的时间即为拌和物的初凝时间和终凝时间。这是从使用角度人为确定的指标。初凝表示可施工时间的极限,终凝表示混凝土的力学强度开始快速发展。

3. 混凝土的强度

混凝土强度分为抗压强度、抗拉强度、抗弯强度及抗剪强度等,其中以抗压强度最大,故混凝土主要用于承受压力。

1) 混凝土抗压强度

(1) 混凝土立方体抗压强度与强度等级。抗压强度是混凝土的重要质量指标,它与混凝土其他性能指标密切相关。抗压强度用单位面积上所能承受的压力来表示。根据试件形状的不同,混凝土抗压强度分为轴心抗压强度和立方体抗压强度。

《混凝土结构设计规范》(GB 50010—2010)规定,以边长 150 mm 的立方体试件为标准试件,按标准方法成型,在标准养护条件(温度(20 ± 2)℃,相对湿度 90% 以上)下,养护到 28 d 龄期,用标准试验方法测得的极限抗压强度,称为混凝土标准立方体抗压强度。在混凝土立方体抗压强度总体分布中,具有 95% 保证率的抗压强度,称为立方体抗压强度标准值。根据立方体抗压强度标准值(以 MPa 计)的大小,将混凝土分为不同的强度等级:C15、C20、C25、C30、C35、C40、C45、C50、C55、C60。如强度等级 C20 是指立方体抗压强度标准值为 20 MPa。建筑物的不同部位或承受不同荷载的结构应选用不同强度等级的混凝土。

水利水电工程中,混凝土抗压强度标准值常采用长龄期和非 95% 保证率。水利水电工程结构复杂,不但有大体积混凝土结构、水工钢筋混凝土结构及薄壁结构等,而且不同工程部位的混凝土也有不同设计龄期和保证率的要求。这是因为,水工大体积混凝土的结构尺寸一般不由应力控制,而是由结构布置或重力稳定等条件决定。如其强度标准值一律采用 28 d 龄期及 95% 保证率,则会导致增大混凝土水泥用量,造成浪费,而且会加大混凝土温度控制的困难,增大发生裂缝的可能性。因此,水工建筑物设计及施工规范规定,水工结构大体积混凝土强度标准值一般采用 90 d 龄期和 80% 保证率;体积较大的钢筋混凝土工程的混凝土强度标准值常采用 90 d 龄期和 85% ~90% 保证率;大坝碾压混凝土的强度标准值,可采用 180 d 龄期和 80% 保证率。对于薄壁结构的混凝土,以及由应力控制结构尺寸的结构混凝土和对混凝土强度要求较高的抗冲磨混凝土(包括大坝溢流面)等,其混凝土强度标准值采用 28 d 龄期和 95% 保证率。因此,水工混凝土强度标准值必须明确设计龄期和设计保证率。根据水工混凝土抗压强度标准值划分的强度等级称为水工混凝土强度等级。

对于设计龄期 28 d、保证率为 95% 的混凝土强度等级,其定义及表示方法与《混凝土结构设计规范》(GB 50010—2010)一致。当设计龄期为 90 d(或 180 d),保证率为 80% 时,混凝土强度等级用 $C_{90}15$,$C_{90}20$($C_{180}15$,$C_{180}20$)等表示,此时下角数字为设计龄期,保证率为 80%,15、20 等为混凝土抗压强度标准值(以 MPa 为单位)。

(2) 混凝土轴心抗压强度。混凝土强度测定值与试件的形状有关。在工程实际中,混凝土构件的形式各异,混凝土的受力情况也各不相同,在结构设计中,有时采用轴心抗压强度作为计算依据。

目前,我国以 150 mm × 150 mm × 300 mm 的棱柱体试件作为轴心抗压强度的标准试件。如有必要,也可用非标准尺寸的柱体试件,但其高与宽(或直径)之比应在 2 ~3 的范围内。同一种混凝土的轴心抗压强度小于立方体抗压强度,且高宽比(或高直比)越大,轴心抗压强度越小。试验结果表明,普通混凝土标准试件的轴心抗压强度约为标准立方体抗压强度的 0.7 ~0.8 倍。考虑到结构中混凝土强度与试件强度的差异,并假定混凝土立方体抗压强度离差系数与轴心抗压强度离差系数相等,混凝土轴心抗压强度标准值常取 0.67 倍的立方体抗压强度标准值。

2)混凝土的抗拉强度

混凝土的抗拉强度很低,一般为抗压强度的 7% ~ 14%。强度较低的混凝土,这个比值稍高一些;强度较高的混凝土,这个比值要低一些。混凝土抗拉强度 f_t(MPa)与抗压强度 f_{cu}(MPa)之间的关系可近似地用下述经验公式表示,即

$$f_t = 0.23 f_{cu}^{2/3}$$

测定混凝土抗拉强度的方法,有轴心拉伸法和劈裂法。轴心拉伸试验比较麻烦,且试件缺陷或加荷时有很小的偏心都会严重影响试验结果,致使试验结果离散性较大,故一般多采用劈裂法(试验方法参看混凝土试验部分)。

影响混凝土抗拉强度的因素,基本上与影响抗压强度的因素相同。水泥强度高、水灰比小、骨料表面粗糙、混凝土振捣密实以及加强早期养护等,都能提高混凝土的抗拉强度。

4.混凝土的耐久性

混凝土除要求具有设计的强度外,还应具有抗渗性、抗冻性、抗冲磨性、抗气蚀性及混凝土的碱骨料反应、混凝土的碳化等,统称为混凝土耐久性。

1)混凝土抗渗性

混凝土的抗渗性是指其抵抗压力水渗透作用的能力。抗渗性是混凝土的一项重要性质,除关系到混凝土的挡水及防水作用外,还直接影响混凝土的抗冻性及抗侵蚀性等。抗渗性较差的混凝土,水分容易渗入内部,若遇冰冻或水中含有侵蚀性溶质,混凝土就容易受到冰冻或侵蚀作用而破坏。

混凝土抗渗性可用渗透系数或抗渗等级表示。我国目前沿用的表示方法是抗渗等级。混凝土抗渗等级,是以 28 d 龄期的标准试件,在标准试验方法下所能承受的最大水压力来确定的。混凝土抗渗等级分为 W2、W4、W6、W8、W10、W12 等,即表示混凝土在标准试验条件下能抵抗 0.2 MPa、0.4 MPa、0.6 MPa、0.8 MPa、1.0 MPa、1.2 MPa 的压力水而不渗水。

2)混凝土的抗冻性

混凝土的抗冻性,是指混凝土在水饱和状态下能经受多次冻融作用而不破坏,同时也不严重降低强度的性能。混凝土抗冻性常以抗冻等级表示。抗冻等级采用快速冻融法确定,取 28 d 龄期 100 mm × 100 mm × 400 mm 的混凝土试件,在水饱和状态下经 N 次标准条件下的快速冻融后,若其相对动弹性模量 P 下降至 60% 或质量损失达 5%,则该混凝土抗冻等级即为 FN。混凝土抗冻等级分为 F50、F100、F150、F200、F250、F300、F350 等。例如,抗冻等级为 F50 的混凝土,取 28 d 龄期 100 mm × 100 mm × 400 mm 的混凝土试件,在水饱和状态下经 50 次标准条件下的快速冻融后,其相对动弹性模量 P 下降至 60% 或质量损失达 5%。

混凝土相对动弹性模量为

$$P = \frac{f_n^2}{f_0^2} \times 100\%$$

式中,f_n 为冻融 n 次循环后试件的横向基频,Hz;f_0 为试验前试件的横向基频,Hz。

3)混凝土的抗磨性及抗气蚀性

受磨损、磨耗作用的表层混凝土(如受挟沙高速水流冲刷的混凝土及道路路面混凝土等),要求有较高的抗磨性。混凝土的抗磨性不仅与混凝土强度有关,而且与原材料的特性及配合比有关。选用坚硬耐磨的骨料、高强度等级的硅酸盐水泥,配制成水泥浆含量较少的

高强度混凝土,经振捣密实,并使表面平整光滑,混凝土将获得较高的抗磨性。对于有抗磨要求的混凝土,其强度等级应不低于 C35,或者采用真空作业,以提高其耐磨性。对于结构物可能受磨损特别严重的部位,应采用抗磨性较强的材料加以防护。

高速水流经过凸凹不平、断面突变或水道急骤转弯的混凝土表面时,会使混凝土发生气蚀破坏。气蚀现象的发生与水流条件及建筑物外型等因素有关。气蚀作用在材料表面产生高频、局部、冲击性的应力而剥蚀混凝土。解决气蚀问题的最好办法是在设计、施工及运行中消除发生气蚀的原因。提高建筑物过水表面材料的抗气蚀性能也是一个重要方面。对混凝土材料来说,提高抗气蚀性能的主要途径是采用 C50 以上的混凝土,骨料最大粒径应不大于 20 mm,在混凝土中掺入硅粉及高效减水剂,严格控制施工质量,保证混凝土密实、均匀及表面平整等。

4)混凝土的碱骨料反应

当骨料中含有活性氧化硅(如蛋白石、某些燧石、凝灰岩、安山岩等)的岩石颗粒(砂或石子)时,这些岩石颗粒会与水泥中的碱(K_2O 及 Na_2O)发生化学反应(即碱—硅酸反应),使混凝土发生不均匀膨胀,造成裂缝、强度和弹性模量下降等不良现象,从而威胁工程安全。此外,水泥中的碱还能与某些层状硅酸盐骨料反应(即碱—硅酸盐反应)及与某些碳酸盐骨料(如某些白云石和白云质石灰岩等)发生反应(即碱—碳酸盐反应)。上述这些碱与混凝土骨料发生的反应统称为碱骨料反应。受碱骨料反应危害的工程,包括一些公路、桥梁和混凝土闸坝等。

发生碱骨料反应的必要条件是:骨料中含有活性成分,并超过一定数量;混凝土中含碱量较高(如水泥含碱量超过 0.6% 或混凝土中含碱量超过 3.0 kg/m³);有水分,如果混凝土内没有水分或水分不足,反应就会停止或减小。

目前鉴定骨料是否会发生碱—硅酸反应或碱—硅酸盐反应的常用方法是砂浆长度法;鉴定骨料是否会发生碱—碳酸盐反应的方法是小岩石柱长度法。此外,还有快速鉴定方法等。

防止碱骨料反应的措施有:条件允许时,选择非活性骨料;选用低碱水泥,并控制混凝土中总的含碱量;在混凝土中掺入适量的活性掺和料,如粉煤灰等,可抑制碱骨料反应的发生或减小其膨胀率;在混凝土中掺入引气剂,使其中含有大量均匀分布的微小气泡,可减小其膨胀破坏作用;在条件允许时,采取防止外界水分渗入混凝土内部的措施,如混凝土表面防护等。

5)混凝土的碳化

空气中的 CO_2 通过混凝土中的毛细孔隙,由表及里地向内部扩散,在有水分存在的条件下,与水泥石中的 $Ca(OH)_2$ 反应生成 $CaCO_3$,使混凝土中 $Ca(OH)_2$ 浓度下降,称为碳化(或中性化)。碳化还会引起混凝土收缩,使混凝土表层产生微细裂缝。混凝土碳化严重时将影响钢筋混凝土结构的使用寿命。

使用硅酸盐水泥或普通水泥,采用较小的水灰比及较多的水泥用量,掺用引气剂或减水剂,采用密实的砂、石骨料以及严格控制混凝土施工质量,使混凝土均匀密实,均可提高混凝土抗碳化能力。混凝土中掺入粉煤灰以及采用蒸汽养护的养护方法,会加速混凝土碳化。

(三)水泥混凝土的骨料及拌和、养护用水

1.细骨料(砂)

混凝土的细骨料,一般采用天然砂,如河砂、海砂及山谷砂,其中以河砂品质最好,应用最多,当地缺乏合格的天然砂时,也可用坚硬岩石磨碎的人工砂。通常规定混凝土用砂的粒径(即砂子颗粒的直径)范围为 0.16 ~ 5.0 mm,大于 5 mm 的列入石子范围。

影响砂质量的因素包括颗粒形状及表面特征、有害杂质、细度模数、砂的级配及物理性质等。

1)颗粒形状及表面特征

细骨料的颗粒形状及表面特征会影响其与水泥石的黏结及混凝土拌和物的流动性。山砂和人工砂的颗粒多具有棱角,表面粗糙,与水泥石黏结较好,用它拌制的混凝土强度较高,但拌和物的流动性较差。与山砂及人工砂相比,河砂、海砂的颗粒缺少棱角,表面较光滑,与水泥石黏结较差,用其拌制的混凝土强度较低,但拌和物的流动性较好。

2)有害杂质

混凝土用砂应颗粒坚实、清洁、不含杂质,但砂中常含有一些有害杂质,如云母、黏土及淤泥、硫化物及硫酸盐、有机杂质及轻物质等。云母呈薄片状,表面光滑,与水泥石黏结极弱,会降低混凝土的强度及耐久性。黏土、淤泥等黏附在砂粒表面,阻碍砂与水泥石的黏结,除降低混凝土的强度及耐久性外,还增大干缩率,当黏土以团块存在时,危害性更大。有机物、硫化物及硫酸盐,其可溶性物质能与水泥的水化产物起反应,对水泥有侵蚀作用。轻物质,如煤和褐煤等,质轻、颗粒软弱,与水泥石黏结力很低,使混凝土强度降低。为保证混凝土质量,砂中有害杂质的含量应符合有关规范的要求。

当怀疑砂中含有活性骨料时,应进行专门试验,以确定是否可用。

海砂中常含有氯盐,会引起钢筋锈蚀。为防止钢筋混凝土或预应力钢筋混凝土结构受到腐蚀,一般工程不宜用海砂。当受条件限制必须采用海砂时,应限制砂中含盐量。必要时,应使用淡水对砂进行淋洗,也可在混凝土中掺入占水泥质量 0.6% ~ 1.0% 的亚硝酸钠,以抑制钢筋锈蚀。

3)细度模数

砂子粗细程度常用细度模数 $F.M$ 表示,它是指不同粒径的砂粒混在一起后的平均粗细程度。将砂进行筛分并按下式计算细度模数:

$$F.M = \frac{(A_2 + A_3 + A_4 + A_5 + A_6) - 5A_1}{100 - A_1}$$

式中,A_1、A_2、A_3、A_4、A_5、A_6 分别为 5.0 mm、2.5 mm、1.25 mm、0.63 mm、0.315 mm、0.16 mm 各筛上累计筛余百分率。

按细度模数的大小,可将砂分为粗砂、中砂、细砂及特细砂。细度模数为 3.7 ~ 3.1 的是粗砂,3.0 ~ 2.3 的是中砂,2.2 ~ 1.6 的是细砂,1.5 ~ 0.7 的属特细砂。普通混凝土用砂的细度模数范围在 3.7 ~ 1.6,以中砂为宜。

4)砂的级配

砂的颗粒级配是指不同粒径的砂粒的组合情况。当砂子由较多的粗颗粒、适当的中等颗粒及少量的细颗粒组成时,细颗粒填充在粗、中颗粒间使其空隙率及总表面积都较小,即构成良好的级配。

砂的级配常用各筛上累计筛余百分率来表示。对于细度模数为 3.7 ~ 1.6 的砂,按 0.63 mm 筛孔的筛上累计筛余百分率分为三个区间(见表 2-2-9)。级配较好的砂,各筛上累计筛余百分率应处在同一区间之内(除 5.0 mm 及 0.63 mm 筛号外,允许稍有超出界限,但各筛超出的总量不应大于5%）。

表 2-2-9　砂的颗粒级配

筛孔尺寸(mm)	累计筛余(%)		
	1 区	2 区	3 区
10	0	0	0
5	10 ~ 0	10 ~ 0	10 ~ 0
2.5	35 ~ 5	25 ~ 0	15 ~ 0
1.25	65 ~ 35	50 ~ 10	25 ~ 0
0.63	85 ~ 71	70 ~ 41	40 ~ 16
0.315	95 ~ 80	92 ~ 70	85 ~ 55
0.16	100 ~ 90	100 ~ 90	100 ~ 90

天然砂一般都具有较好的级配,故只要其细度模数适当,均可用于拌制一般强度等级的混凝土。人工砂内粗颗粒一般含量较多,当将细度模数控制在理想范围(中砂)时,若小于0.16 mm的石粉含量过少,往往使混凝土拌和物的黏聚性较差;但若石粉含量过多,又会使混凝土用水量增大并影响混凝土强度及耐久性。因此,石粉含量一般控制在6% ~ 12%。

若砂子用量很大,选用时应贯彻就地取材的原则。当有些地区的砂料过粗、过细、级配不良时,在可能的情况下,应将粗细两种砂掺配使用,以调节砂的细度,改善砂的级配。在只有细砂或特细砂的地方,可以考虑采用人工砂,或者采取一些措施以降低水泥用量,如掺入一些细石屑或掺用减水剂、引气剂等。

5) 物理性质

(1)砂的视密度、堆积表观密度及空隙率。砂的视密度大小,反映砂粒的密实程度。混凝土用砂的视密度,一般要求不小于2.5 g/cm³,石英砂的视密度在2.6 ~ 2.7 g/cm³。砂的堆积表观密度与空隙率有关。在自然状态下干砂的堆积表观密度为1 400 ~ 1 600 kg/m³,振实后的堆积表观密度可达1 600 ~ 1 700 kg/m³。

砂子空隙率的大小,与颗粒形状及颗粒级配有关。带有棱角的砂,特别是针片状颗粒较多的砂,其空隙率较大;球形颗粒的砂,其空隙率较小。级配良好的砂,空隙率较小。一般天然河砂的空隙率为40% ~ 45%;级配良好的河砂,其空隙率可小于40%。

(2)砂的含水状态及饱和面干吸水率。砂子含水量的大小,可用含水率表示。当砂粒表面干燥而颗粒内部孔隙含水饱和时,称为饱和面干状态。此时砂的含水率称为饱和面干吸水率(简称吸水率)。砂的颗粒越坚实,其吸水率越小,品质也就越好。一般石英砂的吸水率在2%以下。

饱和面干砂既不从混凝土拌和物中吸取水分,也不往拌和物中带入水分。我国水工混凝土工程多按饱和面干状态的砂、石来设计混凝土配合比。在工业及民用建筑工程中,习惯按干燥状态的砂(含水率小于0.5%)及石子(含水率小于0.2%)来设计混凝土配合比。

(3)砂的坚固性。混凝土用砂必须具有一定的坚固性,以抵抗各种风化因素及冻融破坏作用。

6)混凝土细骨料品质要求

细骨料的品质要求应符合表 2-2-10 的规定。

表 2-2-10　细骨料的品质要求

项目		指标	
		天然砂	人工砂
表观密度(kg/m³)		≥2 500	
细度模数		2.2~3.0	2.4~2.8
石粉含量(%)		—	6~18
表面含水率(%)		≤6	
含泥量 (%)	设计龄期强度等级≥30 MPa 和有抗冻要求的混凝土	≤3	—
	设计龄期强度等级<30 MPa	≤5	
坚固性 (%)	有抗冻和抗侵蚀性要求的混凝土	≤8	
	无抗冻要求的混凝土	≤10	
泥块含量		不允许	
硫化物及硫酸盐含量(%)		≤1	
云母含量(%)		≤2	
轻物质含量(%)		≤1	—
有机质含量		浅于标准色	不允许

2. 粗骨料(卵石与碎石)

粒径大于 5 mm 的骨料叫粗骨料。普通混凝土常用的粗骨料有卵石和碎石两种。

1)颗粒形状及表面特征

粗骨料的颗粒形状及表面特征会影响其与水泥石的黏结及混凝土拌和物的流动性。卵石表面光滑、少棱角,空隙率及表面积较小,拌制混凝土时水泥浆用量较少,和易性较好,但与水泥石的黏结力较小。碎石颗粒表面粗糙、多棱角,空隙率和表面积较大,所拌制混凝土拌和物的和易性较差,但碎石与水泥石黏结力较大,在水灰比相同的条件下,比卵石混凝土强度高。其卵石与碎石各有特点,在实际工程中应本着满足工程技术要求及经济的原则进行选用。

粗骨料的颗粒还有呈针状(颗粒长度大于该颗粒所属粒级的平均粒径的 2.4 倍)和片状(厚度小于平均粒径的 0.4 倍)的。针、片状颗粒会使混凝土骨料空隙率增大,且受力后易被折断。因此,针、片状颗粒过多,会使混凝土强度降低,其含量应符合规范的规定。

2)有害杂质

粗骨料中的有害杂质主要有黏土、淤泥及细屑、硫化物及硫酸盐、有机物质等。它们的危害作用和在细骨料中时相同。不同工程的混凝土对粗骨料有害杂质含量的限值,可参阅有关规范。

粗骨料中若有活性骨料及黄锈骨料等,应进行专门试验,以确定是否可用。

3)最大粒径及颗粒级配

(1)最大粒径(D_M)。粗骨料公称粒径的上限值,称为骨料最大粒径。粗骨料最大粒径增大时,骨料的空隙率及表面积都减小,在水灰比及混凝土流动性相同的条件下,可使水泥用量减少,且有助于提高混凝土的密实性、减小混凝土的发热量及混凝土的收缩,这对大体积混凝土颇为有利。实践证明,当D_M在80~150 mm以下变动时,D_M增大,水泥用量显著减小,节约水泥效果明显;当D_M超过150 mm时,D_M增大,水泥用量不再显著减小。

对于水泥用量较少的中、低强度混凝土,D_M增大时,混凝土强度增大。对于水泥用量较多的高强混凝土,D_M由20 mm增至40 mm时,混凝土强度最高,$D_M > 40$ mm并没有好处。骨料最大粒径大者对混凝土的抗冻性、抗渗性也有不良的影响,尤其会显著降低混凝土的抗气蚀性能。因此,适宜的骨料最大粒径与混凝土性能要求有关。在大体积混凝土中,如条件许可,在最大粒径为150 mm范围内,应尽可能采用较大粒径。在高强混凝土及有抗气蚀性能要求的外部混凝土中,骨料最大粒径应不超过40 mm。

骨料最大粒径的确定,还受到骨料来源、建筑物结构的断面尺寸、钢筋净间距、生产方式及施工条件的限制。一般规定D_M不超过钢筋净距的2/3~3/4,构件断面最小尺寸的1/4。对于混凝土实心板,允许采用D_M为1/2板厚的骨料(但$D_M \leqslant 50$ mm)。当混凝土搅拌机的容量小于0.8 m³时,D_M不宜超过80 mm;当使用大容量搅拌机时,也不宜超过150 mm,否则容易打坏搅拌机叶片。

(2)颗粒级配。粗骨料的级配原理与细骨料基本相同,即将大小石子适当掺配,使粗骨料的空隙率及表面积都比较小,这样拌制出的混凝土水泥用量少,质量也较好。

粗骨料一般按粒径分为4级,采用几级配要根据施工方法、建筑物结构尺寸、钢筋间距等来决定。一般分级方法见表2-2-11。

表2-2-11　一般粗骨料分级表

名称	公称粒径(mm)	级配
小石	5~20	一
中石	20~40	二
大石	40~80	三
特大石	80~150或80~120	四

粗骨料级配有连续级配和间断级配两种。连续级配是从最大粒径开始,由大到小各粒径级相连,每一粒径级都占有适当的比例,这种级配在工程中被广泛采用。间断级配是各粒径级石子不相连,即抽去中间的一级、二级石子。间断级配能减小骨料的空隙率,故能节约水泥。但是间断级配容易使混凝土拌和物产生离析现象,并要求称量更加准确,增加了施工中的困难。此外,间断级配往往与天然存在的骨料级配情况不相适应,所以工程中较少采用。

选择骨料级配时,应从实际出发,将试验所选出的最优级配与料场中骨料的天然级配结合起来考虑,对各级骨料用量进行必要的调整与平衡,确定出实际使用的级配。这样做的目的是减少弃料,避免浪费。

施工现场分级堆放的石子中往往有超径与逊径现象存在。所谓超径就是在某一级石子中混杂有超过这一级粒径的石子;所谓逊径就是混杂有小于这一级粒径的石子。超、逊径的出现将直接影响骨料的级配和混凝土性能,因此必须加强施工管理,并经常对各级石子的超、逊径进行检验。一般规定,超径石子含量不得大于 5% ,逊径石子含量不得大于 10%。如果超过规定数量,最好进行二次筛分,否则应调整骨料级配,以保证工程质量。

4)物理力学性质

(1)视密度、堆积表观密度及空隙率。用作混凝土骨料的卵石或碎石,应密实坚固,故粗骨料的视密度应较大、空隙率应较小。我国石子的视密度平均为 2.68 g/cm^3,最大达 3.15 g/cm^3,最小为 2.50 g/cm^3,一般要求粗骨料的视密度不小于 2.55 g/cm^3。粗骨料的堆积表观密度及空隙率与其颗粒形状、针片状颗粒含量以及粗骨料的颗粒级配有关。近于球形或立方体形状的颗粒且级配良好的粗骨料,其堆积表观密度较大,空隙率较小。经振实后的堆积表观密度(称为振实堆积表观密度)比松散堆积表观密度大,空隙率小。

(2)吸水率。粗骨料的颗粒越坚实,孔隙率越小,其吸水率越小,品质也越好。吸水率大的石料,表明其内部孔隙多,粗骨料吸水率过大,将降低混凝土的软化系数,也降低混凝土的抗冻性。一般要求粗骨料的吸水率不大于 2.5%。

(3)强度。为了保证混凝土的强度,要求粗骨料质地致密,具有足够的强度。粗骨料的强度可用岩石立方体强度或压碎指标两种方法进行检验。岩石立方体强度是将轧制碎石的岩石或卵石制成 50 mm×50 mm×50 mm 的立方体(或直径与高度均为 50 mm 的圆柱体)试件,在水饱和状态下测定其极限抗压强度,一般要求极限强度与混凝土强度之比不小于1.5,且要求岩浆岩的极限抗压强度不宜低于 80 MPa,变质岩不宜低于 60 MPa,沉积岩不宜低于 30 MPa。压碎指标是取粒径为 10～20 mm 的骨料装入规定的圆模内,在压力机上加荷载 200 kN,其压碎的细粒(小于 2.5 mm)占试样的质量百分数,即为压碎指标。卵石或碎石骨料的压碎指标应满足规范要求。

(4)坚固性。有抗冻、耐磨、抗冲击性能要求的混凝土所用粗骨料,要求测定其坚固性,即用硫酸钠溶液法检验。对于在严寒及寒冷地区室外使用并经常处于潮湿或干湿交替状态下有抗冻要求的混凝土,粗骨料试样经 5 次浸泡烘干循环后其质量损失应不大于 5%。其他条件下使用的混凝土,其粗骨料试样经 5 次浸泡烘干循环后的质量损失应不大于 12%。

5)混凝土粗骨料品质要求

粗骨料的品质要求应符合表 2-2-12 的规定。

表 2-2-12　粗骨料品质要求

项目		指标
表观密度(kg/m³)		≥2 500
吸水率(%)	有抗冻和抗侵蚀性要求的混凝土	≤1.5
	无抗冻要求的混凝土	≤2.5
含泥量(%)	D_{20}、D_{40}粒径级	≤1
	D_{80}、D_{150}(D_{120})粒径级	≤0.5

续表 2-2-12

项目		指标
坚固性（%）	有抗冻和抗侵蚀性要求的混凝土	≤5
	无抗冻要求的混凝土	≤12
软弱颗粒含量（%）	设计龄期强度等级≥30 MPa 和有抗冻要求的混凝土	≤5
	设计龄期强度等级 <30 MPa	≤10
叶片状颗粒含量（%）	设计龄期强度等级≥30 MPa 和有抗冻要求的混凝土	≤15
	设计龄期强度等级 <30 MPa	≤25
泥块含量		不允许
硫化物及硫酸盐含量(%)		≤0.5
有机质含量		浅于标准色

3.混凝土拌和及养护用水

凡可饮用的水,均可用于拌制和养护混凝土。未经处理的工业废水、污水及沼泽水,不能使用。

天然矿化水中含盐量、氯离子及硫酸根离子含量以及 pH 等化学成分能满足规范要求时,也可用于拌制和养护混凝土。混凝土拌和用水的品质要求见表2-2-13。

表 2-2-13　混凝土拌和用水的品质要求

项目	钢筋混凝土	素混凝土
pH	≥4.5	≥4.5
不溶物（mg/L）	≤2 000	≤5 000
可溶物（mg/L）	≤5 000	≤10 000
氯化物,以 Cl^- 计（mg/L）	≤1 200	≤3 500
硫酸盐,以 SO_4^{2-} 计（mg/L）	≤2 700	≤2 700
碱含量（mg/L）	≤1 500	≤1 500

待检验的水与标准饮用水试验所得的水泥初凝时间差及终凝时间差均不得大于 30 min;待检验水配制水泥砂浆 28 d 抗压强度不得低于用标准饮用水拌制的砂浆抗压强度的 90%。

在缺乏淡水地区,素混凝土允许用海水拌制,但应加强对混凝土的强度检验,以符合设计要求;对有抗冻要求的混凝土,水灰比应降低 0.05。由于海水对钢筋有锈蚀作用,故钢筋混凝土及预应力钢筋混凝土不得用海水拌制。

（四）混凝土外加剂

在拌制混凝土过程中掺入的不超过水泥质量的 5%（特殊情况除外）,且能使混凝土按需要改变性质的物质,称为混凝土外加剂。

混凝土外加剂的种类很多,根据国家标准,混凝土外加剂按主要功能来命名,如普通减水剂、早强剂、引气剂、缓凝剂、高效减水剂、引气减水剂、缓凝减水剂、速凝剂、防水剂、阻锈剂、膨胀剂、防冻剂等。

混凝土外加剂按其主要作用可分为如下 5 类:

(1)改善混凝土拌和物流变性能的外加剂,包括各种减水剂、引气剂及泵送剂。

(2)调节混凝土凝结硬化性能的外加剂,包括缓凝剂、早强剂及速凝剂等。

(3)调节混凝土含气量的外加剂,包括引气剂、消泡剂、泡沫剂、发泡剂等。

(4)改善混凝土耐久性的外加剂,包括引气剂、防水剂、阻锈剂等。

(5)改善混凝土其他特殊性能的外加剂,包括保水剂、膨胀剂、黏结剂、着色剂、防冻剂等。

(五)混凝土配合比及其确定原则

普通混凝土配合比设计的任务是将水泥、粗细骨料和水等各项组成材料合理地配合,使所得混凝土满足工程所要求的各项技术指标,并符合经济的原则。

混凝土配合比的表示方法,常用的有两种。一种是用 1 m³ 混凝土中各项材料的质量表示,例如:水泥(C)300 kg,水(W)180 kg,砂(S)720 kg,石子(G)1 200 kg;另一种是用各项材料间的质量比表示(以水泥为 1),例如:$C:S:G = 1:2.4:4.0$,$W/C = 0.6$。

混凝土中各项原材料的品种、品质(如水泥品种及强度等级,砂石的品质,是否掺用外加剂等)对混凝土的各项技术性质都有一定影响。对于不同的工程,混凝土的技术要求及原材料是不同的,因此所得配合比也不会相同。

组成混凝土的水泥、砂、石子及水等四项基本材料之间的相对用量,可用三个对比关系表达,它们是水灰比、含砂率及单位用水量(即 1 m³ 混凝土用水量),这三个对比关系与混凝土性能之间存在着密切的关系,故将它们称为混凝土配合比的三个参数。进行混凝土配合比设计就是要正确地确定这三个参数。下面分别讨论这三个参数的确定原则和方法。

1. 水灰比

水灰比即 W/C,是指混凝土中水的用量与水泥用量的质量比值。满足强度要求的水灰比,可由使用本工程原材料进行试验所建立的混凝土强度与水灰比(或灰水比)关系曲线(或关系式)求得,也可参照经验公式初步确定,而后再进行试验校核。

满足耐久性要求的水灰比应通过混凝土抗渗性、抗冻性等试验确定。当缺乏试验资料时,也可参照表 2-2-14 及表 2-2-15 初步选定,而后再进行试验校核。影响混凝土耐久性的因素很多,混凝土耐久性是混凝土抵抗多种环境破坏因素的综合性指标。为了保证不同类型混凝土工程中混凝土耐久性,水灰比不得超过施工规范所规定的最大允许值。

表 2-2-14　水灰比与混凝土抗渗等级的大致关系

水灰比	0.50～0.55	0.55～0.60	0.60～0.65	0.65～0.75
估计 28 d 可能达到的抗渗等级	W8	W6	W4	W2

表 2-2-15　小型工程抗冻混凝土水灰比要求

抗冻等级	F50	F100	F150	F200	F300
水灰比	<0.58	<0.55	<0.52	<0.50	<0.45

以上根据强度和耐久性要求所求得的两个水灰比中,应选取其中较小者,以便能同时满足强度和耐久性的要求。

2. 混凝土单位用水量

单位用水量是控制混凝土拌和物流动性的主要因素。确定混凝土单位用水量的原则以满足混凝土拌和物流动性的要求为准。

影响混凝土单位用水量的因素很多,如骨料的品质及级配、骨料最大粒径、水泥需水性及使用外加剂情况等。对于具体工程,可根据原材料情况,总结实际资料得出单位用水量经验值。

3. 含砂率(合理砂率)

混凝土中砂与砂石的体积比或质量比称为砂率。在设计好的混凝土中,其含砂率应当是合理砂率(也称最佳砂率)。影响合理砂率大小的因素很多,可概括如下:

(1)石子最大粒径较大、级配较好、表面较光滑时,合理砂率较小。

(2)砂子细度模数较小时,混凝土拌和物的黏聚性容易得到保证,合理砂率较小。

(3)水灰比较小或混凝土中掺有使拌和物黏聚性得到改善的掺和料(如粉煤灰、硅粉等)时,水泥浆较黏稠,混凝土黏聚性较好,则合理砂率较小。

(4)掺用引气剂或减水剂时,合理砂率也可适当减小。

(5)设计要求的混凝土流动性较大时,混凝土合理砂率较大;反之,当混凝土流动性较小时,可用较小的砂率。

由于影响合理砂率的因素很多,因此尚不能用计算的方法准确地求得合理砂率。通常确定砂率时,可先参照经验图表初步估计,然后通过混凝土拌和物和易性试验确定。

(六)碾压混凝土

碾压混凝土是20世纪70年代末发展起来的一种混凝土,由于使用碾压方式施工而得名。80年代以后,碾压混凝土筑坝由于可加快工程建设速度和具有巨大经济效益而得到迅速发展,碾压混凝土材料也在研究和应用过程中得到不断改善。这里着重介绍碾压混凝土的概念、对原材料的要求、碾压混凝土的主要技术性质及其应用。

1. 碾压混凝土的概念

以适宜干稠的混凝土拌和物,薄层铺筑,用振动碾碾压密实的混凝土,称为碾压混凝土。

筑坝用碾压混凝土有三种主要的类型:

(1)超贫碾压混凝土(也称水泥固结砂、石碾压混凝土)。这类碾压混凝土中,胶凝材料总量不大于110 kg/m³,其中粉煤灰或其他掺和料用量大多不超过胶凝材料总量的30%。此类混凝土胶凝材料用量少,水胶比大(一般达到0.9~1.5),混凝土孔隙率大,强度低,多用于建筑物的基础或坝体的内部,而坝体的防渗则由其他混凝土或防渗材料承担。

(2)干贫碾压混凝土。该类混凝土中胶凝材料用量120~130 kg/m³,其中掺和料占胶凝材料总量的25%~30%,水胶比一般为0.7~0.9。

(3)高掺和料碾压混凝土。这类碾压混凝土中胶凝材料用量140~250 kg/m³,其中掺和料占胶凝材料质量的50%~75%。这类混凝土具有较好的密实性及较高抗压强度和抗渗性,水胶比为0.45~0.7。

筑坝用碾压混凝土的配合比参数是水胶比、掺和料比例、砂率及浆砂比。配合比设计时,除应考虑混凝土的强度、耐久性、可碾性及经济性外,还应使混凝土拌和物具有较好的抗粗骨料分离的能力以及使混凝土具有较低的发热量。碾压混凝土中一般应掺缓凝减水剂,必要时还掺入引气剂,实验室碾压混凝土配合比一般需经过现场试碾压,经调整后才用于正式施工。

2.碾压混凝土的原材料

碾压混凝土是由水泥、掺和料、水、砂、石子及外加剂等六种材料组成。

1)水泥

碾压混凝土中使用的水泥,其主要技术指标应符合现行国家标准。从原则上说,凡适用于水工常态混凝土使用的水泥均可用于配制碾压混凝土。重要的大体积建筑物的内部混凝土,应该使用强度等级32.5级及以上的低热(或中热)硅酸盐水泥或普通硅酸盐水泥。一般建筑物及临时工程的内部混凝土,可选用掺混合材料的32.5级的水泥。我国已建水工碾压混凝土工程大多使用强度等级为32.5级或42.5级的普通硅酸盐水泥或硅酸盐水泥。

2)掺和料

碾压混凝土所用的掺和料一般应选用活性掺和料,如粉煤灰、粒化高炉矿渣以及火山灰或其他火山灰质材料等。当缺乏活性掺和料时,经试验论证,也可以掺用适量的非活性掺和料。掺和料的细度应与水泥细度相似或更细,以改善拌和物的工作性。

碾压混凝土掺入掺和料的品种及掺量,应考虑所用水泥中已掺有混合材料的状况。

3)骨料

用于碾压混凝土的骨料包括细骨料(砂)和粗骨料(石子),其主要技术要求与前文所述基本相同。由于干硬的碾压混凝土拌和物易发生粗骨料分离,为提高拌和物的抗分离性,粗骨料最大粒径一般不超过80 mm,并应适当降低最大粒径级在粗骨料中所占的比例。砂中含有一定量的微细颗粒(小于0.16 mm的颗粒)可改善拌和物的工作性,增进混凝土的密实性,提高混凝土的强度、抗渗性,改善施工层面的胶结性能和减少胶凝材料用量。《水工碾压混凝土施工规范》(DL/T 5112—2009)规定,人工砂中微细颗粒含量宜达到10% ~ 22%,最佳含量应通过试验确定。

4)外加剂

碾压混凝土中一般都掺适量的缓凝减水剂。在严寒地区使用的碾压混凝土,还应考虑掺用引气剂,以提高混凝土的抗冻性。碾压混凝土中掺有较多的掺和料且拌和物较干硬,会使引气剂的引气效果下降,同时施工方法也造成部分气泡破灭,故碾压混凝土中达到相同含气量时,常须掺入较常态混凝土多的引气剂。例如,掺入松香热聚物类引气剂时,其掺量(占胶凝材料质量百分数)达0.015% ~ 0.020%才能使碾压混凝土含气量达到4% ~ 5%。

3.碾压混凝土的主要技术性质

1)碾压混凝土拌和物的工作性

(1)工作性的含义。碾压混凝土拌和物的工作性包括工作度、可塑性、易密性及稳定性几个方面。

①工作度是指混凝土拌和物的干硬程度。

②可塑性是指拌和物在外力作用下能够发生塑性流动,并充满模型的性质。

③易密性是指在振动碾等压实机械作用下,混凝土拌和物中的空气易于排出,使混凝土充分密实的性质。

④稳定性是指混凝土拌和物不易发生粗骨料分离和泌水的性质。碾压混凝土拌和物工作度用 VC 值表示,即在规定振动频率、振幅及压强条件下,拌和物从开始振动至表面泛浆所需时间的秒数。VC 值愈大,拌和物愈干硬。VC 值的大小还与可塑性、易密性和稳定性密

切相关。VC 值愈大，拌和物的可塑性愈差；反之则愈好。VC 值过大，拌和物过于干硬，混凝土拌和物不易被碾实，空气含量很多，且不易排出，施工过程中粗骨料易发生分离；VC 值过小，拌和物透气性较差，在碾压过程中气泡不易通过碾压层排出，拌和物也不易碾压密实且碾压完毕后混凝土易发生泌水。因此，VC 值过大或过小均不利于拌和物的易密性和稳定性。

碾压混凝土拌和物 VC 值的选择应与振动碾的能量、施工现场温湿度等条件相适应，过大或过小都是不利的。根据已有经验，施工现场混凝土拌和物的 VC 值一般选为 5～12 s 较合适。从拌和机口到现场摊铺完毕，VC 值增大 2～5 s。

(2)影响拌和物工作度的主要因素。碾压混凝土拌和物的 VC 值受多种因素的影响，主要有水胶比及单位用水量、粗细骨料的特性及用量、掺和料的品种及掺量、外加剂、拌和物的停置时间等。若其他条件不变，VC 值随水胶比的增大而降低；在水胶比不变的情况下，随单位用水量的增大，拌和物 VC 值减小；在水胶比和单位用水量不变的情况下，随着砂率的增大，VC 值增大，但若砂率过小，VC 值反而增大；在其他条件不变时，适当增加砂中微细颗粒含量，拌和物的 VC 值减小；用碎石代替卵石将使拌和物的 VC 值增大。当掺和料需水量比小于 100% 时，掺和料的掺入可降低拌和物的 VC 值；相反则增大 VC 值。掺入减水剂或引气剂，可以使拌和物的 VC 值降低。随着拌和物停置时间的延长，VC 值增大。

2) 硬化碾压混凝土的特性

(1)碾压混凝土的强度特性。碾压混凝土的强度与普通混凝土的强度有很多相似之处，如影响普通混凝土强度的因素无一例外地影响碾压混凝土强度，拉压强度比基本相同。但是，不同类型碾压混凝土的强度特性有不同的特点。超贫及干贫碾压混凝土的强度受胶凝材料用量的影响；高掺和料碾压混凝土的强度明显受掺和料的品质及掺量的影响。由于碾压混凝土中掺用大量掺和料，且一般都掺有缓凝剂，因此碾压混凝土的早期强度较低，28 d 以后强度发展较快，90 d 以后其强度仍显著增长。工程中碾压混凝土强度设计龄期都不短于 90 d。

(2)碾压混凝土的受力变形特性。试验表明，强度等级相同的碾压混凝土和普通混凝土的弹性模量没有明显不同，但碾压混凝土早期强度增长比普通混凝土慢，故碾压混凝土的早期弹性模量低于普通混凝土。

碾压混凝土的极限拉伸值与碾压混凝土类型有关。超贫或干贫碾压混凝土的极限拉伸值小于普通混凝土；高掺和料碾压混凝土的极限拉伸值与普通混凝土相当，且随其龄期延长而明显增长。当碾压混凝土与普通混凝土强度等级相近时，碾压混凝土的徐变值较小，但早期加荷时，其徐变值大于普通混凝土。

(3)碾压混凝土的物理性能及耐久性。当混凝土的主要原材料相同时，碾压混凝土的导温系数、导热系数、比热及温度变形系数等与普通混凝土没有明显的差别。碾压混凝土的绝热温升明显低于普通混凝土，干缩率及自生体积变形明显小于普通混凝土。设计合理的碾压混凝土，其 90 d 龄期的抗渗等级可达 W8 以上。通过加大引气剂的掺量可使碾压混凝土拌和物的含气量达 4%～5%，此时混凝土的抗冻等级可达到 F200～F300，胶凝材料用量相同且掺和料比例相同时，碾压混凝土的抗冲磨强度较普通混凝土高。

碾压混凝土是薄层摊铺、碾压法施工的混凝土，其层与层之间的结合可能是混凝土的薄弱区域。碾压混凝土层面结合状况，既取决于混凝土拌和物的工作性，又与施工工艺及施工质量密切相关。

(七)特种混凝土

1. 高性能混凝土

高性能混凝土是指具有好的工作性、早期强度高而后期强度不倒缩、韧性好、体积稳定性好、在恶劣的环境条件下使用寿命长和匀质性好的混凝土。

高性能混凝土一般既是高强混凝土(C60～C100),也是流态混凝土(坍落度大于 200 mm)。高强混凝土强度高、耐久性好、变形小,流态混凝土具有大的流动性、混凝土拌和物不离析、施工方便。高性能混凝土也可以是满足某些特殊性能要求的匀质性混凝土。要求混凝土高强度,就必须胶凝材料本身高强度;胶凝材料结石与骨料结合力强;骨料本身强度高、级配好、最大粒径适当。因此,配制高性能混凝土的水泥一般选用 R 型硅酸盐水泥或普通硅酸盐水泥,强度等级不低于 42.5 级。混凝土中掺入超矿物质材料(如硅粉、超细矿渣或优质粉煤灰等)以增强水泥石与骨料界面的结合。配制高性能混凝土的细骨料宜采用颗粒级配良好、细度模数大于 2.6 的中砂。砂中含泥量不应大于 1.0%,且不含泥块。粗骨料应为清洁、质地坚硬、强度高、最大粒径不大于 31.5 mm 的碎石或卵石,其颗粒形状应尽量接近立方体形或球形,使用前应进行仔细清洗以排除泥土及有害杂质。

为达到混凝土拌和物流动性要求,必须在混凝土拌和物中掺入高效减水剂(或称超塑化剂、硫化剂)。常用的高效减水剂有硫化三聚氰胺甲醛树脂、萘磺酸盐甲醛缩合物和羧酸盐接枝共聚物型减水剂等。高效减水剂的品种及掺量的选择,除与要求的减水率大小有关外,还与减水剂和胶凝材料的适应性有关。高效减水剂的选择及掺入技术是决定高性能混凝土各项性能关键之一,需经试验研究确定。

高性能混凝土中也可以掺入某些纤维材料以提高其韧性。

高性能混凝土是水泥混凝土的发展方向之一,它将广泛地被用于桥梁工程、高层建筑、工业厂房结构、港口及海洋工程、水工结构等工程中。

2. 水下浇筑(灌注)混凝土

在陆上拌制,在水下浇筑(灌注)和凝结硬化的混凝土,称为水下浇筑混凝土。水下浇筑混凝土分为普通水下浇筑混凝土和水下不分散混凝土两种。

1)普通水下浇筑混凝土

普通水下浇筑混凝土是将普通混凝土以水下灌注工艺浇筑的混凝土,其施工方法可用导管法、泵压法、开底容器法、装袋叠层法及倾注法等。

导管法及泵压法使用较为普遍。混凝土在浇筑过程中,为了减少拌和物与水接触,须将混凝土灌入导管并将导管(或泵送管)插入已浇混凝土 30 cm 以上,同时随着混凝土浇筑面的上升而逐渐提升,用导管法浇筑的混凝土,粗骨料最大粒径应小于导管直径的 1/4,拌和物坍落度宜为 150～200 mm。用泵压法施工的混凝土,粗骨料最大粒径应小于管径的 1/3,拌和物坍落度宜为 120～150 mm。

开底容器法适用于工程量较小的零星工程。装袋叠层法是将混凝土拌和物装入编织袋,然后将其堆码到水下所需部位,适用于抢险堵漏等工程。

2)水下不分散混凝土

水下不分散混凝土是一种新型混凝土,其混凝土拌和物具有水下抗分散性。将其直接倾倒于水中,当穿过水层时,很少出现由于水洗作用而出现的材料分离现象。水泥砂浆流失率低、水泥颗粒等不易被水带走或悬浮,混凝土配合比变化很小,在水中能正常凝结硬化。混凝土水下强度(水中成型养护)与陆上强度(标准成型养护)相差比较小,其 28 d 水下陆上强度比达 70% ~85%(普通混凝土为 20% ~30%)。

配制水下不分散混凝土需掺入保水剂,主要有纤维素类和聚丙烯酰胺类等,一般情况下还与高效减水剂并用组成为水下不分散剂。

水下不分散混凝土拌和物比较黏稠,应采用强制式搅拌机搅拌。混凝土的浇筑主要用导管法、泵压法或开底容器法。

水下不分散混凝土性能优于普通水下混凝土,具有良好的黏聚性、流动性和填充性,可大面积、无振捣薄层水下施工,适宜进行水下钢筋混凝土结构施工,更适宜于要求防止水污染的水下混凝土、抢险救灾紧急工程以及普通水下混凝土难以施工的工程。

3. 纤维混凝土

纤维混凝土是以混凝土(或砂浆)为基材,掺入纤维而组成的水泥基复合材料。根据所掺纤维的不同,纤维混凝土分为:①纤维增强混凝土,这种混凝土采用高强高弹性模量的纤维,如钢纤维、碳纤维等;②纤维增韧防裂混凝土,这种混凝土采用低弹模高塑性纤维,如尼龙纤维、聚丙烯纤维、聚氯乙烯纤维等。

1)钢纤维混凝土

普通钢纤维混凝土采用低碳钢纤维;耐热钢纤维混凝土采用不锈钢纤维。

钢纤维的截面尺寸(宽、厚)一般为 0.15 ~0.9 mm,长度 20 ~50 mm,钢纤维掺量以体积率表示,一般为 0.5% ~2%。粗骨料粒径应同时满足不大于 20 mm 和钢纤维长度的 2/3,骨料粒径一般可取 5 ~20 mm 小石的粒径组,细度模数应在 2.0 ~3.0。

钢纤维混凝土物理力学性能显著优于素混凝土。如适当纤维掺量的钢纤维混凝土抗压强度可提高 15% ~25%,抗拉强度可提高 30% ~50%,抗弯强度可提高 50% ~100%,韧性可提高 10 ~50 倍,抗冲击强度可提高 2 ~9 倍。耐磨性、耐疲劳性等也有明显增加。

钢纤维混凝土广泛应用于道路工程、机场地坪及跑道、防爆及防震结构,以及要求抗裂、抗冲刷和抗气蚀的水利工程、地下洞室的衬砌、建筑物的维修等。施工方法除普通的浇筑法外,还可用泵送灌注法、喷射法及做预制构件。

2)聚丙烯纤维混凝土

改性聚丙烯短纤维,是近年来研制的一种新品种合成纤维,具有价格便宜、物理力学性能好等特点。

聚丙烯纤维混凝土中,改性丙纶短纤维长度为 2 ~20 mm,纤维掺入量为 0.7 ~3.0 kg/m³。常规掺量每 1 m³ 混凝土 0.9 kg 时,可显著提高混凝土抗裂、抗渗及抗冻性,此时混凝土强度不变,弹性模量略有下降,极限拉伸和抗冲击韧性可提高 10%,并显著降低混凝土干缩率。混凝土早期裂缝发生概率可减少 70% ~75%,28 d 龄期裂缝发生概率可减少 60% ~65%,混凝土抗渗性、抗冻性也明显提高,纤维掺量为 1.0 ~2.0 kg/m³ 时,抗冲击韧性可提高 200%。配置混凝土时,石子的最大粒径可取 20 cm,水灰比一般为 0.55 ~0.60,纤维长度可取 15 ~20 mm。

聚丙烯纤维混凝土(砂浆)被广泛应用于建筑工程、桥梁、道路路面、隧洞衬砌、喷射混凝土工程及水工建筑物。

4. 硅粉混凝土

硅粉是冶炼硅铁合金或工业硅时的副产品,平均粒径为 0.1 μm 左右,密度为 2.2 ~ 2.5 g/cm³,其主要成分为无定型二氧化硅。混凝土掺入硅粉即称为硅粉混凝土。硅粉混凝土具有早强、耐久性好、抗冲磨等优点,已广泛应用于泵送混凝土,水下混凝土,高强度、高性能混凝土,喷射混凝土和水工耐磨蚀混凝土等。

通过加入硅粉,新拌混凝土黏性提高、坍落度变小,拌和物不易产生离析,可泵性得到改善。硬化后的混凝土早期强度提高较快,抗冻性、抗渗性较好,抗化学腐蚀能力高。掺入硅粉的喷射混凝土可以增加强度,降低水泥用量,且可减少回弹量。

硅粉混凝土须掺入高效减水剂。采用硅粉、粉煤灰或其他掺和料共掺和的方案,可减少水泥用量并降低水化热。耐久性硅粉混凝土的配置需要根据使用条件通过试验确定。为防止氯离子扩散破坏钢筋钝化膜,水泥用量不宜低于 300 kg/m³,硅粉掺量在水泥用量的6% ~ 12%范围内选定,外加剂掺量及品种要通过试验优化。

5. 塑性混凝土

塑性混凝土是一种水泥用量较低,并掺加较多的膨润土、黏土等材料的大流动性混凝土,它具有低强度、低弹模和大应变等特性,由于弹性模量可达 2 000 MPa 以下,是一种柔性材料,可以很好地与较软的基础相适应,同时又具有很好的防渗性能。目前在水利工程中,常见于防渗墙等结构中。

塑性混凝土在配合比方面的特点是水泥用量较少,一般为 80 ~ 170 kg/m³,此外还需掺加部分黏土或(和)膨润土(塑性指标较高),对其他材料用量的要求与一般混凝土基本相同。

七、砌筑砂浆

砂浆是由无机胶结材料、细骨料和水,有时也掺入某些掺和料组成。按其用途可分为砌筑砂浆、防水砂浆、装饰砂浆、抹面砂浆等;按胶凝材料可分为水泥砂浆、石灰砂浆、混合砂浆(指水泥石灰砂浆、水泥黏土砂浆、石灰黏土砂浆等);按表观密度可分为重砂浆、轻砂浆。主要用于砌筑、抹面、灌缝及粘贴饰面材料等。

用于砌筑砖石砌体的砂浆称为砌筑砂浆,是砖石砌体的重要组成部分。

(一)砌筑砂浆组成材料

1. 水泥

水泥是砂浆的主要胶凝材料,常用的水泥品种有普通水泥、矿渣水泥、火山灰水泥、粉煤灰水泥和砌筑水泥等。具体可根据砌筑部位、所处的环境条件选择适宜的水泥品种。一般水泥强度等级应为砂浆强度等级的 4 ~ 5 倍。采用中等强度等级的水泥配制砂浆较好。

2. 外掺料及外加剂

为了改善砂浆的和易性,节约水泥和砂浆用量,可在砂浆中掺入部分外掺料或外加剂。可在纯水泥砂浆中掺入石灰膏、黏土膏、磨细生石灰粉、粉煤灰等无机塑化剂或皂化松香、微沫剂、纸浆废液等有机塑化剂。

3. 砂

配制砌筑砂浆宜采用中砂,并应过筛,不得含有杂质。砂浆中砂的最大粒径因受灰缝厚度的限制,一般不超过灰缝厚度的 1/5 ~ 1/4。水泥砂浆、混合砂浆的强度等级 ≥M5 时,含泥量小于等于 5%;强度等级 <M5,其含泥量应≤10%。

4.水

凡是可饮用的水,均可拌制砂浆,但未经试验鉴定的污水不得使用。

(二)砌筑砂浆性质

拌成后的砂浆应满足和易性要求、设计种类和强度等级要求,且具有足够黏结力。

1.和易性

新拌砂浆应具有良好的和易性。和易性优良的砂浆,不易产生分层、析水现象,能在粗糙的砌筑表面上铺成均匀的薄层,能很好地与底层黏结,便于施工操作和保证工程质量。砂浆的和易性包括流动性和保水性两个方面。

2.强度等级

砂浆硬化后应具有足够的强度。砂浆在砌体中的主要作用是传递压力,所以应具有一定的抗压强度。其抗压强度是确定强度等级的主要依据。砌筑砂浆强度等级是用尺寸为7.07 cm×7.07 cm×7.07 cm 的立方体试件,在标准温度(20±3)℃及一定湿度条件下养护一天的平均抗压极限强度(MPa)而确定的。砂浆强度等级有 M30、M25、M20、M15、M10、M7.5、M5、M2.5,相应的强度指标见表 2-2-16。

表 2-2-16 砌筑砂浆强度等级

强度等级	抗压极限强度(MPa)
M30	30
M25	25
M20	20
M15	15
M10	10
M7.5	7.5
M5	5
M2.5	2.5

八、建筑砌块

砌块是用于建筑的人造材,外形多为直角六面体,也有异形的,制作砌块可以充分利用地方材料和工业废料,且砌块尺寸比较大,施工方便,能提高砌筑效率,还可改善墙体功能,因此近年来在建筑领域砌块的应用越来越广泛。这里仅简单介绍几种较有代表性的砌块(见表 2-2-17)。

表 2-2-17 砌块分类

按尺寸(mm)分类	按密实情况分类		按主要原材料分类
大型砌块(主规格高度>980)	实心砌块		普通混凝土砌块
	空心砌块	空心率<25%	轻骨料混凝土砌块
中型砌块(主规格高度380~980)		空心率25%~40%	粉煤灰硅酸盐砌块
小型砌块(主规格高度115~380)	多孔砌块 (表观密度300~900 kg/m³)		煤矸石砌块
			加气混凝土砌块

(一)蒸压加气混凝土砌块

蒸压加气混凝土砌块是以钙质材料和硅质材料以及加气剂、少量调节剂,经配料、搅拌、浇筑成型、切割和蒸压养护而成的多孔轻质块体材料。原料中的钙质材料和硅质材料可分别采用石灰、水泥、矿渣、粉煤灰、砂等。《蒸压加气混凝土砌块》(GB/T 11968—2006)规定,砌块的规格(公称尺寸)长度(L):600 m;宽度(B)有:100 mm、125 mm、150 mm、200 mm、250 mm、300 mm 及 120 mm、180 mm、240 mm;高度(H)有:200 mm、250 mm、300 mm 等多种。

砌块的质量按其尺寸偏差、外观质量、表观密度级别分为优等品(A)、一等品(B)及合格品(C)三个质量等级。砌块强度级别按 100 mm×100 mm×100 mm 立方体试件抗压强度值(MPa)划分为七个强度级别。不同强度级别砌块抗压强度应符合表 2-2-18 的规定。砌块表观密度级别,按其干燥表观密度分为 B03、B04、B05、B06、B07 及 B08 六个级别。不同质量等级砌块的干燥表观密度值应符合表 2-2-19 的规定。不同质量等级的不同表观密度的砌块强度级别应符合表 2-2-20 的规定。

表 2-2-18　砌块抗压强度分类　　　　　　　　(单位:MPa)

强度级别	A1.0	A2.0	A2.5	A3.5	A5.0	A7.5	A10.0
立方体抗压强度平均值,不小于	1.0	2.0	2.5	3.5	5.0	7.5	10.0
立方体抗压强度最小值,不小于	0.8	1.6	2.0	2.8	4.0	6.0	8.0

表 2-2-19　砌块干燥表观密度　　　　　　　　(单位:kg/m³)

表观密度级别	B03	B04	B05	B06	B07	B08
优等品(A),不大于	300	400	500	600	700	800
一等品(B),不大于	330	430	530	630	730	830
合格品(C),不大于	350	450	550	650	750	850

表 2-2-20　砌块强度级别

表观密度级别		B03	B04	B05	B06	B07	B08
强度级别应符合	优等品(A)	A1.0	A2.0	A3.5	A5.0	A7.5	A10.0
	一等品(B)			A3.5	A5.0	A7.5	A10.0
	合格品(C)			A2.5	A3.5	A5.0	A7.5

蒸压加气混凝土砌块的表观密度低,且具有较高的强度、抗冻性及较低的导热系数(导热系数 <0.1～0.16 W/(m·K)),是良好的墙体材料及隔热保温材料。这种材料多用于高层建筑物非承重的内外墙,也可用于一般建筑物的承重墙,还可用于屋面保温,是当前重点推广的节能建筑墙体材料之一,但不能用于建筑物基础和处于浸水高湿和有化学侵蚀的环境,也不能用于表面温度高于 80 ℃的承重结构部位。

（二）普通混凝土小型空心砌块

混凝土小型空心砌块是由水泥、粗细骨料加水搅拌，经装模和振动（或加压振动或冲压）成型，并经养护而成的，分为承重砌块和非承重砌块两类。其主要规格尺寸为 390 mm ×190 mm × 190 mm。《普通混凝土小型砌块》（GB 8239—2014）按砌块的抗压强度分为MU20.0、MU15.0、MU10.0、MU7.5、MU5.0 及 MU3.5 六个强度等级；按其尺寸偏差及外观质量分为优等品（A）、一等品（B）及合格品（C）。

混凝土小型空心砌块具有质量轻、生产简便、施工速度快、适用性强、造价低等优点，广泛用于低层和中层建筑的内外墙。这种砌块在砌筑时一般不宜浇水，但在气候特别干燥炎热时，可在砌筑前稍喷水湿润。

（三）轻骨料混凝土小型空心砌块（LHB）

轻骨料混凝土小型砌块，是由水泥、轻骨料、普通砂、掺和料、外加剂，加水搅拌，灌模成型养护而成。《轻集料混凝土小型空心砌块》（GB/T 15229—2011）规定，砌块主规格尺寸为390 mm × 190 mm × 190 mm。按砌块内孔洞排数分为实心（0）、单排孔（1）、双排孔（2）、三排孔（3）和四排孔（4）五类，砌块表观密度分为 500 kg/m^3，600 kg/m^3，700 kg/m^3，800 kg/m^3，900 kg/m^3，1 000 kg/m^3，1 200 kg/m^3 及 1 400 kg/m^3 八个等级，其中，用于围护结构或保温结构的实心砌块表观密度不应大于 800 kg/m^3。砌块抗压强度分为 MU1.5、MU2.5、MU3.5、MU5.0、MU7.5 及 MU10.0 六个强度等级。按砌块尺寸偏差及外观质量分为一等品（B）及合格品（C）两个质量等级。

（四）粉煤灰硅酸盐中型砌块

粉煤灰硅酸盐砌块简称为粉煤灰砌块。粉煤灰中型砌块是以粉煤灰、石灰、石膏和骨料等为原料，经加水搅拌，振动成型、蒸汽养护而制成的密实砌块。其主规格尺寸为 880 mm ×380 mm × 240 mm 及 880 mm × 430 mm × 240 mm 两种。按砌块的抗压强度分为 MU10 和MU13 两个强度等级，按砌块尺寸偏差、外观质量及干缩性能分为一等品（B）和合格品（C）两个质量等级。

粉煤灰硅酸盐砌块可用于一般工业和民用建筑物墙体和基础，但不宜用在有酸性介质侵蚀的建筑部位，也不宜用于经常受高温影响的建筑物，如铸铁和炼钢车间、锅炉房等的承重结构部位。在常温施工时，砌块应提前浇水润湿，冬季施工时则不需浇水润湿。

九、普通砖

烧结普通砖是以砂质黏土、页岩、煤矸石、粉煤灰等为主要原料，经原料调制、制坯、干燥、焙烧、冷却等工艺而制成。按砖的质量分为优等品及合格品。

（一）烧结普通砖的基本特征

1. 尺寸

烧结普通砖的标准尺寸为 240 mm × 115 mm × 53 mm。其主要依据是加上 9.5 ~ 10 mm的砌筑灰缝，则 4 块砖长、8 块砖宽、16 块砖厚为 1 m。砌筑 1 m^3 砖体需 512 块砖，一般再加2.5% 的损耗即为计算工程所需用的砖数。

2. 强度

砖在砌体中主要起承压作用。根据抗压强度分为 MU30、MU25、MU20、MU15、MU10、MU7.5 等六个强度等级，其强度应符合表 2-2-21 的规定。

表 2-2-21　普通烧结砖强度等级

强度等级	平均强度不小于(MPa)	强度标准值不小于(MPa)
MU30	30	23
MU25	25	19
MU20	20	14
MU15	15	10
MU10	10	6.5
MU7.5	7.5	5.5

3. 抗冻性

抗冻性指砖具有抗冻融的能力,由冻融试验鉴定。将吸水饱和的 10 块砖,在 −20 ~ −15 ℃条件下冻结 3 h,再放入 10 ~ 20 ℃水中融化 2 h 以上,称为一个冻融循环。如此反复进行 15 次试验后测得单块砖的重量损失不超过 2%、10 块砖平均强度值不低于所属强度等级要求的标准值时,即认为抗冻性合格。

4. 吸水率

烧结普通砖的吸水率随着烧结温度而定,烧结温度低,烧成的欠火砖吸水率大;温度过高,烧成的过火砖吸水率小。砖的吸水率还与孔隙率有关,孔隙率大则吸水率也大。孔隙率大的易风化,耐久性差,在实际工作中,常以吸水率及其导出的饱和系数(水浸 24 h 的吸水率与沸煮 5 h 吸水率的比值)作为评定烧结普通砖耐久性的重要指标。

(二)烧结普通砖的应用

烧结普通砖既具有一定的强度和较高的耐久性,又因其多孔而具有一定的保温隔热性能,因此适用于做建筑物的围护结构,现被大量用作墙体材料。由于烧结普通砖具有较多的开口孔隙,且其中还有一定数量的较大孔隙,因而砖墙体具有较好的透气性,墙内多余水分蒸发也较快,冬季室内墙面不易出现结露现象。烧结普通砖的导热系数较小,一般为 0.78 W/(m·K),所以砖墙还具有良好的热稳定性。

烧结普通砖也可砌筑柱、拱、烟囱、沟道及基础等,也可用以预制振动砖墙板,或与轻质混凝土等隔热材料复合使用,砌成两面砖、中间填以轻质材料的轻墙体。在砖砌体中配置适当的钢筋或钢丝网,可代替钢筋混凝土柱、过梁等。

十、天然石材

(一)建筑工程中常用的岩石

1. 常用的岩浆岩

1)花岗岩

花岗岩主要由石英、长石和少量云母所组成,有时还含有少量的暗色矿物(角闪石、辉石等)。具有色彩鲜艳、密度大、硬度及抗压强度高(100 ~ 250 MPa)、耐磨性及抗风化能力强、孔隙率及吸水率低(一般在 5%左右)、凿平及磨光性好等特点。在建筑工程中常用作饰面、基座、路面等,也是水工建筑物的理想石料。

2）正长岩

正长岩由正长石、斜长石、云母及暗色矿物组成。它的外观类似花岗岩,但颗粒结构不如花岗岩明显,颜色较深暗,性能与花岗岩相似,但抗风化能力较差。

3）玄武岩

玄武岩由斜长石及相当多的暗色矿物所组成,属于喷出岩,故呈隐晶结构或玻璃质结构。玄武岩为岩浆岩中最重要的岩石。其特点是密度大。抗压强度由于构造不同波动较大,为 $100 \sim 500$ MPa;脆性及硬度大,难以加工。主要用作筑路、铺砌堤岸边坡等,也是铸石的原料。

2. 常见的沉积岩

1）石灰岩

它的矿物成分主要是方解石和少量的氧化硅、白云石等。其特点是构造细密、层理分明,抗压强度为 $20 \sim 120$ MPa,并且有较高的耐水性和抗冻性。由于石灰岩分布广、硬度小、开采加工容易,所以广泛用于建筑工程及一般水利工程,如砌筑基础、墙体、堤坝护坡等。石灰岩制成的碎石可用作筑路和拌制混凝土的骨料,同时也是生产石灰和水泥的重要原材料。

2）砂岩

砂岩是由石英砂经天然胶结物胶结而成的,其性能与胶结物的种类及胶结的密实程度有关。胶结物有氧化硅、碳酸钙、氧化铁和黏土等。氧化硅胶结的称硅质砂岩,呈浅灰色,质地坚硬耐久,加工困难,性能接近于花岗岩。碳酸钙胶结成的称石灰质砂岩,近于白色,质地较软,容易加工,但易受化学腐蚀。以氧化铁胶结的称为铁质砂岩,呈黄色或紫红色,质地较差。黏土胶结的称黏土质砂岩,呈灰色,遇水即自行软化,故不宜用于水工建筑物。

3. 常用的变质岩

1）大理岩

大理岩是由石灰岩或白云岩变质而成的,构造致密,抗压强度(120~300 MPa)高,硬度不太大,易开采、加工、磨光。纯大理岩为白色,称汉白玉。当含有杂质时,即形成斑驳美丽图案,因此常锯成薄板作墙面、柱面等建筑物的表面装饰,大理石的下脚料可作水磨石的彩色石渣。但大理石对二氧化碳和酸的抵抗性能不高,经常接触就会风化,失去表面美丽的光彩。

2）片麻岩

片麻岩是由花岗岩变质而成的,矿物成分与花岗岩类似,呈片麻状或带状构造,沿片理较易开采加工,用途与花岗岩基本相同,但因呈片状而受到限制,也可制成板材,用于渠道和堤岸衬砌、建筑物的基础等。

3）石英岩

石英岩是由硅质砂岩变质而成的,结构致密,耐久性高,但硬度大,加工困难。用途与硅质砂岩大体相同,常以不规则的形状用于建筑物中。

（二）石材

工程上常用的石材有毛石、块石、粗料石、细料石和饰面板材等。

1. 毛石

毛石是由爆破直接得到的不规则石块,每块质量为 $15 \sim 30$ kg,中部厚度大于 15 cm。用于堤岸的抛投抢护,砌筑挡土墙、堤坝、基础、道路垫层等。

2. 块石

块石是将毛石稍经加工,具有两个大致平行的平面,宽度应超过 20 cm,多用于砌筑建筑物的主体部位,如闸墩、桥墩、码头、墙身等。

3. 粗料石

粗料石外形按设计要求加工比较规则,表面凹凸深度差小于 2 cm,可用于砌筑坝面、墩台、石拱或作饰面材料。

4. 细料石

细料石是按设计要求经仔细加工成外形方正的六面体,表面凹凸深度差应小于 2 mm。主要用于砌筑要求较高的建筑物,如门厅墙身、勒脚、台阶、外部饰面、桥梁拱石等。

5. 饰面板材

饰面板材是根据统一规格将石材锯解、刨平、磨光制成的板材。常用的有花岗石板材和大理石板材。如工程有特殊需要,也可根据装饰要求进行加工。

十一、土工合成材料

土工合成材料是土木工程应用的合成材料的总称。作为一种土木工程材料,它是以人工合成的聚合物(如塑料、化纤、合成橡胶等)为原料,制成各种类型的产品,置于土体内部、表面或各种土体之间,发挥加强或保护土体的作用。因为它们主要用于岩土工程,故冠以"土工"两字,称为"土工合成材料",以区别于天然材料。

《土工合成材料应用技术规范》(GB/T 50290—2014)将土工合成材料分为土工织物、土工膜、土工特种材料(土工网,玻纤网,土工垫)和土工复合材料等类型。

(一)土工织物

土工织物的另一名称为土工布。早期产品少,意思为用于岩土工程中的一种布状材料。

土工织物突出的优点是质量轻、整体连续性好(可做成较大面积的整体)、施工方便、抗拉强度较高、耐腐蚀和抗微生物侵蚀性好。缺点是未经特殊处理,抗紫外线能力低,如暴露在外,受紫外线直接照射容易老化,但如不直接暴露,则抗老化及耐久性能仍较高。

(二)土工膜

土工膜一般可分为沥青和聚合物(合成高聚物)两大类。含沥青的土工膜,主要为复合型的(含编织型或无纺型的土工织物),沥青作为浸润黏结剂。聚合物土工膜,根据不同的主材料分为塑性土工膜、弹性土工膜和组合型土工膜。

大量工程实践表明,土工膜的不透水性很好,弹性和适应变形的能力很强,能适用于不同的施工条件和工作应力,具有良好的耐老化能力,处于水下和土中的土工膜的耐久性尤为突出。土工膜具有突出的防渗和防水性能。

(三)土工特种材料

1. 土工膜袋

土工膜袋是一种由双层聚合化纤织物制成的连续(或单独)袋状材料,利用高压泵把混凝土或砂浆灌入膜袋中,形成板状或其他形状结构,常用于护坡或其他地基处理工程。膜袋根据其材质和加工工艺的不同,分为机制膜袋和简易膜袋两大类。机制膜袋按其有无反滤排水点和充胀后的形状又可分为反滤排水点膜袋、无反滤排水点膜袋、无排水点混凝土膜袋、铰链块型膜。

2.土工网

土工网是由合成材料条带、粗股条编织或合成树脂压制的具有较大孔眼、刚度较大的平面结构或三维结构的网状土工合成材料,用于软基加固垫层、坡面防护、植草以及用作制造组合土工材料的基材。

3.土工网垫和土工格室

土工网垫和土工格室都是用合成材料特制的三维结构。前者多为长丝结合而成的三维透水聚合物网垫,后者是由土工织物、土工格栅或土工膜、条带聚合物构成的蜂窝状或网格状三维结构,常用作防冲蚀和保土工程,刚度大、侧限能力高的土工格室多用于地基加筋垫层、路基基床或道床中。

4.聚苯乙烯泡沫塑料(EPS)

聚苯乙烯泡沫塑料(EPS)超轻型土工合成材料,是在聚苯乙烯中添加发泡剂,用所规定的密度预先进行发泡,再把发泡的颗粒放在筒仓中干燥后填充到模具内加热形成的。EPS具有质量轻、耐热、抗压性能好、吸水率低、自立性好等优点,常用作铁路路基的填料。

5.土工格栅

土工格栅是一种主要的土工合成材料,与其他土工合成材料相比,它具有独特的性能与功效。土工格栅常用作加筋土结构的筋材或复合材料的筋材等。土工格栅分为塑料类和玻璃纤维类两种类型。

1)塑料类

此类土工格栅是经过拉伸形成的具有方形或矩形的聚合物网材,按其制造时拉伸方向的不同可分为单向拉伸和双向拉伸两种。它是在经挤压制出的聚合物板材(原料多为聚丙烯或高密度聚乙烯)上冲孔,然后在加热条件下施行定向拉伸。单向拉伸格栅只沿板材长度方向拉伸制成,而双向拉伸格栅则是继续将单向拉伸的格栅再在与其长度垂直的方向拉伸制成。

由于土工格栅在制造中聚合物的高分子会随加热延伸过程而重新排列定向,加强了分子链间的联结力,达到了提高其强度的目的。其延伸率只有原板材的 10% ~ 15%。如果在土工格栅中加入炭黑等抗老化材料,可使其具有较好的耐酸、耐碱、耐腐蚀和抗老化等耐久性能。

2)玻璃纤维类

此类土工格栅是以高强度玻璃纤维为材质,有时配合自粘感压胶和表面沥青浸渍处理,使格栅和沥青路面紧密结合成一体。由于土石料在土工格栅网格内互锁力增高,它们之间的摩擦系数显著增大(可达 0.8 ~ 1.0),土工格栅埋入土中的抗拔力,由于格栅与土体间的摩擦咬合力较强而显著增大,因此它是一种很好的加筋材料。

(四)土工复合材料

土工织物、土工膜、土工格栅和某些特种土工合成材料,将其两种或两种以上的材料互相组合起来就成为土工复合材料。土工复合材料可将不同材料的性质结合起来,更好地满足具体工程的需要,能起到多种功能的作用。如复合土工膜,就是将土工膜和土工织物按一定要求制成的一种土工织物组合物。其中,土工膜主要用来防渗,土工织物起加筋、排水和增加土工膜与土面之间的摩擦力的作用。又如土工复合排水材料,它是以无纺土工织物和土工网、土工膜或不同形状的土工合成材料芯材组成的排水材料,用于软基排水固结处理、路基纵横排水、建筑地下排水管道、集水井、支挡建筑物的墙后排水、隧道排水、堤坝排水设施等。路基工程中常用的塑料排水板就是一种土工复合排水材料。

国外大量用于道路的土工复合材料是玻纤聚酯防裂布和经编复合增强防裂布。能延长道路的使用寿命,从而极大地降低修复与养护的成本。从长远经济利益来考虑,国内应该积极采用和提倡土工复合材料。

十二、灌浆材料

为了减少基础渗漏,改善裂隙岩体的物理力学性质;修补病险建筑物,增加建筑物和地基的整体稳定性,提高其抗渗性、强度、耐久性,在水利工程中广泛应用了各种形式的压力灌浆。压力灌浆按其使用目的可分为帷幕灌浆、固结灌浆、接缝灌浆、回填灌浆、接缝施工灌浆及各种建筑物的补强灌浆。压力灌浆按灌浆材料不同可分为三类。

(一)水泥、石灰、黏土类灌浆

可分为纯水泥灌浆、水泥砂浆灌浆、黏土灌浆、石灰灌浆、水泥黏土灌浆等。

(二)沥青灌浆

适用于半岩性黏土、胶结性较差的砂岩或岩性不坚有集中渗漏裂隙之处。

(三)化学灌浆

我国水利工程中多使用水泥、黏土和各种高分子化学灌浆,一般情况下 0.5 mm 以上的缝隙可用水泥、黏土类灌浆,当缝隙很小,同时地下水流速较大,水泥浆灌入困难时,可采用化学灌浆。化学灌浆材料能成功地灌入缝宽 0.15 mm 以下的细裂缝,具有较高的黏结强度,并能灵活调节凝结时间,因此从 20 世纪 70 年代开始,我国就已研究推广应用。

化学灌浆材料主要有水玻璃灌浆、铬木质素灌浆、环氧灌浆、甲凝灌浆、丙凝灌浆、聚氨酯灌浆、丙强灌浆等。

十三、建筑物缝面止水材料

水工建筑物的缝面保护和缝面止水是增强建筑物面板牢固度和不渗水性,发挥其使用功能的一项重要工程措施。建筑物封缝止水材料要求不透水、不透气、耐久性好,而且还要具有隔热、抗冻、抗裂、防震等性能。在水利工程中,诸如大坝、水闸、各种引水交叉建筑物、水工隧洞等,均设置伸缩缝、沉陷缝,通常采用砂浆、沥青、砂柱、铜片、铁片、铝片、塑料片、橡皮、环氧树脂玻璃布以及沥青油毛毡、沥青等止水材料。近年来,沥青类缝面止水材料、聚氯乙烯胶泥和其他缝面止水材料,获得了长足的发展。

(一)金属止水片材料

采用金属板止水带,可改变水的渗透路径,延长水的渗透路线。在渗漏水可能含有腐蚀成分的施工环境中,金属板止水带能起到一定的抗腐蚀作用。其材质包括铜片、铁片、铝片等。

(二)沥青类缝面止水材料

沥青类缝面止水材料除沥青类砂浆和沥青混凝土外,还有沥青油膏、沥青橡胶油膏、沥青树脂油膏、沥青密封膏和非油膏类沥青等。

(三)聚氯乙烯塑料止水带

这种材料具有较好的弹性、黏结性和耐热性,低温时延伸率大、容重小、防水性能好,抗老化性能好,在 −25 ~ 80 ℃ 均能正常工作,施工也较为方便,因而在水利工程中得到广泛应用。

（四）橡胶止水带

橡胶止水带是采用天然橡胶与各种合成橡胶为主要原料，掺加各种助剂及填充料，经塑炼、混炼、压制成型，其品种规格较多，有桥型、山型、P型、R型、U型、Z型、T型、H型、E型、Q型等。该止水材料具有良好的弹性、耐磨性、耐老化性和抗撕裂性能，适应变形能力强、防水性能好，温度使用范围为 $-45 \sim +60\ ℃$ 。

（五）其他填缝止水材料

除了上述介绍的填缝止水材料外，还有木屑水泥、石棉水泥、嵌缝油膏等。

十四、天然筑坝材料

土石坝筑坝材料来源于当地，就地取材是土石坝的一个突出优点。坝址附近各种天然土石料，除沼泽土、斑脱土、地表土及含有未完全分解的有机质土料以外，原则上均可用作筑坝材料，或经适当处理后用于坝的不同部位。因此，各种天然土石料的种类、性质、储量和分布以及枢纽中其他建筑物开挖渣料的性质和可利用数量等，都是选择土石坝筑坝材料的重要依据。

填筑标准对施工影响很大，应根据材料的性质合理设计，即因材设计，而不是根据设计指标去寻找材料。因此，填筑标准应当在技术条件许可的情况下，根据材料的性质和施工条件合理确定。

（一）土料

防渗体是土石坝的重要组成部分，其作用是利用低透水性的材料将渗流控制在允许范围内。除具有防渗性能外，还应具有一定的抗剪强度和低压缩性。因此，对防渗体土料的要求是：渗透性低；较高的抗剪强度；良好的压实性能，压缩性小，且要有一定的塑性，以能适应坝壳和坝基变形而不致产生裂缝；有良好的抗冲蚀能力，以免发生渗透破坏等。

用作心墙、斜墙和铺盖的防渗土料，一般要求渗透系数 k 不大于 10^{-5} cm/s。用作均质坝的土料渗透系数 k 最好小于 10^{-4} cm/s。黏粒含量为 $15\% \sim 30\%$ 或塑性指数为 $10 \sim 17$ 的中壤土、重壤土及黏粒含量 $30\% \sim 40\%$ 或塑性指数为 $17 \sim 20$ 的黏土都较适宜。黏粒含量大于 40% 的黏土最好不用，因为它易于干裂且难压实。塑性指数大于 20 和液限大于 40% 的冲积黏土、浸水后膨胀软化较大的黏土、开挖压实困难的干硬性黏土、分散性土和冻土应尽量不用。

防渗体对杂质含量的要求比对坝壳材料的要求高。一般要求水溶盐含量（指易溶盐和中溶盐的总量，按质量计）不大于 3% ；有机质含量（按质量计）对均质坝不大于 5% ，对心墙或斜墙不大于 2% ，特殊情况下经充分论证后可适当提高。

目前国内已建的土石坝，防渗体大多仍采用纯黏性土填筑。在高坝建设中，由于施工时可采用大型的压实和运输工具，当土料充足时可适当加大防渗体尺寸，因而对防渗体土料的要求有所放宽。有些工程采用砾质黏土或人工加砾黏土（含有一定量 $d > 5$ mm 的粗粒的黏性土）作防渗体。当粗粒含量不超过 50% ，其孔隙全被细粒所填充，且有足够的抗渗性和抗渗稳定性时，也是良好的防渗材料。由于含有粗粒，压缩性小，与坝壳的变形比较协调，因而用于高坝心墙的下部较为合适，但其组成常是不均匀的，施工时要注意粗粒不能集中，以免形成渗漏通道。粗粒最大粒径不宜大于 150 mm 或铺土厚的 $2/3$，0.075 mm 以下的颗粒含量不应小于15%,填筑时不得发生粗料集中架空现象。

我国南方地区的棕、黄、红色残积、坡积土,虽然黏粒含量高、天然容重低、压实性差,但在填筑干容重较低和填筑含水量较高的条件下,仍具有较高的强度、较低的压缩性和较小的渗透性,可用于填筑均质坝和多种土质坝的防渗体。西北地区的湿陷性黄土及黄土类土也是填筑均质坝和防渗体的良好材料,但要注意控制适当的填筑含水量与压实度。

图2-2-2为国内外一些土石坝不透水料的颗粒级配曲线。有人建议土石坝防渗料可以图2-2-2中的a、b线作为界限(图中a线为心墙、斜墙土料的细限,b线为均质坝及心墙、斜墙土料的粗限)。碧口土石坝心墙的黏粒含量约为35%,颗粒级配都在a、b范围内,比较理想。但云南毛家村土坝心墙的黏粒含量高达50%~56%,也成功地填筑了80 m高的薄心墙。又如南湾、大伙房及墨西哥的莫菲尔尼罗心墙坝的不透水料颗粒级配大部分都在a线以外。所以,筑坝材料也不一定要受图中a、b线的限制。

风化料几乎每个坝址都有,有的数量还较大。为减少取土和弃土工程量,提高经济效益,可利用风化料做防渗体,如中国鲁布革土石坝即用风化料做防渗体。但应注意风化料性能差异很大,其强度不如一般砂卵石均衡稳定。有些风化料(特别是母岩软弱或棱角尖锐的风化石渣等)浸水后其强度可能有明显的变化;有的会产生较大的湿陷;有的则因粒径不均匀、级配不连续,较易发生渗透破坏等。因此,为用好风化料,应尽可能将风化料配置在坝的干燥区域,或适当提高填筑标准或降低采用的计算强度指标,加强反滤排水等。对重要的工程采用风化料,应进行专门的研究论证。

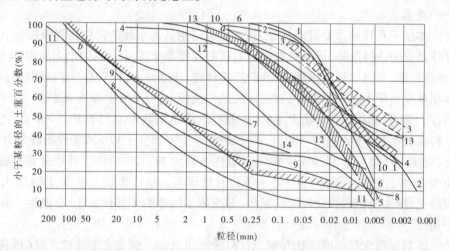

1—南湾;2—大伙房;3—毛家村;4—碧口;5—官厅;6—努列克;7—麦加;8—奥洛威尔;
9—格帕奇;10—莫菲尔尼罗;11—泥山;12—安布克劳;13—福尔纳斯;14—塔尔百拉;
a—心墙或斜墙细限;b—心墙、斜墙及均质坝土料粗限

图2-2-2　国内外土石坝不透水料颗粒级配曲线

(二)堆石料

堆石料是天然筑坝材料的一种。堆石料原岩的适用性应根据质量技术指标、设计要求及工程经验等进行综合评价,质量技术指标宜符合表2-2-22的规定。

上游堆石区硬质岩料压实后宜有良好的颗粒级配,最大粒径不应超过压实层厚度,小于5 mm的颗粒含量不宜超过20%,小于0.075 mm的颗粒含量不宜超过5%,并具有低压缩性、高抗剪强度和自由排水性能。

表 2-2-22　堆石料原岩质量技术指标

序号	项目	指标	备注
1	饱和抗压强度	>30 MPa	可视地域、设计要求调整
2	软化系数	>0.75	
3	冻融损失率(质量)	<1%	
4	干密度	>2.4 g/cm³	

排水区应用坚硬、抗风化能力强、软化系数高的堆石料,并应控制小于 0.075 mm 的颗粒含量不超过 5%,压实后应能自由排水。下游水位以上的下游堆石区,对堆石料的要求可适当降低。

软岩堆石料可用于高坝坝轴线下游的干燥部位,压实后其变形特性应和上游堆石区的变形特性相适应,中低坝也可用于上游堆石区。

用砂砾石料筑坝时,砂砾石料中小于 0.075 mm 颗粒含量超过 8% 时,宜用在坝内干燥区。

(三)砂石料

砂石料是水利工程中黄砂、卵(砾)石、碎石、块石、料石等材料的统称。砂石料是水利工程中混凝土和堆砌石等构筑物的主要建筑材料。根据料源情况分天然骨料和人工骨料两种。天然骨料是指开采砂砾料经筛分、冲洗加工而成的卵石和砂,有河砂、海砂、山砂、河卵石、海卵石等。人工骨料是指用爆破方法开采岩石作为原料,经机械破碎、碾磨而成的碎石和机制砂。

1. 黄砂

黄砂主要作为细骨料,粒径为 0.15 ~ 5 mm,与胶凝材料(包括水泥、石灰、石膏)配制成砂浆和混凝土使用。

砂的密度一般为 2.6 ~ 2.7 kg/m³;干燥状态下,砂的堆积密度一般为 1 500 ~ 1 600 kg/m³;砂的孔隙率,干燥状态下一般为 35% ~ 45%。

黄砂的外观体积随着黄砂的湿度变化而变化。当黄砂的含水率为 5% ~ 7% 时,砂堆的体积最大,比干松状态下的体积增大 30% ~ 35%;含水率再增加时,体积便开始逐渐减小,当含水率增到 17% 时,体积将缩至与干松状态下相同;当黄砂完全被水浸之后,其密度反而超过干砂,体积可较原来干松体积缩小 7% ~ 8%。因此,在设计混凝土和各种砂浆配合比时,均应以经过加工筛分筛除杂质后的干松状态下的黄砂为标准进行计算。

2. 卵石、碎石

卵石、碎石在水利工程中用量很大,颗粒粒径均大于 5 mm,称为粗骨料。卵石是天然岩石经自然风化后,因受水流的不断冲击,互相摩擦成圆卵形,故称卵石。卵石也与砂一样,依产地和环境不同,可分为河卵石、海卵石和山卵石。山卵石通常掺杂较多的杂质,一般颗粒较锐,海卵石中则常混有贝壳,河卵石比较洁净。碎石是把各种硬质岩石(花岗岩、砂岩、石英岩、玄武岩、辉绿岩、石灰岩等),经人工或机械加工破碎而成。

卵石是天然生成的,不需加工,且卵石表面光滑,制成的混凝土和易性好,易捣固密实,孔隙较少,不透水性比碎石好,但卵石与水泥浆的黏结力较碎石差。卵石颗粒的坚硬程度不一致,片状针状颗粒较多,含杂质亦较多。

3. 块石、料石

天然石材在建筑工程中常用的品种还有块石和条料石。前者是指由岩石爆破采掘直接获得的天然石块,故又称毛石;后者是以人工或机械开采出的较规则的六面体石料,经人工凿琢加工成长方形的石块。块石和条石的质量要求、用途及规格见表 2-2-23。

表 2-2-23　块石和条石的质量要求、用途及规格

品种	质量要求	用途	常用参考规格
块石(又名毛石或片石)	以质地硬为合格。颜色纯青的称全青块石,混合色的是花青块石,黄色的是黄块石;质地以全青块石最好,黄块石最差。验收的时候,应注意不能有风化石,并且不许掺有杂质	用于砌筑基础、勒角、墙身、堤坝、桥墩、涵洞、道路基层以及用于大体积混凝土中	块石形状不规则,石块厚度大于 20 cm,长宽各为厚度的 2～3 倍,上、下两面大致平行且平整,无尖角、薄边,单块重量不超 150 kg
条石(又名料石)	外观上石质一致,无裂纹、风化等现象,并以四角方正、表面平整、尺寸符合为合格	用于砌筑墙身、柱头、踏步、地坪、纪念碑等	分为毛条石和精条石,毛条石为人力开采,锤裂而得的长条形毛坯料,长为 60～120 cm,宽高均为 30～40 cm,四棱方正的石料,表面凸凹不超过 30 mm。精条石则在毛条石基础上进行精细加工而成

(四)垫层料与过渡料

垫层料应具有良好的级配、内部结构稳定或自反滤稳定要求。最大粒径为 80～100 mm,小于 5 mm 的颗粒含量宜为 35%～55%,小于 0.075 mm 的颗粒含量宜为 4%～8%;压实后具有低压缩性、高抗剪强度,渗透系数宜为 $i \times (10^{-4} \sim 10^{-3})$ cm/s,并具有良好的施工特性。中低坝可适当降低对垫层料的要求。

寒冷地区及抽水蓄能电站的垫层料的渗透系数宜为 $1 \times 10^{-3} \sim 1 \times 10^{-2}$ cm/s。

垫层料可采用轧制砂石料、砂砾石料,或两者的掺配料。轧制砂石料应采用坚硬和抗风化能力强的岩石加工。

特殊垫层区应采用最大粒径不超过 40 mm,级配连续,对粉煤灰、粉细砂或堵缝泥浆有自愈作用的反滤料。

过渡料对垫层料应具有反滤保护作用。采用连续级配,最大粒径宜为 300 mm。压实后应具有低压缩性和高抗剪强度,并具有自由排水性。

过渡料可用洞室开挖石料或采用专门开采的细堆石料、经筛分加工的天然砂砾石料。

(五)排水体、护坡料

排水体和砌石护坡所用石料,应具有足够的强度,且不易被溶蚀,还应具有较高的抗水性,其软化系数(饱和抗压强度与干抗压强度之比)不小于 0.75～0.85,同时还要能抗冻融

和风化。块石料的饱和抗压强度不小于 40~50 MPa,其孔隙率不大于 3%,吸水率(按孔隙体积比计算)不大于 0.8,重度应大于 22 kN/m³。除块石外,碎石、卵石也可应用,但不宜使用风化岩石。

砌石料原岩的适用性应根据质量技术指标、设计要求及工程经验等进行综合评价,并宜符合下列规定:首先,砌石料岩体结构面间距宜符合砌石块度和质量要求;其次,质量技术指标宜符合表 2-2-24 的规定。

表 2-2-24　砌石料原岩质量技术指标

序号	项目	指标	备注
1	饱和抗压强度	>30 MPa	可视地域、设计要求调整
2	软化系数	>0.75	
3	吸水率	<10%	
4	冻融损失率(质量)	<1%	
5	干密度	>2.4 g/cm³	
6	硫酸盐及硫化物含量(换算成 SO₃)	<1%	

(六)反滤料

铺筑反滤层用的砂砾石和卵石,需具备下列条件:

(1)未经风化与溶蚀,且坚硬、密实、耐风化以及不易被水溶解。

(2)透水性很大,要求其渗透系数至少大于被保护土渗透系数的 50~100 倍。

(3)具有一定的抗剪强度。

(4)没有塑性。

(5)反滤层用的砂砾石、卵石中有机混合物含量的限度与坝体土料的要求相同。

(6)砾石、卵石应具有高度的抗水性和抗冻性,故砾石的孔隙率不超过 4%,最好采用岩浆岩石料。

(7)反滤层所用的砂及砾石中,粒径小于 0.1 mm 的(即含泥量)不应大于 5%(按质量计),亦不应含有大量粒径小于 0.05 mm 的粉土和黏土颗粒。对于心墙两侧的过渡层,经过充分的试验论证,其含泥量可以适当放宽。

亦可用角砾及碎石代替砂砾石和卵石,但角砾及碎石有棱角,在施工时由于碰擦容易产生石粉,从而淤塞反滤层,故对高坝或重要性很高的中、低坝的滤水坝趾反滤料,最好不采用角砾和碎石。坝面护坡的反滤料要求较低,可以采用角砾和碎石。

十五、沥青及防水材料

(一)沥青

1. 沥青材料

沥青是高分子碳氢化合物及其非金属衍生物组成的及其复杂的混合物,在常温下呈现黑色或黑褐色的固体、半固体或液体状态。

沥青作为一种有机胶凝材料,具有良好的黏性、塑性、耐腐蚀性和憎水性,在建筑工程中主要用作防潮、防水、防腐蚀材料,主要应用于屋面、地面、地下结构的防水工程以及其他防水工程和防腐工程。沥青还是道路工程中应用广泛的路面结构胶结材料,它与不同组成的矿质材料按比例配合后可以建成不同结构的沥青路面。

2. 沥青材料的分类

沥青按其在自然界中获得的方式分类可分为地沥青和焦油沥青两大类。其中地沥青又分为天然沥青和石油沥青。

1)焦油沥青

焦油沥青也被称为煤焦油沥青,即焦油蒸馏残留在蒸馏釜内的副产品,这种副产品是一种黑色物质,与精制焦油有物理性质上的区别,并没有明确的分界限,一般的划分方式是软化点在 26.7 ℃ 以下是焦油,软化点在 26.7 ℃ 以上的是沥青。

焦油沥青中主要成分含有难挥发的蒽、菲、芘等。这些物质都是有毒性的,因为这些物质在焦油沥青含量有所不同,因此焦油沥青的性质也是不同的。冬季温度过低对沥青的影响很大,容易脆裂,而夏季却容易软化。加热时有特殊气味,加热至 260 ℃ 在 5 h 后,焦油沥青中含有的蒽、菲、芘等其他成分将会挥发出来。

2)天然沥青

天然沥青存储在地下,是石油在自然界长期受地壳挤压并与空气、水接触逐渐变化而形成的,有的形成矿层、有的在地壳表面堆积。这种天然沥青大都经过天然蒸发、氧化,一般没有任何毒素。

按原油的性质分类:石油按其含蜡量的多少分为石蜡基、中间基和环烷基原油,不同性质的原油所炼制的沥青性质有很大差别。石蜡基沥青基蜡含量一般大于 5%;环烷基沥青蜡含量少(一般低于 3%),沥青黏性好,优质的道路石油沥青大多是环烷基沥青;中间基沥青其蜡的含量为 3% ~5%。

按加工方法分类:直馏沥青、溶剂沥青、氧化沥青、裂化沥青、调和沥青。

3)石油沥青

石油沥青是石油原油经蒸馏提炼出各种轻质油(如汽油、煤油、柴油等)及润滑油以后的残留物,或再经加工而得的产品。

3. 石油沥青的组分和结构

1)石油沥青的组分

沥青中化学成分和物理性质相近并具有某些共同特征的部分,划分成为一个组分,石油沥青的三个主要组分如下:

(1)油分。最轻组分,赋予沥青流动性。

(2)树脂。黏稠状物体,使沥青具有良好的塑性和黏结性。

(3)地沥青质。固体粉末,决定沥青的耐热性、黏性和脆性,含量愈多,软化点愈高,黏性愈大,愈硬脆。

沥青还含有一定量固体石蜡,降低沥青的黏结性、塑性、温度稳定性和耐热性,是有害组分。各组分比例不固定,在外界因素作用下,轻组分会向重组分转化。

2)石油沥青的结构

石油沥青的结构是以地沥青质为核心,周围吸附部分树脂和油分构成胶团,无数胶团分散在油分中而形成的胶体结构。石油沥青胶体结构的类型如下。

（1）溶胶结构。地沥青质含量较少,油分和树脂含量较高时形成,具有溶胶结构的石油沥青黏性小,流动性大,温度稳定性差。

（2）凝胶结构。地沥青质含量较多而油分和树脂较少时形成,具有凝胶结构的石油沥青弹性和黏结性较高,温度稳定性较好,塑性差。

（3）溶胶－凝胶结构。地沥青质含量适当并有较多的树脂作为保护层膜时形成,性质介于溶胶型和凝胶型之间。

结构状态随温度变化而变化,温度升高,易熔固体成分转变成液体,温度下降恢复原来的状态。

4. 石油沥青性质

1) 黏滞性

石油沥青的黏滞性是反映沥青材料内部阻碍其相对流动的一种特性,反映沥青软硬、稀稠程度。液体石油沥青的黏滞性用黏滞度(标准黏度)指标表示,表征液体沥青在流动时的内部阻力;半固体或固体石油沥青的黏滞性用针入度指标表示,反映石油沥青抵抗剪切变形的能力。针入度越大,沥青越软,黏度越小。地沥青质含量高,有适量树脂和较少油分时黏滞性大。温度升高,黏性降低。

2) 塑性

塑性是指石油沥青在外力作用时产生变形而不破坏,除去外力后仍保持变形后形状不变的性质。用延度指标表示石油沥青的塑性,延度愈大,沥青塑性愈好。油分和地沥青质适量,树脂含量越多,延度越大,塑性越好。温度升高,塑性增大。

3) 温度敏感性

温度敏感性是指石油沥青的黏滞性、塑性随温度升降而变化的性能,用软化点指标衡量。软化点表示沥青由固态转变为具有一定流动性膏体的温度,软化点越高,沥青耐热性越好,温度稳定性越好。软化点不能太低,不然夏季融化发软流淌;也不能太高,否则不易施工,冬季易脆裂。与地沥青质含量和蜡含量密切相关。地沥青质增多,温度敏感性降低;含蜡量多,温度敏感性强。

4) 大气稳定性

大气稳定性是指石油沥青在热、光、氧气和潮湿等因素长期综合作用下抵抗老化的性能。在大气因素综合作用下,沥青中轻组分会向重组分转化,而树脂向地沥青质转化的速度比油分向树脂转化的速度快得多,石油沥青会随时间进展而变硬变脆,这种现象称老化。石油沥青的大气稳定性以"蒸发损失百分率"和"蒸发后针入度比"来评定。蒸发损失百分率愈小,蒸发后针入度比愈大,沥青大气稳定性愈好,老化愈慢。此外,为全面评定石油沥青质量和保证安全,还需要了解沥青的溶解度、闪点等性质。溶解度是指石油沥青在三氯乙烯、四氯化碳或苯中溶解的百分率。用以限制有害不溶物含量,不溶物会降低沥青的黏结性。而闪点是指加热沥青产生的气体和空气的混合物在规定条件下与火焰接触,初次产生蓝色闪光时的温度。闪点高低,关系到运输、贮存和加热使用等的安全。

5. 石油沥青的应用

随着时代的发展,公路运输、交通量的不断增长和大型化车辆,重载、超载车辆的比例逐步提高,交通对道路的要求越来越高。我国幅员辽阔,温差较大,忽冷忽热,普通沥青路面难以满足要求,炎热的季节,沥青路面在重型车辆下形成永久变形的车辙,在冬季低温的半刚性开裂反射裂缝,在雨季和春季形成的坑槽、松散等水损害破坏,路面防滑性能大幅度下降,在城市道路和高速公路上时常发生局部开裂。因此,我们必须对沥青进行改性、改良,也就是说,我们可以通过先进的技术,在一定程度上改善沥青的机械性能(高温稳定性、耐疲劳性、低温抗裂性等)、黏合性和耐老化性,以满足日益增长的高等级公路路面使用性能和发展需要。目前国内外对沥青混合料的改性的研究可以按照改性方式的不同分为两大类:一是单纯地对沥青的改性;二是通过外掺改性剂法来实现对沥青混合料的改性。

沥青材料在工程上的应用非常广泛,包括冷底子油与沥青胶、沥青防水卷材、沥青防水涂料和建筑防水沥青嵌缝油膏等

(二)防水材料

1. 防水卷材

1)聚合物改性沥青防水卷材

聚合物改性沥青防水卷材是以合成高分子聚合物改性沥青为涂盖层,纤维织物或纤维毡为胎体,粉状、粒状、片状或薄膜材料为覆面材料制成的可卷曲片状防水材料。由于在沥青中加入了高聚物改性剂,它克服了传统沥青防水卷材温度稳定性差、延伸率小的不足,具有高温不流淌、低温不脆裂、拉伸强度高、延伸率较大等优异性能,且价格适中。常见的有SBS改性沥青防水卷材、APP改性沥青防水卷材、PVC改性焦油沥青防水卷材等。此类防水卷材一般单层铺设,也可复层使用,根据不同卷材可采用热熔法、冷粘法、自粘法施工。

(1)SBS改性沥青防水卷材。SBS改性沥青防水卷材属弹性体沥青防水卷材中的一种,弹性体沥青防水卷材是用沥青或热塑性弹性体(如苯乙烯 – 丁二烯嵌段共聚物SBS)改性沥青(简称"弹性体沥青")浸渍胎基,两面涂以弹性体沥青涂盖层,上表面撒以细砂、矿物粒(片)料或覆盖聚乙烯膜,下表面撒以细砂或覆盖聚乙烯膜所制成的一类防水卷材。该类卷材使用玻纤胎和聚酯胎两种胎基。按现行国家标准《弹性体改性沥青防水卷材》(GB 18242—2008)的规定,玻纤胎卷材厚度为3 mm、4 mm、5 mm,聚酯胎厚度为3 mm、4 mm。

该类防水卷材广泛适用于各类建筑防水、防潮工程,尤其适用于寒冷地区和结构变形频繁的建筑物防水,并可采用热熔法施工。

(2)APP改性沥青防水卷材。APP改性沥青防水卷材属塑性体沥青防水卷材中的一种。塑性体沥青防水卷材是用沥青或热塑性塑料(如无规聚丙烯APP)改性沥青(简称"塑性体沥青")浸渍胎基,两面涂以塑性体沥青涂盖层,上表面撒以细砂、矿物粒(片)料或覆盖聚乙烯膜,下表面撒以细砂或覆盖聚乙烯膜所制成的一类防水卷材。本类卷材也使用玻纤毡或聚酯毡两种胎基,厚度与SBS改性沥青防水卷材相同。

该类防水卷材广泛适用于各类建筑防水、防潮工程,尤其适用于高温或有强烈太阳辐射地区的建筑物防水。

(3)沥青复合胎柔性防水卷材。沥青复合胎柔性防水卷材是指以橡胶、树脂等高聚物材料做改性剂制成的改性沥青材料为基料,以两种材料复合毡为胎体,细砂、矿物粒(片)料、聚酯膜、聚乙烯膜等为覆盖材料,以浸涂、辊压等工艺而制成的防水卷材。

该类卷材与沥青卷材相比,柔韧性有较大改善,复合毡为胎基比单独聚乙烯膜胎基卷材抗拉强度高。玻纤毡与玻璃网格布复合毡为胎基的卷材抗拉强度也比单一玻纤毡胎基卷材高。适用于工业与民用建筑的屋面、地下室、卫生间等部位的防水防潮,也可用于桥梁、停车场、隧道等建筑物的防水。

2）合成高分子防水卷材

合成高分子防水卷材是以合成橡胶、合成树脂或它们两者的共混体为基料,加入适量的化学助剂和填充料等,经混炼、压延或挤出等工序加工而制成的可卷曲的片状防水材料,又可分为加筋增强型与非加筋增强型两种。合成高分子防水卷材具有拉伸强度和抗撕裂强度高、断裂伸长率大、耐热性和低温柔性好、耐腐蚀、耐老化等一系列优异的性能,是新型高档防水卷材。常用的有再生胶防水卷材、三元乙丙橡胶防水卷材、三元丁橡胶防水卷材、聚氯乙烯防水卷材、氯化聚乙烯防水卷材、氯化聚乙烯－橡胶共混型防水卷材等。一般单层铺设,可采用冷粘法或自粘法施工。

（1）三元乙丙（EPDM）橡胶防水卷材。是以三元乙丙橡胶为主体,掺入适量的硫化剂、促进剂、软化剂、填充料等,经过配料、密炼、拉片、过滤、压延或挤出成型、硫化、检验和分卷包装而成的防水卷材。

由于三元乙丙橡胶分子结构中的主链上没有双键,当它受到紫外线、臭氧、湿和热等作用时,主链上不易发生断裂,故耐老化性能较好,化学稳定性良好。因此,三元乙丙橡胶防水卷材有优良的耐候性、耐臭氧性和耐热性。此外,它还具有质量轻、使用温度范围宽、抗拉强度高、延伸率大、对基层变形适应性强、耐酸碱腐蚀等特点。广泛适用于防水要求高、耐用年限长的土木建筑工程的防水。

（2）聚氯乙烯（PVC）防水卷材。是以聚氯乙烯树脂为主要原料,掺加填充料和适量的改性剂、增塑剂、抗氧化剂和紫外线吸收剂等,经混炼、压延或挤出成型、分卷包装而成的防水卷材。聚氯乙烯防水卷材根据其基料的组成与特性分为 S 型和 P 型。其中,S 型是以煤焦油与聚氯乙烯树脂混熔料为基料的防水卷材;P 型是以增塑聚氯乙烯树脂为基料的防水卷材。该种卷材的尺度稳定性、耐热性、耐腐蚀性、耐细菌性等均较好,适用于各类建筑的屋面防水工程和水池、堤坝等防水抗渗工程。

（3）氯化聚乙烯防水卷材。是以聚乙烯经过氯化改性制成的新型树脂——氯化聚乙烯树脂,掺入适量的化学助剂和填充料,采用塑料或橡胶的加工工艺,经过捏和、塑炼、压延、卷曲、分卷、包装等工序,加工制成的弹塑性防水材料。该卷材的主体原料——氯化聚乙烯树脂中的含氯量为 30% ~40% 。

氯化聚乙烯防水卷材不但具有合成树脂的热塑性能,而且还具有橡胶的弹性。由于氯化聚乙烯分子结构本身的饱和性以及氯原子的存在,故其具有耐候、耐臭氧和耐油、耐化学药品以及阻燃性能。适用于各类工业、民用建筑的屋面防水、地下防水、防潮隔气、室内墙地面防潮、地下室卫生间的防水,以及冶金、化工、水利、环保、采矿业防水防渗工程。

（4）氯化聚乙烯－橡胶共混型防水卷材。氯化聚乙烯－橡胶共混型防水卷材是以氯化聚乙烯树脂和合成橡胶共混物为主体,加入适量的硫化剂、促进剂、稳定剂、软化剂和填充料等,经过素炼、混炼、过滤、压延或挤出成型、硫化、分卷包装等工序制成的防水卷材。

氯化聚乙烯－橡胶共混型防水卷材兼有塑料和橡胶的特点。它不仅具有氯化聚乙烯所特有的高强度和优异的耐臭氧、耐老化性能,而且具有橡胶类材料所特有的高弹性、高延伸性和良好的低温柔性。因此,该类卷材特别适用于寒冷地区或变形较大的土木建筑防水工程。

2. 防水涂料

防水涂料是一种流态或半流态物质,可用刷、喷等工艺涂布在基层表面,经溶剂或水分挥发或各组分间的化学反应,形成具有一定弹性和一定厚度的连续薄膜,使基层表面与水隔绝,起到防水、防潮作用。由于防水涂料固化成膜后的防水涂膜具有良好的防水性能,能形成无接缝的完整防水膜,因此防水涂料广泛适用于工业与民用建筑的屋面防水工程、地下室防水工程和地面防潮、防渗等,特别适用于各种不规则部位的防水。

防水涂料按成膜物质的主要成分可分为聚合物改性沥青防水涂料和合成高分子防水涂料两类。

(1)聚合物改性沥青防水涂料。指以沥青为基料,用合成高分子聚合物进行改性,制成的水乳型或溶剂型防水涂料。这类涂料在柔韧性、抗裂性、拉伸强度、耐高低温性能、使用寿命等方面比沥青基涂料有很大改善。品种有再生橡胶改性防水涂料、氯丁橡胶改性沥青防水涂料、SBS橡胶改性沥青防水涂料、聚氯乙烯改性沥青防水涂料等。

(2)合成高分子防水涂料。指以合成橡胶或合成树脂为主要成膜物质制成的单组分或多组分的防水涂料。这类涂料具有高弹性、高耐久性及优良的耐高低温性能,品种有聚氨酯防水涂料、丙烯酸酯防水涂料、环氧树脂防水涂料和有机硅防水涂料等。

3.建筑密封材料

建筑密封材料是能承受接缝位移且能达到气密、水密目的而嵌入建筑接缝中的材料。建筑密封材料分为定型密封材料和不定型密封材料。不定型密封材料通常是黏稠状的材料,分为弹性密封材料和非弹性密封材料。按构成类型分为溶剂型、乳液型和反应型;按使用时的组分分为单组分密封材料和多组分密封材料;按组成材料分为改性沥青密封材料和合成高分子密封材料。定型密封材料是具有一定形状和尺寸的密封材料,如密封条带、止水带等。

为保证防水密封的效果,建筑密封材料应具有高水密性和气密性,良好的黏结性、耐高低温性和耐老化性能,一定的弹塑性和拉伸-压缩循环性能。密封材料的选用,应首先考虑它的黏结性能和使用部位。密封材料与被粘基层的良好黏结,是保证密封的必要条件,因此应根据被粘基层的材质、表面状态和性质来选择黏结性良好的密封材料;建筑物中不同部位的接缝,对密封材料的要求不同,如室外的接缝要求较高的耐候性,而伸缩缝则要求较好的弹塑性和拉伸-压缩循环性能。

1)不定型密封材料

目前,常用的不定型密封材料有:沥青嵌缝油膏、聚氯乙烯接缝膏、塑料油膏、丙烯酸类密封膏、聚氨酯密封膏和硅酮密封膏等。

(1)沥青嵌缝油膏。沥青嵌缝油膏是以石油沥青为基料,加入改性材料(废橡胶粉和硫化鱼油等)、稀释剂(松焦油、松节重油和机油等)及填充料(石棉绒和滑石粉等)混合制成的密封膏。沥青嵌缝油膏的技术性能应符合现行行业标准。沥青嵌缝油膏主要作为屋面、墙面、沟槽的防水嵌缝材料。

(2)聚氯乙烯接缝膏和塑料油膏。聚氯乙烯接缝膏是以煤焦油和聚氯乙烯(PVC)树脂粉为基料,按一定比例加入增塑剂(邻苯二甲二丁酯、邻苯二甲酸二辛酯)、稳定剂(三盐基硫酸铝、硬脂酸钙)及填充料(滑石粉、石英粉)等,在140℃温度下塑化而成的膏状密封材料,简称PVC接缝膏。塑料油膏是用废旧聚氯乙烯(PVC)塑料代替聚氯乙烯树脂粉,其他原料和生产方法同聚氯乙烯接缝膏。聚氯乙烯接缝膏和塑料油膏应符合现行行业标准《聚氯乙烯建筑防水接缝材料》(JC/T 798—1997)的规定。聚氯乙烯接缝膏和塑料油膏有良好的黏结性、防水性、弹塑性,耐热、耐寒、耐腐蚀和抗老化性能。这种密封材料适用于各种屋面嵌缝或表面涂布作为防水层,也可用于水渠、管道等接缝,用于工业厂房自防水屋面嵌缝、大型屋面板嵌缝等。

(3)丙烯酸类密封膏。丙烯酸类密封膏是在丙烯酸酯乳液中掺入表面活性剂、增塑剂、分散剂、碳酸钙、增量剂等配制而成,通常为水乳型。它具有良好的黏结性能、弹性和低温柔性,无溶剂污染、无毒,具有优异的耐候性和抗紫外线性能。

丙烯酸类密封膏应符合现行行业标准《丙烯酸酯建筑密封胶》(JC/T 484—2006)的规定,主要用于屋面、墙板、门、窗嵌缝,但它的耐水性不算很好,所以不宜用于经常泡在水中的工程,不宜用于广场、公路、桥面等有交通来往的接缝中,也不宜用于水池、污水厂、灌溉系统、堤坝等水下接缝中。

(4)聚氨酯密封膏。聚氨酯密封膏一般用双组分配制,甲组分是含有异氰酸基的预聚体,乙组分含有多羟基的固化剂与增塑剂、填充料、稀释剂等。使用时,将甲乙两组分按比例混合,经固化反应成弹性体。

聚氨酯密封膏应符合现行行业标准《聚氨酯建筑密封胶》(JC/T 482—2003)的规定,其弹性、黏结性及耐候性特别好,与混凝土的黏结性也很好,同时不需要打底。聚氨酯密封材料可以做屋面、墙面的水平或垂直接缝。尤其适用于游泳池工程。它还是公路及机场跑道的补缝、接缝的好材料,也可用于玻璃、金属材料的嵌缝。

(5)硅酮密封膏。硅酮密封膏是以聚硅氧烷为主要成分的单组分和双组分室温固化型的建筑密封材料。目前大多为单组分系统,它以硅氧烷聚合物为主体,加入硫化剂、硫化促进剂以及增强填料组成。硅酮密封膏具有优异的耐热、耐寒性和良好的耐候性;与各种材料都有较好的黏结性能;耐拉抻－压缩疲劳性强,耐水性好。

根据现行国家标准《硅酮建筑密封胶》(GB/T 14683—2017)的规定,硅酮建筑密封膏按用途分为 F 类和 G 类两种类别。其中,F 类为建筑接缝用密封膏,适用于预制混凝土墙板、水泥板、大理石板的外墙接缝,混凝土和金属框架的黏结,卫生间和公路缝的防水密封等;G 类为镶装玻璃用密封膏,主要用于镶嵌玻璃和建筑门、窗的密封。

2)定型密封材料

定型密封材料包括密封条带和止水带,如铝合金门窗橡胶密封条、丁腈橡胶－PVC 门窗密封条、自粘性橡胶、橡胶止水带、塑料止水带等。定型密封材料按密封机制的不同可分为遇水非膨胀型和遇水膨胀型两类。

十六、保温隔热材料

在建筑工程中,常把用于控制室内热量外流的材料称为保温材料,将防止室外热量进入室内的材料称为隔热材料,两者统称为绝热材料。绝热材料主要用于墙体及屋顶、热工设备及管道、冷藏库等工程或冬季施工的工程。

材料的导热能力用导热系数表示,导热系数是评定材料导热性能的重要物理指标。影响材料导热系数的主要因素包括材料的化学成分、微观结构、孔结构、湿度、温度和热流方向等,其中孔结构和湿度对导热系数的影响最大。

一般来讲,常温时导热系数不大于 0.175 W/(m·K)的材料称为绝热材料,而把导热系数在 0.05 W/(m·K)以下的材料称为高效绝热材料。图 2-2-3 显示了不同材料的导热系数,四种材料采用对应厚度的时候,传热性相当。也就是说 30 mm 厚的岩棉板、90 mm 厚的保温砂浆、75 mm 厚的实心砖、231 mm 厚的钢筋混凝土的保温隔热效果是一样的。可见岩棉板保温能力大大优于混凝土的保温能力。此外,绝热材料尚应满足:表观密度不大于 600 kg/m^3、抗压强度不小于 0.3 MPa、构造简单、施工容易、造价低等要求。

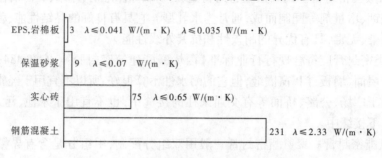

图 2-2-3　不同材料保温性能比较　(单位:cm)

(一)纤维状绝热材料

1. 岩棉及矿渣棉

岩棉及矿渣棉统称为矿物棉,由熔融的岩石经喷吹制成的称为岩棉,由熔融矿渣经喷吹制成的称为矿渣棉。最高使用温度约为 600 ℃。矿物棉与有机胶结剂结合可以制成矿棉板、毡、筒等制品,也可制成粒状用作填充材料,其缺点是吸水性大、弹性小。矿渣棉可作为建筑物的墙体、屋顶、天花板等处的保温隔热和吸声材料,以及热力管道的保温材料。

2. 石棉

石棉是一种天然矿物纤维,具有耐火、耐热、耐酸碱、绝热、防腐、隔音及绝缘等特性,最高使用温度可达 500 ~ 600 ℃。松散的石棉很少单独使用,常制成石棉粉、石棉纸板、石棉毡等制品用于建筑工程。由于石棉中的粉尘对人体有害,民用建筑很少使用,目前主要用于工业建筑的隔热、保温及防火覆盖等。

3. 玻璃棉

玻璃棉是将玻璃熔化后从流口流出的同时,用压缩空气喷吹形成乱向的玻璃纤维。玻璃棉是玻璃纤维的一种,包括短棉、超细棉。最高使用温度为 350 ~ 600 ℃。玻璃棉可制成沥青玻璃棉毡、板及酚醛玻璃棉毡、板等制品,广泛用在温度较低的热力设备和房屋建筑中的保温隔热,同时它还是良好的吸声材料。

4. 陶瓷纤维

陶瓷纤维是一种纤维状轻质耐火材料,直径为 2 ~ 5 μm,长度多为 30 ~ 250 mm,纤维表面呈光滑圆柱形。具有质量轻、耐高温、热稳定性好、导热率低、比热小及耐机械振动等优点,因而在机械、冶金、化工、石油、陶瓷、玻璃、电子等行业都得到了广泛的应用。陶瓷纤维最高使用温度为 1 100 ~ 1 350 ℃,可用于高温绝热、吸声。

陶瓷纤维制品是指用陶瓷纤维为原材料,通过加工制成的重量轻、耐高温、热稳定性好、导热率低、比热小及耐机械振动等优点的工业制品,专门用于各种高温、高压、易磨损的环境中。

(二)散粒状绝热材料

1. 膨胀蛭石

蛭石是一种复杂的镁、铁含水铝硅酸盐矿物,由云母类矿物经风化而成,具有层状结构。

膨胀蛭石的堆积密度为 80～200 kg/m³,导热系数 0.046～0.07 W/(m·K),最高使用温度1 000～1 100 ℃。煅烧后的膨胀蛭石可以呈松散状,铺设于墙壁、楼板、屋面等夹层中,作为绝热、隔音材料。但吸水性大、电绝缘性不好。使用时应注意防潮,以免吸水后影响绝热效果。膨胀蛭石可松散铺设,也可与水泥、水玻璃等胶凝材料配合,浇筑成板,用于墙、楼板和屋面板等构件的绝热。

2. 膨胀珍珠岩

膨胀珍珠岩是由天然珍珠岩煅烧而成的,呈蜂窝泡沫状的白色或灰白色颗粒,是一种高效能的绝热材料。膨胀珍珠岩的堆积密度为 40～50 kg/m³,导热系数为 0.047～0.07 W/(m·K),最高使用温度为 800 ℃,最低使用温度为 -200 ℃。膨胀珍珠岩具有吸湿小、无毒、不燃、抗菌、耐腐、施工方便等特点。

以膨胀珍珠岩为主,配合适量胶凝材料,经搅拌成型养护后而制成的一定形状的板、块、管壳等制品称为膨胀珍珠岩制品。

3. 玻化微珠

玻化微珠是一种酸性玻璃质熔岩矿物质(松脂岩矿砂),内部多孔、表面玻化封闭,呈球状体细径颗粒。玻化微珠吸水率低,易分散,可提高砂浆流动性,还具有防火、吸声隔热等性能,是一种具有高性能的无机轻质绝热材料,广泛应用于外墙内外保温砂浆、装饰板、保温板的轻质骨料。用玻化微珠作为轻质骨料,可提高保温砂浆的易流动性和自抗强度,减少材料收缩率,提高保温砂浆综合性能,降低综合生产成本。

其中玻化微珠保温砂浆是以玻化微珠为轻质骨料与玻化微珠保温胶粉料按照一定的比例搅拌均匀混合而成的用于外墙内外保温的一种新型无机保温砂浆材料。玻化微珠保温砂浆具有优良的保温隔热性能和防火耐老化性能、不空鼓开裂、强度高等特性。

(三)多孔状绝热材料

多孔状绝热材料是由固相和孔隙良好的分散材料组成的。主要有泡沫类和发气类产品。它们整个体积内含有大量均匀分布的气孔。

1. 轻质混凝土

轻质混凝土包括轻骨料混凝土、泡沫混凝土、加气混凝土等。采用轻质混凝土作为建筑物墙体及屋面材料,具有良好的节能效果。

2. 微孔硅酸钙

微孔硅酸钙是以硅藻土或磨细石英砂为硅质材料、以石灰为钙质材料,经蒸压养护而成的绝热材料。表观密度 200 kg/m³,导热系数 0.047 W/(m·K),最高使用温度 650 ℃。产品有平板、弧形板、管壳。

3. 泡沫玻璃

泡沫玻璃以碎玻璃、发泡剂在 800 ℃烧成,具有闭孔结构,气孔直径 0.1～5 mm,表观密度 150～600 kg/m³,导热系数 0.058～0.128 W/(m·K),抗压强度 0.8～15 MPa,最高使用温度 500 ℃,是一种高级保温绝热材料,可用于砌筑墙体或冷库隔热。

(四)有机绝热材料

有机绝热材料是以天然植物材料或人工合成的有机材料为主要成分的绝热材料。常用品种有泡沫塑料、钙塑泡沫板、木丝板、纤维板和软木制品等。这类材料的特点是质轻、多孔、导热系数小,但吸湿性大、不耐久、不耐高温。

1. 泡沫塑料

泡沫塑料是以合成树脂为基料,加入适当发泡剂、催化剂和稳定剂等辅助材料,经加热发泡而制成的具有轻质、保温、绝热、吸声、防震性能的材料。

目前,我国生产的有聚苯乙烯泡沫塑料,表观密度为 20 ~ 50 kg/m^3,导热系数为 0.038 ~ 0.047 $W/(m \cdot K)$,最高使用温度约 70 ℃;聚氯乙烯泡沫塑料,表观密度为 12 ~ 75 kg/m^3,导热系数为 0.01 $W/(m \cdot K)$,最高使用温度约 70 ℃,遇火能自行熄灭;聚氨酯泡沫塑料,表观密度为 30 ~ 50 kg/m^3,导热系数为 0.035 ~ 0.042 $W/(m \cdot K)$,最高使用温度达 120 ℃,最低使用温度为 -60 ℃。

聚苯乙烯板是以聚苯乙烯树脂为原料,经特殊工艺连续挤出发泡成型的硬质泡沫保温板材。聚苯乙烯板分为模塑聚苯板(EPS)和挤塑聚苯板(XPS)两种,在同样厚度情况下,XPS 板比 EPS 板的保温效果要好,EPS 板与 XPS 板相比,吸水性较高、延展性要好。XPS 板是目前建筑业界常用的隔热、防潮材料,已被广泛应用于墙体保温,平面混凝土屋顶及钢结构屋顶的保温,低温储藏,地面、泊车平台、机场跑道、高速公路等领域的防潮保温及控制地面膨胀等方面。

2. 植物纤维类绝热板

该类绝热材料可用稻草、麦秸、甘蔗渣等为原料经加工而成,其表观密度为 200 ~ 1 200 kg/m^3,导热系数为 0.058 ~ 0.307 $W/(m \cdot K)$。可用作墙体、地板、顶棚等,也可用于冷藏库、包装箱等。

第三章　水工建筑物

第一节　水工建筑物概述

一、水工建筑物的基本概念

水利工程中常采用单个或若干个不同作用、不同类型的建筑物来调控水流,以满足不同部门对水资源的需求,这些为兴水利、除水害而修建的建筑物称为水工建筑物。控制和调节水流、防治水害、开发利用水资源的建筑物是实现各项水利工程目标的重要组成部分。水工建筑物涉及许多学科领域,除基础学科外,还与水力学、水文学、工程力学、土力学、岩石力学、工程结构、工程地质、建筑材料以及水利勘测、水利规划、水利工程施工、水利管理等密切相关。

二、水工建筑物的分类和特点

(一)水工建筑物的分类

1.按功能分类

水利工程并不总是以集中兴建于一处的若干建筑物组成的水利枢纽来体现的,有时仅指一个单项水工建筑物,有时又可包括沿一条河流很长范围内或甚至很大面积区域内的许多水工建筑物。不同的水利工程类型、不同的工程任务,其组成的建筑物也千差万别。根据功能水工建筑物可分为挡水建筑物、泄水建筑物、输(引)水建筑物、取水建筑物、水电站建筑物、过坝建筑物和整治建筑物等(见图3-1-1)。

1)挡水建筑物

挡水建筑物指拦截或约束水流,并可承受一定水头作用的建筑物。如蓄水或壅水的各种拦河坝,修筑于江河两岸以抗洪的堤防、施工围堰等。

2)泄水建筑物

泄水建筑物指用以排泄水库、湖泊、河渠等多余水量,保证挡水建筑物和其他建筑物安全,或为必要时降低库水位乃至放空水库而设置的水工建筑物。如设于河床的溢流坝、泄水闸、泄水孔,设于河岸的溢洪道、泄水隧洞等。

3)输(引)水建筑物

输(引)水建筑物指为灌溉、发电、城市或工业给水等需要,将水自水源或某处送至另一处或用户的建筑物。其中,直接自水源输水的也称引水建筑物。如引水隧洞、引水涵管、渠道以及穿越河流、洼地、山谷的交叉建筑物(如渡槽、倒虹吸管、输水涵洞)等。

4)取水建筑物

取水建筑物指位于引水建筑物首部的建筑物,如取水口、进水闸、扬水站等。

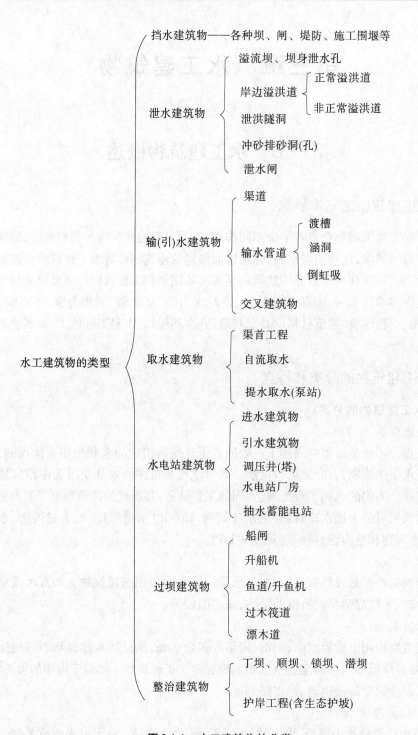

图 3-1-1　水工建筑物的分类

5) 水电站建筑物

水电站建筑物是水力发电站中用于拦蓄河水、抬高水头、引水经水轮发电机组以及发电所需的机电设备等一系列建筑物的总称。

其中,挡水建筑物、泄水建筑物、引水建筑物等与上述1)、2)、3)类似。水电站中特有的建筑物包括:①平水建筑物,当水电站负荷变化时,用于平稳引水道中流量及压力的变化,如前池、调压室等;②尾水道,通过它将发电后的尾水自机组排向下游;③发电、变电和配电建筑物,包括安装水轮发电机组及其控制设备的水电站厂房、安放变压器及高压开关等设备的水电站升压开关站;④为水电站的运行管理而设置的必要的辅助性生产、管理及生活建筑设施等。

在多目标开发的综合利用水利工程中,坝、水闸等挡水建筑物及溢洪道、泄水孔等泄水建筑物为共同的水工建筑物。有时也只将从水电站进水口起到水电站厂房、水电站升压开关站等专供水电站发电使用的建筑物称为水电站建筑物。

6)过坝建筑物

过坝建筑物指为水利工程中穿越挡水坝而设置的建筑物,如专用于通航过坝的船闸、升船机及鱼道、筏道等。

7)整治建筑物

整治建筑物指为改善河道水流条件、调整河势、稳定河槽、维护航道和保护河岸的各种建筑物,如丁坝、顺坝、潜坝、导流堤、防波堤、护岸等。

2.按使用期限分类

水工建筑物按使用期限还可分为永久性建筑物和临时性建筑物。

(1)永久性建筑物是指工程运行期间长期使用的建筑物,根据其重要性又分为主要建筑物和次要建筑物。

主要建筑物指失事后将造成下游灾害或严重影响工程效益的建筑物,如拦河坝、溢洪道、引水建筑物、水电站厂房等。

次要建筑物指失事后不致造成下游灾害,对工程效益影响不大并易于修复的建筑物,如挡土墙、导流墙、工作桥及护岸等。

(2)临时性建筑物是指工程施工期间使用的建筑物,如施工围堰等。

(二)水工建筑物的特点

水工建筑物,特别是河川水利枢纽的主要水工建筑物,往往效益大、工程量和造价大,对国民经济的影响也大。与一般土木工程建筑物相比,水工建筑物具有下列特点。

1.具有较强的系统性和综合性,一般对自然和社会的影响也较大

系统性是水利工程和水工建筑物的一个重要特点。一条河流上的水利工程和水工建筑物,都是整个流域开发系统的组成部分。只有从整个流域的自然和社会条件出发,根据系统优化的原则,做好流域规划,才能确定每一项水利工程和每一个水工建筑物的任务和规模。在大江大河的各条支流之间,甚至在相邻流域之间,也常要从蓄洪配合、电能补偿等多方面通盘考虑。不仅在以上这些宏观方面,就是在一个枢纽、一条渠道的各种水工建筑物的选择、布置方面,也应该贯彻系统优化原则。因此,应重视水利工程和水工建筑物的系统性这一特点。

综合性是水利工程和水工建筑物的另一重要特点。水资源可以为灌溉、发电、航运、供水、渔业等多方面服务,它们之间,以及它们与防洪除涝之间,都存在着统一和矛盾,所以要从实际情况出发,分清轻重主次,既防止洪涝灾害,又能经济合理地对水资源加以综合利用。

水利枢纽工程和单项水工建筑物不仅通过它所承担的防洪、灌溉、发电、航运等任务对

人类社会产生较大的影响,同时也由于它改变了河流、湖泊、海岸的自然面貌,对生态环境、自然景观、甚至对区域气候等,都有可能产生较大影响。这些影响有积极方面的,也会有消极方面的,所以要尽量提高积极方面的作用,减小消极方面的影响。

2.工作条件复杂、施工周期长、技术难度大

水工建筑物是直接与自然条件打交道,而且是与水文、气象、地质、地形等比较复杂的自然条件打交道,因而它的工作条件十分复杂。

首先,水利工程的规划、设计、施工和运行,都必须与客观存在而又难以准确把握的水文条件相适应。

其次,水的作用形成了水工建筑物特殊的工作条件:①挡水建筑物或其他具有挡水作用的建筑物,除承受一般的地震力和风压力等水平推力外,还承受很大的水压力、浪压力、冰压力、地震动水压力等水平推力,建筑物和地基都必须有足够的抗推力以保持稳定;②通过水工建筑物和地基的渗流,对建筑物和地基产生渗透力和扬压力,恶化建筑物和地基的应力和稳定状态,土石建筑物或地基则可能因过大的渗透变形而失稳;③当水流通过水工建筑物下泄时,可能引起建筑物的空蚀、振动以及下游河床的冲刷,严重时可能影响建筑物的正常工作,甚至导致建筑物的破坏。

3.设计选型的独特性

水工建筑物的型式、构造和尺寸,与建筑物所在地的地形、地质、水文等条件密切相关。例如,规模和效益大致相仿的两座坝,由于地质条件优劣不同,两者的型式、尺寸和造价都会迥然不同。

4.施工建造的艰巨性

在河川上建造水工建筑物,比陆地上的土木工程施工困难、复杂得多。主要困难是施工导流问题,即必须迫使河川水流按特定通道下泄,以截断河流,便于施工时不受水流的干扰,创造最好的施工空间;在特定的时间内完成巨大的工程量,将建筑物修筑到拦洪高程。

5.失事后果的严重性

水工建筑物如失事会产生严重后果。特别是拦河坝,如失事溃决,则会给下游带来灾难性乃至毁灭性的后果。

第二节　工程等别及水工建筑物级别

一、水利工程的等别划分

一项水利枢纽工程的成败对国计民生有着直接的影响,但不同规模的工程影响程度也不同。为使工程的安全可靠性与其造价的经济合理性统一起来,水利枢纽及其组成建筑要分等分级,即先按工程规模、效益及其在国民经济中的重要性,将水利枢纽分等。水利水电工程分等指标见表3-2-1。

表 3-2-1　水利水电工程分等指标

| 工程等别 | 工程规模 | 水库总库容（亿 m^3） | 防洪 | | | 治涝 | 灌溉 | 供水 | | 发电 |
			保护区当量经济规模（万人）	保护人口（万人）	保护农田（万亩）	治涝面积（万亩）	灌溉面积（万亩）	年引水量（亿 m^3）	供水对象重要性	装机容量（MW）
Ⅰ	大(1)型	≥10	≥300	≥150	≥500	≥200	≥150	≥10	特别重要	≥1 200
Ⅱ	大(2)型	<10,≥1.0	<300,≥100	<150,≥50	<500,≥100	<200,≥60	<150,≥50	<10,≥3	重要	<1 200,≥300
Ⅲ	中型	<1.0,≥0.1	<100,≥40	<50,≥20	<100,≥30	<60,≥15	<50,≥5	<3,≥1	比较重要	<300,≥50
Ⅵ	小(1)型	<0.1,≥0.01	<40,≥10	<20,≥5	<30,≥5	<15,≥3	<5,≥0.5	<1,≥0.3	一般	<50,≥10
Ⅴ	小(2)型	<0.01,≥0.001	<10	<5	<5	<3	<0.5	<0.3		<10

注：1 亩 = 1/15 hm²，下同。

　　表 3-2-1 中水库总库容是指水库最高水位以下的静库容；治涝面积指设计治涝面积；灌溉面积指设计灌溉面积；年引水量指供水工程渠首设计年均引（取）水量；保护区当量经济规模指标仅限于城市保护区；防洪、供水中的多项指标满足 1 项即可；按供水对象的重要性确定工程等别时，该工程应为供水对象的主要水源；对于综合利用的工程，如按表 3-2-1 中指标分属几个不同等别时，整个枢纽的等级应以其中的最高等别为准。

二、水工建筑物的级别划分

　　水工建筑物级别划分的一般规定为：①水利水电工程永久性水工建筑物的级别，应根据工程的等别或永久性水工建筑物的分级指标综合分析确定；②综合利用水利水电工程中承担单一功能的单项建筑物的级别，应按其功能、规模确定；承担多项功能的建筑物级别，应按规模指标较高的确定；③如其失事损失十分严重的水利水电工程的 2～5 级主要永久性水工建筑物，经论证并报主管部门批准，建筑物等级可提高一级；水头低、失事后造成损失不大的水利水电工程的 1～4 级主要永久性水工建筑物，经论证后建筑物级别可降低一级；④对 2～5 级的高填方渠道、大跨度或高排架渡槽、高水头倒虹吸等永久性水工建筑物，经论证后建筑物级别可提高一级，但洪水标准不予提高；⑤当永久性水工建筑物采用新型结构或其基础的工程地质条件特别复杂时，对 2～5 级建筑物可提高一级设计，但洪水标准不予提高；⑥穿越堤防、渠道的永久性水工建筑物的级别，不应低于相应堤防、渠道级别。

（一）水库及水电站工程永久性水工建筑物级别

　　水库及水电站工程的永久性水工建筑物级别，应根据其所在工程的等别和永久性水工建筑物级别按表 3-2-2 确定。

表 3-2-2　永久性水工建筑物级别

工程等别	永久性水工建筑物	
	主要建筑物	次要建筑物
Ⅰ	1	3
Ⅱ	2	3
Ⅲ	3	4
Ⅳ	4	5
Ⅴ	5	5

水库大坝按表 3-2-2 规定为 2 级、3 级,当坝高超过表 3-2-3 规定的指标时,其级别可提高一级,但洪水标准可不提高。水库工程中最大高度超过 200 m 的大坝建筑物,其级别应为Ⅰ级,其设计标准应专门研究论证,并报上级主管部门审查批准。

表 3-2-3　水库大坝提级指标

级别	坝型	坝高(m)
2	土石坝	90
	混凝土坝、浆砌石坝	130
3	土石坝	70
	混凝土坝、浆砌石坝	100

当水电站厂房永久性水工建筑物与水库工程挡水建筑物共同挡水时,其建筑物级别与挡水建筑物的级别一致,按表 3-2-2 确定。当水电站厂房永久性水工建筑物不承担挡水任务、失事后不影响挡水建筑物安全时,其建筑物级别应根据水电站装机容量按表 3-2-4 确定。

表 3-2-4　水电站厂房永久性水工建筑物级别

发电装机容量(MW)	主要建筑物	次要建筑物
≥1 200	1	3
<1 200, ≥300	2	3
<300, ≥50	3	4
<50, ≥10	4	5
<10	5	5

（二）拦河闸永久性水工建筑物级别

拦河闸永久性水工建筑物的级别，应根据其所属的工程等别按表3-2-2确定。拦河闸永久性水工建筑物按表3-2-2规定为2级、3级，其校核洪水过闸流量分别大于5 000 m³/s、1 000 m³/s时，其建筑物级别可调高一级，但洪水标准可不提高。

（三）防洪工程永久性水工建筑物级别

防洪工程中堤防永久性水工建筑物的级别应根据其保护对象的防洪标准按表3-2-5确定。当批准的流域、区域防洪规划另有规定时，应按其规定执行。

表3-2-5　堤防永久性水工建筑物级别

防洪标准[重现期(年)]	≥100	<100,≥50	<50,≥30	<30,≥20	<20,≥10
堤防级别	1	2	3	4	4

当存在以下情况时可以调整：①涉及保护堤防的河道整治工程永久性水工建筑物级别，应根据堤防级别并考虑损毁后的影响程度综合确定，但不宜高于其所影响的堤防级别；②蓄滞洪区围堤永久性水工建筑物的级别，应根据蓄滞洪区类别、堤防在防洪体系中的地位和堤段的具体情况，按批准的流域防洪规划、区域防洪规划的要求确定；③蓄滞洪区安全区的堤防永久性水工建筑物级别宜为2级，对于安置人口大于10万人的安置区，经论证后堤防永久性水工建筑物级别可提高一级；④分洪道（渠）、分洪与退洪控制闸永久性水工建筑物级别，应不低于所在堤防永久性水工建筑物级别。

（四）泵站永久性水工建筑物级别

泵站永久性水工建筑物级别，应根据设计流量及装机功率按表3-2-6确定。

表3-2-6　泵站永久性水工建筑物级别

设计流量(m³/s)	装机功率(MW)	主要建筑物	次要建筑物
≥200	≥30	1	3
<200,≥50	<30,≥10	2	3
<50,≥10	<10,≥1	3	4
<10,≥2	<1,≥0.1	4	5
<2	<0.1	5	5

注：1. 设计流量指建筑物所在断面的设计流量。

2. 装机功率指泵站包括备用机组在内的单站装机功率。

3. 当泵站按分级指标分属两个不同级别时，按其中高者确定。

4. 对连续多级泵站串联组成的泵站系统，其级别可按系统总装机功率确定。

（五）供水工程永久性水工建筑物级别

供水工程永久性水工建筑物级别应根据设计流量按表3-2-7确定；供水工程中的泵站永久性水工建筑物级别，应根据设计流量及装机功率按表3-2-7确定。承担县市级及以上城市主要供水任务的供水工程永久性水工建筑物级别不宜低于3级；承担建制镇主要供水任务的供水工程永久性水工建筑物级别不宜低于4级。

表 3-2-7　供水工程永久性水工建筑物级别

设计流量(m³/s)	装机功率(MW)	主要建筑物	次要建筑物
≥50	≥30	1	3
<50,≥10	<30,≥10	2	3
<10,≥3	<10,≥1	3	4
<3,≥1	<1,≥0.1	4	5
<1	<0.1	5	5

注:1. 设计流量指建筑物所在断面的设计流量。

　　2. 装机功率指泵站包括备用机组在内的单站装机功率。

　　3. 当泵站按分级指标分属两个不同级别时,按其中高者确定。

　　4. 对连续多级泵站串联组成的泵站系统,其级别可按系统总装机功率确定。

第三节　枢纽工程建筑物分类及基本型式

一、重力坝

(一)重力坝的基本原理及特点

1. 重力坝基本原理

　　岩基上的重力坝是主要依靠自身重量在地基上产生的摩擦力和坝与地基之间的凝聚力来抵抗坝前的水推力以保持抗滑稳定,所以重力坝的工作原理可以概括为两点:第一是依靠坝体自重在坝基面上产生摩阻力来抵抗水平水压力以达到稳定的要求;第二是利用坝体自重在水平截面上产生的压应力来抵消水压力所引起的拉应力以满足强度的要求。因此,重力坝的剖面较大,一般做成上游坝面近于垂直的三角形剖面,且垂直坝轴线方向常设有永久伸缩缝,将坝体沿坝轴线分成若干个独立的坝段,如图 3-3-1 所示。

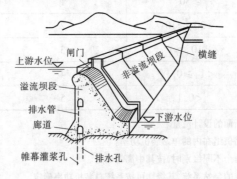

图 3-3-1　混凝土重力坝示意图

2. 重力坝与其他坝型相比的特点

　　(1)重力坝断面尺寸大,安全可靠。由于断面尺寸大、材料强度高、耐久性能好,因而对抵抗水的渗透、特大洪水的漫顶、地震和战争破坏能力都比较强,安全性较高。

　　(2)重力坝各坝段分开,结构作用明确。坝体沿坝轴线用横缝分开,各坝段独立工作,结构作用明确,稳定和应力计算相对简单。

(3)重力坝的抗冲能力强,枢纽的泄洪问题容易解决。重力坝的坝体断面形态适于在坝顶布置溢流坝,在坝身设置泄水孔,可节省在河岸设置溢洪道或泄洪隧洞的费用。施工期可利用较低的坝块或底孔导流。在坝址河谷狭窄而洪水流量大的情况下,重力坝可较好地适应这种自然条件。

(4)对地形地质条件适应性较好,几乎任何形状的河谷都可以修建重力坝。对地基要求高于土石坝,低于拱坝及支墩坝。

(5)重力坝体积大,可分期浇筑,便于机械化施工。在高坝建设中,有时由于淹没太大,一次移民及投资过多,或为提前发电而采用分期施工方式。混凝土施工技术已很成熟且比较容易掌握,有利于机械化施工。

(6)坝体与地基的接触面积较大,受扬压力的影响也大。扬压力的作用会抵消部分坝体重量的有效压力,对坝的稳定和应力情况不利,故需采取各种有效的防渗排水措施,以削减扬压力,节省工程量。

(7)重力坝的剖面尺寸较大,坝体内部的压应力一般不大,因此材料的强度不能充分发挥,所以坝体大部分区域可适当采用强度等级较低的混凝土,以降低工程造价。

(8)坝体体积大,水泥用量多,混凝土凝固时水化热高,散热条件差,且各部浇筑顺序有前有后,因而同一时间内热冷不均,热胀冷缩,互相制约,往往容易形成裂缝,从而削弱坝体的整体性,所以混凝土重力坝施工期需要严格的温度控制和散热措施。

(二)重力坝的分类及布置

1.重力坝的分类

重力坝按结构型式可分为实体重力坝、宽缝重力坝、空腹重力坝、预应力锚固重力坝等,如图3-3-2所示。

实体重力坝是最简单的坝式。其优点是设计和施工均方便,应力分布也较明确;但缺点是扬压力大和材料的强度不能充分发挥,工程量较大。与实体重力坝相比,宽缝重力坝具有降低扬压力、较好利用材料强度、节省工程量和便于坝内检查及维护等优点;缺点是施工较为复杂,模板用量多。空腹重力坝不但可以进一步降低扬压力,而且可以利用坝内空腔布置水电站厂房,坝顶溢流宣泄洪水,以解决在狭窄河谷中布置发电厂房和泄水建筑物的困难;空腹重力坝的缺点是腹孔附近可能存在一定的拉应力,局部需要配置较多的钢筋,应力分析和施工工艺也比较复杂。预应力锚固重力坝的特点是利用预加应力措施来增加坝体上游部分的压应力,提高抗滑稳定性,从而可以削减坝体剖面,但目前仅在小型工程和旧坝加固工程中采用。装配式重力坝是采用预制混凝土块安装筑成的坝,可改善混凝土施工质量和降低坝体的温度升高,但要求施工工艺精确,以使接缝有足够的强度和防水性能,现在也较少采用。

除上述的分类外,按照重力坝的坝顶是否泄放水流条件,可分为溢流坝和非溢流坝。坝体内设有深式泄水孔的坝段和溢流坝段可通称为泄水重力坝,完全不泄水的坝段,可称为挡水坝。按筑坝材料还可分为混凝土重力坝、碾压混凝土重力坝和浆砌石重力坝。前两者常用于重要的和较高的重力坝;后者可就地取材,节省水泥用量,且筑石技术易于掌握,在中小型工程中被广泛采用。

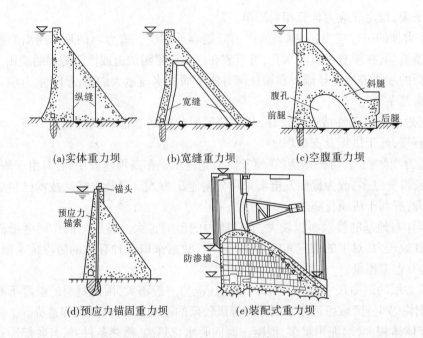

(a)实体重力坝　　　(b)宽缝重力坝　　　(c)空腹重力坝

(d)预应力锚固重力坝　　　(e)装配式重力坝

图 3-3-2　重力坝的型式

2.重力坝的布置

重力坝通常由溢流坝段、非溢流坝段和两者之间的连接边墩、导墙及坝顶建筑物等组成。如图 3-3-3 所示为一座典型重力坝的总体布置平面图和坝段横剖面图。它包括左、右岸非溢流的挡水坝段和河床中部的溢流坝段。左岸挡水坝段还布置了坝后式水电站及坝内输水管道。

重力坝总体布置应根据地形地质条件,结合枢纽其他建筑物综合考虑。坝轴线一般布置成直线,地形和地质条件不允许的,也可布置成折线或曲线。总体布置还应注意各坝段外形的协调一致,尤其上游坝面要保持齐平。但若地形地质及运用条件有明显差别,也可按照不同情况,分别采用不同的下游坝坡,使各坝段达到既安全又经济的目的。

在河谷较窄而洪水流量较大,且拦河坝前缘宽度不足以并列布置溢流坝段和厂房坝段时,常可采用重叠布置方式,例如,在泄洪坝段上同时设置溢流表孔及泄水中孔;将电站厂房设在溢流坝内或采用坝后厂房顶溢流的布置方式。

(三)重力坝的材料、分区及温度裂缝

1.混凝土重力坝的材料

混凝土重力坝体积的大小表征了坝的经济性,而在相同体积的条件下,根据坝体各部位的不同要求,合理规定不同混凝土的特性指标,对于保证建筑物的安全、加快施工进度和提高施工质量、节省水泥等有密切关系。

用于建造重力坝的混凝土,除应有足够的强度以保证其安全承受荷载外,还应要求在周围天然环境和使用条件下具有经久耐用的性能,即耐久性。耐久性包括抗渗性、抗冻性、抗磨性、抗蚀性等。

(1)强度。混凝土按标准立方体试块抗压极限强度分为 12 种强度等级。重力坝常用的是 C10、C15、C20、C25 等级别。混凝土的强度是随龄期增加的,对坝体提出强度要求时,

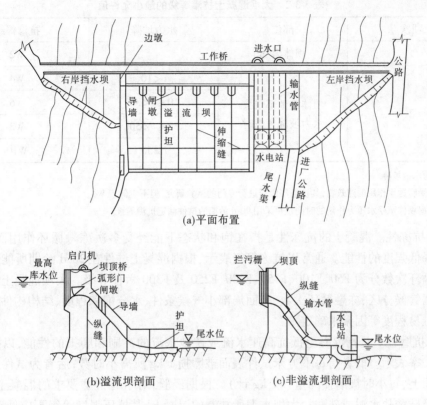

图 3-3-3　重力坝的布置

必须指明相应龄期。坝体混凝土抗压设计龄期一般采用 90 d，最多不宜超过 180 d。同时规定相应 28 d 龄期的强度，作为早期强度的控制。考虑到某些部位的混凝土早期就要承受局部荷载以及温度应力和收缩应力，所以规定混凝土 28 d 龄期的抗压强度不得低于 7.5 MPa。抗拉强度一般不用后期强度，而采用 28 d 龄期的强度。大坝常态混凝土 90 d 龄期保证率 80% 的强度标准值，按表 3-3-1 采用。

表 3-3-1　大坝常态混凝土强度标准值

强度种类	符号	大坝常态混凝土强度标准值					
		C7.5	C10	C15	C20	C25	C30
轴心抗压（MPa）	f_{ck}	7.6	9.8	14.3	18.5	22.4	26.2

（2）抗渗性。大坝防渗部位如上游面、基础层和下游水位以下的坝面，其混凝土应具有抵抗压力水渗透的能力。抗渗性的指标通常用抗渗等级来表示，抗渗可根据允许的渗透坡降按表 3-3-2 选用。

表 3-3-2　大坝混凝土抗渗等级的最小允许值

项次	部位	水力坡降	抗渗等级
1	坝体内部		W2
2	坝体其他部位按水力坡降考虑时	$i<10$	W4
		$10\leqslant i<30$	W6
		$30\leqslant i<50$	W8
		$i\geqslant 50$	W10

注:1. i 为水力坡降。

2. 承受腐蚀水作用的建筑物,其抗渗等级应进行专门的试验研究,但不应低于 W4。

3. 根据坝体承受水压力作用的时间也可采用 90 d 龄期的试件测定抗渗等级。

(3)抗冻性。混凝土的抗冻性是指在饱和状态下能经受多次冻融循环作用而不破坏、不严重降低强度的性能。通常以抗冻等级表示,根据混凝土试件在 28 d 龄期所能承受的最大冻融循环次数分为 F50、F100、F150、F200、F250 及 F300 六种等级。大坝混凝土的抗冻等级应根据气候分区、冻融循环次数、表面局部小气候条件、水分饱和程度、结构构件重要性和检修的难易程度等因素来确定。

(4)抗磨性。是指混凝土抵抗高速水流或挟沙水流的冲刷和磨损的性能,以抗冲磨强度或损失率表示。前者指每平方米试件表面被磨损 1 kg 所需小时数;后者为试件每平方米受磨面积上,每小时被磨损的量(以 kg 计)。根据经验,对于有抗磨要求的混凝土,采用高强度等级硅酸盐水泥或硅酸盐大坝水泥所拌制的混凝土,其抗压强度等级不应低于 C20,且要求骨料质地坚硬,施工振捣密实,以提高混凝土的耐磨性能。

(5)抗侵蚀性。大坝混凝土可能遭受环境水中某些物质的化学作用,引起侵蚀破坏。应对环境水作水质分析,如有抗侵蚀性要求时,应选择恰当的水泥品种,并尽量提高混凝土的密实性。

此外,水泥硬化过程所产生的水化热是引起温度裂缝的一个重要原因,所以大坝混凝土应具有低热性。可采用发热量较低的水泥,如大坝水泥、矿渣水泥等,并尽量减少水泥用量,为使混凝土具有小干缩性,避免收缩应力引起的裂缝,除尽量减少水量外,还应加强混凝土的养护。

为节约水泥用量,改善混凝土性能,加快施工速度,降低工程造价,在混凝土中可适当掺入粉煤灰或外加剂。国内水工混凝土应用较广的有五类外加剂,即加气剂、减水剂、早强剂、促凝剂和缓凝剂。外加剂在混凝土中的适宜掺量应根据工程要求经试验确定。

2. 坝体混凝土的分区

坝体各部位的工作条件不同,对上述混凝土材料性能指标的要求也不同。为满足坝体各部分的要求,节省水泥用量及工程费用,通常将坝体混凝土按不同工作条件分区。如图 3-3-4 所示:Ⅰ区——上、下游水位以上坝体外部表面混凝土;Ⅱ区——上、下游水位变化区的坝体外部表面混凝土;Ⅲ区——上、下游最低水位以下坝体外部表面混凝土;Ⅳ区——基础混凝土;Ⅴ区——坝体内部混凝土;Ⅵ区——抗冲刷部位的混凝土(例如溢流面、泄水孔、导墙和闸墩等)。选定各区混凝土时,应尽量减少整个枢纽中不同混凝土强度等级的类别,以便于施工。为避免产生应力集中或产生温度裂缝,相邻区的强度等级相差不宜超过两级。同一浇筑块中混凝土的强度等级也不得超过两种。分区厚度尺寸一般不小于 2 ~ 3 m。

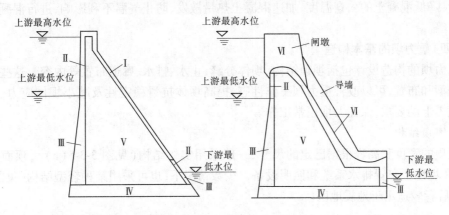

图 3-3-4　坝体混凝土分区图

3. 混凝土的温度裂缝及防裂措施

1）坝体混凝土的温度变化

为了理解大坝混凝土产生温度裂缝的原因,首先要了解坝体混凝土的温度变化规律。混凝土入仓后的温度、开始浇筑时混凝土的温度为入仓温度,其后由于水泥硬化,产生水化热,使温度增高。这一段时间称为上升期,通常时间不长,因为水化热主要发生在混凝土 28 d 龄期以内。此后,由于热量不断散失,温度呈下降趋势,这一段时间称为冷却期,在天然散热的条件下,这段历时较长。冷却到最后,即达稳定温度,此时温度仅随外界气温而变化,呈平缓和微小的波动,称为稳定期。坝体混凝土内各处的稳定温度,取决于边界上的温度。常以各点的年平均温度作为稳定温度,实质上相当于坝体边界温度均为年平均温度(气温、水温、地温)所形成的稳定温度场。坝体混凝土的稳定温度是温度控制的重要依据。

2）温度裂缝的成因

混凝土温度发生变化,其体积亦随温度的升降而胀缩,即所谓温度变形。当混凝土块体不能自由伸缩而受到约束时,就要产生温度应力,而当拉应力超过混凝土的抗裂能力时,则要产生温度裂缝。因此,如何控制温度应力以防止裂缝产生是混凝土重力坝设计、施工的重要问题之一。施工期浇筑块温差,应力和裂缝的产生,一般分为以下两类。①基础温差引起的应力及裂缝,这种裂缝通常从基岩接触面开始,向上延伸,可能贯穿整个坝块,成为贯穿性裂缝,危害性较大;②坝块内外温差引起的应力和裂缝,这种裂缝一般发生在混凝土块体的表层,成为表面裂缝。这类裂缝若不与其他裂缝贯通,其危害性不及贯穿性裂缝严重。

3）防止温度裂缝的措施

温度裂缝对坝体的危害性视其发展深度和出现的位置而不同。平行于坝轴线的贯穿性裂缝,使坝的整体性遭到严重破坏;在上游面出现的裂缝会加剧渗漏,使混凝土遭受溶蚀,且扬压力增大,对坝的应力和稳定不利;溢流坝面的裂缝将降低抵抗高速水流冲刷的能力;较深的表面裂缝也在一定程度上降低坝的整体性和耐久性。温度裂缝是由于温度拉应力超过材料抗拉强度产生的,而温度应力则取决于温差及约束条件,因此防止坝体温度裂缝的措施,主要有加强温度控制、提高混凝土的抗裂强度、保证混凝土的施工质量和采用合理的分缝、分块等方面。国内外学者在总结筑坝的实践经验中得出结论,认为在混凝土抗裂性能和块体约束条件已定的情况下,严格控制混凝土坝在施工期的温度变幅,正确规定温差标准,从而控制温度应力,是防止大坝温度裂缝的重要途径。温度控制措施主要有减少混凝土的发热量、降低混凝土的入仓温度、加速混凝土热量散发、防止气温不利影响、进行混凝土块表面保护等。

(四)重力坝的基本构造

重力坝的构造设计包括坝顶结构、坝体分缝、止水、排水、廊道布置等内容。这些构造的合理选型和布置,可以改善重力坝工作性态,提高坝体抗滑稳定性及减小坝体应力,满足运用和施工上的要求,保证大坝正常工作。

1.坝顶结构

坝顶的宽度和高程根据已定的尺寸,一般采用实体结构(见图3-3-5(a)),顶面按路面设计,在坝顶上布置排水系统和照明设备。少数情况下,也可采用某种轻型结构(见图3-3-5(b)),后者较适用于地震地区。

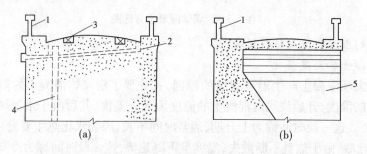

1—挡浪墙;2—坝顶排水管;3—起重机轨道;4—坝身排水;5—拱桥结构

图3-3-5　坝顶结构布置

2.坝体分缝

混凝土重力坝为防止在运用期由于温度变化发生伸缩变形和地基可能产生不均匀沉陷而引起裂缝,以及为了适应施工期混凝土的浇筑能力和温度控制等,常需设置垂直于坝轴线的横缝和平行于坝轴线的纵缝。横缝一般是永久缝,纵缝则属于临时缝。此外,坝体混凝土分层浇筑的层面也是一种临时性的水平施工缝。重力坝的分缝如图3-3-6所示。

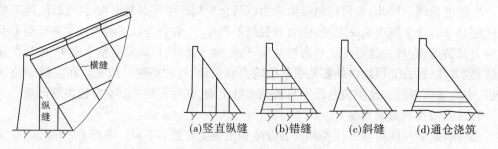

(a)竖直纵缝　　(b)错缝　　(c)斜缝　　(d)通仓浇筑

图3-3-6　重力坝的横缝及纵缝

1)横缝及止水

永久性横缝将坝体沿坝轴线分成若干坝段,其缝面常为平面,不设键槽,不进行灌浆,使各坝段独立工作。缝的宽度决定于地基条件和温度变化情况,一般取为1~2 cm,缝内常用沥青油毛毡或沥青玛琋脂填充。横缝的间距,即坝段长度取决于地形、地质和气温条件以及混凝土材料的温度收缩特性、施工时混凝土的浇筑能力和冷却措施等因素,一般为15~20

m。当坝内设有泄水孔或电站引水管道时,还应考虑泄水孔和电站机组间距;对于溢流坝段,还要结合溢流孔口尺寸进行布置。

为防止水流沿横缝渗漏,缝内需有止水设备。对止水设备要求能适应横缝张开或闭合的伸缩性,保证长期工作的耐久性以及日后补强的可能性。根据坝的高度和工程的重要性,止水设备的构造和布置可以有不同的型式。高坝的横缝止水常采用两道金属止水片(紫铜片或不锈钢片)和一道防渗沥青井,如图 3-3-7 所示。对于中低坝的止水可适当简化。

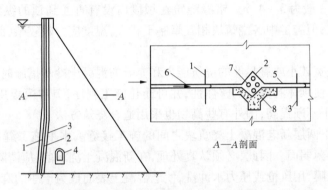

1—第一道止水铜片;2—沥青井;3—第二道止水铜片;4—廊道止水;
5—横缝;6—沥青麻片;7—电加热器;8—预制混凝土块

图 3-3-7 横缝止水构造

横缝中的止水设备必须与坝基妥善连接,止水片的下端应伸入基岩 30 ~ 50 cm,并用混凝土紧密嵌固;沥青井也须埋入基岩 30 cm,并将加热设备锚固于基岩中以防拔出。

在特殊情况下,横缝也可做成临时缝。例如当位于陡坡上的坝段或坝体承受较大的侧向地震荷载时,其侧向稳定和应力不满足要求,需将相邻坝段连接起来;或河谷狭窄需利用两岸支承作用,并经技术经济比较认为选用整体式重力坝有利时,可在施工期用横缝将坝体沿轴线分段浇筑以利温度控制,然后经灌浆将坝联成整体。此时,横缝只需设置止浆片(上游面止浆片兼作止水片用)和灌浆系统,不再设置沥青井等止水措施。

2)纵缝和水平缝

纵缝是为适应混凝土浇筑能力和减小施工期温度应力而设置的临时缝。纵缝的布置型式有三种:垂直纵缝、斜缝和错缝。

垂直纵缝将坝体分成柱状块,混凝土浇筑施工时干扰少,是应用最多的一种施工缝。其缝的间距取决于混凝土浇筑能力和施工期的温度控制,一般为 15 ~ 30 m。纵缝必须在水库蓄水运行前、混凝土充分冷却收缩、坝体达到稳定温度的条件下进行灌浆填实,使坝段成为整体。因此,在纵缝内应预埋止浆片和灌浆管、出浆盒等灌浆设备。为加强坝体的整体性,缝面一般都设置键槽(见图 3-3-8),槽的短边和长边大致与第一及第二主应力正交,使槽面基本承受正应力,且键与槽互相咬合,可提高纵缝的抗剪强度。

斜缝可大致沿主应力方向设置。由于缝面的剪

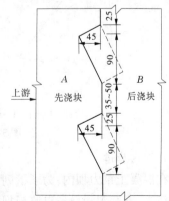

图 3-3-8 纵缝键槽 (单位:cm)

应力很小,可只在缝面上凿毛,加设键槽,而不必进行水泥灌浆。斜缝不应直通上游坝面,须在离上游坝面一定距离处终止,为防止沿斜纵缝顶发生裂缝,必须在终止处布置并缝钢筋或并缝廊道。斜缝上下游相邻浇筑块要尽可能均匀上升,如间歇时间过长,下游侧后浇块将受上游侧先浇块的约束,容易产生温度裂缝。斜缝虽然可以省去缝面水泥灌浆,但对施工程序要求严格,缝面应力传递也不够明确,应用较少。

错缝浇筑是采用小块分缝,交错地向上浇筑,类似砌砖方式。错缝间距一般为 10 ~ 15 m,浇筑块的高度一般为 3 ~ 4 m。错缝浇筑在坝段内没有直通到顶的纵缝,结构整体性较好,可不进行灌浆;但施工中各浇筑块相互牵制干扰大,温度应力较复杂,此法可在低坝上使用。

当坝较低、底宽较小或有足够的浇筑能力和充分的混凝土冷却措施时,可不设纵缝而采用通仓浇筑方法,使坝体有更好的整体性,并可简化施工程序,节省模板用量。由于温度控制和施工技术水平不断提高,国外有些高坝也采用通仓浇筑方法。

水平缝是上下两层新老混凝土浇筑块之间的施工接缝。水平施工缝如处理不好,可能成为防渗、抗剪的薄弱面。因此,必须认真处理,在新混凝土浇筑前,应清除施工缝面上的浮渣、灰尘和水泥乳膜,用风枪或压力水冲洗,使老混凝土表面成为干净的麻面,再均匀铺一层 2 ~ 3 cm 的水泥砂浆,然后再行浇筑,以保持层面良好结合。

3.坝体排水

为了减小渗水对坝体的有害影响,降低坝体中的渗透压力,在靠近上游坝面处应设置排水管。将坝体渗水由排水管排入廊道,再由廊道汇集于集水井,用水泵排向下游。当下游水位较低时,也可以通过集水沟或集水管自流排向下游。排水管至上游坝面的距离为水头的 1/25 ~ 1/15,且不小于 2 m。排水管间距为 2 ~ 3 m,常用预制多孔混凝土做成,管内径为 15 ~ 25 cm。上下层廊道之间的排水管应布置成垂直或接近垂直方向,不宜有弯头,以便于检修。排水管施工时必须防止水泥浆漏入,并防止被其他杂物堵塞。排水管与廊道的连接如图 3-3-9 所示。

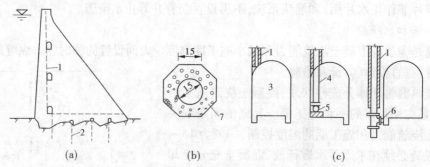

1—排水管;2—排水孔;3—廊道;4—铸铁管;5—集水管;6—出水口;7—多孔混凝土管

图 3-3-9　坝体排水管　(单位:cm)

4.坝内廊道

在混凝土重力坝内,为了下列需要常须设置各种廊道:进行帷幕灌浆;集中排除坝体和坝基渗水;安装观测设备以监视坝体的运行情况;操作闸门或铺设风、水、电线路;施工中坝体冷却及纵(横)缝灌浆;坝内交通运输以及检查维修等。坝内廊道根据需要可沿纵向、横向及竖向进行布置,并互相连通,构成廊道系统,如图3-3-10所示,各种廊道常互相结合,力求一道多用。

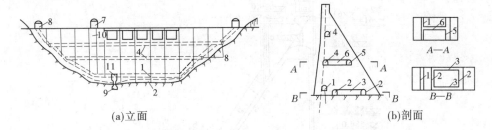

(a)立面　　　　　　　　　　　　　　(b)剖面

1—基础灌浆排水廊道;2—基础纵向排水廊道;3—基础横向排水廊道;
4—纵向排水检查廊道;5—纵向检查廊道;6—横向检查廊道;7—电梯房;
8—廊道出口;9—集水井;10—电梯井;11—水泵室

图3-3-10　坝内廊道布置示意图

　　基础帷幕灌浆廊道沿纵向布设在坝踵附近,以便有效地降低渗透压力。基础灌浆廊道轴线沿地形向两岸逐渐升高,纵向坡度一般不宜陡于40°~45°,以便于钻孔灌浆和机具搬运。对坡度较陡的长廊道,应分段设置安全平台及扶手。廊道必须设置排水沟,排除灌浆时施工用水和运行中来自坝基和坝体排水管的渗水,下游侧设排水孔及扬压力观测孔。当下游尾水位较高,采用人工抽排措施降低扬压力时,也可在下游坝趾内布置基础灌浆排水廊道。

　　基础排水廊道可沿纵、横两个方向布置,且直接设在坝底基岩面上。低坝通常只在基础附近设置一条纵向廊道,兼作灌浆、排水及检查之用。当廊道的高程低于尾水位或采用坝基抽水方式降低扬压力时,需设置集水井用水泵排水。

　　坝体纵向排水检查廊道一般靠近坝的上游侧每隔15~30 m高差设置一层,各层廊道相互连通,并与电梯或便梯相连,在两岸均有进出口通道。检查排水廊道一般也采用上圆下方的城门洞形,廊道最小宽度为1.2 m,最小高度2.2 m。对于高坝,除靠近上游面的检查廊道外,尚需布设其他纵横两个方向的检查廊道,以便对坝体做更全面的检查。

　　观测廊道及某些专用廊道应根据具体需要进行布置,常与灌浆、排水、检查等廊道综合使用。

　　坝内廊道应有适宜的通风和良好的排水条件,并须安装足够的和安全的照明设备,寒冷地区还要注意保暖防寒。

(五)碾压混凝土重力坝

　　常态混凝土重力坝是采用拌和机拌制,吊罐运输入仓,然后按平仓、振捣的方式施工。碾压混凝土坝是改革常态混凝土坝传统的施工技术,采用无坍落度的干硬性贫混凝土,用土石坝施工机械运输、摊铺和碾压的方法分层填筑压实成坝,如图3-3-11所示。

　　1.碾压混凝土的原材料

　　1)水泥

　　碾压混凝土的原材料与常态混凝土无本质区别。因此,凡适用于水工混凝土使用的水泥品种均可采用,包括硅酸盐水泥、普通硅酸盐水泥、中热硅酸盐水泥、低热矿渣硅酸盐水泥和粉煤灰硅酸盐水泥。为降低混凝土温升,应尽可能减少碾压混凝土硬化初期的水化热,在

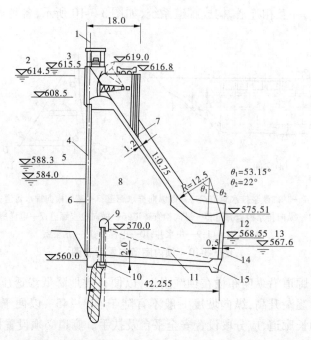

1—坝轴线;2—正常蓄水位;3—校核洪水位;4—沥青砂浆防渗层;5—死水位;
6—钢筋混凝土预制板;7—钢筋混凝土防冲层;8—坝内碾压混凝土;
9—灌浆排水廊道;10—集水井;11—原地面线;12—下游校核洪水位;
13—下游设计洪水位;14—混凝土预制板;15—常态混凝土

图 3-3-11　碾压混凝土溢流坝段剖面图　(单位:m)

选用水泥时应同时考虑掺用混合材料。

2)混合材料

由于碾压混凝土的含水量和水泥用量均少,一般都要加入粉煤灰或火山灰等混合材料,以增加微细颗粒的绝对体积,利于压实和防止材料分离。内部碾压混凝土掺量一般小于胶凝材料总量的65%,外部碾压混凝土掺量一般小于胶凝材料总量的55%。研究表明,增加掺量不但能更好地填充骨料间的空隙,降低水化热,同时粉煤灰能与水泥的游离石灰起化学反应,还可在某种程度上提高混凝土的后期强度。

3)细骨料

砂的含水量的变化对碾压混凝土拌和物稠度的影响比常态混凝土敏感,因此控制砂的含水量十分重要。另外,对细骨料中微细颗粒含量的限制一般可以放宽些,它有类似粉煤灰的部分作用,目前我国控制在 7% ~15%(常态混凝土为 6% ~12%)。

4)粗骨料

石子最大粒径和级配,对碾压混凝土的分离、压实和胶凝材料用量,以及水化热温升都有显著的影响,必须选择适当。通常采用连续级配,最大粒径一般为 80 mm,也有采用 150 mm 的,这主要取决于建筑物的结构形式、施工工艺与设备,以及管理水平等。目前一般选用最大粒为 80 mm,当最大粒径小于 80 mm 时,拌和物的分离现象变少,但含砂率将增大,水泥用量也随之增加,对大坝混凝土的温控不利。

5）外加剂

由于碾压混凝土的铺筑仓面面积大，为了提高混凝土拌和物的和易性，推迟初凝时间，使大体积混凝土的碾压层保持"活态"，从而充分保证整体性，防止产生冷缝，一般必须使用缓凝型的减水剂。如工程有特殊要求，还需掺用相应的外加剂。

6）配合比

配合比的选择宜通过试验确定。一般要进行砂浆容重试验、强度试验、振动台干硬度试验，以及砂率的试验等，确定合适的单位体积用水量、水泥用量、砂率和各级骨料比，并通过现场试验验证。一般坝工碾压混凝土的水胶比在 0.42～0.65 较适宜。关于胶凝材料的用量，我国规定一般不宜低于 140 kg/m³，包括水泥、粉煤灰及其他活性混合材料总量。近年来为改善碾压混凝土的密实度和层间的结合，胶凝材料有增加的趋势。实践证明，加大胶凝材料对改善层间结合及防渗是有效的，同时也提高了碾压混凝土强度和抗渗性能。

2. 碾压混凝土坝分区

碾压混凝土坝的基础垫层在河床部位常采用常态混凝土，在岸坡部位一般采用变态混凝土。变态混凝土在碾压混凝土坝的上、下游坝面模板、廊道等孔洞周围，大坝岸边基础层、止水片、管道、布设钢筋区等部位已得到广泛应用，并取得了良好的效果。变态混凝土较好地解决了异种混凝土之间的结合问题，进一步发挥了碾压混凝土快速施工的特点。

3. 碾压混凝土的特点

碾压混凝土和常态坝工混凝土相比，除前述需要通过分层填筑碾压成坝外，最基本的特点如下。

（1）单位体积胶凝材料用量少。降低单位体积水泥用量不仅涉及工程造价，更重要的是可以减少水化热温升，降低施工期温度应力，简化温控措施。

（2）单位体积用水量少。一般比常态混凝土少40%左右，以便于振动碾通过混凝土表面碾压密实。因此，碾压混凝土是一种无坍落度的干贫性混凝土。由于这一特征，才有可能使碾压混凝土筑坝技术得以实现，使之突破了传统的柱状简单浇筑，发展成不设纵缝、通仓、薄层、连续均匀铺筑，大大简化分缝分块、温控措施和水平施工缝的处理，节省接缝灌浆和模板等工程量，使得在降低造价、缩短工期以及施工管理等方面，显示出明显的经济效益，碾压混凝土的单价一般比常态混凝土降低15%～30%。

（3）抗冻、抗冲、抗磨和抗渗等耐久性能比常态混凝土差。特别是在层面或材料分离严重部位，抗渗性更差。因此，很多碾压混凝土坝在坝基、上下游坝面2～3 m 的范围内及坝顶部位都另浇常态混凝土或用预制板加以保护。

二、土石坝

土石坝是土坝、堆石坝和土石混合坝的总称，由于土石坝是利用坝址附近土料、石料及砂砾料填筑而成，筑坝材料基本来源于当地，故又称为"当地材料坝"。土石坝根据坝高（从清基后的基面算起）可分为低坝、中坝和高坝，低坝的高度为 30 m 以下，中坝的高度为 30～70 m，高坝的高度为 70 m 以上。

（一）土石坝的特点及工作条件

1. 土石坝的特点

（1）坝材料能就地取材，材料运输成本低，还能节省大量钢材、水泥、木材。

（2）适应地基变形的能力强。筑坝用的散粒体材料能较好地适应地基的变化,对地基的要求在各种坝型中是最低的。

（3）构造简单,施工技术容易掌握,便于机械化施工。

（4）运用管理方便,工作可靠,寿命长,维修加固和扩建均较容易。

另外一方面,同其他坝型类似,土石坝也有不足的地方。

（5）施工导流不如混凝土坝方便,因而相应地增加了工程造价。

（6）坝顶不能溢流。需要在坝外单独设置泄水建筑物。

（7）坝体填筑量大,土料填筑质量受气候条件的影响较大。

2. 土石坝的工作条件

1）渗流影响

由于散粒土石料孔隙率大,坝体挡水后,在上下游水位差作用下,库水会经过坝身、坝基和岸坡及其结合面处向下游渗漏。在渗流影响下,浸润线以下土体全部处于饱和状态,使得土体有效重量降低,且内摩擦角和凝聚力减小;同时,渗透水流也对坝体颗粒产生拖曳力,增加了坝坡滑动的可能性,进而对坝体稳定造成不利影响。若渗透坡降大于材料允许坡降,还会引起坝体和坝基的渗透破坏,严重时会导致大坝失事。

2）冲刷影响

降雨时,雨水自坡面流至坡脚,会对坝坡造成冲刷,甚至发生坍塌现象,雨水还可能渗入坝身内部,降低坝体的稳定性。另外,库内风浪对坝面也将产生冲击和淘刷作用,易使坝坡面造成破坏。

3）沉陷影响

由于坝体孔隙率较大,在自重和外荷载作用下,坝体和坝基因压缩产生一定量的沉陷。如沉陷量过大会造成坝顶高程不足而影响大坝的正常工作,同时过大的不均匀沉陷会导致坝体开裂或使防渗体结构遭到破坏,形成坝内渗水通道而威胁大坝的安全。

4）其他影响

除上面提及的影响外,还有其他一些不利因素危及土石坝的安全运行。例如,在严寒地区,当气温低于零度时库水结冰形成冰盖,对坝坡产生较大的冰压力,易破坏护坡结构;位于水位以上的黏土,在反复冻融作用下会造成裂缝;在夏季高温作用下,坝体土料也可能干裂引起集中渗流。

对于修建在地震区的大坝,在地震动作用下也会增加坝坡滑动的可能性;对于粉砂地基,在强地震动作用下还容易引起液化破坏。

另外,动物(如白蚁、獾等)在坝身内筑造洞穴,形成集中渗流通道,也严重威胁大坝的安全,需采取积极有效的防御措施。

（二）土石坝的分类及布置

按施工方法的不同,土石坝可分为碾压式土石坝、抛填式堆石坝、定向爆破坝、水力冲填坝和水中倒土坝,其中应用最广的是碾压式土石坝。

1. 碾压式土石坝

碾压式土石坝按坝体横断面的防渗材料及其结构,可以划分为以下几种主要类型:

（1）均质坝。坝体绝大部分由一种抗渗性能较好的土料(如壤土)筑成,如图3-3-12(a)所示。坝体整个断面起防渗和稳定作用,不再设专门的防渗体。

　　均质坝结构简单,施工方便,当坝址附近有合适的土料且坝高不大时,优先采用。值得注意的是,对于抗渗性能好的土料如黏土,因其抗剪强度低,且施工碾压困难,在多雨地区受含水量影响则更难压实,因而高坝中一般不采用此种类型。

　　(2)土质防渗体分区坝。与均质坝不同,在坝体中设置专门起防渗作用的防渗体,采用透水性较大的砂石料做坝壳,防渗体多采用防渗性能好的黏性土,其位置可设在坝体中间(称为心墙坝)或稍向上游倾斜(称为斜心墙坝),如图3-3-12(b)、(c)、(d)所示;或将防渗体设在坝体上游面或接近上游面(称为斜墙坝),如图3-3-12(e)、(f)、(g)所示。

　　心墙坝由于心墙设在坝体中部,施工时就要求心墙与坝体大体同步上升,因而两者相互干扰大,影响施工进度。又由于心墙料与坝壳料的固结速度不同(砂砾石比黏土固结快),心墙内易产生"拱效应"而形成裂缝;斜墙坝的斜墙支承在坝体上游面,两者互相干扰小,但斜墙的抗震性能和适应不均匀沉陷的能力不如心墙。斜心墙坝可不同程度地克服心墙坝和斜墙坝的缺点。

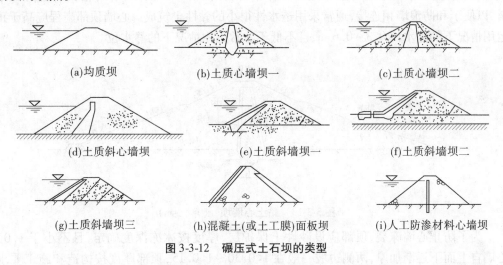

(a)均质坝　　　　　　(b)土质心墙坝一　　　　　　(c)土质心墙坝二

(d)土质斜心墙坝　　　(e)土质斜墙坝一　　　　　　(f)土质斜墙坝二

(g)土质斜墙坝三　　　(h)混凝土(或土工膜)面板坝　　(i)人工防渗材料心墙坝

图 3-3-12　碾压式土石坝的类型

　　(3)非土质防渗体坝。防渗体采用混凝土、沥青混凝土、钢筋混凝土、土工膜或其他人工材料制成,其余部分用土石料填筑而成。防渗体设在上游面的称为斜墙坝(或面板坝),防渗体设在坝体中央的称为心墙坝,如图3-3-12(h)、(i)所示。

　　2.土石坝其他坝型

　　碾压式土石坝应用比较广泛,除了这种土石坝形式,还有其他几种类型。主要有抛填式堆石坝、水力充填坝、水中倒坝、定向爆破坝等。

　　抛填式堆石坝施工时一般先建栈桥,将石块从栈桥上距离填筑面10～30 m高处抛掷下来,靠石块的自重将石料压实,同时用高压水枪冲射,把细颗粒碎石充填到块石间空隙中去。这种坝型抗剪强度较低,在发生地震时沉降量更大。随着重型碾压机械的出现,目前这种坝型已很少采用。

　　水力冲填坝是借助水力完成土料的开采、运输和填筑全部工序而建成的坝。典型的冲填坝是用高压水枪在料场冲击土料使之成为泥浆,然后用泥浆泵将泥浆经输泥管输送上坝,分层淤填,经排水固结成为密实的坝体。

　　水中倒土坝施工时一般在填土面修筑围梗分成畦格,在畦格内灌水并分层填土,依靠土的自重和运输工具压实及排水固结而成的坝。

定向爆破坝是在河谷陡峻、山体厚实、岩性简单、交通运输条件极为不便的地区修筑堆石坝时,在河谷两岸或一岸对岩体进行定向爆破,将石块抛掷到河谷坝址,填筑起大部分坝体,然后修正坝坡,并在抛填堆石体上加高碾压堆石体,直至坝顶,最后在上游坝坡填筑反滤层、斜墙防渗体、保护层和护坡等,故得名定向爆破坝。

(三)土石坝的基本构造

1. 防渗体

防渗体是土石坝的重要组成部分,其作用是防渗,必须满足降低坝体浸润线、降低渗透坡降和控制渗流量的要求,另外还需满足结构和施工上的要求。

土石坝的防渗体包括土质防渗体和人工材料防渗体(沥青混凝土、钢筋混凝土、复合土工膜),其中已建工程中以土质防渗体居多。

1)土质防渗体

(1)土质心墙。心墙一般布置在坝体中部,如图 3-3-13 所示,有时稍偏向上游并略倾斜,以便于和防浪墙相连接,通常采用透水性很小的黏性土筑成。心墙顶部高程应高于正常运用情况下的静水位 0.3 ~ 0.6 m,且不低于非常运用情况下的静水位。

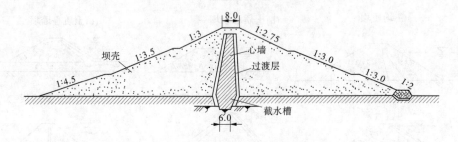

图 3-3-13　黏土心墙坝　(单位:m)

为了防止心墙冻裂,顶部应设砂性土保护层,厚度按冰冻深度确定,且不小于 1.0 m。心墙自上而下逐渐加厚,两侧边坡一般在 1:0.30 ~ 1:0.15,顶部厚度按构造和施工要求常不小于 2.0 m,底部厚度根据土料的允许渗透坡降来定,应不小于 3 m。心墙与上下游坝体之间应设置反滤层,以起反滤和排水作用。

(2)土质斜墙。斜墙位于坝体上游面,如图 3-3-14 所示。斜墙顶部高程应高于正常运用情况下静水位 0.6 ~ 0.8 m,且不低于非常运用情况下的静水位。斜墙底部的水平厚度应满足抗渗稳定的要求,一般不宜小于水头的1/5。

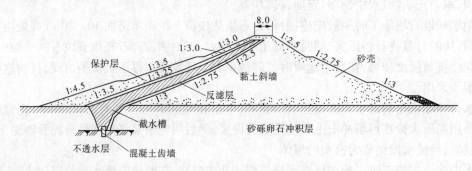

图 3-3-14　黏土斜墙坝　(单位:m)

斜墙上游坡应满足稳定要求,其内坡一般不陡于1:2,以维持斜墙填筑前坝体的稳定。为了防止斜墙遭受冲刷、冰冻和干裂影响,上游面应设置保护层,且需碾压达到坝体相同标准。保护层可采用砂砾、卵石或块石,其厚度应不小于冰冻深度且不小于1.0 m,一般取1.5~2.5 m。斜墙下游面应设置反滤层。

同心墙相比,斜墙防渗体在施工时与坝体的相互干扰小,坝体上升速度快;但斜墙上游坡缓,填筑工程量比心墙大,此外,斜墙斜"躺"在坝体上,对坝体沉陷变形的影响较敏感,易产生裂缝,抗震性能亦不如心墙。

(3)土质斜心墙。为了克服心墙坝可能产生的拱效应和斜墙坝对变形敏感等问题,有时将心墙设在坝体中央偏上游的位置,成为斜心墙,如图3-3-15所示。

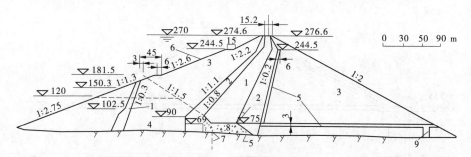

1—斜心墙;2—过渡段;3—透水坝壳;4—围堰;5—透水料做排水用;6—抛石护坡;
7—灌浆帷幕;8—混凝土垫块;9—渗漏量测堰;10—坝轴线

图3-3-15 黏土斜心墙坝 (单位:m)

2)人工材料防渗体

(1)复合土工膜。土工膜是土工合成材料的一种,包括聚乙烯、聚氯乙烯、氯化聚乙烯等。土工膜具有很好的物理、力学和水力学特性,具有很好的防渗性。对条件适宜的坝,可采用土工膜代替黏土、混凝土或沥青等,作为坝体的防渗材料。

利用土工膜作为坝体防渗材料,可以降低工程造价,而且施工方便快速,不受气候影响,见图3-3-16,也可将复合土工膜设置在上游侧,工作原理与斜墙坝相同。

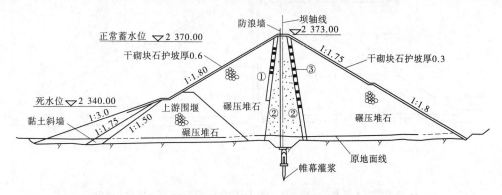

①—土工膜;②—风化砂;③—碎石过渡层

图3-3-16 堆石坝土工膜心墙防渗断面图 (单位:m)

在土工膜的单侧或两侧热合织物成为复合土工膜。复合土工膜既可防止膜在受力时被石块棱角刺穿顶破,也可代替砂砾石等材料起反滤和排水作用。复合土工膜适应坝体变形的能力较强,作为坝体的防渗材料,它可设于坝体上游面,也可设在坝体中央充当坝的防渗体。

(2)沥青混凝土。沥青混凝土具有较好的塑性和柔性,防渗和适应变形的能力均较好,产生裂缝时,有一定的自行愈合的功能,而且施工受气候的影响也小,故适于用作土石坝的防渗材料。沥青混凝土防渗体可做成斜墙和心墙。如图3-3-17(a)所示,沥青混凝土斜墙铺设在垫层上,垫层一般为厚1~3 m的碎石,其上铺有3~4 cm厚的沥青碎石层作为斜墙的基垫。垫层的作用是调节坝体的变形。斜墙本身由密实的沥青混凝土防渗层组成,厚20 cm左右,分层铺压,每一层厚3~6 cm。在防渗层的迎水面涂一层沥青玛琋脂保护层,可减缓沥青混凝土的老化,增强防渗效果。

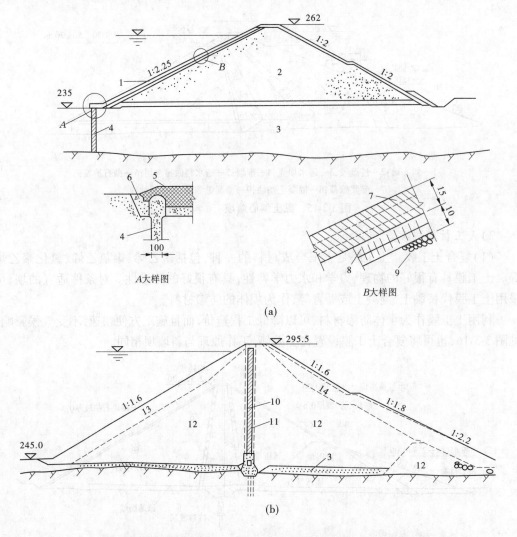

1—沥青混凝土斜墙;2—砂砾石坝体;3—砂砾石河床;4—沥青混凝土防渗墙;

5—致密沥青混凝土;6—回填黏土;7—密实沥青混凝土防渗层;8—整平层;9—碎石垫层;

10—沥青混凝土心墙;11—过渡层;12—堆石体;13—抛石护坡;14—砾石土

图3-3-17　沥青混凝土斜墙坝和心墙坝　(高程:m;尺寸:cm)

　　沥青混凝土心墙可做成竖直的或倾斜的,如图3-3-17(b)所示。心墙两侧各设一定厚度的过渡层。心墙与基岩连接处设观测廊道,用以观测心墙的渗水情况。心墙与地基防渗结构的连接部分也应做出柔性结构。

　　2. 反滤层

　　反滤层的作用是滤土排水,防止土工建筑物在渗流逸出处遭受管涌、流土等渗流变形的破坏以及不同土层界面处的接触冲刷。对下游侧具有承压水的土层,还可起压重的作用。在土质防渗体与坝壳或坝基透水层之间,坝壳与坝基的透水部位均应尽量满足反滤原则。过渡层主要对其两侧土料的变形起协调作用。反滤层可起过渡层的作用,而过渡层却不一定能满足反滤的要求。在分区坝的防渗体与坝壳之间,根据需要与土料情况可以只设置反滤层,也可同时设置反滤层和过渡层。

　　反滤层按其工作条件可划分为两种主要类型,如图3-3-18中:①Ⅰ型反滤,反滤层位于被保护土的下部,渗流方向主要由上向下,如斜墙后的反滤层;②Ⅱ型反滤,反滤层位于被保护土的上部,渗流方向主要由下向上,如位于地基渗流逸出处的反滤层。渗流方向水平而反滤层成垂直向的,属过渡型,如心墙、减压井、竖式排水等的反滤层。Ⅰ型反滤要承受被保护土层的自重和渗流压力的双重作用,其防止渗流变形的条件更为不利。

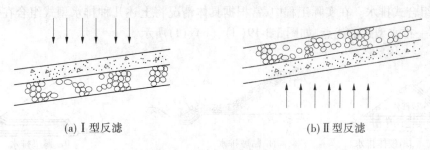

(a) Ⅰ型反滤　　　　　　　　　　　　(b) Ⅱ型反滤

图 3-3-18　反滤层的类型

　　3. 排水设施

　　1)设排水设施的目的

　　排水设施是土石坝的重要组成部分。土石坝设置坝身排水的目的主要是:

　　(1)降低坝体浸润线及孔隙压力,改变渗流方向,增加坝体稳定。

　　(2)防止渗流逸出处的渗透变形,保护坝坡和坝基。

　　(3)防止下游波浪对坝坡的冲刷及冻胀破坏,起到保护下游坝坡的作用。

　　因此,坝体排水设备应具有足够的排水能力,同时应按反滤原则,保证坝体和地基土不发生渗透破坏,设备自身不被淤堵,且便于观测和检修。常见的排水型式有:棱体排水、贴坡排水、褥垫排水和综合式排水以及网状排水带、排水管和竖式排水体等型式。需综合考虑坝型、坝基地质、下游水位、材料供应和施工条件等因素,通过技术经济比较确定。

　　2)排水型式分类

　　(1)棱体排水。在坝趾处用块石填筑成堆石棱体,如图3-3-19(a)所示,这种型式排水效果好,除能降低坝体浸润线防止渗透变形外,还可支撑坝体、增加坝体的稳定性和保护下游坝脚免遭淘刷,多用于下游有水和石料丰富的情况。

　　堆石棱体顶宽应根据施工条件及检查观测需要确定,通常不小于1.0 m,其内坡一般为1:1～1:5,外坡为1:1.5～1:2.0。棱体顶部高程应保证坝体浸润线距坝坡面的距离大于该地区的冰冻深度,并保证超出下游最高水位,超出的高度,对Ⅰ、Ⅱ级坝不小于1.0 m,对Ⅲ、Ⅳ、Ⅴ级坝不小于0.5 m。

在排水棱体与坝体及坝基之间需设反滤层。

(2)贴坡排水。在坝体下游坝坡一定范围内沿坡设置1~2层堆石,如图3-3-19(b)所示。贴坡排水又称表层排水,它不能降低浸润线但能提高坝坡的抗渗稳定性和抗冲刷能力。这种排水结构简单,便于维修。

贴坡排水的厚度(包括反滤层)应大于冰冻深度。顶部应高于浸润线的逸出点0.5~1.0 m,并高于下游最高水位1.5~2.0 m。

贴坡排水底脚处需设置排水沟或排水体,其深度应能满足在水面结冰后,排水沟(或排水体)的下部仍具有足够的排水断面的要求。

(3)褥垫排水。排水伸入坝体内部,如图3-3-19(c)所示,能有效地降低坝体浸润线,但对增加下游坝坡的稳定性不明显,常用于下游水位较低或无水的情况。

褥垫排水伸入坝体的长度由渗透坡降确定,一般不超过1/4~1/3坝底宽度,向下游可做成0.005~0.01的坡度以利排水。褥垫厚度为0.4~0.5 m,使用较均匀的块石筑成,四周需设置反滤层,满足排水反滤要求。

(4)组合式排水。在实际工程中,常根据具体情况将上述几种排水型式组合在一起,兼有各种单一排水型式的优点,如图3-3-19(d)、(e)、(f)所示。

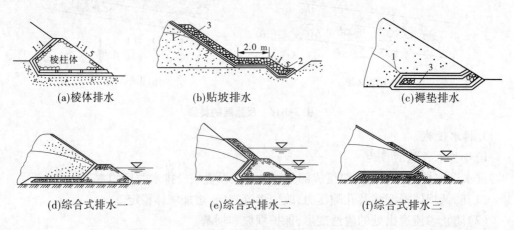

(a)棱体排水　　　　(b)贴坡排水　　　　(c)褥垫排水

(d)综合式排水一　　　(e)综合式排水二　　　(f)综合式排水三

1—浸润线;2—排水沟;3—反滤层

图3-3-19　土石坝坝体排水设施主要型式

4.坝面护坡

为保护土石坝坝坡免受波浪、降雨冲刷以及冰层和漂浮物的损害,防止坝体土料发生冻结、膨胀和收缩以及人畜破坏等,需设置护坡结构。护坡结构要求坚固耐久,能够抵抗各种不利因素对坝坡的破坏作用,护坡材料应尽量就地取材,方便施工和维修。上游护坡常采用堆石、干砌石或浆砌石、混凝土或钢筋混凝土、沥青混凝土等型式。下游护坡要求略低,可采用草皮、干砌石、堆石等型式。

护坡的范围,对上游面应由坝顶至最低水位以下2.5 m左右;对下游面应自坝顶护至排水设备,无排水设备或采用褥垫式排水时则需护至坡脚。

5.坝顶构造

坝顶需设路面,当有交通要求时应按道路要求设计;如无交通要求,则可用单层砌石或砾石护面以保护坝体。

为便于排除坝顶雨水,坝顶路面常设直线或折线形横坡,坡度宜采用2%～3%,当坝顶上游设防浪墙时,直线形横坡倾向下游,并在坝顶下游侧沿坝轴线布置集水沟,汇集雨水经坝面排水沟排至下游,以防雨水冲刷坝面和坡脚。

坝顶设防浪墙可降低坝顶路面高程,防浪墙高度为1.2 m左右,可用浆砌石或混凝土筑成。防浪墙必须与防渗体结合紧密,还应满足稳定和强度要求,并设置伸缩缝。图3-3-20为典型坝顶构造图。

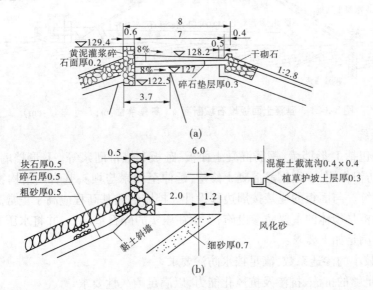

图3-3-20　典型坝顶构造图　（单位:m）

(四)混凝土面板堆石坝

1.面板堆石坝的特点

与一般土石坝相比,现代混凝土面板堆石坝具有如下几个显著特点:

(1)混凝土面板堆石坝具有良好的抗滑稳定性。水荷载的水平推力大致为堆石体及水重的1/7左右,而且水荷载的合力在坝轴线的上游即可传到地基。

(2)面板堆石坝还具有很好的抗渗稳定性。堆石一般都有棱角,随着填筑高程的增加,即使下部的堆石会有一部分被压碎,也是有棱角的,所以一般不会发生渗透变形。因不受渗透压力的影响,所以混凝土面板堆石坝具有良好的抗震性能。

(3)防渗面板与堆石施工没有干扰,且不受雨季影响。

(4)由于坝坡陡,坝底宽度小于其他土石坝,故导流洞、泄洪洞、溢洪道、发电引水洞或尾水洞均比其他土石坝的短。

(5)施工速度快,造价省,工期短。面板堆石坝的上游坡较陡(一般为1:1.3～1:1.4),可比土质斜墙堆石坝节省较多的工程量,在缺少土料的地区,这种坝的优点更为突出。

(6)面板堆石坝在面板浇筑前对堆石坝坡进行适当保护后,可宣泄部分施工期的洪水。

正因为混凝土面板堆石坝有上述这些特点,所以在现代坝工设计中,几乎所有的高坝枢纽都将钢筋混凝土面板堆石坝与土心墙、土斜墙堆石坝及拱坝作方案比较。

2.混凝土面板堆石坝的构造

混凝土面板堆石坝以堆石体为支承结构,采用混凝土面板作为坝的防渗体,并将其设置在堆石体上游面,如图 3-3-21 所示,它由防渗系统、垫层、过渡层、主堆石体、次堆石体等组成。

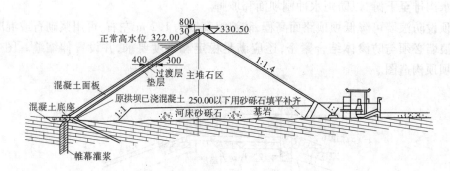

图 3-3-21　混凝土面板堆石坝断面　(高程单位:m;尺寸单位:cm)

1)防渗系统

防渗系统包括 L 形挡墙、钢筋混凝土面板、趾板和帷幕灌浆等。L 形挡墙设于坝顶,不只挡水,还有防浪作用,多用钢筋混凝土修建,延伸至两岸与坝头基岩或结构物相连接形成完整的防渗系统。与面板的连接按周边缝设计。挡墙的建基高程应高于正常高水位。

混凝土面板是坝体的重要防渗设施,支承在压实的碎石垫层上,并将水压力传递给堆石坝体。面板应满足如下要求:

(1)具有较小的渗透系数,满足挡水防渗要求。

(2)应有足够的抗冻、抗渗及抗风化能力,以满足耐久性要求。

(3)有足够的柔性,以适应坝体的变形。

(4)应有一定的强度和抗裂能力,能承受局部的不均匀变形。

趾板的主要作用是将坝身防渗体与地基防渗结构紧密结合起来,提供地基灌浆的压重,同时可作为面板底部的支撑和面板滑模施工的起始点。

2)垫层

垫层位于面板下游侧,是混凝土面板堆石坝中最重要的组成部分之一。它是防渗面板的基础,有时也作为坝体防渗的第二道防线。

3)堆石坝体

堆石坝体是混凝土面板堆石坝的主体部分,主要用来承受荷载,因而要求堆石体压缩性小,抗剪强度大,在外荷载作用下变形量小,且应具有一定的透水性。

4)周边缝及止水

周边缝是指面板与趾板之间的接缝。趾板一般建于完整的基岩面,几乎不产生沉陷变形;而面板支承在碾压堆石体上,在自重和水荷载作用下堆石体势必产生较大变形,面板与卧板之间会产生明显的相对位移,使得周边缝的工作条件复杂,成为面板止水体系中最薄弱的环节。周边缝内需设置止水。

3.堆石体的材料分区

堆石体是面板堆石坝的主体材料,应选用新鲜、坚硬、软化系数小、抗侵蚀和抗风化能力强的岩石。由于坝体大,各部位受力大小不一样,为了降低造价、方便施工和缩短工期,在能满足变形模量、抗剪强度、耐久性和渗透系数等要求的前提下,堆石体的石料应尽可能采用从坝基、溢洪道和水工地下洞室开挖所得的石料。但由于从上述各处开挖出来的石料在岩性与物理力学特性等方面常各不相同,开挖工艺又有差异,因而各部分石料在强度、粒径级配和耐久性等方面也各不相同;又因各部位施工开挖有前有后,往往不能与堆石体施工进度相配合,这就需要对堆石体进行石料分区布置和各区石料要求的研究,选出最佳分区方案,使开挖料尽可能随即上坝,减少石料临时储存和二次转运的工序,降低工程造价。

堆石体分区设计时要注意各区的应力状况不同,变形情况也不一样。因而,各区应分别提出对石料性质、粒径级配、碾压后密实度和变形模量、透水性以及施工工艺的要求。

图 3-3-22 所示为堆石坝体的一般分区情况,即分为上游铺盖区(1A)、压重区(1B)、垫层区(2)、过渡区(3A)、主堆石区(3B)、下游堆石区(3C)、主堆石区和下游堆石区的可变界限(4)、下游护坡(5)、混凝土面板(6)等。事实上,垫层起直接支承面板并将面板所受水压力向下游堆石体均匀传递的作用,还可能要有一定的抗渗能力,这是最为重要的一个区;过渡区起垫层与堆石区之间过渡作用,重要性稍次;靠近中央及其上游部位的堆石区受水压力作用较大,离面板较近,也较重要,对该区石料特性与技术要求相应也较高;靠下游部位的堆石区(3C)只起保持坝的整体稳定和下游坝坡稳定的作用,对该区石料特性和技术要求相对较低。

各区石料的最大粒径不能超过该区每层碾压厚度。

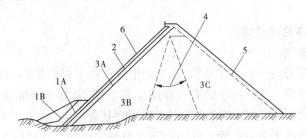

1A—上游铺盖区;1B—压重区;2—垫层区;3A—过渡区;3B—主堆石区;3C—下游堆石区;
4—主堆石区和下游堆石区的可变界限;5—下游护坡;6—混凝土面板

图 3-3-22　混凝土面板堆石坝堆石体通用分区示意图

1)垫层

垫层对面板起柔性支承作用,将作用于面板上的库水压力较均匀地传递给下游的过渡区和堆石区,同时又缓和下游堆石体变形对面板的影响,改善面板应力状态。为此,垫层应为高密实度而又具有一定塑性的堆石层。同时要注意,垫层与面板直接接触,垫层本身在水压力作用下产生的变形对面板影响更大,故垫层应具有尽可能大的变形模量。

2)过渡区

过渡区(3A)位于垫层区(2)和堆石区(3B)之间,起过渡作用,材料的粒径级配和密实度要求介于两者之间。由于垫层很薄,过渡区实际上与垫层共同承担面板传力,因而也要求有较高的密实度和较大的变形模量。此外,当面板裂缝或止水失效而漏水时,过渡区应具有防止垫层内细颗粒流失的反滤作用,并保持自身抗渗稳定性。因而,过渡区石料也需坚硬、具有抗冲蚀和抗侵蚀性能,且级配良好。粒径要求可比垫层材料适当放宽,可以粗一些,但最大粒径不能超过每层铺填厚度。过渡区水平宽度有较大的变化幅度,可宽可窄,但不会比垫层宽度小,主要取决于坝的结构、堆石体变形以及材料供应条件。过渡区每层碾压厚度和碾压遍数应与垫层相适应。

3)堆石区

堆石区(3B 区、4 区和 3C 区)一般占堆石体总体积的 2/3,是保持坝体稳定的主要部分。其中 3B 区靠上游部分也是承受库水压力的重要部位,承受由库水压力而产生的压应力以及相应的变形,加之这部分堆石离面板不远,对面板有较大影响,故 3B 区、4 区石料也应较坚硬,较完整,具有抗冲蚀和抗侵蚀性,且级配较良好,以便碾压密实,但其密实度要求可比垫层及过渡区要求低些。3B 区、4 区每层石料的铺填厚度可取为垫层、过渡区铺填厚度的倍数,一般为 0.8 ~ 1.0 m,以便与垫层、过渡区平起上升。3B 区、4 区石料的最大粒径相应铺填厚度可加大到 0.6 m 左右。3C 区堆石位于堆石体下游部位,宽度一般为堆石体总宽的 1/3。该区已远离面板,填筑到顶时,由于堆石自重产生的应力状态已趋稳定,蓄水后在库水压力作用下几乎不再有应力增加,相应由水压力产生的新变形也较小,故该区的主要作用只是保持坝的整体稳定性,对其密实度和变形模量要求可比 3B 区、4 区更宽些,相应对岩石特性及粒径级配也可适当放宽。在坝址附近如有坚硬石料,以就地取材最为经济,如缺乏坚硬石料,则 3C 区可采用较为软弱的石料,但不能采用易于风化破裂或易于泥化的石料。

三、拱坝

(一)拱坝的基本原理及特点

1. 拱坝的基本原理

拱坝是固结于基岩的空间壳体结构,在平面上呈凸向上游的拱形,其拱冠剖面呈竖直的或向上游凸出的曲线形。坝体结构既有拱作用又有梁作用,其承受的荷载一部分通过拱的作用压向两岸,另一部分通过竖直梁的作用传到坝底基岩。

拱坝是平面上凸向上游三向固定的空间高次超静定结构。它可以看成是由一根根悬臂梁和一层层水平拱构成的,它能把上游坝面水压力、风浪压力等荷载相当大的部分通过拱的作用传给两岸岩体,而将另一部分荷载通过悬臂梁的作用传至坝底基岩。地形、地质条件较好时它是一种经济性和安全性相对优越的坝型。

2. 拱坝的特点

与其他坝型相比较,拱坝具有如下一些特点:

(1)利用拱坝的结构特点,充分发挥利用材料强度。对适宜修建拱坝和重力坝的同一坝址,相同坝高的拱坝与重力坝相比,体积可节省 1/3 ~ 2/3,因此拱坝是一种比较经济的坝型。

(2)利用两岸岩体维持稳定。拱坝将外荷载的大部分通过拱作用传至两岸岩体,主要依靠两岸坝肩岩体维持稳定,坝体自重对拱坝的稳定性影响不占主导作用。因此,拱坝对坝址地形地质条件要求较高,对地基处理的要求也较为严格。

(3)超载能力强,安全度高。可视为拱和梁组成的拱坝结构,在合适的地形地质条件下具有很强的超载能力。

（4）抗震性能好。由于拱坝是整体性空间结构，厚度薄，富有弹性，因而其抗震能力较强。

（5）荷载特点。拱坝坝体不设永久性伸缩缝，其周边通常固接于基岩上，因而温度变化、地基变化等对坝体有显著影响。此外，坝体自重和扬压力对拱坝应力的影响较小，坝体越薄，这一特点越显著。

（6）坝身泄流布置复杂。坝体单薄情况下坝身开孔或坝顶溢流会削弱水平拱和顶拱作用，并使孔口应力复杂化；坝身下泄水流的向心收聚易造成河床及岸坡冲刷。

由于拱坝的上述特点，拱坝的地形条件往往是决定坝体结构型式、工程布置和经济性的主要因素。

（二）拱坝的分类及布置

按不同的分类原则，拱坝可分为如下一些类型。

（1）按建筑材料和施工方法分类。可分为常规混凝土拱坝、碾压混凝土拱坝和砌石拱坝。

（2）按坝的高度和体形分类，可按厚高比、坝高、拱圈线形、坝面曲率分类。

①拱坝的厚薄程度，常以坝底最大厚度 T 和最大坝高 H 的比值，即厚高比区分：$T/H < 0.2$，为薄拱坝；$T/H = 0.2 \sim 0.35$，为中厚拱坝；$T/H > 0.35$，为重力拱坝。

②按坝高分类。大于 70 m 的为高坝，30 ~ 70 m 的为中坝，小于 30 m 的为低坝。

③按拱圈线形分类。可分为单心圆、双心圆、三心圆、抛物线、对数螺旋线、椭圆拱坝等。

④按坝面曲率分类。只有水平向曲率，而各悬臂梁的上游面呈铅直的拱坝称为单曲拱坝；水平和竖直向都有曲率的拱坝称为双曲拱坝。拱坝的体形可视河谷形状不同设计成单曲形或双曲形。如图 3-3-23 为单曲拱坝示意图。

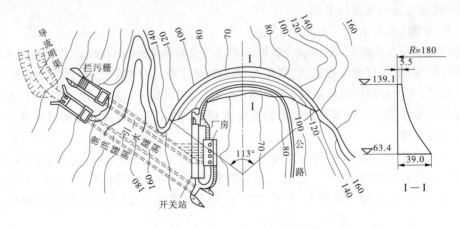

图 3-3-23 重力单曲拱坝 （单位：m）

（3）按拱坝的结构构造分类。通常拱坝多将拱端嵌固在岩基上。在靠近坝基周边设置永久缝的拱坝称为周边缝拱坝；坝体内有较大空腔的拱坝称为空腹拱坝。

(三)拱坝的材料及构造

1. 拱坝的材料

拱坝材料有混凝土、碾压混凝土、浆砌块石和浆砌条石等,中小型工程中多采用浆砌石,高坝中则多用混凝土或碾压混凝土。拱坝对材料的要求比重力坝高。

建筑拱坝的混凝土应严格保证设计准则所要求的强度、抗渗、抗冻、抗冲刷、抗侵蚀及低热等性能要求。抗压强度取决于混凝土的设计强度,一般采用 90 d 或 180 d 龄期的抗压强度,即 20 ~ 25 MPa,而抗拉极限强度可采用混凝土强度的 1/8 ~ 1/12。此外,还应注意混凝土的早期强度,控制表层混凝土 7 d 龄期的强度等级不低于 C10,以确保早期的抗裂性。在高坝中,接近地基部分的混凝土,其 90 d 龄期强度等级不得低于 C25,内部混凝土 90 d 龄期强度等级不低于 C20。

为了保证混凝土的材料性能,必须严格控制水灰比。坝体混凝土的水灰比应限制在 0.45 ~ 0.55 的范围内,水灰比大于 0.55 的混凝土,抗冲刷的性能常不能满足要求。

坝体混凝土强度等级的分区,在上游面应检验混凝土的抗渗性能;在寒冷地区,拱坝上下游水位变动区及所有暴露面应检验抗冻性能;坝体厚度小于 20 m 时,混凝土强度等级尽量不分区;对于高坝,如坝体中部和两侧拱端的应力相差较大,可分设不同强度等级区。另外,对于同一层混凝土,强度等级分区的最小宽度不小于 2 m。

2. 拱坝的坝顶

拱坝坝顶,当无交通要求时,非溢流坝顶宽度一般应不小于 3 m。坝顶路面应有横向坡度和排水系统。在坝顶部位一般不配钢筋,但在严寒地区,有的拱坝顶部配有钢筋,以防渗水冻胀而开裂;在地震区由于坝顶易开裂,可穿过坝体横缝布置钢筋,以增强坝的整体性。在溢流坝段应结合溢流方式,布置坝顶工作桥、交通桥,其尺寸必须满足泄流启闭设备布置、运行操作、交通和观测检修等要求。对于地震区的坝顶工作桥、交通桥等结构,应尽量减轻自重,并提高结构的抗震稳定性。

3. 坝内廊道及排水

为满足拱坝基础灌浆、排水、观测、检修和坝内交通等要求,应在坝内设置廊道。考虑到拱坝厚度较薄,应尽可能少设廊道,以免对坝体削弱过多。对于中低高度的薄拱坝,可以减免坝内廊道,考虑分层设置坝后桥,作为坝体交通、封拱灌浆和观测检修之用。但是,坝后桥应该与坝体整体连接。廊道之间均应相互连通,采用电梯、坝后桥及两岸坡道连通。

4. 坝体分缝

由于散热和施工的需要,像重力坝那样,拱坝也是分层分块地进行浇筑或砌筑,而且在施工过程中设置伸缩缝(属于施工缝),即横缝和纵缝,如图 3-3-24 所示。当坝体混凝土冷却到稳定温度或低于稳定温度 2 ~ 3 ℃ 以后,再用水泥浆将伸缩缝封填,以保证坝体的整体性。

横缝是沿半径向设置的收缩缝,确定其位置和间距时除应考虑混凝土可能产生裂缝的有关因素(如坝基条件、温度控制和坝体应力分布状态等)外,还应考虑结构布置(如坝身泄洪孔尺寸、坝内孔洞等)和混凝土浇筑能力等因素,横缝间距(沿上游坝面弧长)宜为 15 ~ 25 m。

厚度大于 40 m 的拱坝,可考虑设置纵缝,相邻坝体之间的纵缝应错开。纵缝间距一般为 20 ~ 40 m,为了施工方便一般采用铅直纵缝,但在下游坝面附近应逐渐过渡到正交于坝

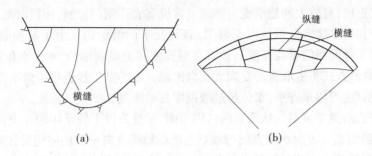

图 3-3-24　拱坝的横缝和纵缝

面,避免浇筑块出现尖角。

(四)拱坝坝址的地形和地质要求

(1)对地形的要求。地形条件是决定拱坝结构型式、工程布置以及经济性的主要因素。理想的地形应是左右两岸对称,岸坡平顺无突变,在平面上向下游收缩的峡谷段。坝段下游侧要有足够的岩体支承,以保证坝体的稳定。

(2)对地质的要求。地质条件也是拱坝建设中的一个重要问题。拱坝对坝址地质条件的要求比重力坝和土石坝高,河谷两岸的基岩必须能承受由拱端传来的推力,要在任何情况下都能保持稳定,不致危害坝体的安全。理想的地质条件是:岩基比较均匀、坚固完整、有足够的强度、透水性小、能抵抗水的侵蚀、耐风化、岸坡稳定,没有大断裂等。

但是实际上,很少能找到完美的地质条件,所以要进行相应的地基处理,处理措施通常有以下几种:

(1)坝基开挖,一般都要求开挖到新鲜基岩。

(2)固结灌浆和接触灌浆。

(3)防渗帷幕。

(4)坝基排水。

(5)断层破碎带处理。

四、溢洪道工程

(一)概述

溢洪道为河川水利枢纽必备的泄水建筑物,用以排泄水库不能容纳的多余来水量,保证枢纽挡水建筑物及其他有关建筑物的安全运行。

溢洪道可以与挡水建筑物相结合,建于河床中,称为河床溢洪道(或坝身溢洪道);也可以另建于坝外河岸,称为河岸溢洪道(或坝外溢洪道)。条件许可时采用前者可使枢纽布置紧凑,造价经济;但由于坝型、地形以及其他技术经济原因,很多情况下又必须或宜于采用后者。有些泄洪流量要求很大的水利枢纽,还可能兼用河床溢洪道和河岸溢洪道。

河岸溢洪道在布置和运用上分为正常溢洪道和非常溢洪道两大类,非常溢洪道的作用是宣泄超过设计标准的洪水,分为自溃式和爆破引溃式。

1. 正常溢洪道的一般工作方式与分类

正常溢洪道是布置在拦河坝坝肩河岸或距坝稍远的水库库岸的一条泄洪通道,水库的多余洪水经此泄往下游河床。一般以堰流方式泄水,泄流量与堰顶溢流净宽以及堰顶水头的3/2次方成正比,有较大的超泄能力。堰上常设有表孔闸门控制,闭门时水库蓄水位可达门顶高程,启门时,水库水位可泄降至堰顶高程,便于调洪运用。由于某种原因(如受下游泄量限制或为了降低闸门覆盖高度),也有在堰顶闸孔上设胸墙的,水库水位超过胸墙底缘一定高度时,泄流方式将由堰流转变为大孔口出流。中小型工程也可考虑不设闸门,这时水库最高蓄水位只能与堰顶齐平,水位超过堰顶即自动泄洪。

正常溢洪道的类型很多。从流态的区别考虑,可分为以下较常用的几类:

(1)正槽溢洪道。过堰水流方向与堰下泄槽纵轴线方向一致的应用最普遍的形式。

(2)侧槽溢洪道。水流过堰后急转约90°,再经泄槽或斜井、隧洞下泄的一种形式。

(3)井式溢洪道。水流从平面呈环形的溢流堰四周向心汇入,再经竖井、隧洞泄往下游的一种形式。

(4)虹吸溢洪道。利用虹吸作用,使水流翻越堰顶的虹吸管,再经泄槽下泄的一种形式,较小的堰顶水头可得较大的泄流能力。

2. 正常溢洪道的适用场合

正常溢洪道广泛用于拦河坝为土石坝的大、中、小型水利枢纽,因为土石坝一般是不能坝顶过水的。坝型采用薄拱坝或轻型支墩坝的水利枢纽,当泄洪水头较高或流量较大时,一般也要考虑布置坝外河岸溢洪道,或兼有坝身及坝外溢洪道,以策安全。

(二)正槽溢洪道

正槽溢洪道是以面向水库上游的宽顶堰或实用堰做溢流控制堰的坝外表孔溢洪道,蓄水时控制堰(其上有闸门或无闸门)与拦河坝一起组成挡水前缘,泄洪时堰顶高程以上的水都可由堰顶溢流而下,并经由一条顺着过堰水流方向的开敞式陡坡泄槽泄往下游河道,故亦称陡槽溢洪道,如图3-3-25所示。

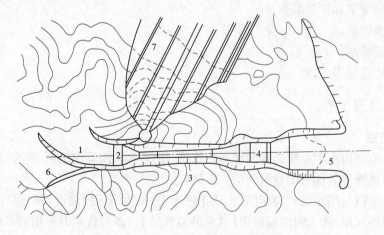

1—进水段;2—控制段;3—泄槽;4—消能段;
5—尾水渠;6—非常溢洪道;7—土坝

图3-3-25　正槽溢洪道布置图

(三)侧槽溢洪道

对于拦河坝为土石坝或其他难以坝顶溢流的坝型的水利枢纽,当两岸山势陡峻,采用前述正槽明流溢洪道导致巨大的开挖工程量甚至很难布置时,采用侧槽溢洪道可能是经济合理的方案。

　　侧槽溢洪道是溢流堰轴线大致顺着拦河坝上游水库岸边等高线布置,水流过堰后即进入一条与堰轴线平行的深窄槽——侧槽内,然后通过槽末所接的泄水道泄往下游。侧槽溢洪道的溢流堰类同于正槽溢洪道。侧槽溢洪道的泄水道可以如正槽溢洪道一样有陡坡明流泄槽,也可如图3-3-26所示,通过斜井下接隧洞,后者如利用施工期的导流隧洞改建尤为可取。

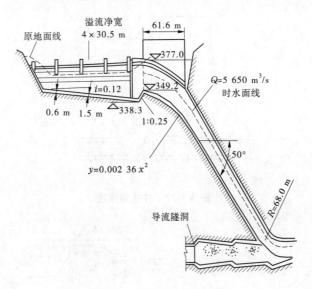

图3-3-26　侧槽斜井溢洪道

(四)其他形式溢洪道

1.井式溢洪道

　　陡岸峡谷地区的高水头水利枢纽有必要设置坝外溢洪道时,采用井式溢洪道也可能是有利的选择,但需建于坚强的岩基中。

　　井式溢洪道如图3-3-27所示,通常由具有环形溢流堰的喇叭口、带渐变段的竖井和出水隧洞等部分组成。竖井与隧洞之间以定曲率半径的肘弯段连接,隧洞出口可采用挑流或底流消能。泄洪时水流从四周经环形堰径向跌入喇叭口,并在一定深度处水舌相互汇交,逐渐成为有压流,再经隧洞泄往下游。

2.虹吸式溢洪道

　　虹吸式溢洪道是利用虹吸管原理,借助大气压力泄洪的设备,可以设于坝上,也可设于河岸,后者如图3-3-28所示。它可在较小的堰顶水头下得到较大的泄流量,并可自动调节库水位。

　　虹吸式溢洪道的优点是不用闸门而自动形成虹吸作用,便于管理和调节库水位;其缺点是水力条件和结构条件都较复杂,易产生空穴、空蚀,进口易堵塞,管内检修不便,随水位上升流量增加不多,即超泄能力较小。

五、水工隧洞工程

(一)概述

　　水工隧洞是指水利工程中穿越山岩建成的封闭式过水通道,用作泄水、引水、输水建筑

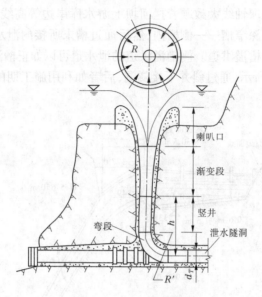

图 3-3-27　井式溢洪道

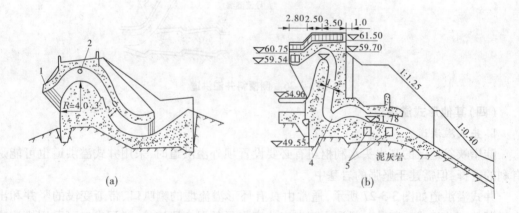

(a)　　　　　　　　　　　　(b)

1—遮檐;2—通气孔;3—挑流坎;4—弯曲段;5—排污孔

图 3-3-28　河岸虹吸式溢洪道首部　（单位:m）

物,是山区水利枢纽常有的建筑物,有时甚至一个枢纽中有多条隧洞。

1.隧洞类型划分

1)按承担任务划分

可由隧洞承担的任务各式各样,如汛期水库的部分或全部泄洪任务,发电、灌溉、给水等兴利所需的引水或输水任务,为事故检修或其他原因放空水库的任务,多沙河流上所建水库的排沙任务,枢纽施工期的导流任务等。承担不同任务、发挥不同功用的水工隧洞,可分别称为泄洪隧洞或泄水隧洞、引水隧洞、输水隧洞、放空隧洞、排沙隧洞、导流隧洞等。此外,还可能有一些特殊功用的隧洞,如通航隧洞、汛期泄放水库漂浮物的排漂隧洞、地下水电站厂房的尾水隧洞等。实际上在同一水利枢纽中的隧洞又往往一条隧洞承担多种任务,如放空、排沙或排漂隧洞自然同时是泄水隧洞,施工导流隧洞在施工期结束后常改建成运用期永久性泄洪隧洞。

2) 按流态划分

如按过水时洞身流态区别,则各种水工隧洞可简单地划分为两大类,即有压隧洞和无压隧洞。前者正常运行时洞内满流,以测压管水头计的洞顶内水压力大于零,水力计算按有压管流进行;后者正常运行时洞身横断面不完全充水,存在与大气接触的自由水面,水力计算按明渠流进行,故亦称明流隧洞。为保证隧洞既定流态稳定运行,有压隧洞设计时应做到使各运行工况沿线洞顶有一定的压力余幅。无压隧洞设计时应做到使各运行工况沿线自由水面与洞顶之间有一定的净空余幅。有时一条隧洞也可分前、后两段,设计并建造成前段为有压隧洞,后段为无压隧洞。但在隧洞的同一段内,除水头较低的施工导流隧洞外,要避免出现时而有压、时而无压的明满流交替流态,因为这种不稳定流态易引起振动和空蚀,使门槽附近等某些部位遭受破坏,而且泄流能力也受到影响。

除作为水电站有压引水系统中重要组成部分的引水隧洞必为有压隧洞外,水利枢纽中各种功用的水工隧洞既可为有压隧洞,也可为无压隧洞。两者在工程布置、水流特性、荷载情况及运行条件等方面差别很大。具体某一工程究竟采用无压还是有压隧洞,应通过技术经济条件比较优选确定。以典型的泄水隧洞而言,高水头枢纽承担重要泄洪任务的以无压隧洞为多,地质条件好或水头不很高的情况下则有压隧洞的应用也不少。无论无压或有压,泄水隧洞的特点是洞内流速一般都相当高,有别于内水压力大而流速低的发电引水隧洞。

2. 隧洞工程的特点

大部分水工隧洞是地下建筑物,其设计、建造和运行条件与承担类似任务的建于地面的水工建筑物相比,有不少特点,概述如下。

(1) 从结构、荷载方面说,岩层中开挖隧洞以后,破坏了原来的地应力平衡,引起围岩新的变形,甚至会导致岩石崩坍,故一般要对围岩进行衬砌支护。岩体既可能对衬砌结构施加山岩压力,而在衬砌受内水压力等其他荷载作用而有指向围岩变形趋势时,岩体又可能产生协助衬砌工作的弹性抗力。围岩愈坚固完整,则山岩压力愈小,而弹性抗力愈大。衬砌还会受其周围地下水活动所引起的外水压力作用。显然,水工隧洞沿线应力争有良好的工程地质和水文地质条件。

(2) 从水力特性方面看,尽管有压隧洞一般视同管流,无压隧洞一般视同明渠流,有与地面建造的管道、明渠相同之处,但应注意,承受内水压力的有压隧洞如衬砌漏水,压力水渗入围岩裂隙,将形成附加的渗透压力,构成岩体失稳因素。无压隧洞较高流速引起的自掺气现象要求设置有足够供气能力的通气设备,否则封闭断面下的洞身将难以维持稳定无压流态。高水头情况下的有压隧洞需要足够坚强的衬砌结构,高速水流情况下的无压隧洞,在解决可能出现的空蚀、冲击波、闸门振动以及消能防冲问题时要进行精心设计。

(3) 从施工建造方面看,隧洞开挖、衬砌的工作面小,洞线长,工序多,干扰大。所以,虽按方量计的工程量不一定很大,工期往往较长,尤其是兼作导流用的隧洞,其施工进度往往控制整个工程的工期。因此,改善施工条件,加快开挖、衬砌支护进度,提高施工质量,也是建造水工隧洞的重点。

(二)水工隧洞总体布置及主要建筑物

水工隧洞以典型布置方式叙述隧洞总体布置,其主要建筑物概括说,可视为都由进口段、洞身段、出口段所组成,进口前和出口后当然还需长短深浅不等的引水渠和尾水渠。下面以深孔泄水隧洞为例介绍隧洞的总体布置。

1. 隧洞的总体布置

深孔泄水隧洞由位于水下的进水口、洞身及出口消能段等组成。这类隧洞虽然进口段是有压的,但洞身水流既可为有压流,也可通过工作闸门后断面扩大而为无压流。就进口位置而言还可有两种布置方式,一种是低位进水口,即进水口底部与洞身底部为同一平面;另一种是较高位的进水口,即所谓龙抬头式,进口段与洞身之间以竖曲线及斜井相连。如图 3-3-29 所示为深孔泄水隧洞的各种典型布置。

如图 3-3-29(a)所示为工作闸门设于出口,而检修闸门设于进口的有压隧洞。正常运行时洞内始终在内水压力作用之下,流态平稳,利于防蚀抗磨,水力学问题较简单。中等水头、中等流量和较好的地质条件下选用这种隧洞往往是经济合理的。对高水头枢纽,当隧洞洞身结合导流之用而位置又很低时,为减小进口检修闸门的负担,常采用如图 3-3-29(b)所示的龙抬头式,即将永久泄水洞的进口抬高,并通过斜井与洞身平段连接,连接点上游的导流洞则在完成施工导流任务后堵塞。

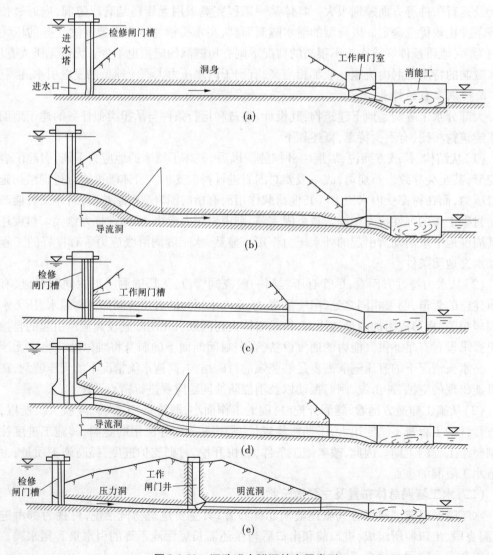

图 3-3-29　深孔泄水隧洞的布置类型

如图 3-3-29(c)所示为工作闸门和检修闸门都设在进口段的无压隧洞。工作闸门前有压段长度一般在洞径的 3～4 倍以内,闸门下游的全程洞身范围内则运行时始终为具有自由水面的明流状态,这种布置形式能适应较高水头、较大流量以及地质条件不很好的情况,应用颇广。当水头很高而洞身结合导流之用时同样可布置成龙抬头型式,如图 3-3-29(d)所示。

由于枢纽布置的考虑,洞身不得不在平面上转弯。为保持较好流态,可将工作闸门设在弯段以下,从而使弯段位于有压流段,免除明槽急流冲击波危害;而工作闸门下游为明流段,可保证出口山体的稳定性,并提高对闸门推力的支承能力。这就是前段有压流与后段无压流相结合的泄水隧洞,如图 3-3-29(e)所示,这种布置方式一般须加设一个竖井即工作闸门井,亦称中间闸室,供闸门启闭操作之用。

2.隧洞的主要建筑物

1)进口段

(1)表孔堰流式进口。用作溢洪道的正堰斜井泄洪洞一般以非真空实用堰作控制堰,以利于下游堰面和斜井相连。根据具体地形条件,堰前往往还需有一条或长或短的引水渠,其近堰处的翼墙用平顺的喇叭口形,并力求对称进水。堰顶设表孔工作闸门(弧形或平面闸门)控制,其前设检修闸门,如图 3-3-30 所示。

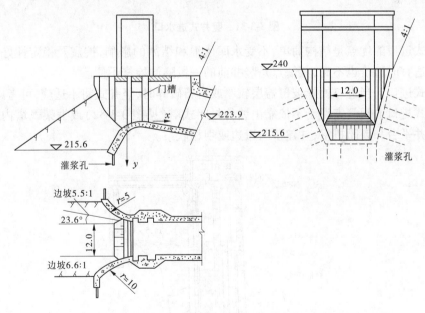

图 3-3-30　表孔堰流式进口

(2)深孔进口。水工隧洞的深孔进口要做到有顺畅的进水条件,有闸门、拦污栅及启闭设备的安装、操作条件,有使水流从进口断面过渡到洞身断面的渐变段。此外,为保证良好流态和减小检修闸门启闭力等目的,还要有通气孔、平压管等附属设备。深孔进口的基本结构形式,根据闸门的安装与操作途径,深孔进口有竖井式、塔式、岸塔式、斜坡式、组合式等。

①竖井式进口。闸门在岩石中开挖并衬砌成的竖井中安装与运行,适用于河岸岩石坚固、竖井开挖不致坍塌的情况。这种进口通常由三部分组成:设有拦污栅的闸前渐变段;闸门井,井下为闸室,井顶设启闭机室;连接闸室和洞身的闸后渐变段。设置弧形闸门的竖井,

井后宜接无压洞,井内无水,称"干井";有压隧洞设平面闸门的竖井,井内有水,称"湿井",只有检修时井内才无水。如图 3-3-31 所示。

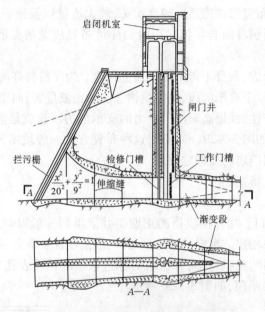

图 3-3-31　竖井式进水口

　　竖井式进口的优点是结构简单,不受水库风浪和结冰的影响,抗震及稳定性好,当地形地质条件适宜时造价也不高,其缺点是竖井前的一段隧洞检修不便。

　　②塔式进口。当进口处岸坡覆盖层较厚或岩石破碎时,竖井式将不适应,可考虑用塔式进口。塔式进口的闸门安设于不依靠山坡的封闭式塔(见图 3-3-32)或框架式塔内,塔顶设操纵闸门井平台和启闭机室,并建桥与岸边或坝相联系。

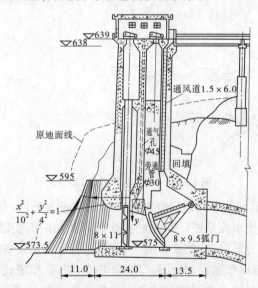

图 3-3-32　封闭式塔式进水口 (单位:m)

封闭式塔的水平截面可为圆形、矩形或多角形,可在任何水库水位下检修闸门,还可在不同高程设进水口以适应库水位变化,运行可靠,但造价较贵。框架式塔的结构较轻,造价较省,但只有在低水位时才能检修。

③岸塔式进口。此种进口是依靠在开挖后洞脸岩坡上的进水塔,塔身直立或稍有倾斜,如图3-3-33所示。当进口处岩石坚固,可开挖成近于直立的陡坡时适用此种型式。其优点是稳定性较塔式好,造价也较经济,地形地质条件许可时可优先选用。

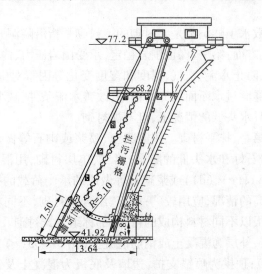

图 3-3-33　岸塔式进水口

④斜坡式进口。这是一种在较为完整的岩坡上进行平整开挖、衬砌而成的进口结构,闸门轨道直接安装在斜坡衬砌上,如图3-3-34所示。其优点是结构简单,施工方便,稳定性好,造价也低;缺点是斜坡过缓则闸门面积要加大,关门不易靠自重下降,可能要另加关门力,一般用于中小型工程或进口只设检修闸门的情况。

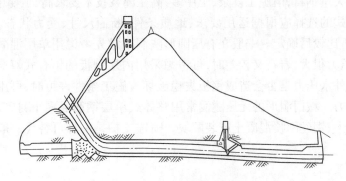

图 3-3-34　斜坡式进水口

⑤组合式进口。上列几种基本进口形式还可根据具体地形地质条件组合采用。

2）洞身段

（1）洞身横断面形式。水工隧洞洞身横断面形式的选定取决于运行水流条件、工程地质条件和施工条件。

①有压隧洞的横断面形式。内水压力较大的有压隧洞一般都用圆形断面,如图3-3-35所示,其过流能力及应力状态均较其他断面形态有利。当岩石坚硬且内水压力不大时也可

用便于施工的非圆形断面。

②无压隧洞的横断面形式。无压隧洞多采用圆拱直墙形(城门洞形)断面,如图3-3-35(d)所示,适于承受垂直山岩压力,且便于开挖和衬砌。为消除或减小作用于衬砌的侧向山岩压力,可将侧墙做成倾斜的,如图3-3-35(e)所示。岩石条件差时也可做成马蹄形断面,如图3-3-35(f)、(h)所示。岩石条件差并有较大外水压时也可采用圆形断面。

(2)洞身衬砌构造。

①衬砌的功用。多数水工隧洞都是要衬砌的。衬砌是指沿隧洞开挖断面四周做成的人工护壁,其功用有下列几方面:第一、保证围岩稳定,承受山岩压力、内水压力及其他荷载;第二、防止隧洞漏水;第三、防止水流、空气、温度和湿度变化等因素对围岩的冲刷、风化、侵蚀等破坏作用;第四、降低隧洞过水断面周界的糙率,改善水流条件,减小水头损失。

在隧洞围岩条件好且水头低的情况下,可不加衬砌。

②衬砌结构形式。第一、抹平衬砌。用混凝土、喷浆或砌石等做成的防渗、减糙而不承受荷载的衬砌,适用于岩石好和水头低的隧洞;第二、单层衬砌,用混凝土(图3-3-35(a))、钢筋混凝土(图3-3-35(b)、(c)、(d))或浆砌石等做成的承受荷载的衬砌,适用于中等地质条件、断面较大、水头较高的情况,应用较广;第三、组合式衬砌,不同材料组成的双层、多层衬砌,或顶拱、边墙及底板以不同材料构成的衬砌,都称组合式衬砌。较常见的组合情况有:内层为钢板、钢丝网喷浆,外层为混凝土或钢筋混凝土(图3-3-35(g));顶拱为混凝土,边墙为浆砌石(图3-3-35(h));顶拱为喷锚支护,边墙及底板为混凝土及钢筋混凝土(图3-3-35(i))等;第四、预应力衬砌,在施工时对衬砌预施环向压应力,运行时衬砌可承受巨大内水压力导致的环向拉应力,适用于高水头圆形隧洞。预加应力的方法以压浆法最为简便,如图3-3-35(k)、(l)所示。内圈为混凝土、钢筋混凝土块,外圈为混凝土修整层,用以平整岩石表面;内外圈之间留有3~5 cm的空隙,以便灌浆预加应力。灌浆时浆液应采用膨胀水泥,以防干缩时压力下降。压浆式预应力衬砌要求岩石坚硬完整,必要时需预先灌浆加固。这种衬砌可节省大量钢材,但施工复杂、工序多,高压灌浆技术要求高,工期也较长。

洞身衬砌型式的选择应根据运用要求、地质条件、断面尺寸、受力状态、施工条件等因素,通过综合分析比较后确定。一般在有压圆形隧洞中常先考虑用单层混凝土或钢筋混凝土衬砌;当内水压力很大,岩石又较差时,可考虑采用内层钢板的组合式双层衬砌。采用钢板衬砌时要注意外水压力是否会造成钢板失稳破坏。施工条件许可时,可用预应力衬砌对付高水头内水压力。城门洞形的无压隧洞常用整体式单层钢筋混凝土衬砌,也可考虑顶拱部分采用喷混凝土、钢丝网喷混凝土或装配块。喷锚支护是一种可替代一般衬砌的新型技术。

3)隧洞出口段

发电引水隧洞的水流能量用于推动水轮机做功,无所谓本身的出口。泄水隧洞出口水流则携带冲刷余能,常需设消能段,常用的消能方式为挑流消能或底流水跃消能。与溢流坝或开敞式溢洪道相比,隧洞出口的单宽流量大、能量集中,往往需要在布置上充分扩散,以降低单宽流量,再以适应具体条件的水流衔接方式与下游尾水渠连接。

有压泄水洞出口常设有闸门及启闭机室,闸门前为圆形到矩形的渐变段,出口后即为消能设施。如图3-3-36(a)所示。无压泄水隧洞的出口仅设有门框,其作用是防止洞脸上部岩石崩塌,并与扩散消能设施的边墙相接,如图3-3-36(b)所示。

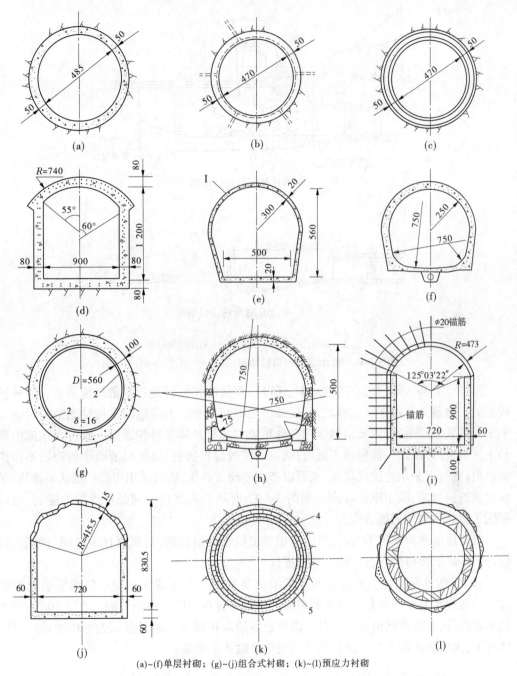

(a)~(f)单层衬砌；　(g)~(j)组合式衬砌；　(k)~(l)预应力衬砌

1—喷混凝土；2—钢板；3—25 cm 排水管；4—5 cm 水泥砂浆预压灌浆层；

5—7 cm 预制混凝土块

图 3-3-35　隧洞横断面形式及衬砌类型　（单位：cm）

泄水隧洞的几种具体消能设施如下：

（1）挑流喷射扩散消能。当隧洞出口高程高于或接近于下游水位时采用挑流扩散消能是经济合理的，既适于有压洞，也适于无压洞。

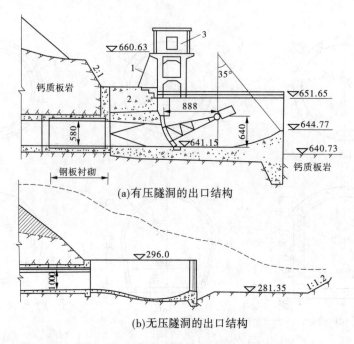

(a)有压隧洞的出口结构

(b)无压隧洞的出口结构

1—钢梯;2—混凝土块压重;3—启闭机操纵室

图 3-3-36　泄水隧洞出口结构图　(单位:高程:m;尺寸:cm)

　　出口设有高压阀门的有压泄水洞,还可以用挑流扩散器进行扩散挑流消能。这种扩大较剧的扩散器只宜用连续式鼻坎,且反弧半径不能过小。无压隧洞采用挑流消能时完全类似于开敞式溢洪道,可以灵活地运用各种布置方式与具体条件相适应。既可在水流出洞后马上挑射,也可流经一段明槽再挑射;既可以扩散后再挑射,也可以着眼于射程而不作扩散即挑射;既可以采用连续式鼻坎,也可以考虑差动式鼻坎,还可采用扭曲扩散式斜鼻坎,使挑射水流折向河床,减小岸边冲刷。如图 3-3-37 所示为某工程的两条泄洪排沙隧洞,出口均采用了斜鼻坎挑流消能方式。

　　当有压泄水洞洞径不大时,可以考虑在出口装设射流阀门,而直接通过阀门喷射消能,但缺点是隧洞出口附近会形成一片雨雾区。

　　(2)扩散水跃消能。平台扩散水跃消能是常用于有压或无压泄水隧洞的底流消能方式。无压泄水洞采用平台扩散水跃消能的出口布置与有压泄水洞类似。为减小进入尾水渠的单宽流量,有时可将消力池及其下游段也继续取扩散式。洞身断面为常用的城门洞形的情况下,无压泄水洞出口水流已完全类同于开敞式溢洪道。

六、水电站厂房

(一)水电站厂区布置

　　水电站厂房亦称为厂区枢纽或厂房枢纽。其布置是水利水电枢纽总体布置的一部分,应通过整个枢纽的经济技术比较论证确定。水电站厂区主要由主厂房、副厂房、主变压器场、开关站、高压引出线、引水压力管道、尾水道及场内交通道路等组成。厂区布置是指它们之间的相互位置的合理安排。目的是使厂房与上游进水口和下游尾水道之间衔接好,水流

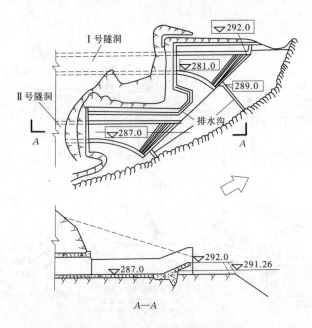

图 3-3-37 斜鼻坎挑流消能布置图

顺畅,各建筑物功能发挥良好,各建筑物之间配合协调,满足运行安全可靠、施工快捷、交通方便、投资少的要求。厂区布置应根据地形、地质、环境条件,结合整个枢纽的工程布局,按下列原则进行:

(1)合理布置主厂房、副厂房、主变压器场、开关站、高低压出线、进厂交通、发电引水及尾水建筑物等,使电站运行安全、管理和维护方便。

(2)妥善解决厂房和其他建筑物(包括泄洪、排沙、通航、过木竹、过鱼等)布置及运用的相互协调,避免干扰,保证电站安全和正常运行。

(3)考虑厂区消防、排水及检修的必要条件。

(4)少占或不占用农田,保护天然植被、生态环境和文物。

(5)做好总体规划及主要建筑物的建筑艺术处理,美化环境。

(6)统筹安排运行管理所必需的生产辅助设施。

(7)综合考虑施工程序、施工导流及首批机组发电投运的工期要求,优化各建筑物的布置。

因此,进行厂区布置时,要综合考虑水电站枢纽总体布置、地形地质条件、运行管理、施工检修、农田占用及环境美化等各方面的因素,根据具体情况,拟订出合理布置方案,图 3-3-38 是一些布置的实例。

(二)厂房的基本类型

水电站厂房是水力发电系统的中枢,是水电站的主要建筑物之一,是将水能转化为电能的综合工程设施。

水电站厂房中安装有水轮机、发电机和各种辅助设备,从而将水能转化为电能。水轮发电机发出的电能,经变压器和开关站等输入电网送往用户。因此,水电站厂房是水工建筑物、机械及电气设备的综合体。其功能是通过一系列工程措施,将水流平顺地引入水轮机,完成能量转换,成为可供用户使用的电能;并将各种必需的机电设备安置在恰当的位置,创

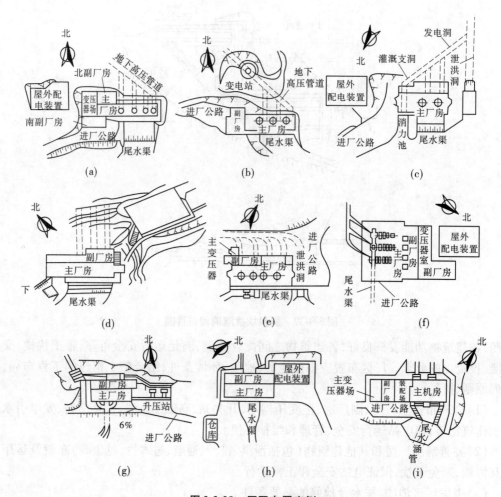

图 3-3-38　厂区布置实例

造良好的安装、检修及运行条件,为运行管理人员提供良好的工作环境。

1.厂房按结构特征及布置分类

水电站厂房按结构特征及布置特点划分为坝后式厂房、河床式厂房、地下式厂房、岸边式厂房、坝内式厂房和溢流式厂房等类型。

1)坝后式厂房

坝后式厂房通常是指布置在非溢流坝后,与坝体衔接的厂房。坝后式厂房在结构上与大坝分开,不承受上游水库水压力。当水库坝址处河谷较宽、河谷中除布置溢流坝外还需布置非溢流坝时,可采用这种厂房。当坝址处河谷不宽,但可采用坝外泄洪建筑物泄洪,河谷中只需布置非溢流坝时,也可采用这种厂房。

2)河床式厂房

河床式厂房与挡水建筑物一起坐落在河床上,成为挡水建筑物的一部分,厂、坝在结构上合为一体。在工程实际中,河床式厂房内常装置立轴轴流式水轮机组或卧轴贯流式水轮机组。

3）地下式厂房

将水电站厂房等主要建筑物布置在地下洞室之中称为地下式厂房。我国在20世纪50年代之前,地下式厂房发展速度缓慢,50年代之后,随着施工开挖机械的不断改进和施工技术的不断提高,地下岩石的开挖进度越来越快,造价越来越低,因此近年来采用地下式厂房的水电站越来越多,陆续出现了一大批采用地下式厂房的中型、大型和巨型水电站。与地面式厂房相比,地下式厂房有以下优点:

(1)厂房位置可以选择地质条件较好的区域,厂房布置比较灵活。

(2)在河道比较狭窄、洪水流量较大的情况下,采用地下厂房可减少与泄洪建筑物布置上的矛盾,并便于施工导流。

(3)可以全年施工,不受雨、雪、酷暑、严寒等外界气候的影响。

(4)与大坝等其他建筑物的施工干扰少,有利于快速施工。

(5)泥石流、山坡塌方、雪崩等灾害对厂房的危害相对较小,人防条件也好。

(6)可以降低水轮机安装高程,改善机组运行条件。当下游尾水位变幅大时,对厂房机组运行影响也小。

(7)厂房位置的选取有可能缩短压力管道的长度,并可能取消调压室,以节省工程造价。

地下式厂房的主要缺点是地下岩石开挖量大,增加了工程的开挖费用;通风、防潮、照明条件较差;地质条件较差时,用于支护方面的费用将会增加。

2.厂房按机组装置方式分类

(1)立式(立轴)机组厂房。机组主轴竖直布置的厂房、大中型厂房常常采用。

(2)卧式(卧轴)机组厂房。机组主轴水平布置的厂房、装设卧轴反击式水轮机、卧轴冲击式水轮机或贯流式水轮机的厂房采用。

3.按厂房上部结构分类

(1)户内式厂房。主、辅设备布置在有墙壁和屋顶的围护结构内。最常用的户内式厂房的上部结构与一般工业厂房类似,有门及窗户与大气相通。

(2)露天式厂房。厂房上部结构没有墙壁和屋顶,主机组用金属罩盖住,利用门式吊车安装、检修机组,辅助设备布置在水轮机层。

(3)半露天式厂房。厂房的主、辅设备布置在低矮的房间中,房顶开孔,孔口用活动防护罩盖住,发电机周围有较大空间便于巡视。

露天式和半露天式厂房具有投资省、工期短等优点,但运行时必须满足防冻、防热、防潮、防雨雪、防风沙、防震和巡视、检修方便等要求,适用于机组台数较多和少雨地区。

4.按机组工作特点分类

(1)常规机组厂房。装设常规水轮机组的厂房。

(2)贯流式机组厂房。装设贯流式机组的厂房。

(3)抽水蓄能机组厂房。装有水泵水轮机组和常规水轮发电机组,具有抽水和发电两种功能的厂房。

(4)潮汐水电站厂房。与河床式厂房基本相同,但利用大海涨潮和退潮时所形成的水头差进行发电的厂房。

(三)厂房的组成

为了恰当安置机电设备,并使其高效、正常运转,厂房建筑物在设备、空间和结构等方面都有一定的要求。为了对水电站厂房的组成有一个全面的、整体的认识,将从不同角度介绍水电站厂房的组成。

1. 从设备组成的系统划分

水电站厂房内的设备分属 5 大系统。

1)水流系统

水能转换为机械能的一系列过流设备,主要是水轮机及其进出水设备,包括压力管道、进水阀、引水室(蜗壳)、水轮机、尾水管及尾水闸门等。水流系统设备一般布置在厂房水轮机层以下块体结构中。

2)电流系统

发电、变电、配电的电气一次回路系统,包括发电机及其中性点引出线、母线、发电机电压配电装置(户内开关室)、主变压器和高压配电装置(户外高压开关站)等。

3)电气控制设备系统

控制水电站运行的电气设备,即电气二次回路系统,包括机旁盘、励磁设备系统、中央控制室、各种控制及操作设备,如各种互感器、表计、继电器、控制电缆、自动及远动装置、通信及调度设备等。一般布置在主厂房发电机层、水轮机层或副厂房内。

4)机械控制设备系统

主要有水轮机的调速设备(接力器、油压装置及操作柜),阀门(如蝴蝶阀或球阀)的控制设备,其他各种闸门、减压阀和拦污栅等操作控制设备,一般布置在所控制设备的附近。

5)辅助设备系统

为了安装、检修、维护、运行所必需的各种电气及机械铺助设备。

(1)起重设备。厂房内外的桥式起重机、门式起重机、闸门启闭机等。

(2)厂用电系统。包括厂用变压器、厂用配电装置、直流电系统。

(3)油系统。电站用透平油及绝缘油的存放、处理、流通设备。

(4)气系统。高低压压气设备、储气筒、气管等。

(5)水系统。包括供水系统的技术、生活、消防用水的供水设备以及排水系统的渗漏和检修排水设备,如水泵、水管、集水井等。

(6)其他。包括各种电气和机械修理室,实验室,工具间,通风、采暖设备等。

以上 5 大系统应相互协调配合,共同发挥作用。

2. 从设备布置和运行要求的空间划分

从设备布置和运行要求的空间可将水电站厂房划分为 4 部分。

1)主厂房

主厂房(含安装场)是指由主厂房构架及其下的厂房块体结构形成的建筑物,内部装有实现水能转换为电能的水轮发电机组和主要控制及辅助设备,并提供安装、检修的设施和场地。它是水电站厂房的主要组成部分。

2)副厂房

副厂房是为了安置各种运行控制和检修管理等附属设备以及运行管理人员工作和生活用房,在主厂房周围(如上游侧、下游侧、端部)所建的房屋。

3）主变压器场

主变压器场是装设主变压器的地方，一般布置在主厂房旁边。水轮发电机发出的电能需通过主变压器升压后，再经输电线路送给用户。

4）高压开关站（户外配电装置）

为了按需要分配功率及保证正常工作和检修，发电机和变压器之间以及变压器与输电线路之间有不同的电压配电装置。发电机侧的配电装置，通常设在厂房内，而其高压侧的配电装置一般布置在户外，称高压开关站。内装设高压开关、高压母线和保护设施，高压输电线由此将电能输送给电力用户。

主厂房和副厂房习惯上也称为厂房，主变压器场和高压开关站有时也称为变电站（所）。

3. 从水电站厂房的结构组成划分

1）水平面上

水平面上可分为主机室和安装间。主机室是运行和管理的主要场所，水轮发电机组及辅助设备布置在主机室。一台机组所占用的空间称为一个机组段，主机室由各机组段组成。安装间是水电站机电设备卸货、拆箱、安装和检修时使用的场地，一般在主机室的端部，也可设在主机室中间。如图 3-3-39 所示为密云水电站发电机层平面图。

2）垂直面上

垂直面上，根据工程习惯主厂房以发电机层楼板面为界，分为上部结构和下部结构。上部结构与工业厂房相似，是混凝土排架和围护结构，基本上是板、梁、柱结构系统。布置有发电机励磁、机组操作控制系统、量测系统及起重设备等。下部结构除发电机层楼板外，均为大体积混凝土结构，包括机墩、风罩、蜗壳外围混凝土、尾水管外围混凝土、防水墙（底墙）、尾水管闸墩及平台、集水井、基础底板等。内部主要布置水流系统，是厂房的基础。在高程上一般可分为发电机层、水轮机层、蜗壳层和尾水管层，有的还有主阀层等。其中，水轮机地面以下常称为下部块体结构。如图 3-3-39 密云水电站发电机层平面图、图 3-3-40 密云水电站主厂房横剖面图所示。

七、通航建筑物及鱼道

（一）船闸

通过启闭充、泄水系统的阀门，向闸室内进行充、泄水，使闸室水位分别与上、下游引航道水位齐平，启闭工作闸门，船舶进、出闸室，以克服大坝水位落差的通航建筑物，称为船闸。船闸不但是河流上水利枢纽中最常用的一种通航建筑物，而且在通航运河和灌溉干渠上也常需修建船闸，用来克服由于地形所产生的落差。船闸利用闸室中水位的升降将船舶浮运过坝，其通船能力大，安全可靠，应用广泛。我国京杭大运河和其他江河上的低水头水利枢纽都建造了很多的船闸，为发展水运事业发挥了很大的作用。

1. 船闸规模

船闸级别按通航最大船舶吨级划分为 7 级。遵照国家标准《内河通航标准》（GB 50139—2014）进行确定，见表 3-3-3。

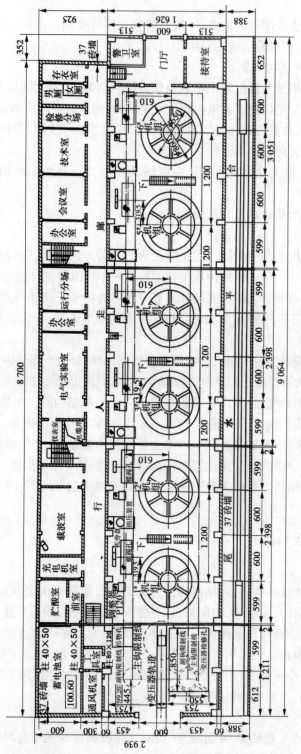

图3-3-39　密云水电站发电机层平面图　（单位:cm）

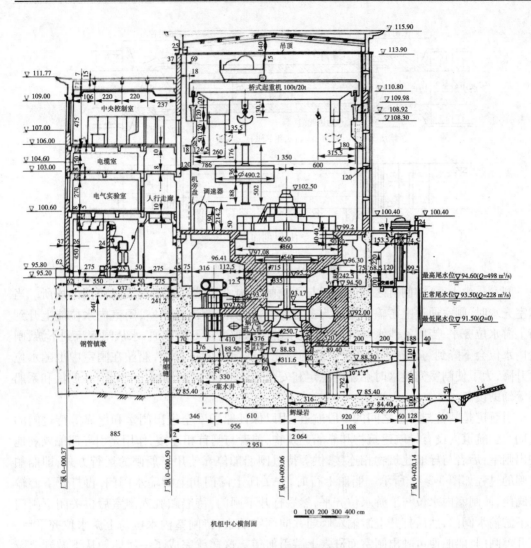

机组中心横剖面

图 3-3-40　密云水电站主厂房横剖面图　（单位：cm）

表 3-3-3　船闸分级

航道等级	I	II	III	IV	V	VI	VII
船舶吨级(t)	3 000	2 000	1 000	500	300	100	50

注：1. 船舶吨级按船舶设计载重吨位确定；

　　2. 通航 3 000 t 级以上船舶的航道列入 I 级航道。

2. 船闸的组成和运行方式

船闸由闸首（包括上闸首、下闸首以及多级船闸的中闸首）、闸室、引航道（包括上、下游引航道）等部分组成，见图 3-3-41。

闸首是分隔闸室与上、下游引航道并控制水流的建筑物，位于上游的为上闸首，位于下游的为下闸首。在闸首内设有工作闸门、输水系统、启闭机械等设备。当闸门关闭时，闸室与上下游隔开。闸首的输水系统包括输水廊道和阀门，它们的作用是使闸室能在闸门关闭时和上游或下游相连通。

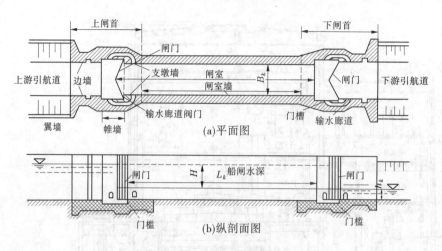

图 3-3-41　单级船闸简图

　　闸室是由上、下游闸首之间的闸门与两侧闸墙构成的供过闸船只临时停泊的场所。当闸室充水时,闸室通过上游输水廊道与上游连通,水从上游流进闸室,闸室内水位能上升到与上游水位齐平;当闸室泄水时,闸室通过下游输水廊道与下游连通,水从闸室流到下游,闸室内水位会下降到与下游水位齐平。在闸室充水或泄水的过程中,船舶在闸室中也随水位而升降,为了使闸室充泄水时船舶能稳定和安全地停泊,在两侧闸墙上常设有系船柱和系船环等辅助设备。

　　引航道是闸首与河道之间的一段航道,用以保证船舶安全进出闸室和停靠等待过闸的船舶。引航道内设有导航建筑物和靠船建筑物,前者与闸首相连接,作用是引导船舶顺利地进出闸室;后者与导航建筑物相连接,供等待过闸船舶停靠使用。船闸的运行方式,即船舶过闸的过程如图 3-3-42 所示。船舶上行时,先关闭上闸门和上游输水阀门,再打开下游输水阀门,使闸室内水位与下游水位齐平,然后打开下闸门,待船舶驶入闸室后再关闭下闸门及下游输水阀门,然后打开上游输水阀门并向闸室灌水,待闸室内水位与上游水位齐平后,打开上闸门,船舶便可驶出闸室而进入上游引航道。这样就完成了一次船舶从下游到上游的单向过闸程序。当船舶需从上游驶向下游时,其过闸程序与此相反。

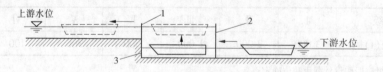

1—上闸门;2—下闸门;3—帷墙
图 3-3-42　船舶过闸示意图

(二)升船机

　　升船机是通过机械装置升降船舶以克服航道上集中水位落差的通航建筑物。升船机通过机械力驱动承船厢升降,使船厢内的水位,分别与上、下游引航道水位齐平,启闭工作闸门船舶进出承船厢,以克服枢纽水位落差。升船机与船闸相比,具有耗水量少、一次提升高度大、过船时间短等优点;但由于它的结构较复杂、工程技术要求高、钢材用量多,所以不如船闸应用广泛,通常只有具有岩石河床的高、中水头枢纽,且建造升船机较建造多级(或井式)

船闸更经济合理的情况下采用。

1. 升船机级别划分

根据《升船机设计规范》(SL 660—2013),升船机的级别按设计最大通航船舶吨位分为 6 级,见表 3-3-4。

表 3-3-4　升船机分级指标

升船机级别	I	II	III	IV	V	VI
设计最大通航船舶吨级(t)	3 000	2 000	1 000	500	300	100

升船机的级别应与所在航道等级相同,其通过能力应满足设计水平年运量要求。当升船机的级别不能按所在航道的规划通航标准建设时,应做专题论证并经有关部门审查确定。

2. 升船机分类

升船机按承船厢或承船车装载船舶总吨级大小分为大型升船机(1 000 t 级及以上)、小型升船机(100 t 级及以下)和中型升船机(100 ~ 1 000 t 级之间)。

升船机按其运行方向,可分垂直升船机和斜面升船机两种。垂直升船机的运载设备是沿着铅直方向升降的,因此它与斜面升船机相比,能缩短建筑物长度和运行时间,但它需要建造高大的排架或开挖较深的竖井,技术上要求较高,工程造价大。大中型升船机宜选用垂直升船机。斜面升船机一般比垂直升船机经济,施工、管理、维修也方便,但它需要有合适的地形条件,水头高时运行路线长,运输能力较低。当枢纽河岸具备修建斜坡道的地形条件,投资较小时,且以通航货船为主的小型升船机,可选用钢丝绳卷扬式斜面升船机。

升船机的运载设备主要是承船厢或承船台车。按运载设备内是否用水浮托船舶,可分为湿运式和干运式两种。湿运式是指船浮在承船厢内的水中;干运式是将船舶搁置在无水的承船台车内的支架上运送。干运式船舶易受碰损,因此仅可用于通航货船的100 t 级小型升船机。大、中型升船机应采用湿运式。

(三)过鱼建筑物

在河流中修建水利枢纽后,一方面在上游形成了水库,为库区养鱼提供了有利条件;但另一方面却截断了江河中鱼类洄游的通道,形成了上、下游水位差,有洄游特性的鱼类难以上溯产卵,而且有时还阻碍了库区亲鱼和幼鱼回归大海,影响渔业生产。为了发展渔业,需要在水利枢纽中修建过鱼建筑物。

过鱼建筑物中比较常用的建筑物形式为鱼道。

鱼道由进口、槽身、出口及诱鱼补水系统等几部分组成。其中,诱鱼补水系统的作用是利用鱼类逆水而游的习性,用水流来引诱鱼类进入鱼道,也可根据不同鱼类特性用光线、电流及压力等对鱼类施加刺激,诱鱼进入鱼道,提高过鱼效果。

鱼道按其结构形式可分为斜槽式鱼道、水池式鱼道、隔板式鱼道等。斜槽式鱼道一般适用于水位差不大和鱼类活力强劲的情况;水池式鱼道接近天然河道情况,鱼类休息条件好,但是所占的位置大,必须有合适的地形和地质条件;隔板式鱼道是在水池式鱼道的基础上发展起来的,利用横隔板将鱼道上下游总水位差分成若干级,形成梯级水面跌落,故又称梯级鱼道,如图 3-3-43 所示。这种鱼道水流条件较好,适应水头较大,结构简单,施工方便,应用较多。

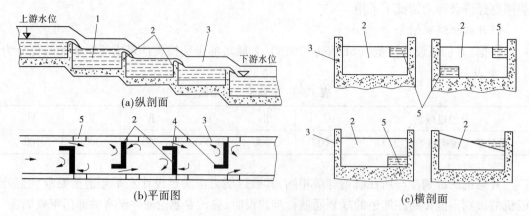

1—水池;2—横隔墙;3—纵向墙;4—防护门;5—游入孔

图 3-3-43　　隔板式鱼道示意图

第四节　引水工程建筑物分类及基本型式

引水工程一般指供水工程和灌溉工程等,引水工程建筑物包含渠(管)道工程和渠(管)系建筑物、交叉建筑物等。引水工程中的隧洞相关内容与枢纽工程相近,故在本节不再赘述。

一、渠道

渠道是输水建筑物,用以输运水流,其流态一般为无压明流。通常灌溉、给水、排水、发电、通航等都会用到渠道。如以自流灌溉区为例,一般有一个渠道系统,从取水渠首的进水闸后开始,先是引水干渠,接着是通至各灌区地片的支渠、斗渠,最后是分布于田间的农渠等。在这个渠道系统中,渠道的数量由少到多,位置由高到低,断面及输水能力由大到小,其工作原理都是明渠流。

渠道设计的任务是选定渠道线路和确定断面尺寸。渠道选线要根据地形、地质及施工条件综合考虑,力求短而直,尽量减少沿线所需交叉建筑物,避开可能坍滑失稳或渗漏量大的地带,最好做到挖方与填方基本平衡。

渠道断面形态一般为梯形,岩石中开凿的渠道则可接近矩形。如图 3-4-1 所示为平坦地区渠道可能的横断面形态。图 3-4-1(a)、(b)、(c)中渠道完全位于不同深度的挖方中;图3-4-1(d)、(e)中渠道位于半挖半填方中;图 3-4-1(f)、(g)中渠道完全位于填方中。如图 3-4-2所示为山坡上布置渠道的各种横断面形态,如图 3-4-2(a)所示为斜坡上全挖方的渠道;如图 3-4-2(b)、(c)所示是外侧坡依赖填方或混凝土或浆砌石筑成的半挖方渠道;图 3-4-2(d)、(e)、(f)为陡峻山岩上修成的渠道,其中如图 3-4-2(d)所示可称半隧洞式。

二、管道

(一)管道材料

1. 管道材料要求

管道是引水工程中造价较高且极为重要的组成部分。按照管道工作条件,管道性能应

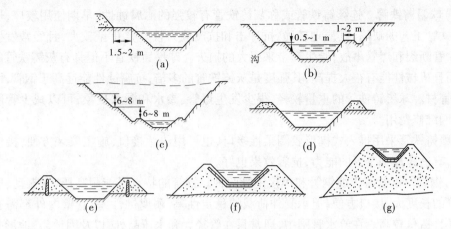

图 3-4-1　平坦地区渠道的横断面图

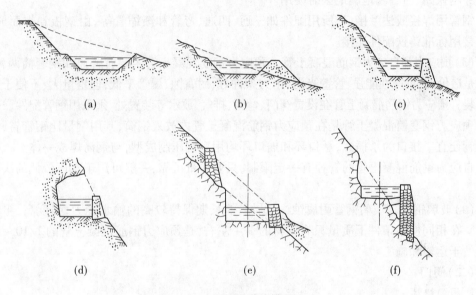

图 3-4-2　山坡渠道的横断面图

满足下列要求：

（1）有足够的强度，可以承受各种内外荷载。

（2）水密性是保证管线有效而经济工作的重要条件。如因管线的水密性差以致经常漏水，无疑会增加管理费用和导致经济上的损失。同时，管网漏水严重时也会冲刷地层而引起严重事故。

（3）水管内壁面应光滑以减小水头损失。

（4）价格较低，使用年限较长，并且有较高的防止水和土壤侵蚀的能力。

此外，水管接口应施工简便，工作可靠。

2.管道材料类型

水管可分金属管（铸铁管和钢管等）和非金属管（预应力钢筋混凝土管、玻璃钢管、塑料管等）。水管材料的选择，取决于承受的水压、外部荷载、埋管条件、供应情况等。现将各种管材的性能分述如下。

(1)球墨铸铁管。连续铸铁管或称灰铸铁管有较强的耐腐蚀性,早期使用较广,但由于连续铸铁管工艺的缺陷(其质地较脆,抗冲击和抗震能力较差),重量较大,且经常发生接口漏水、水管断裂和爆管事故,给生产带来很大的损失。球墨铸铁管不但具有灰铸铁管的许多优点,而且机械性能有很大提高,其强度是灰铸铁管的多倍,抗腐蚀性能远高于钢管,因此是理想的管材。球墨铸铁管的重量较轻,很少发生爆管、渗水和漏水现象,可以减少管网漏损率和管网维修费用。

球墨铸铁管采用推入式楔形胶圈柔性接口,也可用法兰接口,施工安装方便,接口的水密性好,有适应地基变形的能力,抗震效果也好。

(2)钢管。钢管有无缝钢管和焊接钢管两种。钢管的特点是能耐高压、耐振动、质量较轻、单管的长度大、接口方便,但承受外荷载的稳定性差,耐腐蚀性差,管壁内外都需有防腐措施,并且造价较高。在给水管网中,通常只在管径大和水压高处,以及因地质、地形条件限制或穿越铁路、河谷和地震地区时使用。

钢管用焊接或法兰接口,所用配件如三通、四通、弯管和渐缩管等,由钢板卷焊而成,也可直接用标准铸铁配件连接。

(3)预应力和自应力钢筋混凝土管。预应力钢筋混凝土管主要有普通和钢套筒两种,其特点是造价低、抗震性能强、管壁光滑、水力条件好、耐腐蚀、爆管率低,但重量大、不便于运输和安装。预应力钢筋混凝土管在设置阀门、弯管、排气、放水等装置处,须采用钢管配件。

预应力钢套筒混凝土管是在预应力钢筋混凝土管内放入钢筒,其用钢量比钢管省,价格比钢管便宜。接口为承插式,承口环和插口环均用扁钢压制成型,与钢筒焊成一体。

自应力钢筋混凝土管的管径有一定限制,只要质量可靠,一般可用于水压较低的次要管线上。

(4)玻璃钢管。玻璃钢管耐腐蚀,不结垢,能长期保持较高的输水能力,强度高,粗糙系数小。在相同使用条件下质量只有钢材的1/4左右,是预应力钢筋混凝土管的1/10~1/5,因此便于运输和施工。

(二)阀门

1.阀门概述

阀门用来调节管线中的流量或水压。阀门的布置要数量少而调度灵活。主要管线和次要管线交接处的阀门常设在次要管线上。承接消火栓的水管上要安装阀门。

阀门的口径一般和水管的直径相同,但当管径较大以致阀门价格较高时,为了降低造价,可安装口径为0.8倍水管直径的阀门。

阀门内的闸板有楔式和平行式两种。根据阀门使用时阀杆是否上下移动,可分为明杆和暗杆两种。明杆是阀门启闭时,阀杆随之升降,因此易于掌握阀门启闭程度,适宜于安装在泵站内。暗杆适用于安装和操作位置受到限制之处,避免当阀门开启时因阀杆上升而妨碍工作。

大口径的阀门,在手工开启或关闭时,很费时间,劳动强度也大,所以直径较大的阀门有齿轮传动装置,并在闸板两侧接以旁通阀,以减小水压差,便于启闭。开启阀门时先开旁通阀,关闭阀门时则后关旁通阀。或者应用电动阀门以便于启闭。安装在长距离输水管上的电动阀门,应限定开启和闭合的时间,以免因启闭过快而出现水锤现象使水管损坏。

蝶阀的作用和一般阀门相同,但结构简单,开启方便,旋转90°就可全开或全关。蝶阀宽度较一般阀门为小,但闸板全开时将占据上下游管道的位置,因此不能紧贴楔式和平行式阀门旁安装。蝶阀可用在中、低压管线上,例如水处理构筑物和泵站内。

2．止回阀

止回阀是限制压力管道中的水流朝一个方向流动的阀门。阀门的闸板可绕轴旋转。水流方向相反时,闸板因自重和水压作用而自动关闭。止回阀一般安装在水压大于 196 kPa 的泵站出水管上,防止因突然断电或其他事故时水流倒流而损坏水泵设备。

在直径较大的管线上,例如工业企业的冷却水系统中,常用多瓣阀门的单向阀,由于几个阀瓣并不同时闭合,所以能有效地减轻水锤所产生的危害。

3．排气阀和泄水阀

排气阀安装在管线的隆起部分,使管线投产时或检修后通水时,管内空气可经此阀排出。平时用以排除从水中释出的气体,以免空气积在管中,以致减小过水断面面积和增加管线的水头损失。长距离输水管一般随地形起伏敷设,在高处设排气阀。

在管线的最低点须安装泄水阀,它和排水管连接,以排除水管中的沉淀物以及检修时放空水管内的存水。泄水阀和排水管的直径,由所需放空时间决定。放空时间可按一定工作水头下孔口出流公式计算。为加速排水,可根据需要同时安装进气管或进气阀。

（三）管道附属建筑物

1．阀门井

管网中的附件一般应安装在阀门井内。为了降低造价,配件和附件应布置紧凑。阀门井的平面尺寸,取决于水管直径以及附件的种类和数量,但应满足阀门操作和安装拆卸各种附件所需的最小尺寸。井的深度由水管埋设深度确定,但是,井底到水管承口或法兰盘底的距离至少为 0.1 m,法兰盘和井壁的距离宜大于 0.15 m,从承口外缘到井壁的距离,应在 0.3 m 以上,以便于接口施工。阀门井一般用砖砌,也可用石砌或钢筋混凝土建造。阀门井的形式根据所安装的附件类型、大小和路面材料而定。

2．支墩

承插式接口的管线,在弯管处、三通处、水管尽端的盖板上以及缩管处,都会产生拉力,接口可能因此松动脱节而使管线漏水,因此在这些部位须设置支墩以承受拉力和防止事故。但当管径小于 300 mm 或转弯角度小于 10° 且水压力不超过 980 kPa 时,因接口本身足以承受拉力,可不设支墩。

三、水闸工程

水闸是一种能调节水位、控制流量的低水头水工建筑物,具有挡水和泄（引）水的双重功能,在防洪、治涝、灌溉、供水、航运、发电等水利工程中占有重要地位,尤其在平原地区的水利建设中,更得到广泛应用。

（一）概述

1．水闸按任务分类

水闸类型较多,一般按其建闸的作用来分,但事实上几乎所有的水闸都是一闸多用的,因此水闸的分类不可能有严格的界限。通常按其承担的主要任务分为七类:

（1）进水闸。建在河流、湖泊、水库或引水干渠等的岸边一侧,其任务是为灌溉、发电、供水或其他用水工程引取足够的水量。由于它通常建在渠道的首部,又称渠首闸。

(2)拦河闸。拦河闸的闸轴线垂直或接近于垂直河流、渠道布置,其任务是截断河渠、抬高河渠水位、控制下泄流量,又称节制闸。

(3)泄水闸。用于宣泄库区、湖泊或其他蓄水建筑物中无法存蓄的多余水量。

(4)排水闸。用以排除河岸一侧的生活废水和降雨形成的渍水。常建于排水渠末端的江河堤防处。当江河水位较高时,可以关闸,防止江水向堤内倒灌;当江河水位较低时,可以开闸排涝。

(5)挡潮闸。在沿海地区,潮水沿入海河道上溯,易使两岸土地盐碱化;在汛期受潮水顶托,容易造成内涝;低潮时内河淡水流失无法充分利用。为了挡潮、御咸、排水和蓄淡,在入海河口附近修建的闸,称为挡潮闸。

(6)分洪闸。常建于河道的一侧,在洪峰到来时,分洪闸用于分泄河道暂时不能容纳的多余洪水,使之进入预定的蓄洪洼地或湖泊等分洪区,及时削减洪峰。

(7)冲沙闸。为排除泥沙而设置,防止泥沙进入取水口造成渠道淤积,或将进入到渠道内的泥沙排向下游。

此外,还有排冰闸、排污闸等。

2. 水闸按结构分类

按闸室的结构分类,水闸可分为开敞式、胸墙式和封闭式。

(1)开敞式水闸。开敞式水闸的闸室上部没有阻挡水流的胸墙或顶板,过闸水流能够自由地通过闸室,如图3-4-3(a)所示。开敞式水闸的泄流能力大,一般用于有排冰、过木等要求的泄水闸,如拦河闸、排冰闸等。

(2)胸墙式水闸。当上游水位变幅大,而下泄流量又受限制时,为了避免闸门过高,可设置胸墙,如图3-4-3(b)所示,胸墙式水闸在低水位过流时也属于开敞式,在高水位过流时为孔口出流。胸墙式水闸多用于进水闸、排水闸和挡潮闸等。

(3)封闭式水闸。在闸(洞)身上面填土成为封闭的水闸,如图3-4-3(c)所示,又称涵洞式水闸。这类水闸与开敞式水闸的主要区别在于闸室后面有洞身段,洞顶有填土覆盖,以利于洞身的稳定,也便于交通。这类水闸常修建在挖方较深的渠道中及填土较高的河堤下。

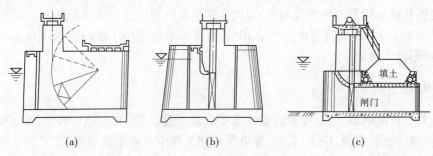

(a)   (b)   (c)

图3-4-3 水闸的结构型式

在上述水闸中,开敞式水闸应用较为广泛,以下所指的水闸均为开敞式水闸。

(二)水闸的主要组成及闸室构造

1. 水闸的主要组成

水闸由上游连接段、闸室和下游连接段三部分组成,如图3-4-4所示,现分述如下。

(1)闸室是水闸的主体工程,起挡水和调节水流的作用。闸室包括底板、闸墩、边墩(或岸墙)、闸门、工作桥及交通桥等。底板是闸室的基础,承受闸室全部荷载并较均匀地传递给地基,还可利用底板与地基之间的摩阻力来维持水闸稳定;同时底板又具有防冲和防渗等作用。闸墩主要是分隔闸孔、支承闸门、工作桥及交通桥。边孔靠岸一侧的闸墩,称为边墩。在一般情况下,边墩除具有闸墩作用外,还具有挡土及侧向防渗作用。

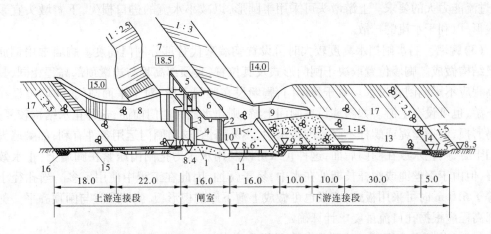

1—闸室底板;2—闸墩;3—胸墙;4—闸门;5—工作桥;6—交通桥;7—堤顶;8—上游翼墙;
9—下游翼墙;10—护坦;11—排水孔;12—消力坎;13—海漫;14—防冲槽;15—铺盖;16—上游防冲槽;17—护坡

图 3-4-4　水闸立体示意图　(单位:m)

(2)上游连接段。上游连接段包括上游翼墙、铺盖、护底、上游防冲槽及上游护坡等五个部分。上游翼墙能使水流平顺地进入闸孔,保护闸前河岸不受冲刷,还有侧向防渗作用。铺盖主要起防渗作用,但其表面应满足防冲要求。护底设在铺盖上游,起着保护河床的作用。上游防冲槽可防止河床冲刷,保护上游连接段起点处不致遭受损坏。

(3)下游连接段。下游连接段通常包括下游翼墙、消力池、海漫、下游防冲槽及下游护坡等五个部分。下游翼墙能使闸室水流均匀扩散,还有防冲和防渗作用。消力池是消除过闸水流动能的主要设施,并具有防冲等作用。海漫能继续消除剩余能量,并保护河床不受冲刷,下游防冲槽则是设在海漫末端的防冲措施。

2.闸室构造

(1)闸室底板。闸室底板型式通常有平底板、低堰底板及折线底板,可根据地基、泄流等条件选用。一般情况下,平底板使用较多;在松软地基上且荷载较大时,也可采用箱式平底板。当需要限制单宽流量而闸底建基高程不能抬高,或因地基表层松软需要降低闸底建基高程,或在多泥沙河流上有拦沙要求时,可采用低堰底板。在坚实或中等坚实地基上,当闸室高度不大,自上、下游河(渠)底高差较大时,可采用折线底板,其后部可作为消力池的一部分。

开敞式闸室结构的底板按照闸墩与底板的连接方式又可分为整体式和分离式两种。

闸室底板与闸墩一起浇筑,在结构上形成一个整体,称为整体式底板。整体式底板能够将上部桥梁、设备及闸墩的重量传递给地基,使地基应力趋于均匀。整体式平底板可用于地基条件较差的情况。整体式底板一般在 1~3 个闸室之间设一道永久变形缝,形成数孔一联,以适应温度变化和地基不均匀沉降。

分离式平底板的两侧设置分缝,底板与闸墩在结构上互不传力。闸墩和上部设备的重量通过闸墩传到地基,底板只起防渗、防冲的作用。分离式底板的厚度只需要满足自身的稳定要求,厚度较整体式底板薄。分离式底板适用于闸孔大于 8 m 的情况。

(2)闸墩。闸墩的作用主要是分隔闸孔,并作为闸门及上部结构的支承。闸墩的结构型式应根据闸室结构抗滑稳定性和闸墩纵向刚度要求确定,一般宜采用实体式,常用混凝土、少筋混凝土或浆砌块石等材料做成。闸墩外形轮廓设计应满足过闸水流平顺、侧向收缩小、过流能力大的要求。上游墩头可采用半圆形,以减小水流的进口损失;下游墩头宜采用流线形,以利于水流的扩散。

(3)胸墙。当水闸挡水高度较大时可设置胸墙来代替部分闸门高度。胸墙常用钢筋混凝土结构做成。胸墙位置取决于闸门形式及其位置,其顶部高程与边墩顶部高程相同,其底部高程应不影响闸孔过水。对于弧形门,胸墙设在闸门上游;对于平面闸门,胸墙可设在闸门下游,也可设在上游。如胸墙设在闸门上游,则止水放在闸门前面,这种止水结构较复杂,且易磨损,但钢丝绳或螺杆不必浸泡在水中,不易锈蚀,这对闸门运用条件有利;如胸墙设在闸门下游,则止水放在闸门后面,这种止水可以利用水压力把闸门压紧在胸墙上,止水效果较好,但由于钢丝绳或螺杆长期处在水中,易于锈蚀,因此在工程中使用不多。当孔径小于或等于 6.0 m 时可采用板式,墙板也可做成上薄下厚的楔形板,胸墙顶宜与闸顶齐平。胸墙底部高程应根据孔口流量要求计算确定。

(4)工作桥及交通桥。为了安装启闭设备和便于工作人员操作的需要,通常在闸墩上设置工作桥。桥的位置由启闭设备、闸门类型及其布置和启闭方式而定。工作桥的高程与闸门、启闭设备的型式、闸门高度等有关,一般应使闸门开启后,门底高于上游最高水位,以免阻碍过闸水流。对于平面直升门,若采用固定启闭设备,桥的高度(即横梁底部高程与底板高程的差值)为门高的 2 倍加 1.0 ~ 1.5 m 的富裕高度。对于弧形闸门及升卧式平面闸门,工作桥高度可以降低很多,具体应视工作桥的位置及闸门吊点位置等条件而定。小型工程的工作桥一般采用板式结构,大中型工程多采用装配式板梁结构。建闸后为便于行人或车辆通行,通常也在闸墩上设置交通桥,交通桥的位置应根据闸室稳定及两岸交通连接的需要而定。一般布置在闸墩的下游侧,如图 3-4-5 所示。

(5)分缝及止水。

①分缝。闸室沿轴线每隔一定距离应设一永久缝(包括沉降缝、伸缩缝),以免闸室因地基不均匀沉陷或温度变化而产生裂缝。缝的间距视地基土质情况及闸室荷载变化情况而定,但不宜大于 30 m,缝宽一般为 2 ~ 2.5 cm(纯粹的伸缩缝宽 1 ~ 4 mm)。

②止水。水闸设缝后,凡是具有防渗要求的缝都需设置止水设备。止水设备除应满足防渗要求外,还应能适应混凝土收缩及地基不均匀沉降的变形,同时也要构造简单,易于施工。按位置不同止水可分为铅直止水及水平止水两种。止水交叉处必须妥善处理,以形成完整的止水体系。交叉止水片的连接方式有柔性连接和刚性连接两种。实际工程中可根据交叉类型及施工条件选用。一般铅直交叉常用柔性连接,而水平交叉多用刚性连接。

(三)水闸的工作特点

虽然水闸是一低水头建筑物,但多数修建在软土地基上,所以它在抗滑稳定、防渗、消能防冲及沉陷等方面都有其自身的工作特点。

(1)当水闸挡水时,上、下游水位差造成较大的水平水压力,使水闸有可能产生向下游一侧的滑动;同时,在上下游水位差的作用下,闸基及两岸均产生渗流,渗流将对水闸底部施加向上的渗透压力,减小了水闸的有效重量,从而降低了水闸的抗滑稳定性。因此,水闸必

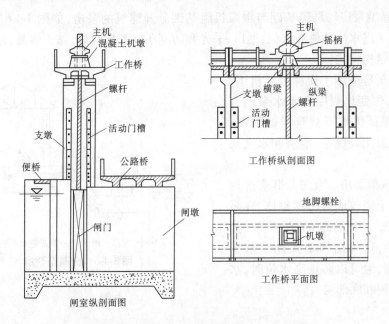

图 3-4-5　螺杆式启闭机的工作桥布置示意图

须具有足够的重量以维持自身的稳定。土基渗流除产生渗透压力不利于闸室稳定外,还可能将地基及两岸土壤的细颗粒带走,形成管涌或流土等渗透变形,严重时闸基和两岸的土壤会被淘空,危及水闸安全。

（2）当水闸开闸泄水时,在上下游水位差的作用下,过闸水流有较大动能,流速较大,可能会严重地冲刷下游河床及两岸,当冲刷范围扩大到闸室地基时会导致水闸失事,因此设计水闸时必须采取有效的消能防冲措施。

（3）在软土地基上建闸,由于地基的抗剪强度低,压缩性比较大,在水闸的重力和外荷载作用下,可能产生较大沉陷,尤其是不均匀沉陷会导致水闸倾斜,甚至断裂,影响水闸正常使用。

四、泵站

（一）泵站的主要建筑物

（1）进水建筑物。包括引水渠道、前池、进水池等。其主要作用是衔接水源地与泵房,其体型应有利于改善水泵进水流态,减少水力损失,为水泵创造良好的引水条件。

（2）出水建筑物。有出水池和压力水箱两种主要形式。出水池是连接压力管道和灌排干渠的衔接建筑物,起消能稳流作用。压力水箱是连接压力管道和压力涵管的衔接建筑物,起汇流排水的作用,这种结构形式适用于排水泵站。

（3）泵房。安装水泵、动力机和辅助设备的建筑物,是泵站的主体工程,其主要作用是为主机组和运行人员提供良好的工作条件。泵房结构形式的确定,主要根据主机组结构性能、水源水位变幅、地基条件及枢纽布置,通过技术经济比较,择优选定。泵房结构形式较多,常用的有固定式和移动式两种,下面分别介绍。

（二）泵房的结构型式

1. 固定式泵房

固定式泵房按基础型式的特点又可分为分基型、干室型、湿室型和块基型四种。

（1）分基型泵房。泵房基础与水泵机组基础分开建筑的泵房，如图3-4-6所示，这种泵房的地面高于进水池的最高水位，通风、采光和防潮条件都比较好，施工容易，是中小型泵站最常采用的结构型式。

分基型泵房适用于安装卧式机组，且水源的水位变化幅度小于水泵的有效吸程，以保证机组不被淹没的情况。要求水源岸边比较稳定，地质和水文条件都比较好。

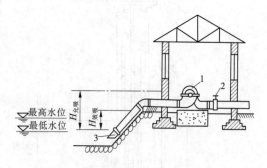

1—水泵；2—闸阀；3—斜式进水喇叭

图3-4-6　分基型泵房

（2）干室型泵房。泵房及其底部均用钢筋混凝土浇筑成封闭的整体，在泵房下部形成一个无水的地下室，如图3-4-7所示，这种结构型式比分基型复杂，造价高，但可以防止高水位时，水通过泵房四周和底部渗入。

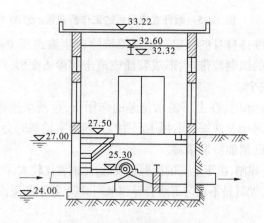

图3-4-7　干室型泵房

干室型泵房不论是卧式机组还是立式机组都可以采用，其平面形状有矩形和圆形两种，其立面上的布置可以是一层的或者多层的，视需要而定。这种型式的泵房适用于以下场合：水源的水位变幅大于泵的有效吸程；采用分基型泵房在技术和经济上不合理；地基承载能力较低和地下水位较高，设计中要校核其整体稳定性和地基应力。

（3）湿室型泵房。其下部有一个与前池相通并充满水的地下室的泵房。一般分两层，下层是湿室，上层安装水泵的动力机和配电设备，水泵的吸水管或者泵体淹没在湿室的水面以下，如图3-4-8所示。湿室可以起着进水池的作用，湿室中的水体重量可平衡一部分地下水的浮托力，增强了泵房的稳定性。口径1 m以下的立式或者卧式轴流泵及立式离心泵都可以采用湿室型泵房，这种泵房一般都建在软弱地基上，因此对其整体稳定性应予以足够的重视。

（4）块基型泵房。用钢筋混凝土把水泵的进水流道与泵房的底板浇成一块整体，并作为泵房的基础的泵房。安装立式机组的这种泵房立面上按照从高到低的顺序可分为电机层、连轴层、水泵层和进水流道层，如图3-4-9所示。水泵层以上的空间相当于干室型泵房的干室，可安装主机组、电气设备、辅助设备和管道等；水泵层以下进水流道和排水廊道，相

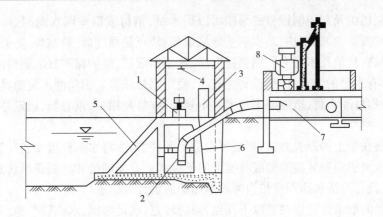

1—立式电机;2—立式轴流泵;3—开关柜;4—起重设备;5—拦污栅;
6—挡土墙;7—压力水箱;8—变压器

图 3-4-8　湿室型泵房

当于湿室型泵房的进水池。进水流道设计成钟形或者弯肘形,以改善水泵的进水条件。从结构上看,块基型泵房是干室型和湿室型泵房的发展。由于这种泵房结构的整体性好,自身的质量大、抗浮和抗滑稳定性较好,它适用于以下情况:口径大于 1.2 m 的大型水泵;需要泵房直接抵挡外河水压力;各种地基条件。根据水力设计和设备布置确定这种泵房的尺寸之后,还要校核其抗渗、抗滑以及地基承载能力,确保在各种外力作用下,泵房不产生滑动倾倒和过大的不均匀沉降。

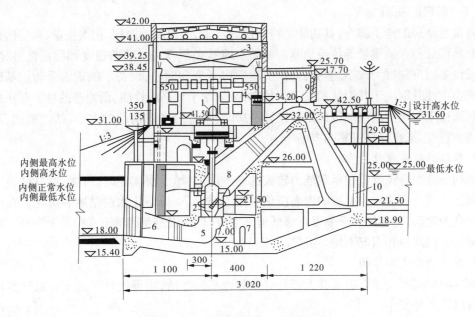

图 3-4-9　块基型泵房 （单位:cm）

2. 移动式泵房

在水源的水位变化幅度较大,建固定式泵站投资大、工期长,施工困难的地方,应优先考虑建移动式泵站。移动式泵房具有较大的灵活性和适应性,没有复杂的水下建筑结构,但其运行管理比固定式泵站复杂。这种泵房可以分为泵船和泵车两种。

　　承载水泵机组及其控制设备的泵船可以用木材、钢材或钢丝网水泥制造。木制泵船的优点是一次性投资少、施工快、基本不受地域限制;缺点是强度低、易腐烂、防火效果差、使用期短、养护费高,且消耗木材多。钢船强度高,使用年限长,维护保养好的钢船使用寿命可达几十年,它没有木船的缺点;但建造费用较高,使用钢材较多。钢丝网水泥船具有强度高、耐久性好、节省钢材和木材、造船施工技术并不复杂、维修费用少、重心低、稳定性好、使用年限长等优点。

　　根据设备在船上的布置方式,泵船可以分为两种型式:将水泵机组安装在船甲板上面的上承式和将水泵机组安装在船舱底骨架上的下承式。泵船的尺寸和船身形状根据最大排水量条件确定,设计方法和原则应按内河航运船舶的设计规定进行。

　　选择泵船的取水位置应注意以下几点:河面较宽,水足够深,水流较平稳;洪水期不会漫坡,枯水期不出现浅滩;河岸稳定,岸边有合适的坡度;在通航和放筏的河道中,泵船与主河道有足够的距离防止撞船;应避开大回流区,以免漂浮物聚集在进水口,影响取水;泵船附近有平坦的河岸,作为泵船检修的场地。

　　泵车是将水泵机组安装在河岸边轨道上的车辆内,根据水位涨落,靠绞车沿轨道升降小车改变水泵的工作高程的提水装置。其优点是不受河道内水流的冲击和风浪运动的影响,稳定性较泵船好;缺点是受绞车工作容量的限制,泵车不能做得太大,因而其抽水量较小。其使用条件如下:水源的水位变化幅度为 $10 \sim 35$ m,涨落速度不大于 2 m/h;河岸比较稳定,岸坡地质条件较好,且有适宜的倾角,一般以 $10° \sim 30°$ 为宜;河流漂浮物少,没有浮冰,不易受漂木、浮筏、船只的撞击;河段顺直,靠近主流;单车流量在 1 m/s 以下。

(三)泵房的基础

　　基础是泵房的地下部分,其功能是将泵房的自重、房顶屋盖面积、积雪重量、泵房内设备重量及其荷载和人的重量等传给地基。基础和地基必须具备足够的强度和稳定性,以防止泵房或设备因沉降过大或不均匀沉降而引起厂房开裂和倾斜,设备不能正常运转。基础的强度和稳定性既取决于其形状和选用的材料,又依赖于地基的性质,而地基的性质和承载能力必须通过工程地质勘测加以确定。设计泵房时,应综合考虑荷载的大小、结构型式、地基和基础的特性,选择经济可靠的方案。

　　1. 基础的埋置深度

　　基础的底面应该设置在承载能力较大的老土层上,填土层太厚时,可通过打桩、换土等措施加强地基承载能力。基础的底面应该在冰冻线以下,以防止水的结冰和融化。在地下水位较高的地区,基础的底面要设在最低地下水位以下,以避免因地下水位的上升和下降而增加泵房的沉降量和引起不均匀沉陷。

　　2. 基础的型式和结构

　　基础的型式和大小取决于其上部的荷载和地基的性质,需通过计算确定。泵房常用的基础有以下几种。

　　(1)砖基础。用于荷载不大、基础宽度较小、土质较好及地下水位较低的地基上,分基型泵房多采用这种基础。由墙和大放脚组成,一般砌成台阶形,由于埋在土中比较潮湿,需采用不低于 75 号的黏土砖和不低于 50 号的水泥砂浆砌筑。

　　(2)灰土基础。当基础宽度和埋深较大时,采用这种型式,以节省大放脚用砖。这种基础不宜做在地下水和潮湿的土中,由砖基础、大放脚和灰土垫层组成。

（3）混凝土基础。适合于地下水位较高、泵房荷载较大的情况。可以根据需要做成任何形式，其总高度小于0.35 m时，截面长做成矩形；总高度在0.35～1.00 m，用踏步形；基础宽度大于2.0 m，高度大于1.0 m时，如果施工方便常做成梯形。

（4）钢筋混凝土基础。适用于泵房荷载较大，而地基承载力又较差和采用以上基础不经济的情况。由于这种基础底面有钢筋，抗拉强度较高，故其高宽比较前述基础小。

五、倒虹吸

当渠道跨越山谷、河流、道路或其他渠道时，除渡槽外还可采用埋设在地面以下或直接沿地面敷设的压力管道，称倒虹吸管。因其形如虹吸管倒置而得名，并不以虹吸作用过水。倒虹吸管与渡槽相比，较适应的场合是：所跨越的河谷深而宽，采用渡槽太贵；渠道与道路、河流交叉而高差相差很小；用水部门对水头损失要求不严等，一般说来倒虹吸管造价较渡槽低廉，施工亦较方便，小型工程用得更多些。

倒虹吸管由进口段、管身和出口段三部组成，进出口段要与渠道平顺连接，一般都设渐变段以减少水头损失，并设置铺盖、护底等防渗、防冲设施。为防止漂浮物进入管内，进口段设有拦污栅，同时应设检修门以便可能对管道进行检修。有时进口前还要设置沉沙池或沉沙井。根据地形高差大小及其他条件，倒虹吸管可以采用以下几种布置形式。

对于高差和规模都小的倒虹吸管，可用斜管式或竖井式布置。如图3-4-10(a)所示为实际工程中采用较多的斜井式，管内水流较顺畅。如图3-4-10(b)所示为竖井式，多用于穿过道路的流量不大、压力水头也较小($H<3～5$ m)的倒虹吸管，井底一般设0.5 m深的集沙坑，以便清除泥沙及修理水平段时排水之用。竖井式水流条件较差些，但施工较易。

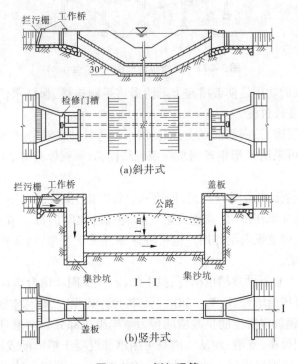

图3-4-10　倒虹吸管

当倒虹吸管跨越干谷或两岸为山坡时,管道可直接沿地面敷设,优点是开挖工程量小,容易检修;缺点是受气温影响,内外壁将产生较大温差,从而引起较大的温度应力,如设计施工不周,管壁可能裂缝而漏水。为此倒虹吸管宜有适当埋深,以减少内外管壁温差。一般当两岸管道通过耕地时管道应埋于耕作层之下;在冰冻地区,管道顶部应埋在冰冻层以下;管道穿过河沟时,管顶应在冲刷线以下 0.5 m;管道穿过公路时,管顶应在路面下 1 m 左右。

当倒虹吸管越过很深的河谷及山沟时,为减少施工困难,降低倒虹吸管中段的压力水头,缩短管路长度和减小管路中的沿程损失,可在深槽部分建桥,在桥上铺设管道,称为桥式倒虹吸管。桥下应留泄洪所需的足够净空。管道在桥头两端以及山坡转折处都应设镇墩,并于镇墩上开设放水检修孔,放水检修孔的出流不得冲刷岸坡和桥基。

倒虹吸管常用钢筋混凝土圆形断面,小型工程也可用浆砌石矩形断面。为防止沿管线不均匀沉陷及温度变形导致的破坏,可设沉陷缝,管长 30 m 以内时可以不设。

六、渡槽

当渠道须跨越山谷、河流以及其他建筑物时,另一种常用的交叉建筑物是渡槽。渡槽由进、出口段,槽身及其支承结构等部分组成,如图 3-4-11 所示,以明渠流态输水。

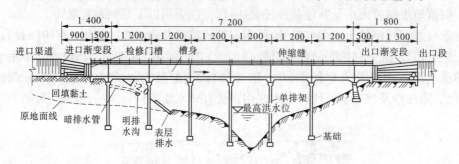

图 3-4-11　渡槽纵剖面图　(单位:cm)

渡槽进、出口段的功用是使渡槽与上下游渠道平顺连接,保持水流顺畅,为此常做成扭曲面或喇叭形的渐变段过渡。

渡槽槽身可由浆砌石、钢筋混凝土、钢丝网水泥等各种材料建造,横断面形态多为矩形,中小流量情况下也可采用 U 形钢丝网水泥薄壳结构,后者壁厚只有 2 ~ 3 cm,须有较高的施工工艺水平。

槽身的支承结构形式主要有三类,即梁式、拱式和桁架拱式。图 3-4-11 所示为梁式渡槽,槽身一节一节地支承在排架(或重力墩)上,伸缩缝之间的每一节槽身沿纵向有两个支点,槽身在结构上起简支纵向梁作用。也可将伸缩缝设于跨中,每节槽身长度取 2 倍跨度,而成为简支双悬臂梁。

图 3-4-12 所示实腹石拱渡槽由槽身、拱上结构、主拱圈和墩台组成,荷载由槽身经拱上结构传给主拱圈,再传给墩台、地基。如拱上结构也用连拱式,则称空腹石拱渡槽。

图 3-4-13 所示钢筋混凝土肋拱渡槽的传力结构组成部分为由槽身到拱上排架,由排架到肋拱,再由肋拱到拱座、支墩、地基。槽身可用钢筋混凝土矩形槽或钢丝网水泥薄壳 U 形槽,整个结构较石拱渡槽轻得多。肋拱可用三铰拱结构,也可用无铰拱,后者要有纵向受力钢筋伸入墩帽内。不太宽的渡槽用双肋(即两片肋拱)并以横系梁加强两者的整体性即可。

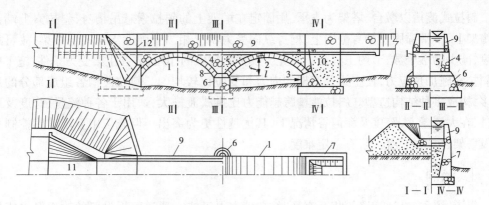

1—拱圈;2—拱顶;3—拱脚;4—边墙;5—拱上填料;6—槽墩;7—槽台;

8—排水管;9—槽身;10—垫层;11—渐变段;12—变形缝

图 3-4-12　实腹石拱渡槽

很宽的渡槽,则可采用拱肋、拱波和横向联系组成的双曲拱。

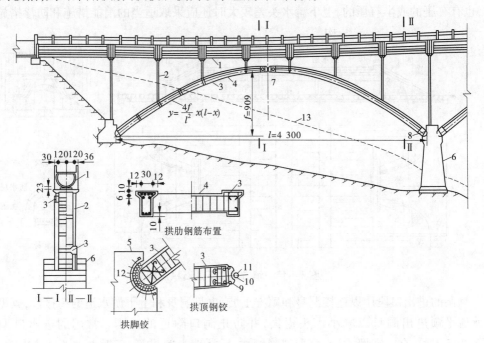

$$y = \frac{4f}{l^2}x(l-x)$$

$f=909$

$l=4\ 300$

拱肋钢筋布置

拱顶钢铰

拱脚铰

1—钢筋混凝土 U 形槽身;2—钢筋混凝土排架;3—钢筋混凝土肋拱;

4—钢筋混凝土横系梁;5—混凝土拱座;6—混凝土槽墩;7—拱顶钢铰;8—拱脚铰;

9—铰座;10—铰套;11—铰轴;12—钢板镶护;13—原地面线

图 3-4-13　肋拱渡槽　（单位:cm）

桁架拱式渡槽与一般拱式渡槽的区别仅是支承结构采用桁架拱。桁架拱是几个桁架拱片通过横向联系杆拼结而成的杆件系统结构。桁架拱片是由上、下弦杆和腹杆组成的平面拱形桁架。渡槽槽身以集中荷载方式支承于桁架结点上,可以是上承式、下承式、中承式及复拱式等形式。桁架拱一般采用钢筋混凝土结构,其中受拉腹杆还可采用预应力钢筋混凝土建造。由于结构整体刚度大而重量轻且与墩台之间可以铰接以适应地基变位,故能用于软基,另外所跨越的河流为通航河道时,能提供槽下较大的通航净空。

斜拉式渡槽以墩台、塔架为支承,用固定在塔架上的斜拉索悬吊槽身,斜拉索上端锚固于塔架上,下端锚固于槽身侧墙上,槽身纵向受力状况相当于弹性支承的连续梁,故可加大跨度,减少槽墩个数,节约工程量。为充分发挥斜拉索的作用,改善主梁受力条件,施工中需对斜拉索施加预应力,使主梁及塔架的内力和变位比较均匀。斜拉渡槽各组成部分的形式很多,构成多种结构造型。斜拉渡槽跨越能力比拱式渡槽大,适用于各种流量、跨度及地基条件,在大流量、大跨度及深河谷情况下,其优越性更为突出。但施工中要求准确控制索拉力及塔架、主梁的变位等,有一定难度。

七、涵洞

渠道、溪谷、交通道路等相互交叉时,在填方渠道或交通道路下设置的输送渠水或排泄溪谷来水的建筑物即涵洞。如图 3-4-14 所示,涵洞由进口、洞身和出口三部分组成,一般不设闸门。涵洞内水流形态可以设计成无压的、有压的或半有压的。用于输送渠水的涵洞上下游水位差较小,常用无压涵洞,洞内设计流速一般取 2 m/s 左右。用于排水涵洞既有无压的,也有有压的或半有压的,上下游水头差较大时还应采取适当的消能措施和防渗措施。

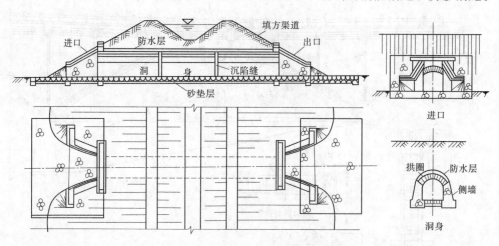

图 3-4-14　填方渠道下的石拱涵洞

涵洞的进出口段用以连接洞身和填方土坡,也是洞身和上下游水道的衔接段,其型式应使水流平顺进出洞身以减小水头损失,并防止洞口附近的冲刷。常用的进出口型式如图 3-4-15 所示,有一字墙式、八字形斜降墙式、反翼墙走廊式等,三者水力条件依次改善,而工程量依次增加。此外,还有八字墙伸出填土坡外以及进口段高度加大两种型式,最后这种型式可使水流不封闭洞顶,进口水面跌落在加高范围内。不论哪种型式,一般都根据规模大小采用浆砌石、混凝土或钢筋混凝土建造。

涵洞洞身断面可为圆形、矩形、拱形等。有压涵洞与倒虹吸管一样常用圆管作为洞身,而且常用预应力钢筋混凝土管在现场装配埋设,故也称涵管。按埋设方式还可分沟埋式及上埋式两种。沟埋式是将涵洞埋设于较深的沟槽中,槽壁天然土壤坚实,管道上部及两侧用土回填;上埋式是将涵管直接置于原地面再填土,多用于涵管横穿路、堤的情况。

矩形断面涵洞有箱形涵洞和盖板式涵洞两种。箱涵多为四边封闭的钢筋混凝土结构,具有较好的整体静力工作条件。泄流量大时还可双孔或多孔相连,这种涵洞(见图 3-4-16

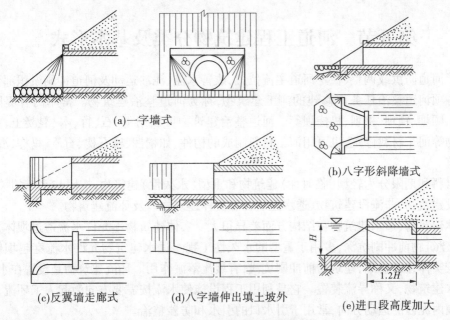

(a)一字墙式

(b)八字形斜降墙式

(c)反翼墙走廊式　　　(d)八字墙伸出填土坡外　　　(e)进口段高度加大

图 3-4-15　涵洞的进出口型式

(a))适用于洞顶填土厚、洞跨大和地基较差的无压或低压涵洞。盖板式涵洞由侧墙、底板和盖板组成(见图 3-4-16(b)、(c)),侧墙及底板多用浆砌石或混凝土做成,盖板则用钢筋混凝土简支于侧墙,适用于洞顶荷载较小和跨度较小的无压涵洞。

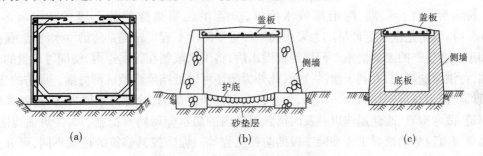

(a)　　　　　　　　　　(b)　　　　　　　　　　(c)

图 3-4-16　箱形涵洞、盖板式涵洞

全由砌石建成的拱形涵洞(见图 3-4-17)在工程中常多采用,由拱圈、侧墙及底板组成,受力条件较好,适用于填土高度及跨度都较大的无压涵洞。

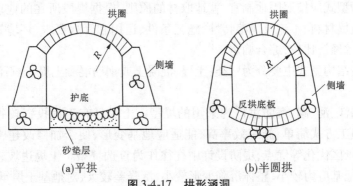

(a)平拱　　　　　　　　　　(b)半圆拱

图 3-4-17　拱形涵洞

第五节　河道工程建筑物分类及基本形式

为了河道防洪或调整、稳定河道主流位置,改善水流、泥沙运动及河道冲刷淤积部位,达到满足各项河道整治任务而修建的河工建筑物,称为河道整治建筑物。常用的有堤防、护岸、丁坝、顺坝、锁坝、桩坝、杩槎坝等。河道整治建筑物可以用土、石、竹、木、混凝土、金属、土工织物等河工材料修筑,也可用河工材料制成的构件,如梢捆、柳石枕、石笼、杩槎、混凝土块等修筑。

按材料和期限分为轻型(临时性)建筑物和重型(永久性)建筑物;按照与水流的关系可分为淹没建筑物、非淹没建筑物、透水建筑物和实体建筑物以及环流建筑物。

实体建筑物、透水建筑物在结构方面差异很大。实体建筑物不允许水流透过坝体,导流能力强,建筑物前冲刷坑深,多用于重型的永久性工程。透水建筑物允许水流穿越坝体,导流能力较实体建筑物小,建筑物前冲刷坑浅,有缓流落淤作用。环流建筑物是设置在水中的导流透水建筑物,又称导流装置。它是利用工程设施使水流按需要方向激起人工环流,控制一定范围内泥沙的运动方向,常用于引水口的引水和防沙整治。

河道整治建筑物就岸布设,可组成防护性工程,防止堤岸崩塌,控制河流横向变形;建筑物沿规划治导线布设,可组成控导性工程,导引水流,改善水流流态,治理河道。

一、堤防

堤防指在江、河、湖、海沿岸或水库区,分蓄洪区周边修建的土堤或防洪墙等(见图3-5-1)。堤防是世界上最早广为采用的一种重要防洪工程。筑堤是防御洪水泛滥、保护居民和工农业生产的主要措施。河堤约束洪水后,将洪水限制在行洪道内,使同等流量的水深增加,行洪流速增大,有利于泄洪排沙,此外堤防还可以抵挡风浪及抗御海潮。堤防的建设,一般都与河道整治密切结合。例如,为了扩大河道泄洪能力,除加高培厚堤防,还要采取疏浚河道、裁弯取直、改建退建以及及时清除河道内的阻水障碍物等措施。为了巩固堤防,需要修建河道流势的控导工程和险工段的防护工程等。堤防按其修筑的位置不同,可分为河堤、江堤、湖堤、海堤以及水库、蓄滞洪区低洼地区的围堤等;堤防按其功能可分为干堤、支堤、子堤、遥堤、隔堤、行洪堤、防洪堤、围堤(圩垸)、防浪堤等;堤防按建筑材料可分为土堤、石堤、土石混合堤和混凝土防洪墙等。

堤防的断面型式应按照因地制宜、就地取材的原则,根据堤段所在的地理位置、重要程度、堤址地质、筑堤材料、水流及风浪特性、施工条件、运用和管理要求、环境景观、工程造价等因素,经过技术经济比较,综合确定。

堤防工程按结构型式主要分为三类:土堤、混凝土或钢筋混凝土堤、土石混合堤。

(一)土堤

土堤是我国江、河、湖、海防洪广为采用的堤型。土堤具有工程投资较省、施工条件简单、就近取材、施工方式简单、施工效率高、能适应地基变形、便于加修改建、易于作绿化处理、有利于城市景区优化等优点,堤防设计中往往作为首选堤型。土堤边坡较缓、地基与地基接触面较大、地基应力较小、整体沉降变形较小、沉降差较大、对地基土层承载力的要求不高、适用于软弱地基,但土堤堤身填筑材料需求较多,其防渗、防冲的可靠性以及抗御超额洪

图 3-5-1　堤防示意图

水与漫顶的能力较弱。因此,在进行土堤设计时应充分考虑堤防的占地、土料储量问题和做好防冲刷的处理措施,设计中根据水流冲刷影响情况,往往在临水面采用草皮护坡、浆砌石护坡或混凝土护坡。对地质较差、有软弱土层存在、地基处理难度较大或不经济、波浪较大、堤身较高的堤段,宜采用此堤型。

(二)混凝土或钢筋混凝土堤

混凝土、钢筋混凝土堤工程占地少,用土量少,抗冲刷能力强,风浪爬高小,因而安全超高也小,堤防的整体性能较好,但对软基的适应能力差,且造价高。此堤型适合于地质较好,虽有软弱土层存在,但经地基加固处理后在经济上合理,河道行洪断面小,需征用土地较多,且堤岸受冲刷严重的地段。

(三)土石混合堤

土石混合堤是一种应用较为广泛的堤型,一般为土堤结合前坡钢筋混凝土或浆砌石挡土墙,可减少堤防占用河道、耕地,也可用路堤结合情况。既减少了占用河道面积、满足了行洪,节省了征占地费用,又利于城市美化,便于结合环保、绿化等建设。

二、堤岸防护

(一)护岸分类

堤岸防护工程一般可分为坝式护岸、墙式护岸、坡式护岸(平顺护岸)等几种。

1. 坝式护岸

坝式护岸是指修建丁坝、顺坝等,将水流挑离堤岸,以防止水流、波浪或潮汐对堤岸的冲刷,这种形式多用于游荡性河流的护岸。坝式护岸分为丁坝、顺坝、丁顺坝、潜坝四种形式,坝体结构基本相同。

丁坝是一种间断性的有重点的护岸形式,具有调整水流的作用。在河床宽阔、水浅流缓的河段,常采用这种护岸形式。现有传统丁坝结构通常采用土心外裹护防冲材料的型式,一般分为土心、护坡和护脚三部分。丁坝坝头底脚常有垂直漩涡发生,以致冲刷为深塘,故坝前应予保护或将坝头构筑坚固,丁坝坝根需埋入堤岸内,如图 3-5-2 所示。

2. 墙式护岸

墙式护岸是指顺堤岸修筑的竖直陡坡式挡墙,墙式护岸(见图 3-5-3)也称重力式护岸,顺堤岸设置,具有断面小、占地少的优点,但要求地基满足一定的承载能力。墙式护岸可分

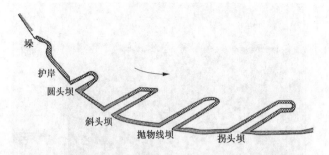

图 3-5-2　丁坝平面示意图

为直立式、陡坡式、折线式、卸荷台阶式等。

（1）形式。坡度大于45°,迎水面采用块石和条石,也可采用混凝土、毛石混凝土浇筑,后方以土料填筑。

（2）优点。断面小,土方量少;施工中以石方掩护土方,减少土方流失,适用于小潮低潮位附近、滩面高程比较低的围堤工程;爬高小。

（3）缺点。地基应力集中,地基要求高(一般在基床上);波浪反射大,以立波为主,时常引起底流速增大,易产生堤角冲刷;堤前有破波,浪压力作用强烈,对堤身破坏性大;破坏以后难修复。

图 3-5-3　墙式护岸示意图

3. 坡式护岸

（1）形式。坡度小于45°,堤身以土料填筑为主,也有碾压砂卵石填筑,迎水面设护坡。

（2）护坡种类。干砌块石或条石、浆砌块石、抛石、混凝土预制板、现浇整体混凝土、沥青混凝土、人工块体、水泥土和草皮护坡。

（3）特点。迎水面坡度较缓,稳定性好,堤前反射小;堤身宽度大,地基应力引起的堤身变形适应性强,便于修复。

（4）缺点。波浪爬高大,在滩地高程比较低的情况下,由于施工时往往要求先堆土方,后做护坡,容易导致土方流失,所以常应用在小潮高潮位以上的高滩围垦海堤工程。

（二）护坡与护脚

堤防护岸工程通常包括水上护坡和水下护脚两部分。水上与水下之分均对枯水施工期而言,护岸工程的施工原则是先护脚后护坡。

1. 护脚、护坡的施工技术

(1)护脚工程施工技术。下层护脚为护岸工程的根基,其稳固与否,决定着护岸工程的成败,实践中所强调的"护脚为先"就是对其重要性的经验总结。护脚工程及其建筑材料要求能抵御水流的冲刷及推移质的磨损;具有较好的整体性并能适应河床的变形;较好的水下防腐朽性能;便于水下施工并易于补充修复,水下护脚工程位于水下,经常受水流的冲击和淘刷,需要适应水下岸坡和河床的变化,所以需采用具有柔性结构的防护形式,常采用的有抛石护脚、石笼护脚、沉枕护脚、铰链混凝土板沉排、铰链混凝土板-聚酯纤维布沉排、铰链式模袋混凝土沉排、各种土工织物软体沉排等。

(2)护坡工程施工技术。护坡工程除受水流冲刷作用外,还要承受波浪的冲击及地下水外渗的侵蚀。其次,因处于河道水位变动区,时干时湿,这就要求其建筑材料坚硬、密实,能长期耐风化。水上护坡工程是堤防或河岸坡面的防护工程,它与护脚工程是一个完整的防护体系。护坡工程的型式很多,目前,常见的护坡工程结构型式有砌石护坡、现浇混凝土护坡、预制混凝土板护坡和模袋混凝土护坡、植草皮、植防浪林护坡等。

2. 护脚护坡分类

1)砌石护坡

砌石护坡应按设计要求削坡,并铺好垫层或反滤层。砌石护坡包括干砌石护坡、浆砌石护坡和灌砌石护坡。

(1)干砌石护坡。干砌石砌筑可分为面石和腹石,面石是指护坡表面的砌石层,嵌缝石是紧固面石的辅助石料,腹石是填充在面石后面的石料。面石的块重和厚度是通过设计计算确定的,其块重应符合设计要求。

护坡厚度是指面石和腹石加起来的厚度。

坡面较缓(1:2.5~1:3),受水流冲刷较轻的坡面,采用单层干砌块石护坡或双层干砌块石护坡。干砌石护坡应由低向高逐步铺砌,要嵌紧、整平,铺砌厚度应达到设计要求,上下层砌石应错缝砌筑。

坡面有涌水现象时,应在护坡层下铺设15 cm以上厚度的碎石、粗砂或砂砾作为反滤层,封顶用平整块石砌护。干砌石护坡的坡度,根据土体的结构性质而定,土质坚实的砌石坡度可陡些,反之则应缓些。一般坡度为1:2.5~1:3,个别可为1:2,如图3-5-4所示。

(2)浆砌石护坡。坡度在1:1~1:2,或坡面位于沟岸、河岸,下部可能遭受水流冲刷冲击力强的防护地段,宜采用浆砌石护坡。浆砌石护坡由面层和起反滤层作用的垫层组成。面层铺砌厚度为25~35 cm,垫层又分单层和双层两种,单层厚5~15 cm,双层厚20~25 cm。

原坡面如为砂、砾、卵石,可不设垫层。对长度较大的浆砌石护坡,应沿纵向每隔10~15 m设置一道宽约2 cm的伸缩缝,并用沥青或木条填塞。

浆砌石护坡,应做好排水孔的施工,如图3-5-5所示。

(3)灌砌石护坡。灌砌石护坡要确保混凝土的质量,并做好削坡和灌入振捣工作。

坡式护岸的上部护坡的结构型式和下部护脚部分的结构型式应根据岸坡情况、水流条件和材料来源,采用抛石、石笼、沉排、土工织物枕、模袋混凝土块体、混凝土、钢筋混凝土块体、混合型式等,经技术经济比较选定。

图 3-5-4　干砌石护坡

图 3-5-5　浆砌石护坡

在堤防工程设计中,不可避免地遇到不同的地质、地形、水文、施工、筑堤材料等多方面的因素制约,合理考虑堤防型式尤为重要,堤防的型式是多样的,要综合考虑,灵活应用。

2)石笼护坡

石笼护坡可充分利用小石料,且可保护堤岸不被水流冲刷破坏,同时可作为整治建筑物(如丁坝、顺坝等)的原料。石笼包括钢筋石笼、铅丝石笼、格宾石笼、格宾垫等。其中格宾石笼、格宾垫是近些年发展起来的生态格网结构,格宾笼主要适用于河道护岸、护脚和挡土墙等;格宾垫,又称雷诺护垫,主要适用于河岸护坡,也可用于土石坝上、下游护坡,但应铺设于稳定的边坡之上。

(1)石笼填充料。石笼填充料可以选择块石、卵石或混凝土块,应具有耐久性好、不易碎、无风化迹象,填充料宜进行级配试验分析,级配应合理,选择其他特定生态功能的产品作为填充材料时,其性能应满足结构体的功能性要求。

(2)石笼网。石笼网材料主要有钢筋、铅丝、格网。

钢筋石笼(见图 3-5-6)的网材一般采用 Φ8 ~ Φ12 的钢筋作为格网材料,采用直径更大的钢筋作为骨架,焊接而成。铅丝石笼(见图 3-5-7)的网材一般采用直径 4 mm 左右的镀锌铅丝编织而成,有机械编织和人工编织两种。

格宾石笼(见图 3-5-8)、格宾护垫(见图 3-5-9)的网材称为格网,一般采用 PVC 覆层或

图 3-5-6　钢筋石笼

图 3-5-7　铅丝石笼护坡

无 PVC 覆层的经热镀工艺进行抗腐处理的低碳钢丝等编织成。钢丝宜为热镀锌低碳钢丝、铝锌混合稀土合金镀层低碳钢丝,以及经高抗腐处理的以上同质钢丝等。钢丝的抗拉强度、延展性与抗腐蚀性应满足要求。

(3)石笼护坡的主要优缺点。

优点:具有很好的柔韧性、透水性、耐久性以及防浪能力等,而且具有较好的生态性。不会因不均匀沉陷而产生沉陷缝等,整体结构不会遭到破坏。

缺点:石笼网网格外露,存在金属腐蚀、塑料网格老化、合金性能等问题。外露网格容易发生局部破坏,网内松散的石头容易掉出网外,影响安全。

3)生态护坡

生态护坡是为防止水土流失和洪水灾害,沿江河两岸坡地种植草,用以保持水土、稳固堤岸、阻挡洪水波涛对防洪堤岸冲击侵蚀的工程。

生态护坡(见图 3-5-10)应当是从护坡设计阶段便以生态保护为核心考虑的一种系统护坡方案。生态护坡需要考虑到人工护坡对水土环境、水生动植物、周边生态环境、护坡材料的环保性以及可持续使用及维护的生态保护关系,是一个系统的符合自然生态环境的护坡系统。简单地种树植草而没有考虑自然环境的整体和谐性并不是真正的生态护坡。

(1)人工种草护坡。是通过人工在边坡坡面简单地播撒草籽的一种传统边坡植物防护措施。多用于边坡高度不高、坡度较缓且适宜草类生长的土质路堑和路堤边坡防护工程。

特点:施工简单、造价低廉。

图 3-5-8　格宾石笼

图 3-5-9　格宾护垫

图 3-5-10　生态护坡示意图

缺点:由于草籽播撒不均匀、草籽易被雨水冲走、种草成活率低等原因,往往达不到满意的边坡防护效果,造成坡面冲沟、表土流失等边坡病害,导致大量的边坡病害整治、修复工程。

(2)液压喷播植草护坡。是将草籽、肥料、黏着剂、纸浆、土壤改良剂、上色素等按一定比例在混合箱内配水搅匀,通过机械加压喷射到边坡坡面而完成植草施工的。

特点:①施工简单,速度快;②施工质量高,草籽喷播均匀,发芽快、整齐一致;③防护效果好,正常情况下,喷播一个月后坡面植物覆盖率可达70%以上,两个月后具备防护、绿化功能;④适用性广,国内液压喷播植草护坡在公路、铁路、城市建设等部门边坡防护与绿化工程中使用较多。

缺点:①固土保水能力低,容易形成径流沟和侵蚀;②因品种选择不当和混合材料不够,后期容易造成水土流失或冲沟。

(3)客土植生植物护坡。是将保水剂、黏合剂、抗蒸腾剂、团粒剂、植物纤维、泥炭土、腐殖土、缓释复合肥等一类材料制成客土,经过专用机械搅拌后吹附到坡面上,形成一定厚度的客土层,然后将选好的种子同木纤维、黏合剂、保水剂、复合肥、缓释营养液经过喷播机搅拌后喷附到坡面客土层中。

优点:①可以根据地质和气候条件进行基质和种子配方,从而具有广泛的适应性;②客土与坡面的结合牢固;③土层的透气性和肥力好;④抗旱性较好;⑤机械化程度高,速度快,施工简单,工期短;⑥植被防护效果好,基本不需要养护就可维持植物的正常生长;⑦该法适用于坡度较小的岩基坡面、风化岩及硬质土砂地、道路边坡、矿山、库区以及贫瘠土地。

缺点:要求边坡稳定、坡面冲刷轻微,边坡坡度大的地方、已经长期浸水地区均不适合。

(4)平铺草皮。平铺草皮护坡,是通过人工在边坡面铺设天然草皮的一种传统边坡植物防护措施。

优点:施工简单、工程造价低、成坪时间短、护坡功效快、施工季节限制少。适用于附近草皮来源较易、边坡高度不高且坡度较缓的各种土质及严重风化的岩层和成岩作用差的软岩层边坡防护工程。是设计应用最多的传统坡面植物防护措施之一。

缺点:由于前期养护管理困难,新铺草皮易受各种自然灾害,往往达不到满意的边坡防护效果,进而造成坡面冲沟、表土流失、坍滑等边坡灾害,导致大量的边坡病害整治、修复工程。

(5)生态袋护坡。是利用人造土工布料制成生态袋,植物在装有土的生态袋中生长,以此来进行护坡和修复环境的一种护坡技术。

优点:透水、透气、不透土颗粒,有很好的水环境和潮湿环境的适用性,基本不对结构产生渗水压力,施工快捷、方便,材料搬运轻便。

缺点:由于空间环境所限,后期植被生存条件受到限制,整体稳定性较差。

(6)网格生态护坡。是由砖、石、混凝土砌块、现浇混凝土等材料形成网格,在网格中栽植植物,形成网格与植物综合护坡系统,既能起到护坡作用,同时能恢复生态,保护环境。

网格生态护坡将工程护坡结构与植物护坡相结合,护坡效果较好。其中现浇网格生态护坡是一种新型护坡专利技术,具有护坡能力极强、施工工艺简单、技术合理、经济实用等优点,具有很大的实用价值。

第四章　机电及金属结构

水利工程的机电及金属结构设备指水力机械设备、电气设备和金属结构设备。水力机械设备包括水轮机、水轮发电机、调速系统、水泵、阀门、水力机械辅助设备和通风空调等。电气设备包括一次设备和二次设备。金属结构设备包括起重设备、闸门、拦污栅和压力钢管等。

第一节　水力机械设备

一、水轮机

水轮机是将水的能量通过转轮转换为机械能的一种动力机械,一般由引水室、导叶、转轮和出水室等构成。

(一)水轮机的分类

按转轮进出口压强是否相等,水轮机可分为冲击式水轮机和反击式水轮机,此外还有可逆式水轮机。冲击式水轮机转轮进、出口压强是相等的,反击式水轮机转轮进口的压强比出口的压强大。常见水轮机有混流式水轮机、轴流式水轮机、贯流式水轮机、斜流式水轮机、冲击式水轮机。各种水轮机的分类如图 4-1-1 所示。

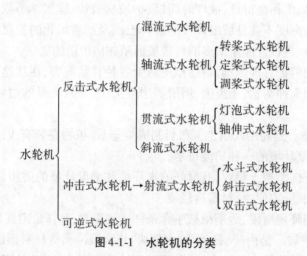

图 4-1-1　水轮机的分类

1.反击式水轮机

水轮机的转轮在工作时全部浸没在有压的水流中,水流经轮叶流道时受叶片的作用,流速的大小和方向都发生了变化,水流对转轮有反作用力,驱动转轮旋转,因此称为反击式水轮机。反击式水轮机同时利用了水流的动能和压力势能。由于结构型式和适用条件不同,反击式水轮机又分为混流式水轮机、轴流式水轮机、贯流式水轮机和斜流式水轮机。

1)混流式水轮机

由美国工程师弗朗西斯(Francis)于 1849 年发明,又称弗朗西斯水轮机。其水流沿径向进入转轮,后转为沿轴向离开转轮。水流进入转轮内,在径向与轴向通过叶片时均做功推动转轮,故称为混流式水轮机。

混流式水轮机运行可靠、结构简单、效率高,适用于大、中、小型水力发电工程,是目前世界各国广泛采用的水轮机型式之一。适用水头范围一般为 30～700 m,单机质量一般为 1～3 000 t,单机出力可达 1 000 MW 以上。该机型是各种型式水轮机能设计、制造出单机容量最大的机型。我国的三峡水电站、向家坝水电站、白鹤滩水电站的机组均是这种型式,其中三峡水电站单机容量 700 MW 机组已投入运行,向家坝水电站单机容量达到 800 MW,白鹤滩水电站单机容量达到 1 000 MW,代表着世界先进水平。

2)轴流式水轮机

水流在转轮进口由轴向流入,推动转轮叶片做功后再由轴向流出,由于推动转轮叶片的水流方向与转轮轴的方向是一致的,故称为轴流式水轮机。根据转轮叶片在运行中能否转动,分为轴流转桨式水轮机、轴流定桨式水轮机、轴流调桨式水轮机。

(1)轴流转桨式水轮机。由奥地利工程师卡普兰(Kaplan)在 1920 年发明,故又称卡普兰水轮机。其转轮叶片一般由装在转轮体内的油压接力器操作,可以根据运行条件随导叶一起按一定协联关系转动,保持活动导叶转角和叶片转角间的最优配合,扩大了水轮机高效区运行范围。这种水轮机性能稳定、高效区宽,但需要一个操作叶片转动的机构,与轴流定桨式水轮机相比,结构较复杂、造价较高。适用水头范围一般为 3～80 m,单机质量一般为 1～3 600 t,这种机型属于低水头段机组,适用于低水头水力发电工程,单机组容量无法做到特别大,一般为 3～200 MW。

(2)轴流定桨式水轮机。轴流定桨式水轮机的叶片固定在转轮体上,叶片安放角度不能在运行中改变(轮毂体内空间不足以布置桨叶调节机构)。与轴流转桨式水轮机相比结构简单、造价较低,但运行稳定性差,在偏离设计工况时效率会急剧下降。适用水头范围一般为 3～50 m,单机容量为 2～50 MW,单机质量一般为 10～400 t,适用于低水头大流量以及水头变化幅度较小的中小型水力发电工程。

(3)轴流调桨式水轮机。对于容量不大但运行范围宽的机组,有一种变通的结构,叫轴流调桨式机组,这种机组的桨叶调节需要吊出转轮,在安装间调节桨叶的角度。根据每年的季节不同,来水量不同,可以停机后吊出转轮、调整轮毂上桨叶的角度,使机组运行性能尽可能得到改善。

3)贯流式水轮机

贯流式水轮机转轮与轴流式水轮机转轮基本相同,也分为定桨式和转桨式,但转轴是水平方向或略有倾斜,水流是沿水轮机轴线方向进入,沿水轮机轴线方向流出。该机型过流能力大,水头损失小,这是一种适用水头较轴流式更低的机组,适用水头范围一般为 2～30 m,通常机组尺寸较大,但单机容量较小,一般不超过 100 MW。按结构特征,主要分为灯泡贯流式水轮机和轴伸贯流式水轮机。此外,还有全贯流式,由于全贯流式水轮机制造工艺要求很高,目前应用很少。

(1)灯泡贯流式水轮机。它是一种流道呈直线状的卧轴水轮机,发电机布置在被水绕流的钢制灯泡体内,水轮机与发电机一般为直接连接,有时为了减小发电机尺寸,采用增速器连接。它过流能力大,水头损失小,效率高,结构紧凑,适用水头范围为3~30 m,单机容量最大为100 MW。适用于低水头大流量的水力发电工程。

(2)轴伸贯流式水轮机。它也是一种流道呈直线状的卧轴水轮机,只是发电机布置在水轮机流道之外,水轮机与发电机一般采用增速器连接。它过流能力大,水头损失小,效率高,结构紧凑,适用水头范围为3~30 m,单机容量在6 MW以下。通常只用在中小型水力发电工程中。

4)斜流式水轮机

斜流式水轮机又称捷思阿兹(Deriaz)水轮机,水流介于径向和轴向之间,斜向流进转轮,是20世纪50年代发展起来的一种机型。1952年英国电力公司瑞士人捷思阿兹(Deriaz)提出一种新型的斜流转桨式水轮机,1957年在加拿大亚当－别克抽水蓄能电站抽运,与轴流转桨式类似,叶片轴线与水轮机轴线斜交,因而与轴流式相比能装设较多的叶片(轴流式4~8片、斜流式8~12片),它适用水头范围较宽广,一般为40~200 m。该型式水轮机性能稳定,高效率区宽,常做成可逆式水力机械,用于抽水蓄能电站中。

2. 冲击式水轮机

水流以高速射流方式冲击悬空于尾水位以上的转轮,使它旋转,因此称为冲击式水轮机。冲击式水轮机的转轮受到高速喷射水流的冲击而旋转,在同一时间内水流只冲击转轮的部分斗叶,主要利用了水流的动能。此类水轮机不用尾水管、蜗壳和导水机构,构造简单,便于维护和管理。按结构型式可分为水斗式水轮机、斜击式水轮机和双击式水轮机。

(1)水斗式水轮机。又称培尔顿式水轮机,1880年英国人培尔顿(Pelton)提出了最简陋的双曲面型冲击式水轮机,由喷嘴喷射的水柱沿与转轮圆周相切方向冲击到装在转轮外圆周的水斗上,使转轮旋转。它适用于高水头水力发电工程(一般为300~1 700 m),水头最高可达1 883 m。单机容量最大为420 MW。该型式水轮机运行性能稳定,效率较反击式水轮机低一些,但其结构较简单,是冲击式水轮机中应用最广泛的一种水轮机。

(2)斜击式水轮机。喷嘴呈斜向布置,喷嘴射流与转轮平面呈某一角度,一般 $\alpha \approx$ 22.5°,水头适用范围为20~300 m,转轮结构较水斗式简单,制造容易,过水能力较水斗式大一些。

(3)双击式水轮机。水流两次沿转轮叶片流动,即两次冲击转轮,所以称为双击式水轮机,一般用于小型水力发电工程。

3. 可逆式水轮机

可逆式水轮机又称水泵水轮机,是抽水蓄能电站的动力设备。电能富余时将下库的水抽到上库,电能缺乏时用抽到上库的水来发电。在发电时作水轮机使用,抽水时作水泵运行。水泵水轮机常用的为可逆混流式水泵水轮机。

(二)水轮机型号与类别

1. 水轮机型号

水轮机的型号与类别见表4-1-1;其表示方式如图4-1-2、图4-1-3所示。

表 4-1-1　水轮机型号与类别

类别	第一部分			第二部分				第三部分
	水轮机型号		转轮型号	主轴布置形式		引水室特征		转轮标称直径 D_1
	代号	含义	比转速代号:数字	代号	含义	代号	含义	
反击式	HL	混流式		L	立轴	J	金属蜗壳	
	ZZ	轴流转桨式		W	卧轴	H	混凝土蜗壳	
	ZD	轴流定桨式				M	明槽式引水	
	XL	斜流式				P	灯泡式	
	GZ	贯流转桨式				G	罐式	
	GD	贯流定桨式				Z	轴身式	
冲击式	CJ	水斗式				S	竖井式	
	XJ	斜击式				X	虹吸式	
	SJ	双击式						

注:可逆式水轮机在机型代号后加"N"。

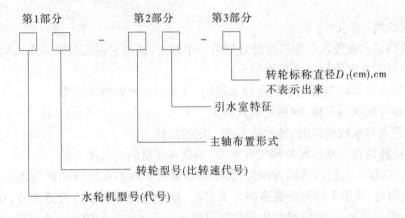

图 4-1-2　反击式水轮机表示方法

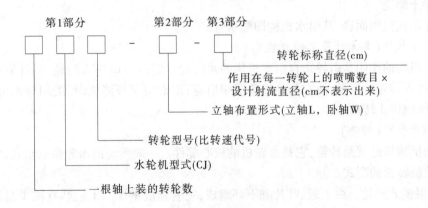

图 4-1-3　冲击式水轮机表示方法

2. 举例

(1)HL110 - LJ - 140:表示混流式水轮机,转轮型号为110;立轴,金属蜗壳;转轮标称直径 D_1 为140 cm。

(2)ZZ560 - LH - 800:表示轴流转桨式水轮机,转轮型号为560;立轴,混凝土蜗壳;转轮标称直径 D_1 为800 cm。

(3)XLN195 - LJ - 250:表示斜流水泵水轮机,转轮型号为195;立轴,金属蜗壳;转轮标称直径 D_1 为250 cm。

(4)GD600 - WP - 250:表示贯流定桨式水轮机,转轮型号为600;卧式,灯泡式引水;转轮标称直径 D_1 为250 cm。

(5)2CJ30 - W - 120/2 × 10:表示一根轴上有2个转轮的水斗式水轮机,转轮型号为30;卧式;转轮标称直径(节圆直径) D_1 为120 cm,每个转轮有2个喷嘴,设计射流直径为10 cm。

3. 水轮机的主要过流部件

水轮机一般由引水机构(引水室)、导水机构(导水叶)、转动机构(转轮)和泄水机构(尾水管)4大机构组成。这里主要介绍常用的反击式(混流式、轴流式)水轮机的4个过流部件。

1)引水机构(引水室)

引水机构是水流进入水轮机所经过的第一个部件,通过它将水引向导水机构,然后进入转轮。水轮机引水机构的主要功能如下:

(1)以较少的能量损失把水引向导水机构,从而提高水轮机的效率。

(2)将足够的水量平稳、对称地引入转轮。

(3)在进入导水机构以前,使水流具有一定的旋转。

(4)保证转轮在工作时始终浸没在水中,不会有大量的空气进入。

对反击式机组,其引水机构即蜗壳,大中型水轮机多数都采用蜗壳式引水室(贯流式机组是直通式流道、机组上游侧的流道即引水道)。蜗壳进口端与压力管道相连,由进口端向末端断面面积逐渐减小,并将导水机构包在里面。由于水轮机的应用水头不同,水流作用在蜗壳上的水压力也不同。水头高时水压力大,一般用金属蜗壳;水头低时水压力小,一般用钢筋混凝土蜗壳。

对冲击式机组而言,其引水机构即配水管。

2)导水机构(导水叶及其操作机构)

导水机构的作用是引导来自引水机构的水流沿一定的方向进入转轮,当外界负荷变化时,调节进入转轮的流量,使它与外界负荷相适应;正常与事故停机时,关闭导水机构,截住水流,使机组停止转动。

3)转动机构(转轮)

转动机构指的就是转轮,它是水轮机的核心部件。一般所说的水轮机的型式,实际就是指该水轮机转轮的型式。

(1)混流式转轮。由上冠、叶片和下环组成,三者连成整体。上冠装有减少漏水的止漏环,它的上法兰面用螺栓与主轴连接。它的下部中心装有泄水锥,用来引导水流以免水流从轮叶流道流出后相互撞击,以保证水轮机的效率。叶片按圆周均匀分布固定于上冠和下环,叶片呈三向扭曲形,上部扭曲较缓,下部扭曲较剧,叶片的断面为机翼型,叶片数目为 10 ~ 20 片,通常为 14 ~ 15 片。下环也设有止漏装置。

(2)轴流式转轮。由轮毂、轮叶和泄水锥等部件组成。轴流转桨式转轮的轮叶可以随着外界负荷的变化与导水机构导叶协同动作,始终保持一定的组合关系。因此,对负荷变化的适应性较好,运行区域宽,平均效率高。轮叶数目为 3 ~ 8 片,水头高时,轮叶多。轴流定桨式转轮的叶片固定在轮毂周围,不随外界负荷的变化而改变轮叶的角度。运行稳定性较差,运行区域窄,低负荷运行时效率低。

4)泄水机构(尾水管)

尾水管除有归顺水流的作用外,更主要的作用是回收动能。通常转轮出口处水流速度较快,尾水管断面逐步扩大,水流到达尾水管出口处流速大幅降低了,即回收了水流部分动能,从而提高水能利用率。若转轮装置在下游水位以上,也可以通过尾水管利用这部分水头。尾水管的型式基本上可分为两类,即直锥形和弯肘形,大中型竖轴装置的水轮机多采用弯肘形尾水管,它由进口直锥段、弯头(肘管)以及出口扩散段 3 个部分组成。

进口直锥段为垂直的圆锥形扩散管。此扩散管常用钢板焊接拼装而成。在上部设有进人门、测压管路、十字架补气管(有 Y 形、十字形、单管形)、排水管等。肘管是 90°的弯管,其断面由圆形过渡到矩形。在此段最低处设有放空阀,用水泵抽出尾水,以便机组检修。

出口段是向上翘的矩形断面扩散管。

5)其他构件

其他构件包括大轴、轴承、底环、座环、顶盖、基础环、机坑里衬、接力器里衬及转轮室等。

(三)水轮机主要部件安装工序

1.埋设部分

(1)尾水管安装。潮湿部位应使用不大于 24 V 的照明设备和灯具,尾水管里衬内应使用不大于 12 V 的照明设备和灯具,不应将行灯变压器带入尾水管内使用。尾水管里衬防腐涂漆时,应使用不大于 12 V 的照明设备和灯具,现场严禁有明火作业。

(2)基础环。

①清扫组合。设备清扫时,应根据设备特点,选择合适的清扫工具及清洗溶剂。清扫现场应进行隔离,15 m 范围内不得动火(及打磨)作业;清扫现场应配备足够数量的灭火器。

②与座环组合(与座环整体安装)。组合分瓣大件时,应先将一瓣调平垫稳,支点不得少于 3 点。组合第二瓣时,应防止碰撞。应对称拧紧组合螺栓,位置均匀对称分布且不得少于 4 只,设备垫稳后,方可松开吊钩。设备翻身时,设备下方应设置方术或软质垫层予以保护,翻身副钩起吊能力不低于设备本身重量的 1.2 倍。

(3)座环。

①清扫、组合、点弧形板。

②焊接。需要进行焊接作业时,应有防止焊接电流通过钢丝绳的措施。

③安装。分瓣座环组装时,组装支墩应稳定。首瓣座环就位调平后,应采取防倾覆措施。第二瓣就位后应先调平、固定。其余瓣应按照同样方法就位。采用双机台吊或土法等非常规手段吊装座环时,应编制起重专项方案。专项方案应按程序经审批后实施。

(4)凑合节安装(指基础环与尾水管之间的连接)。

(5)蜗壳安装。

①挂装。安装蜗壳时,焊在蜗壳环节上的吊环位置应合适,吊环应采用双面焊接且强度满足起吊要求。

②焊接。蜗壳各焊缝的压板等调整工具,应焊接牢固。

③蝶形边及筋板焊接,装排水槽钢。

(6)机坑里衬与接力器里衬安装。机坑里衬焊后应按设计要求进行无损探伤。机坑里衬内支撑应固定牢靠,防止浇混凝土时里衬发生变形或位移。

2. 本体部分

(1)导水机构预拼。

①底环组合预装。机坑清扫、测定和导水机构预装时,机坑内应搭设牢固的工作平台。

②导叶安装。导叶吊装时,作业人员注意力应集中,严禁站在固定导叶与活动导叶之间,防止挤伤。

③顶盖组合吊装。吊装顶盖等大件前,组合面应清扫干净、磨平高点,吊至安装位置 0.4 ~ 0.5 m 处,再次检查清扫安装面。

④轴套安装。

⑤拐臂安装。导叶轴套、拐臂安装时,头、手严禁伸入轴套、拐臂下方。调整导叶端部间隙时,导叶处与水轮机室应有可靠的信号联系。转轮四周应设置防护网,人员通道应规范畅通。

⑥端盖安装(打分瓣键)整体吊出。

⑦磨导叶间隙。导叶工作高度超过 2 m 时,研磨立面间隙和安装导叶密封应在牢固的工作平台上进行。

(2)下固定迷宫环组合安装。

(3)水轮机导轴瓦研刮。导轴瓦进行研刮时,导轴承、轴颈摩擦面应用无水酒精擦拭干净。

(4)转轮组合焊接。

①清扫、组合。分瓣转轮组装时,应预先将支墩调平固定。

②刚度试验。分瓣转轮刚度试验时,应有专门的通风排烟及消防措施。

③焊接准备。

④焊接(包括裂纹处理)。在专用临时棚内焊接分瓣转轮时,应有专门的通风排烟及消防措施。当连续焊接超过 8 h 时,作业人员应轮流休息。

⑤大轴与转轮连接。转轮与主轴连接前,转轮应固定并处于水平位置。连接时,转轮应设置可靠支撑。

⑥装、拆车圆架并车圆、磨圆。

(5)水轮机大件吊装。

①转轮吊装。大型水轮机转轮在机坑内调整,宜采用桥机辅助和专用工具进行调整的方法,应避免强制顶靠或锤击造成设备的损伤,甚至损坏。

②导水机构整体吊装。

③密封装置安装,轴承装置吊装。导轴承油槽做煤油渗漏试验时,应有防漏、防火的安全措施。轴瓦吊装方法应稳妥可靠,单块瓦重 40 kg 以上应采用手拉葫芦等机械方法吊运。

④调速环吊装。

(6)接力器安装。接力器安装时,吊装应平衡,不得碰撞。

(7)调速系统安装(包括调速器、油压装置及事故配压阀、回复机构)。

（8）调速系统调速试验。调速器无水调试完成后，应投入机械锁定，关闭系统主供油阀，并悬挂"禁止操作，有人工作"标志牌。

（9）大轴连接。

（四）机组自动化元件简介

机组的动力设备、电气设备和辅助设备必须是自动化装置。机组的启动、正常停机、事故停机的操作以及整个机组的运行、维护都要达到无人值班或少人值守。

自动化元件的任务就是按生产过程的要求，将由前一元件所接受的动作或信号，在性质上或数量上自动加以适当变换后传递给另一元件。例如，电磁配压阀，它可以把电流信号通过电磁作用力操作配压阀，而配压阀的动作经过液压能源的放大，就可以自动开启或关闭管道阀门。而控制信号可以是非电量（如压力、流量、温度、水位等）的变化，也可以是电流、电压的变化。

常用的自动化元件有转速信号器、温度信号器、压力信号器、液位信号器、流量信号器、剪断信号器、位置信号器、位移信号器、电磁阀和配压阀等。

二、水轮发电机

由水轮机驱动，将机械能转换成电能的交流同步电机称为水轮发电机。它发出的电能通过变压器升压输送到电力系统中去。水轮机和水轮发电机合称为水轮发电机组（或主机组）。

在抽水蓄能电站中使用的一种三相凸极同步电机，称为发电电动机。发电电动机既可以用于水库放水时，由水轮机带动作发电机运行，把水库中水的位能转化成电能供给电网，又可以作为电动机运行，带动水泵水轮机把下游的水抽入水库。与常规水轮发电机相比，发电电动机在结构上还有以下不同的特点：

（1）双向旋转。由于可逆式水泵水轮机作水轮机和水泵运行时的旋转方向是相反的，因此电动发电机也需按双向运转设计。在电气上要求电源相序随发电工况和驱动工况而转换；同时电机本身的通风、冷却系统和轴承结构都应能适应双向旋转工作。

（2）频繁启停。抽水蓄能电站在电力系统中担任填谷调峰、调频的作用，一般每天要启停数次，同时还需经常作调频、调相运行，工况的调整也很频繁。发电电动机处于这样频繁变化的运行条件下，其内部温度变化自然十分剧烈，电机绕组将产生更大的温度应力和变形，也可能由于温度差在电机内部结露而影响绝缘。

（3）需有专门启动设施。由于转向相反，发电电动机运行时不能像发电机那样利用水泵水轮机启动，必须采用专门的启动设备，从电网上启动，或采用"背靠背"方式各台机组间同步启动。在采用异步启动方法时需在转子上装设启动用阻尼绕组或使用实心磁极，当采用其他启动方法时均需增加专门的电气设备和相应的电站接线。这些措施都增加设备造价，并使操作复杂。

（4）过渡过程复杂。抽水蓄能机组在工况转换过程中要经历各种复杂的水力、机械和电气瞬态过程。在这些瞬态过程中会发生比常规水轮发电机组大得多的受力和振动，因此对设计提出了更严格的要求。

与常规水轮发电机相同，发电电动机按主轴位置可分为卧式和立式。立式电机按推力轴承的位置可分为悬式和伞式两大类。

(一)水轮发电机的类型

1. 卧式与立式

按照转轴的布置方式可分为卧式与立式。卧式水轮发电机一般适用于小型混流及冲击式机组和贯流式机组;立式水轮发电机适用于大中型混流及冲击式机组和轴流式机组。

2. 悬式和伞式

根据推力轴承位置划分,立式水轮发电机可分为悬式和伞式。

(1)悬式水轮发电机结构的特点是推力轴承位于转子上方,把整个转动部分悬吊起来,通常用于较高转速机组。大容量悬式水轮发电机装有两部导轴承,上部导轴承位于上机架内,下部导轴承位于下机架内;也有取消下部导轴承只有上部导轴承的。其优点是推力轴承损耗较小,装配方便,运转稳定,转速一般在 100 r/min 以上;缺点是机组较大,消耗钢材多。

(2)伞式水轮发电机的结构特点是推力轴承位于转子下方,通常用于较低转速机组。导轴承有一个或两个,有上导轴承而无下导轴承时称为半伞式水轮发电机;无上导轴承而有下导轴承时称为全伞式水轮发电机;上、下导轴承都有为普通伞式水轮发电机。伞式水轮发电机的转速一般在 150 r/min 以下。其优点是上机架轻便,可降低机组及厂房高度,节省钢材;缺点是推力轴承直径较大,设计制造困难,安装维护不方便。

3. 空气冷却式和内冷却式

按冷却方式可分为空气冷却式和内冷却式。

(1)空气冷却式。将发电机内部产生的热量,利用循环空气冷却。一般采用封闭自循环式,经冷却后又加热的空气,再强迫通过经水冷却的空气冷却器冷却,参加重复循环。

(2)内冷却式。当发电机容量太大,空气冷却无法达到预期效果时,对发电机就要采用内冷却。将经过水质处理的冷却水或冷却介质,直接通入定子绕组进行冷却或蒸发冷却。定子、转子均直接通入冷却水冷却时,则称为全水内冷式水轮发电机。转子励磁绕组与铁芯仍用空气冷却时,则称为半水内冷式水轮发电机。

(二)水轮发电机的型号

水轮发电机的型号,由代号、功率、磁极个数及定子铁芯外径等数据组成。其中,SF 代表水轮发电机,SFS 代表水冷水轮发电机,L 代表立式竖轴,W 代表卧式横轴。如 SF190 - 40/10800 水轮发电机,表示功率为 190 MW,有 40 个磁极,定子铁芯外径为 10.8 m(定子机座号为 10800)。

关于发电机磁极个数与机组转速间的关系:我国电网频率是 50 Hz,每分种机组转速 n 和磁极个数 P 间的关系为:$n \times P/2 = 50 \times 60$,以 SF190 - 40/10800 为例,那么这台发电机的额定转速(以分钟计)为:$n = 3\,000 \times 2/40 = 150$ r/min。

励磁机(包括副励磁机)是指供给转子励磁电流的立式直流发电机。如 ZLS380/44 - 24 型式中,Z 代表直流,L 代表励磁机,S 代表与水轮发电机配套用,380 表示电枢外径为 380 cm,44 表示电枢长度为 44 cm,24 表示有 24 个磁极。

永磁发电机是用来供水轮机调速器的转速频率信号及机械型调速器飞摆电动机的电源(永磁机本身有两套绕组)。如 TY136/13 - 48 型式中,T 代表同步,Y 代表永磁发电机,136 表示定子铁芯外径为 136 cm,13 表示定子铁芯长度为 13 cm,48 表示有 48 个磁极。

感应式永磁发电机的作用同永磁发电机,如 YFG423/2 × 10 - 40 型式中,423 表示定子铁芯外径为 423 cm,2 × 10 表示 2 段铁芯,每段铁芯长 10 cm,40 表示有 40 个磁极。

（三）水轮发电机的基本部件

立式水轮发电机一般由转子、定子、上机架与下机架、推力轴承、导轴承、空气冷却器、励磁机（或励磁装置）及永磁发电机等部件组成。而大型水轮发电机一般没有励磁机、永磁机。

转子和定子是水轮发电机的主要部件，其他部件仅起支持或辅助作用。发电机转动部分的主轴，一般用法兰盘与水轮机轴直接连接，由水轮机带动发电机的转子旋转。

转子的磁极绕组通入励磁电流产生磁场，由于转子的旋转，使定子绕组的导体因切割磁力线产生感应而发出电流。

1. 转子

发电机转子由主轴、转子支架、磁轭和磁极等部件组成。

（1）主轴。它用来传递力矩，并承受转子部分轴向的力。通常用高强度钢材整体锻造，或由铸造的法兰与锻造的轴拼焊而成。

（2）转子支架。一般可分成轮辐、轮臂两部分，主要用于固定磁轭并传递扭矩，均为铸焊结构。

（3）磁轭。它主要产生转动惯量、固定磁极，同时也是磁路的一部分。转子直径小于4 m的可用铸钢或整圆的厚钢板组成。转子直径大于4 m的则用3~5 mm的钢板冲成扇形片，交错叠压成整圆，并用双头螺杆紧固成整体，然后用键固定在转子支架上。磁轭内圆用键将磁轭固定在轮臂上。磁轭在运转时，既需具有一定的转动惯量，又要承受巨大的离心力。在高转速大直径的机组中，扇形片采用500~700 MPa的高强度钢板冲成。

（4）磁极。它是产生磁场的主要部件，由磁极铁芯、励磁绕组和阻尼条等部分组成，并用尾部T形结构固定在磁轭上。磁极铁芯由1~1.5 mm厚的钢板冲片叠压而成，铁芯两端加极靴压板，并用双头螺杆紧固为一个整体。励磁绕组由扁裸铜排或铝排绕成，匝间粘贴石棉纸或环氧玻璃丝布绝缘。大型机组的转子绕组采用F级绝缘。转子绕组采用多边形铜排绕制成不同宽度矩形铜排焊接而成，以保证有足够的冷却表面。

磁极外缘扇形表面的表层内（又称为极靴上）装有阻尼绕组（铜棒），它由阻尼铜条和两端阻尼环组成，阻尼环用铜软接头连成整体。阻尼绕组的作用是防止交流电中的三次谐波电流。转子安装时，将各磁极间接头连成一个回路。

2. 定子

定子由机座、铁芯和绕组等部分组成。

（1）机座。机座是固定铁芯的，但在悬式发电机中，它又是支持整个机组转动部分质量的主要部件，由钢板卷焊而成。机座应具有一定的刚度，以免定子变形和振动，并可承受发电机的短路扭矩。大型机组的机座由于受到运输条件的限制，需采用分瓣运输，现场组焊；定子铁芯现场分段叠压，定子绕组全部现场下线。这样，可提高定子的圆度和刚度，避免铁芯合缝产生振动和噪声。

（2）铁芯。一般由0.35~0.5 mm厚的两面涂有F级绝缘漆的扇形硅钢片叠压而成。空冷式发电机铁芯沿高度分成若干段，每段长40~50 mm。分段处设工字形衬条隔成通风沟，以便通风散热。

铁芯上下端有齿压板，通过定子拉紧螺杆和蝶形弹簧将硅钢片压紧。大型机组的定子铁芯直径大（三峡水利枢纽左岸电厂水轮发电机定子外径21 420 mm）、长度大，需要采取防止铁芯因热应力产生挠曲的措施，并使铁芯沿轴向温升分布均匀。定子铁芯除采用高导磁、低损耗的冷轧无取向硅钢片选片外,还需适当增加径向通风沟数,减小通风沟宽度,以保证有足够的冷却表面。

铁芯外圆有鸽尾槽,通过定位筋和托板将整个铁芯固定在机座上;铁芯内圆有矩形嵌线槽,用以嵌放绕组,用半导体热条和槽楔将绕组固定于嵌线槽内。

(3)绕组。空气冷却的定子绕组用带有绝缘的扁铜线绕制而成,在其外面包扎绝缘。定子绕组分叠绕和波绕两种,大型发电机常用波绕组。大型机组定子绕组采用 F 级绝缘,绕组选择空换位或不完全换位,以减少环流损耗。这种换位方式对降低损耗及股线温差是行之有效的。

3.上机架与下机架

由于机组的型式不同,上机架与下机架可分为荷重机架及非荷重机架两种。悬式发电机的荷重机架即为安装在定子上部的上机架;伞式发电机的荷重机架即为安装在定子下部基础上的下机架。

4.推力轴承

它是发电机最主要的部件之一,水轮发电机组能否安全运行,很大程度上取决于推力轴承的可靠性。推力轴承需承受水轮发电机组转动部分的重量及水推力,并把这些力传递给荷重机架。如三峡水利枢纽左岸电厂机组推力负荷达 5.5×10^4 kN。

按支撑结构分,推力轴承可分为刚性支承、弹性油箱支承、平衡块支承、双托盘弹性梁支承、弹簧束支承等。一般由推力头、镜板、推力瓦、轴承座及油槽等部件组成。

(1)推力头。用键固定在转轴上,随轴旋转,一般为铸钢件。

(2)镜板。为固定在推力头下面的转动部件,用钢锻成。镜板的材质和加工精度要求很高。与轴瓦相接触的表面,光洁度要求也很高。

(3)推力瓦。是推力轴承的静止部件,做成扇形分块式。推力瓦钢坯上浇铸一层锡基轴承合金,厚约 5 mm。推力瓦的底部有托盘,可使轴瓦受力均匀。托盘安放在轴承座的支柱螺丝球面上,使其在运行中自由倾斜以形成楔形油膜。

(4)轴承座。是支持推力瓦的机构,能分别调节每块推力瓦高低,使所有推力瓦受力基本均匀。

(5)油槽。整个推力轴承装置在一个盛有透平油的密闭油槽内。透平油既起润滑作用,又起热交换介质的作用。大型机组在油槽内设置水冷却器,用来降低油的温度。

5.空气冷却器

机组运行时,发电机定子、转子绕组,铁芯及磁轭将产生大量的热,为使其温度不致太高,密闭循环空冷式发电机就必须安装空气冷却器,用以冷却机组。

6.励磁机或励磁装置

供水轮发电机转子励磁电流的励磁机,是专门设计的立式直流发电机。根据水轮发电机容量的大小及励磁特性的要求,有采用 1 台励磁机的,也有采用主、副两台励磁机的。目前,大型发电机大部分不用主、副励磁机,而是用晶闸管自并励的励磁装置。励磁装置主要由励磁变压器、可控硅整流装置(采用三相全控桥式接线)、灭磁装置、励磁调节器、起励保护与信号设备组成。

7.永磁发电机

在励磁机或副励磁机上部装设永磁发电机。其定子有两套绕组,一套供给水轮机调速器的转速频率信号,另一套供给机械型调速器的飞摆电动机电源。根据机组自动化的要求,永磁发电机电源还用于转速继电器,实行自动并网、停机及机组制动等。永磁发电机用永久磁钢(或铁淦氧)作磁极,故其磁场是固定不变的,其频率及电压直接与同轴水轮发电机转速成正比。

(四)水轮发电机的安装

水轮发电机的安装程序随机组型式、土建工程进度、设备到货情况、场地布置及起吊设备的能力不同而有所变化,但基本原则是一致的。在一般施工组织设计中,应尽量考虑到同土建工程及水轮机安装进度的平行交叉作业,尽量做到少占直线工期,充分利用现有场地及施工设备进行大件预组装。把已组装好的大件,按顺序分别吊入机坑进行总装,从而保证质量,加快施工进度。

1. 悬式水轮发电机的安装程序

悬式水轮发电机的安装程序如图 4-1-4 所示。

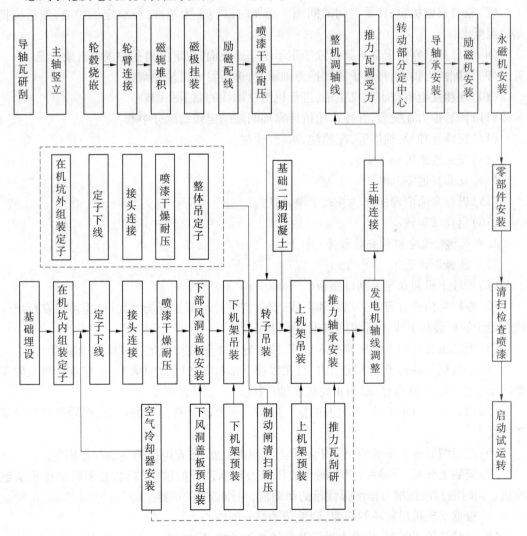

图 4-1-4 悬式水轮发电机安装程序

（1）预埋下部风洞盖板、下部机架及定子的基础垫板。

（2）在定子机坑内组装定子并下线、安装空气冷却器。为了减少同土建工程及水轮机安装的相互干扰，也可以在安装间进行定子组装、下线；待下机架吊装后，将定子整体吊入找正。

（3）等水轮机大件吊入机坑后，吊装下部风洞盖板，根据水轮机主轴中心进行找正固定。

（4）把已组装好的下部机架吊入就位，根据水轮机的主轴中心找正固定，浇捣基础混凝土，并按组装要求调整制动器(风闸)顶部高程。

（5）将上机架按图纸要求吊入预装，以主轴中心为准，找正机架中心和标高、水平，同定子机座一起钻铰销钉孔，再将上机架吊出。

（6）在安装间装配转子，将装配好的转子吊入定子内，按水轮机主轴中心、标高、水平进行调整。

（7）检查发电机定、转子之间的间隙。必要时以转子为基准，校核定子中心，然后浇捣基础混凝土。

（8）将已预装好的上部机架吊放于定子上基座上面，按定位销孔位置将机架固定。

（9）装配推力轴承，将转子落到推力轴承上，进行发电机轴线调整。

（10）连接发电机与水轮机主轴，进行机组总轴线的测量和调整。

（11）调整推力瓦受力，并按水轮机迷宫环间隙确定转动部分中心。

（12）安装导轴承、油槽等，配装油、水、气管路。

（13）安装励磁机和永磁机。

（14）安装其他零部件。

（15）进行全面清理检查、喷漆、干燥、耐压。

（16）启动试运转。

2．伞式水轮发电机的安装程序

1）带轴组装转子

（1）预埋下机架及定子基础垫板。

（2）在机坑内进行定子的组装和下线，安装空气冷却器。若场地允许，也可以在机坑外进行定子的组装和下线，然后把它整体吊入找正。

（3）把已组装好的下部机架吊入机坑，按水轮机主轴找正固定。浇捣基础混凝土。

（4）将装配好的转子吊入定子内，直接放在下部机架的推力轴承上，并按水轮机主轴调整转子中心、水平、标高，然后与水轮机主轴连接。

（5）检查发电机定子、转子之间的空气间隙。必要时调整定子的中心，然后浇捣定子基础混凝土。

（6）把组装好的上部机架吊放于定子上机座的上面，按发电机的主轴找正固定。

（7）安装上导瓦、下导瓦，盘车测量液压推力轴承镜板的轴向波动，必要时刮推力头绝缘垫。同时测量液压推力轴承弹性箱的弹缩值，并作必要的调整。

（8）根据水轮机迷宫环的间隙，调整转动部分的中心。

（9）调整导轴瓦间隙，装推力轴承及导轴承的油槽，配内部油、水、气管路。

（10）安装励磁机及永磁机。

（11）安装其他零部件。

（12）全面清扫、喷漆、干燥。

（13）启动试运转。

2）不带轴组装转子

（1）预埋下机架及定子基础垫板。

（2）在机坑内进行定子的组装和下线，安装空气冷却器。若场地允许，也可以在机坑外进行定子的组装和下线，然后把它整体吊入找正。

（3）把已组装好的下部机架及推力轴吊入机坑找正固定。

（4）在装配场上进行轮毂烧嵌，然后把主轴吊入机坑，落于下部机架推力轴承上，按水轮机主轴找正发电机主轴。

（5）连接发电机与水轮机主轴，盘车测量并调整总轴线。

（6）吊入已装好的发电机转子，并与主轴轮毂连接。

（7）检查发电机的空气间隙，并做定子中心的校核，浇捣基础混凝土。

（8）吊装上部机架，测量并调整液压推力轴承弹性箱的弹缩值。

（9）以水轮机迷宫环为准，调整转动部分中心。

（10）调整导轴瓦间隙，装推力油槽及导轴承油槽。

（11）安装励磁机及永磁发电机。

（12）安装其他零部件。

（13）全面清扫、喷漆、干燥。

（14）启动试运转。

3. 卧式水轮发电机的安装程序

一般卧式水轮发电机的安装程序如图 4-1-5 所示。

1）大型分瓣定子

（1）基础埋设。

（2）轴瓦研刮后，将轴承座吊入基础。

（3）在安装间进行分瓣定子下线。

（4）把已下线的下瓣定子吊入基础。

（5）用钢琴线法同时测量并调整轴承座及下瓣定子的中心。

（6）将上瓣定子吊入和下瓣定子组合，进行绕组接头的连接。

（7）在安装间组装转子或对整体转子进行检查试验，然后将整体转子吊放在轴承座上。

（8）以水轮机主轴法兰为基准，进一步调整轴承座，使发电机主轴法兰同心及平行，并以盘车方式检查和精刮轴瓦。

（9）盘车测量和调整机组轴线，并进行主轴连接。

（10）测量发电机空气间隙，校核定子中心，固定基础螺栓。

（11）轴承间隙调整。

（12）定子端盖安装。

（13）励磁机、永磁机及其他零部件安装。

2）小型整体定子

（1）基础埋设。

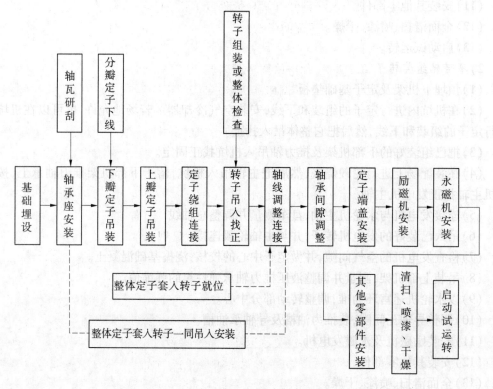

图 4-1-5　一般卧式水轮发电机的安装程序

(2)轴瓦研刮后,将轴承座吊入基础找正。

(3)在安装间把定子套入转子后,一齐吊入基础找正。

其他程序同分瓣定子的安装。

机组带额定负荷连续运行时间为 72 h。

三、调速系统

(一)调速器

第一代调速器采用的是机械液压式调速器,控制调节系统均由机械元件组成,称作机械式调速器。第二代调速器是以集成电路作为控制调节系统核心,其控制精度及响应速度较机械式调速器有了不少的进步,称作电气液压式调速器。目前广泛使用的是第三代调速器,其核心控制及调节系统核心部件采用可编程控制器(PLC)或工业计算机,称作微机式调速器。

水轮机调速器的主要功能是检测机组转速偏差,并将它按一定的特性转换成接力器的行程差,借以调整机组功率,使机组在给定的负荷下以给定的转速稳定运行。给定的转速范围与额定转速的差为 ±0.2% ~ ±0.3%。

1. 水轮发电机组的转速

除配有变速箱的较小机组外,大部分的水轮机和发电机是共轴的,水轮机和发电机的转速相同。水轮机可以在不同转速下工作,但在一定水头下,一定的转轮直径有一个效率最高的转速,通常以这个转速来选配发电机的转速,但又必须考虑发电机的额定电压、并联支路数、合理的槽电流等设计参数的合理性。从某种程度上说,水轮发电机组额定转速的选择,是水轮机参数和发电机参数相互匹配的产物。

2.调速器的分类和型号

只对导叶进行调节的调速器,称作单调型调速器(如混流式、轴流定桨式机组采用的调速器);对导叶和桨叶均要进行调节的调速器,称作双调型调速器(如轴流转桨式、贯流转桨式机组采用的调速器),导叶和桨叶按水轮机厂给出的协联曲线进行同步协联调节。冲击式机组也有两个需要调节的部件,一个是喷针(相当于反击式机组的导叶),一个是折向器。折向器的调节相对简单,只在停机时调节,且一律从全开位置关到全关位置。

调速器系统的操作油压,早期多用 2.5 MPa 压力,随着液压元件及密封技术水平的提高,压力逐步提到了 4.0 MPa、6.3 MPa,单调型调速器有些采用 12 MPa 油压等级,采用 12 MPa 油压等级的调速器又称高油压调速器。

小型机组调速器,通常不需要主配压阀加以放大,型号划分直接以调速器的调速功作为划分依据,常用的等级有 1 800 kg·m、3 000 kg·m、5 000 kg·m、7 500 kg·m、10 000 kg·m,比如 GT-1800,表示调速功为 1 800 kg·m 的高油压调速器(液压站集成在调速器上,型号不单独列出)。

较大型机组的调速器调速功大,不能直接采用电液转换元件对导叶进行操作,需要主配压阀进行液压放大后才能操作导叶,这类调速器需要配有专门的油压装置(如 YZ 型和 HYZ 型,内容详见油压装置),因而采用导叶的主配压阀直径作为型号划分的依据,常用的主配直径等级有 50 mm、80 mm、100 mm、150 mm、200 mm、250 mm、300 mm,比如 WT-100,表示微机型单调,主配压阀直径 100 mm;再如 WST-150,表示微机型双调,主配压阀直径 150 mm(桨叶主配压阀直径略小于导叶主配压阀直径)。

冲击式机组调速器调速功相对较小,以调节的喷嘴数和折向器个数来划分,比如 CJT-4/4,表示调节 4 个喷嘴和 4 个折向器的调速器(液压站集成在调速器上,型号不单独列出)。

(二)油压装置

1.油压装置的工作原理

水轮机调速系统的油压装置是为调速系统提供操作用压力油的装置,利用气体的可压缩性,在压力油罐中油的容积变化时可以保持调节系统所需要的一定压力,让压力波动在较小范围内,使调节系统和控制机构可靠运行。其保持压力的模式可分为两种,一种是以压缩空气作为保压介质的传统型油压装置(YZ 型和 HYZ 型),另一种是以充氮皮囊作为保压介质的蓄能罐式液压站。

水轮机调速系统的油压装置也可作为进水阀、调压阀以及液压操作元件的压力油源。中小型调速器的油压装置与调速柜组成一个整体,大型调速器的油压装置是单独的。应用油压装置的目的有以下几个方面:

(1)储蓄液压动力,减小油的平均峰值要求。

(2)滤去油泵流量中的脉动效应。

(3)吸收由于负载突然变化时的冲击。

(4)获得动态稳定性。

2. 油压装置的组成

(1)油压装置由压力油罐、集油箱、油泵和其他附件组成。

(2)油压装置型式与型号。大中型油压装置的压力油罐和集油箱采用分离式布置,型号以 YZ 开头;小型油压装置的压力油罐装在集油箱之上,称组合式油压装置,型号以 HYZ 开头。油压装置型号如下:

①HYZ - 4 - 2.5:表示压力油罐和集油箱组合为一体的油压装置,压力油罐容积为 4 m³,额定油压为 2.5 MPa。

②YZ - 8 - 6.3:表示压力油罐和集油箱为分离结构的油压装置,压力油罐容积为 8 m³,额定油压为 6.3 MPa。

③YZ - 20/2 - 4:表示压力油罐和集油箱为分离结构的油压装置,压力油罐总容积为 20 m³,有两个 10 m³ 压力油罐,额定油压为 4.0 MPa。

3. 蓄能罐式液压站

蓄能罐式液压站一般与调速器集成,采用充氮皮囊作为保压介质,充氮皮囊的初始压力一般为 9 MPa,充油后的液压站额定压力通常为 12 MPa,这类液压站常用于高油压调速器。冲击式机组的调速器也多用蓄能罐式液压站,由于操作功很小,为了减小密封件的压力,常将充氮皮囊降压后使用,系统额定压力为 6.3 MPa 或者 4 MPa。

四、水泵

水泵机组包括水泵、动力机和传动设备,是泵站工程的主要设备。

泵站的辅助设备、电气设备和泵站中的各种建筑物都是为水泵机组的运行和维护服务的。

(一)水泵类型

水泵品种系繁多,按工作原理分主要有叶片泵、容积泵和其他类型泵。

泵站工程中最常用的水泵类型是叶片泵,叶片泵是靠叶轮的旋转进行能量传递的机械,如离心泵、轴流泵及混流泵等。

水泵比转数(又称比转速、比速)是反映叶片泵共性的综合性的特征数,比转数常用符号 n_s 表示,单位为 r/min。各种类型的水泵有不同的规格,表示规格的参数有口径、转速、流量、扬程、功率、效率及汽蚀余量(或允许吸出真空高度)等。

1. 离心泵

1)分类

按叶轮进水方向分为单吸式和双吸式;按叶轮的数目分为单级和多级,单级泵只有一个叶轮,多级泵则有两个以上叶轮;按泵轴安装形式分为立式、卧式和斜式。

2)性能规格

离心泵的比转数 n_s 的范围为 30 ~ 300 r/min,其中 n_s = 30 ~ 80 r/min 的称为低比转数离心泵,n_s = 80 ~ 150 r/min 的称为中比转数离心泵,n_s = 150 ~ 300 r/min 的称为高比转数离心泵。单级双吸卧式离心泵常见的系列为 Sh、S、SA 型。例如:20Sh - 19 表示该泵为进口直径 20 min(即 500 mm)单级双吸卧式离心泵,该泵比转数为 19 × 10 = 190(r/min)。

2. 轴流泵

1）分类

轴流泵通常按泵轴的安装方向和叶片是否可调进行分类。按泵轴的安装方向分为立式、卧式和斜式三种，大型轴流泵以立式较为常见，卧式轴流泵又分轴伸式、猫背式、贯流式和电机泵等；按叶片调节方式分为固定叶片轴流泵、半调节轴流泵和全调节轴流泵三种。

2）性能规格

轴流泵的比转数 n_s 在 500 r/min 以上，属高比转数低扬程水泵，通常用于扬程低于 10 m 的泵站。

我国使用的轴流泵型号多为 ZLB、ZLQ、ZWB、ZWQ 等，Z 表示轴流泵，L 表示立式，W 表示卧式，X 表示斜式，B 表示半调节，Q 表示全调节。字母前面的数字表示水泵出口的直径（in 或 mm），后面的数字乘以 10 后表示水泵的比转数 n_s。

3. 混流泵

混流泵按泵轴的安装方向分为立式、卧式；按其压水室形式不同分为蜗壳式和导叶式。

我国混流泵的扬程范围一般为 5～200 m，近年来随着蜗壳式混流泵技术的发展，扬程越来越高，达到多级离心泵的扬程，而流量可达数十立方米每秒，使得许多大型调水工程得以实施。

4. 其他类型泵

水锤泵是以流水为动力，利用流动中的水被突然制动时所产生的能量，产生水锤效应，将低水头能转换为高水头能的高级提水装置。适合于具有微小水力资源条件的贫困用水地区，以解决山丘地区农村饮水和干旱问题。

（二）常用水泵的安装

1. 立式水泵安装

安装前对叶轮叶片外缘的圆度（球度）进行检查，应符合设计要求。叶轮外壳内圆圆度，在叶片进水边和出水边位置所测半径与平均半径之差，不应超过叶片间隙设计值的±10%。

立式电动机转子安装前，应对定子、转子进行全面清理，防止杂物落入电动机内部。立式机组安装时，其转动部件与固定部件的轴向间距应符合设计要求；当设计无要求时，应大于机组顶车的高度。

2. 卧式与斜式水泵安装

安装前应对水泵各部件进行检查，各组合面应无毛刺、伤痕，加工面应光洁，各部件无缺陷，并配合正确。

卧式水泵与斜式水泵的组装应符合下列规定：

（1）叶轮与泵轴组装后，叶轮密封环处和轴套外圆的允许跳动值应符合相关规定，泵轴摆度值不应大于 0.05 mm。

（2）叶轮与轴套的端面应与轴线垂直。

（3）密封环与泵壳间的单侧径向间隙，宜为 0～0.03 mm。

（4）密封环处的轴向间隙应大于 0.5～1.0 mm，并大于转动部件的轴向窜动量。

（5）斜式与卧式水泵安装时，上下叶片间隙应将机组运行时因滑动导轴承的油楔作用产生的叶轮上浮量计算在内，下叶片间隙应小于上叶片间隙，具体数值应由制造商提供。

当电动机出厂时间超过 1 年时,安装前应进行抽芯检查。卧式电动机与斜式电动机安装时,不应将钢丝绳直接绑扎在轴颈、集电环和换向器上起吊转子,不应碰伤定子、转子绕组和铁芯。

3. 灯泡贯流水泵安装

叶轮与主轴连接后,组合面应无间隙,用 0.05 mm 塞尺检查,应不能塞入。泵体与流道进口与出口之间的伸缩节安装,应有足够的伸缩距离,插入管(套管)与底座应同心,四周间隙应均匀,密封填料压紧程度应适当,不应漏水。

灯泡贯流泵机组电动机顶罩与定子组合面应配合良好,并应测量及记录由于灯泡质量引起定子进水侧的下沉值。总体安装完毕后,灯泡体应按设计要求进行严密性耐压试验。

4. 潜水泵安装

潜水泵安装前应对外观进行检查。若表面防腐涂层受到损坏和锈蚀,应按规定进行修补处理。立式潜水泵泵座圆度偏差不应大于 1.5 mm,平面度偏差不应大于 0.5 mm,中心偏差不应大于 3 mm,高程偏差不应超过 ±3 mm,水平偏差不应大于 0.2 mm/m。井筒座与泵座垂直同轴度偏差不应大于 2 mm,井筒座水平偏差不应大于 0.5 mm/m。潜水泵吊装就位,与底座之间宜采用 O 形橡胶圈密封,且应配合密封良好。

电缆应随同潜水泵移动,并保护电缆,不得将电缆用作起重绳索或用力拉拽。安装后应将电缆理直并用软绳将其捆绑在起重绳索上,捆绑间距应为 300 ~ 500 mm。

5. 机组试运行

泵站每台机组投入运行前,应进行机组启动验收。机组启动验收或首(末)台机组启动验收前,应进行机组启动试运行。单台机组试运行时间应在 7 d 内累计运行时间为 48 h 或连续运行 24 h(均含全站机组联合运行小时数)。全站机组联合运行时间宜为 6 h,且机组无故障停机 3 次,每次无故障停机时间不宜超过 1 h。

五、阀门

阀门一般由阀体、阀瓣、阀盖、阀杆及手轮等部件组成。水利工程中常见的阀门种类有蝶阀、球阀、闸阀、锥形阀、截止阀等。

(一)阀门的类型

1. 蝶阀

蝶阀组成部件包括阀体、阀轴、活门、轴承及密封装置、操作机构(指接力器、转臂等)。蝶阀阀板可绕水平轴或垂直轴旋转,即立轴和卧轴两种型式。卧轴的接力器位于蝶阀一侧,立轴的接力器位于阀上部。

蝶阀操作方式包括手动、电动及液压操作。其中,手动和手动电动两用操作主要用于小型蝶阀,液压操作常用于大中型蝶阀。蝶阀的优点是启闭力小、体积小、质量轻、操作方便迅速、维护简单;缺点为阀全开时水头损失大、全关时易漏水。为了减少漏水,在阀体或阀板四周采用硬质橡胶密封压或金属密封止水,不能部分开启。

2. 球阀

球阀组成部件主要包括阀体、阀轴、活门、轴承、密封装置和操作机构。球阀的名义直径等于压力钢管的直径。其优点为水头损失小,止水严密;缺点为体积太大且重,价格较高。

球阀的操作方式有手动、手动电动两用和液压操作,分立轴和卧轴两种。立轴球阀因结构复杂,运行中存在积沙、易卡等缺点,基本上被淘汰。卧轴球阀有单面密封和双面密封两种,双面密封可在不放空压力钢管的情况下对球阀的工作密封等进行检修。

偏心半球阀是一种比较新型的球阀类别,它有着自身结构所独有的一些优越性,如开关无摩擦、密封不易磨损、启闭力矩小等。

3. 闸阀

闸阀又称闸门阀或闸板阀,它是利用闸板升降控制开闭的阀门,流体通过阀门时流向不变,因此阻力小。闸阀密封性能好,流体阻力小,开启、关闭力较小,也有调节流量的作用,并且能从阀杆的升降高低看出阀的开度大小,主要用在一些大口径管道上。

4. 锥形阀

锥形阀由阀体、套筒、执行机构、连接管等部件组成。执行机构有螺杆式、液压式、电动推杆式等种类。锥形阀通过执行机构驱动外套筒来实现开启或关闭。锥形阀安装于压力管道出口处,通过调节开度来控制泄水流量。出口方式有空中泄流与淹没出流两种形式,空中泄流时喷出水舌应为喇叭状,空中扩散掺气,淹没出流则在水下消能,是需要消能且下泄流量较大时的理想控制设备。

固定锥形阀是水利工程中重要的管道控制设备,在高水头、大流量、高流速的工况下使用,常用于水库、拦河坝的蓄水排放、农田灌溉及水轮机的旁通排水系统,固定锥形阀可安装在管道中部,起截止、减压、调节流量等作用,也可安装在管道末端,起排放、泄压、水位控制等作用。

(二)进水阀

水力发电工程用的阀门一般称为进水阀(也称主阀),装设在水轮机输水管道的进水口及水轮机前,以便在需要时截断水流。目前常采用的进水阀有蝶阀、球阀、闸阀等,进水阀一般不作调节流量用。

1. 进水阀的作用

(1)机组发生事故而导水机构又失灵不能关闭时,它在紧急状态下动水关闭,以防止事故的扩大。

(2)进水管道或机组检修时关闭,切断水流。

(3)当机组长期停机时关闭,以减少漏水。

2. 设置进水阀的条件

(1)对于由一根压力输水总管分岔供给几台水轮机/水泵水轮机的情况,在每台水轮机/水泵水轮机蜗壳前应装设进水阀。

(2)压力管道较短的单元压力输水管,在水轮机蜗壳前不宜设置进水阀。

(3)单元输水系统的水泵水轮机宜在每台蜗壳前装设进水阀。

(4)对于径流式或河床式电站的低水头单元输水系统,不装设进水阀;但水轮机必须装设其他防飞逸设备。

(5)常用的进水阀有蝶阀和球阀两种。最大水头在200 m及以下的可选用蝶阀或闸阀;最大水头在200~250 m时可选用蝶阀或球阀;最大水头在250 m以上的宜选用球阀。

(6)进水阀应能动水关闭,其关闭时间应不超过机组在最大飞逸转速下持续运行的允许时间。进水阀还应在两侧压力差不大于30%的最大静水压力范围内,均能正常开启,且不产生强烈振动。

为了保证正常工作,对进水阀提出的要求是结构简单、工作可靠、有足够的强度和刚度、具有严密的止水装置、水力损失小、水流稳定、操作控制简便、经久耐用。动水关门不大于2 min,一般情况下不允许动水开启,要平压后才能开启。

3.进水阀的附件

1)伸缩节

伸缩节的作用是使钢管沿轴线自由伸缩,以补偿温度应力,用于分段式管道中。为了使进水阀方便地安装和拆卸,在阀门的上游侧或下游侧装有伸缩节。

2)旁通阀

旁通阀装于阀门两侧压力钢管上,其作用是在进水阀正常开启前,先打开旁通阀,将进水阀活门上游侧的压力水引入阀门下游侧。接近平压后,再开启进水阀。旁通阀的过水能力应大于导叶的漏水量,旁通阀和旁通管的直径一般可近似按1/10的进水阀直径选取。

3)空气阀

空气阀位于进水阀下游侧伸缩节或压力钢管的顶部,当开启旁通阀向下游侧充水时或打开排水阀放空压力钢管和蜗壳内的积水时,空气阀自动开启以排气或充气,使压力钢管内真空消失,保护压力钢管不被外压破坏。

4)排水阀

排水阀在压力钢管最低点设置。排除管内积水,便于检修。

六、水力机械辅助设备

在此主要介绍油系统设备、压气系统设备、水系统设备以及相应的管路(含管子、附件、阀门等)及其安装。

(一)油系统设备

1.功能及组成

油系统由一整套设备、管路、控制元件等组成,用来完成用油设备的给油、排油、添油及净化处理等工作。

油系统的任务是:用油罐来接收新油、储备净油;用油泵给设备充油、添油、排出污油;用滤油机烘箱来净化油、处理污油。

油主要分为透平油和绝缘油,两种油的功能不同,成分有差异,因此两套油系统必须分开设置。透平油用于水轮机和发电机,透平油的作用是润滑、散热以及对液压设备进行操作,以传递能量;绝缘油主要用于变压器等,其作用是绝缘、散热和消除电弧。

一个电站的油系统可以独立设置,也可以与邻近电站共用。若几个电站相距不远,油系统可考虑联合设置,以节省投资。

2.设备简介

油净化设备主要包括压力滤油机、真空净油机、透平油净油机。

压力滤油机是一种滤油设备,板框上装有滤纸,污油流经滤纸后,水分及颗粒杂质就被滤纸过滤掉,较干净的油被送到油桶或用油设备,因此压力滤油机要设有滤纸,并配有烘箱。压力滤油机的净化能力有限,一般只作为初步净化或叫粗滤,残留杂质还需采用真空净油机和透平油过滤机来净化。

真空净油机用于绝缘油系统,而透平油过滤机用于透平油系统,两种净油机都是利用真空环境下水的汽化温度要低于油的汽化温度这一原理来汽化油中的水分杂质,通过抽真空且适当加热的方式让油中的水分杂质先行汽化从而分离去除,然后对颗粒杂质采用滤网滤芯的方式加以清除。

3.油系统的安装

1)透平油系统

主要安装内容:

(1)油泵、压力滤油机、离心滤油机、真空滤油机、移动式滤油设备等。

(2)透平油桶、油罐、油箱及油池。

(3)烘箱、油再生设备。

(4)管路(明设、暗设)及其附件(弯头、三通、渐变管、管路的支吊架等)。油系统管路焊接宜采用氩弧焊封底,手工电弧焊盖面。

(5)阀门。

(6)设备、油桶、油罐、油箱的基础,设备安装吊环和设备支架。

(7)管网测量控制元件(温度计、液位信号、示流信号器、油混水信号器等)。

2)绝缘油系统

主要安装内容:

(1)油泵、滤油机等设备。

(2)绝缘油桶、油罐。

(3)阀门。

(4)管路(明设、暗设),管路附件,管路支吊架。油系统管路焊接宜采用氩弧焊封底,手工电弧焊盖面。

(5)设备、绝缘油桶基础、设备安装吊环等。

(二)压气系统设备

1.功能及组成

水力发电工程所用的压缩空气通常有两个压力等级,一个是低压气系统,用于发电机制动系统、风动工具、吹扫等,压力等级为 0.8 MPa;另一个是高压系统,用于给传统油压装置供气,常用的有 4 MPa(对应于油压装置压力 4 MPa)和 6.3 MPa(对应于油压装置压力 6.3 MPa)。

2.设备简介

每个压力等级压缩空气系统独立运行,都由空气压缩机、储气罐、管道、阀门及相关自动化元件组成,对压缩空气含水率有较高要求的,在空气压缩机与储气罐间还设有冷冻干燥机。低压气系统的空气压缩机一般采用螺杆式压缩机,适用于大产气量的系统,但是压力不能高于 2 MPa;高压气系统的空气压缩机一般采用活塞式压缩机。

水力发电工程的空气压缩机,通常采用风冷型压缩机,特殊情况下才需使用水冷压缩机。

3.压气系统的安装

主要安装内容:

(1)压气机(空冷、水冷)等设备。

(2)储气罐。

(3)各种阀门。

(4)管路(明设、暗设)、管路附件、管路的支吊架。

(5)设备、储气罐的基础,设备安装用吊环。

(6)单机调试、压气系统的调试等。

(三)水系统设备

1.功能及组成

水系统包括技术供水系统、消防供水系统、渗漏排水系统、检修排水系统、室外排水系统。

2.系统简介

1)技术供水系统

为机组提供冷却水及密封压力水,为机组的运行服务,适用水头低于 40 m。该系统对水质有较高要求,因此需对原水进行过滤,通常采用旋转滤水器,可以在线清污(清污时不中断供水)。系统构建大致有如下模式:自流供水(没有水泵,配有滤水器)、自流加压供水(水泵和滤水器都有)、尾水取水供水(水泵和滤水器都有)、减压供水(没有水泵,有滤水器和减压阀)。对于污物特别多的原水,采用二次循环冷却方式:用清洁水循环运行的方式,两次换热,第一次是把机组运行产生的热量传给循环水,第二次将循环水通过尾水冷却器把热量传给原水,这种冷却方式使用的清洁水是循环使用的,因此要配防垢设备,如加药或配电子水处理仪,这种系统不需要滤水器,需要增加尾水冷却器。

2)消防供水系统

为全厂的消防系统提供压力水,该系统与技术供水系统相比,水质要求略低,压力略高。供水方式有自流供水(没有水泵,配有滤水器)、自流加压供水(水泵和滤水器都有)、尾水取水供水(水泵和滤水器都有)、减压供水(没有水泵,有滤水器和减压阀)。

3)其他系统

渗漏排水系统用于排除厂房及大坝内所有渗漏水、冷凝水;检修排水系统用于机组检修时排除流道积水;室外排水系统用于排除厂区积雨范围内无法自流排除的水体。

3.技术供排水系统的安装

1)供水系统

主要安装内容:

(1)水泵、射流泵、滤水器等设备。

(2)阀门。

(3)管路吸、排水口(明设、暗设),管路附件,管路的支吊架。

(4)自动化元件。

(5)设备基础、设备安装用吊环等。

(6)单机调试、供水系统的调试。

2)排水系统

主要安装内容:

(1)离心水泵、深井泵、射流泵,泥浆泵,潜水泵等设备。

(2)阀门。

(3)管路吸、排水口(明设、暗设),管路附件,管路的支吊架。

（4）自动化元件。

（5）设备基础、设备安装用吊环等。

（6）单机调试、排水系统的调试。

（四）**管路**

水系统管路多用镀锌钢管，DN15 以下的管道一般采用不锈钢无缝管。

油系统、压气系统管路采用无缝钢管或者不锈钢无缝管。

油、水、气管件的耐压试验：所有油、水、气管路及附件，在安装完成后均应进行耐压和严密性试验，耐压试验压力为 1.5 倍额定工作压力，保持 10 min 无渗漏及裂纹等异常现象发生。

七、通风空调

（一）**空气调节系统**

空气调节系统保证室内空气的温度、湿度、风速及洁净度保持在一定范围内，并且不因室外气候条件和室内各种条件的变化而受影响。

空调机组设备的种类很多，大致可分为整体式空调器（窗式空调器、冷风机、恒温恒湿空调器、除湿机）和冷源集中而可分散安装的风机——盘管空调器。

（二）**通风机**

通风机按气体进入叶轮后的流动方向可分为离心式风机、轴流式风机、混流式（又称斜流式）风机和贯流式（又称横流式）风机等类型；按使用材质可分为铁壳风机、铝风机、不锈钢风机、玻璃钢风机、塑料风机等类型；按照加压的形式也可以分单级风机、双级风机或者多级加压风机；按压力大小可分为低压风机、中压风机、高压风机；按用途可分为防、排烟通风机，射流通风机，防腐通风机，防爆通风机等类型。

以下主要介绍离心式通风机、轴流式通风机。

1.离心式通风机

离心式通风机一般由蜗形机壳、叶轮、轴承传动机构及电机等组成。离心风机一般常用于小流量、高压力的场所，电机与叶轮有直联传动、皮带传动以及联轴器传动。适宜输送温度低于 80 ℃，含尘浓度小于 150 mg/m³ 的无腐蚀性、无黏性的气体。

2.轴流式通风机

轴流式通风机主要由带叶片的轴、圆筒形机壳、支座及电动机构成。轴流式通风机具有流量大、风压低、体积小的特点。轴流通风机的动叶或导叶常做成可调节的，即安装角可调，大大扩大了运行工况的范围，且能显著提高突变工况下的效率。因此，使用范围和经济性能均比离心式通风机好。

（三）**风管**

风管是通风空调系统的重要构件，是连接各种设备的管道。水利工程中常用的有镀锌钢板风管、不锈钢板风管、玻璃钢风管等。

1.镀锌钢板风管

镀锌钢板由普通钢板镀锌制成，表面呈银白色，厚度一般为 0.5~1.5 mm。由于表面有镀锌层保护，不易被锈蚀，一般不需要再刷漆。常用于制作不含酸、碱气体以及运送潮湿空气的风管，在送风、排气、空调净化系统中大量使用。可利用卷板料的宽面作为风管长度，风管的宽度可不受限制,下料方便。

镀锌钢板表面,要求光滑洁净,表面层有热镀锌特有的镀锌层结晶花纹,钢板镀锌厚度不小于 0.02 mm。

镀锌钢板制作风管和管件宜采用咬接或铆接,对严密度要求较高和咬口补漏要用锡焊时,焊后应用热水将焊缝处的锡焊药水冲洗干净。板厚大于 1.2 mm 的镀锌钢板,当咬口折边机械满足不了要求时,为了避免破坏镀锌层,一般可用铆接。

2. 不锈钢板风管

不锈钢板表面光洁,有较高的塑性、韧性和机械强度,耐酸、碱性气体、溶液和其他介质的腐蚀,是一种不易生锈的合金钢。制作不锈钢板风管及配件应采用奥氏体不锈钢板材。

不锈钢板风管管壁小于或等于 1 mm 时可以采用咬接,大于 1 mm 可采用电弧焊或氩弧焊,不得采用气焊。焊接前可用汽油、丙酮清洗焊缝处油污,以防焊缝出现气孔、砂眼。焊接时应选用与母材相匹配的焊丝或焊条,机械强度不应低于母材的最低值。

采用氩弧焊焊接不锈钢板,加热集中,热影响区域小,局部变形小。同时氩气保护了熔化的金属,因而焊缝具有较高的强度和耐腐蚀性。

采用电焊焊接不锈钢板,一般应在焊缝两侧表面涂白垩粉,以免焊渣飞溅物粘附在表面上。焊接后应清除焊渣和飞溅物,然后用 10% 的硝酸溶液清洗,再用热水冲洗干净。

不锈钢板风管与法兰一般采用翻边连接。法兰应采用不锈钢板制作,如采用普通碳素钢法兰代用时,必须采用有效的防腐蚀措施,如喷涂防锈底漆和绝缘漆等。

3. 玻璃钢风管

玻璃钢风管是一种轻质、高强、耐腐蚀的管道。它是基于树脂基体的玻璃纤维按工艺要求逐层缠绕在旋转的芯模上,并在纤维之间远距离均匀地铺上石英砂作为夹砂层。在满足使用强度的前题下,提高了刚度,保证了产品的稳定性和可靠性。玻璃钢夹砂管以其优异的耐化学腐蚀、轻质高强、不结垢、抗震性强,与普通钢管比较具有使用寿命长、综合造价低、安装快捷、安全可靠等优点。

有机玻璃钢风管一般适用于预埋敷设;无机玻璃钢风管一般适用于明敷。

第二节　电气设备

水利工程电气设备主要分为一次设备和二次设备。

(1)一次设备。直接生产和分配电能的设备称为一次设备,包括发电机、变压器、断路器、隔离开关、电压互感器、电流互感器、避雷器、电抗器、熔断器、自动空气开关、接触器、厂用电系统设备、接地系统等。

(2)二次设备。对一次设备的工作进行测量、检查、控制、监视、保护及操作的设备称为二次设备,包括继电器、仪表、自动控制设备、各种保护屏(柜、盘)、直流系统设备、通信系统设备等。

一、一次设备

(一)一次设备的分类

1. 按工作性质分类

(1)进行生产和能量转换的设备,包括发电机、变压器、电动机等。

(2)对电路进行接通或断开的设备,包括各种断路器、隔离开关、自动空气开关、接触器等。

(3)限制过电流的设备,包括限制故障电流的电抗器、限制启动电流的启动补偿器、小容量电路进行过载或短路保护的熔断器、补偿小电流接地系统接地时电容电流的消弧线圈等。

(4)防止过电压的设备,如限制雷电和操作过电压的避雷器。

(5)对一次设备工作参数进行测量的设备,包括电压互感器、电流互感器。

2. 按配电装置类型分类

(1)发电机电压设备,指发电机主母线引出口到主变压器低压套管间所布置的各种电气设备。电压等级通常为 0.4~24 kV,且具有额定电流和短路开断电流大、动稳定和热稳定性要求高的共同特点,主要包括断路器(包括发电机专用断路器)、隔离开关、电流互感器、电压互感器、避雷器、发电机中性点接地用消弧线圈(接地变压器或接地电阻)、发电机停机用的电制动装置和大电流母线等。

大中型水力发电工程的发电电压等级为 6.3 kV、10.5 kV、13.8 kV、15.75 kV、18.0 kV、24.0 kV。

(2)升压变电站设备,指从主变压器到输电线路连接端之间(即从主变压器低压套管起,到变电站最终出线构架的跳线止)电路中所连接的各种类型电器,主要包括主变压器、断路器、隔离开关、电流和电压互感器、避雷器、接地开关、并联和串联电抗器、变压器中性点接地装置和母线、架空导线、电力电缆及一次拉线和金具等。

(3)厂用电设备,包括从厂用变压器到辅助生产设备的各类电机和电器,其电压等级高压为 6 kV、10 kV 或 13.8 kV,低压为 0.4 kV。其主要设备包括厂用变压器、高压开关柜、低压开关柜、动力配电箱、低压电器(磁力启动器、自动空气开关、闸刀开关、熔断器、控制器、接触器、电阻器、变阻器、调压器、电磁铁等)。

(二)一次设备简介

1. 水轮发电机

详见前述"水轮发电机"部分。发电机的图例符号如图 4-2-1 所示(在常用基本符号中,发电机用"G"代表)。

图 4-2-1　发电机的图形符号

2. 变压器

利用电磁感应原理将一种电压等级的交流电变为另一种电压等级交流电的设备称为变压器。主变压器是将水轮发电机发出的电能由低电压转化为高电压传输至电力系统的变电设备,采用高压输电可减少电力远距离输送的损耗。

当机组停机时,主变压器也可作为电力系统与电站的联络设备,作为降压变压器使用,将系统的电能反供给电站的厂用负荷使用。

1)变压器型号的表示方法

变压器型号的表示方法如图4-2-2所示。

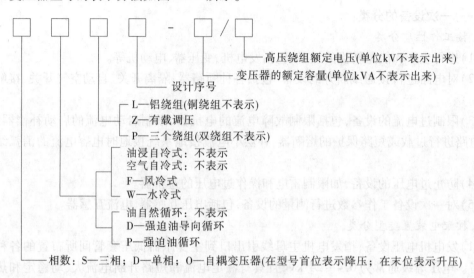

高压绕组额定电压(单位kV不表示出来)

变压器的额定容量(单位kVA不表示出来)

设计序号

L—铝绕组(铜绕组不表示)

Z—有载调压

P—三个绕组(双绕组不表示)

油浸自冷式：不表示
空气自冷式：不表示
F—风冷式
W—水冷式

油自然循环：不表示
D—强迫油导向循环
P—强迫油循环

相数：S—三相；D—单相；O—自耦变压器(在型号首位表示降压；在末位表示升压)

图4-2-2　变压器型号的表示方法

注:①绕组处绝缘介质:变压器油不表示;G—空气;C—成套固体。

　　②三相三绕组电力变压器,在基本符号后加"Q"表示全绝缘,在基本符号后加"F"表示分裂绕组变压器。

2)变压器型号举例

SFL1－31500/110 表示三相双绕组、油浸风冷、铝绕组、容量31 500 kVA、高压侧电压等级为110 kV 的电力变压器;SFPSOL－120000/220 表示三相三绕组、强迫油循环风冷、铝绕组、容量为120 000 kVA、高压侧电压等级为220 kV 的升压自耦电力变压器。

3)其他规定

(1)在常用基本符号中,变压器用"T"代表。

(2)在主要安装单位文字符号中,与系统联络的变压器代号为 T1 ~ T19;高压厂用变压器代号为 T21 ~ T39;低压厂用变压器代号为 T41 ~ T59。

(3)图例符号如图4-2-3所示。

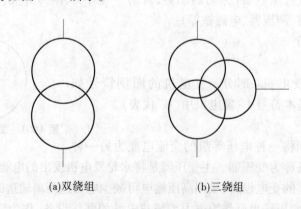

(a)双绕组　　　　　　　(b)三绕组

图4-2-3　变压器的图例符号

4）变压器的主要部件

（1）铁芯和绕组。高压绕组、低压绕组与铁芯形成整体，浸在油箱中，并牢固地固定在底座上，一般情况下，运输和安装时都不允许拆装。

（2）油箱和底座。内部充油并安放芯部，底座下面可配带有可调滚轮方向的小车。

（3）套管和引线。高压绕组和低压绕组与外部电气回路或母线联络的部件，分干式和油式两种。

（4）分接开关。通过切换变压器绕组的分接头，改变其变比，来调整变压器的电压，分为无励磁分接开关和有载调压开关两种，前者为不带电切换，后者可带负荷调压。

（5）散热器。冷却装置。

（6）保护和测量部件。油保护装置（吸湿器、净油器）、安全保护装置（气体继电器、压力释放装置或防爆管、事故排油阀门）、温度计、油标等。

3. 变频启动装置

在抽水蓄能电站中，蓄能机组目前主要以静止变频器（static frequency converter，SFC）作为主要启动方式，并以同步对拖，即以一台机组为拖动机，另一台为被拖动机以组背靠背启动方式作为备用启动方案。静止变频器启动是利用可控硅变频装置产生从零到额定频率的变频启动电源，将发电电动机启动并同步拖动起来。静止变频器启动适用于容量大、机组台数多的大型抽水蓄能电站。因变频器都是静止元件，维护工作量小，工作可靠性高，设备布置比较灵活，每台机组可共用一套。

SFC 启动系统主回路一般连接到发电机的出口端，其回路包括进线电抗器、进线断路器、谐波滤波器、输入侧隔离变压器、静止变频器、输出侧升压变压器、多机切换开关、发电机侧隔离开关。

目前我国抽水蓄能电站静态变频启动设备主要依靠进口，其国产化的难点主要在于大容量高压变频的电力电子器件应用技术，但是随着国内大容量高压变频技术的日渐成熟，相信不远的将来在政策的推动下能够实现静止变频器国产化。

4. 断路器

能承载、关合和开断运行线路的正常工作电流，也能在规定时间内承载、关合和开断规定的异常电流（如短路电流）的开关设备，称为断路器，是电力系统中保护和操作的重要电气装置。

根据安装位置不同，断路器可分为户内式和户外式。

根据所使用的灭弧介质和绝缘介质的不同，断路器可分为油断路器（包括少油断路器和多油断路器）、真空断路器、六氟化硫（SF_6）断路器、高压空气断路器等。其中，多油式断路器和高压空气断路器已逐步被淘汰。

（1）少油断路器。少油式断路器以绝缘油只作为灭弧介质，而对地绝缘则利用电瓷件或其他有机绝缘材料。

（2）真空断路器。其利用"真空"作为绝缘和灭弧介质，真空断路器有落地式、悬挂式、手车式三种形式。它在 35 kV 及以下电压等级配电系统中处于主导地位。

（3）六氟化硫断路器。六氟化硫断路器是利用六氟化硫（SF_6）气体作为灭弧介质和绝缘介质的一种断路器。其绝缘性能和灭弧特性都大大高于油断路器，SF_6 断路器适用于需频繁操作及有易燃易爆危险的场所。

SF_6断路器的特点如下:

①断口的耐压高,与同电压级的油断路器比较,SF_6断路器断口数和绝缘支柱数较少。

②允许开断和关合的次数多,检修周期长。

③开断和关合性能好,开断电流大,灭弧时间短。

④占地面积小,使用SF_6封闭式组合电器,可以大大减少变电站的占地面积。

发电机出口专用断路器,分真空断路器和SF_6断路器两种。真空断路器体积较小,可装在开关柜里。而SF_6断路器体积较大,一般布置在机端主回路上。

(4)国内断路器型号的表示方法如图4-2-4所示。

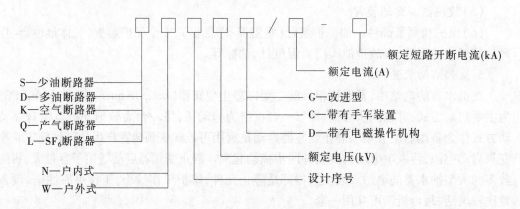

图4-2-4　断路器型号

(5)国内断路器型号举例。SW3－110G/1200代表户外少油改进型断路器,设计序号为3,额定电压为110 kV,额定电流为1200 A;LW8－35/1600－25代表户外六氟化硫断路器,设计序号为8,额定电压为35 kV,额定电流为1600 A,额定短路开断电流为25 kA。

(6)其他。一般来讲,根据目前断路器的技术水平,3~35 kV系统采用真空或SF_6断路器,110 kV及以上采用SF_6断路器。

在常用基本符号中,断路器用"QF"代表。图例符号如图4-2-5所示。

图4-2-5　断路器的图例符号

5. 隔离开关

隔离开关也称隔离刀闸,是一种在分闸位置时其触头之间有符合规定的绝缘距离和可见断口,在合闸位置时能承载正常工作电流及短路电流的开关设备。电气设备检修时,隔离开关可将检修部分同带电部分隔开。它没有灭弧装置,不能断开负荷电流或故障电流,一般情况下在相关断路器断开后,它才可以进行切换操作(闭合或切断)。在正常操作中,倒闸操作要用到它。

按其结构和刀闸的运行方式,可将隔离开关分为旋转式、伸缩式、折叠式和移动式;按安装位置可分为屋内式、屋外式;按极数可分为单极式和三极式;按操动机构可分为手动式、气动式、液压式、电动式;按绝缘支柱的数量可分为单柱式、双柱式、三柱式;按有无接地刀闸可分为无接地刀闸和有接地刀闸。

（1）国内隔离开关型号的表示方法如图 4-2-6 所示。

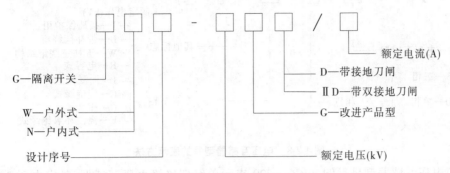

图 4-2-6　隔离开关型号的表示方法

（2）国内隔离开关型号举例。GW5 – 110GD/1000 表示户外改进型带接地刀闸的 110 kV 隔离开关，额定电流为 1000 A，设计序号为 5。

（3）其他。

①隔离开关的极数，由图纸可知，一相 = 一极，一组（三极）= 三相。

②隔离开关一般配手动操作机构。机构不同，价格也不同。

③隔离开关带单接地刀闸、双接地刀闸、无接地刀闸，价格均不同。

④在常用基本符号中，隔离开关用"QS"代表。

⑤图例符号如图 4-2-7 所示。

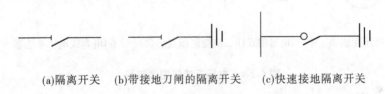

(a)隔离开关　　(b)带接地刀闸的隔离开关　　(c)快速接地隔离开关

图 4-2-7　隔离开关的图例符号

6. 电压互感器

电力系统中将一次侧交流高电压转换成可供测量、保护或控制等仪器仪表或继电保护装置使用的二次侧低电压的变压设备称为电压互感器。电压互感器和电流互感器是一次系统和二次系统间的联络元件，它可将量电仪表、继电器和自动调整器间接接入大电流、高电压装置，这样可以达到以下目的：

（1）测量安全。使仪表和继电器在低电压、小电流情况下工作。

（2）使仪表和继电器标准化。其绕组的额定二次电流为 5 A 或 1 A，额定二次侧电压为 100 V。

（3）使一次侧和二次侧高、低压电路互相隔离。当线路上发生短路时，保护量电仪表的串联绕组，使它不受大电流的损害。

电压互感器的构造及其接线图与电力变压器相似，主要区别在于容量和外形的不同。按结构原理分，它可分为电磁式和电容式；按绝缘介质分，可分为干式、油浸式、树脂浇注绝缘式、SF_6 气体绝缘式；按相数分，又可分为单相和三相；按安装地点可分为户内式、户外式。

（1）电压互感器型号的表示方法如图 4-2-8 所示。

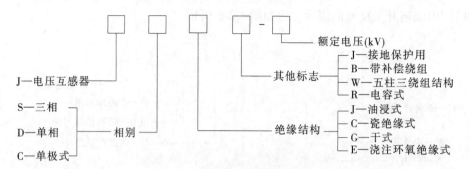

图 4-2-8　电压互感器型号的表示方法

(2)电压互感器型号举例。JCC－220 表示单级瓷绝缘电压互感器,额定电压 220 kV;JSJW－10 表示三相油浸五柱三绕组电压互感器,额定电压为 10 kV;JDJ－6 表示单相油浸电压互感器,额定电压为 6 kV。

(3)其他。在常用代号中用"TV"代表电压互感器。图例符号如图 4-2-9 所示。

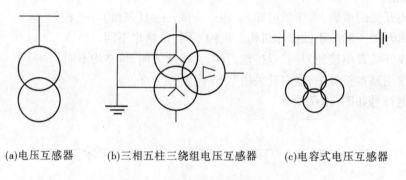

(a)电压互感器　　(b)三相五柱三绕组电压互感器　　(c)电容式电压互感器

图 4-2-9　电压互感器图例符号

7. 电流互感器

电力系统中将一次侧交流大电流转换成可供测量、保护或控制等仪器仪表或继电保护装置使用的二次侧小电流的变流设备称为电流互感器。电流互感器的一次绕组通常串联于需测量、保护或控制的电路中,而二次绕组则与测量、保护或控制等装置量电仪表及继电器的电流绕组相串联,使一次侧和二次侧高、低压电路互相隔离。

按原绕组的匝数划分,电流互感器可分为单匝式(芯柱式、母线型、电缆型、套管型)、复匝式(线圈形、线环形、6 字形);按绝缘介质分,它可分为油浸式、环氧树脂浇注式、干式、SF$_6$气体绝缘;按安装方法分,它又可分为支持式和穿墙式。

(1)型号表示框架结构:符号－电压－准确级次－变比。

(2)型号的表示方法如图 4-2-10 所示。

(3)型号举例。LMZ－10－D/0.5－5000 表示浇注绝缘母线型电流互感器,其额定电压为 10 kV,准确级次为 D 级/0.5 级,电流互感器的变比为 5 000/1;LCLWD－220－D/D/D/0.5－1200/1 表示用于差动保护的瓷绝缘电缆型户外式电流互感器,其额定电压为 220 kV,D 及 0.5 均为准确级次,变比为 1200/1。

(4)其他。在常用互感器代号中,电流互感器用"TA"表示。图例符号如图 4-2-11 所示。

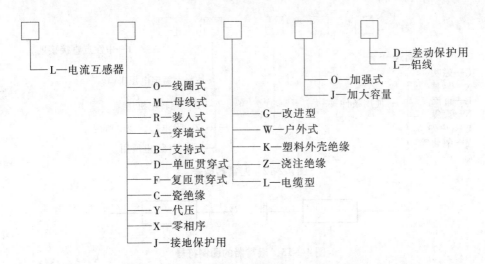

图 4-2-10　电流互感器型号的表示方法

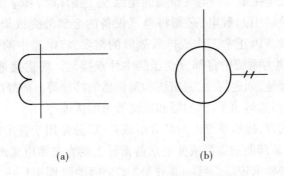

图 4-2-11　电流互感器图例符号

8. 避雷器

避雷器是一种能释放过电压能量、限制过电压幅值的保护设备。电力系统遭雷击时,强大的雷电流会在电气设备上或输电线路上产生直击雷过电压或感应雷过电压,此时避雷器就起作用,从而保护了室内外电气设备,使其免受大气过电压的破坏。

另外,电力系统中的故障和操作导致的电磁振荡,会引起过渡过程过电压(称为操作过电压),此时,避雷器也会动作,从而保护了设备。

(1)避雷器型号表示方法如图 4-2-12 所示。

(2)型号表示举例。FCD - 10 表示旋转电机用磁吹阀型避雷器,其额定电压为 10 kV; FCZ - 500J 表示变电站用磁吹阀型避雷器,其额定电压为 500 kV,中性点直接接地。

(3)其他。在常用基本符号中,避雷器用"F"代表。图例符号如图 4-2-13 所示。

9. 接地系统

电气设备接地是将电气设备的某些部分用导体(接地线)与埋设在土壤中或水中的金属导体(接地体或接地极)相连接。直接与大地或水接触的金属导体或金属导体组,称为接地体或接地极。电气设备接地部分与接地体连接用的金属导体,称为接地线。接地线和接地体的总和,称为接地装置。接地装置是用来保护人身和设备安全的,可分为保护接地、工

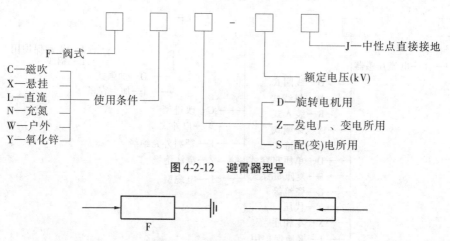

图 4-2-12　避雷器型号

图 4-2-13　避雷器的图例符号

作接地、防雷接地和防静电接地 4 种。

保护接地又称为安全接地。当电气设备的绝缘发生损坏时,其金属外壳或架构可能带电。为了防止人身碰及时引起触电,必须将电气设备的金属外壳或架构(即带电部分)接地。工作接地是电气设备因正常工作或排除故障的需要,将电路中的某一点接地。例如,110 kV 及以上电压的电力系统中将部分变压器中性点接地。防雷接地是为了使雷电流泄入大地而将防雷设备接地,如避雷针、避雷线和避雷器的接地等。防静电接地是为了防止静电危险影响而设的接地,如运油车、储油罐和输油管道的接地等。

对水力发电工程而言,接地系统由两部分组成:一部分是用于直击雷电流扩散的"主接地"系统。它可将厂房顶部的避雷带或变电站避雷针上的直击雷电流迅速扩散到土壤或水中。主接地系统的安装要求较高。另一部分是"安全接地",即把厂内、外所有设备的外壳和支架通过接地线互相连接,形成安全接地网。两部分接地网之间可互联,形成完整的接地系统。

电气设备的带电部分,偶尔与结构部分或直接与大地发生电气连接,称为接地短路。经接地短路点流入地中的电流,称为接地短路电流。接地体的对地电阻和接地线电阻的总和,称为接地装置的接地电阻。

在我国,规定电压为 1 kV 以上大接地短路电流系统(大电流接地系统)的电气设备,其接地装置的接地电阻,在一年四季中,一般不应大于 0.5 Ω,若接地装置的工频电位升高超过 2 kV,则应按接地规程的规定对电站做好相应均压和隔离措施。

所有电气设备、设备支架、构架、基础及辅助装置的工作接地、保护接地、保护接零和防雷接地以及金属结构和金属管路的接地等,应采用专门的接地线连接到接地引出线的接地端上,并包括明敷接地线的安装、敷设。

10. 高压熔断器

利用串联于电路中的一个或多个熔体,在过负荷电流或短路电流的作用下,一定的持续时间内熔断以切断电路,保护电气设备的电器称为熔断器。

电压在 1 kV 以上的熔断器称为高压熔断器。高压熔断器分限流型和非限流型两种。

(1)型号表示方法如图 4-2-14 所示。

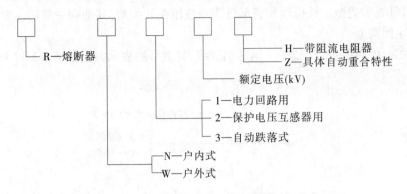

图 4-2-14 高压熔断器型号

R—熔断器
N—户内式
W—户外式
1—电力回路用
2—保护电压互感器用
3—自动跌落式
额定电压(kV)
H—带阻流电阻器
Z—具体自动重合特性

（2）型号表示示例。RN1 3～35kV 表示电力线路用、户内式、高压熔断器,使用电压范围是 3～35 kV;RN2 10～20 kV 表示保护电压互感器、户内式、高压熔断器,使用电压范围是 10～20 kV;RW 3～10 kV 表示户外跌落式高压熔断器,使用电压范围是 3～10 kV。

若在型号后加 TH,表明为用于湿热带产品、三防(潮、霉、砂)。

（3）其他。在常用基本符号中,熔断器用 FU 表示。图例符号如图 4-2-15 所示。

11. 电抗器

电力系统中作为限制短路电流、稳定电压、无功补偿和移相等使用的电感元件。可以装在线路上,也可以装在母线上。一般通过电力系统短路电流计算来决定电抗器的容量大小及其安装的位置。

根据用途它可分为限流电抗器、并联电抗器、消弧线圈、中性点电抗器等。

型号表示:额定电压(kV)/容量(kvar);基本符号用"L"代表,图例符号如图 4-2-16 所示。

图 4-2-15 熔断器的图例符号

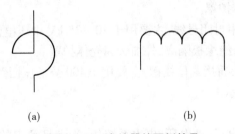

(a)　　　　　　　(b)

图 4-2-16 电抗器的图例符号

12. 高频阻波器

在高频电力载波通信系统中要使用高频阻波器。此设备已逐步被淘汰,但在一些特殊系统中仍存在。

13. 母线

发电厂和变电站用来连接各种电气设备,汇集、传送和分配电能的金属导线称为母线。

其类型有硬母线和软母线,硬母线又分为圆形母线、矩形母线、管形母线、槽形母线、共箱母线、离相封闭母线等类型。软母线和管形母线一般用在开关站,其他则一般用在发电机电压母线和电气主回路上。

(1)开关站内常用的软母线——钢芯铝绞线,其型号的表示方法如图 4-2-17 所示。

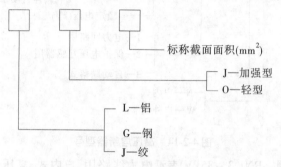

标称截面面积(mm²)

J—加强型
O—轻型

L—铝
G—钢
J—绞

图 4-2-17　软母线型号的表示方法

(2)硬母线,常用的有如下几种型式:

①QLFM 型。全连式离相封闭母线,三相分离,主要用于 13.8 ~ 35 kV 大电流主回路,其型号的表示方法如图 4-2-18 所示。

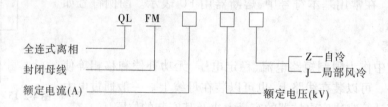

QL　FM

全连式离相
封闭母线
额定电流(A)

Z—自冷
J—局部风冷

额定电压(kV)

图 4-2-18　硬母线型号的表示方法

②FQFM 型。分段全连式离相封闭母线,三相分离,主要用于 13.8 ~ 35 kV 大电流主回路,组装方便。

③GXFM 型。共箱封闭母线,主要用于 10 ~ 35 kV 中压电流主回路,三相导体采用铜或铝金属型材,外加金属壳体护罩。

④GGFM 型。共箱隔相封闭母线,主要用于 10 ~ 35 kV 中压电流回路,三相导体采用铜或铝金属型材,三相间采用绝缘板隔离,外加金属壳体护罩。

⑤CCX6 型。密集绝缘插接式母线槽,主要用于 400 V 低压回路,一般为浇注式,其型号的表示方法如图 4-2-19 所示。

14. 电气主接线

电气主接线是指在发电厂、变电所、电力系统中,为满足预定的功率传送和运行等要求而设计的、表明高压电气设备之间相互连接关系的传送电能的电路。电气主接线以电源进线和引出线为基本环节,以母线为中间环节构成的电能输配电路。通常以单线图表示。

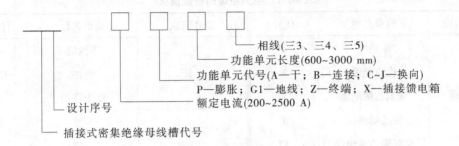

相线(三3、三4、三5)
功能单元长度(600~3000 mm)
功能单元代号(A—干；B—连接；C~J—换向)
P—膨胀；G1—地线；Z—终端；X—插接馈电箱
额定电流(200~2500 A)
设计序号
插接式密集绝缘母线槽代号

图 4-2-19　密集绝缘插接式母线型号的表示方法

15. 电缆

电缆是外加绝缘层的导线,有的还带有金属外皮护套并加以接地。按用途划分,电缆可分为电力电缆、控制电缆、通信电缆、计算机屏蔽电缆等;按绝缘介质又可分为油浸纸绝缘电缆、挤包绝缘电缆两大类。

挤包绝缘电力电缆的绝缘介质主要为聚乙烯塑料,有交联聚乙烯(简称 XLPE)和低密度聚乙烯(简称 LDPE)两种。

当高电压侧的电力输出受地质和布置条件的限制,采用架空线路困难时,水力发电工程可采用 35 ~ 110 kV ~ 500 kV 的高压电力电缆方式出线。

1)电力电缆

根据电压高低的不同,它又可分为低压电缆(不大于 0.4 kV)和高压电缆(主要分 6 kV、10 kV、35 kV、110 kV、220 kV、330 kV、500 kV 等电压级别)。

(1)电力电缆型号含义如图 4-2-20 所示。

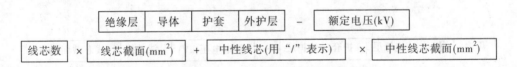

| 绝缘层 | 导体 | 护套 | 外护层 | — | 额定电压(kV) |

| 线芯数 | × | 线芯截面(mm²) | + | 中性线芯(用"/"表示) | × | 中性线芯截面(mm²) |

图 4-2-20　电力电缆型号含义

电力电缆的特征情况如表 4-2-1 所示。

(2)电力电缆型号举例。

油浸纸绝缘电力电缆:ZQD02 表示铜芯不滴流油浸纸绝缘铅包聚氯乙烯外护套电力电缆;ZLL32 表示铝芯黏性油浸纸绝缘铝套细钢丝铠装电力电缆。

交联聚乙烯绝缘电力电缆:YJV 表示铜芯交联聚乙烯绝缘聚氯乙烯护套电力电缆;YJLV22 表示铝芯交联聚乙烯绝缘聚氯乙烯护套,钢带铠装电力电缆。

聚氯乙烯绝缘聚乙烯护套电力电缆:VV22 表示铜芯聚氯乙烯绝缘聚氯乙烯护套钢带铠装电力电缆;VLV42 表示铝芯聚氯乙烯绝缘聚氯乙烯护套钢带铠装电力电缆。

2)控制电缆、信号电缆

这种电缆流经电压电流小、结构简单,但线芯数较多。型号组成如图 4-2-21 所示。

表 4-2-1 电力电缆的特征情况

型号组成	简单名称	代号
绝缘层	纸绝缘	Z
	橡皮绝缘	X
	聚氯乙烯绝缘	V
	聚乙烯绝缘	Y
	交联聚乙烯绝缘	YJ
导体	铜	不表示
	铝	L
护层	铅包	Q
	铝包	L
	聚氯乙烯护套	V
	非燃性橡胶	HF
特征	统包型	不表示
	分相铅包、分相护套	F
	干绝缘	P

型号组成		简单名称	代号
特征		不滴流	D
		充油	CY
		滤尘器用	C
外护层	防腐	一级	1
		二级	2
	麻包及铠装	麻包	1
		钢带铠装麻包	2
		细钢丝铠装麻包	3
		粗钢丝铠装麻包	5
		相应裸外护层	0
		相应内铠装外护层	9
		聚氯乙烯护套	02
		聚乙烯护套	03
		钢带铠装护套	22
		细钢丝铠装外护层	32
		粗钢丝铠装护套	42

用途
导体
绝缘层
护套
外护层
额定电压(kV)
线芯线
线芯截面(mm^2)

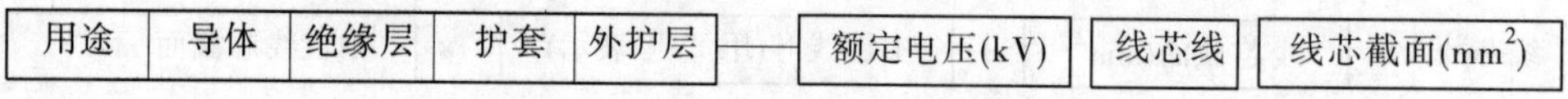

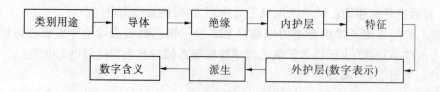

图 4-2-21 控制电缆、信号电缆型号组成

KXQ30 表示铜芯橡皮绝缘铅包裸细钢丝铠装控制电缆;PYV29 则表示铜芯聚乙烯绝缘聚氯乙烯护套内钢带铠装信号电缆。

3) 通信电缆

型号组成如图 4-2-22 所示。

类别用途
导体
绝缘
内护层
特征
外护层(数字表示)
派生
数字含义

图 4-2-22 通信电缆型号组成

举例:HPVV 型表示聚氯乙烯绝缘聚氯乙烯护套配线电缆。

4)计算机屏蔽电缆

例如,DJYP1V 为铜芯聚乙烯绝缘对绞铝塑复合带屏蔽聚氯乙烯护套电子计算机控制用屏蔽电缆;DJVP2V22 为铜芯聚氯乙烯绝缘对绞铜带屏蔽聚氯乙烯护套钢带铠装电子计算机用屏蔽电缆。

16.气体绝缘封闭式组合电气设备

将开关站的电气元件组合在充有有压绝缘气体的密闭金属容器内的成套装置称为气体绝缘封闭式组合电气设备(gas insulated switchgear,GIS)。组合的电气元件一般包括用相同绝缘气体做灭弧介质的断路器、隔离开关、电流互感器、电压互感器、接地开关、避雷器、母线、电缆终端和引线套管等。广泛使用的绝缘气体为六氟化硫(SF_6),根据灭弧性能和绝缘性能的要求,确定绝缘气体的压力。

整体设备基本上在制造厂装成,现场安装工作量很小。整套装置运行安全可靠,受环境的影响较小,多年才需检查一次。

二、二次设备

(一)二次设备的分类

1.计算机监控系统

计算机监控系统是利用计算机对生产过程进行实时监视和控制的系统。计算机监控系统应采用分层分布结构,分别设置。

(1)发电厂控制级:计算机监控系统中负责全厂集中监控的全厂控制级,其设备通常布置在中控室和计算机室。监控系统的发电厂级应根据装机容量及发电工程在系统中的重要性等综合因素设置以下设备的全部或其中一部分:网络通信设备和通信介质、主计算机(数据服务器)、操作员工作站、工程师工作站、通信工作站、培训工作站、历史数据存储器、语音报警工作站、时钟同步接收和授时装置、大屏系统、电源装置及外围设备。

(2)现地控制级:计算机监控系统中负责以机组、开关站、公用设备和厂用电等设备实施监控的控制级,其设备通常布置在被监控设备的近旁。现地控制单元的基本组成可在下列型式中选取:通用可编程控制器、专用控制器、通用可编程控制器加工业微机或专用控制器加工业微机。

计算机监控系统网络的配置一般采用工业级以太网交换机构成的交换式以太网。

2.继电保护系统

发电厂中的电力设备、联络线及短引线和近区及厂用线路,应装置短路故障和异常运行的保护装置,电力设备、联络线及短引线和近区厂用线路短路故障的保护应有主保护和后备保护,必要时可增设辅助保护。

(1)主保护。主保护是指满足系统稳定和设备安全要求,能以最快速度有选择地切除被保护设备和线路故障的保护。

(2)后备保护。后备保护是指主保护或断路器拒动时,用以切除故障的保护。后备保护可分为远后备保护和近后备保护两种方式。

(3)辅助保护。辅助保护是指为补充主保护和后备保护的性能或当主保护和后备保护退出运行而增设的简单保护。

(4)异常运行保护。异常运行保护是指反映被保护电力设备或线路异常运行状态的保护。

继电保护一般包括发电机保护、发电电动机保护、主变压器和联络变压器保护、厂用变压器保护、励磁变压器保护、SFC 输入和输出变压器保护、母线保护、联络线及短引线保护、断路器失灵及三相不一致保护、并联电抗器保护、近区及厂用线路保护、厂用电动机保护等。

继电保护系统应优先选用具有成熟运行经验的数字式保护装置,应满足可靠性、选择性、灵敏性和速动性的要求。对仅配置一套主保护的设备,应采用主保护与后备保护相互独立的装置。

3. 直流电源系统

发电厂、变电站内应设置向控制负荷和动力负荷等供电的直流电源。直流电源由蓄电池组、充电设备、直流配电柜、馈电网络等直流设备组成,是给发电厂、变电站提供直流电源的系统。专供控制负荷的直流电源系统电压宜采用 110 V,也可采用 220 V;专供动力负荷的直流电源系统电压宜采用 220 V;控制负荷和动力负荷合并供电的直流电源系统电压可采用 220 V 或 110 V;全厂直流控制电压应采用相同电压,扩建和改建工程宜与已有厂直流电压一致。充电装置形式宜选用高频开关电源模块型充电装置,也可选用相控式充电装置。直流系统网络宜采用集中辐射型供电方式或分层辐射型供电方式。如采用分层辐射型供电网络,应根据用电负荷和设备布置情况,合理设置直流分电柜。

(1)直流电源宜采用阀控式密封铅酸蓄电池,也可采用固定型排气式铅酸蓄电池。阀控式密封铅酸蓄电池在电池内压超出预定值时,允许气体逸出,蓄电池在正常情况下无需补加电解液。按电解液的不同,阀控式铅酸蓄电池可分为贫液和胶体两种。固定型排气式铅酸蓄电池由正极板、负极板、电解液、隔板、蓄电池槽、蓄电池盖、防酸帽等组成。蓄电池槽与蓄电池盖之间应密封,使蓄电池内产生的气体不得从防酸帽以外排出。

(2)小型发电厂、110 kV 及以下变电站可采用镉镍碱性蓄电池。镉镍碱性蓄电池是含碱性电解液,正极含氧化镍,负极为镉的蓄电池。

(3)铅酸蓄电池应采用单体为 2 V 的蓄电池,直流电源成套装置组柜安装的铅酸蓄电池宜采用单体为 2 V 的蓄电池,也可采用 6 V 或 12 V 的组合电池。

4. 工业电视系统

工业电视系统是指利用视频探测技术监视水力发电厂生产过程、设备运行场所及安全设防区域,实时显示,记录现场图像的系统。工业电视系统应由前端设备、传输设备、处理(控制)设备以及记录(显示)设备四个主要部分构成。前端设备可包括一台或多台摄像机及与之配套的镜头、云台、防护罩、解码驱动器等;传输设备可包括电缆和(或)光缆以及可能的有线和(或)无线信号传输设备、电缆(光)最终版放大器等;处理(控制)设备可包括视频切换器、云台(镜头)控制器、操作键盘、各类控制通信接口、电源和与之配套的控制台、监视器(柜)等;记录(显示)设备可包括监视器、刻录机和(或)录像机、多画面分割器等。

(1)以下部位应设置监视点:主厂房各层及安装间、主变压器场、高压及低压配电装置室、母线室、电缆夹层室、集水井及排水廊道、中央控制室、继电保护室、计算机室、控制电源室、通信设备、通信电源室、升压站、开关站及出线、坝顶、进水口、溢洪道进口、尾水、重要交通道、门厅、电梯轿厢。

(2)以下部位宜设置监视点:母线廊道,竖井,电缆廊道,绝缘油室,透平油室,油处理室、蓄电池室,空压机室及供、排水泵室,启闭设备室,其他有必要安装的地点。

5. 自动化系统

自动化系统一般分为水力发电厂自动化系统、泵站自动化系统和闸门自动化系统。

1)水力发电厂自动化系统

(1)事故门、蝶阀、球阀、圆筒阀、水轮发电机组的自动控制,除水轮发电机组的自动控制由电站计算机监控系统进行控制外,其余设备一般采用设置现地 PLC 控制屏进行控制。

(2)机组辅助设备、全厂公用设备的控制。包括排水控制、机组技术供水控制、空压机控制、油压控制、通风控制等。控制器一般采用 PLC 进行控制。电动机功率大于或等于 45 kW 时应设置软启动器。

(3)励磁系统及电制动设备。励磁系统宜选用自并励静止整流励磁方式。静止整流励磁系统及装置,是用静止整流器(晶闸管)将交流电源整流成直流电源,供给同步发电机可调励磁电流的系统及装置。它包括交流电源(电压源或电压与电流源,交流励磁机)、功率单元、自动励磁调节器、手动控制部分、灭磁、保护、监视装置和仪表等。

(4)同步系统。一般发电机采用单对象同期装置,开关站采用多对象同期装置。上述设备一般含在计算机监控系统里供货。

(5)全厂自动化。在实现机组及各系统自动化的基础上,应根据需要实现全厂自动化。AGC、AVC 功能及所需设备含在电站计算机监控的供货中。

2)泵站自动化系统

泵站自动化系统宜按分层分布式、模块化结构组建。系统包括硬件及软件部分。硬件部分宜包括远程调度层、泵站监控层、现地控制层的硬件配置;软件部分包括系统软件、支持软件和应用软件三大类。

系统宜配置下列硬件:

(1)泵站远程调度层。配置服务器、操作员工作站、工程师工作站、网络设备、打印机、不间断电源、大屏幕显示系统等。

(2)泵站监控层。配置服务器、操作员工作站、卫星同步时钟、网络设备、打印机、语音报警设备、不间断电源等。

(3)现地控制层。配置现地控制单元、微机保护装置、智能仪表、温度巡检仪、串口服务器及交换机网络通信等设备。

3)闸门自动化系统

闸门启闭机一般采用 PLC 进行控制。闸门应设置就地控制设备。当有远方控制要求时,应既能就地控制又能在远方控制。

6. 通信系统

(1)生产管理通信设备。水利工程的生产、管理系统采用程控通信方式。近年来发展的移动式通信(如微蜂窝、微微蜂窝通信等)也得到了广泛使用。微微蜂窝通信包括的装置有微微蜂窝调度交换机、基站控制器、天馈线、基站收发天线、调度台、微微蜂窝基站等设施。

(2)生产调度通信设备。现代化大型水力发电工程的程控交换机分为行政交换机和调度交换机。调度交换机又分为内部的生产调度交换机和电力系统调度交换机。

电站内部生产调度交换机主要提供电站中控室值班员与各运行车间运行、维护、检修人员的通信联系。电力系统调度交换机是解决发电厂同整个电力系统的联络用的。

（3）载波通信。将话音及有关信息用电力线路来传输的方式称为载波通信。它采用相—相耦合方式（或相—地耦合方式）。电力载波机主要由滤波单元、收发信单元、调制解调单元、保护复用单元、音频单元及电源等部分组成。由于要配套使用的高频阻波器、耦合电容器、结合滤波器等，属于变电站内高压电气设备，它们的设备费、安装费均应进入变电站高压电气设备项目内解决。

此种通信方式的优点是距离长、质量好、保密性好；缺点是当线路处于故障情况下（如断线、接地时）将无法使用。

（4）微波通信。它是利用微波频段内的无线电波把待传递的信息从一地传送到另一地的一种无线通信方式，微波通信具有同时传送电话、电报、录像、数据等多种形式信息的功能。

按照所采用的中继方式（接力方式）不同，微波通信又可分为微波中继通信、卫星微波通信和散射微波通信。

①微波中继通信。由于微波在空中是直线传播，要利用微波作远距离通信，必须在两地间每隔50 km左右设置一个微波中继转接站。各微波中继转接站把接收到前一站的微波信号加以放大处理后，再转到下一站去（相邻两个中继站之间不允许有障碍物），直到收信终端为止。这种通信方式称为微波中继通信。

②卫星微波通信。为尽量增加相邻两个微波站之间的通信距离，减少中继转接站数量，可以把微波塔尽量架高，或将中继转接站悬挂在高空，可用人造地球同步卫星来实现。从卫星到地面的覆盖面积约占整个地球表面积的1/3，一次跨越的最大通信距离长达1.8万km，只要在此覆盖区内，任何两地间的地面微波站都可以借助卫星这个中继转接站进行通信。由于卫星通信使用的无线电波频率也属于微波频段，所以卫星微波通信是一种特殊的微波中继通信。

③散射微波通信。它是利用大气对流层中不均匀性结构而使微波射束产生散射所组成的一种无线通信方式，所以散射微波通信实际上也属于一种特殊的微波中继通信。

（5）光纤通信。它是使光在一种特殊的光导纤维中传送信息的一种新的通信方式，属有线方式的光通信。光纤通信抗干扰能力强，线路架设方便，制造光导纤维的玻璃材料资源丰富，通信容量很大，十分有利于数字和图像传输，是近年来具有广阔发展前景的新技术。

7. 信息化系统

水利工程信息化系统应包括信息采集、数据传输、信息存储及综合应用等内容。

（1）信息化系统结构宜采用分层分布式设计，宜分为集控层（信息中心层）、汇集层（信息分中心层）和现地层（现地采集监控层），并应符合下列规定：

①管理信息中心应包括工程运行的监测、监控、调度和会商系统，应具有信息收集、存储、发布、接收上级部门的指令和数据共享功能。

②分中心应采集和监控管辖范围内的各类信息，向信息中心提供所辖工程运行信息，接受信息中心的统一调度。

③现地采集监控层指分布在各监测、监控设备或设施现场的信息化设备，按设备、设施或建筑物的不同类型、规模分别配置，可实现对工程运行基础数据的采集、寄存、发送和调度指令的执行。

（2）监测及控制宜根据工程运行调度的需要，对布设在水源地、分水口、泄水口、关键控

制断面相应的水位、流量、水质监测、水工建筑物安全监测等设施,进行自动化监测。相关内容包括:

①水位监测。采集信息宜采用 4~20 mA 模拟量信号或现地总线等方式接入现场采集终端。

②流量监测。应根据情况选用超声波流量计、电磁流量计、缆道测流或通过水位与闸门开度测算等方式,采用 4~20 mA 模拟量信号或现场总线等方式接入现地采集终端。

③在线水质监测。宜采用 4~20 mA 模拟信号或现地总线等方式接入现地采集终端,或根据工程实际情况,辅以人工采样、后台分析和手工录入方式。

④水雨情自动测报。宜接入水雨情采集终端,配置相应的应用软件,实现应答式、自报式或混合式的数据采集功能。

⑤墒情自动测报。可根据墒情站点,进行土壤含水量信息采集,接入墒情采集终端,配置相应的应用软件,实现数据采集功能。

⑥水工建筑物安全自动监测。信息应接入监测终端,并应配置相应的应用软件,实现数据采集功能。

⑦地下水监测。信息应接入监测终端,并应配置相应的应用软件,实现数据采集功能。

(3)信息化系统可根据工程实际情况配备闸门监控、泵站监控、水电站监控、视频监视等设备。其功能应符合下列规定:

①闸门监控可根据闸门的规模进行一对一配置或一对多配置等,监视闸门状态,也可对闸门进行远方操作。

②泵站可进行计算机监控,设置相应的现地控制单元(LCU)设备和站内上位机设备,构成泵站的监控系统,能独立完成泵站内主要机电设备的运行监控,并远传泵站各相关信息和接受远方控制。

③电站内可设置信息采集终端,与电站监控系统接口通信,采集电站流量和开停机状态等主要信息,并下达调度指令。

④工程主要建筑物及信息中心、分中心、管理所等生产区域和主要办公区宜进行视频监视。

(4)信息平台建设可根据需要配置监控核心软件、开发组态软件、通信软件、安全监测分析软件、水雨情报警软件以及视频监视软件。同时,应重点针对水源点,特别是水库,以及有防洪任务的灌区,建立防洪调度模型,开发防洪调度应用子系统;有条件的灌区宜建立供配水调度模型,开发调配水应用子系统,以合理利用水资源和满足灌区用水需要为目的;有条件的灌区可采用地理信息系统(GIS)等技术作为实现防洪调度和优化调配水方案决策的信息化管理的辅助手段。

(二)二次设备的安装和调试

二次设备安装归纳起来有以下内容:立盘、配线、继电器和元器件的整定、调试。

(1)盘用基础槽钢埋设、二期混凝土浇筑、抹平。

(2)立盘(屏、柜)。垂直、水平、屏间的距离、边屏、基础接地等均应按相关规范和设计要求施工。

(3)盘上所有器具、元件、继电器全部由试验人员校验、整定及率定合格。主要包含各种继电器元件、信号灯、按钮、光字牌、电阻、熔丝、盘顶小母线等。

(4)端子排安装,应注意安装单位的编号和标志。

(5)将电缆头做好,注意芯线预留的长度要同盘顶一样高,对线及编号应按图纸配线,电缆与屏内设备连接必须通过端子排。

(6)按原理图对线、盘内少量改线(3~5级)器具或单元进行试验、调试、整个回路调试、整体调试。

第三节　金属结构设备

一、起重设备

起重设备是安装、运行和检修各种设备的起吊工具。主厂房内机电设备安装和检修时的起吊工作是由桥式、门式或半门式起重机来完成的。各种启闭机用于闸门和拦污栅的启闭工作。

常用的启闭机有桥式起重机、门式起重机、液压启闭机、卷扬式启闭机、螺杆式启闭机等。

关于辅助生产车间的电动葫芦、猫头小车,手动电动单、双梁桥式起重机等设备,在初设阶段常漏项,须注意。

(一)桥式起重机

所谓桥式起重机,即它的外形像一座桥,故称为桥式起重机。在主厂房内的起重设备一般均采用桥式起重机。

桥式起重机大车架靠两端的两排轮子沿厂房牛腿大梁上的轨道来回移动,只能同厂房平行移动。

小车架上有起重设备,包括主钩和副钩。有些还有小电动葫芦(10 t左右的起重量),固定在桥式起重机大梁下面。桥式起重机的起重量是指主钩的起重量。

桥式起重机按其结构特点与操作方式的不同,分为以下3种型式(见表4-3-1)。

表 4-3-1　桥式起重机型式

型式	重量(t)	跨度(m)
电动单梁式	5~50	8~17
电动双梁桥式	10~450	10~25
电动双梁双小车式	2×50~2×300	14~25

目前,大多数主厂房内采用单小车电动双梁桥式起重机;而对于电动双小车桥式起重机,与同型号同起重量桥式起重机相比,有以下优点:

(1)可使主厂房高度降低。

(2)被吊工件易翻转(翻身)。

(3)使桥式起重机受力情况改善,结构简化,自重减轻20%~30%。

(4)使桥式起重机台数减少。

主钩是为吊运发电机转子、定子、主变压器等大型较重部件而设计的,它的升降速度较慢;而其他设备通常用副钩吊运及安装,可提高其升降速度。

1.桥式起重机的基本参数

(1)桥式起重机的起重量。应按最重起吊部件确定。一般情况下,按发电机的转子连轴再加平衡梁、起重吊具钢丝绳等总重来考虑桥式起重机起重量。但有些工程采用扩大单元电气主接线时,还要考虑吊主变压器这个因素。

(2)桥式起重机的台数。主厂房内安装1~4台水轮发电机组时,一般选用1台桥式起重机;主厂房内安装4台以上水轮发电机组时,一般选用2台桥式起重机。

(3)桥式起重机的跨度。桥式起重机大车端梁的车轮中心线的垂直距离,称为跨度。起重机跨度不符合标准尺寸时,可按每隔0.5 m选取。

(4)起升高度。吊钩上极限位置与下极限位置的距离称为起升高度。主钩的上极限位置通常根据吊运的水轮机转轮加轴或发电机转子加轴(当然,吊运此部件时,不能碰到已安装好的机组的最顶端,还要留出适当裕度)所必需的高度来确定;主钩下极限位置要满足从机坑内(或进水阀吊孔内)将转轮加轴(或进水阀)或转子加轴分别能吊出来。

副钩的下极限位置应能保证水轮机埋设部件的安装和检修时的需要,一般按吊运座环或尾水管里衬的需要来设置。

(5)工作速度。

①起升速度。在提升电动机额定转速下,吊钩提升的速度称为起升速度。一般速度范围:主钩为0.5~1.5 m/min,副钩为2.0~7.5 m/min。当起升量大时,取小值;反之则取大值。

②运行速度。在电动机额定转速下,桥机的大车架或小车架行走的速度,称为运行速度。一般范围:大车为20~25 m/min,小车为10~20 m/min。

(6)工作制。工作制又称为暂载率。

$$工作制 = 工作时间/(工作时间 + 间歇时间) \times 100\%$$

根据《起重机设计规范》(GB 3811—2008),按起重机的利用等级和荷载状态,起重机的工作级别分为A1~A8共8个等级。

轻级、中级:A1~A5,水力发电厂房桥机大多采用此等级。

重级、特重级:A6~A8,适用于冶金、港口等。

2.安装与荷载试验

(1)安装。桥式起重机是主厂房内机电设备安装的主要起重设备,所以大多数工程均是在机组安装前先把桥机安装好。桥机安装的主要工序是把两根大梁顺利吊装就位并同端梁连接好。安装方法有桅杆吊装法、两台大型吊车吊装法、吊环吊装法等。

(2)负荷试验。桥机在安装、大修后在吊装发电机转子之前,按规范要求进行荷载试验。其目的是,发现和检验桥机的制造质量和安装质量,检查桥架的铆焊质量、主梁结构强度、电气部分的操作控制质量、提升机构可靠性等,发现问题及时处理。负荷试验前应先进行无负荷试车,荷载试验完全合格后,才允许吊装转子,避免吊装时发生事故。

试验内容及程序为:准备→空载→静荷载→动荷载。

按顺序进行,后一个程序一定在前一个程序试验合格后再进行。静载试验的目的是检验启闭机各部件和金属结构的承载能力,动载试验的目的主要是检查机构和制动器的工作性能。

(二)闸门启闭机

闸门启闭机有很多型式,归纳起来有以下几种:

(1)按布置方式分有移动式和固定式。

(2)按传动方式分有螺杆式、液压式和钢丝绳卷扬式。

(3)按牵引方式分有索式(钢丝绳)、链式和杆式(轴杆、齿杆、活塞杆)。

各种启闭机综合分类如下。

1. 固定式启闭机

其特点为一机只吊一扇闸门。一般由机械传动系统和现地电气控制系统组成,其中液压启闭机还包括液压控制系统。

(1)螺杆式启闭机。适用于小型及灌区工程的低水头、中小孔口的闸门。其速度慢,结构简单,既可手动,又可电动,一般启闭能力为 25 t 及以下。

(2)固定卷扬式启闭机。它是靠卷筒的转动,使吊具做垂直运动来开启或关闭闸门。它结构简单,使用方便,适用于平板闸门、人字门、弧形闸门的启闭。

(3)链式启闭机。它用链轮的转动,带动片式链作升降运动来启闭闸门,适用于大跨度较重的露顶式闸门或有特殊要求的圆辊闸门的启闭。

(4)液压启闭机。依靠液压能的传递,做直线或摇摆运动来开启或关闭闸门,适用于平板闸门、弧形闸门、人字门等的启闭。

2. 移动式启闭机(一机可吊多扇或多种闸门)

(1)门式起重机。它是一机多用的移动式起重机。它可起吊多孔口、多道数、多品种的闸门和拦污栅。被起吊的闸门或拦污栅根据工作需要可方便地吊出门槽或栅槽外,放于坝顶进行检修。它起吊范围大,有大车运行和小车运行,甚至还有旋转运行。运行的轨道有直线式、弧形式、混合式。

根据水工建筑物的布置和对水工机械设备运行的要求,门式起重机可分为单向门机和双向门机。单向门式起重机是在门架上设置固定的起升机构,门式起重机的起吊范围是一条线;双向门式起重机是在门架上设置小车,门架和小车在互相垂直的方向运动(小车上设有起升机构)。

(2)台车式启闭机。该机型可吊多扇闸门,一个运动方向。将固定的卷扬式启闭机放于一个单向走行的台架上使用。

(3)滑车式起重机。又称为葫芦,是由链轮或绳索滑轮及卷筒所组成的结构简单的一种起重机械,既可电动又可手动,常安装在工字梁上,适用于中小孔口的闸门。

3. 转柱式起重机

转柱式起重机是固定旋转式起重机的一种,常与门式起重机配套使用,装在门式起重机门架的侧面,称为回转吊。其起重量一般较小,但灵活性很强,通常用于起吊拦污栅、清污、零星物品等。

4. 闸门启闭机安装

1)固定式

固定式启闭机的特点是一机只吊一个门。主要包括固定卷扬式启闭机、液压启闭机、螺杆式启闭机、链式启闭机、曲柄连杆式启闭机。

固定式启闭机的一般安装程序是:

（1）埋设基础螺栓及支撑垫板。

（2）安装机架。

（3）浇筑基础二期混凝土。

（4）在机架上安装提升机构。

（5）安装电气设备和保护元件。

（6）连接闸门做启闭机操作试验，使各项技术参数和继电保护值达到设计要求。

2）移动式

移动式启闭机是一机可吊多扇、多种闸门的启闭机。主要包括门式起重机、台车式启闭机、滑车式起重机（又称葫芦）。

移动式启闭机的一般安装程序：

（1）轨道安装。

（2）门架安装。

（3）调试与负荷试验。

二、闸门

（一）闸门的一般知识

闸门一般由两部分组成：活动部分（门叶）、固定部分（埋件）。活动部分指关闭或打开孔口的堵水装置；固定部分指埋设在建筑物结构内的构件，它把门叶所承受的荷载、门叶的自重传递给建筑物。

门叶由门叶结构、支承行走部件（定轮、滑块）、止水装置等部件构成；埋件则分为支承行走埋件（如主轨、反轨、侧轨等）、止水埋件和护衬埋件。

（二）闸门的分类

1.按用途分类

（1）工作闸门。可以动水开、闭的闸门。

（2）事故闸门。可以动水关闭、静水开启的闸门。

（3）检修闸门。只能在静水中开、闭的闸门。

2.按闸门在孔口中的位置分类

（1）露顶式闸门。

（2）潜孔式闸门。

3.按闸门的材质分类

（1）金属闸门。

（2）混凝土闸门。

4.按闸门构造特征分类

（1）平板闸门。按支承型式分为定轮式和滑动式。

（2）弧形闸门（一般用作工作门）。

按主框架分为主横梁式和主纵梁式。

按支臂结构分为斜支臂式和直支臂式。

（3）船闸闸门。分为单扇船闸闸门和双扇船闸闸门。后者又称为人字门，其优点是所需启闭力小，可封闭孔口面积相当大；缺点是检修维护较困难，水头高时，不能在动水中操作,要使用充水廊道等操作。

(4)翻板闸门。广泛用于城市用水、景观建设及环境整治等。

(5)一体化智能闸门。一体化智能闸门集成了闸门及埋件、驱动装置、控制系统、传感器、太阳能供电系统和通信系统等,能够进行远程监测流量、闸门控制、闸门及启闭机状态参数以及远程视频监视。闸门及埋件一般采用铝合金材质,可布置在渠道上小闸孔口尺寸的部位。主要分为直升式和下卧式。

(三)闸门的安装

1. 平板闸门安装

(1)门槽安装。在二期混凝土预留槽内安装门槽。顺序是:底坎→主轨→反轨→侧轨→顶楣→顶楣上部轨道→锁锭梁轨道。大多数门槽往往不能一次安装到顶,而要随着建筑物升高而不断升高,此时,土建单位和安装单位应共同协商使用一套脚手架,既节约搭、拆的直线工期,又节约搭拆费用。

孔口中心线和门槽中心线一定要测量准确无误,在门槽安装过程中一定要注意保护好。门槽所有构件安装均以它为准,调整构件相对尺寸、位置合格后,反复检查没有问题时,将构件和土建预留的钢筋头焊牢。一定要确保门槽浇筑二期混凝土时不位移、不变形。

(2)门叶安装。如门叶尺寸较小,则在工厂制成整体运至现场,经复测检查合格,装上止水橡皮等附件后,直接吊入门槽。如门叶尺寸较大,由工厂分节制造,运到工地后,再现场组装,然后吊入门槽。

(3)闸门启闭试验。闸门安装完毕后,需做全行程启闭试验,要求门叶启闭灵活无卡阻现象,闸门关闭严密,漏水量不超过允许值。

2. 弧形闸门安装

(1)门槽安装。弧形闸门门槽由于和门叶配合较紧密,故安装要求误差要小。安装前首先以孔口中心线和支铰中心的高程为准,定出各埋件的测量控制点。门槽部件安装即以相应点为准,调整合格后进行加固,然后浇筑二期混凝土。

(2)门叶安装。先做好安装前的准备工作,再开始门叶吊装。吊装前先将侧轮装好,然后将门叶由底至顶逐块吊入门槽,再将分块门叶焊成整体,焊接时要对称、均匀、控制变形。门叶焊成整体后即可在迎水面上焊上护面板。待弧形门全部安装完成,并启闭数次后,处于自由状态时才能安装水封。

(3)支铰安装。基础板二期混凝土强度已达要求后,按图纸将支铰组成整体,整体吊装定位,坚固螺栓。

(4)支臂安装。支臂安装属关键工序,其质量直接影响门叶启闭是否灵活,双臂受力是否均衡。支臂制作时在与门叶连接端留出了余量,安装时根据实际需要进行修割,使支臂端面与门叶主梁后翼缘等于连接板厚度,然后插入连接板进行焊接。

3. 铸铁闸门安装

铸铁闸门是一种直升直降式闸门,主要靠螺杆启闭机来开启和关闭。铸铁闸门的闸框和闸门是一个整体,必须整体安装。

铸铁闸门安装分为一期混凝土安装方式和二期混凝土安装方式,宜采用二期混凝土方式。二期混凝土安装方式:在一期混凝土中设置闸门安装槽口,槽口尺寸应满足闸门安装调整和二期混凝土浇筑要求;条状钢板在一期混凝土中埋设,埋设位置应与门框和导轨安装位置相对应,且与导轨等高;条状钢板锚筋应与一期混凝土中的钢筋连接牢固;闸门地脚螺栓应与条状钢板埋件焊接牢固。二期混凝土应采用膨胀混凝土,浇筑前应对结合面凿毛处理。采用一期混凝土安装方式时,混凝土浇筑前闸门地脚螺栓应与混凝土中的钢筋连接。

4. 翻板闸门安装

翻板闸门能够实现自动控制水位,主要用于在水库、河流、蓄水池等处拦截或排泄水流。最常用的翻板闸门是水力自控翻板闸门(简称翻板闸门),此类闸门是借助水力和闸门自重等条件,自主完成闸门的启门、全开、回关动作的闸门。

翻板闸门安装包括支墩、钢构件、支腿、面板、止水埋件等安装内容。支墩和止水埋件安装前,应对止水埋件进行复查;二期混凝土的结合面应凿毛,并清除预留槽中杂物。支墩和止水埋件应定位防止偏移,检查合格后宜立即浇筑二期混凝土。面板拼装完毕,安装止水橡胶的部位应找平抹浆,养护后方可安装止水橡胶。止水橡胶安装后应进行闭门自检,每扇闸门应人工启闭一次,门顶的迎水面应成一条直线。闸门间隙应均匀,止水橡胶应不透光。分阶段安装的翻板闸门应对已安装闸门拉到全开锁定。

5. 闸门埋件安装

埋件安装前,应对埋件各项尺寸进行复验,门槽中的模板等杂物及有油污的地方应清除干净。一、二期混凝土的结合面应凿毛,并冲洗干净。二期混凝土门槽的断面尺寸及预埋锚栓或锚板的位置应复验。埋件安装完并经检查合格后,应在 5 d 内浇筑二期混凝土,如过期或有碰撞,应予复测,复测合格,方可浇筑二期混凝土。二期混凝土一次浇筑高度不宜超过 5 m,浇筑时,应注意防止撞击埋件和模板,并采取措施捣实混凝土,应防止二期混凝土离析、跑模和漏浆。埋件的二期混凝土强度达到 70% 以后方可拆模,拆模后应对埋件进行复测,并做好记录。同时检查混凝土尺寸,清除遗留的外露钢筋头和模板等杂物,以免影响闸门启闭。工程挡水前,应对全部检修门槽和共用门槽进行试槽。

6. 闸门启闭试验

闸门安装好后,应在无水情况下做全行程启闭试验。试验前应检查挂钩脱钩是否灵活可靠;充水阀在行程范围内的升降是否自如,在最低位置时止水是否严密,同时还须清除门叶上和门槽内所有杂物并检查吊杆的连接情况。启闭时,应在橡胶水封处浇水润滑。有条件时,工作闸门应做动水启闭试验,事故闸门应做动水关闭试验。

(四)防腐蚀

水工金属结构设备防腐蚀措施一般有涂料保护、金属热喷涂保护和牺牲阳极阴极保护等。

三、拦污栅

拦污栅用以阻拦水流所挟带的漂浮物、沉木、浮冰、杂草、树枝、白色污染物和其他固体杂物,使杂物不易进入水道内,以确保阀门、水轮机等不受损害,确保有关设备的正常运行。

拦污栅由栅体和栅槽组成。栅体用来拦截水中杂物,它可以固定在水工建筑物上,也可以为活动的结构,如同闸门门叶一样。栅槽则和平板闸门门槽结构一样。

拦污栅可分为以下几种型式:

(1)固定式。它的支承梁两端埋设在混凝土墩墙中,或用锚栓固定于混凝土墩墙中,但检修维护困难。留在最上面的杂物清理困难。此型式应用较为普遍。

（2）活动式。设有支承行走装置，可将拦污栅体提出栅槽外。便于维护检修和清理。此型式应用普遍。

（3）回转式。它是一种自带清污设施的拦污栅，它既能拦污又能清污。适于小流量的浅式进水口。

拦污栅安装：拦污栅栅体吊入栅槽后，应做升降试验，检查栅槽有无卡滞情况，检查栅体动作和各节的连接是否可靠。使用清污机清污的拦污栅，其栅体结构与栅槽埋件应满足清污机的运行要求。

四、压力钢管

压力钢管从水库的进水口、压力前池或调压井将水流直接引入水轮机的蜗壳。钢管要承受较大的内水压力，并且是在不稳定的水流工况下工作，所以压力钢管要求有一定的强度、韧性和严密性，通常用优质钢板制成。

（一）压力钢管的布置形式及组成部分

根据发电厂形式不同，钢管的布置形式可分为露天式、隧洞（地下）式和坝内式。

1. 露天式

露天式布置在地面，多为引水式地面厂房采用。钢管直接露在大气中，受气温变化影响大，钢管要在一定范围内伸缩移动，且径向也有小变化，因此支承结构比较复杂，应采用伸缩节、摇摆支座等。因为是明设，一旦发生事故就较严重，危害较大，所以对钢管的制作安装质量要求甚高。

2. 隧洞（地下）式

压力钢管布置在岩洞混凝土中，常为地面厂房或地下厂房采用。这种布置形式的钢管，因为受到空间的限制，安装困难。

3. 坝内式

坝内式是布置在坝体内，多为坝后式及坝内式厂房采用。钢管从进水口直接通入厂房。这种布置形式的钢管安装较为方便，一般配合大坝混凝土升高进行安装，可以充分利用混凝土浇筑用起重机械安装。

根据钢管供水方式不同，可分为单独供水（一条钢管只供一台机组用水）和联合供水（一条钢管供数台机组用水）。

压力钢管主要构件有主管、叉管、渐变管、伸缩节、支承座、支承环、加劲环、灌浆补强板、丝堵、进人孔、钢管锚固装置等。

（二）压力钢管制作

1. 制作前的组织工作

1）人员组织及资料准备

钢管制作工序多，需要多工种配合，有铆工、焊工、起重工、探伤工、油漆工、电工和空压机工等。铆工、焊工、起重工人数的配备要根据工程量的大小、工期长短、机械化程度高低、施工方法难易等多种因素确定。

要组织人员学习有关规程、规范，熟悉图纸等。总之，应合理组织生产，提高机械化程度，根据具体情况考虑。

2)施工机械配备

(1)用于瓦片加工的自动切割机、数控切割机、刨边机、卷板机等。

(2)用于钢管组装的电焊机、空压机、液焊台车、探伤设备和除锈喷涂设备等。

(3)用于吊装的起重设备,制作场地有龙门式起重机、门座式起重机、履带起重机、悬臂式扒杆等;车间内有桥式起重机等。它们应能满足钢管厂内的吊运任务,成节钢管出厂时的吊运、装车等。

3)钢管厂的布置

由于钢管单件体积大、件数多,不宜长途运输,因此在安装现场就近选择厂址制作钢管为宜。

(1)钢管厂的布置应能保证钢管制作的各道工序开展流水作业:钢管制作的基本程序如图4-3-1所示。

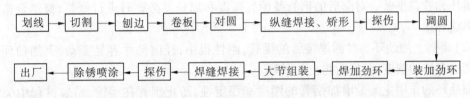

图4-3-1 钢管制作的基本程序

(2)对圆平台的形式。对圆平台用来组装管节,是钢管厂的主要作业场地。

在对圆平台上,钢管由瓦片对成整圆、纵缝焊接、矫形、调圆、探伤、上支撑、装加劲环等。因此,对圆平台应有适当的数量。平台一般用型钢、轻轨、钢板、混凝土支墩搭成。

2. 钢管制作材料的准备

1)钢板

钢板应具有良好的机械性能(如强度、冲击韧性等)、可焊性、抗腐蚀性能及较低的时效敏感性。压力钢管所用的钢板强度也由碳素钢 Q235(屈服强度只有 235 MPa)逐步提高到普通低合金钢(屈服强度为 340 ~ 390 MPa)、高强度钢(屈服强度为 590 MPa)、HT - 80 高强度调质钢(780 MPa 级高强钢)。

2)焊条

(1)酸性焊条。工艺性能好,对铁锈水分敏感性弱,可用交流电焊机施焊。但焊缝的冲击韧性及抗裂性能较差,一般用于加劲环、灌浆补强板等次要部位的焊接。

(2)低氢型碱性焊条。这种焊条药皮中扩散氢含量少、吸潮性能低,从而降低了焊缝中氢含量,使焊缝出现裂纹少,并使冲击韧性提高。但其工艺性较差,对铁锈、水分敏感性强,容易出现气孔,要特别注意焊条的干燥,而且要用直流电焊机施焊。此种焊条一般用于管壁的主要焊接部位。

不同钢板的配套电焊条型号不同,且需配套不同的焊丝和焊剂。

3. 钢管制作

1)瓦片制作

把钢板制成需要的弧形板,称为瓦片制作。

(1)准备。钢板材质核对、测量尺寸、外观检查,必要时用超声波检查、矫正等。

(2)划线。根据工艺设计图进行划线。压力钢管的直管段可以直接在钢板上划线;弯管、锥管、叉管等一般先制作样板,然后用样板在钢板上划线。划线时要划出切割线、坡口线、检查线、钢管中心线、灌浆孔中心线等,最后标上管节号、水流方向及中心线位置。

(3)切割。将划好线的钢板切去多余部分,留下需要的部分。割坡口,曲线部分一般用切割机直接割出坡口(先割齐再割坡口)。直线部分如用刨边机加工,则切割时要留出加工余量,刨边时先按冲眼将边缘刨齐,再刨坡口。切割机械有半自动切割机、全自动切割机、数控切割机等。

(4)卷板。常用的为三辊式或四辊对称式卷板机。卷板作业时,如为直管,则钢板中心对准上辊中心,钢板边缘平行下辊轴线,上下辊平行,弧度以上辊升降调节,用样板检查。如为锥管,则上辊根据锥度调成倾斜值,弧锥度用不同直径处的两块样板同时检查。

2)单节组装

(1)对圆。在专用平台上将卷好的分块瓦片对成整圆。对圆时要控制圆长、焊缝间隙、钢板错牙和管口平整。对圆后的钢管要检查弧度和周长。必要时进行修整,修整合格后再进行纵缝焊接。

(2)调圆上加劲环。对圆焊接后的钢管,刚性很小,径向尺寸容易变动,上加劲环前一定要调成合格的圆度,合格后再上加劲环。

加劲环的作用主要是增加钢管的刚度和稳定性,防止钢管在运输、吊装过程中失稳变形。加劲环的形式有片形、T形、角铁和锚筋等。常用的为片形,它安装容易,并且有足够的刚度。

3)大节组装

为提高工效和缩短工期,在起重和运输条件许可的情况下,钢管在厂内应尽量组装成大节。组装成大节时应注意钢管的管节、水流方向及中心位置,环缝组合与纵缝同样要调整间隙、错牙,使之符合要求。

4. 压力钢管运输(从钢管厂至安装现场的运输)

1)运输工具

(1)汽车运输。中小型水力发电工程压力钢管直径小、体积小、质量轻,可用载重汽车运输。

(2)铁路平板车运输。铁路平板车的面积大,钢管置于其上,绑扎、加固后,即可运输。

(3)钢管直径为5~6 m,在铁路上运输(无隧洞)。用型钢焊制的特种台车运输。

(4)钢管直径为6~8 m,在铁路上运输(无隧洞)。采用特制的凹心式台车进行运输。

(5)钢管直径在10 m以上的运输应根据现场条件,选择适用方式进行。一般公路运输,使用大型平板车、专用运输支架。以平运为佳。

2)运输路线及方式

(1)水平运输。较安全,但速度不宜太快。

(2)垂直运输。用现场的起重设备吊运。

(3)斜坡运输。把钢管固定在台车上,台车可沿轨道上行或下行。上行或下行要靠卷扬机、滑轮组、钢丝绳、地锚有序地组合,安全运行,吊装就位。

(4)空中运输。如需要钢管作特殊跨越,可利用缆索等设备吊运。中小型工程可土法上马,架设走线,空中吊运钢管,可节约工期和资金,但要注意安全。

（三）钢管安装

1. 准备工作

（1）支墩埋设。按照施工详图埋设支墩。支墩应有一定强度，因为钢管的重量通过支座（或加劲环）要传至支墩。

（2）加固件埋设。为防止浇筑混凝土过程中钢管位移，需在钢管周围岩石中或两侧混凝土墙上埋设锚筋，固定钢管，使钢管不能向任一方向移动。

（3）测量控制点设置。安装时需检查钢管中心和高程，每管节（或管段）的管口下中心都应设控制点。

（4）人员组织、施工机械设备配备。参加钢管安装的工种主要是起重工、铆工、焊工。人员多少根据工程量、工期、工作面多少而定。施工机械有电焊机、空压机、起重机、卷扬机等。

2. 吊装就位

参见上述"压力钢管的运输线路及方式"中关于吊装就位的内容。

3. 钢管的安装顺序及安装方法

安装以钢管大节为宜，大节稳定性好，易于调整。

（1）钢管大节安装。钢管安装的要点是控制中心、高程和环缝间隙。安装一般是先调中心后调高程，先粗调后细调至符合要求后再加固，加固完后，再复测中心、高程，做出记录，定位节的几何中心一定要严加控制。

（2）弯管安装。弯管安装特别要注意管口的中心与定位节重合不得扭转，中心对准后即可用千斤顶和拉紧器调整环缝间隙，随后便可开始由下中心分两个工作面进行压缝，压缝时注意钢板错牙和环缝间隙，常用的压缝方法有：①压码、楔子板。②压缝台车（八角形的钢架，下设滚轮，由卷扬机牵引上下，八角形的边上各设千斤顶向管壁压缝）。用此台车压缝效率较高，而且可消除焊疤，保证管壁光滑，提高安装质量，减少尾工。

（3）凑和节安装。在环缝全部焊完后开始安装。凑和节大多数是安装在控制里程的部位，如斜管段和上弯的接头处，或伸缩节的旁边。凑和节安装有以下两种方式：

①凑和节先卷成几块瓦片，在现场逐块将瓦片凑和安装。该方法简单，容易施工。缺点是要产生很大的内应力，甚至造成与其相连的构件变形。因此，在焊接过程中要采取很多措施（预热、后加热、机械捶击等），尽量防止构件变形。

②用短套管（$L=400$ m）连接。原来凑和节的环缝为对接焊缝，现在变为套管和钢管之间的搭接角焊缝，焊接应力大大减小，焊接时很少出现裂纹，但其制作安装难度高。

（4）灌浆孔堵头安装。隧洞式和坝内式压力钢管周围浇筑完混凝土后要进行灌浆。包括固结灌浆（增加围岩的整体性）、回填灌浆（填充顶拱混凝土与岩石之间空隙或钢管底部与回填混凝之间空隙）、管壁接触灌浆（填充混凝土与管壁间的局部空隙）。待灌浆结束后，即用丝堵将孔堵上，并予焊牢，以免产生渗漏现象。

（四）伸缩节、岔管、闷头的制作安装

1. 伸缩节制作安装

（1）伸缩节的作用和种类。当气温变化或其他原因使钢管产生轴向或径向位移时，伸缩节能适应其变化而自由伸缩，从而使钢管的温度应力和其他应力得到补偿。根据其作用不同，伸缩节可分为两种，一种是单作用伸缩节，它只允许轴向伸缩；另一种是双作用伸缩

节,它除了可轴向伸缩外,还可以做微小的径向移动。

目前,使用单作用伸缩节较多。单作用伸缩节又可分为法兰盘式伸缩节和套筒式伸缩节。

(2)伸缩节的组装。它由外套管、内套管、压环、数条止水盘根等组成。伸缩节组装的要点是控制弧度、圆度和周长。

(3)伸缩节的安装。与钢管定位节安装基本相同,还要注意以下几点:一是尽量减小压缝应力,防止变形;二是伸缩节就位时不能依靠已装管节顶内套,而应以支墩上的千斤顶顶住外套的加劲环,以防伸缩节间隙变动。

2.岔管制作安装

(1)岔管的作用和种类。岔管的作用是在联合供水方式布置的钢管中,将主管的水引向两个或两个以上的分支管。

根据岔管结构形式不同,可分为有梁岔管和无梁岔管两种;也可分为贴边岔管、三梁岔管、球形岔管、无梁岔管、月牙形内加强岔管。

(2)岔管制作。管壳制作与锥管制作基本相同,严格按图划线、切割。对肋板制作,由于肋板厚度较大,注意焊接变形,要采取预热和焊后缓冷措施;对导流板制作,下料后在卷板机上稍加弯卷,安装时按实际情况逐段调整弧度。

(3)岔管组装。先将肋板水平置于钢板平台上,两面划出与管壳相贯线,然后在肋板水平放置情况下,管壳与肋板进行预装,检验实际组合线是否与相贯线重合,检查合格后再进行正式组装。

(4)岔管安装。现场安装时先装岔管,后装支管。先设置岔管三个管口中心高程的控制点,再进行安装、调整。

3.闷头制作安装

(1)闷头的作用。其作用是在水压试验时,封闭钢管两端;在某种情况下,当一台机组运行时,封闭需要堵塞的其他支管的下游管口。

(2)闷头的形式。有平板形、锥管形、椭圆形和球形。

(3)闷头的制作安装。常用球形闷头大多数是焊接构件,由多块瓜瓣形瓦片和小段锥管组成。制作时先组装锥管,再在锥管口上由两端开始向中间安瓜瓣。注意控制弓形高,最后在中间凑和节焊接时先焊瓦片的纵缝,后焊球壳和锥管间的环缝,制作好的闷头垂直吊运至管口位置对好环缝,修好间隙即可进行焊接。

(五)焊缝质量检查

1.外观检查

用肉眼、放大镜和样板检查。

2.内部检查

钢管焊缝内部缺陷检查,主要有以下几种方法:

(1)煤油渗透检查、着色渗透检验、磁粉检验。

(2)在焊缝上钻孔,属有损探伤,数量受限制。

(3)γ射线探伤。只在丁字接头或厚板对接缝处拍片,拍片数量有限,且片子清晰度不高。

(4)χ射线探伤。增加了底片清晰度,减少了辐射对人类的影响,但χ射线机笨重,环缝

还用 γ 射线探伤。

（5）超声波探伤仪。国产超声波探伤仪已达到先进、轻便、灵敏、质量比较可靠的地步。使用它既方便简单,费用又低。实际工作中使用较多。薄钢板的探伤,用 χ 射线机会多。

（六）压力钢管焊后消除应力热处理

当制作钢管的钢板很厚、拘束度很大和在焊接过程中由于钢管各部位冷却速度不同而造成钢板收缩不均匀,从而产生很大的残余应力时,对现场焊接大直径钢管做局部热处理（亦称焊接后退火或焊后消应）。高强钢的钢管或岔管不宜做焊后消应热处理。

（七）焊接生产与检验

焊接方法的应用关系着生产效率和质量水平的高低,因此不同条件的焊缝应选用合适的焊接方法。

1. 焊接方法的适用范围

常用的焊接方法及适用范围如表 4-3-2 所示。

表 4-3-2   常用的焊接方法及适用范围

类型	制作名称	焊接方法
钢结构及其附属设备	钢闸门及其埋件	1. 焊条电弧焊 2. 埋弧自动焊 3. CO_2 气体保护焊
	厂房屋架、结构框架支吊架、平台梯子	1. 焊条电弧焊 2. CO_2 气体保护焊
	水轮机部件如分瓣转轮、座环等 发电机定子机座、转子支架,上、下机架等	1. 焊条电弧焊 2. CO_2 气体保护焊 3. 混合气体保护(MAG)焊 4. 药芯焊丝电弧焊
管件	引水压力钢管 水轮机蜗壳	1. 焊条电弧焊 2. 埋弧自动焊 3. 混合气体保护(MAG)焊 4. 药芯焊丝电弧焊
	中、低压气、水管道	焊条电弧焊
	中、高油压管等	1. 钨极氩弧焊(TIG) + 手工电弧焊 2. 钨极氩弧焊(TIG)
母线	封闭铝母线	1. 熔化极惰性气体保护(MIG)焊 2. 脉冲熔化极惰性气体保护(MIG)焊

2. 焊接方法应用特点及其发展

广泛而通用的焊接方法为焊条电弧焊。它可用来焊接所有空间位置、各种焊接形式及绝大多数金属材料的各种制件。随着高参数、大容量机组的应用,各种焊接新技术不断得到应用和发展。如在中、高压油管道焊接中,手工钨极氩弧焊打底工艺首先得到广泛的应用,而且日趋成熟。在各种钢闸门及埋件的制造焊接中,CO_2 气体保护焊及 MAG 焊得到广泛的应用,且越来越显示出其高效、节能、变形小、劳动强度低的优越性。随着焊接技术和制造工艺的发展,全位置自动化焊接技术在水利建设工程焊接施工中也开始得到应用。

3. 焊缝质量检验方法

对焊缝质量要做出可靠的科学评定,必须进行一系列的检查试验。总的来说,检验方法有非破坏性检验和破坏性检验两大类。各类检验方法如图 4-3-2 所示。

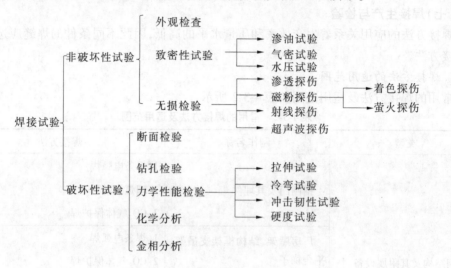

图4-3-2　焊缝质量检验方法

第五章 水利工程施工

第一节 施工机械

水利工程施工离不开多种功能完善、运行可靠、性能优良、能够完成特种作业的施工机械,工程造价管理人员应熟悉各类常用施工机械的性能和用途,深入了解工程的实际状况,充分理解施工组织设计选用的施工机械、施工方案,正确套用定额标准计算工程造价,以满足工程投资控制要求,提高工程经济效益。

一、施工机械的分类

结合水利工程施工特点将常用水利工程施工机械分为以下九类。

(1)土石方机械。包括挖掘机、装载机、铲运机、推土机、拖拉机、压实机械、凿岩机械、岩石掘进机(TBM)、盾构机等。

(2)混凝土机械。包括混凝土搅拌机、混凝土搅拌站、混凝土搅拌楼、混凝土搅拌车、混凝土输送泵、混凝土泵车、混凝土喷射机、塔带机、胎带机、振捣器、平仓振捣机、切缝机、模板台车等。

(3)运输机械。包括载重汽车、自卸汽车、机动翻斗车、电瓶机车、斗车、矿车、轨道车、螺旋输送机、胶带输送机等。

(4)起重机械。包括缆索起重机、塔式起重机、门座式起重机、龙门式起重机、履带起重机、汽车起重机、电动葫芦、卷扬机等。

(5)砂石料加工机械。包括颚式破碎机、旋回式破碎机、圆锥破碎机、重型振动筛、给料机、堆料机、卸料小车等。

(6)钻孔灌浆机械。包括地质(岩心)钻机、冲击钻机、反循环钻机、泥浆泵、灌浆泵、高喷台车、柴油打桩机等。

(7)工程船舶。包括绞吸式挖泥船、耙吸式挖泥船、链斗式挖泥船、抓斗式挖泥船、铲斗式挖泥船、水力冲挖机组、吹泥船、拖轮、油轮、木船等。

(8)动力机械。包括汽油发电机、空压机、柴油发电机、柴油发电机组等。

(9)其他机械。包括离心水泵、汽油泵、潜水泵、深井泵、通风机、冷凝器、电焊机、钢筋弯曲机、卷板机、滤油机等。

二、施工机械设备选择的原则及要求

(一)施工机械设备选择的主要依据

(1)施工现场的自然条件。包括地形、地质、水深、水文及气象等资料。

(2)工程布置及水工建筑物特性。

(3)分项工程的工程量、工期要求。

(4)施工机械台时(台班)定额和台时(台班)费定额。

(5)施工地区能源供应情况。

(6)施工地区对水土保持、环境保护和节能减排等要求。

(二)施工机械设备选择应收集的主要资料

(1)对外交通运输条件。

(2)国内外主要施工机械设备制造厂家的产品目录和说明书。

(3)类似工程的机械化施工总结。

(4)承包市场的施工技术装备状况与使用管理水平,施工机械设备购置和租赁的可能性。

(5)机械化施工产生的噪声、废气、粉尘等污染造成的影响程度。

(三)施工机械设备选择的原则

(1)应考虑工程规模,满足工程的施工条件和施工强度要求,保证工程的施工质量。

(2)应选用安全可靠、生产率高、技术性能先进、节能环保和易于检修保养的施工机械设备。

(3)应选用适应性比较广泛、类型比较单一和通用的施工机械设备,各部位之间的施工机械设备宜相互协调、互为利用。

(4)进行施工机械设备配套组合时,宜采用配套机械设备种类少的组合方案。

(5)对大型工程或有特殊要求的工程,施工机械设备选型应通过专题论证。

(四)施工机械设备配套组合方案和计算原则

(1)可根据设计和施工条件,采用定额法、机械性能分析和工程类比法等方法计算施工机械设备生产率。

(2)计算施工机械设备数量时,必须满足各施工期、施工部位的施工进度和强度的要求,并应考虑各种施工条件下的有效施工天数、机械效率和施工不均匀程度。

(3)在确定施工机械设备配套组合方案时,应首先确定起主导控制作用的机械设备,其他与之配套的机械设备需要量,应根据主导机械设备而定。

(4)对影响因素复杂的施工机械设备选择和配套组合方案,宜采用系统仿真技术进行论证。

三、常用施工机械设备简介

(一)土石方机械

1.挖掘机

挖掘机是用铲斗挖掘高于或低于停机面的物料,并装入运输车辆或卸至堆料场的土石方机械,是工程建设中最重要的工程机械之一。挖掘机挖掘的物料主要包括土壤、泥沙以及预松后的土壤和岩石。挖掘机最重要的三个参数:操作质量、发动机功率和铲斗斗容。

可从不同角度对挖掘机进行分类。

按驱动方式可以分为内燃机驱动(油动)挖掘机和电力驱动(电动)挖掘机,其中电动挖掘机主要应用在高原缺氧与地下矿井和其他一些易燃易爆的场所。

按规模大小的不同可以分为大型挖掘机、中型挖掘机和小型挖掘机。

按行走方式的不同可以分为履带式挖掘机和轮式挖掘机。

按传动方式不同可以分为液压挖掘机和机械挖掘机。

按用途可以分为通用挖掘机、矿用挖掘机、船用挖掘机、特种挖掘机等。

按铲斗型式可以分为正铲挖掘机、反铲挖掘机、拉铲挖掘机和抓铲挖掘机。

1)正铲挖掘机

正铲挖掘机(见图5-1-1)的铲土动作形式特点是:前进向上,强制切土。正铲挖掘力大,能开挖停机面或地表以上的土,宜用于开挖高度大于2 m的干燥基坑,但须设置上下坡道。正铲挖掘机的挖斗比同质量的反铲挖掘机的挖斗要大一些,可开挖含水量不大于27%的Ⅰ~Ⅲ类土,且与自卸汽车配合完成整个挖掘、运输作业,还可以挖掘大型干燥基坑和土丘等。根据开挖路线与运输车辆相对位置的不同,正铲挖掘机的挖土和卸土方式有以下两种:正向挖土,侧向卸土;正向挖土,反向卸土。

2)反铲挖掘机

反铲挖掘机(见图5-1-2)是应用最为广泛的土石方挖掘机械,它具有操作灵活、回转速度快等特点,其铲土动作形式特点是:向后向下,强制切土。反铲挖掘机可以用于停机作业面或地表以下的挖掘,其基本作业方式有沟端挖掘、沟侧挖掘、直线挖掘、曲线挖掘、保持一定角度挖掘、超深沟挖掘和沟坡挖掘等。

图5-1-1　正铲挖掘机

图5-1-2　反铲挖掘机

3)拉铲挖掘机

拉铲挖掘机(见图5-1-3)也叫索铲挖掘机,其挖土特点是:向后向下,自重切土。其挖土半径和挖土深度较大,宜用于开挖停机面以下的Ⅰ、Ⅱ类土,在软土地区常用于开挖基坑、沉井等,尤其适用于挖深而窄的基坑、疏通旧有渠道以及挖取水中淤泥等,或用于装载碎石等松散料。开挖方式有沟侧开挖和定位开挖两种,如将抓斗做成栅条状,还可用于储木场装载木片、木材等。拉铲挖掘机工作时,利用惯性力将铲斗甩出,开挖距离较远,但不如反铲灵活、准确。

4)抓铲挖掘机

抓铲挖掘机(见图5-1-4)钢丝牵拉灵活性较大,但工效不高,不能挖掘坚硬土,可以装在简易机械上工作,使用方便。其挖土特点是:直上直下,自重切土。宜用于开挖停机面以下的Ⅰ、Ⅱ类土,在软土地区常用于开挖基坑、沉井等,尤其适用于挖深而窄的基坑、疏通旧有渠道以及挖取水中淤泥、码头采砂等,或用于装载碎石等松散料。

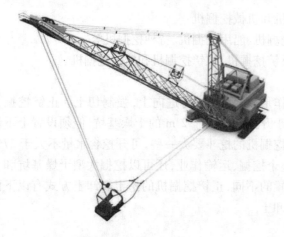

图 5-1-3　拉铲挖掘机　　　　　　　　　　图 5-1-4　抓铲挖掘机

2. 装载机

装载机(见图 5-1-5)主要用于铲、装、卸、运土和石料类散状物料,也可以对岩石、硬土进行轻度铲掘作业。如果更换不同的工作装置,还可以完成推土、起重、装卸其他物料的工作,在公路施工中主要用于路基工程的填挖,沥青和水泥混凝土料场的集料、装料等作业。由于它具有铲斗容量大、作业速度快、机动性好、操作轻便等优点,因而应用广泛,成为土石方施工中的主要机械。

图 5-1-5　装载机

装载机的分类:

(1)按工作装置的作业形式不同,可分为单斗式、挖掘装载式和多斗式三种,通常所称的装载机多指单斗式。

(2)按卸载形式的不同,可分为前卸式、侧卸式和回转式三种。

(3)按本身结构特点可分为整体式和铰接式。

(4)按行走装置的不同可分为轮胎式和履带式两种。轮胎式装载机总体结构由工作装置、行走装置、车架、动力装置、传动装置、转向系统和制动系统等组成,与履带式装载机相比,最显著的优点是行驶速度快,机动性能好,转移工作场地方便,并可在短距离内自铲自运,不仅能用于装卸土方,还可以推送土方;其缺点是在潮湿地面作业时易打滑,铲取紧密的原状土壤较难,轮胎磨损较快。履带式装载机主要机械结构除行走装置与轮胎式不同外,其余基本相同,其特点是:履带有良好的附着性能,铲取原状土和砂砾的速度较快,挖掘能力强,操作简便;其最大缺点是行驶速度慢,转移场地不方便,因而实际使用较少。

3.铲运机

铲运机(见图5-1-6)是利用装在轮轴之间的铲运斗,在行驶中顺序进行铲削、装载、运输和铺卸土作业的铲土运输机械。它适用于四级以下的土壤,要求作业地区的土壤不含树根、大石块和过多的杂草。如用于四级以上的土壤或冻土,必须事先预松土壤。链板装载式铲运机适用范围较大,除可装普通土壤外,还可装载砂、砂砾石和小的石渣、卵石等物料。

图 5-1-6　铲运机

铲运机的分类:

(1)按行走方式可分为拖式和自行式两种,拖式由履带拖拉机牵引,其铲斗行走装置为双轴轮胎式。自行式由牵引车和铲斗两部分组成,采用铰接式连接。铲运机的经济运距与行驶道路、地面条件、坡度等有关,一般拖式铲运机的经济运距为 500 m 以内,自行式轮胎铲运机的经济运距为 800 ~ 1 500 m。

(2)按操作方式铲运机可分为液压操作和机械操作两种,液压操作因其铲刀切土效果好而逐渐代替依靠自重切土的机械操作。

(3)按铲运机的卸土方式又可分为强制式、半强制式和自由式三种。强制式是利用多个可移动的铲斗后壁将斗内的土强制推出,效果好,用得最多;半强制式的铲斗后壁与斗底成一整体,能绕前边铰点向前旋转,将土倒出;自由式卸土时将铲斗倾斜,土靠自重倒出,适用于小型铲运机。

(4)按铲运机的装载方式又可分为普通式和链板式两种,普通式是利用牵引力使土屑挤入铲斗装土;链板式是用链板装载机构将铲刀切下来的土屑送入斗内,其装土阻力比普通式降低 60% ,不需助铲,效率高,但造价也高。

(5)按铲斗容量可分为小、中、大三种,铲斗少于 6 m³ 为小型,6 ~ 15 m³ 为中型,15 m³ 以上为大型。

4.推土机

推土机(见图5-1-7)是土石方施工中的主要机械之一,它以拖拉机或专用牵引车为主机,利用前端推土板,进行短距离的推运土方、石渣等作业。根据工作需要,推土机可配置多种作业装置。例如。裂土器可以破碎Ⅲ、Ⅳ类土壤;除根器可以拔除直径 450 mm 以下的树根,并能清除直径 400 ~ 2 500 mm 的石块;除荆器可以切断直径 300 mm 以下的树木。推土机的工作距离在 50 m 以内时,其经济效果最好。

图 5-1-7　推土机

推土机的分类:

(1)按行走机构可分为履带式和轮胎式两类,履带式接地比压小,附着牵引性好,在水电工程施工中得到广泛使用。

(2)按传动方式可分为机械式、液力机械式、全液压式三种。目前液力机械传动已逐渐代替机械传动,全液压传动也得到了很大发展。

(3)按用途可分为通用型和专用型两种,专用型用于特定的工况,如采用三角形履带板以降低接地比压的湿地推土机和沼泽地推土机,还有水陆两用、水下、无人驾驶等推土机。

(4)按推土装置型式可分为直铲式和角铲式两种。直铲式的铲刀与地盘的纵向轴线构成直角,铲刀切削角可调,因坚固性和制造的经济性,为一般推土机所采用;角铲式的铲刀除能调节切削角度外,还可在水平方向上回转一定角度,可实现侧向卸土,应用范围广,目前配备这两种工作装置的推土机逐渐增多。

(5)按功率等级可分为轻型、中型、大型和特大型等等级。

5.压实机械

压实机械(见图5-1-8)主要用于对土石坝、河堤、围堰、建筑物基础和路基的土壤、堆石、砾石、石渣等进行压实,也可用于碾压干硬性混凝土坝、干硬性混凝土道路和道路的沥青铺装层,以提高建筑物的强度、不透水性和稳定性,防止因受雨水、风雪侵蚀而引起的软化、膨胀和沉陷破坏。

压实机械分类:

(1)静作用碾压机械。是利用碾轮的重力作用,使被压层产生永久变形而密实,其碾轮分为光碾、槽碾、羊足碾和轮胎碾等。光碾压路机压实的表面平整光滑,使用最广;槽碾、羊足碾单位压力较大,压实层厚,适用于路基、堤坝的压实;轮胎式压路机压实过程有揉搓作用,使压实层均匀密实,且不伤路面,适用于道路、广场等垫层的压实。

(2)冲击式压实机械。依靠机械的冲击力压实土壤,可分为利用二冲程内燃机原理工作的火力夯,利用离心力原理工作的蛙夯和利用连杆结构及弹簧工作的快速冲击夯等,其特点是夯实厚度较大,适用于狭小面积及基坑的夯实。

(3)振动碾压机械。利用机械激振力使材料颗粒在共振中重新排列而密实,例如,板式

图 5-1-8　压实机械

振动压实机,其特点是振动频率高,对黏结性低的松散土石(如砂土、碎石等)压实效果较好。

(4)组合式碾压机械。有碾压和振动作用的振动压路机、碾压和冲击作用的冲击式压路碾等。

6.风钻

风钻(见图 5-1-9)是以压缩空气为动力的打孔工具,多用于建筑工地、混凝土、岩石等的打孔工作。工作时活塞做高频往复运动,不断地冲击钎尾。在冲击力的作用下,呈尖楔状的钎头将岩石压碎并凿入一定的深度,形成一道凹痕。活塞退回后,钎子转过一定角度,活塞向前运动,再次冲击钎尾时,又形成一道新的凹痕。两道凹痕之间的扇形岩块被由钎头上产生的水平分力剪碎。活塞不断地冲击钎尾,并从钎子的中心孔连续地输入压缩空气,将岩渣排至孔外,即形成一定深度的圆形钻孔。

7.风镐

风镐(见图 5-1-10)是以压缩空气为动力,利用冲击作用破碎坚硬物体的手持施工机具。风镐作业时,镐钎顶住施工面,另一端通入汽缸,推压手柄套筒,使压缩柱塞阀的弹簧接通气路,在汽缸壁的四周有许多纵向气孔,配气阀随即自动配气,汽缸后端装有配气阀箱。

图 5-1-9　风钻　　　　　　　　　　　　　　图 5-1-10　风镐

8.潜孔钻

潜孔钻(见图 5-1-11)是爆破工程中用于岩石钻孔的设备,有内燃和电动两种机型。潜孔钻具由钻杆、球齿钻头及冲击器组成。钻孔时,用两根钻杆接杆钻进。

图 5-1-11　潜孔钻

回转供风机构由回转电动机、回转减速器及供风回转器组成。回转减速器为三级圆柱齿轮封闭式的构件,它用螺旋注油器自动润滑。供风回转器由连接体、密封件、中空主轴及钻杆接头等部分组成,其上设有供接卸钻杆使用的风动卡抓。

提升调压机构是由提升电动机借助提升减速器、提升链条而使回转机构及钻具实现升降动作。在封闭链条系统中,装有调压缸及动滑轮组。正常工作时,由调压缸的活塞杆推动动滑轮组使钻具实现减压钻进。

9. 凿岩台车

凿岩台车(见图 5-1-12)通常称为多臂钻车,主要用于工程开挖、破岩、钻岩。凿岩台车按行走装置可分为轮胎式、履带式和轨轮式三种。轮胎式凿岩台车主要用于缓慢倾斜的各种断面的隧洞、巷道和其他地下工程开挖的钻凿作业;履带式凿岩台车主要用于水平及倾斜较大的各种断面的隧洞、巷道和其他地下工程开挖的钻凿作业;转轮式凿岩台车主要用于有轨运输条件的各种断面的隧洞、巷道和其他地下工程开挖的钻凿作业。

图 5-1-12　凿岩台车

随着液压凿岩机的发展,实现了凿岩台车的全液压化。全液压凿岩台车主要由底盘、钻臂、推进器、动力及其控制系统、凿岩机和工作平台以及辅助机构等组成。

凿岩台车所配的钻臂可分为轻型、中型和重型三种,根据钻臂的数量,可分为单臂、两臂、三臂、四臂等台车。钻臂数是凿岩台车的主要参数之一,选择钻臂数主要根据隧洞、巷道的开挖断面和开挖高度来确定。轻型一般用于 5 ~20 m²,中型一般用于 10 ~30 m²,重型一般用于 25 ~100 m²。

10. 全断面岩石掘进机(TBM)

全断面岩石掘进机(见图5-1-13)通常称为 TBM,由几十个独立的子系统有机地连接成一个完整的大系统。TBM 集机械、电子、液压、传感和信息技术于一体,综合了钢结构、机械传动、起重、运输、液压、润滑、通风防尘、减震降温、控制噪声、程控、监控、遥控、超探支护、机械手及激光导向等多学科的技术,结构庞大,技术复杂,集开挖、支护、出渣、通风和排水于一身,是工厂化的隧道生产线。

图 5-1-13　全断面岩石掘进机

目前 TBM 根据其结构形式,主要分为以下三种类型,分别适应于不同的地质条件。

(1)敞开式 TBM。常用于硬岩,敞开式 TBM 上配置了钢拱架安装器和喷锚等辅助设备,以适应地质条件的变化。

(2)双护盾 TBM。适用于各种地质条件,既能适应软岩,也能适应硬岩和软硬岩交互地层。

(3)单护盾 TBM。常用于不良地层。

一般情况下,在良好地质中则使用敞开式 TBM;双护盾 TBM 常用于复杂地层的长隧道开挖,对各种不良地质和岩石强度变化有较好适应性,当在严重破碎或软弱地层中掘进时,双护盾 TBM 便作为单护盾 TBM 使用;单护盾 TBM 由于掘进速度慢,目前很少使用。

掘进机一般由刀盘、机架、推进缸、套架、支撑缸、皮带机及动力间等部分组成。掘进时,通过推进缸给刀盘施加压力,滚刀旋转切碎岩体,由装在刀盘上的集料斗转至顶部通过皮带机将岩渣运至机尾,卸入其他运输设备运走。为了避免粉尘危害,掘进机头部装有喷水及吸尘设备,在掘进过程中连续喷水、吸尘。图 5-1-14 为掘进机的工作循环图,其中,图 5-1-14(a)为机器用支撑板撑住,前后下支撑回缩,推进缸推压刀盘钻掘开始;图5-1-14(b)为掘进一个行程,钻掘终止;图 5-1-14(c)为前后下支撑伸出到洞底支撑板回缩;图5-1-14(d)为外机体前移,用后下支撑调整机器位;图 5-1-14(e)为支撑板撑住洞壁,前后下支撑回缩,为下一个工作循环做好准备。

11. 盾构机

国际上,广义盾构机既可以用于岩石地层,也可用于软土地层,只是区别于敞开式(非盾构法)隧道掘进机。而在我国,习惯上将用于软土地层的隧道掘进机称为(狭义)盾构机,将用于岩石地层的称为(狭义)TBM。

盾构机(见图 5-1-15)的基本工作原理是,一个圆柱体的钢组件沿隧洞轴线一边向前推进,一边对土壤进行挖掘。该圆柱体组件的壳体(即护盾),对挖掘出的还未衬砌的隧洞段起着临时支撑的作用,承受周围土层的压力,有时还承受地下水压力,还有将地下水挡在外面的作用。挖掘、排土、衬砌等作业在护盾的掩护下进行。盾构机的外形有圆形、双圆、三圆、矩形、马蹄形、半圆形和与隧洞断面相似的特殊形状等,但绝大多数盾构机还是采用传统的圆形。从工作面开始,盾构机由切口环、支承环和盾尾三部分组成,并与外壳钢板连成整体。

盾构机的分类:按盾壳数量分,有单护盾、双护盾、三护盾;按控制方式分,有地面遥控和随机控制;按开挖方式分,有人工、半机械、机械;按开挖断面分,有部分断面开挖和全断面开挖;按切割头刀盘形式分,可分为网格式刀盘和回转刀盘;按掘进方式分为泥水平衡和土压平衡。

泥水平衡盾构的优点有:对地层的扰动小、沉降小;适用于高地下水压的江底、河底、海底隧道施工;适用于大直径化、高速化施工;适用土质范围宽,掘进中盾构机体的摆动小等。其缺点是:成本高,排土效率低;地表施工占地面积大且影响交通、市容;不适于在硬黏土层、松散卵石层中掘进等。

土压平衡盾构的优点有:成本低,出土效率高,使用地层范围广,目前土压盾构施工几乎对所有地层均可适用。缺点是:掘削扭矩大,地层沉降大,直径不能过大等。

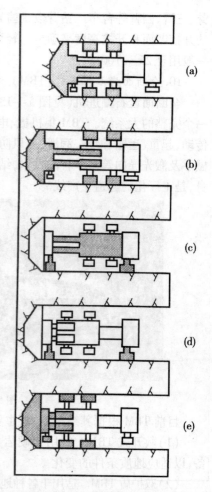

图 5-1-14　掘进机工作循环图

图 5-1-15　盾构机

(二)混凝土机械

1.混凝土搅拌机

混凝土搅拌机(见图 5-1-16)是把水泥、砂石骨料和水混合并拌制成混凝土混合料的机械,主要由拌筒、加料和卸料机构、供水系统、原动机、传动机构、机架和支承装置等组成。按其工作性质可分为间歇式(分批式)和连续式;按搅拌原理可分为自落式和强制式;按安装方式可分为固定式和移动式;按出料方式可分为倾翻式和非倾翻式;按拌筒结构形式可分为梨式、鼓筒式、双锥式、圆盘立轴式和圆槽卧轴式等。随着混凝土材料和施工工艺的发展,又相继出现了许多新型结构的混

图 5-1-16 混凝土搅拌机

凝土搅拌机,如蒸汽加热式搅拌机、超临界转速搅拌机、声波搅拌机、无搅拌叶片的摇摆盘式搅拌机和二次搅拌的混凝土搅拌机等。

2.混凝土搅拌楼(站)

混凝土搅拌楼(见图 5-1-17,又称为拌和楼)是一种生产新鲜混凝土的大型机械设备,它能将组成混凝土的组合材料水泥、砂、骨料、外加剂以及掺和料,按一定的配合比,周期地和自动地搅拌成塑性和流态的混凝土,在大、中型水利水电工程中得到广泛使用。

图 5-1-17 混凝土搅拌楼

混凝土搅拌楼按其布置形式可分为单阶式(垂直式)和双阶式(水平式);按操作方式可分为手动操作、半自动和全自动操作;按称量方式可分为单独称量、累计称量和组合称量;按装备的混凝土搅拌机可分为倾翻自落式和强制式。

混凝土搅拌楼自上而下一般分为进料层、储料层、配料层、搅拌层及出料层。

混凝土搅拌楼主要由搅拌主机、物料称量系统、物料输送系统、物料储存系统和控制系

统等五大系统和其他附属设施组成。与混凝土搅拌站相比,混凝土搅拌楼的骨料计量减少了四个中间环节,并且是垂直下料计量,节约了计量时间,因此大大提高了生产效率。在同型号的情况下,搅拌楼生产效率比搅拌站生产效率提高1/3。

1)搅拌主机

搅拌主机按其搅拌方式可分为强制式搅拌和自落式搅拌。强制式搅拌机是目前国内外搅拌站使用的主流搅拌机,它可以搅拌流动性、半干硬性和干硬性等多种混凝土。自落式搅拌机主要搅拌流动性混凝土,目前在搅拌楼中很少使用。强制式搅拌机按结构形式可分为单卧轴搅拌机和双卧轴搅拌机,其中以双卧轴搅拌机的综合使用性能最好。

2)物料称量系统

物料称量系统是影响混凝土质量和混凝土生产成本的关键部件,主要分为骨料称量、粉料称量和液体称量三部分。一般情况下,20 m³/h 以下的搅拌站采用叠加称量方式,即骨料(砂、石)用一把秤,水泥和粉煤灰用一把秤,水和液体外加剂分别称量,然后将液体外加剂投放到水称斗内预先混合。而在 50 m³/h 以上的搅拌站中,多采用各种物料独立称量的方式,所有称量都采用电子秤及微机控制,骨料称量精度≤2%,水泥、粉料、水及外加剂的称量精度均达到≤1%。

3)物料输送系统

物料输送由三个部分组成,分别为骨料输送、粉料输送、液体输送。

(1)骨料输送。有料斗输送和皮带输送两种方式。料斗提升的优点是占地面积小、结构简单。皮带输送的优点是输送距离大、效率高、故障率低。

(2)粉料输送。混凝土可用的粉料主要是水泥、粉煤灰和矿粉。目前普遍采用的粉料输送方式是螺旋输送机输送,大型搅拌楼有采用气动输送和刮板输送的。螺旋输送的优点是结构简单、成本低、使用可靠。

(3)液体输送。主要指水和液体外加剂的输送,分别由水泵输送。

4)物料储存系统

混凝土可用的物料储存方式基本相同。骨料一般露天堆放(也有城市大型商品混凝土搅拌站用封闭料仓);粉料用全封闭钢结构筒仓储存;外加剂用钢结构容器储存。

5)控制系统

控制系统是整套设备的中枢神经。控制系统根据用户的不同要求和搅拌楼的大小而有不同的功能和配制,一般情况下施工现场可用的小型搅拌站控制系统简单一些,而大型搅拌楼的控制系统相对复杂一些。

6)外配套设备

外配套设备包括水路、气路、料仓等。

3.混凝土搅拌车

混凝土搅拌车(见图5-1-18)是在行驶途中对混凝土不断进行搅动或搅拌、防止混凝土分离或初凝的特殊运输车辆,主要用于在混凝土搅拌厂和施工现场之间输送混凝土。

混凝土搅拌车由汽车底盘、搅拌筒、传动系统和供水装置等部分组成。①汽车底盘是混凝土搅拌输送车的行驶和动力输出部分,一般根据搅拌筒的容量选择。②搅拌筒是混凝土搅拌输送车的主要作业装置,其结构形式及筒内的叶片形状直接影响混凝土的输送和搅拌质量。③搅拌筒的动力分机械和液压两种,液压传动应用最广泛,由发动机驱动油泵经控制

图 5-1-18　混凝土搅拌车

阀、油马达和行星齿轮减速器带动搅拌筒工作,机械传动是由发动机经万向联轴节、减速器和链轮、链条等驱动搅拌筒工作。动力方式也有两种,一种是直接从汽车的发动机中引出动力,另一种是设置专用柴油机作动力。④供水装置是供输送途中加水搅拌和出料后清洗搅拌筒用的。

混凝土搅拌车的搅拌输送方式主要有三种:①湿料(预拌混凝土)搅拌输送。是将输送车开至搅拌设备的出料口下,搅拌筒以进料速度运转加料,加料结束后,搅拌筒以低速运转。在运输途中,搅拌筒不断慢速搅动,以防止混凝土产生初凝和离析,到达施工现场后搅拌筒反向快转出料。②干料搅拌输送。当施工现场离搅拌设备距离较远时,可将按配比称量好的砂、石、水泥等干料装入搅拌筒内进行干料输送,输送车在运输途中以搅拌速度运转对干料进行搅拌,在驶近施工现场时,从输送车的水箱内将水加入搅拌筒,完成混凝土的最终搅拌,供工地使用。③半干料搅拌输送。输送车从预拌工厂加装按配比称量后的砂、石、水泥和水,在行驶途中或施工现场完成搅拌作业,以供应现场混凝土。

混凝土搅拌输送车主要用于预拌混凝土的输送,随着商品混凝土的推广,越来越显示出其在保证输送质量方面的优越性。

4. 混凝土输送泵

混凝土输送泵(见图 5-1-19)又名混凝土泵,是一种利用压力把混凝土沿管道连续输送的机械,由泵体和输送管组成,主要应用于房建、桥梁及隧道施工。混凝土输送泵分为闸板阀混凝土输送泵和 S 阀混凝土输送泵,另外,还有一种泵体装在汽车底盘上,装备可伸缩或屈折的布料杆组成泵车。

5. 混凝土泵车

混凝土泵车(见图 5-1-20)由臂架、泵送、液压、支撑、电控五部分组成。混凝土泵车电气控制系统的控制方式主要有五种,分别为机械式、液压式、机电式电器控制式、可编程控制器式和逻辑电路控制式。

6. 混凝土喷射机

混凝土喷射机(见图 5-1-21)是利用压缩空气将混凝土沿管道连续输送,并喷射到施工面上的机械,分干式喷射机和湿式喷射机两类,前者由气力输送干拌和料,在喷嘴处与压力水混合后喷出,后者由气力或混凝土泵输送混凝土混合物经喷嘴喷出,广泛用于地下工程、井巷、隧道、涵洞等的衬砌施工。

图 5-1-19　混凝土输送泵

图 5-1-20　混凝土泵车

7. 钢模台车

在隧洞混凝土衬砌施工中,模板作业是影响施工进度和混凝土施工成本的主要因素。钢模台车(见图 5-1-22)是一种为提高隧道衬砌表面光洁度和衬砌速度,并降低劳动强度而设计、制造的专用设备。采用钢模台车浇筑混凝土工效比传统模板高 30%,装模、脱模速度快 2~3 倍,所用的人力是过去的 1/5。

图 5-1-21　混凝土喷射机

图 5-1-22　钢模台车

按钢模板与台车组合方式,钢模台车通常分为平移式钢模台车和穿行式钢模台车。

平移式钢模台车主要由台车和铰接转动的钢模两大部分组成。台车可沿专用轨道移动,在其上面装有垂直的和水平调节用的千斤顶。钢模由 3~4 mm 厚的钢板和型钢加工制作而成,分成若干块并铰接在一起成为整体,靠千斤顶调整定位。一套钢模板与一台移动式台车构成整体,共同承担衬砌混凝土浇筑荷载,逐段浇筑混凝土。

穿行式钢模台车把钢模与台车分开,使其各为独立系统。台车仅起立模、拆模和转移钢模的作用。浇筑混凝土时,台车可以脱离钢模,而由钢模单独承受混凝土的重量。一个工作面由一部台车配合数套活动钢模板进行混凝土浇筑,钢模板单独承担衬砌混凝土浇筑荷载,台车只承担钢模的架设、运输和拆除,能更好地加快混凝土浇筑施工进度。

(三)运输机械

1. 载重汽车

载重汽车又叫卡车(见图 5-1-23),是运载货物和商品用的一种汽车形式,包括自卸卡车、牵引卡车、非公路和无路地区的越野卡车及各种专为特殊需要制造的卡车等,按承载吨位分为微型卡车、轻型卡车、中型卡车、重型卡车、超重型卡车。微型卡车总质量小于 1.8 t,轻型卡车总质量为 1.8 ~ 6 t,中型卡车总质量为 6 ~ 14 t,重型卡车总质量为 14 ~ 100 t,超重型卡车总质量为 100 t 以上。

图 5-1-23　载重汽车

载重汽车由发动机、底盘、车身和电气系统四部分组成。

(1)发动机。是汽车的动力来源。功能是使燃料燃烧产生动力,然后通过传动系驱动车轮带动汽车行驶。绝大部分货车都以柴油引擎作为动力来源,但有部分轻型货车使用汽油、石油气或者天然气。

(2)底盘。分传动系、行驶系、转向系和制动系。

传动系:将发动机的动力传给驱动轮,主要包括离合器、变速箱、传动轴和驱动桥。

行驶系:将汽车各总成及部件连成一个整体并对全车起支撑作用,保证汽车正常行驶,主要包括车架、前轴、车轮和悬架。

转向系:保证汽车在行驶的过程中能按照驾驶员选择的方向行驶,主要包括转向操纵机构、转向器和转向传动装置。

制动系:使汽车减速、停车和保证汽车可靠的停驻,主要包括制动操纵机构、制动器和传动装置。

(3)车身。驾驶员工作和装载货物的场所,包括驾驶室和车厢。

(4)电气系统。辅助驾驶员驾驶汽车的电气系统,包括蓄电池、起动系、照明设备和仪表等。

2. 自卸汽车

自卸汽车(见图 5-1-24)是指利用本车发动机动力驱动液压举升机构,将其车厢倾斜一定角度卸货,并依靠车厢自重使其复位的专用汽车,由发动机、底盘、驾驶室和车厢构成。车厢可以后向倾翻或侧向倾翻,通过操纵系统控制活塞杆运动,推动活塞杆使车厢倾翻,以后向倾翻较普遍,少数双向倾翻。车厢利用自身重力和液压控制复位。高压油经分配阀、油管进入举升液压缸,车厢前端有驾驶室安全防护板。发动机通过变速器、取力装置驱动液压泵,车厢液压倾翻机构由油箱、液压泵、分配阀、举升液压缸、控制阀和油管等组成。

自卸汽车按总质量分轻型自卸汽车(总质量在 10 t 以下)、重型自卸汽车(总质量 10 ~ 30 t)和超重型自卸汽车(总质量 30 t 以上);按用途分通用自卸汽车、矿用自卸汽车和特种自卸汽车;按动力源分汽油自卸汽车和柴油自卸汽车;按传动方式分机械传动(总质量 55 t 以下)、液力传动(总质量一般为 55 ~ 150 t)和电传动(总质量 150 t 以上)自卸汽车。按车身结构分刚性自卸汽车和铰接式自卸汽车。

水利工程常用的有 8 t、10 t、12 t、15 t、20 t、32 t、45 t、50 t、65 t、77 t 和 108 t 等载重量的自卸汽车。在选用汽车型号时,应根据施工条件、施工场地、工期、运距、运料种类、配套设备和气候等因素综合考虑。

3. 矿车

矿车(见图 5-1-25)是矿山中输送煤、矿石和废石等散状物料的窄轨铁路搬运车辆,一般须用机车或绞车牵引。水利工程中,矿车主要用于隧洞开挖过程中的石渣运输等工作。矿车按结构和卸载方式不同分为固定式矿车、翻斗式矿车、单侧曲轨侧卸式矿车、底(侧)卸式矿车和梭式矿车共五大类。中国于 20 世纪 70 年代发展了斗式转载列车,由斗车、升降台和一列矿车组成。斗车装满料后由升降台顶升沿矿车车帮行进,逐个转载到各个矿车内,提高了搬运速度,实现矿车的连续装载。斗式装载列车结构简单,转弯半径小,可利用原有标准矿车加以改造。矿车车轮内侧有轮缘,轮缘与钢轨间留有一定间隙。车轮与钢轨接触的踏面做成锥形,以使轮对在沿轨道运行时保持对中,减少机械磨损,降低运行阻力。

图 5-1-24　自卸汽车

图 5-1-25　矿车

4. 螺旋输送机

螺旋输送机(见图 5-1-26)是一种不带挠性牵引构件的连续输送设备,它利用旋转的螺旋将被输送的物料沿固定的机壳内推移而进行输送工作。螺旋输送机在输送形式上分为有轴螺旋输送机和无轴螺旋输送机两种,在外形上分为 U 形螺旋输送机和管式螺旋输送机。有轴螺旋输送机适用于无黏性的干粉物料和小颗粒物料,而无轴螺旋输送机则适合有黏性的和易缠绕的物料。螺旋输送机一般由输送机主体、进出料口及驱动装置三大部分组成。

螺旋输送机被广泛地应用在各种工业部门,用来输送各种各样的粉状和小块物料,如煤粉、水泥、砂、碎石等,由于它功率消耗大,所以多用在较低或中等生产率、输送距离不长的情况下,不宜输送易变质的黏性大的结块物料和大块物料。

螺旋输送机允许稍微倾斜使用,最大倾角不得超过 20°,但管形螺旋输送机,不但可以水平输送,还可以倾斜输送或垂直提升,目前在国内外混凝土搅拌楼上,常用管形螺旋输送机输送水泥、粉煤灰和片冰等散装物料。

螺旋输送机的优点是:结构比较简单和维护方便,横断面的外形尺寸不大,便于在若干个位置上进行中间卸载,具有良好的密封性。缺点是:单位动力消耗高,在移动过程中使物料有严重的粉碎,对螺旋和机壳有强烈的的磨损。

图 5-1-26　螺旋输送机

5. 胶带输送机

胶带输送机(见图 5-1-27)是以胶带作为牵引机构和承载机构的连续型动作设备,又称皮带机或皮带。常用的胶带输送机可分为普通帆布芯胶带输送机、钢绳芯高强度胶带输送机、全防爆下运胶带输送机、难燃型胶带输送机、双速双运胶带输送机、可逆移动式胶带输送机和耐寒胶带输送机等。胶带输送机由加料斗、给料机、传动滚筒、张紧装置、上下托辊、卸料器(中途卸料装置)、张紧滚筒、主动滚筒、卸料槽和胶带等部分构成。其中最主要的部件是胶带、张紧滚筒、主动滚筒、托辊、加料和计料机构。带动输送带转动的滚筒称为驱动滚筒(传动滚筒),仅用于改变输送带运动方向的滚筒称为改向滚筒。驱动

图 5-1-27　胶带输送机

滚筒由电动机通过减速器驱动,输送带依靠驱动滚筒与输送带之间的摩擦力拖动。驱动滚筒一般都装在卸料端,以增大牵引力,有利于拖动。物料由喂料端喂入,落在转动的输送带上,依靠输送带摩擦带动运送到卸料端卸出。

胶带输送机适用于输送粉状、粒状和小块状的低磨琢性物料及袋装物输送堆积密度料,如煤、碎石、砂、水泥、化肥和粮食等。被送物料温度应小于 60 ℃。其机长及装配形式可根据用户要求确定,传动可用电滚筒,也可用带驱动架的驱动装置。

(四)起重机械

1. 缆索起重机

缆索起重机(简称缆机)是一种以柔性钢索作为大跨距支承构件,兼有垂直运输和水平运输功能的特种起重机械。缆机在水利水电工程混凝土大坝施工中常被用作主要的施工设备。此外,在渡槽架设、桥梁建筑、码头施工、森林工业、堆料场装卸、码头搬运等方面也有广泛的用途,还可配用抓斗进行水下开挖。

大中型水利水电工程浇筑大坝混凝土所用的缆机,一般具有以下特点:跨距较大,采用密闭索作主索;工作速度高,采用直流拖动;满载工作频繁。常见的缆机分为 6 种基本类型。

1)固定式缆机

这种缆机主索两端的支点固定不动,其工作的覆盖范围只有一条直线,见图 5-1-28。在大坝施工中,一般只能用于辅助工作,如吊运器材、安装设备、转料及局部浇筑混凝土等,近年还用于碾压混凝土筑坝。此外,国内外在山区桥梁施工中使用固定式缆机者也很多。固定式缆机由于支承主索的支架不带运行机构,其机房可设置于地面上,因而构造最为简单,造价低廉,基础及安装工作量也最少,在工地还可以灵活调度,迅速搬迁,用来解决某些临时吊运工作的需要。

图 5-1-28　固定式缆机

2)摆塔式缆机

这种机型是为了扩大固定式缆机的覆盖范围所做的改进型式,其支承主索的桅杆式高塔根部铰支于地面的球铰支承座上,顶部后侧用固定纤锁拉住,而左右两侧通过绞车用活动纤索牵拉,绞车将左右活动纤索同时收放,便可使桅杆塔向两侧摆动。一般多为两岸桅杆塔同步摆动,覆盖范围为狭长矩形,可称为双摆塔式。也可一岸为摆动桅杆塔,另一岸为固定支架,其覆盖范围为狭长梯形,可称为单摆塔式,见图 5-1-29。单摆塔式如固定支架采用低矮的锚固支座,则造价可降低不少。

图 5-1-29　摆塔式缆机

　　摆塔式缆机适用于坝体为狭长条形的大坝施工,有时可以几台并列布置;也有的工程用来在工程后期浇筑坝体上部较窄的部位;也可用来浇筑溢洪道;国外也广泛用于桥梁等施工。这种机型在构造复杂程度、造价、基础及安装工作量等方面仅略次于固定式。

　　3) 平移式缆机

　　这是各种缆机中应用较广的一种典型构造形式,通常所说的缆机,往往是指这种机型,见图 5-1-30。其支承主索的两支架均带有运行机构,可在河道两岸平行辅设的两组轨道上同步移动,一岸带有工作绞车、电气设备及机房等支架,另一岸的支架称为尾塔或副塔。平移式缆机的覆盖面为矩形,只要加长两岸轨道的长度,便可增大矩形覆盖面的宽度,扩大工作范围,因而可适用于多种坝型,并可根据工程规模,在同组轨道上布置若干台,一般最多为3~4 台。同辐射式相比,平移式的轨道可较接近岸边布置,从而采用较小的主索跨度。但平移式缆机在各种缆机中基础准备的工程量最大,当两岸地形条件不利时,较难经济地布置。其机房必须设置在移动支架上,构造比较复杂,比其他机型造价要昂贵得多。

图 5-1-30　平移式缆机

　　4) 辐射式缆机

　　这种机型可以说一半是固定式,一半是平移式。在一岸设有固定支架,而另一岸设有大致上以固定支架为圆心的弧形轨道上行驶的移动支架,见图 5-1-31。其机房(包括绞车及电气设备等)一般设置在固定支架附近的地面上,各工作索则通过导向滑轮引向固定支架顶部,因此习惯上也称固定支架为主塔而移动支架为副塔。在构造上主塔和固定式缆机支架的不同在于主塔顶部设有可摆动的设施,而副塔和移动式缆机的不同在于副塔的运行台车具有能在弧形轨道上运行的构造。

　　辐射式缆机的覆盖范围为一扇形面,特别适用于拱坝及狭长条形坝型的施工。为了增加覆盖范围,也为了便于相邻两机能同时浇筑坝肩部位,在相同条件下,辐射式往往要比平移式缆机采用较大的跨距。与平移式缆机相比,辐射式缆机具有布置灵活性大、基础工程量

图 5-1-31　辐射式缆机

小、造价低、安装及管理方便等优点,故在选用机型时应优先予以考虑。

2. 门座式起重机

门座式起重机作为水利水电工程混凝土大坝施工用的主力设备,针对性很强,就其使用的特点来说,介于建筑塔式起重机与港口装卸起重机或造船起重机之间。这类门座起重机在必须能方便地多次装拆转移这一点上比较接近建筑塔机(带有高架的门座起重机也可看作是一种动臂式的重型建筑塔机),但因施工工程量大,因而转移不及后者频繁(一般数年转移一次);工作幅度和起重力矩一般也比后者大得多;还因在栈桥上工作而需要有门座以供运输车辆通过。另外,这类起重机为了满足高速度浇筑混凝土的需要,在必须能频繁操作和具有较大刚度的塔架等支承结构方面更接近于港口装卸起重机。

下面介绍常见的 DMQ540/30 型门座式起重机(见图 5-1-32),该门座式起重机具有 37.5 m 长的刚性起重臂,可以在 18～37 m 幅度范围内全回转,最小幅度时的起升高度为 37 m。为满足筑坝工作的需要,起重机吊钩能延伸到轨面下进行起重作业。本机轨距为 7 m,在门架下方可同时通过 2 列窄轨(762 mm)机车,以配合运输混凝土罐。起重臂头部设有 3 个滑轮。当增加起升钢丝绳分支数时,如使用 30 t 吊钩,可在 25 m 幅度内吊重 20 t,在 18 m 幅度内吊重 30 t,本机高压电缆绞盘容缆量为 50 m,相应的起重机运行范围为 100 m。

3. 塔式起重机

塔式起重机(见图 5-1-33)亦称塔机、塔吊,是动臂装在高耸塔身上部的旋转起重机。塔式起重机工作范围大,主要用于多层和高层建筑施工中材料的垂直运输和构件安装。塔式起重机由金属结构、工作机构和电气系统三部分组成。金属结构包括塔身、动臂、底座、附着杆等。工作机构有起升、变幅、回转和行走四部分。电气系统包括电动机、控制器、配电框、连接线路、信号及照明装置等。

塔式起重机分上旋转式和下旋转式两类。

(1)上旋转式塔式起重机。塔身不转动,回转支承以上的动臂、平衡臂等,通过回转机构绕塔身中心线作全回转。根据使用要求,又分运行式、固定式、附着式和内爬式。运行式塔式起重机可沿轨道运行,工作范围大,应用广泛,宜用于多层建筑施工;如将起重机底座固定在轨道上或将塔身直接固定在基础上就成为固定式塔式起重机,其动臂较长;如在固定式塔式起重机塔身上每隔一定高度用附着杆与建筑物相连,即为附着式塔式起重机,它采用塔

图 5-1-32　DMQ540/30 型门座式起重机

图 5-1-33　塔式起重机

身接高装置使起重机上部回转部分可随建筑物增高而相应增高,用于高层建筑施工。将起重机安设在电梯井等井筒或连通的孔洞内,利用液压缸使起重机根据施工进程沿井筒向上爬升者称为内爬式塔式起重机,它节省了部分塔身、服务范围大、不占用施工场地,但对建筑物的结构有一定要求。

(2)下旋转式塔式起重机。回转支承装在底座与转台之间,除行走机构外,其他工作机构都布置在转台上一起回转。除轨道式外,还有以履带底盘和轮胎底盘为行走装置的履带式和轮胎式。它整机重心低,能整体拆装和转移,轻巧灵活,应用广泛,宜用于多层建筑施工。

4.汽车式起重机和轮胎式起重机

汽车式起重机(见图 5-1-34)和轮胎式起重机(见图 5-1-35)统称轮式起重机,是指起重工作装置安装在轮胎底盘上的自行的回转式起重机械,两者在结构、性能和用途方面有很多相同之处。只不过汽车起重机采用通用载重汽车底盘或专用汽车底盘,轮胎式起重机则采用特制的轮胎底盘。汽车式起重机行驶速度高,多在 60 km/h 以上,可迅速转移作业场地,行驶性能符合公路法规的要求,作业时必须伸出外伸支腿,一般不能吊重行走。轮胎式起重机能在坚实平坦的地面吊重行走,一般行驶速度不高。近年来出现了能高速行驶、全轮驱动、全轮转向的全路面越野轮胎式起重机,是集汽车式起重机和轮胎式起重机的优点于一机的新机种。

图 5-1-34　汽车式起重机

图 5-1-35　轮胎式起重机

汽车式起重机和轮胎式起重机均由取物装置(主要是吊钩)、臂架(起重臂)、上车回转部分、回转支承部分、下车行走部分、支腿和配重等组成。按一般习惯,把取物装置、臂架、配重和上车回转部分统称为上车部分,其余皆称为下车部分。

5. 履带式起重机

履带式起重机(见图 5-1-36)的上车部分装在履带底盘上,其行走轮在自带的无端循环履带链板上行走。履带与地面接触面积大,平均接地比压小,故可在松软、泥泞的路面上行走,适用于在地面情况恶劣的场所进行装卸和安装作业。

履带式起重机的牵引系数高,约为汽车式起重机和轮胎式起重机的 1.5 倍,故其爬坡能力大,可在崎岖不平的场地上行驶;又由于履带支承面宽,故其稳定性好,作业时不需设置支腿。大型履带起重机为了提高作业稳定性,将履带装置设计成可横向伸展的,工作时可以扩大支承宽度,而行走时又可缩小,以改善通过性能。履带式起重机上的吊臂一般是固定式桁架臂。因其行驶速度很慢,为 1 ~ 5 km/h,且履带易啃坏路面,所以转移作业场地时需通过铁路平车或公路平板拖车装运。履带底盘较为笨重,用钢量大,与同功率的汽车起重机和轮胎式起重机相比,质量约增加50%,价格也较贵。近年来小型履带式起重机已逐步被机动灵活的伸缩臂汽车起重机和轮胎式起重机所取代,但起重量大于90 t的大型履带式起重机,由于它的接地比压小,爬坡能力大,稳定性好,又能带负荷移动,所以仍得到迅速发展。

图 5-1-36　履带式起重机

履带式起重机由起重臂、上转盘、下转盘、回转支承装置、机房、履带架、履带以及起升、回转、变幅、行走等机构和电气附属设备等组成。除行走机构外,其余各机构都装在回转平台上。

6. 门式起重机(龙门式起重机)

门式起重机是桥架通过两侧支腿支承在地面轨道或地基上的桥架型起重机(见图 5-1-37)。按其结构型式,可分为桁架式、箱形板梁式、管形梁式、混合结构式等。

大型工程施工中所用的门式起重机,主要用于露天组装场和仓库的吊装运卸作业,也是一种一般用途的吊钩式轨道门式起重机,但作为一种施工机械大都又具有以下几方面的特点:

(1)其构造须便于装拆和运输,以便在一个工地使用后转移到新工地;

(2)常采用桁架式结构,八字支腿,其自重较轻、造价较低。

(3)主钩很少起升额定载荷,因此起重机的工作级别不需很高。

(4)一般用地面拖曳电缆通过电缆卷筒(配重式)向机上供电。

(5)轨道多用临时性的碎石基础,根据地基的承载能力,一般采用较低的大车轮压,如250 kN 左右。

(五)砂石料加工机械

1. 破碎机

破碎机是将开采出来的岩石或天然砾石按照需要的粒径进行破碎加工的机械,被广泛用于基本建设工程,其类型较多,常用的有旋回式破碎机、圆锥式破碎机、反击式破碎机、颚式破碎机、锤式破碎机、辊式破碎机以及用作人工砂和掺和料或作灌浆磨细用的磨细机等。在水利水电建设工程中,破碎机通常用来加工各种粒径的砂石料,以作为混凝土骨料之用。各类破碎机有不同的规格、不同的使用范围。粗碎多用颚式破碎机或旋回圆锥破碎机;中碎

图 5-1-37　门式起重机

采用标准型圆锥破碎机;细碎采用短头型圆锥破碎机。

1)颚式破碎机

电动机驱动皮带和皮带轮,通过偏心轴使动颚上下运动,当动颚上升时肘板与动颚间夹角变大,从而推动动颚板向固定颚板接近,同时物料被压碎或劈碎,达到破碎的目的;当动颚下行时,肘板与动颚夹角变小,动颚板在拉杆、弹簧的作用下,离开固定颚板,此时已破碎物料从破碎腔下口排出。随着电动机连续转动而破碎机动颚做周期运动压碎和排泄物料,实现批量生产。颚式破碎机示意图见图 5-1-38。

2)旋回式破碎机

旋回式破碎机(见图 5-1-39)是利用破碎锥在壳体内锥腔中的旋回运动,对物料产生挤压、劈裂和弯曲作用,粗碎各种硬度的矿石或岩石的大型破碎机械。装有破碎锥主轴的上端支承在横梁中部的衬套内,其下端则置于轴套的偏心孔中。轴套转动时,破碎锥绕机器中心线作偏心旋回运动,由于它的破碎动作是连续进行的,故工作效率高于颚式破碎机。

3)圆锥破碎机

在圆锥破碎机(见图 5-1-40)的工作过程中,电动机通过传动装置带动偏心套旋转,动锥在偏心轴套的迫动下做旋转摆动,动锥靠近静锥的区段即成为破碎腔,物料受到动锥和静锥的多次挤压和撞击而破碎。动锥离开该区段时,该处已破碎至要求粒度的物料在自身重力作用下下落,从锥底排出。

图 5-1-38　颚式破碎机示意图　　　　　　图 5-1-39　旋回式破碎机

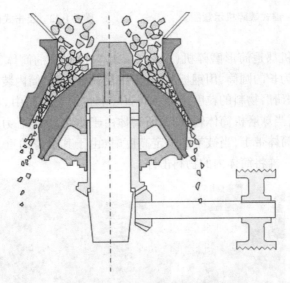

图 5-1-40　圆锥破碎机示意图

4)锤式破碎机

锤式破碎机(见图 5-1-41)是经高速转动的锤体与物料碰撞而破碎物料,它具有结构简单、破碎比大、生产效率高等特点,可做干、湿两种形式破碎。锤式破碎机的工作原理是:电动机带动转子在破碎腔内高速旋转,物料自上部给料口给入机内,受高速运动的锤子的打击、冲击、剪切和研磨作用而粉碎。在转子下部设有筛板,粉碎物料中小于筛孔尺寸的粒级通过筛板排出,大于筛孔尺寸的粗粒级阻留在筛板上,继续受到锤子的打击和研磨,最后通过筛板排出机外。

5)反击式破碎机

反击式破碎机(见图 5-1-42)是一种市场占有率比较大的破碎设备。在破碎时,物料经过板锤的作用力后,会与板锤的切线形成一定的角度而做平抛运动,然后再被另外的板锤反弹回来继续进行粉碎,一直到形成较小的物料时,相对板锤运动来做切线运动,直至物料被破碎成理想的粒度,然后被排出机体。反击式破碎机对物料进行破碎时,终极物料的粒度是可以根据需求来自行调节的,所以说,在使用前一定要先调节好出料系统。

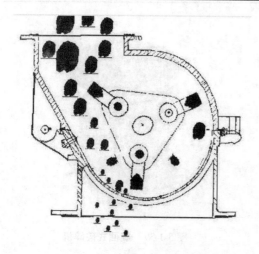

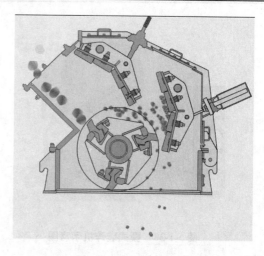

图 5-1-41　锤式破碎机示意图　　　　　　图 5-1-42　反击式破碎机示意图

2. 球(棒)磨机

球磨机和棒磨机都是筒形磨碎机(见图 5-1-43),由水平的筒体、进出料空心轴及磨头等部分组成。筒体为长的圆筒,用钢板制造,由钢制衬板固定,筒内装有研磨体,研磨体一般为钢制圆球,并根据研磨物料的粒度选择不同直径和比例装入筒中。物料由球磨机进料端空心轴装入筒体内,当球磨机筒体转动时,研磨体由于惯性力、离心力和摩擦力的作用,使它附在筒体衬板上被筒体带走,当被带到一定高度时,由于其本身的重力作用而被抛落,下落的研磨体像抛射体一样将筒体内的物料击碎。

图 5-1-43　球(棒)磨机

球(棒)磨机根据作业方式,可分为干式和湿式两种。根据排矿方式不同,可分格子型和溢流型两种。根据筒体形状可分为短筒球磨机、长筒球磨机、管磨机和圆锥型磨机四种。

棒磨机与球磨机的区别是两者的研磨介质不同,球磨机的研磨介质是钢球,棒磨机的研磨介质是钢棒。

3. 螺旋分级机

螺旋分级机(见图 5-1-44)是选矿的设备之一,在水利工程施工过程中,常用于砂石骨料的筛选分级。它利用不同比重的固体颗粒在液体中具有不同沉淀速度的原理进行机械分级,能把磨机内磨出的料粉进行过滤,然后利用螺旋片把粗料旋入磨机进料口,把过滤出的细料从溢流管子排出。螺旋分级机主要有高堰式单螺旋和双螺旋、沉没式单螺旋和双螺旋四种分级机。

图 5-1-44 螺旋分级机

4.振动筛

振动筛工作时筛面产生频率高而振幅较小的振动。由于筛面做强烈的振动,筛面上的物料产生拆离现象,并且物料也不容易堵塞筛孔,故有较高的生产率和筛分效率,在水利水电工程施工中得到广泛应用。

振动筛的类型很多,按其机械部分运动特性分为惯性振动筛、偏心半振动筛、重型振动筛、自定中心振动筛、直线振动筛、圆振动筛(见图 5-1-45)和共振筛。

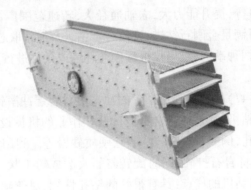

图 5-1-45 圆振动筛

圆振动筛的振动轨迹为圆,是一种多层数、高效、新型的振动筛,专为采石场筛分料石设计,也可供选煤、选矿、建材、电力及化工等部门作产品分级用。圆振动筛结构主要由筛箱、激振器、悬挂(或支承)装置及电动机等组成。电动机经三角皮带,带动激振器主轴回转,激振器上不平衡重物的离心惯性力作用使筛箱振动。改变激振器偏心重,可获得不同振幅。由于筛箱振动强烈,减少了物料堵塞筛孔的现象,使筛子具有较高的筛分效率和生产率。圆振动筛采用筒体式偏心轴激振器及偏块调节振幅,物料筛淌线长,筛分规格多,具有结构可靠、激振力强、筛分效率高、振动噪声小、坚固耐用、维修方便和使用安全等特点。

(六)钻孔灌浆机械

1. 岩芯钻机

岩芯钻机(见图5-1-46)是用于岩芯勘探的钻机,典型机型有 TXJ – 1600 型,钻进深度为 50 钻杆 1 600 m,60 钻杆 1 200 m。其主要用于垂直的和倾斜45°以内的地质矿产勘探孔、煤田勘探孔和石油勘探孔,也可用于水源及其他类似的工程钻孔。结构特点:采用机械传动,结构简单,便于维修和操作。钻机配有水刹车装置,能控制下钻速度,减少卷筒、闸带等零部件的磨损,消除升降系统的冲击力,保证下钻安全。

图 5-1-46　岩芯钻机

THJ – 2600 型岩芯钻机,该钻机为 60 钻杆 2 600 m,73 钻杆 2 000 m,用途:适用于煤田地质、水文地质、金属矿床、非金属矿床和天然气等深孔钻探工程,实用性、操作性和通用性强。

结构特点:钻机大部分采用了 TSJ – 2000E 型水源钻机组件,如转盘回转、机械传动、立轴式回转、液压油缸给进等,提升能力大,立轴通径大,转速范围广,重心低,传动平稳,坚固耐用。钻机布局合理,可满足金刚石钻进、硬质合金钻进及绳索取芯钻进的工艺要求。钻机可配备电动机或柴油机两种动力,供用户根据作业环境或条件进行选择。

2. 冲击钻机

冲击钻机(见图5-1-47)是一种利用钻头的冲击力对岩层冲凿钻孔的机械,可分为全液压冲击钻机与气动冲击钻机,都是针对岩石进行钻孔作业的机械设备。冲击钻机是针对普氏硬度 7 级以上岩石钻孔,例如石灰石、花岗石、硬质砂岩等。利用冲击器(液压与气动)每分钟高效率的冲击频率将岩石打碎,同时旋转将石头磨成粉末状,再利用气或者水将灰排出,达到钻孔效果。冲击钻机的优点:具有很好的钻孔性能,对较硬的地层都可以有效地进行钻孔作业,适用于硬度较高的岩层、风化的岩层以及各种硬脆的地质环境。缺点:排屑较为困难,且对软地质以及黏度较大的土层地质有非常大的难度,使用有一定的局限性。

3. 反循环钻机

反循环钻机(见图5-1-48)又叫反循环洗井介质的转盘回转式水井钻机。它靠钻具的回转钻凿地层,洗井除岩屑采用反循环方法,即在钻进时冲洗液自供水池(兼作沉淀和集渣用)通过井口和井内环状空间,以自流方式流入井底,然后夹带岩屑通过钻杆中空返回井口,并经水龙头和排渣管排至供水池,沉淀澄清后重新流入井内循环,其特点是钻进速度快。由于钻杆内冲洗液上升流速高,管路排渣能力强,井内岩屑、卵石可直接抽出井外,因此井底很少集聚岩屑,大大减少了二次重复碾磨和破碎次数。反循环钻进依靠冲洗液的静压和渗透压力保持孔壁稳定,可减轻泥浆对井内含水层的淤堵,因此洗井比较容易,成井后出水量较大。用这种方法还可连续取岩样,而且适合于在砂层、卵砾石层及软、硬岩层中钻进,但较少应用于坚硬岩石。按照形成钻杆内上升水流的方式,可分为泵吸反循环、压缩空气反循环(亦称压气反循环或气举反循环)和射流反循环三种基本形式。

图 5-1-47 冲击钻机　　　　　　　　图 5-1-48 反循环钻机

4. 灰浆搅拌机

灰浆搅拌机(见图 5-1-49)由搅拌筒、搅拌轴、传动装置和底架等组成。搅拌轴水平安置在槽形搅拌筒内,在轴的径向臂架上装有几组搅拌叶片,随着轴的转动,搅拌筒里的混合料在搅拌叶片的作用下被强行搅拌。

灰浆搅拌机分为小容量灰浆搅拌机和大容量灰浆搅拌机。小容量灰浆搅拌机一般为移动式,依靠人工加料,倾翻搅拌筒出料。大容量灰浆搅拌机有移动式和固定式两种。有的灰浆搅拌机还备有加料装置和水箱。当制备少量灰浆时也可采用立轴式灰浆搅拌机,这种搅拌机的搅拌筒是一个水平放置的圆筒,圆筒中央有一根回转立轴,立轴的臂架上装有几组搅拌叶片,随着立轴的转动,搅拌筒里的混合料受到叶片的强力搅拌,搅拌好的灰浆由搅拌筒底部的卸料门卸出。

5. 泥浆泵

泥浆泵(见图 5-1-50)是指在钻探过程中向钻孔里输送泥浆或水等冲洗液的机械。泥浆泵是钻探设备的重要组成部分。在常用的正循环钻探中,它是将地表冲洗介质(清水)、泥浆或聚合物冲洗液在一定的压力下,经过高压软管、水龙头及钻杆柱中心孔直送到钻头的底端,以达到冷却钻头、将切削下来的岩屑清除并输送到地表的目的。

常用的泥浆泵分为活塞式和柱塞式两种,由动力机带动泵的曲轴回转,曲轴通过十字头再带动活塞或柱塞在泵缸中做往复运动。在吸入和排出阀的交替作用下,实现压送与循环冲洗液的目的。

6. 灌浆泵

灌浆泵(见图 5-1-51)是一种新型集搅拌系统和灌浆系统于一体,全部系统采用液压传动,动力来源封闭式电机带动液压泵的机械,按性能分为以下三个系统。

图 5-1-49　灰浆搅拌机　　　　　　　　　　图 5-1-50　泥浆泵

（1）液压系统。封闭式笼型三相异步电机和连续工作制、防大于等于 1 mm 的固体进入及防溅水电机,通过弹性联轴器与双联叶片泵连接,经过油路连接油箱、控制阀、减压阀和进出油滤油器各执行元件,液压泵输出两路,一路通过换向阀控制驱动液压马达搅拌,另一路通过流量调速阀和液动换向阀控制驱动泥浆泵打浆。

（2）打浆系统。液压缸采用液动控制自动换向阀实现换向,由液压缸杆带动泥浆泵活塞实现往复运动和开关单向阀完成一次吸、压打浆过程,泵依靠被送物料自身润滑。通过手动流量控制调速阀,实现液压缸和泥浆泵活塞由低压启动到最大设计速度的往复无级变速。

（3）搅拌系统。手动控制换向阀,使两个液压马达换向及停止搅拌,液压马达可无级变速,两个立式搅拌器连续交替地向泥浆泵加料斗内轮换装料和卸料,以保证泥浆泵的连续压浆。

7.高压水泵

使用最广泛的高压水泵是微型高压水泵(见图 5-1-52)。因其具有压力高、体积小、方便携带,而且可用车载电瓶带动等特点,常用于清洗、喷雾、喷洒、增压等工作。

图 5-1-51　灌浆泵　　　　　　　　　　图 5-1-52　高压水泵

(七)工程船舶

1.绞吸式挖泥船

绞吸式挖泥船(见图5-1-53)是利用转动着的绞刀绞松河底或海底的土壤,与水混合成泥浆,经过吸泥管吸入泵体并经过排泥管送至排泥区。绞吸式挖泥船施工时,挖泥、输泥和卸泥都是一体化,自身完成,生产效率较高。适用于风浪小、流速低的内河湖区和沿海港口的疏浚,以开挖砂、沙壤土、淤泥等土质比较适宜,采用有齿的绞刀后可挖黏土,但是工效较低。

图 5-1-53　绞吸式挖泥船

1)横挖法施工

(1)在一般施工地区,对装有钢桩的绞吸式挖泥船,应该采用对称钢桩横挖法或钢桩台车横挖法进行施工。

(2)在风浪较大的地区,对装有三缆定位设备的挖泥船,应该采用三缆定位横挖法施工。

(3)在水流流速较大或风浪较大的地区,对装有锚缆横挖设备的绞吸式挖泥船,应该采用锚缆横挖法施工。

2)分段挖法施工

(1)挖槽长度大于挖泥船水上管线的有效伸展长度时,应根据挖泥船和水上管线所能开挖的长度分段施工。

(2)挖槽转向曲线段需要分成若干直线段开挖,可将曲线近似按直线分段施工。

(3)挖槽规格不一或者工期要求不同时,应该按照合同的要求分段进行。

(4)受航行或者其他因素干扰,可以按照需要进行分段施工。

3)顺、逆流施工

在内河施工采用钢桩定位时,宜采用顺流施工;采用锚缆横挖法施工时,宜采用逆流施工;在流速较大的情况下,可采用顺流施工,并下尾锚以保安全。

2.链斗式挖泥船

链斗式挖泥船(见图5-1-54)是利用一连串带有挖斗的斗链,借上导轮的带动,在斗桥上连续转动,使泥斗在水下挖泥并提升至水面以上,同时收放前、后、左、右所抛的锚缆,使船体前移或左右摆动来进行挖泥工作。挖取的泥土提升至斗塔顶部,倒入泥阱,经溜泥槽卸入停靠在挖泥船旁的泥驳,然后用拖轮将泥驳拖至卸泥地区卸掉。由于挖后平整度较其他类型挖泥船好,因此链斗式挖泥船适用于开挖港池、锚地和建筑物基槽等。链斗式挖泥船可挖掘各种淤泥、软黏土、砂和砂质黏土等。链斗式挖泥船可以分为非自航和自航两种。其缺点是噪声大、振动大、部件磨损大且成本高。

图 5-1-54　链斗式挖泥船

3.水力冲挖机组

水力冲挖机组(见图 5-1-55)由高压泵冲水系统、泥浆泵输泥系统和配电系统等三部分组成,其工作原理是借助水力的作用来进行挖土、输土和填土,水流经过高压水泵产生压力,通过水枪喷出一股密实的高压、高速水柱,切割、粉碎土体,使之湿化、崩解,形成泥浆和泥块的混合物,再由泥浆泵及输泥管道吸送到吹填区,泥浆脱水固结成形。

图 5-1-55　水力冲挖机组

水力冲挖机组适用于河道的开挖、清淤、填塘固基、河床浅滩的疏浚工程,具有成本低、效益高、施工易于组织、工程质量易于保障等特点,特别是在挖泥船无法施工的浅滩疏浚吹填施工地段更显其优越性。水力冲挖机组挖、运、卸一次完成,工期短,从结束吹填到一定固结密实度一般只需20～30 d,工程质量易于保证。

第二节　施工导流与截流工程

在江河上修建水利水电工程时,为了使水工建筑物能在干地上进行施工,需用围堰围护基坑,并将水流引向预定的泄水通道往下游宣泄,称为施工导流。

一、施工导流标准

施工导流标准是选择导流设计流量进行施工导流设计的标准,它包括初期导流标准、坝体拦洪度汛标准、孔洞封堵标准等。

(一)导流建筑物级别

根据《水利水电工程等级划分及洪水标准规定》(SL 252—2017),导流建筑物根据其保护对象、失事后果、使用年限和工程规模划分为3~5级,见表5-2-1。

表 5-2-1　临时性水工建筑物级别

级别	保护对象	失事后果	使用年限（年）	临时性挡水建筑物规模	
				围堰高度（m）	库容（亿 m³）
3	有特殊要求的1级永久性水工建筑物	淹没重要城镇、工矿企业、交通干线或推迟工程总工期及第一台(批)机组发电,推迟工程发挥效益,造成重大灾害和损失	>3	>50	>1.0
4	1级、2级永久性水工建筑物	淹没一般城镇、工矿企业或影响工程总工期和第一台(批)机组发电,推迟工程发挥效益,造成较大经济损失	≤3,≥1.5,	≤50,≥15	≤1.0,≥0.1
5	3级、4级永久性水工建筑物	淹没基坑,但对总工期及第一台(批)机组发电影响不大,对工程发挥效益影响不大,经济损失较小	<1.5	<15	<0.1

当临时性水工建筑物根据表5-2-1中指标分属不同级别时,应取其中最高级别,但列为3级临时性水工建筑物时,符合该级别规定的指标不得少于两项。

(二)施工导流标准

根据《水利水电工程等级划分及洪水标准规定》(SL 252—2017),导流建筑物洪水标准划分见表5-2-2。导流建筑物洪水标准应根据建筑物的结构类型和级别,按表5-2-2的规定综合分析确定。

表 5-2-2　　临时性水工建筑物洪水标准

建筑物结构类型	临时性水工建筑物级别		
	3	4	5
土石结构[重现期(年)]	50 ~ 20	20 ~ 10	10 ~ 5
混凝土、浆砌石结构［重现期(年)］	20 ~ 10	10 ~ 5	5 ~ 3

临时性水工建筑物用于挡水发电、通航,其级别提高为 2 级时,其洪水标准应综合分析确定。

下闸封堵导流临时泄水建筑物的设计流量,应根据河流水文特征及封堵条件,在封堵时段 5 ~ 10 年重现期范围内选定。封堵工程施工阶段的导流标准可根据工程的重要性、失事后果等因素在该时段 5 ~ 20 年重现期范围内选定。封堵施工期临近或跨入汛期时应适当提高标准。

二、导流方式与泄水建筑物

施工导流方式大体上可分为两类,即分段围堰法导流和全段围堰法导流。与之配合的导流方式主要包括淹没基坑法导流(或称为过水围堰法导流)、隧洞导流、明渠导流、涵管导流以及施工过程中的坝体底孔导流、缺口导流和不同泄水建筑物的组合导流等。

(一)分段围堰法导流

分段围堰法亦称为分期围堰法,即用围堰将水工建筑物分段、分期围护起来进行施工的方法。图 5-2-1 所示为两期导流。首先在右岸进行第一期工程的施工,水流由左岸的束窄河床宣泄。一般情况下,在修建第一期工程时,为使水电站、船闸早日投入运行,满足初期发电和通航的要求,应优先考虑建造水电站、船闸,并在建筑物内预留底孔或缺口。到第二期工程施工时,水流就可通过船闸、预留底孔或缺口等下泄。

所谓分段,就是在空间上用围堰将永久建筑物分为若干段进行施工。所谓分期,就是在时间上将导流分为若干时段。图 5-2-1 所示为导流分期和围堰分段的几种情况,从图 5-2-1 中可以看出,导流的分期数和围堰的分段数可以不同。因为在同一导流分期中,建筑物可以在一段围堰内施工,也可以同时在两段围堰中施工。必须指出,段数分得愈多,围堰工程量愈大,施工也愈复杂;同样,期数分得愈多,工期有可能拖得愈长。因此,在工程实践中,二段二期导流用得最多。只有在比较宽阔的通航河道上施工,不允许断航或其他特殊情况下,才采用多段多期的导流方法。

分段围堰法导流,当河水较深或河床覆盖层较厚时,纵向围堰的修筑常常十分困难。若河床一侧的河滩基岩较高且岸坡稳定又不太高陡时,采用束窄河床导流是较为合适的。采用分段围堰法导流时,纵向围堰位置的确定,也就是河床束窄程度的选择是关键问题之一。分段围堰法导流一般适用于河床宽、流量大,工期较长的工程,尤其适用于通航河流和冰凌严重的河流。这种导流方法的导流费用较低,一些大、中型水利水电工程采用较广。

分段围堰法导流,前期通常利用被束窄的原河道导流,后期要通过事先修建的泄水道导流。束窄河床导流一般取决于束窄河床段的允许流速,即围堰及河床的抗冲允许流速。在通航河流上,束窄河段的流速、水面比降、水深及河宽等还应与当地航运部门共同协商确定。

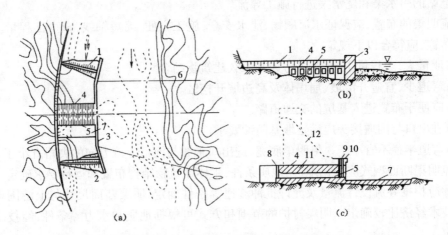

1——期上游横向围堰;2——期下游横向围堰;3——一、二期纵向围堰;4—预留缺口;
5—导流底孔;6—二期上下游围堰轴线;7—护坦;8—封堵闸门槽;9—工作闸门槽;
10—事故闸门槽;11—已浇筑的混凝土坝体;12—未浇筑的混凝土坝体

图 5-2-1　分段围堰法导流

(二)全段围堰法导流

全段围堰法导流,就是在河床主体工程的上下游各建一道断流围堰,使水流经河床以外的临时或永久泄水道下泄。主体工程建成或接近建成时,再将临时泄水道封堵。

采用这种导流方式,当在大湖泊出口处修建闸坝时,有可能只筑上游围堰,将施工期间的全部来水拦蓄于湖泊中。另外,在坡降很陡的山区河道上,若泄水道出口的水位低于基坑处河床高程,也无须修建下游围堰。

(三)辅助导流方式与导流泄水建筑物

在运用上述两类导流方式时,往往要选用合适的辅助施工导流方式配合水流控制,其主要的导流方式及导流泄水建筑物有以下几种。

1. 淹没基坑法导流

这种导流方法在全段围堰法和分段围堰法中均可使用。山区河流的特点是洪水期流量大,历时短,而枯水期流量则很小,水位暴涨暴落、变幅很大,若按一般导流标准要求来设计导流建筑物,不是挡水围堰修得很高,就是泄水建筑物的尺寸很大,而使用期又不长,这显然是不经济的。在这种情况下,可以考虑采用允许基坑淹没的导流方法,即洪水来临时围堰过水,基坑被淹没,河床部分停工,待洪水退落,围堰挡水时再继续施工。由于基坑淹没所引起的停工天数不长,施工进度能保证,在河道泥沙含量不大的情况下,这种方法一般合理可行。

2. 明渠导流

明渠导流是在河岸边坡开挖渠道,在基坑上下游修筑围堰,水流经渠道下泄的导流方法。通常,在河床一侧的河滩基岩较高且岸坡稳定又不太高陡时,可通过束窄河床修建导流明渠,有时可将河床适当扩宽,形成导流明渠。在一期围堰维护下先修建导流明渠,河水由束窄河床下泄,导流明渠河床侧的边墙常用作二期工程的纵向围堰;二期工程施工时,水流经由导流明渠下泄。

明渠导流一般适用于岸坡平缓的平原河道。在规划时,应尽量利用有利条件,以取得经济合理的效果。如利用当地老河道,或利用裁弯取直开挖明渠,或与永久建筑物相结合,如利用水电站的引水渠和尾水渠进行施工导流。

导流明渠的布置,应保证水流顺畅,泄水安全,施工方便,缩短轴线,减少工程量。导流明渠的布置,应符合以下规定:

(1)泄量大,工程量小,宜优先考虑与永久建筑物结合。

(2)弯道少,宜避开滑坡、崩塌体及高边坡开挖区。

(3)应便于布置进入基坑的交通道路。

(4)进出口与围堰接头应满足堰基防冲要求。

(5)弯道半径不宜小于3倍明渠底宽,进出口轴线与河道主流方向的夹角宜小于30°。

导流明渠断面型式应根据地形、地质条件,主体建筑物结构布置和运行要求确定。明渠断面尺寸应根据导流设计流量及允许抗冲流速等条件确定,明渠断面尺寸与上游围堰高度应通过技术经济比较确定。明渠衬护的范围和方式可根据地质和水力等条件,经技术经济比较确定。

3. 隧洞导流

隧洞导流是在河岸山体中开挖隧洞,在基坑上下游修筑围堰,水流经由隧洞下泄的导流方法。

导流隧洞的布置取决于地形、地质、枢纽布置以及水流条件等因素。一般山区河流,河谷狭窄、两岸地形陡峻、山岩坚实,采用隧洞导流较为普遍。导流隧洞是造价昂贵且施工复杂的地下建筑物,通常与泄洪洞、引水洞、尾水洞、放空洞等永久隧洞相结合。但是,导流隧洞进口高程通常较低,在永久隧洞进口高程较高的情况下,可开挖一段低高程的导流隧洞与永久隧洞低高程部分相连,导流任务完成后将导流隧洞进口堵塞,不影响永久隧洞运行,这种布置方式俗称"龙抬头"。只有当条件不允许时,才专为导流开挖隧洞,导流任务完成后还需将导流隧洞封堵。

导流隧洞的布置应符合下列要求:

(1)洞线应综合考虑地形、地质、枢纽总布置、水流条件、施工、运行及周边环境的影响因素,并通过技术经济比较选定。

(2)导流洞进、出口与上、下游围堰堰脚的距离应满足围堰防冲要求。

(3)与枢纽总布置相协调,有条件时应与永久隧洞结合,其结合部分的洞轴线、断面型式与衬砌结构等应同时满足永久运行与施工导流要求。

(4)导流隧洞布置尚应符合《水工隧洞设计规范》(SL 279—2016)的有关规定。

导流隧洞断面型式应根据水力条件、地质条件、与永久建筑物的结合要求、施工方便等因素确定,其断面尺寸应根据导流流量、截流难度、围堰规模和工程投资,经技术经济比较后确定。

4. 底孔导流

底孔导流时,应事先在混凝土坝体内修建临时或永久底孔,导流时让全部或部分导流流量通过底孔下泄,保证工程连续施工。如为临时底孔,则在工程接近完工或需要蓄水时加以封堵。底孔导流常用于分段分期修建的混凝土坝。

底孔导流的优点是:挡水建筑物上部的施工可以不受水流干扰,有利于均衡连续施工,这对修建高坝特别有利。若坝体内有永久底孔可以利用,则更为理想。

底孔导流的缺点是:由于坝体内设置了临时底孔,钢材用量增加;如果封堵质量不好,会削弱坝的整体性,还可能漏水;泄流能力往往不大;在导流过程中,底孔有被漂浮物堵塞的危险;封堵时,由于水头较高,安放闸门及止水等工作均较困难。

导流底孔布置应遵循下列原则:

(1)宜布置在近河道主流位置。

(2)宜与永久泄水建筑物结合布置。

(3)坝内导流底孔宽度不宜超过该坝段宽度的一半,并宜骑缝布置。

(4)应考虑下闸和封堵施工方便。

导流底孔的数量、尺寸和高程应满足导截流、坝体度汛、下闸蓄水、下游供水、生态流量和排冰等要求。导流底孔与永久建筑物结合布置时,应同时满足永久和施工期运行要求。

5. 坝体缺口导流

在混凝土坝施工过程中,当汛期河水暴涨暴落,其他导流建筑物又不足以宣泄全部导流流量时,为了不影响施工进度,使大坝在涨水时仍能继续施工,可以在未建成的坝体上预留缺口,以配合其他导流建筑物宣泄洪峰流量;待洪峰过后,上游水位回落,再继续修筑缺口。预留缺口的宽度和高度取决于导流设计流量、其他泄水建筑物的泄水能力、建筑物的结构特点和施工条件等。预留缺口宜设在河床部位,以避免下泄水流冲刷岸坡。

在修建混凝土坝(特别是高混凝土坝)时,由于这种导流方法比较简单,因而常被采用。

6. 涵管导流

涵管导流主要适用于流量不大情况下的土石坝、堆石坝工程,目前已很少采用。涵管通常布置在河岸岩滩上,其位置常在枯水位以上,这样可在枯水期不修筑围堰或只修筑低围堰而先将涵管筑好,然后再修筑上、下游全段围堰,将水流导入涵管下泄。涵管一般为钢筋混凝土结构。当有永久涵管可以利用时,采用涵管导流更加经济合理。

导流涵管轴线宜顺直,其进口要求与隧洞(底孔)进口要求相同。涵管内不宜出现明满流交替的流态。坝内涵管宜设置在基岩上。位于软基上的涵管,应对管道结构或基础采取加固措施。涵管应分段设置伸缩缝。

在实际工作中,由于枢纽布置、建筑物型式以及施工条件的不同,必须进行恰当的组合,灵活应用,才能合理解决一个工程在整个施工期间的导流问题。选择一个工程的导流方式,必须因地制宜,绝不能机械套用。

三、截流工程与导流挡水建筑物

(一)截流工程

在施工导流中,只有截断原河床水流,才能把河水引向导流泄水建筑物下泄,在河床中全面开展主体建筑物的施工,这就是截流。截流戗堤一般与围堰相结合,因此截流实际上是在河床中修筑横向围堰工作的一部分。在大江大河中截流是一项难度较大的工作。

一般来说,截流施工过程为:先在河床的一侧或两侧向河床中填筑截流戗堤,这种向水中筑堤的工作叫作预进占。戗堤将河床束窄到一定程度,就形成了流速较大的龙口,封堵龙口的工作称为合龙。在合龙开始以前,如果龙口河床或戗堤端部容易被冲毁,则须采取防冲措施加固龙口,如对龙口河床进行护底、对戗堤端部作裹头处理等。合龙以后,龙口部位的戗堤虽已高出水面,但其本身依然漏水,因此须在其迎水面设置防渗设施,在戗堤全线上设置防渗体的工作称为闭气。所以,整个截流过程包括戗堤的预进占、龙口范围的加固、合龙和闭气等工作。截流完成以后,再修筑围堰防渗结构,对戗堤进行加高培厚,直至达到围堰设计要求。截流在施工导流中占有重要的地位,如果截流不能按时完成,就会延误整个河床部分建筑物的开工日期;如果截流失败,失去了以水文年计算的良好截流时机,则可能拖延工期达一年,在通航河流上甚至严重影响航运。所以,在施工导流中常把截流看作一个关键问题,它是影响施工进度的一个控制项目。

河道截流有立堵法、平堵法、立平堵法、平立堵法、下闸截流以及定向爆破截流等多种方法,但基本方法为立堵法和平堵法两种。

1. 立堵法截流

立堵法截流是将截流材料从龙口一端向另一端或从两端向中间抛投进占,逐渐束窄龙口,直至全部拦断(见图 5-2-2)。截流材料通常用自卸汽车在进占戗堤的端部直接卸料入水,或先在堤头卸料,再用推土机推入水中。

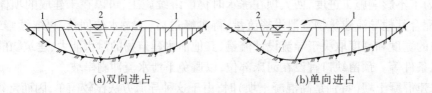

(a)双向进占　　　　　　　　(b)单向进占

1—截流戗堤;2—龙口

图 5-2-2　立堵法截流

立堵法截流不需要在龙口架设浮桥或栈桥,准备工作比较简单,费用较低。但截流时龙口的单宽流量较大,出现的最大流速较高,而且流速分布很不均匀,需用单个重量较大的截流材料。截流时工作前线狭窄,抛投强度受到限制,施工进度受到影响。

2. 平堵法截流

平堵法截流事先要在龙口架设浮桥或栈桥,用自卸汽车沿龙口全线从浮桥或栈桥上均匀、逐层抛填截流材料,直至戗堤高出水面(见图 5-2-3)。因此,用平堵法截流时,龙口的单宽流量较小,出现的最大流速较低,且流速分布比较均匀,截流材料单个重量也较小,截流时工作前线长,抛投强度较大,施工进度较快。平堵法截流通常适用于软基河床。

随着施工机械设备、施工组织水平的发展与进步,立堵法截流的缺点逐步得以改善,而平堵法截流费用较高、技术复杂等问题依然存在,因而在现代截流工程中大多采用立堵法截流。

(二)导流挡水建筑物

围堰是导流工程中的临时挡水建筑物,用来围护基坑,保证水工建筑物能在干地施工。在导流任务完成以后,如果围堰对永久建筑物的运行有妨碍,或没有考虑作为永久建筑物的一部分,应予以拆除。

水利水电工程施工中经常采用的围堰,按其所使用的材料可以分为土石围堰、草土围堰、袋装土围堰、胶凝砂砾石(CSG)围堰、钢板桩格型围堰、混凝土围堰等。

按围堰与水流方向的相对位置可以分为横向围堰和纵向围堰。

按导流期间基坑淹没条件可以分为过水围堰和不过水围堰。过水围堰除需要满足一般围堰的基本要求外,还要满足堰顶过水的专门要求。

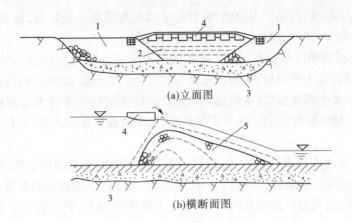

(a)立面图

(b)横断面图

1—截流戗堤;2—龙口;3—覆盖层;4—浮桥;5—截流体
图 5-2-3　平堵法截流

1.围堰的基本型式及构造

1)不过水土石围堰

土石围堰能充分利用当地材料,对地基适应性强,施工工艺简单,应优先选用。不过水土石围堰是水利水电工程中应用最广泛的一种围堰型式,它能充分利用当地材料或废弃的土石方,构造简单,施工方便,可以在动水中、深水中、岩基上或有覆盖层的河床上修建,如图 5-2-4 所示。但其工程量大,堰身沉陷变形较大。此外,除非采取特殊措施,土石围堰一般不允许堰顶过水,所以汛期应有防护措施。

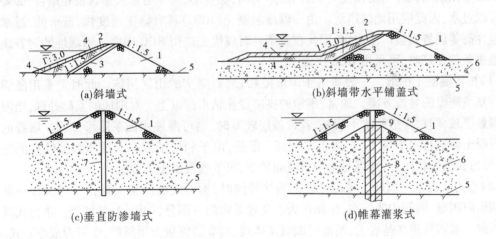

(a)斜墙式　　　　　　　　　　　(b)斜墙带水平铺盖式

(c)垂直防渗墙式　　　　　　　　(d)帷幕灌浆式

1—堆石体;2—黏土斜墙、铺盖;3—反滤层;4—护面;5—基岩;6—覆盖层;
7—垂直防渗墙;8—帷幕灌浆;9—黏土心墙
图 5-2-4　不过水土石围堰

2)过水土石围堰

当采用允许基坑淹没的导流方式时,围堰堰体必须允许过水。如前所述,土石围堰是散粒体结构,不允许堰体溢流。因为土石围堰过水时,一般受到两种破坏作用:①水流沿下游坡面下泄,动能不断增加,冲刷堰体表面;②由于过水时水流渗入堆石体所产生的渗透压力,引起下游坡面连同堰顶一起深层滑动,最后导致溃堰的严重后果,所以过水土石围堰的下游坡面及堰脚应采取可靠的加固保护措施,目前采用的有混凝土板护面、钢筋石笼护面、大块石护面、加筋护面等,其中混凝土板护面应用较普遍。

(1)混凝土板护面过水土石围堰。常用的混凝土护面板,按施工方式可分为现浇混凝土护面板和预制混凝土护面板;按面板截面型式可分为矩形板和楔形板;按面板连接方式可分为重叠搭接式和平顺连接式;按面板上有无排水设施可分为带排水孔面板和不带排水孔面板。面板与围堰下游坡之间一般需设置垫层,以削减板下水流压强,有利于面板的平整与稳定。

(2)加筋过水土石围堰(见图5-2-5)是在围堰的下游坡面上铺设钢筋网,防止坡面块石被冲走,并在下游部位的堰体内埋设水平向主钢筋,以防止下游坡连同堰顶一起滑动。下游坡采用钢筋网护面,可使护面块石的尺寸减小、下游坡角加大,其造价低于混凝土板护面过水土石围堰。

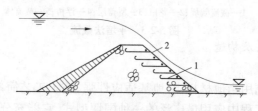

1—水平向主锚筋;2—钢筋网
图 5-2-5　加筋过水土石围堰

3)混凝土围堰

混凝土围堰的抗冲与防渗能力强,挡水水头高,底宽小,易于与永久建筑物相结合,必要时还可以过水,因此应用比较广泛。由于碾压混凝土(RCC)具有施工速度快、造价低、过水时安全性高等优势而被广泛应用,因此在有条件时应优先选用 RCC 围堰。当堰址的河谷狭窄且地质条件良好时,可采用 RCC 拱围堰。

(1)拱形混凝土围堰。一般适用于岸坡陡峻、岩石坚实的山区河流。此时常采用隧洞及允许基坑淹没的导流方案。通常,围堰的拱座设在枯水位以上。对围堰的基础处理,当河床的覆盖层较薄时,常进行水下清基;若覆盖层较厚时,则可灌注水泥浆防渗加固。堰身的部分混凝土要进行水下施工,因此难度较高。但是,由于利用了混凝土抗压强度较高的特点,与重力式围堰相比,拱形混凝土围堰断面较小,可节省混凝土工程量。

(2)重力式混凝土围堰。采用分段围堰法导流时,重力式混凝土围堰往往可兼作一期和二期纵向围堰,两侧均能挡水,还能作为永久建筑物的一部分,如隔墙、导墙等。重力式混凝土围堰一般需修建在基岩上,断面可做成实体式,与非溢流重力坝类似,也可做成空心式。为了保证混凝土的施工质量,通常需在低土石围堰围护下进行干地施工。

4)钢板桩格型围堰

钢板桩格型围堰按挡水高度不同,平面型式有圆筒形格体、扇形格体及花瓣形格体(见图5-2-6)等,应用较多的是圆筒形格体。钢板桩格型围堰得以广泛应用是由于修建和拆除可以高度机械化;钢板桩的回收率高,可达 70% 以上;边坡垂直、断面小、占地少、安全可靠等。

钢板桩格型围堰适用于在岩石地基或混凝土基座上建造,其最大挡水水头不宜大于 30 m;对于细砂砾石层地基,可用打入式钢板桩围堰,其最大水头不宜大于 20 m。

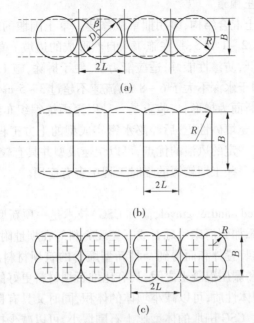

图 5-2-6　钢板桩格型围堰平面型式

圆筒形格体钢板桩围堰的修建,由定位、打设模架支柱、模架就位、安插钢板桩、打设钢板桩、填充料渣、取出模架及其支柱和填充料渣至设计高程等工序组成(见图 5-2-7)。圆筒形格体钢板桩围堰一般需在流水中修筑,受水位变化和水面波动的影响较大,施工难度较高。

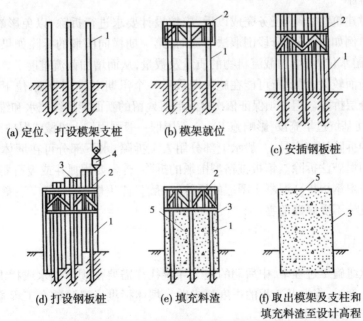

1—支柱;2—模架;3—钢板桩;4—打桩机;5—填料

图 5-2-7　圆筒形格体钢板桩围堰施工程序图

5)草土围堰及袋装土围堰

草土围堰是一种草土混合结构,多用捆草法修建。草土围堰的断面一般为矩形或边坡很陡的梯形,坡比为 1:0.2 ~ 1:0.3,是在施工中自然形成的边坡。草土围堰可就地取材,结构简单,施工方便,造价低,防渗性能好,适应能力强,便于拆除,施工速度快。但草土围堰不能承受较大的水头,宜用于水深不大于 6 ~ 8 m,流速不超过 3 ~ 5 m/s 的场合。

袋装土围堰的基本断面为梯形,袋装土是一种以聚丙烯编织布缝成具有一定规格的袋子作软体模板,用泥浆泵充填砂性土,后经泌水密实成型的土方工程。它具有整体性好,机械化施工速度快,能抵抗一定的风浪的优点,可以快速成型并具有较好的地基适应性。在河堤的抢险、围海工程以及一些工期较短的临时工程中多有应用。

6)胶凝砂砾石围堰

胶凝砂砾石(cemented sand & gravel,简称 CSG)技术是一项新型筑坝技术,这种技术的核心是将胶凝材料和水添加到河床砂砾石或开挖废弃料等在坝址附近容易找到的岩石基材中,然后采用简单的拌和装置拌和而得到一种新型廉价的筑坝材料。胶凝砂砾石(CSG)技术性能介于堆石坝材料和碾压混凝土之间,具有比堆石坝材料更好的抗冲刷能力,允许表面过流,具有一定强度和刚体性质,可以减小坝体的体积,同时又具有良好的地基适应能力,减少了地基处理的工程量。CSG 围堰的体型比土石围堰小,可以减少投资和缩短工期,即便和混凝土围堰相比其依然具有较大的优势。

CSG 围堰的施工工艺和碾压混凝土类似。采用装载机拌和、自卸汽车上坝、反铲式挖掘机摊铺、振动碾碾压的施工工艺。正式施工前还应进行现场工艺试验,以确定胶凝砂砾石材料的具体配合比以及装载机拌和遍数和振动碾碾压遍数。

2.围堰的拆除

围堰是临时建筑物,导流任务完成以后,应按设计要求进行拆除,以免影响永久建筑物的施工及运行。例如,在采用分段围堰法导流时,第一期横向围堰的拆除如果不合要求,势必会增加上、下游水位差,增加截流料物的质量及数量,从而增加截流难度。

土石围堰断面较大,因此有可能在施工期最后一个汛期之后,上游水位下降时,从围堰的背水坡开始分层拆除。但必须保证依次拆除后所残留的断面能继续挡水和维持稳定,以免发生安全事故,使基坑过早淹没,影响施工。土石围堰一般可用挖土机械或爆破等方法拆除。

草土围堰的拆除比较容易,一般水上部分用人工拆除,水下部分可在堰体开挖缺口,让其过水冲毁或用爆破法拆除。钢板桩格型围堰的拆除,首先要用抓斗或吸石器将填料清除,然后用拔桩机拔出钢板桩。混凝土围堰的拆除,一般只能用爆破法,但应注意,必须使主体建筑物或其他设施不受爆破危害。

四、拦洪度汛

水利水电枢纽施工过程中,中后期的施工导流往往需要由坝体挡水或拦洪。坝体能否可靠拦洪与安全度汛,将涉及工程的进度与成败。坝体拦洪度汛是整个工程施工进度中的一个控制性环节,必须慎重对待。

根据施工进度安排,如果汛期到来之前坝身能如期修到拦洪高程以上,则安全度汛基本得到保证;否则,若不能修筑到拦洪高程,则必须采取一定工程措施,确保安全度汛。尤其当主体建筑物为土坝或堆石坝,且坝体填筑又相当高时,更应给予足够的重视,因为一旦坝身过水,就会造成严重的溃坝后果。

(一)混凝土坝的度汛措施

混凝土坝一般允许过水,若坝身在汛前不能浇筑到拦洪高程,为了避免坝身过水时造成停工,可在坝面上预留缺口度汛,待洪水过后,水位回落,再封堵缺口,全面上升坝体。另外,如果根据混凝土浇筑进度安排,虽然在汛前坝身可以浇筑到拦洪高程,但一些纵缝尚未灌浆封闭时,可考虑用临时断面挡水。在这种情况下,必须进行充分论证,采取相应措施,以消除应力恶化的影响。

(二)土坝、堆石坝的度汛措施

土坝、堆石坝一般不允许过水,若坝身在汛前不能填筑到拦洪高程,可以考虑采取降低溢洪道高程、设置临时溢洪道、用临时断面挡水,或经过论证采用临时坝面保护措施过水等方法度汛。

五、基坑排水与封堵蓄水

(一)基坑排水

在截流戗堤合龙闭气以后,就可以排除基坑的积水和渗水,以利于尽早开展基坑施工工作。当然,在采用定向爆破筑坝、拦淤堆石坝,或直接向水中倒土形成建筑物时,不需要组织基坑排水工作。

基坑排水工作按排水时间及性质,一般可分为:①基坑开挖前的初期排水,包括基坑积水、基坑积水排除过程中围堰及基坑的渗水和降水的排除;②基坑开挖及建筑物施工过程中的经常性排水,包括围堰和基坑的渗水、降水、基岩冲洗及混凝土养护用废水的排除等。

1.初期排水

戗堤合龙闭气后,基坑内的积水应有计划地组织排除。排除积水时,基坑内外产生水位差,将引起围堰和基坑渗水,初期排水流量一般可根据地质情况、工程等级、工期长短及施工条件等因素,参考实际工程经验确定,基坑水位下降速度应根据围堰类型、基坑地质条件等控制在合理范围内。

2.经常性排水

初期排水完成后,围堰内外水位差增大,此时渗透流量相应增大,围堰内坡、基坑边坡和底部的动水压力加大,容易引起管涌或流土,造成塌坡和基坑底隆起的严重后果。因此,在经常性排水期间,应周密地进行排水系统的布置、渗透流量的计算和排水设备的选择,并注意观察围堰的内坡、基坑边坡和基坑底面的变化,保证基坑工作顺利进行。

3.人工降低地下水位

在经常性排水过程中,为了保持基坑开挖工作始终在干地进行,常常要多次降低排水沟和集水井的高程,变换水泵站的位置,这会影响开挖工作的正常运行。此外,在开挖细砂土、沙壤土一类地基时,随着基坑底面的下降,坑底与地下水位的高差愈来愈大,在地下水渗透压力作用下,容易产生边坡脱滑、坑底隆起等事故,对开挖工作带来不利影响。

采用人工降低地下水位,就可减轻或避免上述问题。人工降低地下水位的基本做法是:在基坑周围钻设一些井管,地下水渗入井管后,随即被抽走,使地下水位线降至开挖基坑底面以下。

人工降低地下水位的方法,按排水工作原理来分有管井法和井点法两种。管井法是纯重力作用排水,井点法还附有真空或电渗排水的作用。

1)管井法降低地下水位

管井法降低地下水位时,在基坑周围布置一系列管井,管井中放入水泵的吸水管,地下水在重力作用下流入井中,被水泵抽走。用管井法降低地下水位,须先设置管井,管井通常由下沉钢井管而成,在缺乏钢管时也可用预制混凝土管代替。井管的下部安装滤水管节(滤头),有时在井管外还需设置反滤层。地下水从滤水管进入井管内,水中的泥沙则沉淀在沉淀管中。

井管通常用射水法下沉,当土层中夹有硬黏土、岩石时,需配合钻机钻孔。射水下沉时,先用高压水冲土,下沉套管,较深时可配合振动或锤击,然后在套管中插入井管,最后在套管与井管的间隙中间填反滤层和拔套管。反滤层每填高一次,便拔一次套管,逐层上拔,直至完成。

管井中抽水可应用各种抽水设备,但主要是用离心式水泵、深井水泵或潜水泵等。用普通离心式水泵抽水,由于吸水高度的限制,当要求降低地下水位较深时,要分层设置井管,分层进行排水。

管井法降水一般用于渗透系数为 $10 \sim 150$ m/d 的粗、中砂土。

2)井点法降低地下水位

井点法和管井法不同,它把井管和水泵的吸水管合二为一,简化了井的构造,便于井点法降低地下水位的设备,根据其降深能力分轻型井点(浅井点)和深井点等。轻型井点是由井管、集水总管、普通离心式水泵、真空泵和集水箱等设备所组成的一个排水系统。

地下水从井管下端的滤水管借真空泵和水泵的抽吸作用流入管内,沿井管上升汇入集水总管,经集水箱,由水泵排出。轻型井点系统开始工作时,先开动真空泵,排除系统内的空气,待集水箱内的水面上升到一定高度后,再启动水泵排水,水泵开始抽水后,为了保持系统内的真空度,仍需真空泵配合水泵工作。这种井点系统也叫真空井点。

深井点和轻型井点不同,它的每一根井管上都装有扬水器(水力扬水器或压气扬水器),因此它不受吸水高度的限制,有较大的降深能力。深井点有喷射井点和压气扬水井点两种。

喷射井点由集水池、高压水泵、输水干管和喷射井管组成。喷射井点排水的过程是:高压水泵将高压水压入内管与外管间的环形空间,经进水孔由喷嘴喷出,由此产生负压,使地下水经滤管吸入内管,在混合室中与高速的工作水头混合,经喉管和扩散管以后,流速水头转变为压力水头,将水压到地面的集水池中。高压水泵从集水池中抽水作为工作水,而池中多余的水则任其流走或用低压水泵抽走。通常一台高压水泵能为 $30 \sim 35$ 个井点服务,其最适宜的降低水位范围为 $5 \sim 18$ m。喷射井点的排水效率不高,一般用于渗透系数为 $3 \sim 50$ m/d、渗流量不大的场合。

压气扬水井点是用压气扬水器进行排水。排水时,压缩空气由输气管送来,由喷气装置进入扬水管,在管外压力的作用下,管内容重较轻的水气混合液沿扬水管上升到地面排走。为了达到一定的扬水高度,必须将扬水管沉入井中足够的潜没深度,使扬水管内外有足够的压力差。压气扬水井点降低地下水最大可达 40 m。

(二)封堵蓄水

在施工后期,当坝体已修筑到拦洪高程以上,能够发挥挡水作用时,其他工程项目,如混凝土坝已完成了基础灌浆和坝体纵缝灌浆,库区清理、水库塌岸和渗漏处理均已完成,建筑物质量和闸门设施等也都检查合格,这时,整个工程就进入了所谓完建期。根据发电、灌溉及航运等国民经济各部门所提出的综合要求,确定竣工运用日期,有计划地进行导流临时泄水建筑物的封堵和水库的蓄水工作。

1. 蓄水计划

水库的蓄水与导流临时泄水建筑物的封堵有密切关系,只有将导流临时泄水建筑物封堵后,才有可能进行水库蓄水。因此,必须制订一个积极可靠的蓄水计划,既能保证发电灌溉及航运等方面的要求,如期发挥工程效益,又要力争在比较有利的条件下封堵导流临时泄水建筑物,使封堵工作得以顺利进行。按人与自然和谐相处的要求,环境保护因素对水库蓄水期向下游的供水有一个最小流量要求,该流量可结合工程实际,经比较后合理制定。

在进行施工期蓄水历时计算时,要综合考虑下游通航、灌溉、发电、下游用水和生态基流等要求,经计算分析确定。施工期蓄水历时的计算方法常用频率法和典型年法。

2. 导流建筑物的封堵

导流临时泄水建筑物,如隧洞、涵管及底孔等,若不与永久建筑物相结合,在蓄水时都要进行封堵。过去常采用钢闸门或钢筋混凝土叠梁。前者耗费钢材,后者比较笨重,大都需要大型起重运输设备,而且为了封堵,常需一定埋件,这对争取迅速完成封堵工作不利。有些工程采用一些简易可行的封堵方法,取得了一定的效果。

此外,也有在泄水建筑物进口平台上,预制钢筋混凝土整体闸门,用多台绞车起吊下放封堵。这种方式断流快,水封好,起吊下放闸门时须掌握平衡,下沉比较方便,不需重型运输起吊设备,特别在库水位上升较快的工程中被广泛采用。闸门安放以后,为了加强闸门的水封防渗效果,在闸门槽两侧填以细粒矿渣并灌注水泥砂浆,在底部填筑黏土麻包,并在底孔内把闸门与坝面之间的金属承压板互相焊接。

临时导流底孔一般为坝体的一部分,因此封堵时需全孔堵死;而导流隧洞或涵管并不需要全孔堵死,只需浇筑一定长度的混凝土塞,就足以起到永久挡水的作用。当导流隧洞的断面面积较大时,混凝土塞的浇筑必须考虑温控措施,不然产生的温度裂缝会影响其止水质量。

第三节　施工技术

一、土石方明挖工程

(一)岩土开挖级别

现行水利水电工程岩土开挖施工,依据地质条件共划分为16级,其中土类开挖分为4级,岩石开挖分为12级。

1. 土类开挖级别划分

土类开挖级别分为4级,见表5-3-1。

表 5-3-1　土类开挖级别划分

土质级别	土质名称	天然湿度下平均容重(kN/m³)	外形特征	开挖方式
Ⅰ	1.砂土 2.种植土	16.5~17.5	疏松、黏着力差或易进水,略有黏性	用锹或略加脚踩开挖
Ⅱ	1.壤土 2.淤泥 3.含壤种植土	17.5~18.5	开挖时能成块,并易打碎	用锹需用脚踩开挖
Ⅲ	1.黏土 2.干燥黄土 3.干淤泥 4.含少量砾石黏土	18.0~19.5	粘手、看不见砂粒或干硬	用镐、三齿耙开挖或用锹需用力加脚踩开挖
Ⅳ	1.坚硬黏土 2.砾质黏土 3.含卵石黏土	19.0~21.0	壤土结构坚硬,将土分裂后成块状或含黏粒、砾石较多	用镐、三齿耙等开挖

2.岩石开挖级别划分

岩石开挖级别分为 12 级,见表 5-3-2。

表 5-3-2　岩石开挖级别划分

岩石级别	岩石名称	实体岩石自然湿度时的平均容重(kN/m³)	净钻时间(min/m) 用直径 30 mm 合金钻头,凿岩机打眼(工作气压为 0.456 MPa)	极限抗压强度 R(MPa)	强度系数 f
Ⅴ	1.硅藻土及软的白垩岩	15		<20	1.5~2.0
	2.硬的石炭纪的黏土	19.5			
	3.胶结不紧的砾岩	19.0~22.0			
	4.各种不坚实的页岩	20			
Ⅵ	1.软的有空隙的节理多的石灰岩及介质石灰岩	22		20~40	2.0~4.0
	2.密实的白垩岩	26			
	3.中等坚实的页岩	27			
	4.中等坚实的泥灰岩	23			
Ⅶ	1.水成岩卵石经石灰质胶结而成的砾岩	22		40~60	4.0~6.0
	2.风化的节理多的黏土质砂岩	22			
	3.坚硬的泥质页岩	23			
	4.坚实的泥灰岩	25			

续表 5-3-2

岩石级别	岩石名称	实体岩石自然湿度时的平均容重（kN/m³）	净钻时间（min/m）用直径30 mm合金钻头，凿岩机打眼（工作气压为0.456 MPa）	极限抗压强度 R（MPa）	强度系数 f
Ⅷ	1.角砾状花岗岩	23	6.8(5.7~7.7)	60~80	6.0~8.0
	2.泥灰质石灰岩	23			
	3.黏土质砂岩	22			
	4.云母页岩及砂质页岩	23			
	5.硬石膏	29			
Ⅸ	1.软的风化较甚的花岗岩、片麻岩及正长岩	25	8.5(7.8~9.2)	80~100	8.0~10.0
	2.滑石质的蛇纹岩	24			
	3.密实的石灰岩	25			
	4.水成岩卵石经硅质胶结的砾岩	25			
	5.砂岩	25			
	6.砂质石灰质的页岩	25			
Ⅹ	1.白云岩	27	10(9.3~10.8)	100~120	10~12
	2.坚实的石灰岩	27			
	3.大理石	27			
	4.石灰质胶结的质密的砂岩	26			
	5.坚硬的砂质页岩	26			
Ⅺ	1.粗粒花岗岩	28	11.2(10.9~11.5)	120~140	12~14
	2.特别坚硬的白云岩	29			
	3.蛇纹岩	26			
	4.火成岩卵石经石灰质胶结的砾岩	28			
	5.石灰质胶结的坚实的砂岩	27			
	6.粗粒正长岩	27			
Ⅻ	1.有风化痕迹的安山岩及玄武岩	27	12.2(11.6~13.3)	140~160	14~16
	2.片麻岩、粗面岩	26			
	3.特别坚硬的石灰岩	29			
	4.火成岩卵石经硅质胶结的砾岩	26			

续表 5-3-2

岩石级别	岩石名称	实体岩石自然湿度时的平均容重（kN/m³）	净钻时间(min/m)用直径30 mm合金钻头,凿岩机打眼(工作气压为0.456 MPa)	极限抗压强度 R（MPa）	强度系数 f
XIII	1.中粒花岗岩	31	14.1(13.4~14.8)	160~180	16~18
	2.坚实的片麻岩	28			
	3.辉绿岩	27			
	4.玢岩	25			
	5.坚实的粗面岩	28			
	6.中粒正长岩	28			
XIV	1.特别坚实的细粒花岗岩	33	15.5(14.9~18.2)	180~200	18~20
	2.花岗片麻岩	29			
	3.闪长岩	29			
	4.最坚实的石灰岩	31			
	5.坚实的玢岩	27			
XV	1.安山岩、玄武岩、坚实的角闪岩	31	20(18.3~24.0)	200~250	20~25
	2.最坚实的辉绿岩及闪长岩	29			
	3.坚实的辉长岩及石英岩	28			
XVI	1.钙钠长石质橄榄石质玄武岩	33	>24	>250	>25
	2.特别坚实的辉长岩、辉绿岩、石英岩及玢岩	33			

(二)土方开挖

1.土方开挖工程分类

土方开挖工程从开挖手段上可分为人工开挖、机械开挖、爆破开挖和水力开挖等;从建筑用途上可分为边坡开挖、基坑开挖、沟槽开挖、料场开挖等;从土的性质上可分为一般土方开挖和特殊土方开挖;从施工方法上又可分为平面开挖和立面开挖等。

2.土方开挖一般要求

(1)在进行土方开挖施工之前,除做好必要的工程地质、水文地质、气象条件等调查和勘察工作外,还应根据所要求的施工工期,制订切实可行的施工方案,即确定开挖分区分段、分层,开挖程序及施工机械选型配套等。

(2)严格执行设计图纸和相关施工的各项规范,确保施工质量。

(3)做好测量、放线、计量等工作,确保设计的开挖轮廓尺寸。

（4）对开挖区域内妨碍施工的建筑物及障碍物，应有妥善的处置措施。

（5）切实采取开挖区内的截水、排水措施，防止地表水和地下水影响开挖作业。

（6）开挖应自上而下进行。如某些部位确需上、下同时开挖，应采取有效的安全技术措施。严禁采用自下而上的开挖方式。

（7）充分利用开挖弃土，尽量不占或少占农田。

（8）慎重确定开挖边坡，制订合理的边坡支护方案，确保施工安全。

3.机械开挖土方

1）土方开挖机械选择

常用的土方挖装机械有推土机、正铲及反铲挖掘机、装载机、铲运机、抓斗挖掘机、拉铲挖掘机、斗轮挖掘机等。铲运机同时具有运输和摊铺的功能。

常用的土方运输机械有自卸汽车、有轨运输、皮带运输机、卷扬机、拖拉机等。

土方开挖施工机械的选择应根据工程规模、工期要求、地质情况以及施工现场条件等来确定，常用土方机械的选择可参考表5-3-3。

表5-3-3 常用土方机械性能及其适用范围

机械名称、特性		作业特点	辅助机械	适用范围
挖运机械	推土机 操作灵活、转运方便，工作面小，可挖土、运土，应用广泛	1.平整、堆集； 2.运距100 m内的推土； 3.浅基坑开挖； 4.铲运机助铲	土方运输需配备装运设备； 推挖Ⅲ～Ⅳ类土，应用松土器预先翻松，有的Ⅴ类土也可用裂土器裂松	1.Ⅰ～Ⅲ类土； 2.场地平整，堆料平整； 3.短距离挖填，回填基坑（槽）、管沟并压实； 4.配合装载机集中土方、清理场地、修路开道等
	铲运机 操作灵活，能独立完成铲、运、卸、填筑、压实等工序，行驶速度快，生产效率高	1.大面积平整； 2.开挖大型基坑、沟渠； 3.土方挖运； 4.填筑路基、堤坝	开挖Ⅲ、Ⅳ类土宜先用松土器预先翻松20～40 cm；自行式铲运机适合于较长距离挖运	1.开挖含水量25%以下的Ⅰ～Ⅲ类土，土层内不含有卵砾和碎石； 2.大面积开挖、运输； 3.运距1 500 m内的土方挖运、铺填（自行式）
挖装机械	正铲挖掘机 装车轻便、灵活，回转速度快，移位方便，适应能力强，能挖掘坚硬土层，易控制开挖尺寸，工作效率高	1.开挖停机面以上的土方； 2.工作面应在2.0 m以上，开挖高度超过挖土机挖掘高度时，可采取分层开挖，装车外运	土方外运应配备自卸汽车，工作面应有推土机配合清表、平场等	1.开挖Ⅰ～Ⅳ类土和经爆破后的岩石与冻土碎块； 2.独立基坑、边坡开挖

续表 5-3-3

机械名称、特性		作业特点	辅助机械	适用范围
挖装机械	反铲挖掘机 除具有正铲挖掘机的性能外,还有较强的爬坡和自救能力	1.开挖停机面以下的土方; 2.最大挖土深度和经济合理深度随机型而异; 3.可装车和两边甩土、堆放; 4.较大、较深基坑可用多层接力挖土	土方外运应配备自卸汽车	1.Ⅰ~Ⅳ类土开挖; 2.管沟和基槽开挖; 3.边坡开挖及坡面修整; 4.部分水下开挖
	装载机 操作灵活,回转移位方便、快速,可装卸土方和散料,行驶速度快、效率高	1.短距离内自铲自运; 2.开挖停机面以上土方; 3.轮胎式只能装松散土方,履带式可装较密实土方	土方外运需配备自卸汽车,作业面需用推土机配合	1.土方装运; 2.履带式改换挖斗时,可用于土方开挖; 3.地面平整和场地清理等工作
	拉铲挖掘机 挖掘半径及卸载半径大,操纵灵活性较差,效率较低	1.开挖停机面以下土方; 2.可装车和甩土; 3.开挖截面误差较大; 4.可将土甩在基坑(槽)两边较远处堆放	土方外运需配备自卸汽车	1.挖掘Ⅰ~Ⅲ类土; 2.河床疏浚; 3.水下挖取泥土
	抓铲挖掘机 钢绳牵拉灵活性较差,工效不高,不能挖掘硬土	1.开挖直井或沉井土方; 2.可装车或甩土; 3.排水不良的深坑开挖	土方外运时,按运距配备自卸汽车	1.土质比较松软,施工面较狭窄的深基坑、基槽; 2.水中挖取土砂或经爆破后的石渣; 3.桥基、桩孔挖土
	斗轮挖掘机 电力驱动,工作效率高,成本低,体积庞大,运输不便	1.立面开挖停机面以上的土方; 2.自然方和松方均可; 3.可与自卸汽车和皮带机配套使用	配备带式运输机和自卸汽车外运	1.大体积的土方开挖工程,如土石坝料场开采; 2.高度在 4.5 m 以上的掌子面

2）机械开挖土方作业方法

（1）推土机。推土机开挖的基本作业是铲土、运土、卸土三个工作行程和空载回驶行程。常用的作业方法如下：

①槽形推土法。推土机多次重复在一条作业线上切土和推土，使地面逐渐形成一条浅槽，再反复在沟槽中进行推土，以减少土从铲刀两侧漏散，可提高工作效率10%~30%。

②下坡推土法。推土机顺着下坡方向切土与推运，借机械向下的重力作用切土，增大切土深度和运土数量，可提高生产率30%~40%，但坡度不宜超过15°，避免后退时爬坡困难。

③并列推土法。用2~3台推土机并列作业，以减少土体漏失量。铲刀相距15~30 cm，平均运距不宜超过50~70 m，亦不宜小于20 m。

④分段铲土集中推送法。在硬质土中，切土深度不大，将铲下的土分堆集中，然后整批推送到卸土区。堆积距离不宜大于30 m，堆土高度以2 m内为宜。

⑤斜角推土法。将铲刀斜装在支架上或水平放置，并与前进方向成一倾斜角度进行推土。

（2）挖掘机。

①正铲挖掘机。正铲挖掘机开挖方式有以下两种：

正向开挖、侧向装土法。正铲向前进方向挖土，汽车位于正铲的侧向装车。铲臂卸土回转角度小于90°，装车方便，循环时间短，生产效率高。

正向开挖、后方装土法。开挖工作面较大，但铲臂卸土回转角度大、生产效率降低。

②反铲挖掘机。适用于Ⅰ~Ⅲ类土开挖。主要用于开挖停机面以下的基坑（槽）或管沟及含水量大的软土等。反铲挖掘机开挖方法一般有以下几种：

端向开挖法。反铲停于沟端，后退挖土，同时往沟一侧弃土或装车运走。

侧向开挖法。反铲停于沟侧沿沟边开挖，铲臂回转角度小，能将土弃于距沟边较远的地方，但挖土宽度比挖掘半径小，边坡不好控制，同时机身靠沟边停放，稳定性较差。

多层接力开挖法。用两台或多台挖掘机设在不同作业高度上同时挖土，边挖土边将土传递到上层，再由地表挖掘机或装载机装车外运。

③拉铲挖掘机。拉铲工作时，可利用惯性力将铲斗甩出去，挖掘半径较大。适用于Ⅰ~Ⅲ类土开挖，尤其适合于深基坑水下作业。

④抓铲挖掘机。适用于开挖土质比较松软（Ⅰ~Ⅱ类土）、施工面狭窄而深的基坑、深槽以及河床清淤等工程，最适宜于水下挖土，或用于装卸碎石、矿渣等松散材料。抓铲能在回转半径范围内开挖基坑中任何位置的土方。

（3）装载机。土方工程主要使用轮胎装载机，它具有操作轻便、灵活、转运方便、快速及维修较易等特点。适用于装卸松散土料，也可用于较软土体的表层剥离、地面平整、场地清理和土方运送等工作。装载机一般同推土机配合作业，即由推土机松土、集土，装载机装运。

（4）铲运机。铲运机的基本作业是铲土、运土、卸土三个工作行程和一个空载回驶行程。根据施工场地的不同，常用的开行路线有以下几种：

①椭圆形开行路线。从挖方到填方按椭圆形路线回转，适合于长100 m内基坑开挖、场地平整等工程使用。

②"8"字形开行路线。即装土、运土和卸土时按"8"字形运行，此法可减少转弯次数和空车行驶距离，提高生产率，同时可避免机械行驶部分单侧磨损。

③大环形开行路线。指从挖方到填方均按封闭的环形路线回转。当挖土和填土交替,而刚好填土区在挖土区的两端头时,则可采用大环形路线。

④连续式开行路线。指铲运机在同一直线段连续地进行铲土和卸土作业。此法可消除跑空车现象,减少转弯次数,提高生产效率,同时还可使整个填方面积得到均匀压实。适合于大面积场地整平,且填方和挖方轮次交替出现的地段采用。

为了提高铲运机的生产效率,通常采用以下几种方法:

①下坡铲土法。铲运机顺地势下坡铲土,借机械下行自重产生的附加牵引力来增加切土深度和充盈数量,最大坡度不应超过20°,铲土厚度以20 cm为宜。

②沟槽铲土法。在较坚硬的地段挖土时,采取预留土埂间隔铲土。土埂两边沟槽深度以不大于0.3 m,宽度略大于铲斗宽度10~20 cm为宜。作业时埂与槽交替下挖。

③助铲法。在坚硬的土体中,使用自行式铲运机,另配一台推土机松土或在铲运机的后拖杆上进行顶推,协助铲土,可缩短铲土时间。每3~4台铲运机配置一台推土机助铲,可提高生产率30%左右。

(5)斗轮挖掘机。适用于大体积的土方开挖工程,且具有较高的掌子面,土料含水量不宜过大。多与胶带运输机配合作长距离运输。

4.人工开挖土方

在不具备采用机械开挖的条件下或在机械设备不足的情况下,可采用人工开挖。

处于河床或地下水位以下的建筑物基础开挖,应特别注意做好排水工作。施工时,应先开挖排水沟,再分层下挖。临近设计高程时,应留出0.2~0.3 m的保护层暂不开挖,待上部结构施工时,再予以挖除。

对于呈线状布置的工程(如溢洪道、渠道),宜采用分段施工的平行流水作业组织方式进行开挖。分段的长度可按一个工作小组在一个工作班内能完成的挖方量来考虑。

当开挖坚实黏性土和冻土时,可采用爆破松土与人工、推土机、装载机等开挖方式配合来提高开挖效率。

人工开挖可全面逐层下降,也可分区呈台阶状下挖。分区台阶状下挖方式有利于布置出土坡道,组织施工也较方便。

5.土质边坡开挖

在进行土质边坡开挖时,应根据边坡的用途以及土的种类、物理力学性质、水文地质条件等,合理地确定边坡坡度、支护措施及施工方案。

1)边坡坡度选定

对于重要的土方开挖边坡,应专门进行边坡稳定设计。对于中小型临时边坡,坡度可根据经验确定或参考表5-3-4选用。

2)边坡开挖

(1)边坡开挖应采取自上而下、分区、分段、分层的方法依次进行,不允许先下后上切脚开挖。

(2)对于不稳定边坡的开挖,尽量避免采取爆破方式施工(冻土除外),边坡加固应及时进行。永久性高边坡加固,应按设计要求进行。

表 5-3-4　中小型土质边坡容许坡度值

土的种类	土料性质		容许坡度值	
			坡高<5 m	坡高 5~10 m
碎石土	密实		1∶0.35~1∶0.50	1∶0.50~1∶0.75
	中密		1∶0.50~1∶0.75	1∶0.75~1∶1.00
	稍密		1∶0.75~1∶1.00	1∶1.00~1∶1.25
粉土	饱和度 S_r≤0.5		1∶1.00~1∶1.25	1∶1.25~1∶1.50
黏性土	坚硬		1∶0.75~1∶1.00	1∶1.00~1∶1.25
	硬塑		1∶1.00~1∶1.25	1∶1.25~1∶1.50
黄土	按地质年代分为	次生黄土 Q_4	1∶0.50~1∶0.75	1∶0.75~1∶1.00
		马兰黄土 Q_3	1∶0.30~1∶0.50	1∶0.50~1∶0.75
		离石黄土 Q_2	1∶0.20~1∶0.30	1∶0.30~1∶0.50
		午城黄土 Q_1	1∶0.10~1∶0.20	1∶0.20~1∶0.30

注:应结合工程所在地的水文、气象、施工方法等条件具体选定。

（3）坡面开挖时,应根据土质情况,间隔一定的高度设置永久性戗台。戗台宽度视用途而定,台面横向应为反向排水坡,同时在坡脚设置护脚和排水沟。

（4）应严格施工过程质量控制,避免超、欠挖或倒坡。

（5）采用机械开挖时,应距设计坡面留有不小于 20 cm 的保护层,最后用人工进行坡面修整。

3）边坡支护

受施工条件等因素的制约,施工中经常会遇到不稳定边坡,应采取适当措施加以支护,以保证施工安全。支护主要有锚固、护面和支挡几种型式。其中,护面又有喷护混凝土、块石(或混凝土块)砌护、三合土挡护等方法,支挡又有扶壁、支墩、挡土墙(板、桩)等型式。合理的支护设计就是根据边坡稳定计算结果,提出合理的支撑结构,同时要特别注意对地表水、地下水的处理。

6.坑槽开挖

（1）施工前做好地面外围截、排水设施,防止地表水流入基坑而冲刷边坡。

（2）基坑开挖前,首先根据地质和水文情况,确定坑槽边坡坡度(直立或放坡),然后进行测量放线。

（3）当水文地质状况良好且开挖深度在 1~2 m 以内(因土质不同而异)时,可直立开挖而不加支护。当开挖深度较大,但不大于 5.0 m 时,应视水文地质情况进行放坡开挖,在不加支护的情况下,其放坡坡度不应陡于表 5-3-5 所规定的值。

当基坑较深、水文地质情况较为复杂,且放坡开挖又受到周围环境限制时,则应专门进行支护设计。支护应及时进行。

（4）较浅的坑槽最好一次开挖成型,如用反铲开挖,应在底部预留不小于 30 cm 的保护层,用人工清理。对于较深基坑,一次开挖不能到位时,应自上而下分层开挖。

表 5-3-5　　窄槽式管沟放坡开挖不加支撑时的容许坡度

序号	土质种类	容许坡度		
		基坑顶无荷载	基坑顶有静载	基坑顶有动载
1	砂类土	1∶1.00	1∶1.25	1∶1.5
2	碎石类土	1∶0.75	1∶1.00	1∶1.25
3	黏性土	1∶0.5	1∶0.75	1∶1.1
4	砂黏土	1∶0.33	1∶0.5	1∶0.75
5	黏土夹杂有石块	1∶0.25	1∶0.33	1∶0.67
6	老黄土	1∶0.10	1∶0.25	1∶0.33

(5)对地下水较为丰富的坑槽开挖,应在坑槽外围设置临时排水沟和集水井,将基坑水位降低至坑槽以下再进行开挖。

(6)对于开挖较深的坑槽,如施工期较长,或土质较差的坑壁边坡,应采取护面或支挡措施。

(7)如因施工需要,欲拆除临时支护时,应分批依次、从下自上逐层拆除,拆除一层,回填一层。

(三)石方开挖

1.石方开挖爆破技术

爆破是利用炸药的爆炸能量对周围岩石、混凝土或土等介质进行破碎、抛掷或压缩,达到预定的开挖、填筑或处理等工程目的的技术。在水利工程施工中,爆破技术广泛用于水工建筑物基础、地下厂房与各类隧洞的开挖,料场开采、围堰(岩坎)拆除以及定向爆破筑坝等,特别是石方开挖工程,常采用爆破方式开挖。

1)炸药和起爆器材

(1)炸药。一般来说,凡能发生化学爆炸的物质均可称为炸药。通常应按照岩石性质和爆破要求选择不同类型和性能指标的炸药。常用的工业炸药包括 TNT(三硝基甲苯)、胶质炸药(硝化甘油炸药)、铵油炸药、乳化炸药、浆状炸药和铵梯炸药等。其中,乳化炸药具有抗水性能强、爆炸性能好、原材料来源广、加工工艺简单、生产使用安全和环境污染小等优点,是目前应用最广泛的工业炸药。

(2)雷管。雷管是用来引爆炸药的器材。根据点火装置的不同,分为火雷管和电雷管。前者在帽孔前的插索腔内插入导火索点火引爆;后者由电气点火装置点火引爆正起爆药(雷汞或叠氮铅),再激发副起爆药产生爆轰。正起爆药外用金属加强帽封盖。电雷管有即发、秒延期和毫秒延期三种。此外,还有电子雷管和电磁雷管等。

(3)导火索。导火索用来激发火雷管,其索芯为黑火药,外壳用棉线、纸条和防水材料等缠绕和涂抹而成。按使用场合不同,导火索有普通型、防水型和安全型三种。使用最多的是每米燃烧时间为 $100 \sim 125 \text{ s}$ 的普通导火索。

(4)导爆索。导爆索可分为安全导爆索和露天导爆索,水利水电工程常用露天导爆索。导爆索构造类似于导火索,但其药芯为黑索金,外表涂成红色,以示区别。普通导爆索的爆速一股不低于 $6\,500 \text{ m/s}$,线装药密度为 $12 \sim 14 \text{ g/m}$,合格的导爆索在 0.5 m 深的水中浸泡

24 h 后,其敏感度和传爆性能不变。

(5)导爆管。导爆管用于起爆网路中冲击波的传递,需用雷管引爆。它是一种聚乙烯空心软管,外径 3 mm,内径 1.4 mm,管内壁涂有以奥克托金或黑索金为主体的粉状炸药,线敷药密度为 14~18 mg/m。导爆管的传爆速度为 1 600~2 000 m/s。

(6)导爆雷管。在火雷管前端加装消爆室后,再用塑料卡口塞与导爆管连接即成导爆雷管。消爆室的主要作用在于降低导爆管口泄出的高温气流压力,防止在火雷管发火前卡口塞破裂或脱开。导爆雷管也分即发、秒延迟和毫秒延迟三种。消爆室后无延迟药者为即发导爆雷管,有延迟药者为毫秒导爆雷管,秒延迟雷管与电雷管一样,其延迟时间也用精制导火索控制。

鉴于导火索、火雷管、铵梯炸药技术含量低、安全性能差,且导火索、火雷管引爆炸药操作简单,极易被不法分子用来实施爆炸犯罪活动,威胁公共安全,根据《民用爆破器材"十一五"规划纲要》的要求,导火索、火雷管、铵梯炸药已于 2008 年 1 月 1 日起停止生产。鼓励矿山、采掘施工和工程爆破企业应用安全性能好、环保节能的爆破器材。

2)爆破的基本方法

按照药室的形状不同,工程爆破的基本方法主要可分为钻孔爆破和洞室爆破两大类。爆破方法的选用取决于工程规模、开挖强度和施工条件。另外,在岩体的开挖轮廓线上,为了获得平整的轮廓面、控制超欠挖和减少爆破对保留岩体的损伤,通常采用预裂或光面爆破等轮廓爆破技术。

(1)钻孔爆破。根据孔径的大小和钻孔的深度,钻孔爆破又分浅孔爆破和深孔爆破。前者孔径小于 75 mm,孔深小于 5 m;后者孔径大于 75 mm,孔深超过 5 m。浅孔爆破有利于控制开挖面的形状和规格,使用的钻孔机具较简单,操作方便;缺点是劳动生产率较低,无法适应大规模爆破的需要。浅孔爆破大量应用于地下工程开挖、露天工程的中小型料场开采、水工建筑物基础分层开挖以及城市建筑物的控制爆破。深孔爆破则恰好弥补了前者的缺点,适用于料场和基坑的大规模、高强度开挖。

无论是浅孔还是深孔爆破,施工中均须形成台阶状以合理布置炮孔,充分利用天然临空面或创造更多的临空面。这样不仅有利于提高爆破效果,降低成本,也便于组织钻孔、装药、爆破和出渣的平行流水作业,避免干扰,加快进度。布孔时,宜使炮孔与岩石层面和节理面正交,不宜穿过与地面贯穿的裂缝,以防止爆生气体从裂缝中逸出,影响爆破效果。深孔爆破布孔尚应考虑不同性能挖掘机对掌子面的要求。

(2)洞室爆破。洞室爆破又称大爆破,其药室是专门开挖的洞室。药室用平洞或竖井相连,装药后按要求将平洞或竖井堵塞。

洞室爆破大体上可分为松动爆破、抛掷爆破和定向爆破。定向爆破是抛掷爆破的一种特殊形式,它不仅要求岩土破碎、松动,而且应抛掷堆积成具有一定形状和尺寸的堆积体。

洞室爆破具有下列特点:一次爆落方量大,有利于加快施工进度;需要的凿岩机械设备简单;节省劳动力,爆破效率高;导洞、药室的开挖受气候影响小,但开挖条件差;爆破后块度不均,大块率高;爆破振动、空气冲击波等爆破公害严重。

洞室爆破适用于下列条件:挖方量大而集中,并需在短期内发挥效益的工程;山势陡峻,不利于钻孔爆破安全施工的场合。

在水利水电工程施工中,当地质、地形条件满足要求时,洞室爆破可用于定向爆破筑坝、面板堆石坝次堆料区料场开挖以及定向爆破截流。

(3)预裂爆破和光面爆破。为保证保留岩体按设计轮廓面成型并防止围岩破坏,须采用预裂爆破和光面爆破等轮廓控制爆破技术。所谓预裂爆破,就是首先起爆布置在设计轮廓线上的预裂爆破孔药包,形成一条沿设计轮廓线贯穿的裂缝,再在该人工裂缝的屏蔽下进行主体开挖部位的爆破,保证保留岩体免遭破坏;光面爆破则是先爆除主体开挖部位的岩体,然后再起爆布置在设计轮廓线上的周边孔药包,将光爆层炸除,形成一个平整的开挖面。

预裂爆破和光面爆破在水利水电工程岩体开挖中获得了广泛应用。通常,对坝基和边坡开挖,选用预裂爆破和光面爆破的开挖效果差别不大;对地下洞室开挖,光面爆破用得更多;而对高地应力区的地下洞室或者强约束条件下的岩体开挖,光面爆破的效果更好。

2.坝基开挖

1)坝基开挖施工内容

(1)布置施工道路。基本要求是必须考虑永久开挖边坡开口线和基坑开挖高程、边坡地形、后续施工继续与否、机械设备的自重。

(2)选择开挖程序。

(3)确定施工方法。开挖程序是选择考虑的主要因素,其次考虑设计规范要求,并结合自有设备情况和施工企业的实力确定施工方法。在施工方法中必须对有关要素做出描写,如石方爆破的梯段高度、布孔方式、单位消耗量、线装药密度及设备型号、数量等。

(4)土石方平衡。在一个工程中,一般都会存在开挖和回填。无论业主是否要求,从控制施工成本上进行考虑都应该选择符合业主要求的开挖料进行土石方回填,不能直接利用的料渣要考虑中转料场。

(5)爆破安全控制及施工安全措施。爆破安全控制主要包括远距离飞石,爆破振动及爆破有害气体、粉尘;安全措施应包括安全机构的设置、安全制度的建立及安全设施的投入等。

(6)质量控制要求。根据爆破的主要目的确定:对于一般石方开挖爆破,要求超径石少、块度均匀、爆破率高、堆渣集中等;对于基础开挖主要包括超、欠挖控制及基础面、边坡的平整度等。

(7)环境污染的治理措施。包括治理弃渣对江河的污染、减轻开挖对植被的破坏、农田耕地恢复等措施。

2)坝基开挖程序

坝基开挖的一般原则是自上而下地顺坡开挖。坝基开挖程序的选择与坝型、枢纽布置、地形地质条件、开挖量以及导流方式等因素有关,其中导流方式及导流程序是主要因素。常用开挖程序参见表5-3-6。

3)坝基开挖方式

开挖程序确定以后,开挖方式的选择主要取决于开挖深度、具体开挖部位、开挖量、技术要求以及投入的施工机械设备类型等。

(1)薄层开挖。基岩开挖深度小于 4.0 m 时,采用浅孔爆破的方法开挖。根据不同部位,采取的开挖方式有劈坡开挖、大面积浅孔爆破开挖、结合保护层开挖、一次爆除开挖方法等。以上几种方式在一个工程中并非单独使用,一般情况下都要结合使用。

表 5-3-6　坝基开挖程序

选择因素			开挖程序	施工条件	开挖步骤
地形条件	坝型	导流方式			
河床狭窄，两岸边坡陡峻	拱坝或重力坝	断流围堰、隧洞导流	自上而下，先开挖两岸边坡，后开挖基坑	1.开挖施工布置简单； 2.基坑开挖基本可全年施工	1.在导流洞施工时，同时开挖正常水位以上两岸边坡； 2.河床截流后，开挖正常水位以下两岸边坡、浮渣和基坑覆盖层； 3.从上游至下游进行基坑开挖
	土石坝或面板堆石坝		自上而下，先开挖两岸后挖基坑，基坑先挖齿槽，后挖大面基础		
河床开阔、两岸边坡比较平缓	闸坝或低坝	断流围堰、明渠导流或分期导流	上下结合开挖或自上而下开挖	1.开挖施工布置简单； 2.基坑开挖基本可全年施工	1.先开挖明渠； 2.截流后开挖基坑或基坑与岸坡上下结合开挖
	重力坝	分期围堰、大坝底孔或梳齿导流	上下结合开挖	1.开挖施工布置较复杂； 2.由导流程序决定开挖施工分期	1.先挖围护段一侧的岸坡； 2.开挖导流段基坑和另一侧的岸坡； 3.导流段完建、截流后，再开挖另一侧基坑

（2）分层开挖。开挖深度大于 4 m 时，一般采用分层开挖。开挖方式有自上而下逐层开挖、台阶式分层开挖、竖向分段开挖，深孔与洞室组合爆破开挖以及洞室爆破开挖等。分层开挖中，关键是如何选择合理的分层厚度，随着大型先进设备的广泛应用，分层的厚度越来越大。

3.边坡开挖

1）边坡开挖程序

边坡开挖时，一般采用自上而下的次序。当场面宽阔、边坡较缓时，在上层开挖形成台阶后，利用开挖的渣料修建防止滚石的挡渣平台，这样下层可以增开一个工作面，两个工作面可以同时作业。对于必须进行支护的边坡，开挖与支护存在矛盾，一般可边开挖边支护，或先开挖后支护。

2）边坡开挖方法

一般稳定边坡开挖方法，可以参照埋深较厚的坝基开挖方法进行，对于存在卸荷带、大断层、滑坡体及较高边坡的，开挖方法要分析选择。

（1）一次削坡开挖。主要是开挖边坡较低的不稳定岩体，如溢洪道或渠道边坡。

（2）分段跳槽开挖。主要用于有支护要求的边坡开挖，施工特点是开挖一段即支护一段。

（3）分台阶开挖。在坡高较大时，采用分层留出平台或马道的方法，一般马道宽度 2~4 m。

（4）坡面保护性开挖。边坡开挖时,不允许采用对坡面产生破坏性的方法,而采取保护性开挖方法。对在坡面3~5 m以外主体土石方开挖,可采取大孔径炮孔进行正常的爆破作业;在坡面3~5 m以内即保护层的范围,对于每一梯段的开挖,当设备能力不够时,可先进行坡面预裂爆破,再进行主体土石方开挖爆破,一般主体石方和保护层可用"梯段—预裂爆破法"进行一次开挖。

3）边坡支护与监测

边坡支护的时间可根据边坡稳定性、高度、施工工期安排及其他因素而决定,要做到适时支护。具体可采取边开挖、边支护的方法,这种方法用于高边坡或边坡稳定性存在问题等情况;也可采用开挖结束后再进行支护的方法,这种方法主要是用于低边坡或边坡面开挖暴露以后出现新问题的情况。

4.溢洪道和渠道开挖

1）开挖程序

溢洪道、渠道常用过水断面一般为梯形或矩形,底宽较小(如7 m以内),一般为槽挖石方工程。开挖程序的选择应考虑现场地形与施工道路的布置,并结合混凝土衬砌的安排以及拟采用的施工方法等,开挖程序的选择见表5-3-7。

表 5-3-7　溢洪道、渠道及槽挖的开挖程序

施工条件	开挖程序
考虑临时需要安排开挖程序	分期开挖,每一期根据要求开挖到一定高程,每一期还可分层开挖
根据现场地形、道路等施工条件和挖方利用情况安排开挖程序	分期分段开挖
结合边坡混凝土衬砌和底板浇筑顺序	先开挖两岸边坡,后开挖底板,或上下结合开挖
按照构筑物的结构安排开挖程序	先开挖闸室或渠首段,后开挖消能段或尾渠段
根据采用人工或机械等不同施工方法划分开挖段	分段开挖

2）开挖方式

永久工程的土石方明挖应采用控制爆破技术,一般不允许采用定向爆破或洞室爆破等较大规模的集中装药爆破方法。若要采用大规模集中装药的爆破方法,爆破方案需征得有关方面的同意,并进行必要的爆破试验。溢洪道、渠道几种爆破开挖方式如图5-3-1所示。

二、地下洞室开挖工程

（一）地下工程分类

地下工程是把建筑物修建在地表以下一定深度处,为水利水能资源开发利用服务的工程。这种工程的施工直接受到工程地质、水文地质和施工条件的制约,因而往往是整个水利水电枢纽工程中控制施工进度的主要项目之一。

水利水电工程地下洞室包括引水隧洞、尾水隧洞、导流洞、泄洪洞、放空洞、排沙洞、调压

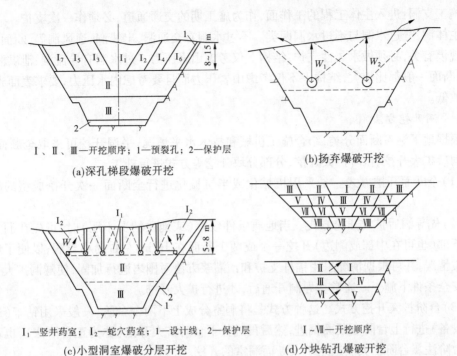

I、II、III—开挖顺序；1—预裂孔；2—保护层

(a)深孔梯段爆破开挖

(b)扬弃爆破开挖

I₁—竖井药室；I₂—蛇穴药室；1—设计线；2—保护层

(c)小型洞室爆破分层开挖

I～VII—开挖顺序

(d)分块钻孔爆破开挖

图 5-3-1 溢洪道、渠道开挖方式

井、地下主副厂房、主变压器室、尾水闸室、交通洞、排风洞(井)、出线洞(井)、排水洞和施工支洞等。水利水电工程地下洞室的分类方法如下：

(1)按工作性质可分为过水和不过水两大类。

(2)按结构特性可分为不衬砌结构、柔性支护结构(喷锚支护)、混凝土衬砌结构和钢衬结构等。

(3)按体型及布置型式可分为平洞、斜井、竖井、大型洞室等。

(二)钻爆法平洞开挖

1.平洞分类

坡度小于10%的隧洞称为平洞。平洞可按断面尺寸及用途分类。

(1)按断面尺寸分类，见表5-3-8。

表 5-3-8 平洞按断面尺寸分类表

断面类型	断面面积 $S(m^2)$	等效直径 $D(m)$
小断面	$S<20$	$D<4.5$
中断面	$20<S\leq50$	$4.5<D\leq7.5$
大断面	$50<S\leq120$	$7.5<D\leq12$
特大断面	$120<S$	$12<D$

(2)按用途分类。

勘探洞：一般断面小，工程量小，不作永久支护。

施工支洞:进入主体工程的工作面,作为施工期的交通通道,必须作一次支护。

主体洞:分过水洞与不过水洞两类。不过水洞有交通洞、出线洞、通风洞等,断面大小与工程规模有关,必须做永久性支护,结构上仅考虑山岩压力。过水洞有导流洞、泄洪洞、尾水洞等,断面一般都比较大,结构上不仅考虑山岩压力而且要考虑内水压力,要求表面光洁,糙率系数低。

2.平洞开挖方法

根据地下洞室断面分类,结合施工机械和技术水平情况,平洞开挖可采取全断面开挖、先导洞后扩大开挖、台阶扩大开挖、分部分块开挖等方式进行施工。

(1)全断面开挖方式。是采用机械化或半机械化进行全断面一次开挖成型的施工方法。

(2)先导洞后扩大开挖方式。当地质条件较差(或地质情况不明)时,可先在洞室的上部或下部(也可在中部或侧边)开挖一个或两个断面在 $10 \ m^2$ 左右的小导洞,以便了解和掌握地质情况,并可根据情况采用锚杆支护和预灌浆方法对围岩进行加固,使隧洞扩大开挖时能在安全条件下施工。通常在导洞开通后,才进行扩大开挖。

(3)台阶扩大开挖方式。这种方式是将洞室分成上下两个台阶,一般采用钻车(或其他大型设备)进行上台阶全断面掘进,然后再进行下台阶扩大开挖(称为正台阶法),也可以采用反台阶法。台阶扩大法适用于大断面洞室的开挖。

(4)分部分块开挖方式。在特大断面的洞室开挖中,可采用先拱后扩大、先导洞后顶拱扩大再中下部扩大、肋拱留柱扩大、中心导洞辐射孔等方式进行分部分块开挖。

3.平洞钻孔爆破

钻孔爆破法一直是地下建筑物岩石开挖的主要施工方法。这种方法对岩层地质条件适应性强、开挖成本低,尤其适合岩石坚硬、长度相对短的洞室施工。

1)地下洞室岩石开挖爆破施工特点

与露天开挖爆破比较,地下洞室岩石开挖爆破施工有如下主要特点:

(1)因照明、通风、噪声及渗水等影响,钻爆作业条件差;钻爆工作与支护、出渣运输等工序交叉进行,施工场面受到限制,增加了施工难度。

(2)爆破自由面少,岩石的夹制作用大,增大了破碎岩石的难度,使岩石爆破的单位耗药量提高。

(3)爆破质量要求高。对洞室断面的轮廓形成一般均有严格的标准,控制超挖,不允许欠挖;必须防止飞石、空气冲击波对洞室内有关设施及结构的损坏;应尽量控制爆破对围岩及附近支护结构的扰动与质量影响,确保洞室围岩的安全稳定。

2)钻爆法平洞开挖施工工序

采用钻孔爆破法进行地下洞室的开挖,其施工工序包括钻孔、装药、堵塞、起爆、通风散烟、安全检查与处理、初期支护、出渣运输等,这通常称为地下洞室掘进的一次循环作业。按此工序,洞室施工一个循环接一个循环,周而复始,直至掘进开挖完成。

(1)钻孔。是隧洞爆破开挖中的主要工序,工作强度较大,所花时间约占一次循环作业时间的1/4~1/2。目前广泛采用的钻孔设备为凿岩机和钻孔台车。为保证达到良好的爆破效果,施钻前应由专门人员标出掏槽孔、崩落孔和周边孔的设计位置,最好采用激光系统定位,严格按照标定的炮孔位置及设计钻孔深度、角度和孔径进行钻孔。国外在钻凿掏槽孔时,通常使用带轻便金属模板的掏槽钻孔夹具来保证掏槽孔钻孔的准确性。

(2)装药。装药前应对炮孔参数进行检查验收,测量炮孔位置、炮孔深度是否符合设计要求。然后对钻好的炮孔进行清孔,可用风管通入孔底,利用风压将孔内的岩渣和水分吹出。

确认炮孔合格后,即可进行装药及起爆网路联线工作。应严格按照预先计算好的每孔装药量和装药结构进行装药,如炮孔中有水或潮湿时,应采取防水措施或改用防水炸药。

(3)堵塞。炮孔装药后,孔口未装药部分必须用堵塞物进行堵塞。良好的堵塞能阻止爆轰气体产物过早地从孔口冲出,提高爆炸能量的利用率。

常用堵塞材料有砂子、黏土、岩粉等,而小直径炮孔则常用炮泥,它是用砂子和黏土混合配制而成的,其重量比是3∶1,再加上20%的水,混合均匀后再揉成直径稍小于炮孔直径的炮泥段。堵塞时将炮泥段送入炮孔,用炮棍适当挤压捣实。堵塞长度与抵抗线有关,一般来说,堵塞长度不能小于最小抵抗线。

(4)起爆。爆破指挥人员确认周围安全警戒工作完成后,方可发出起爆命令;警戒人员应按规定警戒点进行警戒,在未确认撤除警戒前不得擅离职守;要有专人核对装药、起爆炮孔数,并检查起爆网路、起爆电源开关及起爆主线;起爆后,检查、确认炮孔全部起爆后方可发出解除警戒信号,撤除警戒人员。如发现盲炮,要采取安全防范措施后,才能解除警戒信号。

(5)通风散烟除尘。通风、散烟及除尘的目的是控制因凿岩、爆破、装渣、喷射混凝土和内燃机运行等而产生的有害气体和岩石粉尘含量,及时供给工作面充足的新鲜空气,改善洞内的温度、湿度和气流速度等状况,创造满足卫生标准的洞内工作环境。这在长隧洞施工中尤为重要。

洞内通风方式有自然通风和机械通风两种。自然通风只适用在长度不超过40 m的短洞。实际工程中多采用机械通风。

(6)安全检查与处理。在通风散烟后,应检查隧洞周围特别是拱顶是否有粘连在围岩母体上的危石。对这些危石以前常采用长撬棍处理,但不安全,条件许可时,可以采用轻型的长臂挖掘机进行危石的安全处理。

(7)初期支护。当围岩质量或自稳性较差时,为预防塌方或松动掉块,产生安全事故,必须对暴露围岩进行临时的支撑或支护。

临时支撑的形式很多,有木支撑、钢支撑、预制混凝土或钢筋混凝土支撑、喷混凝土和锚杆支撑等,可根据地质条件、材料来源及安全经济等要求进行选择。

喷混凝土和锚杆是一种临时性与永久性相结合的支护形式,在有条件时,应优先采用,这对于有效控制围岩的松弛变形,发挥围岩的自承能力,具有很好的效果。

(8)出渣运输。是隧洞开挖中费力费时的工作,所花时间约占一次循环作业时间的1/3~1/2。它是控制掘进速度的关键工序,在大断面洞室中尤其突出。因此,必须制订切实可行的施工组织措施,规划好洞内外运输线路和弃渣场地,通过计算选择配套的运输设备,拟定装渣运输设备的调度运行方式和安全运行措施。

3)周边孔光面爆破

采用钻孔爆破法开挖,洞室的轮廓控制主要取决于周边孔的布置及其爆破参数的选择。当周边轮廓控制质量差时,会出现严重的超、欠挖,洞壁起伏差异大。其后果是:有衬砌的地下洞室,增加了混凝土的回填量和整修时的二次爆破量;无衬砌的过流隧洞,因糙率增大,将大大降低泄流能力,对围岩的稳定也极为不利。因此,开挖断面上的周边孔,要解决好轮廓控制爆破技术的相关问题,即光面爆破或预裂爆破。平洞开挖主要采用光面爆破法控制开挖轮廓。

光面爆破是一种能够有效控制洞室开挖轮廓的爆破技术。其基本原理是:在断面设计开挖线上布置间距较小的周边孔,采用特定的减弱装药结构(不耦合装药与间隔装药)等一系列施工工艺,于崩落孔爆破后起爆周边孔内的炸药,炸除沿洞周留下的厚度为周边孔爆破最小抵抗线的岩体(光爆层),从而获得较为平整的开挖轮廓。

光面爆破的运用,不仅可以实现洞室断面轮廓成型规整、减少围岩应力集中和局部落石现象、减少超挖和混凝土回填量,而且能够最大限度地减轻爆破对围岩的扰动和破坏,尽可能保存围岩自身原有的承载能力,改善支护结构的受力状况。光面爆破与锚喷支护相结合,能节省大量混凝土,降低工程造价,加快施工进度。光面爆破已成为"新奥法"施工的三大支柱之一。

评价光面爆破效果的主要标准为:开挖轮廓成型规则,岩面平整;围岩壁上的半孔壁保存率不低于50%,且孔壁上无明显的爆破裂隙;超欠挖符合规定要求,围岩上无危石等。

4.平洞装渣运输

装渣、运输方式较多样,根据隧洞断面大小、长度、施工工期及施工设备性能等因素,经过技术经济比较后选定。装渣、运输方式及配套设备见表5-3-9。

表5-3-9　平洞出渣方式及设备

作业方式	装渣方式	运输方式	适用条件	特点
有轨作业	人工、装岩机	斗车、梭车、人工推运或电瓶车牵引	小断面隧洞	污染小、速度慢
	装岩机、扒渣机	梭车、电瓶车牵引	中、小断面隧洞	污染小、速度快
无轨作业	人工	手推车	小断面、短隧洞	污染小、速度慢
	人工	机动翻斗车	小断面、短隧洞	机动灵活、污染大
	侧向、正向装载机、挖掘机	自卸汽车	大、特大断面隧洞	污染严重,速度快,机动灵活
	扒渣机	自卸汽车	中型断面隧洞	污染相对小,当平洞宽度大于装载宽度时,装载效率受到制约
无轨装渣有轨运输	装载机、扒渣机	梭车或大型矿车、电瓶车或柴油机车牵引	中型断面隧洞	污染较小、速度快

(三)斜井、竖井开挖

在水利水电地下工程中,采用竖井和斜井结构型式的水工建筑物主要有:引水系统中的斜井或竖井、调压井、闸门井、出线井、通风井及交通井等。

斜井、竖井的开挖方法分为:全断面开挖法(正井法)和先导井后扩大开挖法。其中,导井开挖法又分为正、反井或正、反井结合法,深孔分段爆破法,吊罐法,爬罐法,反井钻机法;扩大开挖法分为导井辐射孔扩挖法、吊盘反向扩挖法、自上而下扩挖法等,施工过程中要根据不同的井深及施工程序、施工特点进行选择。选择斜、竖井施工方法时,须考虑围岩的类别、交通条件、断面尺寸、有无钢板衬砌等。斜井、竖井开挖方法见表5-3-10。

表 5-3-10　斜井、竖井开挖方法

方法			适用范围	施工程序	施工特点
全断面开挖法(正井法)			小断面浅井; 大断面竖井下部无施工通道或下部虽有施工条件,但工期不能满足要求; 斜井倾角小于40°	开挖一段,支护一段	需要提升设备解决人员、钻机及其他工具、材料、石渣的垂直运输; 安全问题突出
先导井后扩大开挖法	导井开挖法	正、反井或正反井结合法	适用于井深<100 m的导井	提升架及卷扬设备安装→开挖	施工简易; 正井开挖需提升设备
		深孔分段爆破法	适用于井深30~70 m、下部有施工通道的导井	钻机自上而下一次钻孔,自下而上一次或分段爆破,石渣坠落至下部出渣	成本低,效率高; 爆破效果取决于钻孔精度
		吊罐法	适用于井深<100 m的竖井	先用钻机钻钢丝绳孔及辅助孔(孔径100 mm)→上部安装起吊设备→下放钢丝绳吊吊罐进行开挖作业	施工设备简易,成本低; 要求上、下联系可靠
		爬罐法	适用于竖井、倾角>45°斜井的导井开挖	先人工开挖一段导井→安装导轨→开挖	自下向上利用爬罐上升,向上式钻机钻孔,浅孔爆破,下部出渣安全性好
		反井钻机法	适用于竖井、斜井(倾角≥50°)、中等强度岩石,深度在250 m以内的斜导井和深度在300 m以内的竖导井开挖	先自上而下钻φ216 mm导孔,然后自下而上扩孔至2.0 m	机械化程度高、施工速度快、安全,工作环境好,质量好,工效高; 对于Ⅳ~Ⅴ类围岩成功率低
	扩大开挖法	导井辐射孔扩挖法	适用于Ⅰ、Ⅱ类围岩的竖导井	在导井内,用吊罐或活动平台自下而上打辐射孔,分段爆破	需要提升设备及活动平台; 钻孔与出渣可平行作业; 井壁规格控制难度大

方法		适用范围	施工程序	施工特点
先导井后扩大开挖法	扩大开挖法 吊盘反向扩挖法	适用于Ⅰ、Ⅱ类围岩、较小断面的竖井	导井开挖,从导井内下放活动吊盘,并与岩壁撑牢,即进行钻孔作业。钻孔完后,收拢吊盘,从导井内往上起	需提升设备; 吊盘结构简单,造价低
	自上而下扩挖法	适用于各类围岩	先加固井口,安装提升设备,进行钻孔爆破作业。视围岩稳定情况,支护跟着开挖面进行。石渣从导井卸入井底,再转运出洞	需提升设备,以运输施工设备和器材; 对斜井扩大,需有专用活动钻孔平台车

(四)地下厂房洞室群开挖

1.分层原则

地下厂房开挖分层应根据施工通道与地下厂房的结构和施工设备能力综合研究确定,通常分层高度在6~10 m范围内。

2.施工规划

地下厂房洞室群中洞室采用立体、平面交叉作业,施工中既相互联系又相互制约。主、副厂房的施工是地下厂房洞室群的关键,制约着整个施工进度,所以应围绕地下厂房的施工统筹规划整个洞室群的施工。分清主次,形成"平面多工序,立体多层次,多工作面交叉作业"的局面,以实现快速施工。

对地下厂房各层的施工通道和辅助施工通道均应在该层施工前打通,确保厂房施工不停顿,并在不影响其他层施工的前提下提前进入厂房进行部分开挖。在厂房的每层施工中对钻孔、爆破出渣、锚杆、挂网、安设观测仪器、喷混凝土及混凝土浇筑进行平行流水作业,加快施工进度。施工中还应根据围岩监测的结果调整施工方法、施工程序或围岩的支护方式,以确保施工安全与围岩稳定。

3.开挖与支护

1)开挖方法

地下厂房通常采用自上而下分层开挖与支护,厂房顶拱层采用中(边)导洞超前全断面扩挖跟进的开挖方法,也可分块开挖,拉开距离。二层以下均采用梯段开挖,两侧预留保护层,中间梯段爆破;或边墙预裂,中间梯段爆破。

2)支护方法

地下厂房洞室群多采用锚喷技术来加固围岩,做永久支护,常用水泥砂浆锚杆、自进式锚杆、预应力锚杆和预应力锚索。在临时支护中除水泥砂浆锚杆外还有树脂锚杆、水泥速凝锚固锚杆、水压锚杆、楔形锚杆、自进式锚杆、胀壳锚杆和膨胀锚杆等。

锚杆多用液压台车和手风钻造孔,注浆机注浆,多为先注浆后插杆,也可先插杆后注浆。

根据地质条件和部位的重要程度采用不同的支护方法,如喷素混凝土、钢筋网喷混凝土、钢纤维喷混凝土或聚丙烯纤维喷混凝土等。湿喷混凝土采用的速凝剂多为液态,如水玻璃等。干喷混凝土的外加剂多为固态粉状。钢纤维混凝土是在混凝土拌和时加入钢纤维,为防止钢纤维结成团,一般用人工均匀撒入拌和机。一般每方混凝土中钢纤维添加量为70~85 kg。

3) 顶拱层开挖和支护

厂房顶拱层的开挖高度应根据开挖后底部不妨碍吊顶牛腿锚杆的施工和影响多壁液压台车发挥最佳效率来确定,开挖高度一般在 7~10 m 范围内。

在地质条件较好的地下厂房中,顶拱开挖采用中导洞先行掘进,两侧扩挖跟进的方法。中导洞尺寸一般以一部三臂液压台车可开挖的断面为宜,一般中导洞超前 15~20 m。

地质条件较差的地下厂房顶拱,一般采用边导洞超前或分块开挖,拉开开挖距离,及时进行锚喷支护或混凝土衬砌,然后再开挖中间的岩柱。

4.通风散烟

地下厂房洞室群施工时的通风散烟是制约地下洞室群快速施工的重要因素之一。一般分三期进行通风设计:①所有洞子为独头工作面掘进,互相不关联,以轴流风机接力进行强制性负压通风;②所设置的通风竖井及主体工程的一些斜、竖井基本贯通,可形成局部自然通风,原设置的风机可部分拆除,或改为正压通风;③混凝土和机电安装阶段,以自然通风为主,低处洞口进风,高处洞(井)口出风,大部分风机拆除,保留部分风机给予辅助通风。

5.施工排水

地下厂房洞室群施工时废水有:开挖期间含油污和含氮氧化合物的废水、混凝土施工时产生的废水和山体渗水。

施工期间的废水从工作面用水泵或潜水泵先送到附近的排水泵站,然后集中排出洞外,在洞外设立处理废水中油污的设施,并经沉淀后将清水排走。废水中的氮氧化合物目前没有其他处理办法,一般可稀释排放。

在混凝土施工期间的施工废水通常只需经沉淀后,清水直接排出。

6.围岩监测

地下洞室均设有观测断面,监测洞室稳定性及工作状态。在监测中,发现异常时应及时对围岩进行加固。施工期间应根据开挖过程中围岩的应力、应变情况指导施工。在厂房顶拱开挖期,根据顶拱围岩应力、应变的变化及时做好顶拱的锚喷支护,有利于围岩稳定和施工安全。在厂房中下层开挖过程中,可根据边墙围岩的应力、应变的变化情况,及时调整开挖方案,尤其在上层和下层已开挖完,要开挖中间层时更要加强围岩监测,以防止厂房高边墙高应力应变区因突然失去岩石支撑造成破坏。

(五)掘进机开挖

岩石隧道掘进机是通过旋转刀盘并推进,使滚刀挤压破碎岩石,采用主机带式输送机出渣的全断面隧道掘进机。主要包括敞开式岩石隧道掘进机、单护盾式岩石隧道掘进机和双护盾式岩石隧道掘进机等,岩石隧道掘进机也称硬岩隧道掘进机或 TBM。

1.各类型掘进机的定义及特性

各种掘进机的共同点是采用旋转式刀盘,刀盘上装有盘形滚刀和铲斗,刀盘通过大轴承和密封装置与导向壳体(又称刀盘支撑壳体)相连,还有推进和支撑液压缸及后配套、出渣系统,不同之处在于是否有护盾、护盾结构形式等。

敞开式岩石隧道掘进机是指在稳定性较好的岩石中,利用撑靴撑紧洞壁以承受掘进反力及扭矩,不采用管片支护的岩石隧道掘进机。敞开式 TBM 适用于围岩整体较完整,有较好的自稳能力,掘进过程中如果遇到局部不稳定的围岩,可以利用 TBM 所附带的辅助设备,安装锚杆、喷锚、架设钢拱架、加挂钢筋网等方式予以支护;当遇到局部洞段软弱围岩及破碎带时,则 TBM 可由附带的超前钻机与注浆设备,预先加固前方上部周边围岩,待围岩强度达到可自稳状态后再掘进通过。掘进过程中可直接观测洞壁岩性变化,便于地质描绘。永久性衬砌待全线贯通后施作或者采用同步衬砌施工技术。

单护盾岩石隧道掘进机是指具有护盾保护,仅依靠管片承受掘进反力的岩石隧道掘进机。单护盾 TBM 主要适用于复杂地质条件的隧道,人员及设备完全在护盾的保护下工作,安全性好。当隧道以软弱围岩为主,抗压强度较低时,适用于护盾式。但如果采用双护盾,护盾盾体相对于单护盾长,而且大多数情况下都采用单模工作,无法发挥双护盾的作业优势。单护盾盾体短,更能快速通过挤压收敛地层段;从经济角度看单护盾比双护盾便宜,可以节约施工成本。

双护盾岩石隧道掘进机是指具有护盾保护,依靠管片和(或)撑靴撑紧洞壁以承受掘进反力和扭矩,掘进可与管片拼装同步的岩石隧道掘进机。当围岩有软有硬、同时又有较多的断层破碎带时,双护盾 TBM 具有更大的优势。硬岩状态下,支撑盾上安装的靴撑撑紧洞壁,为掘进施工提供反力;软岩状态下,洞壁不足以承受撑靴压力,则利用尾盾的辅助推进油缸顶推在已经拼装好的管片上,为掘进提供反力。预制钢筋混凝土管片在尾盾保护下用管片拼装器安装。

2.岩石隧道掘进机掘进施工

1)施工准备

施工准备阶段,首先应完善主要的配套设施。其中包括:混凝土拌和系统、仰拱或管片预制厂,修理车间,各种配件,材料库,供水、电、风系统,运渣和翻渣系统,装卸调运系统,进场场区道路,掘进机的组装场地等。

2)TBM 组装与调试

TBM 工地组装调试安排在设备运输到安装场,在安装场地安装准备工作完成后进行。设备组装调试是在生产厂家专业技术人员指导下,由施工单位专业技术人员严格按制造商提供的组装程序进行。调试工作需要对掘进机各个系统及整机进行调试,以确保整机在无负载的情况下正常运行。调试过程可先分系统进行,再对整机的运行进行测试,测试过程中应详细记录各系统的运行参数,对发现的问题及时分析解决。TBM 组装一般分为洞外工业广场组装和洞内组装方式。TBM 洞内组装与洞外组装没有本质的区别,最大的不同之处在于外部环境的变化对施工组织安排带来的影响。

3)TBM 始发与试掘进

TBM 始发前需完成初始环支撑架和起始全环管片安装,以抵抗管片安装及 TBM 滑行时的辅助推进内缸的推力。

TBM 滑行至始发位置后,推进油缸全部收回,安装反力架,通过螺栓和焊接的方式使反力架与预埋件牢固固定;在反力架上拼装第一环管片,采取先下部管片,再两侧,最后上部的拼装顺序拼装管片,在环向上通过管片上螺栓孔相互连接牢固,纵向上管片通过反力架上加工的螺栓孔与反力架连接牢固,推进油缸顶紧管片;管片拼装完毕后启动 TBM 向前掘进,推进行程结束,开始拼装第二环管片,拼装时管片与管片之间的密封垫和螺栓连接处的密封圈必须安装。继续掘进,直到护盾全部进入 TBM 开挖洞内,停止掘进,从管片的注浆孔内进行注浆,注浆结束后,TBM 开始继续向前掘进,完成 TBM 的始发。

无论采取何种形式的 TBM,均应派专人观察刀盘位置与岩面的接触情况,开始低速转动刀盘,直至将岩面切削平整后,开始试掘进。始发及试掘进推进过程中,要依据地质超前预报结果,调整掘进参数。在掘进时推进速度要保持相对平稳,控制好每次的纠偏量。灌浆量要根据围岩情况、推进速度、出渣量等及时调整。

4)TBM 掘进

(1)推进。TBM 在隧洞开挖时,利用支撑靴撑在围岩上或辅助推进油缸支撑在管片上,以提供掘进时所需的反作用力,此时刀盘缓慢地旋转起来,主推油缸加压推出,使刀盘对掌子面进行切割,石渣则被出渣皮带机送出洞外。

(2)管片安装。双护盾工作模式下掘进时,安装管片可以同步进行,使用管片安装器的吸盘将管片抓起就位后,此时辅推油缸伸出使管片压紧后,人工将连接螺栓安装好,依次将整环管片安装完成。

(3)换步。换步是指 TBM 完成一个掘进循环后的向前移动的过程,具体步骤为:主推油缸一个行程完全推出后,将前稳定器伸出顶紧,收回撑靴后,同时进行主推油缸收回和辅推油缸伸出动作,使支撑护盾向前移位,完成后再继续下一个掘进循环工作。

换步前应注意,确认换步区域内有关支护作业已经完成,避免发生干扰和造成人员伤害、设备损伤;对于采用有轨运输方式出渣的工况,尽量将装满弃渣的列车开出;对于采用连续皮带机方式出渣的工况,则连续皮带机不必停机。

对于敞开式 TBM,当掘进行程结束时,停止推进和旋转刀盘,落下后支承,收回撑靴,依靠推进油缸的回缩将撑靴与鞍架(或者外机架)向前拉动一个掘进行程的距离,调整方向后,将撑靴重新撑紧洞壁,收回后支承,完成换步。

双护盾掘进机有两种工作模式,双护盾模式和单护盾模式。双护盾工作模式是在围岩条件相对较好时采用的,TBM 依靠支撑盾上的撑靴支撑在洞壁上,为掘进提供推力、扭矩并支撑 TBM 主机,此时刀盘和前盾在推进油缸的作用下向前推进,掘进中推力和扭矩的反力都不传递到衬砌管片上。在掘进的同时,管片拼装器在尾盾保护下安装预制的混凝土管片,辅助推进油缸的作用仅仅是顶紧和稳定管片。当掘进行程结束、辅助推进油缸完成了一环管片拼装而全部缩回时,换步行程也就开始了。

单护盾模式是在双护盾掘进机通过的围岩无法承受撑靴压力时,掘进所需推力和扭矩已不能由撑靴提供反力,此时将依靠辅助推进油缸提供必要的反力,因而掘进和管片拼装不能同时进行。单护盾模式下前盾和支撑盾必须合在一起共同前移,伸缩盾也必须完全闭合,主推进油缸收回,辅助推进油缸产生的推力全部作用在管片上,为防止管片受损,必须严格控制掘进速度。单护盾模式换步较为简单,当管片拼装完成,辅助推进油缸处于收回状态,则已经具备了继续掘进的条件,也就是说换步已经完成。单护盾 TBM 换步过程与双护盾中的单护盾模式基本相当,不再累述。

5)管片衬砌

管片衬砌包括管片安装、豆粒石回填及灌浆。混凝土预制管片在混凝土预制厂生产加工,管片运输车将管片运至工业广场管片堆存厂堆存,现场进行止水条安装,然后通过轨道列车运输至掘进机尾部,由起吊设备把管片吊运至尾护盾内的安装室,由管片安装机和机械手将管片安装就位,安装次序为先底拱,后对称安装左右侧壁管片,再装封顶块。

隧洞开挖面与管片衬砌环之间的空隙需及时用豆粒石填充,之后再进行回填灌浆。豆粒石充填采用豆粒石喷射机从管片预留的注浆孔中注入,豆粒石回填灌浆在 TBM 配套台车上进行,由灌浆泵通过管片的预留灌浆孔灌注。

6)出渣与进料运输系统

在掘进机掘进的隧道内,可以用的出渣运输系统有:列车轨道运输系统、无轨车辆运输系统、带式输送机运输系统、压气输送系统和浆液输送系统。常用的 TBM 施工出渣有两种方式:列车轨道运输和带式输送机运输,而施工材料运输大多采用有轨运输方式。

轨道运输系统是用多组列车在有站线的单轨道或有渡线的双轨道上运行。石渣由装在掘进机刀盘上的铲斗或铲臂从工作面前提升起来,卸到掘进机的带式输送机上,转运到掘进机后的辅助输送机上再卸进斗车内运至洞外。

开敞式 TBM 掘进施工过程中需要的喷锚混凝土、钢拱架、钢筋网、钢轨、水管、电缆、通风管、钢枕或者仰拱预制块等施工材料以及 TBM 消耗品等的运输都是有轨运输。

护盾式 TBM 掘进施工过程中需要的管片、豆粒石、砂浆、钢轨、水管、电缆、通风管、钢枕等施工材料以及 TBM 消耗品等的运输都是有轨运输。

如果采用连续皮带机出渣,则连续皮带机的受料端直接安装于 TBM 后配套上,接收后配套皮带机转下来的石渣,连续皮带机的卸料端安装于洞口位置,方便石渣二次倒运,根据工程布置,二次倒运可采用自卸车或者皮带机运输到弃渣场。

如果采用有轨运输方式出渣,则 TBM 后配套上需要配置卸渣机,将石渣直接装入列车编组的矿车中,通常每个列车编组中矿车总容量配置为承运 1 个或 2 个掘进循环的弃渣,洞外需设置翻渣机,将矿车内的弃渣卸入临时转渣场,再用自卸车倒运至永久弃渣场。

7)TBM 到达

到达掘进前,必须制订掘进机到达施工方案,做好技术交底,施工人员应明确掘进机适时的桩号及刀盘距贯通面的距离,并按确定的施工方案实施。掘进机到达前应检查掘进方向以保证贯通误差在规定的范围内。

到达掘进的最后 20 m 要根据围岩的地质情况确定合理的掘进参数并做出书面交底,总的要求是:低速度、小推力和及时的支护或回填灌浆,并做好掘进姿态的预处理工作。同时,应做好出洞场地、洞口段的加固,并保证洞内、洞外联络畅通。

对于双护盾掘进机到达段,为防止管片在失去后盾管片支撑或推力后产生松弛导致管片环缝张开,应设置管片纵向拉紧装置。

8)TBM 拆卸

TBM 掘进完成后,如果距离洞口距离较短,并且具备场地、对外运输条件,则可以考虑将 TBM 牵引出洞或者步进出洞,在洞外进行拆卸,这是比较理想的方案;如果 TBM 掘进完成后,距离洞口距离很长或者两台 TBM 相向掘进,则只能在隧道内施工扩大洞室,实施洞内拆卸。

(六)盾构掘进

盾构机是一种隧洞掘进的专业工程机械,是指在钢壳体保护下完成隧道掘进、出渣、管片拼装等作业,推进式前进的全断面隧道掘进机。主要由主机及后配套系统组成。

1.各类型盾构机定义及特性

常见的盾构机主要有敞开式、土压平衡式和泥水平衡式,其主要区别在于压力平衡功能及方式。

敞开式盾构机是指开挖面敞开,无封闭隔板,不具备压力平衡功能的盾构机。该工法由于工作面支撑方式简单,相对工艺简单,灵活性高,适于通过各种黏性和非黏性地基,其另一优点是对断裂带的稳定性及可用手工盾构和半机械化盾构掘进非圆形断面。

土压平衡式盾构机是指以渣土为主要介质平衡隧道开挖面地层压力、通过螺旋输送机出渣的盾构机。主要适用于地下水少、渗透系数较小的黏性地层、砂性地层和砂砾地层,具有开挖推进、同步衬砌、一次性成洞等功能。

泥水平衡式盾构机是指以泥浆为主要介质平衡隧道开挖面地层压力、通过泥浆输送系统出渣的盾构机。泥水平衡盾构机主要适用于地下水压大,土体渗透系数大的地质状况。

2.盾构机掘进施工

1)施工准备

盾构机掘进施工主要施工准备工作包括前期调查、技术准备、盾构选型与配置、辅助设施准备和工作井施工等。

2)盾构组装与调试

盾构的组装调试是将拆散的盾构机各部件按照结构要求组织装配成一个整体,并使之达到可以正常使用的施工过程。根据盾构隧洞施工环境条件,盾构组装一般分为井下组装和地面组装。

盾构组装与调试的作业内容一般包括:准备组装场地,铺设后配套行走钢轨、吊机等组装设备进场,后配套拖车组装,安装始发台,盾构主机和后配套组装,安装反力架及洞门密封,主机定位及与后配套连接,电气、液压管路连接,空载调试,安装负环管片,负载调试。

3)盾构始发与试掘进

根据始发场地或始发井场地条件,盾构始发可采用分体始发或整体始发。

盾构机的始发是指利用临时拼装管片等承受反作用力的设备,将盾构机推上始发基座,再由始发口进入地层,开始沿所定设计线路掘进的一系列作业。主要包括洞口边坡防护及端头加固、始发托架安装、盾构机组装及调试、反力架安装、洞门密封装置安装、负环管片拼装以及必要的检查工作等。

盾构试掘进的长度一般为始发后 100 m,其目的是通过这 100 m 的掘进,总结出适应本工程地质条件的盾构掘进参数,为盾构正常掘进积累经验。

盾构试掘进需要总结的内容包括:土压设定、出土量、同步注浆、二次注浆与地面沉降的关系,土体改良参数、刀盘转速与盾构掘进速度、刀盘扭矩的关系,区压差、铰接伸出量、超挖刀伸出量与盾构姿态纠偏的关系,管片拼装方式选择与隧道线型控制的关系等。

4)盾构掘进

盾构掘进为循环性的工艺,一般包括以下几个步骤:

(1)盾构开始掘进前,须根据掘进指令设定各种参数,包括土仓压力、刀盘转速、土体改良参数等。

(2)开始盾构掘进,同步注浆与掘进并行,掘进过程中同时进行土体改良与各类油脂的注入。

(3)掘进行程达到管片拼装条件后,停止掘进,开始拼装管片,1 号列车驶离盾构机至盾构始发场地出土、下管片、浆液以及其他材料。

(4)拼装管片,2 号列车待 1 号列车出隧道后,驶入盾构机处。

(5)2 号列车浆液转驳,管片吊装。

(6)继续下环推进。

(7)盾构掘进达到安装钢轨的条件后,安装轨枕、延长电瓶车与台车轨道。

(8)盾构机台车后方的管路、走道、照明等达到条件后随即安装、延长。

推进过程中,主要采取编组调整千斤顶的推力、调整开挖面压力以及控制盾构推进的纵坡等方法,来操纵盾构位置和顶进方向。一般按照测量结果提供的偏离设计轴线的高程和平面位置值,确定下一次推进时千斤顶开动及推力的大小,用以纠正方向。

5)衬砌管片拼装

常用液压传动的拼装机进行衬砌(管片或砌块)拼装。拼装方法根据结构受力要求,可分为通缝拼装和错缝拼装。通缝拼装是使管片的纵缝环环对齐,拼装较为方便,容易定位,衬砌圆环的施工应力较小,但其缺点是环面不平整的误差容易积累。错缝拼装是使相邻衬砌圆环的纵缝错开管片长度的 1/3~1/2。错缝拼装的衬砌整体性好,但当环面不平整时,容易引起较大的施工应力。衬砌拼装方法按拼装顺序,又可分为先环后纵和先纵后环两种。先环后纵法是先将管片(或砌块)拼成圆环,然后用盾构千斤顶将衬砌圆环纵向顶紧。先环后纵的拼装顺序,在拼装时须使千斤顶活塞杆全部缩回,极易产生盾构后退,故不宜采用。先纵后环法是将管片逐块先与上一环管片拼接好,最后封顶成环。这种拼装顺序,可轮流缩回和伸出千斤顶活塞杆以防止盾构后退,减少开挖面土体的走动。

6)壁后注浆

为了防止地表沉降,必须将盾尾和衬砌之间的空隙及时注浆充填。注浆后还可改善衬砌受力状态,并增进衬砌的防水效果。壁后注浆分为一次注浆和二次注浆。一次注浆是随着盾构推进,当盾尾和衬砌之间出现空隙时,立即通过预留孔压注水泥类砂浆,并保持一定的压力,使之充满空隙。压浆时要对称进行,并尽量避免单点超压注浆,以减少对衬砌的不均匀施工荷载;一旦压浆出现故障,应立即暂停盾构的推进。

在同步注浆后出现以下情况需进行二次注浆:

(1)隧道成形后地面沉降仍有较大的变化趋势;

(2)局部地层较软;

(3)同步注浆注浆量不足。

二次注浆是通过管片中部的注浆孔进行。

壁后注浆常用的材料有水泥浆、泥浆和化学浆液等。

7)渣土改良

在土压平衡式盾构施工过程中,开挖面土体的流动性十分重要,为了提高开挖面土体的流动性,通过对开挖出渣土进行改良,用以满足施工要求。一般通过掺入改良剂来实现渣土改良,常用的改良剂包括聚合型泡沫剂、膨润土、分散型泡沫、高分子聚合物等。

渣土改良目的:使渣土具有较好的土压平衡效果,利于稳定开挖面,控制地表沉降;使渣土具有较好的止水性,以控制地下水流失;使切削下来的渣土顺利快速进入土仓,并利于螺旋输送机顺利排土;可有效防止土渣黏结刀盘而产生泥饼;可防止或减轻螺旋输送机排土时的喷涌现象;可有效降低刀盘扭矩及螺旋输送机扭矩,降低对刀具和螺旋输送机的磨损,提高盾构机掘进效率。

8)渣料及进料运输系统

渣料及进料运输是指渣土、管片以及各种机具机械设备、材料器材的运输装卸,包括水平运输和垂直运输。

盾构水平运输是指将管片、砂浆、轨道、轨枕等掘进所需材料从盾构始发井(或出渣井)运至盾构台车范围内,并将掘进开挖出来的渣土从隧道内运输至井口的作业过程。隧道内水平运输可采用有轨、无轨或连续皮带机等运输方式。

根据盾构施工方式的不同,渣料运输常采用有轨运输和管道运输方式。土压平衡盾构一般采用有轨运输,可采用电气机车、内燃机车或卡车牵引,通常配备管片运输车、出渣斗车;泥水平衡盾构一般采用泥浆泵和管道组成的管道输送系统。

垂直运输宜采用门式或悬臂式起重机等运输方式。垂直运输与水平运输的转换作业应保证作业人员联络通畅。

9)盾构接收

盾构接收可分为常规接收、钢套筒接收和水(土)中接收。盾构接收前,应对洞口段土体进行质量检查,合格后方可接收掘进。

当盾构到达接收工作井100 m时,应对盾构姿态进行测量和调整。当盾构到达接收工作井10 m内时,应控制掘进速度和土仓压力等。当盾构到达接收工作井时,应使管片环缝挤压密实,确保密封防水效果。盾构主机进入接收工作井后,应及时密封管片环与洞门间隙。

10)盾构解体

盾构解体前,应制订解体方案,并应准备解体使用的吊装设备、工具和材料等,且应对各部件进行检查,并应对流体系统和电气系统进行标识。

解体完成后,对已拆卸的零部件应进行清理。

(七)顶管开挖

顶管施工是继盾构施工之后发展起来的一种土层地下管道施工方法。它不需要开挖地层,是一种非开挖的敷设地下管道的施工方法。按顶管口径大小可分为大口径、中口径、小口径和微型顶管;按一次顶进长度可分为普通距离顶管和长距离顶管;按顶管机的破土方式可分为手掘式顶管和机械式顶管;按管材可分为钢筋混凝土顶管、钢管顶管以及其他材料的顶管;按顶管轨迹的曲直可分为直线顶管和曲线顶管。

机械式顶管是现在较常见的顶管施工类型,其一般工序为工作井施工→顶进设备安装调试→吊装混凝土管到轨道上→连接好工具管→装顶铁→开启油泵顶进→出泥→管道贯通→拆工具管→砌检查井。机械式顶管从顶进方式来分,包括土压平衡法和泥水平衡法。

1.土压平衡法施工

在敷设管道前,先建造一个工作井。在井内顶进轴线的后方,布置一组行程较长的千斤顶,一般每组为4~6只,将敷设的管道放在千斤顶前面的导向轨架上,管道的最前端是一台土压平衡顶管机,工具管与管段之间需刚性连接。千斤顶顶推时,以工具管开路,推进管段穿过坑壁上的穿墙孔,把管道压入土中。与此同时,通过土压平衡顶管机的螺旋输出装置将掘进面板前方的土体输出,采用输送带或人工运至工作井中,吊出外运。当千斤顶达到最大行程后,全部缩回,放入顶铁,千斤顶继续前进。如此不断加入顶铁,管段不断向土中延伸,当顶管机和第一节管段几乎全部顶入土中后,吊去全部顶铁,断开顶管机的动力电源及压浆管路,将第二节管段吊入,接好管接头,连接动力电源线和压浆管路继续顶进,如此循环施工,直至全部顶完。

2.泥水平衡法施工

泥水平衡法施工也需要首先完成工作井,而后将经调试完毕的液压系统、顶管掘进机运输至工地,并安装就位至导轨上。微型掘进机被主顶油缸向前推进,掘进机头进入止水圈,穿过土层到达接收井,电动机提供能量,转动切削刀盘,通过切削刀盘进入土层。挖掘的土质、石块等在转动的切削刀盘内被粉碎,然后进入泥水舱,在那里与泥浆混合,最后通过泥浆系统的排泥管由排泥泵输送至地面上。在挖掘过程中,采用复杂的泥水平衡装置来维持水土平衡,以致始终处于主动与被动土压力之间,达到消除地面的沉降和隆起的效果。掘进机完全进入土层以后,电缆、泥浆管被拆除,吊下第一节顶进管,它被推到掘进机的尾套处,与掘进头连接管顶进以后,挖掘终止、液压慢慢收回,另一节管道又吊入井内,套在第一节管道后方,连接在一起,重新顶进,这个过程不断重复,直到所有管道被顶入土层完毕,完成一条永久性的地下管道。

三、土石填筑工程

(一)土石料场规划及开采加工

1.料场规划基本内容

1)空间规划

空间规划是指对料场位置、高程的恰当选择,合理布置。

土石料的上坝运距尽可能短;高程上有利于重车下坡,减少运输机械功率的消耗;近料场不应因取料影响坝的防渗稳定和上坝运输,也不应使道路坡度过陡引起运输事故;坝的上下游、左右岸最好都选有料场,这样有利于上下游左右岸同时供料,减少施工干扰,保证坝体均衡上升;用料时原则上应低料低用,高料高用,当高料场储量有富裕时,亦可高料低用;同时,料场的位置应有利于布置开采设备、交通及排水通畅;对石料场尚应考虑与重要建筑物、构筑物、机械设备等保持足够的防爆、防震安全距离。

2)时间规划

时间规划是根据施工强度和坝体填筑部位变化选择料场使用时机和填料数量。

随着季节及坝前蓄水情况的变化,料场的工作条件也在变化。在用料规划上应力求做到上坝强度高时用近料场,低时用较远的料场,使运输任务比较均衡;对近料和上游易淹的料场应先用,远料和下游不易淹的料场后用;含水量高的料场旱季用,含水量低的料场雨季用;在料场使用规划中,还应保留一部分近料场供合龙段填筑和拦洪度汛高峰强度时使用。

3)料场质与量的规划

料场质与量的规划即质量要满足设计要求,数量要满足填筑的要求。

在选择和规划使用料场时,应对料场的地质成因、产状、埋深、储量以及各种物理力学指标进行全面勘探和试验,勘探精度应随设计深度加深而提高;在施工组织设计中,进行用料规划,不仅应使料场的总储量满足坝体总方量的要求,而且应满足施工各个阶段最大上坝强度的要求。

2.料场规划的基本要求

(1)料场规划应考虑充分利用永久和临时建筑物基础开挖的渣料。应增加必要的施工技术组织措施,确保渣料的充分利用。

(2)料场规划应对主要料场和备用料场分别加以考虑。前者要求质好、量大、运距近,且有利于常年开采;后者通常在淹没区外,当前者被淹没或因库区水位抬高、土料过湿或其他原因中断使用时,则用备用料场保证坝体填筑不致中断。

(3)在规划料场实际可开采总量时,应考虑料场查勘的精度、料场天然密度与坝体压实密度的差异,以及开挖运输、坝面清理、返工削坡等损失。实际可开采总量与坝体填筑量之比一般为:土料 2~2.5,砂砾料 1.5~2,水下砂砾料 2~3,石料 1.5~2;反滤料应根据筛后有效方量确定,一般不宜小于 3;另外,料场选择还应与施工总体布置结合考虑,应根据运输方式、强度来研究运输线路的规划和装料面的布置;整个场地规划还应排水通畅,全面考虑出料、堆料、弃料的位置,力求避免干扰以加快采运速度。

3.土石料的开采与加工

料场开采前应做好以下准备工作:划定料场范围、分期分区清理覆盖层、设置排水系统、修建施工道路、修建辅助设施。

由于填筑土料的质量要求,土料场表面的杂树、杂草、不合格的表土、砂砾等覆盖层都必须予以清除。料场覆盖层清除的工作内容包括:砍伐树木,清除树根、草根、乱石、覆盖物、山坡堆积物和风化层等,并把清除物运到指定地点堆放。施工方法:人工砍伐→清除→挖根→堆放→运输;人工砍伐→清除→挖根→堆放→双胶轮车运输;推土机清除;挖掘机开挖→汽车运输;铲运机铲运等。

坝料开采与加工,应参考已建工程经验,结合本工程情况,进行必要的现场试验,选择合适的工艺过程。试验一般包括调整土料含水量试验、堆石料爆破试验、掺和料掺和工艺试验、各种料的碾压压实试验、其他特定条件下的试验等。

1)土料的开采

土料开采一般有立面开采和平面开采两种。当土层较厚,天然含水量接近填筑含水量,土料层次较多,各层土质差异较大时,宜采用立面开采方法,规划中应确定开采方向、掌子面尺寸、先锋槽位置、采料条带布置和开采顺序;在土层较薄,土料层次少且相对均质、天然含水量偏高需翻晒减水的情况下,宜采用平面开采方法,规划中应根据供料要求、开采和处理工艺,将料场划分成数区,进行流水作业。

2)土料的加工

土料的加工包括调整土料含水量、掺和、超径料处理和某些特殊的处理要求。降低土料含水量有挖装运卸中的自然蒸发、翻晒、掺料、烘烤等方法。提高土料含水量的方法有:在料场加水,料堆加水,在开挖、装料、运输、坝面洒水等。

土料与一定的掺料掺和加工成为掺和料,可分别或综合解决以下问题:减小土料压缩性,防止防渗体开裂,改变土料含水量,改善土料的施工特性,改善防渗性能,节约土料等。一般掺和方法有:①水平互层铺料—立面(斜面)开采掺和法;②土料场水平单层铺放掺料—立面开采掺和法;③在填筑面堆放掺和法;④漏斗—带式输送机掺和法。其中,第①、④两种方法采用较多。

砾质土中超径石含量不多时,常用装耙的推土机先在料场中初步清除,然后在坝体填筑面上进行填筑平整时再作进一步清除;当超径石的含量较多时,可用料斗加设蓖条筛(格筛)或其他简单筛分装置加以筛除,还可采用从高坡下料,造成粗细分离的方法清除粗粒料。

在进行反滤料、垫层料、过渡料等小区料的开采和加工时,若级配合适,可用砂砾石料直接开采上坝或经简易破碎筛分后上坝。若无砂砾石料可供使用,可用开采碎石加工制备。对于粗粒径较大的过渡料宜直接采用控制爆破技术开采,对于较细且质量要求高的反滤料、垫层料,则可用破碎、筛分、掺和工艺加工。

如果其级配接近混凝土骨料级配,可考虑与混凝土骨料共用加工系统,必要时亦可单独设置破碎筛分系统。

3) 砂砾石料和堆石料的开采

砂砾石料开采,主要有陆上和水下开采两种方式。陆上开采用一般挖运设备即可。水下开采,一般采用采砂船配索铲。当水下开采砂砾石料含水量高时,需堆放排水。

主堆石料方量大,开采强度高,是土石坝工程施工进度控制的关键,必须详细研究其开采规划和开采工艺。

块石料的开采一般是结合建筑物开挖或由石料场开采,开采的布置宜形成多工作面流水作业方式。开采方法一般采用深孔梯段爆破,少数为了特定的目的才使用洞室爆破。

4) 超径料的处理

超径块石料的处理方法,主要有浅孔爆破法和机械破碎法两种。

浅孔爆破法是指采用手持式风动凿岩机对超径石进行钻孔爆破。

机械破碎法是指采用风动或振动、锤击破碎超径块石,也可利用吊车起吊重锤,重锤自由下落破碎超径块石。

(二)碾压式土石坝填筑施工

1.土石坝分类

土石坝亦称当地材料坝,根据施工方法的不同,土石坝分为碾压式土石坝、抛填式堆石坝、定向爆破堆石坝、水力冲填坝(水坠坝)等类型,其中碾压式土石坝最为普遍。

2.填筑标准与参数

1) 填筑标准

(1)黏性土的填筑标准。含砾和不含砾的黏性土的填筑标准应以压实度和最优含水率作为设计控制指标。设计最大干密度应以击实最大干密度乘以压实度求得。

1级、2级坝和高坝的压实度应为98%~100%,3级中低坝及3级以下的中坝压实度应为96%~98%。设计地震烈度为Ⅷ、Ⅸ度的地区,宜取上述规定的大值。

(2)非黏性土的填筑标准。砂砾石和砂的填筑标准应以相对密度为设计控制指标。砂砾石的相对密度不应低于0.75,砂的相对密度不应低于0.7,反滤料宜为0.7。

(3)堆石填筑标准。堆石填筑标准宜用孔隙率为实际控制指标,土质防渗体分区坝和沥青混凝土心墙坝的堆石料,孔隙率宜为20%~28%,沥青混凝土面板堆石坝堆石料的孔隙率宜在混凝土面板堆石坝和土质防渗体分区坝的孔隙率之间选择。

2) 压实参数的确定

(1)土料填筑压实参数主要包括碾压机具的重量、含水量、碾压遍数及铺土厚度等,对于振动碾还应包括振动频率及行走速率等。

(2)黏性土料压实含水量可取土料塑限并上下浮动2%进行试验。

（3）选取试验铺土厚度和碾压遍数，并测定相应的含水量和干密度，作出对应的关系曲线。再按铺土厚度、压实遍数和最优含水量、最大干密度进行整理并绘制相应的曲线，根据设计干密度，从曲线上分别查出不同铺土厚度所对应的压实遍数和对应的最优含水量。最后再分别计算单位压实遍数的压实厚度进行比较，以单位压实遍数的压实厚度最大者为最经济、合理。

（4）对非黏性土料的试验，只需作铺土厚度、压实遍数和干密度的关系曲线，据此便可得到与不同铺土厚度对应的压实遍数，根据试验结果选择现场施工的压实参数。

3.施工机械配合与选取

1）挖运机械

（1）挖掘机械。土石方工程的开挖机械主要为挖掘机。

（2）挖装运组合机械。挖运组合机械主要有推土机和铲运机；装运结合的机械则有装载机。

（3）运输机械。运输机械有循环式和连续式两种。

循环式运输机械有有轨机车和汽车。一般工程自卸汽车的吨位是 10~35 t，汽车吨位大小应根据需要并结合道路桥梁条件来考虑。

连续运输机械最常用的是带式运输机。根据有无行驶装置，分为移动式和固定式两种。前者多用于短程运输和散体材料的装卸堆存，后者多用于长距离运输。

带式运输机运行时驱动轮带动皮带连续运转。为防止皮带松弛下垂，在机架端部设有张紧鼓轮。沿机架设有上下托辊避免皮带下垂。为保证运输途中卸料，沿机架同时设有卸料小车，卸料小车沿机架上的轨道移到卸料位置卸料。

带式运输机有金属带和橡胶带，常用的是后者，带宽一般为 800~1 200 mm，最大带宽 1 800 mm，最大运行速度 240 m/min，最大小时生产率达 12 000 t/h。这种运输设备不受地形限制，结构简单，运行方便灵活，生产率很高。

2）压实机械

压实机械分为静压碾压、振动碾压、夯击三种基本类型。其中，静压碾压设备有羊脚碾（在压实过程中，对表层土有翻松作用，无须刨毛就可以保证土料良好的层间结合）、气胎碾等；振动碾压设备有振动平碾、振动凸块碾等；夯击设备有夯板、强夯机等。

静压碾压的作用力是静压力，其大小不随作用时间而变化。夯击的作用力为瞬时动力，有瞬时脉冲作用，其大小随时间和落高而变化。振动的作用力为周期性的重复动力，其大小随时间呈周期性变化，振动周期的长短，随振动频率的大小而变化。振动碾压与静压碾压相比，具有质量轻、体积小、碾压遍数少、深度大、效率高的优点。

3）机械配置

土石坝工程的施工，一般有多种方案可供选择，在拟订施工方案时，应首先选用基本工作的主要设备，即按照施工条件、工程进度和工作面的参数选择主要机械，然后根据主要机械的生产能力和性能选用配套机械。选择施工机械时，可参考类似工程的施工经验和有关机械手册。常用土方施工机械的经济运距如下：

（1）履带式推土机的推运距离为 15~30 m 时，可获得最大的生产率。推运的经济运距一般为 30~50 m，大型推土机的推运距离不宜超过 100 m。

（2）轮胎装载机用来挖掘和特殊情况下作短距离运输时，其运距一般不超过 100~150

m;履带式装载机不超过100 m。

（3）牵引式铲运机的经济运距一般为300 m。自行式铲运机的经济运距与道路坡度大小、机械性能有关,一般为200~300 m。

（4）自卸汽车在运距方面的适应性较强。

4.坝体填筑

1）土料防渗体施工

防渗体按结构形式分为心墙(斜心墙)、斜墙两类,其填筑材料包括黏性土、砾质土、风化料及掺和料。

防渗体坝面填筑分为铺料、压实、取样检查三道主要工序,还有洒水、刨毛、清理坝面、接缝处理等项工作。

（1）土料铺填。铺料分为卸料与平料两道工序。选择铺料方法主要考虑以下两点:一是坝面平整、铺料层均匀,不得超厚;二是对已压实合格土料不过压,防止产生剪力破坏。

防渗体土料铺筑应沿坝轴线方向进行,采用自卸汽车卸料,推土机平料,宜增加平地机平整工序,便于控制铺土厚度和坝面平整。推土机平料过程中,应采用仪器或钢钎及时检查铺层厚度,发现超厚部位应立即进行处理。土料与岸坡、反滤料等交界处应辅以人工仔细平整。铺料方法有以下几种:

①进占法铺料。防渗体土料用进占法卸料,即汽车在已平好的松土层上行驶、卸料,用推土机向前进占平料,如图5-3-2所示。这种方法铺料不会影响洒水、刨毛作业。

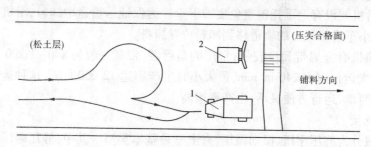

1—自卸汽车;2—推土机

图5-3-2　汽车进占铺料法

②后退法铺料。汽车在已压实合格的坝面上行驶并卸料,如图5-3-3所示。此法卸料方便,但对已压实土料容易产生过压,对砾质土、掺和土、风化料可以选用。应采用轻型汽车(20 t以下),在填土坝面重车行驶路线要尽量短,且不走一辙,控制土料含水率略低于最优值。

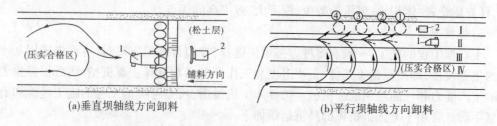

(a)垂直坝轴线方向卸料　　　　　(b)平行坝轴线方向卸料

①、②、③、④—汽车卸料顺序；Ⅰ、Ⅱ、Ⅲ、Ⅳ—推土机平料顺序

1—自卸汽车;2—推土机

图5-3-3　汽车后退法铺料

（2）土料压实。防渗体土料压实机械主要用凸块振动碾,亦有采用气胎碾。

①凸块振动碾。目前国内使用的碾重一般为 10~20 t,适用于黏性土料、砾质土及软弱风化土石混合料,压实功能大,厚度达 30~40 cm,一般碾压 4~8 遍可达设计要求,生产效率高。压实后表层有 8~10 cm 的松土层,填土表面不需刨毛处理。凸块振动碾因其良好的压实性能,国内外已广泛采用,成为防渗土料的主要压实机具。

②气胎碾。国内目前使用的碾重为 18~50 t,国外已采用 100 t 或更大的碾重。适用于黏性土、砾质土,含水量范围偏于上限的土料,铺层厚度较大（20~50 cm）,碾压遍数较少,生产效率高,适用于高强度施工。不会产生松土层,对雨季施工有利,但压实后填土层面需洒水湿润并刨毛处理。对偏湿土料有一定应用。

土料压实方法主要要求包括以下几个方面：

①错距法压实。错距法压实是指沿着长度方向前进压实、后退压实一个压实宽度,压实一定遍数之后,再压实下一个压实宽度,第二个压实宽度应与第一个压实宽度有一定的重叠量。碾压机械压实方法已趋标准化,即均采用进退错距法,此法碾压与铺土、质检等工序分段作业容易协调,便于组织平行流水作业。碾压遍数较少时也可采用一次压够遍数、再错车的方法。

②碾压方向。应沿坝轴方向进行。在特殊部位,如防渗体截水槽内或与岸坡结合处,应用专用设备在划定范围沿接坡方向碾压。

③分段碾压碾迹搭接宽度。垂直碾压方向不小于 0.3~0.5 m,顺碾压方向应为 1.0~1.5 m。

④碾压行车速度。一般取 2~3 km/h,不得超过 4 km/h。

（3）坝面土料含水率调整。土料含水率调整应在料场进行,仅在特殊情况下可考虑在坝面做少许调整。

①土料加水。当上坝土料的平均含水率与碾压施工含水率相差不大,仅需增加 1%~2% 左右时,可采用在坝面直接洒水。

加水方式分为汽车洒水和管道加水两种。汽车喷雾洒水均匀,施工干扰小,效率高,宜优先采用。管道加水方式多用于施工场面小、施工强度较低的情况。

加水后的土料一般应以圆盘耙或犁使其掺和均匀。

粗粒残积土在碾压过程中,随着粗粒被破碎,细粒含量不断地增多,压实最优含水率也在提高。碾压开始时比较湿润的土料,到碾压终了可能变得过于干燥,因此碾压过程中要适当地补充洒水。

②土料的干燥。当土料的含水率大于施工控制含水率上限的 1% 以内时,碾压前可用圆盘耙或犁在填筑面进行翻松晾晒。

③在干燥和气温较高天气,为防止填土表面失水干燥,应做喷雾加水养护。

2）反滤料施工

反滤层填筑与相邻的防渗体土料、坝壳料填筑密切相关。合理安排各种材料的填筑顺序,既可保证填料的施工质量,又不影响坝体施工速度,这是施工作业的重点。

（1）反滤层填筑次序及适用条件。反滤层填筑方法大体可分为削坡法、挡板法及土砂松坡接触平起法三种。20 世纪 60 年代以后,与机械化施工相应的反滤层宽度较大,主要与人力施工相适应的削坡法和挡板法已不再采用。土砂松坡接触平起法能适应机械化施工,已成为趋于规范化的施工方法。该方法一般分为先砂后土法、先土后砂法、土砂交替法几种,它允许反滤料与相邻土料"犬牙交错",跨缝碾压。

①先砂后土法。即先铺反滤料,后铺土料。当反滤层宽度较小(<3 m)时,铺1层反滤料,填2层土料,碾压反滤料并骑缝压实与土料的结合带。因先填砂层与心墙填土收坡方向相反,为减少土砂交错宽度,在铺第2层土料前,采用人工将砂层沿设计线补齐,见图5-3-4。对于高坝,反滤层宽度较大,机械铺设方便,反滤料铺层厚度与土料相同,平起铺料和碾压。其填筑次序见图5-3-5。先砂后土法由于土料填筑有侧限、施工方便,工程较多采用。

②先土后砂法。即先铺土料,后铺反滤料,齐平碾压,见图5-3-6。

③土砂交替法。填筑次序见图5-3-7。

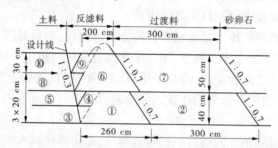

①、②、③、…、⑩—铺土顺序(其中①、②、③、④、⑤、⑧为压实区;⑥、⑦、⑨、⑩为未压实区)

图 5-3-4　先砂后土法

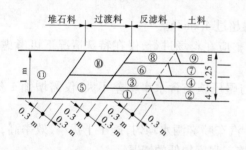

①、②、③、…、⑪—铺土顺序

图 5-3-5　多区料填筑次序

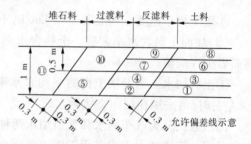

①、②、③、…、⑪—铺土顺序

图 5-3-6　先土后砂法

(2)反滤料铺填。反滤料填筑分为卸料、铺料、界面处理、压实几道工序。

①卸料。采用自卸汽车卸料,车型的大小应与铺料宽度相适应,卸料方式应尽量减少粗细料分离。

当铺料宽度小于2 m时,宜选用侧卸车或5 t以下后卸式汽车运料。较大吨位自卸汽车运料时,可采用分次卸料或在车斗出口安装挡板,以缩窄卸料出口宽度。

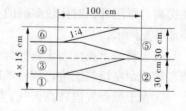

①、②、③、…、⑥—铺土顺序

图 5-3-7　土砂交替法

为了减少反滤层与土料及堆石料分区界面上粗、细料的分离,方便界面上超径石的清除,自卸汽车卸料次序应"先粗后细",即按"堆石料→过渡料→反滤料"次序卸料。当反滤层宽度大于3 m时,可沿反滤层以后退法卸料。反滤料在备料场加水保持潮湿,也是减少铺料分离的有效措施。

②铺料。一般较多采用小型反铲(斗容 1 m³)铺料,也有使用装载机配合人工铺料的,当反滤层宽度大于 3 m 时,可采用推土机摊铺平整。

③界面处理。反滤层填筑必须保证其设计宽度,填土与反滤料的"犬牙交错"带宽度一般不得大于填土层厚的 1.5 倍。

为了保证填料层间过渡,要避免界面上的超径石集中现象。采用"先粗后细"顺序铺料时,应在清除界面上的超径石后,再铺下一级料。使用小型反铲将超径石移放至与本层相邻的粗料区或坝壳堆石区。

反滤层填筑采用"先砂后土法",铺一层反滤料,填筑两层土料,齐平碾压的施工方法已趋规范化。为了使第二层土界面靠近防渗体设计线,铺第二层土前可将反滤料移至设计线。

(3)反滤料压实。

①压实机械。普遍采用振动平碾,压实效果好,效率高,与坝壳堆石料压实使用同一种机械。因反滤层施工面狭小,应优先选用自行振动碾,牵引式的拖拉机履带板易使不同料物混杂。

②反滤料碾压的一般要求。当防渗体土料与反滤料、反滤料与过渡料或坝壳堆石料填筑齐平时,必须用平碾骑缝碾压,跨过界面至少 0.5 m。

3)坝壳料施工

土石坝坝壳料按其材料分为堆石、风化料、砂砾(卵)石三类。不同材料由于其强度、级配、湿陷程度不同,施工采用的机械及工艺亦不尽相同。

(1)机械选择。

①自卸汽车运输直接上坝。总结国内外土石坝施工经验可以得出,坝体方量在 500 万 m³ 以下的,以 30 t 级以下为主,大于 500 万 m³ 的应以 45 t 级以上为主。

②坝面用以摊铺、平料的推土机,为了便于控制层厚,不影响汽车卸料作业,其动力应与石料最大块径、级配相适应,功率一般不宜小于 200 hp(1 hp=745.70 W),300 hp 以上也是可取的。

(2)铺填方法。

①坝壳料铺填基本方法分为进占法、后退法、混合法三种。

进占法如图 5-3-8 所示,推土机平料容易控制层厚,坝面平整,石料容易分离,表层细粒多,下部大块石多,有利于减少施工机械磨损,堆石料铺填厚度 1.0 m。

后退法如图 5-3-9 所示,可改善石料分离,推土机控制不便,多用于砂砾石和软岩;厚度一般小于 1.0 m。

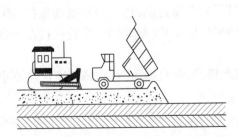

图 5-3-8 进占法

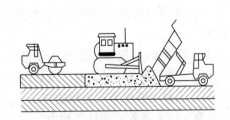

图 5-3-9 后退法

混合法如图 5-3-10 所示,使用铺料层厚大(1.0~2.0 m)的堆石料,可改善分离,减少推土机平整工作量。

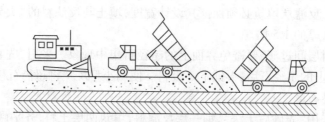

图 5-3-10　混合法

②堆石料一般应用进占法铺料,堆石强度在 60~80 MPa 的中等硬度岩石,施工可操作性好。对于特硬岩(强度>200 MPa),由于岩块边棱锋利,施工机械的轮胎、链轨节等损坏严重,同时因硬岩堆石料往往级配不良,表面不平整影响振动碾压实质量,因此施工中要采取一定的措施,如在铺层表面增铺一薄层细料,以改善平整度。

③级配较好的石料,如强度 30 MPa 以下的软岩堆石料、砂砾(卵)石料等,宜用后退法铺料,以减少分离,有利于提高密度。

④不管用何种铺料方法,卸料时要控制好料堆分布密度,使其摊铺后厚度符合设计要求,不要因过厚而难以处理。尤以后退法铺料更需注意。

(3)坝面超径石处理。

①对于振动碾压实,石料允许最大粒径可取稍小于压实层厚;气胎碾可取层厚的 1/2~2/3。

②超径石应在料场内解小,少量运至坝面的大块石或漂石,在碾压前应做处理。一般是就地用反铲挖坑将其掩埋在层面以下,或用推土机移至坝外坡附近,作护坡石料。少量超径石也可在坝面用冲击锤解小。

(4)坝壳料压实。坝壳透水料和半透水料的主要压实机械有振动平碾、气胎碾等。

振动平碾适用于堆石与含有漂石的砂卵石、砂砾石和砾质土的压实。振动碾压实功能大,碾压遍数少(4~8 遍),压实效果好,生产效率高,应优先选用。气胎碾可用于压实砂、砂砾料、砾质土。

坝壳料碾压一般要求如下:

①除坝面特殊部位外,碾压方向应沿轴线方向进行。一般均采用进退错距法作业。在碾压遍数较少时,也可一次压够后再行错车。

②施工主要参数铺料厚度、碾压遍数、加水量等要严格控制;还应控制振动碾的行驶速度,符合规定要求的振动频率、振幅等参数。振动碾应定期检测和维修,始终保持在正常工作状态。

③分段碾压时,相邻两段交接带的碾迹应彼此搭接,垂直碾压方向,搭接宽度应不小于0.3~0.5 m,顺碾压方向应不小于 1.0~1.5 m。

(三)混凝土面板堆石坝填筑施工

1.面板堆石坝各区料填筑标准

面板堆石坝的垫层区、过渡区、主堆石区及下游次堆石区石料填筑标准应根据坝的等级、高度、河谷形状、地震烈度及坝料特性等因素,参考同类工程经验,经综合分析论证后确定。石料填筑标准应同时规定孔隙率(或相对密度)和碾压参数。硬岩堆石料的孔隙率不应高于表 5-3-11 的要求,砂砾料的相对密度不应低于表 5-3-11 的要求;软岩堆石料的设计指标和填筑标准,应通过试验和工程类比确定。填筑标准应通过生产性碾压试验复核和修正,并确定相应的碾压参数。

表 5-3-11　　硬岩堆石料和砂砾料填筑标准

料物或分区	坝高<150 m		150 m≤坝高<200 m	
	孔隙率(%)	相对密度	孔隙率(%)	相对密度
垫层料	15~20		15~18	
过渡料	18~22		18~20	
主堆石料	20~25		18~21	
下游堆石料	21~26		19~22	
砂砾石料		0.75~0.85		0.85~0.90

2.压实参数

填筑标准应通过碾压试验复核和修正,并确定相应的碾压施工参数(碾重、行车速率、铺料厚度、加水量、碾压遍数)。坝料压实质量检查,应采用碾压参数和干密度(孔隙率)等参数控制,以控制碾压参数为主。

3.各区料填筑工艺

1)坝体填筑工艺流程

(1)测量放样。基面处理合格后,按设计要求测量确定各填筑区的交界线,撒石灰线进行标识。垫层上游边线可用竹桩吊线控制,两岸岩坡上标写高程和桩号,其中垫层上游边线、垫层与过渡层交界线、过渡层与主堆石区交界线每层上升均应进行测量放样,主次堆石交界线、下游边线可放宽到 2~3 层测量放样一次。

(2)卸料。一般采用 15~45 t 自卸汽车运输。小区、垫层和过渡层采用后退法卸料,主堆石区和次堆石区料采用进占法卸料,砂砾石料采用后退法卸料。

(3)摊铺。小区料一般用小型装载机或反铲挖掘机配合人工摊铺平整;垫层料多采用平地机或推土机摊铺;过渡层区、主堆石区和次堆石区料及砂砾石料采用推土机摊铺平整并使厚度满足要求。摊铺过程中要对超径石和界面分离料进行必要的处理。

(4)洒水。按试验参数进行。洒水方法分坝外洒水和坝内洒水两种型式。坝外洒水即在近坝平缓道路上,把水洒在运料车厢内。坝内洒水对中低坝一般用高位水池、布设水管的洒水方法。高坝或两岸较陡峻的中坝采用洒水车洒水,有条件的也可采用高位水池或高位水池与洒水车相结合的洒水方式。

(5)压实。用工作重量 10 t 以上的振动平碾以进退错距法碾压,在岸坡、施工道路处顺坡碾压,其他一般沿平行坝轴线方向进行。上游垫层坡面碾压采用工作重量不少于 10 t 的斜平两用振动碾进行。边角部位及垫层料、小区料可用装置于反铲上的液压振动夯板进行压实。

（6）质检。检查各种石料的级配情况、铺层厚度、加水量、碾压遍数,按规定测量沉降量和干密度。

2）各区填筑顺序

各区填筑顺序主要有"先粗后细"法和"先细后粗"法两种。

（1）"先粗后细"法。上游区填筑顺序为:堆石区→过渡层区→垫层区。铺料时应及时清理界面的粗粒径料,此法有利于保证质量,且不增加细料用量,宜优先采用。

（2）"先细后粗"法。上游区填筑顺序为:垫层区→过渡层区→堆石区。按这种顺序安排施工,由于细料使用量比设计量增加许多,且界面粗粒料不易处理,一般不常用。

3）各区料填筑要点

（1）主次堆石区填筑。采用进占法填筑主、次堆石区的填筑料,以使粗径石料滚落底层,细石料留在面层,以利于平整和碾压。卸料的堆与堆之间留 0.6 m 左右的间隙。采用错距法顺坝轴线方向进行振动碾碾压,中低速行驶。铺筑碾压层次分明,平起平升,以防漏振、欠振。在岸坡边缘靠山坡处,大块石易集中,故岸坡周边选用粒径不大于 40 cm、级配良好的石料铺筑。碾压时滚筒尽量靠近岸坡,沿上下游方向行驶,仍碾压不到之处用小型振动碾加强碾压。在碾压前提早进行洒水,并由专人负责。严禁草皮、树根及含泥量大于 5% 的石料上坝。

（2）过渡区堆石填筑。填筑时自卸汽车将料直接卸入工作面,倒料顺序可从两岸向中间进行,以利流水作业。堆与堆之间留 0.6 m 间隙,用推土机推平,再辅以人工整平。接缝处超径块石需清除,主堆石区料不得侵占过渡区料的位置,过渡区料不得侵占垫层区位置,否则应采用反铲挖除或辅以人工清除。平整后洒水、碾压。碾压时顺坝轴线来回行驶。

（3）垫层区填筑。符合设计要求的成品料可直接运卸到垫层区,然后用推土机辅以人工整平。如垫层区宽度较小时,可以用反铲或装载机料斗铺料,并以人工整平。填筑时上游边线水平超宽 20~30 cm,铺筑方法与过渡区料基本相同,并与同层过渡料一并碾压。碾压时顺坝轴线方向行驶,振动碾距上游边缘的距离不宜小于 40 cm,再用振动平板压实,可压实到上游边缘。按规定的洒水量、遍数、层厚及行走速度进行。垫层料和过渡料的填筑需与堆石区同步进行,即主次堆石区填筑一层,垫层、过渡层填筑二层。另外,垫层区水平分层铺筑时,用三角尺或激光仪进行检查控制,每二层进行一次测量检查,发现超欠时,进行人工平整处理。

（4）周边小区填筑。周边小区料的填筑必须精心操作,保证其规定的填筑宽度,严格按碾压试验成果控制铺料厚度、碾压遍数及洒水量,用振动平板压实。

（5）坝前粉质土及石渣回填。待趾板上的灌浆工作、混凝土面板及表面止水施工全部完成,隐蔽工程验收合格后,避开雨天进行施工。

4）垫层区上游坡面碾压与防护

为了给面板提供坚实可靠的支承面,保证面板厚薄均匀、符合设计及规范规定,同时减少混凝土超浇量,并保证垫层坡面不受雨水流蚀,挡水度汛时不被水浪淘刷,常用的施工技术是,坝体每升高 10~20 m 进行一次斜坡面修整、碾压及防护。国内大多数工程采用 10 t 斜、平两用振动碾进行斜坡碾压施工。坡面保护采用碾压砂浆、喷混凝土或喷乳化沥青等。

（四）砌石工程

砌石工程具有就地取材、料源丰富、施工工艺简单、对施工队伍要求不高、便于掌握等特点,在水利工程中的护坡、护底、挡土墙、桥墩等部位应用较多,尤其在地方中小型水利工程中应用更为广泛。

1.砌石工程的分类

(1)浆砌石。用胶结材料充填石料之间的空隙,使分散的石料形成一个整体,从而达到抵御外力的作用。浆砌石主要用于护坡、护底、基础、挡土墙、桥墩等工程,也用于大坝工程,如浆砌石重力坝、浆砌石拱坝等。

(2)干砌石。按照石块的外形,经过人力安砌,使石缝挤紧,各石块之间互相咬结紧密,形成表面平整、充填密实的大小石料组合体,从而达到抵御外力的作用。干砌石的石块之间没有胶凝材料充填。干砌石主要用于河床、岸坡的保护加固和挡土墙、路基以及其他基础工程中。

(3)抛石。是将块石抛至需要加固保护的地点,堆成一定形状的建筑物,防止河岸或构筑物受水流冲刷,经常用于河岸护脚、险工、控导以及抢修工程。

2.石料规格、标准及质量要求

砌石工程的石料主要包括卵石、块石、片石、毛条石、料石等材料。石料规格及标准说明如下:

(1)卵石。指最小粒径大于 20 cm 的天然河卵石。

(2)块石。指厚度大于 20 cm,长、宽各为厚度的 2~3 倍,上下两面平行且大致平整,无尖角、薄边的石块。

(3)片石。指厚度大于 15 cm,长、宽各为厚度的 3 倍以上,无一定规则形状的石块。

(4)毛条石。指一般长度大于 60 cm 的长条形四棱方正的石料。

(5)料石。指毛条石经修边打荒加工,外露面方正,各相邻面正交,表面凸凹不超过 10 mm 的石料。

3.胶凝材料

砌石体的胶凝材料主要有水泥砂浆和一、二级配混凝土,一、二级配混凝土通常又称细骨料混凝土或细石混凝土。胶凝材料的配合比应满足砌石体设计强度的要求,胶凝材料宜适量掺入外加剂及掺和料,最优掺量应通过试验确定。

胶凝材料采用的强度等级或标号强度如下:

(1)水泥采用强度等级,常用的有 32.5 级、42.5 级、52.5 级三种。

(2)水泥砂浆常用的标号强度分为 5.0 MPa、7.5 MPa、10.0 MPa、12.5 MPa 四种。

(3)混凝土常用的标号强度分为 10.0 MPa、15.0 MPa、20.0 MPa 三种,其标号强度是指 15 cm 立方体 90 d 或 180 d 的抗压强度,其保证率为 80%。

4.砌石工程的施工

1)干砌石施工

干砌石施工包括挂线、找平、选石、修石、砌筑、填缝、50 m 以内石料运输及搭拆跳板等全部操作过程。要求砌筑密实、稳固、表面平整、尺寸符合设计要求。

2)浆砌石施工

浆砌石施工包括挂线、找平、选石、修石、冲洗、拌制砂浆、砌筑、勾缝、50 m 以内石料运输、100 m 以内砂浆运输等全部操作过程。要求砌筑密实、稳固,砂浆饱满,表面平整,尺寸符合设计要求,拌浆均匀,配合比符合规定。

四、混凝土工程

(一)骨料料场规划和骨料生产加工

1.骨料料场规划及其原则

骨料料场规划是研究砂石骨料的储量,物理力学指标,杂质含量以及开采、运输、堆存加工条件,以满足质量、数量为基础,寻求开采、运输、加工成本费用低的方案,确定采用天然骨料、人工骨料还是组合骨料用料方案。骨料料场规划原则主要包括以下几点:

(1)满足水工混凝土对骨料的各项质量要求,其储量力求满足各设计级配的需要,并有必要的富余量。

(2)选用的料场,特别是主要料场,应场地开阔,高程适宜,储量大,质量好,开采季节长,主辅料场应能兼顾洪枯季节互为备用的要求。

(3)选择可采率高,天然级配与设计级配较为接近,用人工骨料调整级配数量少的料场。

(4)料场附近有足够的回车和堆料场地,且占用农田少。

(5)选择开采准备工作量小、施工简便的料场。

2.骨料的生产加工

1)骨料的破碎

使用破碎机械加工碎石,常用的设备有颚板式、反击式和锥式三种碎石机。

2)骨料的筛分

为了分级,需将采集的天然毛料或破碎后的混合料筛分,分级的方法有机械筛分和水力筛分两种。前者利用机械力作用经不同孔眼尺寸的筛网对骨料进行分级,适用于粗骨料。后者利用骨料颗粒大小不同、水力粗度各异的特点进行分级,适用于细骨料。

①机械筛分。其筛网多用高碳钢条焊接成方筛孔,筛孔边长分别为 112 mm、75 mm、38 mm、19 mm、5 mm,用以筛分 120 mm、80 mm、40 mm、20 mm、5 mm 的各级粗骨料。

当筛网倾斜安装时,为保证筛分粒径,尚须将筛孔尺寸适当加大。大规模筛分多用机械振动筛,有偏心振动筛和惯性振动筛两种。

②水力筛分。无论天然砂还是人工砂通常多用水力分级,这时分级和冲洗同时进行,也有用沉砂箱承纳筛分后流出的污水砂浆,经初洗和排污后再送入洗砂机清洗。

3)骨料的堆存与运输

成品骨料的堆存和运输应符合下列规定:

(1)堆存场地应有良好的排水设施,必要时应设遮阳防雨棚。骨料堆场的形式分为台阶式、栈桥式堆料机堆料。

(2)各级骨料仓之间应设置隔墙等有效措施,严禁混料,并应避免泥土和其他杂物混入骨料中。

(3)应尽量减少转运次数。卸料时,粒径大于 40 mm 骨料的自由落差大于 3 m 时,应设置缓降设施。

(4)储料仓除有足够的容积外,还应维持不小于 6 m 的堆料厚度。细骨料仓的数量和容积应满足细骨料脱水的要求。

(5)在粗骨料成品堆场取料时,同一级料应注意在料堆不同部位同时取料。

(二)混凝土拌和设备

1.混凝土搅拌机

混凝土搅拌机是制备混凝土的主要设备,搅拌机按搅拌方式分为强制式、自落式和涡流式三种。强制式搅拌机是装料鼓筒不旋转,固定在轴上的叶片旋转带动混凝土骨料进行强制拌和。自落式搅拌机是利用可旋转拌和筒上的固定叶片,将混凝土骨料带至筒顶自由跌落拌制,自落式搅拌机有鼓筒式和双锥式两种。搅拌机的主要性能指标是其工作容量,以 L 或 m³ 计。搅拌机按照装料、拌和、卸料三个过程循环工作。

2.混凝土搅拌楼(站)

(1)搅拌站的布置,对台阶地形,拌和机数量不多,可一字形排列;对沟槽路堑地形,拌和机数量多,可采用双排相向布置。拌和站的配料可由人工或机械完成,供料配料设施的布置应考虑进出料方向、堆料场地、运输线路布置。混凝土拌和站布置如图 5-3-11 所示。

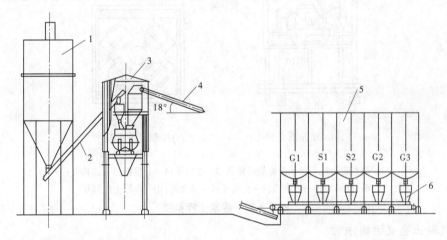

1—水泥仓;2—螺旋输送机;3—搅拌站;4—带式输送机;5—骨料仓;6—称量斗

图 5-3-11　混凝土拌和站布置图

(2)搅拌楼是集中布置的混凝土工厂(见图 5-3-12),常按工艺流程分层布置,分为进料、储料、配料、拌和及出料共 5 层,其中配料层是全楼的控制中心,设有主操纵台。

(三)混凝土运输方案

混凝土运输是连接拌和与浇筑的中间环节。运输过程包括水平运输和垂直运输。从混凝土出机口到浇筑仓面前,主要完成水平运输,从浇筑仓面前至仓里主要完成垂直运输。

1.混凝土水平运输方案

混凝土的水平运输有无轨运输、有轨运输和皮带机运输三种。

(1)无轨运输。无轨运输混凝土机动灵活,能与大多数起吊设备和其他入仓设备配套使用,能充分利用现有的土石方施工道路和场内交通道路,但无轨运输混凝土存在能源消耗大、运输成本较高的缺点。主要设备有混凝土搅拌车、自卸汽车、汽车运立罐、无轨侧卸料罐车。

(2)有轨运输。有轨运输需要专用运输线路,运行速度快,运输能力大,适应混凝土工程量较大的工程。分为机车拖平板车立罐和机车拖侧卸罐车两种。

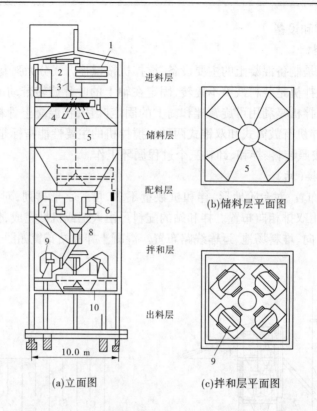

进料层　储料层　配料层　拌和层　出料层

(a)立面图　　　　　　　　(c)拌和层平面图

(b)储料层平面图

1—进料皮带机;2—水泥螺旋运输机;3—受料斗;4—分料器;5—储料仓;
6—配料斗;7—量水器;8—集料斗;9—拌和机;10—混凝土出料斗

图 5-3-12　混凝土拌和楼

2.混凝土垂直运输方案

混凝土垂直运输方式取决于建筑物的高度和体积(工程量),常以缆机、门机、塔机、专用胶带机为主要浇筑机械,而以履带式起重机及其他较小机械设备为辅助措施,不同工程,根据其施工特点,除可采用上述机械外,还可采用移动式起重机、汽车入仓和混凝土泵等。

混凝土垂直运输方案有缆机、门(塔)机、胶带机、履带式起重机、轮胎式起重机、混凝土泵、真空溜管及碾压混凝土的汽车运输等多种组合方案。目前,已形成以门(塔)机、缆机、胶带机三种主导机械类型为主的施工方案。

(四)混凝土浇筑及养护

混凝土浇筑的施工过程包括浇筑前的准备作业,浇筑时的入仓铺料、平仓振捣和浇筑后的养护。

1.浇筑前的准备作业

浇筑前的准备作业包括基础面的处理、施工缝处理、立模、钢筋及预埋件安设等。

1)基础面处理

对于砂砾地基,应清除杂物,整平建基面,再浇 10~20 cm 低强度等级的混凝土作垫层,以防漏浆;对于土基应先铺碎石,盖上湿砂,压实后,再浇混凝土;对于岩基,在爆破后,用人工清除表面松软岩石、棱角和反坡,并用高压水枪冲洗,若粘有油污和杂物,可用金属丝刷刷洗,直至洁净为止,最后,再用高压风吹至岩面无积水,经质检合格后,才能开仓浇筑。

2）施工缝处理

施工缝指浇筑块间临时的水平和垂直结合缝，也是新老混凝土的结合面。在新混凝土浇筑前，应当采用适当的方法（如高压水枪、风沙枪、风镐、钢刷机、人工凿毛等）将老混凝土表面含游离石灰的水泥膜（乳皮）清除，并使表层石子半露，形成有利于层间结合的麻面。对纵缝表面可不凿毛，但应冲洗干净，以利灌浆。采用高压水冲毛，视气温高低，可在浇筑后 5~20 h 进行；当用风砂枪冲毛时，一般应在浇后一两天进行。施工缝面凿毛或冲毛后，应用压力水冲洗干净，使其表面无渣、无尘，才能浇筑混凝土。

2.模板安拆

模板的作用是对新浇混凝土起成型和支承作用，同时还具有保护和改善混凝土表面质量的作用。模板应符合下列规定：

（1）保证混凝土结构和构件各部分设计形状、尺寸和相互位置正确。

（2）具有足够的强度、刚度和稳定性，能可靠地承受各项施工荷载，并保证变形在允许范围内。

（3）面板板面平整、光洁，拼缝密合、不漏浆。

（4）安装和拆卸方便、安全，一般能够多次使用。尽量做到标准化、系列化。

1）模板的分类

模板根据制作材料可分为木模板、钢模板、胶合板、塑料板、混凝土和钢筋混凝土预制模板等；根据架立和工作特征可分为固定式、拆移式、移动式和滑升式等。

固定式模板多用于起伏的基础部位或特殊的异形结构。如蜗壳或扭曲面，因大小不等，形状各异，难以重复使用。拆移式、移动式和滑动式可重复或连续在形状一致或变化不大的结构上使用，有利于实现标准化和系列化。

（1）拆移式模板。

①拆移式模板是一种常用模板，可做成定型的标准模板。

②其标准尺寸为：大型模板 100 cm×（325~525）cm，小型模板（75~100）cm×150 cm。前者适用于 3~5 m 高的浇筑块，需小型机具吊装；后者用于薄层浇筑，可人力搬运。

③架立模板的支架，常用围檩和桁架梁。桁架梁多用方木和钢筋制作。立模时，将桁架梁下端插入预埋在下层混凝土块内 U 形埋件中。当浇筑块薄时，上端用钢拉条对拉；当浇筑块大时，则采用斜拉条固定，以防模板变形。这种模板费工、费料，由于拉条的存在，有碍仓内施工。

④一般标准木模板的重复利用次数即周转率为 5~10 次，而钢木混合模板的周转率为 30~50 次，木材消耗减少 90% 以上，由于是大块组装和拆卸，故劳力、材料、费用大为降低。

（2）移动式模板。

①对定型的建筑物，根据建筑物外形轮廓特征，做一段定型模板，在支承钢架上装上行驶轮，沿建筑物长度方向或垂直方向分段移动，分段浇筑混凝土。

②移动式模板多用钢模，作为浇筑混凝土墙和隧洞混凝土衬砌使用。

（3）自升式模板。

①这种模板由面板、围檩、支承桁架和爬杆等组成，其突出优点是自重轻，自升电动装置具有力矩限制与行程控制功能，运行安全可靠，升程准确。

②模板采用插挂式锚钩，简单实用，定位准，拆装快。

（4）滑升模板。

①这类模板的特点是在浇筑过程中,模板的面板紧贴混凝土面滑动,以适应混凝土连续浇筑的要求。

②滑升模板避免了立模、拆模工作,提高了模板的利用率,同时省掉了接缝处理工作,使混凝土表面平整光洁,增强建筑物的整体性。

③滑模面板通过围檩和提升架与主梁相连,再由支承杆套管与支承杆相连。由千斤顶顶托向上滑升。通过调坡丝杆调节模板倾斜坡度,通过微调丝杆调整准确定位模板,而收分拉杆和收分千斤顶则是完成模板收分的设施。

④为使模板上滑时新浇混凝土不致坍塌,要求新浇混凝土达到初凝,并具有 1.53×10^5 Pa 的强度。滑升速度受气温影响,当气温为 20~25 ℃时,平均滑升速度为 20~30 cm/h。加速凝剂和采用低流态混凝土时,可提高滑升速度(见图 5-3-13)。

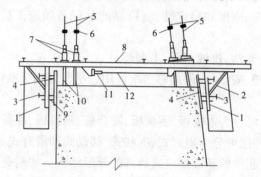

1—提升架;2—调坡丝杆;3—微调丝杆;4—模板面板;5—支承杆;6—限位调平器;
7—千斤顶;8—次梁和主梁;9—围檩;10—支承杆套管;11—收分千斤顶;12—收分拉杆

图 5-3-13　双面滑模结构示意图

（5）混凝土及钢筋混凝土预制模板。

①它们既是模板,也是建筑物的护面结构,浇筑后作为建筑物的外壳,不予拆除。

②混凝土模板靠自重稳定,可作直壁模板,也可作倒悬模板。直壁模板除面板外,还靠两肢等厚的肋墙维持其稳定。若将此模板反向安装,让肋墙置于仓外,在面板上涂以隔离剂,待新浇混凝土达到一定强度后,可拆除重复使用,这时,相邻仓位高程大体一致。倒悬式混凝土预制模板可取代传统的倒悬木模板,一次埋入现浇混凝土内不再拆除,既省工又省木材。

③钢筋混凝土模板既可作建筑物表面的镶面板,也可作厂房、空腹坝空腹和廊道顶拱的承重模板,这样避免了高架立模,既有利于施工安全,又有利于加快施工进度,节约材料,降低成本。

④预制混凝土和钢筋混凝土模板质量均较大,常需起重设备起吊,所以在模板预制时都应预埋吊环供起吊用。对于不拆除的预制模板,对模板与新浇混凝土的接合面需进行凿毛处理。

2）模板安装

（1）模板安装必须按设计图纸测量放样,对重要结构应多设控制点,以利检查校正,且应经常保持足够的固定设施,以防模板倾覆。

（2）支架必须支承在稳固的地基或已凝固的混凝土上,并有足够的支承面积,防止滑动。支架的立柱必须在两个互相垂直的方向上,用撑拉杆固定,以确保稳定。

(3)对于大体积混凝土浇筑块,成型后的偏差不应超过模板安装允许偏差的 50% ~ 100%,取值大小视结构物的重要性而定。

3)模板的拆除

(1)拆模时间应根据设计要求、气温和混凝土强度增长情况而定。对非承重模板,混凝土强度应达到 2.5MPa 以上,其表面和棱角不因拆模而损坏方可拆除。对于承重板,要求达到规定的混凝土设计强度的百分率后才能拆模。

(2)提高模板使用的周转率是降低模板成本的关键。

(3)在拆除时应使用专门工具,减少对模板和混凝土的损伤,防止模板跌落。立模后,混凝土浇筑前,应在模板内表面涂以脱模剂,以利拆除。

(4)对拆下的模板应及时清洗,除去模板面的水泥浆,分类妥善堆存,以备再用。

4)模板支护的安全要求

(1)模板及支架必须符合下列要求:

①保证混凝土浇筑后结构物的形状、尺寸与相互位置符合设计规定。

②具有足够的稳定性、刚度和强度。

③尽量做到标准化、系列化,装拆方便,周转次数高,有利于混凝土工程的机械化施工。

④模板表面应光洁平整,接缝严密、不漏浆,以保证混凝土表面的质量。

(2)模板工程采用的材料及制作、安装等工序的成品均应进行质量检查,合格后,才能进行下一工序的施工。

(3)重要结构物的模板,承重模板,移动式、滑动式、工具式及永久性的模板,均须进行模板设计,并提出对材料、制作、安装、使用及拆除工艺的具体要求。

(4)除悬臂模板外,竖向模板与内倾模板都必须设置内部撑杆或外部拉杆,以保证模板的稳定性。

3.钢筋加工及安装

1)钢筋配料和代换

(1)配料依据。

①设计图纸和修改通知。

②浇筑部位的分层分块图。

③混凝土入仓方式。

④钢筋运输、安装方法和接头形式。

(2)下料长度。钢筋下料长度的计算要计入钢筋的焊接、绑扎需要的长度和因弯曲而延伸的长度。

(3)钢筋代换。在施工中应加强钢筋材料供应的计划性和实时性,尽量避免施工过程中的钢筋代换。

①以另一种钢号或直径的钢筋代替设计文件中规定的钢筋时,应遵守以下规定:应按钢筋承载力设计值相等的原则进行,钢筋代换后应满足规定的钢筋间距、锚固长度、最小钢筋直径等构造要求。以高一级钢筋代换低一级钢筋时,宜采用改变钢筋直径的方法而不宜采用改变钢筋根数的方法来减少钢筋截面积。

②用同钢号某直径钢筋代替另一种直径的钢筋时,其直径变化范围不宜超过 4 mm,变

更后钢筋总截面面积与设计文件规定的截面面积之比不得小于98%或大于103%。

③设计主筋采取同钢号的钢筋代换时,应保持间距不变,可以用直径比设计钢筋直径大一级和小一级的两种型号钢筋间隔配置代换。

2)钢筋加工

钢筋加工一般要经过四道工序:除锈、调直、切断、成型。当钢筋接头采用直螺纹或锥螺纹连接时,还要增加钢筋端头镦粗和螺纹加工工序。

钢筋的调直和清除污锈应符合下列要求:

①钢筋的表面应洁净,使用前应将表面油渍、漆污、锈皮、鳞锈等清除干净。

②钢筋应平直,无局部弯折,钢筋中心线同直线的偏差不应超过其全长的1%。成盘的钢筋或弯曲的钢筋均应矫直后,才允许使用。

③钢筋在调直机上调直后,其表面伤痕不得使钢筋截面面积减少5%以上。

④如用冷拉方法调直钢筋,则其矫直冷拉率不得大于1%。

3)钢筋连接

钢筋连接一般有三种方式:绑扎、焊接及机械连接。

(1)钢筋接头的一般要求。

①钢筋接头应优先采用焊接和机械连接。

②对于直径小于或等于25 mm的非轴心受拉构件、非小偏心受拉构件、非承受震动荷载构件的接头,可采用绑扎接头。

③钢筋接头应分散布置,配置在"同一截面"(指两钢筋接头在500 mm以内,绑扎钢筋在搭接长度之内)的接头面积占受力钢筋总截面面积的允许百分率应符合下列规定:闪光对焊、熔槽焊、电渣压力焊、气压焊、窄间隙焊,接头在受弯构件的受拉区不超过50%。绑扎接头在构件的受拉区中不超过25%;在受压区不超过50%。机械连接接头在受拉区不宜超过50%。机械连接接头在受压区和装配式构件中钢筋受力较小部位。焊接与绑扎接头距离钢筋弯头起点不小于10d,并不得位于最大弯矩处。

(2)钢筋的接头方式。在加工厂中,钢筋接头宜采用闪光对焊;钢筋交叉连接,宜采用接触点焊。在施工现场钢筋接头可选择绑扎、手工电弧搭接焊、帮条焊、熔槽焊、窄间隙焊、气压焊、接触电渣焊,还可采用带肋钢筋套筒冷挤压接头、锥螺纹接头,镦粗直螺纹接头方式。

4.入仓铺料

1)混凝土入仓铺料方法

混凝土入仓铺料方法主要有平铺法、台阶法和斜层浇筑法。

(1)平铺法。混凝土入仓铺料时,整个仓面铺满一层振捣密实后,再铺筑下一层,逐层铺筑,称为平铺法,如图5-3-14所示。

(2)台阶法。混凝土入仓铺料时,从仓位短边一端向另一端铺料,边前进边加高,逐层向前推进,并形成明显的台阶,直至把整个仓位浇到收仓高程,如图5-3-15所示。

(3)斜层浇筑法。斜层浇筑法是在浇筑仓面,从一端向另一端推进,推进中及时覆盖,以免发生冷缝。斜层坡度不超过10°,否则在平仓振捣时易使砂浆流动,骨料分离,下层已捣实的混凝土也可能产生错动,如图5-3-16所示。浇筑块高度一般限制在1.5 m左右。当浇筑块较薄,且对混凝土采取预冷措施时,斜层浇筑法是较常见的方法,因浇筑过程中混凝土冷量损失较小。

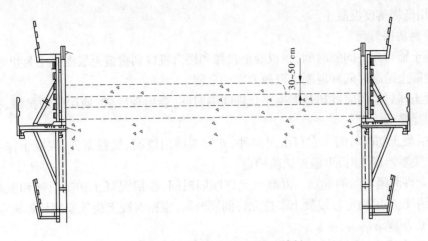

图 5-3-14　混凝土浇筑平铺法铺料

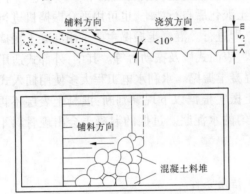

图 5-3-15　混凝土浇筑台阶法铺料

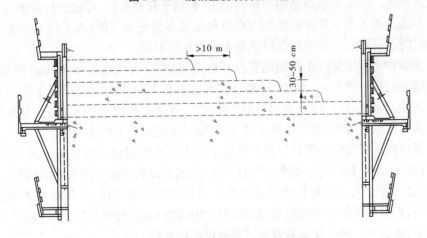

图 5-3-16　混凝土浇筑斜层浇筑法铺料

2)分块尺寸和铺层厚度

　　分块尺寸和铺层厚度受混凝土运输浇筑能力的限制。若分块尺寸和铺层厚度已定,要使层间不出现冷缝,应采取措施增大运输浇筑能力。若设备能力难以增加,则应考虑改变浇筑方法,将平铺法改变为斜层浇筑和台阶浇筑,以避免出现冷缝。为避免砂浆流失、骨料分离,宜采用低坍落度混凝土。

3)铺料间隔时间

混凝土铺料允许间隔时间,指混凝土自拌和楼出机口到覆盖上层混凝土为止的时间,它主要受混凝土初凝时间和混凝土温控要求的限制。

混凝土铺料层间间歇超过混凝土允许间隔时间,会出现冷缝,使层间的抗渗、抗剪和抗拉能力明显降低。

(1)混凝土初凝时间。它与水泥品种、外加剂掺用情况、气候条件、混凝土保温措施等均有一定关系。施工时,可通过试验确定。

(2)允许间隔时间的确定。混凝土允许间隔时间,按照混凝土初凝时间和混凝土温控要求两者中较小值确定。混凝土温控允许间隔时间,根据混凝土浇筑温度计算确定。

5. 平仓与振捣

卸入仓内成堆的混凝土料,按规定要求均匀铺平称为平仓。平仓可用插入式振捣器插入料堆顶部振动,使混凝土液化后自行摊平,也可用平仓振捣机进行平仓振捣。

振捣应当在平仓后立即进行。混凝土振捣主要采用混凝土振捣器进行。按照振捣方式不同,分为插入式、外部式、表面式以及振动台等。其中,外部式适用于尺寸小且钢筋密的结构。表面式适用于薄层混凝土振捣。水利水电工程大多使用插入式,分为电动软轴式、电动硬轴式和风动式。混凝土振实根据以下现象判断:混凝土表层不再显著下沉、不再出现气泡,表面出现一层薄而均匀的水泥浆。过振的混凝土会出现骨料下沉、砂浆上翻的离析现象。

6. 混凝土养护

1)混凝土养护方法和适用条件

(1)洒水养护。

①人工洒水。人工洒水可适用于任何部位,有利于控制水流,可防止长流水对机电安装的影响。但由于施工供水系统的水压力有限和施工部位交通不便,人工洒水的劳动强度较大,洒水范围受到限制,一般难以保持混凝土表面始终湿润。

②自流养护。利用钻有小孔的钢管进行自流养护,其方法是在 Φ 25 mm 的钢管上,按 150 mm 的间距,钻一排 5 mm 的小孔,悬挂在大型模板下口或固定在混凝土表面上。从小孔中流出的微量水流,在混凝土表面形成"水套"。自流养护由于受水压力、混凝土表面平整度以及蒸发速度的影响,养护效果不稳定,必要时需辅以人工洒水养护。

③机具喷洒。机具喷洒是利用供水管道中的水压力推动固定在支架上的特殊喷头,在混凝土表面进行旋喷和摆喷。喷头可以自行加工,也可以利用农业灌溉中的机具。

(2)覆盖养护。对于已浇筑到顶部的平面和长期停浇的部位,可采用覆盖养护。覆盖养护的材料,根据实际情况可选用水、粒状材料和片状材料。粒状和片状材料不仅可以用于混凝土养护,而且也有隔热保温和混凝土表面保护的功效。

(3)化学剂养护。养护剂可分为成膜型和非成膜型两类,前者在混凝土表面形成不透水的薄膜,阻止水分蒸发;后者依靠渗透、毛细管作用,达到养护混凝土的目的。

2)混凝土养护时间

《水工混凝土施工规范》(SL 677—2014)规定,混凝土养护时间不宜少于 28 d,有特殊要求的部位宜延长养护时间(至少 28 d)。混凝土养护时间的长短,取决于混凝土强度增长和所在结构部位的重要性。

7.大体积混凝土温控

由于混凝土的抗压强度远高于抗拉强度,在温度压应力作用下不致破坏的混凝土,当受到温度拉应力作用时,常因抗拉强度不足而产生裂缝。大体积混凝土温度裂缝有细微裂缝、表面裂缝、深层裂缝和贯穿裂缝。其中,细微裂缝一般表面缝宽小于等于 0.1~0.2 mm,缝深小于等于 30 cm;表面裂缝一般表面缝宽 0.2 mm,缝深<1 m;深层裂缝一般表面缝宽 0.2~0.4 mm,缝深 1~5 m,且小于等于 1/3 坝块宽度,缝长大于等于 2 m;贯穿裂缝指从基础向上开裂且平面贯通全仓。

与浅层表面裂缝相比,大体积混凝土紧靠基础产生的贯穿裂缝,无论是对坝的整体受力还是防渗效果的危害都大得多。表面裂缝也可能成为深层裂缝的诱发因素,对坝的抗风化能力和耐久性有一定影响。因此,对大体积混凝土应做好温度控制措施。

大体积混凝土温控措施主要有减少混凝土的发热量、降低混凝土的入仓温度、加速混凝土散热等。

8.碾压混凝土施工

1)碾压混凝土施工工艺

碾压混凝土坝是采用碾压土石坝的施工方法,使用干贫混凝土修建的混凝土坝,是混凝土坝施工的一种新技术。

(1)结构形式。用碾压混凝土筑坝,通常在上游面设置常态混凝土防渗层以防止内部碾压混凝土的层间渗透;有防冻要求的坝,下游面亦用常态混凝土;为提高溢流面的抗冲耐磨性能,一般也采用强度等级较高的抗冲耐磨常态混凝土,这样就使断面形成所谓"金包银"的结构形式。

(2)施工工艺。碾压混凝土坝的施工工艺程序是:先在初浇层铺砂浆,汽车运输入仓,平仓机平仓,振动压实机压实,振动切缝机切缝,切完缝再沿缝无振碾压两遍。这种施工工艺在我国具有普遍性,其主要过程如图 5-3-17 所示。

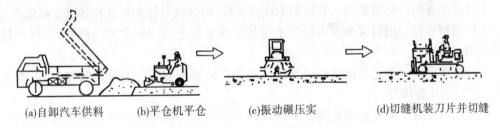

(a)自卸汽车供料　(b)平仓机平仓　(c)振动碾压实　(d)切缝机装刀片并切缝

图 5-3-17　碾压混凝土坝施工工艺流程图

2)碾压混凝土坝的施工特点

碾压混凝土坝施工主要特点有:采用干贫混凝土;大量掺加粉煤灰,以减少水泥用量;采用通仓薄层浇筑;同时要采取温度控制和表面防裂措施。

(1)采用干贫混凝土。碾压混凝土坝一般采用 VC 值为 10~30 s 的干贫混凝土(低稠度干硬混凝土)。振动压实指标 VC 值是指按试验规程,在规定的振动台上将碾压混凝土振动达到合乎标准的时间(以 s 计)。试验证明,当 VC 值小于 40 s 时,碾压混凝土的强度随 VC 值的增大而提高;当 VC 值大于 40 s 时,混凝土强度则随 VC 值增大而降低。

(2)大量掺加粉煤灰,减少水泥用量。由于碾压混凝土是干贫混凝土,要求掺水量少,水泥用量也很少。为保持混凝土有一定的胶凝材料,必须掺入大量粉煤灰(掺量占总胶凝材料的50%~70%,且为Ⅰ级以上)。这样不仅可以减少混凝土的初期发热量,增加混凝土的后期强度,简化混凝土的温控措施,而且有利于降低工程成本。

(3)采用通仓薄层浇筑。碾压混凝土坝不采用传统的柱状浇筑法,而采用通仓薄层浇筑(RCD工法碾压厚度通常为50 cm、75 cm、100 cm,RCC工法通常为30 cm)。这样,可增加散热效果,取消冷却水管,减少模板工程量,简化仓面作业,有利于加快施工进度。通仓浇筑要求尽量减少坝内孔洞,不设纵缝,多个坝段一起浇筑混凝土,以尽量增大仓面面积,减少仓面作业的干扰。

(4)大坝横缝采用切缝法或诱导缝。坝段间的横缝采用振动切缝机切缝,或采用设置诱导孔等方法形成横缝。填缝材料为塑料膜、铁片或干砂等。

(5)振动压实达到混凝土密实。常态混凝土依靠振捣器达到混凝土密实。碾压混凝土依靠振动碾碾压达到混凝土密实。碾压前,通过碾压试验确定碾压遍数及振动碾行走速度等施工参数。

五、钻孔灌浆及锚固工程

(一)灌浆工程

1.灌浆分类

1)按灌浆材料分类

按浆液材料主要分为水泥灌浆、黏土灌浆和化学灌浆等。水泥灌浆是指以水泥浆液为灌注材料的灌浆,通常也包括水泥黏土灌浆、水泥粉煤灰灌浆、水泥水玻璃灌浆等。

2)按灌浆目的分类

按灌浆目的分为帷幕灌浆、固结灌浆、接触灌浆、接缝灌浆、回填灌浆、预应力灌浆。

(1)帷幕灌浆。用浆液灌入岩体或土层的裂隙、孔隙,形成防水幕,以减小渗流量或降低扬压力。

(2)固结灌浆。用浆液灌入岩体裂隙或破碎带,以提高岩体的整体性和抗变形能力。

(3)接触灌浆。通过浆液灌入混凝土与基岩或混凝土与钢板之间的缝隙,以增加接触面结合能力。

(4)接缝灌浆。通过埋设管路或其他方式将浆液灌入混凝土坝体的接缝,以改善传力条件,增强坝体整体性。

(5)回填灌浆。用浆液填充混凝土与围岩或混凝土与钢板之间的空隙和孔洞,以增强围岩或结构的密实性。

岩基灌浆时,一般先进行固结灌浆,后进行帷幕灌浆,可以抑制帷幕灌浆时地表抬动和冒浆。

3)按灌浆地层分类

按灌浆地层可分为岩石地基灌浆、砂砾石地层灌浆、土层灌浆等。

4)按灌浆压力分类

按灌浆压力可分为常压灌浆和高压灌浆。灌浆压力在3 MPa以上的灌浆为高压灌浆。

2.钻孔灌浆用的机械设备

1）钻孔机械

钻孔机械主要有回转式、回转冲击式、冲击式三大类。目前用得最多的是回转式钻机，其次是回转冲击式钻机，纯冲击式钻机用得很少。

2）灌浆机械

灌浆机械主要有灌浆泵、浆液搅拌机及灌浆记录仪等。

（1）灌浆泵。灌浆泵是灌浆用的主要设备。灌浆泵性能应与浆液类型、浓度相适应，容许工作压力应大于最大灌浆压力的 1.5 倍，并应有足够的排浆量和稳定的工作性能。灌注纯水泥浆液应采用多缸柱塞式灌浆泵。

（2）浆液搅拌机。用于制作水泥浆的浆液搅拌机，目前用得最多的是传统双层立式慢速搅拌机和双桶平行搅拌机。国外已广泛使用涡流或旋流式高速搅拌机，其转数为 1 500～3 000 r/min。用高速搅拌机制浆，不仅速度快、效率高，而且制出的浆液分散性和稳定性高，质量好，能更好地注入岩石裂隙。

搅拌机的转速及拌和能力应分别与所搅拌浆液类型和灌浆泵的排浆量相适应，并应能保证均匀、连续地拌制浆液。

（3）灌浆记录仪。用来记录每个孔段灌浆过程中每一时刻的灌浆压力、注浆率、浆液相对密度（或水灰比）等重要数据。

3.岩石基础灌浆

岩石基础灌浆包括帷幕灌浆和岩基固结灌浆。

1）灌浆方式

灌浆方式有纯压式和循环式两种。

（1）纯压式。纯压式灌浆是指浆液注入孔段内和岩体裂隙中，不再返回的灌浆方式。这种方式设备简单，操作方便；但浆液流动速度较慢，容易沉淀，容易堵塞岩层缝隙和管路，多用于吸浆量大，并有大裂隙存在和孔深不超过 15 m 的情况。

（2）循环式。循环式灌浆是指浆液通过射浆管注入孔段内，部分浆液渗入岩体裂隙中，部分浆液通过回浆管返回，保持孔段内的浆液呈循环流动状态的灌浆方式。这种方式一方面使浆液保持流动状态，可防止水泥沉淀，灌浆效果好，另一方面可以根据进浆和回浆液比重的差值，判断岩层吸收水泥浆的情况。

2）灌浆方法

灌浆方法按同一钻孔内的钻灌顺序分为全孔一次灌浆法和分段钻灌法。分段钻灌法又可分为自上而下分段灌浆法、自下而上分段灌浆法、综合灌浆法和孔口封闭灌浆法。

（1）全孔一次灌浆。全孔一次灌浆是将孔一次钻完，全孔段一次灌浆。这种方法施工简便，多用于孔深不深，地质条件比较良好，基岩比较完整的情况。

（2）自下而上分段灌浆。自下而上分段灌浆法是将灌浆孔一次钻进到底，然后从钻孔的底部往上，逐段安装灌浆塞进行灌浆，直至孔口的灌浆方法，如图 5-3-18 所示。

（3）自上而下分段灌浆法。自上而下分段灌浆法是从上向下逐段进行钻孔，逐段安装灌浆塞进行灌浆，直至孔底的灌浆方法，如图 5-3-19 所示。

（4）综合灌浆法。综合灌浆法是在钻孔的某些段采用自上而下分段灌浆，另一些段采用自下而上分段灌浆的方法。

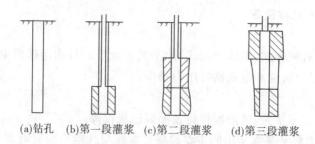

(a)钻孔　　(b)第一段灌浆　(c)第二段灌浆　(d)第三段灌浆

图 5-3-18　自下而上分段灌浆

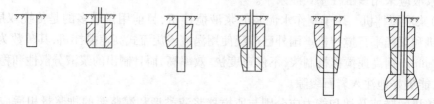

(a)第一段钻孔　(b)第一段灌浆　(c)第二段钻孔　(d)第二段灌浆　(e)第三段钻孔　(f)第三段灌浆

图 5-3-19　自上而下分段灌浆

(5)孔口封闭灌浆法。孔口封闭灌浆法是在钻孔的孔口安装孔口管,自上而下分段钻孔和灌浆,各段灌浆时都在孔口安装孔口封闭器进行灌浆的方法。

灌浆孔的基岩段长小于 6 m 时,可采用全孔一次灌浆法;大于 6 m 时,可采用自上而下分段灌浆法、自下而上分段灌浆法、综合灌浆法或孔口封闭灌浆法。

3)帷幕灌浆工艺流程

岩石基础帷幕灌浆与固结灌浆的施工工艺主要包括:钻孔,钻孔冲洗、孔壁冲洗、裂隙冲洗和压水试验,灌浆和灌浆的质量检查等。

(1)钻孔。帷幕灌浆宜采用回转式钻机和金刚石钻头或硬质合金钻头钻进。

钻孔质量要求有:

①钻孔位置与设计位置的偏差不得大于 10 cm。

②孔深应符合设计规定。

③灌浆孔宜选用较小的孔径,钻孔孔壁应平直完整。

④钻孔必须保证孔向准确。钻机安装必须平正稳固;钻孔宜埋设孔口管;钻机立轴和孔口管的方向必须与设计孔向一致;钻进应采用较长的粗径钻具并适当地控制钻进压力。

(2)钻孔冲洗、孔壁冲洗、裂隙冲洗和压水试验。灌浆孔(段)在灌浆前应进行钻孔冲洗,孔内沉积厚度不得超过 20 cm。同时在灌浆前宜采用压力水进行裂隙冲洗,直至回水清净时止。冲洗压力可为灌浆压力的 80%,该值若大于 1 MPa,采用 1 MPa。

冲洗时,可将冲洗管插入孔内,用阻塞器将孔口堵紧,用压力水冲洗、压力水和压缩空气轮换冲洗或压力水和压缩空气混合冲洗。

(3)灌浆方式和灌浆方法。

①灌浆方式。帷幕灌浆应优先采用循环式,射浆管距孔底不得大于 50 cm。

②灌浆方法。帷幕灌浆必须按分序加密的原则进行。

由三排孔组成的帷幕,应先进行边排孔的灌浆,然后进行中排孔的灌浆,边排孔宜分为三序施工,中排孔可分为二序、或三序施工;由两排孔组成的帷幕,宜先进行下游排孔的灌浆,然后进行上游排孔的灌浆,每排孔宜分为三序施工;单排帷幕灌浆孔应分为三序施工。

(4)灌浆压力和浆液变换。

①灌浆压力。宜通过灌浆试验确定,也可通过公式计算或根据经验先行拟定,而后在灌浆施工过程中调整确定。灌浆应尽快达到设计压力,但注入率大时应分级升压。

②灌浆浆液变换。当灌浆压力保持不变,注入率持续减小时,或当注入率不变而压力持续升高时,不得改变水灰比;当某一比级浆液的注入量已达 300 L 以上或灌注时间已达 1 h,而灌浆压力和注入率均无改变或改变不显著时,应改浓一级;当注入率大于 30 L/min 时,可根据具体情况越级变浓。

灌注细水泥浆液,可采用水灰比为 2∶1、1∶1、0.6∶1 三个比级,或 1∶1、0.8∶1、0.6∶1 三个比级。

(5)灌浆结束标准和封孔方法。采用自上而下分段灌浆法时,在规定的压力下,当注入率不大于 0.4 L/min 时,继续灌注 60 min;或不大于 1 L/min 时,继续灌注 90 min,灌浆可以结束。采用自下而上分段灌浆法时,继续灌注的时间可相应地减少为 30 min 和 60 min,灌浆可以结束。采用孔口封闭法时,灌浆结束应同时满足两个条件:在设计压力下,注入率不大于 1 L/min 时,延续灌注时间不少于 90 min;灌浆全过程中,在设计压力下的灌浆时间不少于 120 min。

采用自上而下分段灌浆法时,灌浆孔封孔应采用"分段压力灌浆封孔法";采用自下而上分段灌浆时,应采用"置换和压力灌浆封孔法"或"压力灌浆封孔法"。

(6)特殊情况处理。灌浆过程中,如发现冒浆漏浆,应根据具体情况采用嵌缝、表面封堵、低压、浓浆、限流、限量、间歇灌浆等方法进行处理。发生串浆时,如串浆孔具备灌浆条件,可以同时进行灌浆,应一泵灌一孔,否则应将串浆孔用塞塞住,待灌浆孔灌浆结束后,再对串浆孔并行扫孔,冲洗,而后继续钻进和灌浆。

灌浆工作必须连续进行,若因故中断,应及早恢复灌浆,否则应立即冲洗钻孔,而后恢复灌浆。若无法冲洗或冲洗无效,则应进行扫孔,而后恢复灌浆。恢复灌浆时,应使用开灌比级的水泥浆进行灌注。如注入率与中断前相近,即可改用中断前比级的水泥浆继续灌注;如注入率较中断前减少较多,则浆液应逐级加浓继续灌注。恢复灌浆后,如注入率较中断前减少很多,且在短时间内停止吸浆,应采取补救措施。

(7)工程质量检查。灌浆质量检查应以检查孔压水试验成果为主,结合对竣工资料和测试成果的分析,综合评定。灌浆检查孔应在下述部位布置:

①帷幕中心线上。

②岩石破碎、断层、大孔隙等地质条件复杂的部位。

③钻孔偏斜过大,灌浆情况不正常以及经分析资料认为对帷幕灌浆质量有影响的部位。

灌浆检查孔的数量不少于灌浆孔总数的 10%。一个坝段或一个单元工程内,至少应布置一个检查孔;检查孔压水试验应在该部位灌浆结束 14 d 后进行;同时应自上而下分段卡塞进行压水试验,试验采用五点法或单点法。

检查孔压水试验结束后,按技术要求进行灌浆和封孔;检查孔应采取岩芯,计算获得率并加以描述。

4)固结灌浆施工工艺及技术要求

(1)灌浆施工工艺。固结灌浆方式有循环式和纯压式两种,灌浆施工工艺和帷幕灌浆基本相同。

(2)灌浆技术要求。灌浆孔的施工按分序加密的原则进行,可分为二序施工或三序施工。每孔采取自上而下分段钻进、分段灌浆或钻进终孔后进行灌浆。

灌浆孔基岩段长小于 6 m 时,可全孔一次灌浆。当地质条件不良或有特殊要求时,可分段灌浆。灌浆压力大于 3 MPa 的工程,灌浆孔应分段进行灌浆。

灌浆孔应采用压力水进行裂隙冲洗,直至回水清净时止。冲洗压力可为灌浆压力的80%,该值若大于 1 MPa 时,采用 1 MPa。

灌浆孔灌浆前的压水试验应在裂隙冲洗后进行,采用单点法。试验孔数不宜少于总孔数的 5%。

在规定的压力下,当注入率不大于 0.4 L/min 时,继续灌注 30 min,灌浆可以结束。

固结灌浆质量压水试验检查、岩体波速检查、静弹性模量检查应分别在灌浆结束 3~7 d、14 d、28 d 后进行。

灌浆质量压水试验检查,孔段合格率应在 80% 以上,不合格孔段的透水率值不超过设计规定值的 50%,且不集中。

灌浆孔封孔应采用"机械压浆封孔法"或"压力灌浆封孔法"。

4.砂砾石层钻孔灌浆

在砂砾石层中进行钻孔灌浆施工的特点是:

(1)砂砾石层是松散体,在钻孔和灌浆的全过程中须有固壁措施,否则孔壁会垮塌。

(2)钻孔孔壁不光滑、不坚固、不能直接在孔壁下灌浆塞。

(3)砂砾石层孔隙大,吸浆量大。

由于砂砾石层钻孔灌浆具备以上特点,所以不能采用岩基灌浆中常用的钻孔灌浆方法。一般采用循环钻灌浆法、预埋花管法、套管灌浆法、打管灌浆法。砂砾石帷幕灌浆大多采用前两种方法。

1)循环钻灌浆法

这种钻灌法的施工程序是先挖一个深约 1 m 的浅坑,再钻孔口管段,将孔口管下入孔内,把麻绳绕在浅坑底处的孔口管上(即防浆环),以防止灌浆时浆液沿孔口管外壁上窜,然后用混凝土或砂浆回填浅坑,待凝后再对孔口管下部灌注水泥浆,形成密实的防止冒浆的装盖板,再采用稀泥浆(或黏土水泥浆)固壁钻进,每钻完一个段长(一般为 1~2 m)即行灌浆,不必待凝自上而下逐段钻灌。这种钻灌法适用于上部有相当厚度覆盖层的砂砾石层。

2)预埋花管法

这种方法的施工程序是采用泥浆固壁,钻机一直钻至设计深度,清孔后即灌注具有特定性能的水泥黏土浆(即所谓填料),填料灌满至孔口后即下花管(所谓花管就是每隔 33~50 cm 钻有 4 个一圈射浆孔的钢管,射浆孔的外面用弹性良好的橡皮箍箍紧)。填料凝固后,在花管与孔壁间形成有一定强度的"夹圈",可防止灌浆时浆液沿管壁上窜。这样就可在花管内下双塞式灌浆塞至所需灌浆段,通过压力作用压开橡皮箍(即所谓开环)后,就可进行灌浆。

如采用护壁套管钻进,则施工程序改为先下花管后下填料。

这种灌浆法适用于任何砂砾石层,灌浆压力可以大,灌浆质量好,重要的帷幕灌浆工程常采用此法。但其缺点是花管被埋进填料,难以拔出,钢材耗用量大。

5.隧洞灌浆

水工隧洞灌浆包括回填灌浆、固结灌浆、接触灌浆。

水工隧洞灌浆应先回填灌浆,后接触灌浆,最后固结灌浆。回填与固结灌浆均按分序加密的原则进行。当隧洞具有 10°以上坡度时,灌浆应从最低一端开始。

水工隧洞灌浆大多为浅孔,并在衬砌时预留灌浆孔(管)(砌石衬砌的隧洞除外),故多采用手风钻钻孔。

隧洞回填灌浆的浆液较浓,水灰比分为 1:1、0.8:1、0.6:1、0.5:1 四个比级,采用填压式灌浆。隧洞固结灌浆的浆液水灰比与岩基灌浆相同,灌浆方法与岩基浅孔固结灌浆类似。隧洞回填与固结灌浆的检查孔的数量均不应少于基本孔的 5%。回填灌浆检查孔的合格标准是:在设计规定的压力下,起始 10 min 内,灌入孔内的水灰比为 2:1 的浆液不超过10 L。固结检查孔则仍用压水试验所求得的单位吸水率 W 值来检查。

6.化学灌浆

化学灌浆是一种以高分子有机化合物为主体材料的灌浆方法。

1)化学浆液的特点

(1)化学灌浆浆液的黏度低、流动性好、可灌性好,小于 0.1 mm 以下的缝隙也能灌入。

(2)浆液的聚合时间,可以人为比较准确地控制,通过调节配比来改变聚合时间,以适应不同工程的不同情况的需要。

(3)浆液聚合后形成的聚合体的渗透系数小,一般为 $10^{-10} \sim 10^{-8}$ cm/s,防渗效果好。

(4)形成的聚合体强度高,与岩石或混凝土的黏结强度高。

(5)形成的聚合体能抗酸抗碱,也能抗水生物、微生物的侵蚀,因而稳定性及耐久性均较好。

(6)有一定的毒性。

2)化学浆液类型

化学浆液主要有水玻璃类、丙烯酰胺类(丙凝)、丙烯酸盐类、聚氨酯类、环氧树脂类、甲基丙烯酸酯类(甲凝)等几种类型。

3)化学灌浆施工

(1)灌浆工序。化学灌浆的工序依次是:钻孔及压水试验→钻孔及裂缝的处理(包括排渣及裂缝干燥处理)→埋设注浆嘴和回浆嘴以及封闭、注水和灌浆。

(2)灌浆方法。按浆液的混合方式分单液法灌浆和双液法灌浆两种。

①单液法是在灌浆前,将浆液的各组成部分先混合均匀一次配成,经过气压或泵压压到孔段内。这种方法的浆液配比较准确,施工较简单。但由于已配好的余浆不久就会聚合,因此在灌浆过程中要通过调整浆液的比例来利用余浆很困难。

②双液法是将预先已配制的两种浆液分盛在各自的容器内不相混合,然后用气压或泵压按规定比例送浆,使两种液体在孔口附近的混合器中混合后送到孔段内。两种液体混合后即起化学作用,通过聚合,浆液即固化成聚合体。这种方法在灌浆施工过程中,可根据实际情况调整两种液体用量的比例,适应性强。

(3)压送浆液的方式。化学灌浆一般都采用纯压式灌浆。

化学灌浆压送浆液的方式有两种:一是气压法(即用压缩空气压送浆液);二是泵压法(即用灌浆泵压送浆液)。气压法一般压力较低,但压力易稳定,在渗漏性较小、孔浅时,适用于单液法灌浆。泵压法一般多采用比例泵进行灌浆。比例泵就是由两个排浆量能任意调整,使之按规定的比例进行压浆的活塞泵所构成的化学灌浆泵。也可用两台同型的灌浆泵加以组装。

7.高压喷射灌浆

高压喷射灌浆是采用钻孔,将装有特制合金喷嘴的注浆管下到预定位置,然后用高压水泵或高压泥浆泵(20~40 MPa)将水或浆液通过喷嘴喷射出来,冲击破坏土体,使土粒在喷射流束的冲击力、离心力和重力等综合作用下,与浆液搅拌混合,并按一定的浆土比例和质量大小,有规律地重新排列。待浆液凝固以后,在土内就形成一定形状的固结体。

1)高压喷射灌浆的适用范围

高压喷射灌浆防渗和加固技术适用于软弱土层。实践证明,砂类土、黏性土、黄土和淤泥等地层均能进行喷射加固,效果较好。对粒径过大的含量过多的砾卵石以及有大量纤维质的腐殖土层,一般应通过现场试验确定施工方法。对含有较多漂石或块石的地层,应慎重使用。

2)高压喷射灌浆的基本方法

高压喷射灌浆的基本方法有单管法、二管法、三管法(见图5-3-20)和新三管法等。

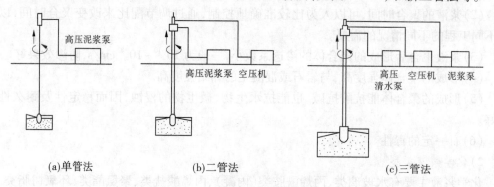

(a)单管法　　　　　　(b)二管法　　　　　　(c)三管法

图 5-3-20　高压喷射灌浆施工方法

(1)单管法。是用高压泥浆泵以 20~25 MPa 或更高的压力,从喷嘴中喷射出水泥浆液射流,冲击破坏土体,同时提升或旋转喷射管,使浆液与土体上剥落下来的土石掺搅混合,经一定时间后凝固,在土中形成凝结体,这种方法形成凝结体的范围(桩径或延伸长度)较小,一股桩径为 0.5~0.9 m,板状凝结体的延伸长度可达 1~2 m,其加固质量好,施工速度快,成本低。

(2)二管法。是用高压泥浆泵等高压发生装置产生 20~25 MPa 或更高压力的浆液,用压缩空气机产生 0.7~0.8 MPa 压力的压缩空气。浆液和压缩空气通过具有两个通道的喷射管,在喷射管底部侧面的同轴双重喷嘴中同时喷射出高压浆液和空气两种射流,冲击破坏土体,其直径达 0.8~1.5 m。

(3)三管法。是使用能输送水、气、浆的三个通道的喷射管,从内喷嘴中喷射出压力为 30~50 MPa 的超高压水流,水流周围环绕着从外喷嘴中喷射出一般压力为 0.7~0.8 MPa 的圆状气流,同轴喷射的水流与气流冲击破坏土体。由泥浆泵灌注压力为 0.2~0.7 MPa、浆量

80~100 L/min、密度 1.6~1.8 g/cm³ 的水泥浆液进行充填置换。其直径一般有 1.0~2.0 m，较二管法大，较单管法要大 1~2 倍。

（4）新三管法。是先用高压水和气冲击切割地层土体，然后再用高压浆和气对地层土体进行切割和喷入。水、气喷嘴和浆、气喷嘴铅直间距 0.5~0.6 m。高压浆液射流对地层二次喷射增大了喷射半径，使浆液均匀注入被喷射地层，而且由于浆液和气喷嘴与水和气喷嘴间距大，水对浆液的稀释作用减小，使实际灌入的浆量增多，浆液密度增大，提高了凝结体的结实率和强度。该法适用于含较多密实性充填物的大粒径地层。

在上述基本的喷射灌浆工法的基础上，又先后开发出了能够施工大直径的超高压大流量、交叉射流工法、多管喷射法等。

3）高压喷射灌浆的喷射形式

高压喷射灌浆的喷射形式有旋喷、摆喷、定喷三种。

高压喷射灌浆形成凝结体的形状与喷嘴移动方向和持续时间有密切关系。喷嘴喷射时，一面提升，一面进行旋喷则形成柱状体；一面提升，一面进行摆喷则形成哑铃体；当喷嘴一面喷射，一面提升，方向固定不变，进行定喷，则形成板状体。三种凝结体如图 5-3-21 所示。上述三种喷射形式切割破碎土层的作用，以及被切割下来的土体与浆液搅拌混合，进而凝结、硬化和固结的机制基本相似，只是由于喷嘴运动方式的不同，致使凝结体的形状和结构有所差异。

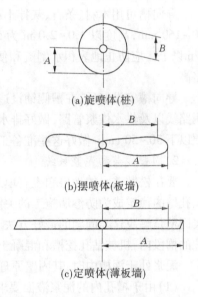

(a)旋喷体(桩)

(b)摆喷体(板墙)

(c)定喷体(薄板墙)

图 5-3-21 高喷凝结体的形状

（二）防渗墙

1.防渗墙的类型

水工混凝土防渗墙的类型可按墙体结构型式、墙体材料、成槽方法和布置方式分类。

1）按墙体结构型式分类

按墙体结构型式分类主要有桩柱型防渗墙、槽孔型防渗墙和混合型防渗墙三类，其中槽孔型防渗墙使用更为广泛。

2）按墙体材料分类

按墙体材料分类主要有普通混凝土防渗墙、钢筋混凝土防渗墙、黏土混凝土防渗墙、塑性混凝土防渗墙和灰浆防渗墙。

3）按成槽方法分类

按成槽方法分类主要有钻挖成槽防渗墙、射水成槽防渗墙、链斗成槽防渗墙和锯槽防渗墙。

4）按布置方式分类

按布置方式分类主要有嵌固式防渗墙、悬挂式防渗墙和组合式防渗墙。

2.成槽机械

成槽机械有钢绳冲击钻机、冲击式反循环钻机、回转式钻机、抓斗挖槽机、射水成槽机、锯槽机、双轮铣槽机等。

3.施工工艺

水利水电工程中的混凝土防渗墙,以槽孔型为主,是由一段段槽孔套接而成的地下连续墙。尽管在应用范围、构造型式和墙体材料等方面存在各种类型的防渗墙,但其施工程序与工艺是基本类似的,主要包括:①造孔前的准备工作;②泥浆固壁与造孔成槽;③终孔验收与清孔换浆;④墙体混凝土浇筑;⑤质量检查与验收等过程。

1)造孔前的准备

做好造孔前准备工作是保证防渗墙施工质量和施工速度的必要环节。

应根据防渗墙的设计要求和槽孔长度的划分,做好槽孔的测量定位工作,并在此基础上,布置和修筑好施工平台和导向槽。

导向槽沿防渗墙轴线设在槽孔上方,用以控制造孔的方向,支撑上部孔壁。它对于保证造孔质量、预防塌孔事故有很大的作用。

导向槽可用木料、条石、灰拌土或混凝土制成。导向槽的净宽一般较防渗墙设计厚度大80~160 mm,高度以 1.0~2.0 m 为宜。为了维持槽孔的稳定,要求导向槽应高出地下水位2 m以上。应防止地表积水倒流和便于自流排浆,其顶部高程一般比两侧地面(施工平台)略高。

导向槽安设好后,在槽侧铺设造孔钻机的轨道,安装钻机,修筑运输道路,架设动力和照明路线以及供水供浆管路,做好排水排浆系统,并向槽内充灌固壁泥浆,保持泥浆液面在槽顶以下 30~50 cm。做好这些准备工作以后,就可开始造孔成槽。

2)固壁泥浆和泥浆系统

要在松散透水的地层和土石填筑的坝(堰)体内进行数十米深的开槽成墙,如何维持槽孔孔壁的稳定成为防渗墙施工的关键技术之一。几十年来的工程探索和实践,已经公认泥浆固壁是解决这类问题的最好方法。在具体施工时,先将特殊拌制的泥浆放入由导向槽围护的槽段内,机械钻孔挖槽和混凝土浇筑均在泥浆中进行,直至墙体形成。

泥浆处于深槽内时,其固壁原理及作用如下:

(1)由于槽孔内的泥浆液面要求高于地层的水面,故泥浆压力高于地下水压力,使得泥浆能够渗入槽壁介质中,其中较细的颗粒进入空隙,较粗的颗粒附在孔壁上,形成泥皮。泥皮对地下水的流动形成阻力,槽孔内的泥浆与地层被泥皮隔开。

(2)泥浆对槽壁所产生的侧压力通过泥皮作用在槽壁上,与地层的土侧压力及水压力形成了压力平衡,这是保证槽壁稳定的关键。

(3)在造孔挖槽过程中,泥浆尚有悬浮和携带岩屑、冷却润滑钻头的作用。

(4)在进行混凝土浇筑成墙后,渗入槽壁的泥浆和胶结在槽壁的泥皮,对防渗也可起辅助作用。

由于泥浆在混凝土防渗墙施工中的特殊重要性,国内外工程对于泥浆的制浆土料、配比以及质量控制等方面均有严格的要求。

固壁泥浆的制浆材料主要有膨润土、普通黏土、水以及改善泥浆性能的掺和料,如加重剂、增黏剂、分散剂和堵漏剂等。膨润土是以蒙脱石为主要矿物成分的黏土,由膨润土拌制的泥浆,其性能优于普通黏土泥浆。制浆材料通过搅拌机进行拌制,经筛网过滤后,放入专用储浆池备用。

泥浆的造价一般可占防渗墙总造价的 15%以上,故应尽量做到泥浆的再生净化和回收利用,以降低工程造价,同时也有利于环境的保护。

3)造孔成槽

造孔成槽工序约占防渗墙整个施工工期的一半,槽孔形成的精度直接影响混凝土防渗墙的成墙质量。选择合适的造孔机具与挖槽方法对于提高防渗墙的施工质量、加快施工速度至关重要。混凝土防渗墙之所以得到广泛应用,是与造孔机具的发展和造孔挖槽技术的提高密切相关的。

用于防渗墙开挖槽孔的机具,主要有冲击钻机、冲击反循环钻机、回转钻机、钢绳或液压抓斗及液压铣槽机等。它们的工作原理、适用的地层条件及工作效率有一定差别。对于复杂多样的地层,一般要多种机具配套使用。

进行造孔挖槽时,为了提高工效,通常要先划分槽段,然后在一个槽段内,划分主孔和副孔,采用钻劈法、钻抓法、分层钻进法或铣削法等方法成槽。

(1)钻劈法。又称"主孔钻进,副孔劈打"法,如图 5-3-22 所示。它是利用冲击式钻机的钻头自重,首先钻凿主孔,当主孔钻到一定深度后,就为劈打副孔创造了临空面。使用冲击钻劈打副孔产生的碎渣,有两种出渣方式:利用泵吸设备将泥浆连同碎渣一起吸出槽外,通过再生处理后,泥浆可以循环使用;也可用抽砂筒及接砂斗出渣,钻进与出渣间歇性作业。钻劈法一般要求主孔先导 8~12 m,适用于砂砾石等地层。

(2)钻抓法。又称"主孔钻进,副孔抓取"法,如图 5-3-23 所示。它是先用冲击钻或回转钻钻凿主孔,然后用抓斗抓挖副孔,副孔的宽度要求小于抓斗的有效作用宽度。这种方法可以充分发挥两种机具的优势,抓斗的效率高,而钻机可钻进不同深度地层。具体施工时,可以两钻一抓,也可三钻两抓、四钻三抓形成不同长度的槽孔。钻抓法主要适合于粒径较小的松散软弱地层。

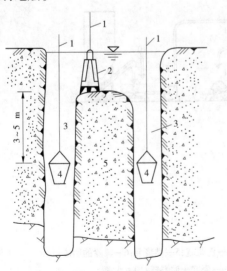

1—钢丝绳;2—钻头;3—主孔;4—接砂斗;5—副孔

图 5-3-22　钻劈法造孔成槽

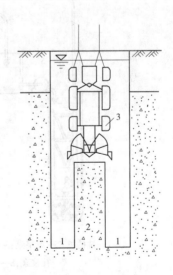

1—主孔;2—副孔;3—抓斗

图 5-3-23　钻抓法成槽过程

(3)分层钻进法。常采用回转式钻机造孔,如图 5-3-24 所示。分层成槽时,槽孔两端应领先钻进导向孔。它是利用钻具的质量和钻头的回转切削作用,按一定程序分层下挖,用砂石泵经空心钻杆将土渣连同泥浆排出槽外,同时不断地补充新鲜泥浆,维持泥浆液面的稳定。

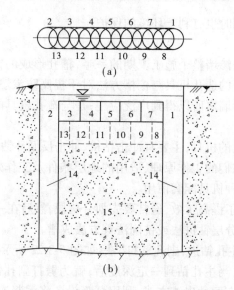

1~13—分层钻进顺序;14—端孔;15—分层平挖部分

图 5-3-24　分层钻进成槽法

分层钻进法适用于均质细颗粒的地层,使碎渣能从排渣管内顺利通过。

(4)铣削法。采用液压双轮铣槽机,先从槽段一端开始铣削,然后逐层下挖成槽。液压双轮铣槽机是目前一种比较先进的防渗墙施工机械,它由两组相向旋转的铣切刀轮,对地层进行切削,这样可抵消地层的反作用力,保持设备的稳定。切削下来的碎屑集中在中心,由离心泥浆泵通过管道排出到地面(见图 5-3-25)。

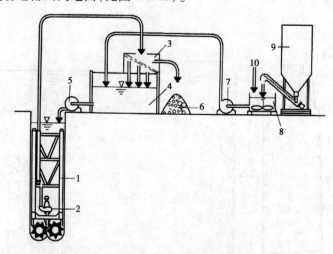

1—铣槽机;2—泥浆泵;3—除渣装置;4—泥浆罐;5—供浆泵;6—筛除的钻渣;
7—补浆泵;8—泥浆搅拌机;9—膨润土储料罐;10—水源

图 5-3-25　液压铣槽机工艺流程

铣削法多用于砾石以下细颗粒松散地层和软弱岩层,其施工效率高、成槽质量好,但成本较高。

另外,铣削法在挖孔成槽施工时,如遇到孤石或硬岩石,可用重凿冲砸或钻孔爆破等方法进行处理。

以上各种造孔挖槽的方法,都采用泥浆固壁,在泥浆液面下钻挖成槽。在造孔过程中,要严格按操作规程施工,防止掉钻、卡钻、埋钻等事故发生;必须经常注意泥浆液面的稳定,发现严重漏浆时,要及时补充泥浆,采取有效的止漏措施;要定时测定泥浆的性能指标,并控制在允许范围以内;应及时排除废水、废浆、废渣,不允许在槽口两侧堆放重物,以免影响工作,甚至造成孔壁坍塌;要保持槽壁平直,保证孔位、孔斜、孔深、孔宽、槽孔搭接厚度以及嵌入基岩的深度等满足规定的要求,防止漏钻漏挖和欠钻欠挖。

4)清孔换浆

清孔换浆须经终孔验收合格后进行。

清孔换浆的目的,是在混凝土浇筑前,对留在孔底的沉渣进行清除,换上新鲜泥浆,以保证混凝土和不透水地层连接的质量。清孔换浆的方法主要采用泵吸法或气举法,前者适合槽深小于 50 m 的工况,后者可以完成 100 m 以上的清孔。

一般要求清孔换浆以后 4 h 内开始浇筑混凝土。如果不能按时浇筑,应采取措施防止落淤,否则,在浇筑前要重新清孔换浆。

5)混凝土墙体浇筑

与一般混凝土浇筑不同,地下混凝土防渗墙的浇筑是在泥浆液面下进行的。泥浆下浇筑混凝土的主要特点是:①不允许泥浆与混凝土掺混形成泥浆夹层;②确保混凝土与基础以及一、二期混凝土之间的结合;③连续浇筑,一气呵成。

泥浆下浇筑混凝土常用直升导管法。在正式浇筑前,应制订浇筑方案,包括计划浇筑方量、浇筑高程、浇筑机具、人力安排、混凝土配合比、原材料品种及用量、浇筑方法和浇筑顺序等,并绘制槽孔纵剖面图及浇筑导管布置。

槽孔浇筑应严格遵循先深后浅的顺序,即从最深的导管开始,由深到浅,一个一个导管依次开浇,待全槽混凝土面浇平以后,再全槽均衡上升。

每个导管开浇时,先下入导注塞,并在导管中灌入适量的水泥砂浆,准备好足够数量的混凝土,将导注塞压到导管底部,使管内泥浆挤出管外。然后将导管稍微上提,使导注塞浮出,一举将导管底端被泻出的砂浆和混凝土埋住,保证后续浇筑的混凝土不至于与泥浆掺混。

在浇筑过程中,应保证连续供料,一气呵成;保持导管埋入混凝土的深度不小于 1 m,但不超过 6 m,以防泥浆掺混和埋管;维持全槽混凝土面均衡上升,上升速度不应小于 2 m/h,高差控制在 0.5 m 范围内。

浇筑过程中应注意观测,做好混凝土面上升的记录,防止堵管、埋管、导管漏浆和泥浆掺混等事故的发生。

在槽孔混凝土的浇筑过程中,必须保持均衡、连续、有节奏地施工,直到全槽成墙为止。

4.防渗墙的质量检查

对混凝土防渗墙的质量检查应按规范及设计要求进行,主要有如下几个方面:

(1)槽孔的检查,包括几何尺寸和位置、钻孔偏斜、入岩深度等。

(2)清孔检查,包括槽段接头、孔底淤积厚度、清孔质量等。

(3)混凝土质量的检查,包括原材料、新拌料的性能、硬化后的物理力学性能等。

(4)墙体的质量检测,主要通过钻孔取芯与压水试验、超声波及地震透射层析成像(CT)技术等方法全面检查墙体的质量。

(三)锚固技术

1.锚固技术的概念

锚固技术是将受拉杆件的一端固定在边坡或地基的岩层或土层中,这种受拉杆件的固定端称为锚固端(或锚固段),另一端与工程建筑物连接,可以承受由土压力、水压力或风力所施加于建筑物的推力,利用地层的锚固力以维持建筑物的稳定。

在天然地层中的锚固方法以钻孔灌浆的方式为主,在人工填土中的锚固方法有锚锭板和加筋土两种方式。锚固灌浆有简易灌浆、预压灌浆、化学灌浆以及特殊的锚固灌浆技术。

2.锚固的应用领域

锚固作为岩土加固和结构稳定的经济而有效的方法,具有广泛的应用领域:边坡稳定工程、深基坑工程与抗浮工程、抵抗倾覆的结构工程、地下工程和冲击区的抗浮与保护等。

3.地下洞室的锚固

锚喷支护是应用锚杆(索)与喷射混凝土形成复合体加固岩体的措施,是喷射混凝土支护、锚杆支护、喷射混凝土锚杆支护、喷射混凝土锚杆钢筋网支护和喷射混凝土锚杆钢拱架支护等不同支护形式的统称。这种支护措施适用于不同地层条件、不同断面大小、不同用途的地下洞室,可用作临时性支承结构,也可用作永久性支护结构。

1)锚杆支护

根据围岩变形和破坏的特性,从发挥锚杆不同作用的角度考虑,锚杆在洞室的布置有局部(随机)锚杆和系统锚杆。局部锚杆嵌入岩层,把可能塌落的岩块固定在内部稳定的岩体上,起到悬吊作用保证洞顶围岩的稳定。系统锚杆一般按梅花形排列,连续锚固在洞壁内,将被结构面切割的岩块串联起来,保持和加强岩块的联锁、咬合和固嵌效应,使分割的围岩组成一体,形成一连续加固拱,提高围岩的承载能力。

目前在工程中采用的锚杆形式很多,按作用原理来划分,主要有下列类型:全长黏结性锚杆、端头锚固型锚杆、摩擦型锚杆、预应力锚杆和自钻式注浆锚杆。

2)喷射混凝土支护

喷射混凝土是利用压缩空气或其他动力,将按一定配比拌制的混凝土混合物沿管路输送至喷头处,以较高速度垂直喷射于受喷面,依赖喷射过程中水泥与骨料的连续撞击,压密而形成的薄层支护结构。

3)钢筋网支护

当地下洞室跨度较大或围岩较破碎时,可采用钢筋网支护。钢筋网可在喷射混凝土支护前防止锚杆间松动岩块的脱落,还可以提高喷射混凝土的整体性。

4)预应力锚索支护

预应力锚索是利用高强钢丝束或钢绞线穿过滑动面或不稳定区深入岩体深层,利用锚索体的高抗拉强度增大正向拉力,改善岩体的力学性质,增加岩体的抗剪强度,并对岩体起加固作用,增大岩层间的挤压力。预应力锚索分为有黏结和无黏结锚索两种。

4.边坡治理与加固

1)处理措施

边坡的治理和加固不限于锚固技术,可采用下列的一种或多种措施:

(1)减载、边坡开挖和压坡。

(2)排水和防渗。排水包括坡面、坡顶以上地面排水、截水和边坡体排水。

（3）坡面防护。包括用于土坡的各种形式的护砌和人工植被,用于岩坡的喷混凝土、喷纤维混凝土、挂网喷混凝土,以及柔性主动支护、土工合成材料防护等措施。

（4）边坡锚固。包括各种锚杆、抗滑洞塞等。

（5）支挡结构。包括各种形式的挡土墙、抗滑桩、土钉、柔性被动支护措施等。

进行边坡治理和加固时,宜设置完善的地面截水、排水系统。若边坡的稳定安全性状对地表水下渗引起的岩、土体饱和和地下水升高敏感,还应做好坡面防渗和坡面附近的地面防渗。

边坡的治理和加固应考虑环境保护,并应与周围建筑物和环境相协调。

2）边坡锚杆

当需要采取锚固措施加固边坡时,应研究以下几种锚固与支挡结构组合的技术可行性和经济合理性:

（1）锚杆与挡土墙。

（2）锚杆与抗滑桩。

（3）锚杆与混凝土格构。

（4）锚杆与混凝土塞或混凝土板。

边坡锚固常用的锚杆包括非预应力锚杆和预应力锚杆。

（1）非预应力锚杆。下列情况下的边坡加固宜采用非预应力锚杆支护:

①节理裂隙发育、风化严重的岩质边坡的浅层锚固。

②碎裂和散体结构岩质边坡的浅层锚固。

③边坡的松动岩块锚固。

④土质边坡的锚固。

⑤固定边坡坡面防护结构或构件的锚固。

应根据岩体节理裂隙的发育程度、产状、块体规模等布置系统锚杆,平面布置形式可采用梅花形或方形。对于系统锚杆不能兼顾的坡面随机不稳定块体,应布置随机锚杆。

（2）预应力锚杆。预应力锚杆按锚固段与周围介质的连接形式可分为机械式和黏结式。机械式预应力锚杆宜用于需要快速加固和对防腐要求较低的硬质岩质边坡。黏结式预应力锚杆按锚固段胶结材料的受力情况可分为拉力集中型、压力集中型、拉力分散型和压力分散型4种形式。

拉力集中型预应力锚杆用于软岩和土坡时,单根锚固力不宜过大。对具有强侵蚀性环境中的边坡,当单根锚杆的锚固力不大时,宜采用压力集中型预应力锚杆。对要求单根锚杆的锚固力大的软岩或土质边坡,宜采用拉力分散型预应力锚杆;但当其环境对锚杆有侵蚀性时,宜采用压力分散型预应力锚杆。

3）柔性防护

（1）主动防护网。主动防护系统是通过锚杆和支撑绳以固定方式将以钢丝绳网为主的各类柔性网覆盖在有潜在地质灾害的边坡坡面或岩石上,以限制坡面岩石的风化剥蚀或崩塌,从而实现其防护目的。主动防护网的材质主要有钢丝绳网和 TECCO 高强度钢丝格栅,目前常用的主动防护网类型有 GAR、GPS、GTC 三种。

柔性主动防护系统一般由锚杆、支撑绳、钢丝绳网、格栅、缝合绳构成,该系统通过固定在锚杆或支撑绳上并施以一定预张拉的钢丝绳网,以及在用作风化剥落、溜塌或坍落防护中抑制细小颗粒、散落或土体流失时铺以金属网或土工格栅,对整个边坡形成连续支撑。其预张拉作业使系统紧贴坡面形成了局部岩坡,也可在土体移动或发生细小位移后将其裹缚于原位附近,从而实现主动防护的功能。

主动防护系统具有高柔性、高防护强度、易铺展性等优点,具有能适应坡面地形、安装程序标准化、系统化的特点。

(2)被动防护系统。被动防护系统是一种由钢柱和钢绳网联结组合构成一个整体,对所防护的区域形成面防护的柔性拦石网。该方法能拦截和堆存落石,阻止崩塌岩体下坠滚落至防护区域,从而起到边坡防护作用。

被动防护系统一般由钢丝绳网或环形网(需拦截小块落石时附加一层铁丝格栅)、固定系统(锚杆、拉锚绳、基座、支撑绳)、减压环和钢柱等四个主要部分组成,系统的柔性主要来自于钢丝绳网、支撑绳和减压环等结构,且钢柱与基座间亦采用可动铰联结以确保整个系统的柔性匹配。目前 RXI 类被动防护系统应用最为广泛。

被动防护系统适用于岩体交互发育、坡面整体性差、有岩崩可能、下部有较重要的防护对象的边坡。它对崩塌落石发生区域集中、频率较高或坡面施工作业难度较大的高陡边坡是一种非常有效而经济的方法。

第四节　施工工厂设施

为施工服务的生产系统、工厂、车间和辅助设施,又称施工工厂设施。施工工厂设施包括砂石加工系统,混凝土生产系统,压缩空气、供水、供电和通信系统,机械修配厂和加工厂等。施工工厂设施的任务是:制备施工所需的各种半成品和成品材料,供应施工所需的水、电及压缩空气,建立工地内、外通信联系,进行施工设备的保养、修理和加工制作少量非标准件、零配件与金属结构,使工程施工能顺利进行。

砂石加工系统和混凝土生产系统已在本章第三节做了简单介绍,本节针对压缩空气、供水、供电和通信系统及机械修配厂、加工厂等进行简要介绍。

一、施工工厂规划布置原则

施工工厂规划布置应遵循以下原则:

(1)应研究利用当地企业的生产设施,并兼顾梯级工厂施工需要。

(2)厂址宜设于当地交通运输和水电供应方便处,靠近服务对象和用户中心,避免物资逆向运输。

(3)生活区宜与生产区分开,协作关系密切的施工工厂宜集中布置,集中布置和分散布置距离均应满足防火、安全、卫生和环境保护要求。

(4)施工工厂的规划与设置宜兼顾工程实施阶段的分标因素。

二、施工供风系统

水利水电施工供风系统(亦称"工地压缩空气系统")的主要任务是供应石方开挖、混凝土施工、水泥输送、灌浆作业和机电设备安装等所需的压缩空气(简称"气"或"风")。其组成包括压缩空气站和外部压气管网两大部分。根据用户的分布和负荷特点,全系统可设置一个或数个压缩空气站,集中或分片供风,也可在分片的基础上连成管网,以便互相补偿,适应负荷变化。此外,还需要配备一定数量的移动式空气压缩机(简称"空压机"),满足零星分散用户或施工初期和补充高峰负荷时的短期需要。为了减少压气管网敷设工程量和输气压降,目前已出现更多地采用移动式空气压缩机的趋势。有些钻孔设备可随机配备移动式空气压缩机。工地压缩空气系统一般不供应机械和汽车修配厂等施工工厂设施用风,因为这些企业距施工现场较远,用风量不大,一般由自备空气压缩机供风。混凝土工厂的供风需视具体情况,可单独设站或由系统供风。

对压缩空气的质量,一般无特殊要求,但应重视排除油水,否则不仅对风动机具产生腐蚀作用,缩短其使用寿命,而且还可能产生其他不良影响。例如:当用于输送水泥时,水泥储存后可能产生结块现象;用于灌浆洗缝时,可能影响水泥与缝面的结合质量。水利水电工地压缩空气系统使用时间较短,一般仅几年,有时还需要局部拆迁或改建,属临时性生产设施,在永久压缩空气站设计标准的基础上可适当降低。压气管网的铺设,应便于检查管理和拆移。此外,压缩空气消耗动力较多,固定式空气压缩机常用电动机驱动,是一项主要的施工用电负荷。因此,压缩空气系统的设计,对于保证施工进度和质量,降低造价,以及施工供电设备的配置均有重大影响。

三、施工供水系统

水利水电工程施工供水系统的任务是经济可靠地供给全工地的生活、生产和消防用水。

主要用户有:主体工程施工用水,施工机械用水,施工工厂设施生产用水,生活用水(包括居民用水和公共设施、服务行业用水等),消防用水和其他用水。在保证供应足够水量的同时,尚须满足各类用户对水质、水压的要求。

施工给水系统一般由取水工程、净水工程和输配水工程三部分组成。每一部分的具体组成应视各工地的实际情况,如地形、水源条件、用户分布情况及其用水要求等,通过规划和方案比选确定。

为了给工程建设创造必要的条件,施工供水系统应于准备工程开始时尽早动工,按照用户需要的先后缓急,妥善安排施工计划,力求做到按时或提前供水。土建工程通常宜一次完成,部分设备可视需要陆续安装投入使用。

四、施工供电系统

施工供电系统的主要任务是把来自电力系统的高压电能经过降压,或把自备发电厂发出的电能(有时需要升压),或将两者联合起来,输送到各分区变电站(即配电所),再供给工地各用户所需要的生产用电和生活用电。它由施工总降压变电站(有时包括自备发电厂)、分区配电所、高低压配电线路和用电设备所组成。施工供电设计的任务主要是确定施工用电最高负荷、估算各年用电量、选定电源方案以及进行各降压变电站、自备发电厂、配电所和配电线路等的设计。

为了保证施工供电必要的可靠性,合理地选择供电方式,将用电负荷按其重要性和停电造成的损失程度分为三类:一类负荷、二类负荷和三类负荷。

水利水电工程施工现场一类负荷主要有:井、洞内的照明、排水、通风和基坑内的排水,汛期的防洪、泄洪设施,医院的手术室、急诊室,局一级通信站以及其他因停电即可能造成人身伤亡或设备事故引起国家财产严重损失的重要负荷。由于单一电源无法确保连续供电,供电可靠性差,因此大中型工程应具有两个以上的电源,否则应建自备电厂。

除隧洞、竖井以外的土石方开挖施工,混凝土浇筑施工,混凝土搅拌系统、制冷系统、供水系统及供风系统,混凝土预制构件厂等主要设备属二类负荷。

五、通信系统

施工通信系统的任务是保证各种施工管理通信和水情信息迅速、准确地传递,保持工程施工期间对内对外的通信和信息的传递,满足工程施工调度和指挥的需要。

施工通信系统宜与地方通信网络相结合。通信系统组成与规模应根据工程规模、施工设施布置,以及用户分布情况确定。有条件的应设置光纤通信网络系统。

六、机械修配厂

施工机械修配厂,一般由中心机械修配厂和工区机械修配站组成。前者主要承担施工机械设备的大、中修和工程所需部分零配件、非标准设备、施工结构件的加工制作;后者主要承担施工机械设备的定期保养和零修任务。当某类施工机械设备较多时,可建立专业机械修配厂(站),如汽车修配厂和保养站、船舶修配厂和保养站等。准轨机车按铁道部规定实行定点维修,水利水电工地不另设置维修厂(站)。

汽车修配厂的任务是承担施工汽车的保养和修理。根据承修汽车的数量、车型和对外协作条件等具体情况,在工地建立相应规模的汽车保养站和修理厂。汽车修理厂承担汽车大修和总成检修、旧件修复和零星配件制作以及厂用设备维修,一般由生产车间、辅助生产车间、仓库、办公室和生活间、待修和修竣车停车场等组成。汽车保养站承担汽车的定期保养和小修,简单零件的制作和修复以及本站设备维修,一般由生产部分、辅助生产部分、仓库、办公室和生活间等组成。

机械修配厂宜靠近施工现场,便于施工机械和原材料运输,配有停放设备和材料的场地,宜与汽车修配厂结合设置。汽车保养数量在50~300辆,宜集中设置汽车保养站。汽车数量多或工区较分散时,一级保养可分散布置,二级保养宜集中布置。

七、综合加工厂

水利水电工地的混凝土预制件厂、钢筋加工厂和木材加工厂等,可视原材料供应、交通运输、场地面积及施工管理等条件分开设置或联合设置。在场地条件允许的情况下,宜联合设置,简称为"综合加工厂"。综合加工厂主要承担工程所需的混凝土预制构件、钢筋的半成品和成品、木模板和细木制品等的生产加工任务。

(一)钢筋加工厂

工厂主要由钢筋加工车间、原材料及成品堆放场等组成。厂内配置调直机、断筋机、弯筋机、焊接等设备。钢筋加工厂规模可按高峰月的日平均需要量确定。

(二)木材加工厂

木材加工厂主要任务是为工程混凝土浇筑提供钢模不能代替、特殊部位的标准和异型模板,临建工程木制品加工等。工作内容主要为锯、刨、开榫等,主要设置卸料场、原料堆场、锯材堆场、机木堆场、模板细木堆场、锯材车间、配料机木车间和模板细木车间等。木材加工厂规模宜根据工程所需原木总量,木材来源及其运输方式,锯材、构件、木模板的需要量和供应计划,场内运输条件等确定。

(三)混凝土预制件厂

混凝土预制件厂主要承担主体工程混凝土预制构件的生产任务,预制件厂布置主要有成品车间、成品堆场等。混凝土预制件厂规模宜根据构件的种类、规格、数量、最大重量、供应计划、原材料来源及供应运输方式等计算确定。

第五节　施工总布置

一、概述

施工总布置是施工场区在施工期间的空间规划。它是根据场区的地形地貌、枢纽布置和临时设施布置的要求,研究施工场地的分期、分区、分标布置方案,对施工期间所需的交通运输设施、施工辅助工厂、仓库房屋、动力能源、给排水管线及其他施工设施做出平立面布置,为保证施工安全、工程质量、加快施工进度、降低工程造价和节省能源消耗从场地安排上创造条件。

施工总布置规划应综合分析水工枢纽布置,主体建筑物规模、型式、特点、施工条件和工程所在地区社会、自然条件等因素,合理确定并统筹规划为工程服务的各种临时设施。

二、施工总布置原则

(1)施工总布置方案应贯彻执行合理利用土地的方针,遵循施工临建与永久利用相结合、因地制宜、因时制宜、有利生产、方便生活、节约用地、易于管理、安全可靠和经济合理的原则,经全面系统比较论证后选定。

(2)施工总布置方案规划应符合环境保护、水土保持的有关规定,处理好施工场地布局与环境保护、水土保持的关系。

(3)施工总布置方案宜采用有利于施工封闭管理的布置方案。

(4)施工总布置应紧凑合理,节约用地,尽量利用荒地、滩地、坡地,不占或少占耕地、林地,应避开文物古迹,避免损坏古树名木。

(5)合理规划布置渣场,做好土石方挖填方平衡,充分利用开挖渣料进行围堰及施工场地填筑,结合施工进度和物流流向优化渣料调运,尽量避免物料二次倒运。

(6)施工场地布置应与交通运输线路布置相结合,尽量避免物料倒运,并考虑上、下游施工期洪水情况与临建设施泄洪及防洪要求。

(7)尽量提高工程施工机械化程度,减少劳动力使用量,减少生活福利设施建筑面积。

三、施工场地选择与施工分区规划

(一)施工场地选择

在水利水电枢纽工程附近,有多处可供选择作为施工场地时,应进行技术经济比较,选择最为有利的施工场地。一般堤坝式水电站枢纽布置比较集中,常在坝址下游的一岸或两岸设置施工场地;引水式水电站或大型输水工程,常在取水枢纽、引水建筑物中间地段和厂房(或输水建筑末端)设置施工场地;如果枢纽建筑物两岸谷深坡陡,常将施工场地选在高处的较为平坦宽阔的地段,或者利用开挖弃渣对冲沟的回填,形成布置施工设施的场地。

1.施工场地选择的基本原则

(1)一般情况下,施工场地不宜选在枢纽上游的水库区。如果不得已必须在水库区布置施工场地时,其高程应不低于场地使用期间最高设计水位,并考虑回水、涌浪、浸润、坍岸的影响。

(2)利用滩地平整施工场地,尽量避开因导流、泄洪而造成的冲淤、主河道及两岸沟谷洪水的影响。

(3)位于枢纽下游的施工场地,其整平高程应能满足防洪要求。如地势低洼,又无法填高时,应设置防汛堤和排水泵站、涵闸等设施,并考虑清淤措施。

(4)施工场地应避开不良地质地段,考虑边坡的稳定性。

(5)施工场地地段之间、地段与施工区之间,联系简捷方便。

(6)研究与地方经济发展规划相结合的可能性。

2.施工场地选择的步骤

施工场地选择一般遵循下列步骤:

(1)根据枢纽工程施工工期、导流分期、主体工程施工方法、能否利用当地企业为工程施工服务等状况,确定临时建筑项目,初步估算各项目的建筑物面积和占地面积。

(2)根据对外交通线路的条件、施工场地条件、各地段的地形条件和临时建筑的占地面积,按生产工艺的组织方式,初步考虑其内部的区域划分,拟订可能的区域规划方案。

(3)对各方案进行初步分区布置,估算运输量及其分配,初选场内运输方式,进行场内交通线路规划。

(4)布置方案的供风、供水和供电系统。

(5)研究方案的防洪、排水条件。

(6)初步估算方案的场地平整工程量,主要交通线路、桥梁隧道等工程量及造价,场内主要物料运输量及运输费用等技术经济指标。

(7)进行技术经济比较,选定施工场地。

(二)施工分区规划

1.区域划分

施工总布置按功能可分为下列主要区域:

(1)主体工程施工区。

(2)施工工厂区。

(3)当地建材开采区。

(4)工程存、弃渣场区。

(5)仓库、站、场、厂、码头等储运系统区。

(6)机电、金属结构和大型施工机械设备安装场区。

(7)施工管理及生活区。

(8)工程建设管理及生活区。

2.区域规划方式

各施工区域在布置上并非截然分开的,它们的生产工艺和布置是相互联系的,应构成一个统一的、调度灵活的、运行方便的整体。在区域规划时,按主体工程施工区与其他各区域互相关联或相互独立的程度,分为集中布置、分散布置、混合布置三种方式,水利水电工程一般多采用混合式布置。

3.分区规划布置

在施工场地区域规划后,进行各项临时设施的具体布置。其内容包括:场内交通线路布置,施工辅助企业及其他辅助设施布置,仓库站场及转运站布置,施工管理及生活福利设施布置,风、水、电等系统布置,施工料场布置和永久建筑物施工区的布置。分区布置的原则是:

(1)以混凝土建筑物为主的枢纽工程,施工区布置宜以砂石料开采、加工、混凝土拌和、浇筑系统为主;以当地材料坝为主的枢纽工程,施工区布置要以土石料开挖、加工、堆料场和上坝运输线路为主;枢纽工程施工要形成最优工艺流程。

(2)机电设备、金属结构安装场地要靠近主要安装地点,并方便装卸和场内运输。

(3)施工管理及生活区要设在主体工程施工区、施工工厂和仓库区的适中地段。

(4)工程建设管理区要结合电厂生产运行和工程建设管理需要统筹规划,场地选择应符合交通方便、远离施工干扰和具有良好环境的要求。

(5)主要物资仓库、站(场)等储运系统要布置在场内外交通干线衔接处或沿线附近区,并适应主体工程施工需要。

(6)生活设施要考虑风向、日照、噪声、绿化、水源水质等因素,生产、生活设施应有明显界限。

(7)施工分区规划布置要考虑施工活动对环境的影响,避免振动、噪声、粉尘等对周边环境的危害。

(8)特种材料仓库(火工材料、油料)布置要符合有关安全规程、规范要求。

4.现场布置的总体规划

施工现场总体规划是解决施工总体布置的关键,要着重研究解决一些重大原则问题。例如,施工场地是布置在一岸还是布置在两岸;是集中布置还是分散布置;如果是分散布置,则主要场地设在哪里且如何分区;哪些临时设施要集中布置,哪些可以分散布置;主要交通干线设几条,它们的高程、走向如何布置;场内交通与场外交通如何衔接;以及临建工程和永久设施的结合、前期和后期的结合等。在工程施工实行分项承包的情况下,尤其要做好总体规划,明确划分各承包单位的施工场地范围,并按总体规划要求进行布置,使其有各自的活动区域,避免互相干扰。

四、施工交通运输

施工交通运输可分为对外交通和场内交通。对外交通运输方案应根据施工总布置及施工总进度要求,经技术经济比较选择确定。对外交通和场内交通的规划应符合下列规定:

(1)对外交通方案应确保施工工地与国家或地方公路、铁路车站、水运港口之间的交通联系,并具备完成施工期间外来物资运输任务的能力。

(2)选择对外交通运输方案,应调查工程所在地区现有交通运输状况,以及近期的交通建设规划等内容。

(3)场内交通应根据分析计算的运输量和运输强度,结合地形、地质条件和施工总布置进行统筹规划,应考虑永久与临时、前期与后期相结合。

(4)场内交通方案应确保施工工地内部各工区,当地材料产地,堆渣场,各生产、生活区之间的交通联系,主要道路与对外交通衔接。

(5)场内交通规划应合理解决超限运输。

对外及场内交通宜采用公路运输方式。对外交通经过论证可采用铁路、水运等其他运输方式或几种方式相结合,场内交通条件适宜时,可采用带式输送机、架空索道等方式。

施工交通运输系统应设置安全、交通管理、维修、保养、修配等专门设施。

对外及场内交通应保持运物畅通,设施及标志齐全,满足安全、环境保护及水土保持要求。

五、施工房屋建筑工程

(一)施工仓库系统

1.仓库分类

仓库按结构形式可分为以下几类。

1)露天式

用于储存一些量大、笨重和与气候无关的物资、器材,一般包括砂石骨料、砖、木材、煤炭等。

堆料场地面要求碾压结实,不致因堆放货物而发生大的沉陷,要有良好的排水系统,场地不积水,并有足够的通道,以利物资机械的搬运。

有的大型设备使用内衬防水材料的密封板箱包装,能够确保不被水浸入,也可经安全苫垫后放在露天仓库内。

2)棚式

这种仓库有顶无墙,能防止日晒、雨淋,但不能挡住风沙,主要储藏钢筋、钢材及某些机械设备等。体积大和重量大不能入库的大型设备可采取就地搭棚保管。

为防止火灾,房顶不能用茅草或油毡纸等易燃物盖建。棚顶高度应不低于 4.5 m,以利搬运和通风。

3)封闭式

有比较严密的门窗和通风孔道,用以保存怕潮湿、日晒及雨淋的物资,如储存水泥、五金化工材料、设备零配件及劳保生活用品等。

根据需要,此种仓库可以做成保温库房或特殊用途的库房。

2.仓库的布置

(1)服务对象单一的仓库、堆场,如砂石堆场、钢筋仓库、木材堆场、散装水泥库、袋装水泥库等,可以靠近所服务的企业或工程施工地点,也可以作为某一企业的组成部分布置。

(2)服务于较多企业和工程的仓库,一般作为中心仓库,布置于对外交通线路进入施工区的入口处附近,如钢材库、五金库、工具库、化工制品、施工机械设备、永久设备、零配件、劳保库等。

(3)易爆易燃材料,如炸药、油料、煤等,应布置于不会危害企业、施工现场、生活福利区的安全位置。

(4)仓库的平面布置应尽量满足防火间距要求。当施工场地不能满足防火间距要求时,应有相应的防火措施,以保证安全生产。

(二)施工管理及生活福利区

1.居住建筑的规划布置

居住建筑的规划布置应满足以下要求。

(1)根据场地的自然条件,居住建筑可以分散布置在各自的生产区附近或相对集中布置于离生产区稍远的地点。但是,无论分散布置或集中布置,单职工宿舍、民工宿舍、职工家属住宅应各有相对的独立区段,与生产区应有明确界限。一般单职工宿舍、民工宿舍较靠近生产区或施工区,职工家属住宅则布置在较靠后的地点。

(2)布置地点应考虑居住建筑的特点,尽可能选择具有良好建筑朝向的地段。北方和严寒地区以保证冬季获得必要的日照时间和质量、防止寒风吹袭为主要条件,在南方和炎热地区以避免夏季西晒及争取自然通风等为主要条件,确定建筑的有利朝向。

(3)为保证必要的日照,房屋间距,北方一般采用1.5~2.0倍檐口高,南方采用1.0~1.5倍檐口高,向阳或背阳坡地应考虑坡度影响予以增减。

(4)通过建筑组合的变化和搭配以及绿化遮阳等措施防止西晒。

(5)建筑间距、消防车入口数量、道路间距等应符合相关建筑防火规范的要求。

(6)考虑必要的防震抗灾措施。

(7)考虑防止噪声干扰的措施。

2.施工管理办公建筑的规划布置

办公建筑应根据企业组织机构分级配置,一般可分为工程局机关、分局或工区机关、工段或队办公室三级。根据各级机构工作性质、日常工作内容、工作活动范围不同,在选择场地时应注意以下几点:

(1)局机关所在地是工程局行政管理和各种活动中心,办公人数多,对内对外联系广,建筑规模大,既需要较为安静的工作环境,又需要对外、对下属单位联系方便。因此,一般设在位置适中,交通方便,且较为独立的地方。

(2)分局或工区机关是直接指挥施工、生产的单位,是本系统生产、生活的组织者,是本单位的活动中心,业务范围较小,办公人数较少,与工段或施工队、职工个人联系广泛。场地一般靠近本单位生产区,在分散布置时,常作为分隔区,布置在生产区和生活区的中间地带。

(3)工段或施工队是生产、生活管理的基层机构,一般不分设业务科室,其办公人员少,建筑规模小,业务范围小。一般设在车间、工段内部或本单位单职工宿舍区中。

3.公共建筑的规划布置

公共建筑规划布置的主要工作是合理确定公共建筑的项目内容、核定面积定额、计算指标及合理配置三个方面。公共建筑的项目内容、定额、指标,可根据工地实际情况、工程地点附近城镇的福利设施配置情况等,参照国家有关规定,设置必要的项目和选用定额。

六、土石方平衡

水利水电工程施工,一般有土石方开挖料和土石方填筑料,以及其他用料,如开挖料作混凝土骨料等。在开挖的土石料中,一般有废料,还可能有剩余料等,因此要设置堆料场和弃料场。开挖的土石料的利用和弃置,不仅有数量的平衡(空间位置上的平衡)要求,还有时间的平衡要求,同时还要考虑质量和经济效益等。

(一)土石方平衡方法

土石方平衡调配是否合理的主要判断指标是运输费用,费用花费最少的方案就是最好的调配方案。土石方调配可按线性规划理论进行计算。

土石方调配需考虑许多因素,如围堰填筑时间、土石坝填筑时间和高程、厂前区管道施工工序、围堰拆除方法、弃渣场地(上游或下游)、运输条件(是否过河、架桥时间)等。

(二)土石方平衡原则

土石方平衡调配的基本原则是,在进行土石方调配时要做到料尽其用、时间匹配和容量适度。

1.料尽其用

开挖的土石料可用来作堤坝的填料、混凝土骨料或平整场地的填料等。前两种利用质量要求较高,场地平整填料一般没有太多的质量要求。

2.时间匹配

土石方开挖应与用料在时间上尽可能相匹配,以保证施工高峰用料。

3.容量适度

堆料场和弃渣场的设置应容量适度,尽可能少占地,开挖区与弃渣场应合理匹配,以使运费最少。

堆料场是指堆存备用土石料的场地,当基坑和料场开挖出的土石料需作建筑物的填筑用料,而两者在时间上又不能同时进行时,就需要堆存。堆存原则是易堆易取,防止水、污泥杂物混入料堆,致使堆存料质量降低。当有几种材料时应分场地堆存,如堆在一个场地,应尽量隔开,避免混杂。堆存位置最好在用料点或料场附近,减少回取运距。如堆料场在基坑附近,一般不容许占压开挖部分。由于开挖施工工艺问题,常有不合格料混杂,对这些混杂料应禁止送入堆料场。

开挖出的不能利用的土石料应作为弃渣运送至弃渣场,弃渣场选择与堆弃原则是:尽可能位于库区内,这样可以不占农田耕地。施工场地范围内的低洼地区可作为弃渣场,平整后可作为或扩大为施工场地。弃渣堆置应不使河床水流产生不良的变化,不妨碍航运,不对永久建筑物与河床过流产生不利影响。在可能的情况下,应利用弃土造田,增加耕地。弃渣场的使用应做好规划,开挖区与弃渣场应合理调配,以使运费最少。

土石方调配的结果对工程成本、工程进度,以及工区景观、工区水土流失、噪声污染、粉尘污染等环境因素有着显著的影响。

第六节　施工总进度

一、概述

施工总进度计划是根据施工部署,通过对各单项工程的分部、分项工程的计算,明确工程量,进而计算出劳动力、主要材料、施工技术装备的需要量,定出各建筑物、设备、技术装备的开工顺序和施工期,建筑与安装衔接时间,用进度表反映出来,作为控制施工进度的指导性文件之一。施工总进度计划是施工部署在时间上的体现。

编制施工总进度时,应根据工程条件、工程规模、技术难度,国家施工组织管理水平和施工机械化程度,合理安排筹建及准备时间与建设工期,并分析论证项目业主对工期提出的要求。

(一)施工期划分

根据《水利水电工程施工组织设计规范》(SL 303—2017),工程建设全过程可划分为工程筹建期、工程准备期、主体工程施工期和工程完建期四个施工时段。编制施工总进度时,工程施工总工期应为后三项工期之和。工程建设相邻两个阶段的工作可交叉进行。

(1)工程筹建期。主体工程开工前,为主体工程施工具备进场开工条件所需时间,其工作内容宜为对外交通、施工供电和通信系统、征地补偿和移民安置等工作。

(2)工程准备期。准备工程开工起至关键线路上的主体工程开工或河道截流闭气前的工期,其工作内容宜包括场地平整、场内交通、施工工厂设施、必要的生活生产房屋建设以及实施经批准的试验性工程等。根据确定的施工导流方案,工程准备期内还应完成必要的导流工程。

(3)主体工程施工期。自关键线路上的主体工程开工或河道截流闭气开始,至第一台机组发电或工程开始发挥效益为止的工期。

(4)工程完建期。自水利水电工程第一台发电机组投入运行或工程开始发挥效益起,至工程完工的工期。

主体工程施工期起点以控制总进度的关键线路上的项目的施工起点计算。当控制工期的项目是拦河坝时,考虑到主河床实现截流是工程项目实施的重要里程碑,截流后工程施工全面展开,时间要求紧、需要与洪水作斗争,质量要求也很高,故此类水电工程主体工程施工起点确定为主河床截流。当控制工期的项目为发电厂房系统时,尤其是抽水蓄能电站的地下厂房,地质条件复杂、支护处理量大、工期长,故主体工程以厂房主体土建工程施工或地下厂房顶拱开挖为起点。输水系统中长引水工程,尤其是长引水隧洞工程,在进度关键线路上,以输水系统主体工程施工为起点。有些抽水蓄能电站的上(下)水库工程量大,在进度关键线路上,则以上(下)水库工程施工为起点。

(二)施工总进度编制原则

编制施工总进度的原则如下:

(1)执行基本建设程序,遵照国家政策、法令和有关规程规范。

(2)采用先进、合理的指标和方法安排工期。对复杂地质、恶劣气候条件或受洪水制约的工程,宜适当留有余地。

(3)系统分析受洪水威胁的关键项目的施工进度计划,采取有效的技术和安全措施。

(4)单项工程施工进度与施工总进度相互协调,做到资源配置均衡,各项目施工程序前后兼顾、衔接合理,减少施工干扰,均衡施工。

(5)在保证工程质量与建设总工期的前提下,应研究提前发电和使投资效益最大化的施工措施。

二、施工进度计划的控制方法

(一)横道图控制法

用横道图表示的施工进度计划,一般包括两个基本部分,即左侧的工作名称及工作的持续时间等基本数据部分和右侧的横道线部分。图 5-6-1 为用横道图表示的某水闸工程的施工进度计划,该计划明确表示出各项工作的划分、工作的开始时间和完成时间、工作的持续时间、工作之间的相互搭接关系,以及整个工程项目的开工时间、完工时间。横道图的优点是形象、直观,且易于编制和理解,因而长期以来被广泛应用于建设工程进度控制。但利用横道图表示工程进度计划,存在下列缺点:

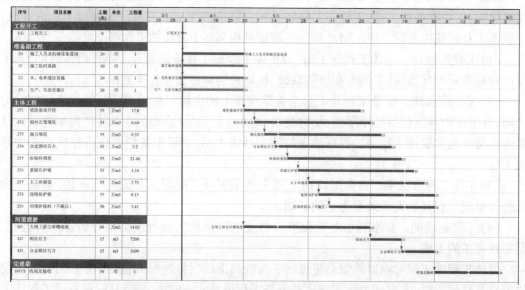

图 5-6-1　某水闸工程施工进度计划横道图

(1)不能明确反映出各项工作之间错综复杂的相互关系,在计划执行的过程中,当某些工作的进度由于某种原因提前或拖延时,不便于分析其对其他工作及总工期的影响程度,不利于建设工程进度的动态控制。

(2)不能明确地反映出影响工期的关键工作和关键线路,无法反映出整个工程项目的关键所在,不便于进度控制人员抓住主要矛盾。

(3)不能反映出工作所具有的机动时间,看不到计划的潜力所在,无法进行最合理的组织和指挥。

(4)不能反映工程费用与工期之间的关系,不便于缩短工期和降低成本。

利用横道图进行进度检查时,可将每天、每周或每月实际进度情况定期记录在横道图上,用以直观地比较计划进度与实际进度,评价实际进度是超前、落后,还是按计划进行。若通过检查发现实际进度落后了,则应采取必要措施,改变落后状况;若发现实际进度远比计划进度提前,可适当降低单位时间的资源用量,使实际进度接近计划进度。这样常可降低相应的成本费用。

(二)S形曲线控制法

S形曲线是一个以横坐标表示时间,纵坐标表示完成工作量的曲线图。工作量的具体内容可以是实物工程量、工时消耗或费用,也可以是相对的百分比。对于大多数工程项目来说,在整个项目实施期内单位时间(以天、周、月、季等为单位)的资源消耗(人、财、物的消耗)通常是中间多而两头少。由于这一特性,资源消耗累加后便形成一条中间陡而两头平缓的形如"S"的曲线。

像横道图一样,S形曲线也能直观反映工程项目的实际进展情况。项目进度控制工程师事先绘制进度计划的 S 形曲线。在项目施工过程中,每隔一定时间按项目实际进度情况绘制完工进度的 S 形曲线,并与原计划的 S 形曲线进行比较,如图 5-6-2 所示。

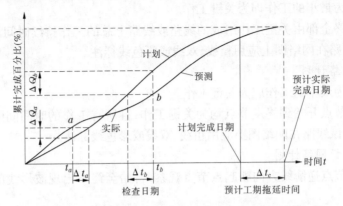

图 5-6-2　S 形曲线比较图

(1)项目的实际进展速度。如果项目实际进展的累计完成量在原计划的 S 形曲线左侧,表示此时的实际进度比计划进度超前,如图 5-6-2 中 a 点;反之,如果项目实际进展的累计完成量在原计划的 S 形曲线右侧,表示实际进度比计划进度拖后,如图 5-6-2 中 b 点。

(2)进度超前或拖延时间。如图 5-6-2,Δt_a 表示 t_a 时刻进度超前时间;Δt_b 表示 t_b 时刻进度拖延时间。

(3)工程量完成情况。在图 5-6-2 中,ΔQ_a 表示 t_a 时刻超额完成的工程量;ΔQ_b 表示 t_b 时刻拖欠的工程量。

(4)项目后续进度的预测。在图 5-6-2 中,虚线表示项目后续进度若仍按原计划速度实施,总工期拖延的预测值为 Δt_c。

(三)香蕉形曲线比较法

香蕉形曲线是由两条以同一开始、同一结束时间的 S 形曲线组合而成。其中,一条 S 形曲线是按最早开始时间安排进度所绘制的,简称 ES 曲线;而另一条 S 形曲线是按最迟开始时间安排进度所绘制的,简称 LS 曲线。除了项目的开始和结束点外,ES 曲线在 LS 曲线的上方,同一时刻两条曲线所对应完成的工作量是不同的。在项目实施过程中,理想的状况是任一时刻的实际进度在这两条曲线所包区域内的曲线 R,如图 5-6-3 所示。

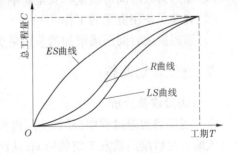

图 5-6-3　香蕉形曲线图

(四)网络计划

网络计划应在确定技术方案与组织方案,按需要划分工作、确定工作之间的逻辑关系及各工作的持续时间的基础上进行编制。

编制的网络计划应满足预定的目标,否则应修改原技术方案与组织方案,对计划做出调整。经反复修改方案和调整计划均不能达到原定目标时,应对原定目标重新审定。

1.关键工作和关键线路的确定原则

1)双代号网络计划

(1)总时差为最小的工作即为关键工作。

(2)自始至终全部由关键工作组成的线路或线路上总的工作持续时间最长的线路即为关键线路。该线路在网络图上应用粗线、双线或彩色线标注。

2)单代号网络计划

(1)总时差为最小的工作应为关键工作。

(2)从起点节点开始到终点节点均为关键工作,且所有工作的时间间隔仅为零的线路应为关键线路。该线路在网络图上应用粗线、双线或彩色线标注。

3)双代号时标网络计划

(1)自终点节点逆箭线方向朝起点节点观察,自始至终不出现波形线的线路为关键线路。

(2)时标网络计划的计算工期,应是其终点节点与起点节点所在位置的时标值之差。

(3)按最早时间绘制的时标网络计划,每条箭线箭尾和箭头所对应的时标值应为该工作的最早开始时间和最早完成时间。

(4)时标网络计划中工作的自由时差应为表示该工作的箭线中波形线部分在坐标轴上的水平投影长度。

4)单代号搭接网络计划

(1)总时差为最小的工作应为关键工作。

(2)从起点节点开始到终点节点均为关键工作,且所有工作的时间间隔仅为零的线路应为关键线路。该线路在网络图上应用粗线、双线或彩色线标注。

2.网络计划优化

网络计划的优化目标,应按计划任务的需要和条件选定。包括工期目标、费用目标和资源目标。

网络计划优化时,选择应缩短持续时间的关键工作宜考虑下列因素:

(1)缩短持续时间对质量和安全影响不大的工作。

(2)有充足备用资源的工作。

(3)缩短持续时间所需增加的费用最少的工作。

三、进度计划调整

(一)进度偏差分析

在工程项目实施过程中,通过实际进度与计划进度的比较,当发现有进度偏差时,需要分析该偏差对后续活动及工期的影响,从而采取相应的调整措施对原进度计划进行调整,以确保工期目标的顺利实现。进度偏差的大小及其所处的位置不同,对后续活动和工期的影响程度也不同,分析时需要利用网络计划中活动总时差和自由时差的概念进行判断。

(1)分析出现进度偏差的活动是否为关键活动。如果出现进度偏差的活动位于关键线路上,即该活动为关键活动,则无论其偏差有多大,都将对后续活动和工期产生影响,必须采取相应的调整措施;如果出现偏差的活动是非关键活动,则需要根据进度偏差值与总时差和自由时差的关系作进一步分析。

（2）分析进度偏差是否超过总时差。如果活动的进度偏差大于该活动的总时差,则此进度偏差必将影响其后续活动和工期,必须采取相应的调整措施;如果活动的进度偏差未超过该活动的总时差,则此进度偏差不影响工期。至于对后续活动的影响程度,还需要根据偏差值与其自由时差的关系作进一步分析。

（3）分析进度偏差是否超过自由时差。如果活动的进度偏差大于该活动的自由时差,则此进度偏差将对其后续活动产生影响,此时应根据后续活动的限制条件确定调整方法;如果活动的进度偏差未超过该活动的自由时差,则此进度偏差不影响后续活动,因此原进度计划可以不作调整。

进度偏差的分析判断过程如图 5-6-4 所示。进度控制人员可以根据进度偏差的影响程度,制订相应的纠偏措施进行调整,以获得符合实际进度情况和计划目标的新进度计划。

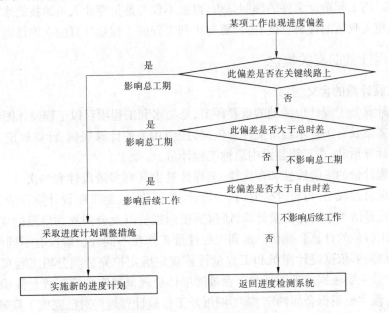

图 5-6-4　进度偏差对后续活动和工期的影响分析流程图

(二)进度偏差调整

当实际进度偏差影响到后续活动、工期需要调整进度计划时,其调整方法主要有两种。

（1）改变某些活动间的逻辑关系。当工程项目实施中产生的进度偏差影响到工期,且有关活动的逻辑关系允许改变时,可以改变关键线路和超过计划工期的非关键线路上的有关活动之间的逻辑关系,达到缩短工期的目的。例如,将顺序进行的活动改为平行作业、搭接作业以及分段组织流水作业等,都可以有效地缩短工期。

（2）缩短某些活动的持续时间。这种方法是不改变工程项目中各项活动之间的逻辑关系,而通过采取增加资源投入、提高劳动效率等措施来缩短某些活动的持续时间,使工程进度加快,以保证按计划工期完成该工程项目。这些被压缩持续时间的活动是位于关键线路和超过计划工期的非关键线路上的活动。同时,这些活动又是其持续时间可被压缩的活动。这种调整方法通常可以在网络图上直接进行。

第六章　工程计量

第一节　工程计量的基本原理与方法

水利工程作为一项系统工程,规模大、工期长、施工条件复杂、受自然环境的影响也较大。在前期决策过程中,除了水文、地质条件和开发任务等因素,工程造价也直接影响水利工程的决策。而工程造价文件的编制是否合理,不仅与造价专业人员的技能水平、工作经验以及对国家相关政策的理解程度有关,更与水利工程的工程量计算的准确性密不可分。

一、工程计量的有关概念

(一)工程计量的含义

工程量计算是工程计价活动的重要环节,是指水利工程项目以工程设计图纸、施工组织设计或施工方案及有关技术经济文件为依据,按照相关的计算规则、计算规定等要求,进行工程数量的计算活动,在工程建设中简称工程计量。

由于工程计价的多阶段性和多次性,工程计量也具有多阶段性和多次性。水利工程计量不仅包括项目建议书、可行性研究、初步设计、招标设计、施工图设计阶段的工程量计算,招标阶段工程量清单中的工程量计算,还包括投标报价以及合同履约阶段的变更、索赔、支付和结算中工程量的计算和确认。水利工程计量工作在不同计价阶段有不同的具体内容,如在初设阶段主要依据设计图纸和工程量计算规定确定拟完分类分项工程项目的工程数量;在招标阶段主要依据施工图纸和工程量清单计价规范确定拟完工程量并编制工程量清单;在施工阶段主要根据合同约定、施工图纸及工程量计算规则对已完成工程量进行计算和确认。

(二)工程量的含义

工程量是工程计量的结果,是指按一定规则并以物理计量单位或自然计量单位所表示的水利工程各分项工程的数量。物理计量单位是指以公制度量表示的长度、面积、体积和质量等计量单位。如混凝土以"立方米(m^3)"为计量单位,钢筋以"吨(t)"为计量单位等。自然计量单位指表现在自然状态下的简单点数所表示的个、台、面等计量单位。如启闭设备以"台"为计量单位,电源屏以"面"为计量单位等。

准确计算工程量是工程计价活动中最基本的工作,一般来说工程量有以下作用:

(1)工程量是工程设计的重要数据、是确定工程造价的重要依据。只有准确计算工程量,才能正确计算工程相关费用,合理确定工程造价。水利工程各设计阶段的工程量,对准确预测各设计阶段的工程投资、水利工程的决策、优选设计方案非常重要。如在可行性研究阶段,工程量的准确程度与投资估算的准确性密不可分,可研阶段的工程量是进行造价文件编制的重要基础,是反映工程规模、工程范围、设计标准的重要数据,是项目正确决策的重要依据。在初设阶段,工程量是设计概算的基础,一般说来,初步设计概算反映了初步设计阶段某一水利建设项目所需建设经费的总额,因而概算投资额在建设期间不能任意突破。概算编制得准确,基本建设投资规模就容易控制,有利于工程项目的顺利进行;反之,如果工程量计算误差太大,概算编制不准确,工程实施中投资就会超概或者结余过多,不利于工程项目的控制,或延误工期,或影响工程质量,降低投资效果。

(2)工程量是建设单位管理工程建设的重要依据。工程量是建设单位进行决策、控制工程投资规模、编制建设计划、筹集资金、编制工程招标文件、工程量清单、工程预算、安排工程价款的拨付和结算、进行投资控制的重要依据。

(3)工程量是承包单位生产经营管理的重要依据。工程量是承包单位进行投标报价,编制项目管理规划,安排工程施工进度,编制材料供应计划,进行工料分析,确定人工、材料、机械需要量,进行工程统计和经济核算的重要依据,也是向建设单位结算工程价款的重要依据。

(三)水利工程工程计量的标准规范

计算水利工程工程量时,应按照相关标准规范规定的工程量计算规则进行。工程量计算规则是工程计量的主要依据之一,是工程量数值的取定方法。采用的标准或规范不同,工程量计算规则也不尽相同。我国现行的关于水利工程工程量计算规则的标准规范主要有:

(1)《水利水电工程设计工程量计算规定》(SL 328—2005)。为统一和完善设计工程量的计算工作,水利部批准发布了《水利水电工程设计工程量计算规定》(SL 328—2005),该标准适用于大型、中型水利水电工程项目的项目建议书、可行性研究和初步设计阶段的设计工程量计算,招标设计阶段的工程量可参照初步设计阶段的工程量计算规定计算,阶段系数可参照初步设计阶段的系数并适当缩小,施工图设计阶段的工程量参照初步设计阶段和相关行业的工程量计算规定计算。其他工程的设计工程量计算可以参照执行。采用该计算规定计算的设计工程量不含施工中允许的超挖、超填量,合理的施工附加量及施工操作损耗,不同设计阶段的工程量要根据规定中相应的阶段系数进行计算。

(2)《水利工程工程量清单计价规范》(GB 50501—2007)。为规范水利工程工程量清单计价行为,统一水利工程工程量清单的编制和计价方法,建设部批准发布了《水利工程工程量清单计价规范》(GB 50501—2007),该规范适用于水利枢纽、水力发电、引(调)水、供水、灌溉、河湖整治、堤防等新建、扩建、改建、加固工程的招标投标工程量清单编制和计价活动。采用该规范计算的工程量不包含有效工程量以外的超挖、超填量,施工附加量,加工、运输损耗量等。

二、工程量计算应具备的条件

造价专业人员除应具有地质、水工、施工、机电专业知识和工程经济知识以外,尚应具有识图能力,熟悉工程量计算规则。在编制工程造价文件之前,应深入了解设计意图,研究图纸及设计说明、设计要求、施工方法和工程量计算依据等。工程量计算应具备下列条件:

(1)了解工程概况。了解工程性质,如扩建工程时应了解原有设备的影响;了解设计范围及工程项目内容;熟悉各系统的设计内容和施工特点。

(2)熟悉设计图纸。熟悉图纸上的图形、图例、符号等意义;熟悉平、断面总图和安装详图;熟悉项目划分办法,掌握工程项目分类及排列顺序,使工程量"对号入座";熟悉工程概预算定额和工程量计算规则;熟悉定额规定,分清已计价材料和未计价材料(主材又称装置性材料)的划分;掌握项目划分、概(预)算定额、设备材料价格与工程量计算关系。

三、工程量计算的基本要求

按现行规定,尽可能杜绝工程量计算错漏等问题。工程量计算应符合下述基本要求:

(1)工程量计量单位的单位名称、单位符号,应符合《量和单位》(GB 3100~3102—93)的有关规定。

(2)项目建议书、可行性研究、初步设计阶段工程量的计算应该符合《水利水电工程设计工程量计算规定》(SL 328—2005)的规定,其中选取的阶段系数,应与设计阶段相符。招标设计和施工图设计阶段可以参照其中初步设计阶段的规定和其他相关规定计算。工程量计算单位应同定额的计算单位相一致。

(3)招标投标阶段的工程量清单编制应执行《水利工程工程量清单计价规范》(GB 50501—2007)的规定。工程量计算单位应同《水利工程工程量清单计价规范》(GB 50501—2007)规定的计量单位相一致。

(4)除定额另有规定外,工程量计算不得包括材料在建筑安装施工过程中的损耗量;计算安装工程中的装置性材料(如电线、电缆)时,另按规定的损耗率计入工程单价。

(5)工程量计算凡涉及材料的体积、密度、容重、比热换算,均应以国家标准为准,如未作规定可参考厂家合格证书或产品说明书。

四、工程量计算的依据

工程量的计算需要根据设计图纸及其相关说明,技术规范、标准、定额,有关的图集,有关的计算规定等,按照一定的工程量计算规则逐项进行。主要依据如下:

(1)国家、行业发布的工程量清单计价规范、工程量计算规定和国家、地方和行业发布的概预算定额。

(2)设计图纸及其说明。设计图纸全面反映水利工程的结构构造、安装布置、各部位的尺寸及工程做法,是工程量计算的基础资料和基本依据。除了设计图纸及其说明,还应配合有关的设计规范和施工规范进行工程量计算。

(3)经审查通过的项目建议书、可行性研究、初步设计等各设计阶段的施工组织设计和相关报告。设计图纸主要表现拟建工程的实体项目,分项工程的具体施工方法及措施应按施工组织设计或施工方案确定。

(4)其他有关技术经济文件。如工程施工合同、招标文件的商务及技术条款等。

五、水利工程工程量分类及造价中的处理

水利工程工程量应按其性质进行划分,在编制造价文件时应执行《水利水电工程设计工程量计算规定》(SL 328—2005)、《水利工程工程量清单计价规范》(GB 50501—2007)、现行概预算定额、项目划分等有关规定。

(一)图纸工程量

图纸工程量为根据《水利水电工程设计工程量计算规定》(SL 328—2005)的规定,按建筑物或工程的设计几何轮廓尺寸计算出的工程量。

(二)设计工程量

图纸工程量乘以工程量阶段系数,就是设计工程量,即提供给造价专业编制工程造价的工程量。工程量阶段系数是考虑到各设计阶段勘察设计深度、工程量大小等因素,计算设计工程量时的调整系数。工程量阶段系数应采用《水利水电工程设计工程量计算规定》(SL 328—2005)的取值。

设计工程量的计算应与采用的概、预算定额相衔接。现行概算定额与预算定额(如无特殊说明,现行概、预算定额均指水利部发布的概、预算定额)的深度不同,工作内容也有所不同,所以采用概算定额或预算定额时需要提供的设计工程量也有所不同。如概算定额的"电缆"包含电缆头和电缆管的制作与安装,采用概算定额编制工程造价时,电缆头和电缆管不需要另行计算;但是预算定额的"电缆敷设"不包含电缆头和电缆管的制作与安装,电缆头和电缆管的制作与安装需要单独计算列项,所以采用预算定额时,电缆头和电缆管就需要单独计量和计价。

(三)施工超挖量、超填量及施工附加量

为保证建筑物的安全,施工开挖一般都不允许欠挖。为保证建筑物的设计尺寸,施工超挖是难以避免的。

施工附加量:指为完成本项工程而必须增加的工程量,如隧洞开挖中的错车洞、避炮洞等。

施工超填工程量:指由于施工超挖量、施工附加量相应增加回填工程量。

现行概算定额已按现行施工规范计入了允许的超挖量、超填量和合理的施工附加量,故采用概算定额编制概(估)算时,工程量计算中一般不应再计入这三项工程量。但是,如遇特殊地质条件或施工进度要求需要采用某种施工机械、施工方法,而将产生偏离"允许的超挖量、超填量和合理的施工附加量"时,应在充分论证的基础上对定额进行合理的调整。

现行预算定额不包括施工中允许的超挖、超填量及合理的施工附加量,因此使用预算定额时,应另行按有关规定及工程实际资料计算施工中超挖、超填量和施工附加量。

(四)施工损失量

施工损失量包括体积变化的损失量、运输及操作损耗量和其他损耗量。

现行概、预算定额中已计入了场内操作运输损耗量。

现行概、预算定额的总说明及章、节说明中对施工损失量均有相关规定。如土石坝操作损耗、施工期沉陷损失量,以及削坡、雨后清理等损失工程量,已计入概算定额土石方填筑的消耗量中,而预算定额的相关工程量需要另行考虑计算。

(五)质量检查工程量

质量检查工程量包括基础处理工程检查工程量和其他检查工程量。

现行概算定额中钻孔灌浆定额已按施工规范要求计入了一定数量的检查孔钻孔、灌浆工程量,故采用概算定额编制概(估)算时,不应计列检查孔的工程量。

现行预算定额中钻孔灌浆定额不包含检查孔钻孔、灌浆工程量,采用预算定额时,应按灌浆方法和灌浆后的 Lu 值,选用相应定额计算检查孔的费用。

土石方填筑检查所需的挖掘试坑,现行概、预算定额已计入了一定数量的土石坝填筑质量检测所需的试验坑,故采用概、预算定额时不应计列试验坑的工程量。

(六)清单工程量

清单工程量是依据《水利工程工程量清单计价规范》(GB 50501—2007)的规定,在招标投标阶段编制工程量清单的有效工程量。清单工程量应按计价规范规定的工程量计算规则和相关条款说明计算。

六、设计工程量计算规定和工程量清单计价规范

(一)水利工程设计工程量计算规定

水利部批准发布的《水利水电工程设计工程量计算规定》(SL 328—2005)包括正文、附录、标准用词说明和条文说明四部分。

1.正文

正文部分包括总则、永久工程建筑工程量、施工临时工程工程量和金属结构工程量。

总则对设计工程量计算规定的适用范围、设计工程量计算的相关要求和原则、引用的规程和规定、工程量阶段系数等做了简要说明和规定。

永久工程建筑工程量、施工临时工程工程量和金属结构工程量,对水利工程设计工程量计算做了详细的规定,该部分在后续有详细介绍,此处不再赘述。

2.附录

附录对项目划分原则和项目划分做了规定。

1)项目划分原则

根据水利水电工程性质,其项目分别按枢纽工程、引水工程及河道工程划分,工程各部分下设一级、二级、三级项目。

二级、三级项目中,仅列示了代表性子目,编制概(估)算时,二级、三级项目可根据水利水电工程项目建议书、可行性研究、初步设计报告编制规程的工作深度要求和工程实际情况增减或再划分,如(以三级项目为例):

土方开挖工程,应将土方开挖与砂砾石开挖分列;石方开挖工程,应将明挖与暗挖,平洞与斜井、竖井分列;土石方回填工程,应将土方回填与石方回填分列;混凝土工程,应将不同工程部位、不同强度等级、不同级配的混凝土分列;模板工程,应将不同规格形状和材质的模板分列;砌石工程,应将干砌石、浆砌石、抛石、铅丝(钢筋)笼块石等分列;钻孔工程,应按使用不同钻孔机械及钻孔的不同用途分列;灌浆工程,应按不同灌浆种类分列;机电、金属结构设备及安装工程,应根据设计提供的设备清单,按分项要求逐一列出;钢管制作及安装工程,应将不同管径的一般钢管、叉管分列。

2)项目划分

水利工程项目主要包括四部分,第一部分建筑工程、第二部分机电设备及安装工程、第三部分金属结构设备及安装工程、第四部分施工临时工程。第一~第三部分,项目分别按枢纽工程、引水工程及河道工程划分;根据工程情况,工程各部分下设一级、二级、三级项目。第四部分施工临时工程下设一级、二级、三级项目。

（1）第一部分 建筑工程。

①枢纽工程。枢纽工程下设的一级项目主要为挡水工程、泄洪工程、引水工程、发电厂工程、升压变电站工程、航运过坝工程、鱼道工程、交通工程、房屋建筑工程和其他建筑工程。

以挡水工程为例,下设二级项目:混凝土坝(闸)工程、土(石)坝工程。混凝土坝(闸)

工程下设三级项目：土方开挖、石方开挖、土石方回填、模板、混凝土、防渗墙、灌浆孔、灌浆、排水孔、砌石、钢筋、锚杆、锚索、启闭机室、温控措施和细部结构工程等。

房屋建筑工程下设二级项目：辅助生产厂房、仓库、办公室、生活及文化福利建筑和室外工程。

其他建筑工程下设二级项目：内部观测工程，动力线路工程（厂坝区），照明线路工程，通信线路工程，厂坝区及生活区供水、供热、排水等公用设施，厂坝区环境建设工程，水情自动测报系统工程，外部观测工程，其他。

②引水工程及河道工程。引水工程及河道工程下设的一级项目主要为渠道工程（堤防工程疏浚工程）、建筑物工程、交通工程、房屋建筑工程、供电线路工程和其他建筑工程。

以建筑物工程为例，下设二级项目：引（取）水枢纽工程、泵站工程（扬水站、排灌站）、水闸工程、隧洞工程、渡槽工程、倒虹吸工程、小水电站工程、调蓄水库工程、其他建筑物工程。引（取）水枢纽工程下设三级项目：土方开挖、石方开挖、土石方回填、模板、混凝土、防渗墙、灌浆孔、灌浆、砌石、钢筋、细部结构工程等。

（2）第二部分　机电设备及安装工程。

①枢纽工程。枢纽工程下设的一级项目主要为发电设备及安装工程、升压变电设备及安装工程、公用设备及安装工程。

以发电设备及安装工程为例，下设二级项目：水轮机设备及安装工程、发电机设备及安装工程、主阀设备及安装工程、起重设备及安装工程、水利机械辅助设备及安装工程、电气设备及安装工程。水轮机设备及安装工程下设三级项目：水轮机、调速器、油压装置、过速限制器、自动化元件、透平油等。

②引水工程及河道工程。引水工程及河道工程下设的一级项目主要为泵站设备及安装工程、小水电站设备及安装工程、供变电工程、公用设备及安装工程。

以泵站设备及安装工程为例，下设二级项目：水泵设备及安装工程、电动机设备及安装工程、主阀设备及安装工程、起重设备及安装工程、水利机械辅助设备及安装工程、电气设备及安装工程等。

（3）第三部分　金属结构设备及安装工程。

①枢纽工程。枢纽工程下设的一级项目主要为挡水工程、泄洪工程、引水工程、发电厂工程、航运过坝工程、鱼道工程。

以挡水工程为例，下设二级项目：闸门设备及安装工程、启闭设备及安装工程、拦污设备及安装工程。闸门设备及安装工程下设三级项目：平板门、弧形门、埋件等。

②引水工程及河道工程。引水工程及河道工程下设的一级项目主要为引（取）水枢纽工程、泵站工程、水闸工程、小水电站工程、调蓄水库工程、其他建筑物工程。

以引（取）水枢纽工程为例，下设二级项目：闸门设备及安装工程、启闭设备及安装工程、拦污设备及安装工程。闸门设备及安装工程下设三级项目：平板门、弧形门、埋件等。

（4）第四部分　施工临时工程。

施工临时工程下设一级项目：导流工程、施工交通工程、施工供电工程、房屋建筑工程、其他施工临时工程。

以导流工程为例，下设二级项目：导流明渠工程、导流洞工程、土石围堰工程、混凝土围堰工程、蓄水期下游断流补偿设施工程、金属结构制作及安装工程。导流明渠工程下设三级项目:土方开挖、石方开挖、模板、混凝土、钢筋、锚杆等。

3.条文说明

条文说明包括总则、永久工程建筑工程量、施工临时工程工程量和金属结构工程量。

条文说明是对正文条款的说明。

总则对设计工程量计算规定的适用范围、设计工程量计算的相关要求和工程量阶段系数等做了进一步说明和规定。

永久工程建筑工程量、施工临时工程工程量和金属结构工程量对正文的相应条款做了说明和补充,该部分在后续有详细介绍,此处不再赘述。

(二)水利工程工程量清单计价规范

建设部批准发布的《水利工程工程量清单计价规范》(GB 50501—2007),结合水利工程建设的特点,充分考虑了水利工程建设的特殊性,总结了长期以来我国水利工程在招标投标中编制工程量计价清单和施工合同管理中计量支付工作的经验,对规范水利工程工程量清单计价行为,统一水利工程工程量清单的编制和计价方法起到了重要作用。

工程量清单计价规范包括正文、附录和规范用词说明三部分。

1.正文

正文部分包括总则、术语、工程量清单编制、工程量清单计价、工程量清单及其计价格式。总则对工程量清单计价规范的适用范围、相关要求和原则等做了简要说明和规定。术语对工程量清单计价规范中的专业名词进行说明。工程量清单编制、工程量清单计价、工程量清单及其计价格式对工程量清单编制的要求、内容、格式以及计价的相关规定进行说明。

1)一般规定

工程量清单应由具有编制招标文件能力的招标人,或受其委托具有相应资质的中介机构进行编制。

工程量清单应作为招标文件的组成部分。

工程量清单应由分类分项工程量清单、措施项目清单、其他项目清单和零星工作项目清单组成。

2)工程量清单编制

分类分项工程量清单应包括序号、项目编码、项目名称、计量单位、工程数量、主要技术条款编码和备注。

分类分项工程量清单应根据工程量清单计价规范规定的项目编码、项目名称、项目主要特征、计量单位、工程量计算规则、主要工作内容和一般适用范围进行编制。

(1)项目编码。项目编码是指分类分项工程项目清单名称的阿拉伯数字标识。工程量清单项目编码采用十二位阿拉伯数字表示。一至九位为统一编码,应按工程量清单计价规范附录中的规定设置,其中,一、二位为水利工程顺序码(50-水利工程),三、四位为专业工程顺序码(01-建筑工程;02-安装工程),五、六位为分类工程顺序码(如建筑工程中的"模板工程"为 500110),七、八、九位为分项工程顺序码(如建筑工程中的"普通模板"为 500110001);十至十二位为清单项目名称顺序码,应根据招标工程的工程量清单项目名称由编制人设置,并应自 001 起顺序编码。

同一招标工程的项目编码不得有重码,当同一标段(或合同段)的一份工程量清单中含有多个单位工程且工程量清单是以单位工程为编制对象时,在编制工程量清单时应特别注意对项目编码十至十二位的设置不得有重码的规定。例如,一个标段(或合同段)的工程量清单中含有三个单位工程,每一单位工程中都有项目特征相同的普通钢模板,在工程量清单中又需反映三个不同单位工程的普通钢模板工程量时,则第一个单位工程的普通钢模板的项目编码应为 500110001001,第二个单位工程的普通钢模板的项目编码应为 500110001002,第三个单位工程的普通钢模板的项目编码应为 500110001003,并分别列出各单位工程普通钢模板的工程量。

(2)项目名称。项目名称应按工程量清单计价规范附录的项目名称及项目主要特征并结合招标工程的实际确定;工程量清单中出现附录中未包括的项目时,编制人可作补充。工程量清单计算规范中的项目名称是具体工作中对清单项目命名的基础,应在此基础上结合拟建工程的实际,对项目名称具体化,特别是归并或综合性较大的项目应区分项目名称,分别编码列项。如规范附录中的"500105003 浆砌块石"项目,其项目名称为"浆砌块石",在具体编制工程量清单时,应结合拟建工程实际将其名称具体化为"浆砌块石护坡""浆砌块石基础""浆砌块石挡土墙""浆砌块石桥墩"等。

(3)项目主要特征。项目主要特征是表征构成分类分项工程项目自身价值的本质特征,是对体现项目清单价值的特有属性和本质特征的描述。项目特征应按工程量清单计价规范附录中的规定,结合拟建工程项目的实际予以描述。如 500103008 堆石料填筑,需要描述的项目特征有:颗粒级配、分层厚度及碾压遍数、填筑料相对密度、运距等。

(4)计量单位。计量单位应按工程量清单计价规范附录中规定的计量单位确定。不同计量单位的工程数量的有效位数应遵守下列规定:以"m^3""m^2""m""kg""个""项""根""块""台""套""组""面""只""相""站""孔""束"等为单位的,应取整数;以"t""km"为单位的,应保留小数点后两位数字,第三位数字四舍五入。

(5)工程量计算规则。工程量清单计价规范的附录统一规定了工程量清单项目的工程量计算规则,工程数量应按附录规定的工程量计算规则和相关条款说明计算。其原则是按招标设计图示尺寸(数量)计算清单项目工程数量的净值。如"500109001 普通混凝土"的工程量计算规则为"按招标设计图示尺寸计算的有效实体方体积计量",其中"设计图示尺寸"即为混凝土的净量;由于施工超挖引起的超填量,冲毛、拌和、运输和浇筑过程中的操作损耗所发生的施工余量不计算工程量,该部分费用摊入有效工程量的工程单价中。

(6)工作内容。工作内容是指为了完成工程量清单项目所需要发生的具体施工作业内容。工程量清单计价规范附录中给出了一个清单项目所可能发生的工作内容,在确定综合单价时需要根据清单项目特征中的要求、具体的施工方案等确定清单项目的工作内容,是进行清单项目组价的基础。

工作内容不同于项目特征。项目特征体现的是清单项目质量或特性的要求或标准,工作内容体现的是完成一个合格的清单项目需要具体做的施工作业和操作程序。不同的施工工艺和方法,工作内容也不一样,工程成本也就有了差别。在编制工程量清单时一般不需要描述工作内容。

3)工程量清单格式

工程量清单格式应由下列内容组成:封面、填表须知、总说明、分类分项工程量清单、措施项目清单、其他项目清单、零星工作项目清单、其他辅助表格(招标人供应材料价格表、招标人提供施工设备表、招标人提供施工设施表)。

　　工程量清单格式的填写应符合下列规定：

　　(1)填表须知除工程量清单计价规范的内容外,招标人可根据具体情况进行补充。

　　(2)总说明填写。①招标工程概况;②工程招标范围;③招标人供应的材料、施工设备、施工设施简要说明;④其他需要说明的问题。

　　(3)分类分项工程量清单填写。①项目编码、项目名称、计量单位按工程量清单计价规范的规定填写;②主要技术条款编码,按招标文件中相应技术条款的编码填写。

　　(4)措施项目清单填写。按招标文件确定的措施项目名称填写。凡能列出工程数量并按单价结算的措施项目,均应列入分类分项工程量清单。

　　(5)其他项目清单填写。按招标文件确定的其他项目名称、金额填写。

　　(6)零星工作项目清单填写。①名称及型号规格,人工按工种,材料按名称和型号规格,机械按名称和型号规格,分别填写。②计量单位,人工以工日或工时,材料以 t、m³等,机械以台时或台班,分别填写。

　　(7)招标人供应材料价格表填写。按表中材料名称、型号规格、计量单位和供应价填写,并在供应条件和备注栏内说明材料供应的边界条件。

　　(8)招标人提供施工设备表填写。按表中设备名称、型号规格、设备状况、设备所在地点、计量单位、数量和折旧费填写,并在备注栏内说明对投标人使用施工设备的要求。

　　(9)招标人提供施工设施表填写。按表中项目名称、计量单位和数量填写,并在备注栏内说明对投标人使用施工设施的要求。

　　2.附录

　　附录对水利建筑工程和水利安装工程的工程量清单项目及计算规则做了规定。该部分在后续有详细介绍,此处不再赘述。

(三)设计工程量计算规定与工程量清单计价规范的联系与区别

　　设计工程量计算规定与工程量清单计价规范在项目划分、工程量计算上既有区别又有联系。

　　1.两者的联系

　　设计工程量计算规定中的设计工程量计算规则与工程量清单计价规范的清单工程量计算规则基本原则是一致的,都是按设计图纸尺寸计算。如混凝土工程,设计工程量计算规定中的图纸工程量计算规则为"以成品实体方计量",工程量清单计价规范的清单工程量计算规则为"以设计图示尺寸计算的有效实体方体积计量",都是实体方,都不包含施工超填量及拌制、运输、凿毛、干缩等损耗量。

　　设计工程量计算规定与工程量清单计价规范的项目分类基本一致。设计工程量计算规定主要按建筑工程、设备及安装工程、临时工程划分,工程各部分下设一级、二级、三级项目;工程量清单计价规范按建筑工程和安装工程划分,工程各部分下设一级、二级、三级项目。

　　2.两者的区别

　　1)两者的适用范围不同

　　设计工程量计算规定适用于大型、中型水利水电工程项目各设计阶段的设计工程量计算。其他工程的设计工程量计算可以参照执行。不同设计阶段的设计工程量要根据规定中相应的阶段系数进行计算。设计工程量计算规定侧重于不同设计阶段的设计工程量的计算。

工程量清单计价规范适用于水利枢纽、水力发电、引（调）水、供水、灌溉、河湖整治、堤防等新建、扩建、改建、加固工程的招标投标工程量清单编制和计价活动。工程量清单计价规范侧重于招标投标阶段的招标工程量清单的计算。

2）两者的表现形式不同

设计工程量计算规定中的各工程项目没有统一编码，一般用阿拉伯数字依次排序；工程量清单计价规范中的各分项工程有统一的十二位编码，且不同的单位工程中具有相同项目特征的项目，项目编码不能有重码。

采用设计工程量计算规定编制工程造价时，没有统一的格式，可根据不同的设计阶段相应调整；采用工程量清单计价规范编制工程量清单时，应采用规定的统一格式，应包括项目编码、项目名称、计量单位、工程数量、主要技术条款编码等。

3）两者的项目划分不同

以混凝土坝为例，设计工程量计算规定中的建筑工程的项目划分为土方开挖、石方开挖、土石方回填、模板、混凝土、防渗墙、灌浆孔、灌浆、排水孔、砌石、钢筋、锚杆、锚索、启闭机室、温控措施、细部结构工程。工程量清单计价规范中的建筑工程的项目划分为土方开挖、石方开挖、土石方填筑、砌筑、锚喷支护、钻孔和灌浆、基础防渗和地基加固、混凝土、模板、钢筋、预制混凝土、原料开采及加工、其他建筑工程。

设计工程量计算规定的原料开采及加工不作为单独列项的项目，相关费用计入砂石料的材料价中；工程量清单计价规范的原料开采及加工可单独列项，便于招标时投标单位单独报价。设计工程量计算规定的温控措施、细部结构工程单独列项；而工程量清单计价规范中温控措施、细部结构工程不再单独列项；而是进行细化或分摊到相关清单工程量的工程单价中。

七、水利工程标准施工招标文件中的工程量清单

现行的《水利水电工程标准施工招标文件》及补充文本在工程量清单章节分别编印了两种格式，招标人可选择使用，但应注意与"投标人须知""通用合同条款""专用合同条款""技术标准和要求（合同技术条款）""图纸（招标图纸）"相衔接。

两种格式的工程量清单都仅是投标人报价的共同基础，是用于投标报价的估算工程量，不作为最终结算工程量，最终结算工程量是承包人实际完成并符合合同要求和相关规定的有效工程量。结算工程量应按工程量清单中约定的方法计量。总价子目的计量和支付应以总价为基础，除约定的变更外，总价子目的工程量是承包人用于结算的最终结算工程量。

八、工程量计算的方法

（一）工程量计算顺序

为了避免漏算或重算，提高计算的准确程度，工程量的计算应按照一定的顺序进行。具体的计算顺序应根据具体工程和个人习惯来确定，一般有以下几种顺序。

1.独立建筑物的计算顺序

对于每一个能独立发挥作用或独立施工条件的建筑物，其工程量计算顺序一般有以下几种：

（1）按专业顺序计算。根据水利工程各专业配合的先后顺序，由水工到施工到机电金

结的顺序计算。以挡水工程为例,先算大坝、交通等永久建筑工程,再算施工导流、施工交通等施工临时工程,最后算机电、金属结构设备及安装工程。

(2)按工程量计算规则的顺序计算。按设计工程量计算规定中项目划分的先后顺序或工程量清单计价规范附录中分项工程的先后顺序,由前向后,分级对照,逐项计算。

(3)按现行概预算定额的章节顺序计算。根据现行概预算定额的章节设置,由前向后,逐项对照计算。

(4)按施工顺序计算。按施工顺序计算工程量,可以按先施工的先算,后施工的后算的方法进行。如大坝工程可由土石方开挖、边坡支护算起,再算坝基处理、土石方填筑(混凝土浇筑),直到坝顶交通工程等施工内容结束。

2.单个分项工程计算顺序

(1)按图纸上定位桩号计算法。为了计算和审核方便,可以根据图纸桩号顺序进行计算。例如引水工程的混凝土衬砌、管线长度、镇墩等,均可按这样的顺序进行工程量计算。

(2)按图纸上工程部位编号顺序计算法。即按照图纸上所标注结构构件的编号顺序进行计算。例如计算混凝土面板、闸墩混凝土、桥台混凝土等工程量,均可按这种方法计算。

按一定顺序计算工程量的目的是防止漏项、少算或重复多算的现象发生,只要能实现这一目的,采用哪种顺序方法计算都是可行的。

(二)用统筹法计算工程量

运用统筹法计算工程量,就是分析工程量计算中各分类分项工程量计算之间的固有规律和相互之间的依赖关系,运用统筹法原理来合理安排工程量的计算程序,以达到节约时间、简化计算、提高工效的目的。

实践表明,每个分类分项工程量计算虽有着各自的特点,但都离不开计算"线""面"之类的基数。另外,某些分类分项工程的工程量计算结果往往是另一些分类分项工程的工程量计算的基础数据,因此根据这个特性,运用统筹法原理,对每个分类分项工程的工程量进行分析,然后依据计算过程的内在联系,按先主后次,统筹安排计算程序,可以简化烦琐的计算,形成统筹计算工程量的计算方法。

统筹法计算工程量的基本要点如下:

(1)统筹程序,合理安排。工程量计算程序的安排是否合理,关系着计量工作的效率高低,进度快慢。按施工顺序进行工程量计算,往往不能充分利用数据间的内在联系而形成重复计算,浪费时间和精力,有时还易出现计算差错。

(2)利用基数,连续计算。就是以"线"或"面"为基数,算出与其有关的分类分项工程量。这里的"线"和"面"指的是长度和面积。

(3)结合实际,灵活机动。用"线""面"计算工程量,是一般常用的工程量基本计算方法,实践证明,在一般工程上完全可以利用。但是由于水利工程具有独特性和复杂性,水利工程设计没有标准化设计图纸,所以在计算工程量时要结合实际灵活地计算。

(三)图形算量软件在水利工程中的应用

工程量计算作为工程造价控制的基础性工作,从最早的全手工算量阶段到 Excel 表格算量阶段,然后逐步过渡到算量软件阶段,近年来,随着计算机技术的发展,特别是 AutoCAD 出现后,各类算量软件也基于 AutoCAD 逐步发展起来。自动算量软件又分为以平面扣减方式进行工程量计算的二维算量软件和以三维空间自动扣减的三维算量软件,图形算量软件基本具备了操作方便、CAD 导入建模、三维显示、计算精确等几大特征,特别是直观的三维显示与检查,计算规则的自动套用,完全弥补了手工算量的短板。

在建筑工程领域,以鲁班、广联达、神机妙算、PKPM、斯维尔等为代表的算量软件在算量市场中得到了较大的应用,并且在土建工程中也收到了很好的用户体验。但在水利工程领域,由于水利工程的复杂性、难以采用标准化的设计,这些算量软件的利用并不是特别广泛。二维算量软件中水利工程利用较多的有 ZDM CAD 辅助设计软件,软件采用分布组件工具集方式,包括通用功能部分和专业部分,涵盖土建、管道、电气三个专业模块,操作简单,可显著提高工作效率。

近年来水利工程工程量计算又发展到更为先进的信息技术,基于 BIM(建筑信息模型)的三维算量。BIM 技术是一种利用工程建设项目中所有有关的设计参数数据来创建工程三维模型的技术,并利用数字仿真技术来表达设计物的真实信息,使得该模型带有相关的数据。借助于创建的三维模型,将各种有关的数据信息收集并整合在一起,有效促进了工程建设各阶段中的信息传递与共享;自动识别各类构件快速抽调计算工程量,及时捕捉动态变化的结构设计,有效避免漏项和错算,提高工程量计算的准确性。同时为参加工程建设的相关各方提供了一个相互协助、共同办公交流的平台,大大地促进了工程项目的设计和建设进程,极大地缩短了建造时间和节省管理支出。

以地下厂房为例,先根据骨架模型设计方法,将地下厂房进行分解;进行协同平台搭建、建模环境定制、厂房位置及轴线的确定、厂房轴网布置、各单元结构模型搭建、三维仿真模拟计算、三维配筋、电缆敷设、照明布置、组装、校审及碰撞检查、工程量统计、二维出图,最终建立起一座与实际厂房完全相同的虚拟数字化厂房。基于 BIM 的三维算量,采用系统软件本身带有的统计功能,软件可自动计算模型的体积,同时模型又赋予了相应的材料属性,软件会自动统计出其相应的工程量。统计结果不仅快速,而且十分准确,解放生产力的同时也提高了设计效率。

图形算量软件从出现到现在,虽仍未出现各专业通用性强的版本,未能完全地解决工程算量中的所有问题,但已逐渐在工程建设管理过程中产生了较大的影响,为广大设计人员节约了大量时间和精力。在算量工具软件取得更大突破的同时,设计人员也可以挖掘现有软件的潜力,通过在工作过程中不断积累的经验和技巧,使烦琐枯燥的算量工作变得简洁生动,提升工作效率,节约工作时间。

第二节　水利工程设计工程量计算规定

水利工程设计工程量的计算应该符合国家和水利行业的相关标准、规范,并且便于工程造价的编制。不同设计阶段的设计工程量,其计算精度应与相应设计阶段的编制规程的要求相适应,并按照现行的《水利工程设计概(估)算编制规定》中项目划分的规定计列。项目划分中三级项目的设计工程量作为提供给造价专业编制工程造价的工程量。

根据《水利水电工程设计工程量计算规定》(SL 328—2005),各项工程量计算规则和计算方法如下。

一、永久工程建筑工程量

(一)土石方工程

水利工程的土石方一般都和深基坑、高边坡、地下洞室、江河湖海等复杂环境密切相关，而且涉及江河截流，土石方工程量一般都很大，可变因素也较多。

1.设计工程量计算的原则及方法

土石方的开挖工程量，应根据工程布置图切取剖面按土类分级表、岩石类别分级表划分的十六级分类标准，将不同等级的土石方分开分别计算，以自然方计量。土类级别划分，除冻土外，均按土石十六级分类法的前Ⅰ～Ⅳ级划分土类级别。岩石级别划分，按土石十六级分类法的Ⅴ～Ⅺ级划分。土石方开挖应区分明挖和暗挖。

土方开挖工程包括一般土方开挖、渠道土方开挖、沟槽土方开挖、柱坑土方开挖、基础开挖等土方明挖工程及平洞土方开挖、斜井土方开挖和竖井土方开挖等土方暗挖工程。

一般土方开挖是指一般明挖土方工程和上口宽超过 16 m 的渠道及上口面积大于 80 m^2 的柱坑的土方工程。渠道土方开挖是指上口宽小于或等于 16 m 的梯形断面、长条形的渠道土方工程。沟槽土方开挖是指上口宽小于或等于 8 m 的矩形断面或边坡陡于 1∶0.5 的梯形断面，长度大于宽度 3 倍的长条形的土方工程，如截水墙、齿墙等各类墙基和电缆沟等。柱坑土方开挖是指上口面积小于或等于 80 m^2，长度小于宽度 3 倍，深度小于上口短边长度或直径，且四侧垂直或边坡陡于 1∶0.5 的土方工程，如集水坑、柱坑、机座等工程。平洞土方开挖是指水平夹角小于或等于 6°，且断面面积大于 2.5 m^2 的土方暗挖工程。斜井土方开挖是指水平夹角大于 6°，小于或等于 75°，且断面面积大于 2.5 m^2 的土方暗挖工程。竖井土方开挖是指水平夹角大于 75°，且断面面积大于 2.5 m^2 的土方暗挖工程。

石方开挖工程包括一般石方开挖、一般坡面石方开挖、沟槽石方开挖、坡面沟槽石方开挖、坑石方开挖、保护层石方开挖等石方明挖工程和平洞石方开挖、斜井石方开挖、竖井石方开挖、地下厂房石方开挖等石方暗挖工程。

一般石方开挖是指一般明挖石方、底宽超过 7 m 的沟槽石方开挖、上口面积大于 160 m^2 的坑石方开挖以及倾角小于或等于 20°且垂直于设计面平均厚度大于 5 m 的坡面石方开挖等石方开挖工程。一般坡面石方开挖是指设计倾角大于 20°，且垂直于设计面的平均厚度小于或者等于 5 m 的石方开挖工程。沟槽石方开挖是指底宽小于或等于 7 m，两侧垂直或有边坡的长条形石方开挖工程，如渠道、截水槽、排水沟、地槽等。坡面沟槽石方开挖是指槽底轴线与水平夹角大于 20°的石方开挖工程。坑石方开挖是指上口面积小于或等于 160 m^2，深度小于或等于上口短边长度或直径的石方开挖工程，如墩基、柱基、机座、混凝土基坑、集水坑等。保护层石方开挖是指开挖基础所引起的设计规定不允许破坏岩石结构的石方开挖工程。平洞石方开挖是指水平夹角小于或等于 6°的石方洞挖工程。斜井石方开挖是指水平夹角大于 6°，且小于或等于 75°的石方洞挖工程。竖井石方开挖是指水平夹角大于 75°的石方洞挖工程。地下厂房石方开挖是指地下厂房或窑洞式厂房的石方洞挖工程。

基础石方开挖的预裂爆破钻孔或保护层石方开挖的工程量，应按工程地质及水工、施工设计等条件计算。地下工程石方开挖，必须按光面爆破的施工方法计算工程量。

土石方的填筑工程量，应根据建筑物设计断面中不同部位不同填筑材料的设计要求分别计算,以建筑物实体方计量。由于土石方填筑的概算定额已考虑了施工期沉陷量和施工附加量等因素,因此填筑工程量只需按不同部位不同材料,考虑设计沉陷量后乘以阶段系数分别计算,再提供给造价专业。砌筑工程量应按不同砌筑材料、砌筑方式(干砌、浆砌等)和砌筑部位分别计算,以建筑物砌体方计量。抛投工程量应按不同抛投方式,不同抛投机械,以抛投方计量。

现行概预算定额中,土石方的开挖、装卸、运输是按自然方计量的,填方则是按实体方体积计量的。在造价编制过程中,当需要利用开挖料作为回填料时,应考虑土石方的自然方与实方体积之间的松实系数并进行换算。

2.土石方开挖工程量的计算公式

1)地槽、地坑工程量计算

地槽工程量计算公式为:

$$V = hL(b + kh) \tag{6-2-1}$$

式中,V 为挖方体积;b 为地槽或地坑底部宽度(包括加宽尺寸);L 为地槽或地坑底部长度;h 为地槽或地坑深度;k 为放坡坡度系数。

地坑工程量计算公式为:

$$V = bhL + kh^2\left(b + L + \frac{4}{3}kh\right) \tag{6-2-2}$$

放坡的圆形地坑工程量计算公式为:

$$V = \frac{1}{3}\pi h(R_1^2 + R_2^2 + R_1R_2) \tag{6-2-3}$$

式中,R_1 为坑底的圆半径长度;R_2 为坑上口的圆半径长度;h 为坑深度。

挖一般土石方,挖地槽、地坑土石方的放坡系数,按照施工规范规定的系数计取。如果需要支护挡土板,应根据施工组织设计规定计算。挡土板面积,按槽、坑垂直支撑面积计算,支挡土板后,不得再计算放坡。

2)大面积土石方开挖工程量的计算

(1)横截面计算法。适于地形起伏变化较大地区采用,计算较简便。计算步骤如下:

①划分横截面。根据地形图(或直接测量)及竖向布置图,将要计算的场地划分为横截面A—A'、B—B'、C—C'等。划分原则为垂直等高线,或垂直主要建筑物边长。横截面之间的间距可不等,地形变化复杂的间距宜小些,反之宜大些,但最大不超过100 m。

②画截面图形。按比例画制每个横截面的自然地面和设计地面的轮廓线。设计地面轮廓线与自然地面轮廓线之间即为填方和挖方的截面。

③计算横截面面积。按表6-2-1中面积计算公式,计算每个截面的填方或挖方的截面面积 F。

④计算土石方量。计算公式为

$$V = \frac{F_1 + F_2}{2}L \tag{6-2-4}$$

表 6-2-1　常用断面面积计算公式

图示	面积计算公式
	$$F = h\left[b + \frac{h(m+n)}{2}\right]$$
	$$F = h_1\frac{a_1+a_2}{2} + h_2\frac{a_2+a_3}{2} + h_3\frac{a_3+a_4}{2} + h_4\frac{a_4+a_5}{2}$$
	$$F = \frac{a}{2}(h_0 + 2h + h_n)$$ $$h = h_1 + h_2 + h_3 + h_4 + h_5 + h_6$$

式中, V 为相邻两截面间的土石方量, m^3 ; F_1 、 F_2 为相邻两截面的填(挖)方截面面积, m^2 ; L 为相邻两截面间的间距, m 。

⑤汇总。将上式计算成果汇总,得总土石方量(见表 6-2-2)。

表 6-2-2　土(石)方量汇总表

断面	填方面积 (m²)	挖方面积 (m²)	截面间距 (m)	填方体积 (m³)	挖方体积 (m³)
A—A′					
B—B′					
C—C′					
…					
合计					

(2)方格网计算法。适于地形较平坦地区采用,计算精度较横截面法高。计算步骤如下:

①划分方格网。根据已有地形图(或按方格测量)划分方格网,并根据已有地形图套出方格各点的设计标高和地面标高,求出各点的施工(挖或填)高度。

②计算零点位置。计算确定方格网中两端角点施工高度不同的方格边上零点位置,标于图上,并将各零点连接起来,即得到各种不同底面积的计算图形,建筑场地被零线划分为挖方区和填方区。

③计算土石方量。按图形的体积计算公式计算每个方格内的挖方和填方量。

④汇总。将挖方区(或填方区)所有方格计算土石方量汇总,即得该建筑场地挖方区(或填方区)的总土石方量。

3)地下工程石方工程量计算公式

地下工程形体式样很多,其断面主要有圆形、城门洞形、马蹄形以及其他不规则形状。工程量的计算可参考有关技术资料及设计体形图分析计算。

3.石方开挖工程中的超挖量及附加量

1)超挖产生的原因

石方开挖中,因为实际量测和钻孔的操作中常产生某些偏斜及误差、火工产品及岩体的性状的差异等原因,石方开挖工程施工中几乎是不可避免地要发生超挖,但应限制在一定范围内。用手持风钻在周边钻孔时需要有一个最小的钻孔操作距离,一般约为 10 cm,如图 6-2-1所示。

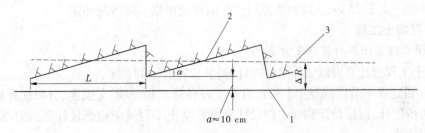

1—设计边线;2—实际开挖线;3—平均超挖线

图 6-2-1　实际开挖边线示意图

平均超挖值按下式计算:

$$\Delta R = a + 0.5L\tan\alpha \tag{6-2-5}$$

式中:ΔR 为平均超挖值,cm;a 为钻机离边线的最小操作距离,cm;L 为一次进尺长度,cm;α 为钻杆偏角。

按一般规定,开孔的孔位误差不大于 5 cm,每米钻孔斜率不大于 5 cm。当炮孔深度超过 4 m 时,应采取减少超挖的措施。

超挖量与设计开挖工程量的比值即为超挖百分率,断面越小,超挖百分率越大。

2)施工附加量产生的原因

为满足施工需要,必须额外增加的工作量,称为附加量。主要包括以下几种:

(1)因洞井开挖断面小,运输不方便,需部分扩大洞井尺寸而增加的错车道工程量。

(2)在放炮时,施工人员及设备需要躲藏的地方而增加的工程量。

(3)存放工具需要增加的工程量。

(4)因隧洞照明,需要存放照明设备而扩大断面增加的工程量。

(5)设置临时的排水沟。

(6)为开挖创造条件而开挖的工作平台。

(7)为交通方便而开挖的零星施工便道。

施工附加量因建筑物的类别及形式而异,如小断面隧洞施工附加量大,而大断面隧洞的施工附加量相对来说则很小,具体计算时,应根据实际资料进行分析确定。施工附加量与设计断面工程量的比值称为施工附加量百分率。

3) 允许的超挖量及施工附加量

现行概算定额石方开挖工程中的超挖量是根据《水工建筑物岩石基础开挖工程施工技术规范》(DL/T 5389—2007)和《水工建筑物地下工程开挖施工技术规范》(DL/T 5099—2011)的规定分析计算;施工附加量则主要是根据工程设计施工详图资料统计分析数计列。根据规范规定,超挖量和施工附加量的最大允许误差应符合下列规定:

(1)石方明挖工程:

平面高程一般应不大于 0.2 m。

边坡开挖高度 8 m 时,一般应不大于 0.2 m。

边坡开挖高度 8~15 m 时,一般应不大于 0.3 m。

边坡开挖高度 16~30 m 时,一般应不大于 0.5 m。

(2)地下工程石方开挖:地下建筑物的平均径向超挖值,平洞应不大于 20 cm,斜缓井、斜井、竖井应不大于 25 cm。因地质原因产生的超挖根据实际情况确定。

(二)混凝土工程

1.设计工程量计算的原则及方法

混凝土工程量计算应以成品实体方计量,并应符合下列规定:

(1)项目建议书阶段混凝土工程量宜按工程各建筑物分项、分强度、分级配计算。可行性研究、初步设计、招标设计和施工图设计阶段混凝土工程量应根据设计图纸分部位、分强度、分级配计算。

(2)现行概算定额已考虑了混凝土的拌制、运输、凿毛、干缩等损耗及允许的施工超填量,设计工程量中不再另行考虑。预算定额不包括允许的施工超填量及合理的附加量,使用预算定额时,应将这部分工程量计入混凝土单价中。初步设计阶段如果采用特种混凝土时,其材料配合比需根据试验资料确定。

(3)碾压混凝土宜提出工法,沥青混凝土宜提出开级配或密级配。混凝土衬砌、板、墙等宜提出衬砌或者相应的厚度。

(4)钢筋混凝土的钢筋在不同设计阶段按含钢率或含钢量计算,或者根据设计图纸分部位计算工程量并注明其规格。在无资料时,可参考表 6-2-3 选取。钢筋制作与安装过程中的加工损耗、搭接损耗及施工架立筋附加量已包括在钢筋概算定额消耗量中,不再另算。混凝土结构中的钢衬工程量应单独列出,以重量计量。

表 6-2-3　不同坝型结构含筋量　　　　　　　　　　(单位:kg/m³)

坝型结构	重力式挡土墙	重力坝	重力拱坝	溢流坝	连拱坝	溢流堰	闸墩
含筋量	5	5	10	10~15	20~27	25	40

(5)混凝土管、止水等以设计铺设长度计算;支座以数量计量;防水层以防水面积计量;伸缩缝、涂层以面积计量。

2.定额计算量

1)混凝土定额材料量

现行预算定额的混凝土浇筑定额中,混凝土材料量包括有效实体量和各种施工操作损耗及干缩,一般情况下损耗量及干缩比率为3%。

现行概算定额的混凝土浇筑定额中,混凝土材料量包括有效实体量、超填量、施工附加量及各种施工操作损耗(包括凿毛、干缩、运输、拌制、接缝砂浆等),用下式表示:

$$Q_{ghc} = Q_{yhc} [1 + Q_{ct}(\%) + Q_{fj}(\%)] \tag{6-2-6}$$

式中,Q_{ghc}为概算定额混凝土材料量;Q_{yhc}为预算定额混凝土材料量;Q_{ct}为规范允许的超填量;Q_{fj}为施工附加量。

概算定额混凝土定额材料中计入的超填量,是根据现行的施工规范允许的施工超挖量分析计算而来的;施工附加量是按工程设计施工详图资料统计分析计算得出的。

2)混凝土的运输量

现行混凝土运输定额均以半成品方为计量单位,不包括干缩,运输、浇筑和超填等损耗的人工、材料、机械。运输施工超填量及施工附加量所消耗运输人工、材料、机械的费用,需根据超填量、施工附加量单独加计。

如《水利建筑工程概算定额》泵站下部混凝土浇筑40015号中,每100 m³成品方混凝土运输量为108 m³,其中8 m³为施工附加量和混凝土超填量,单位有效实体方为100 m³。计算泵站下部混凝土运输费时,根据施工方法选定运输定额后,每完成100 m³实体方混凝土需在运输定额的基础上加计8 m³超填量及附加量,即混凝土运输定额需乘以1.08的系数。

3)混凝土的拌制量

现行混凝土拌制定额均以半成品方为计量单位,不包括干缩、运输、浇筑和超填等损耗的人工、材料、机械。拌制施工超填量及施工附加量所消耗运输人工、材料、机械的费用,需根据超填量、施工附加量单独加计。

4)钢筋的定额量

水利建筑工程的钢筋制作与安装定额,是按水工建筑工程的不同部位、不同制作安装方式综合制定的,适用于水工建筑物各部位及预制构件,定额数量包括全部施工工序所需的人工、材料、机械使用等数量。

现行概算定额中钢筋损耗率是7%,包括钢筋制作与安装过程中的切断损耗、对焊时钢筋的损耗、截余短头作为废料处理的损耗、钢筋搭接时的绑条等。

3.案例

已知条件:

某导流平洞洞长400 m,设计衬砌后隧洞内径为3 m,设计衬砌厚度为50 cm。拟采用《水利建筑工程概算定额》计算项目投资。施工超挖按16 cm计,不考虑施工附加量及运输操作损耗,设计混凝土龄期为28 d、强度等级为C20,其混凝土配合比参考资料见表6-2-4。

表6-2-4　某工程混凝土配合比

混凝土强度等级	P·O42.5(kg)	碎石(m³)	砂(m³)	水(m³)
C20	261	0.85	0.51	0.15

计算:

(1)设计开挖量,设计混凝土衬砌量。

(2)预计的开挖出渣量。

(3)若考虑5%的综合损耗,为完成此导流洞混凝土浇筑工作应至少准备多少砂、碎石、水泥。

(4)若含钢量为 50 kg/m^3,钢筋的设计工程量为多少。

解答:

(1)设计开挖量、混凝土衬砌量。采用《水利建筑工程概算定额》时,混凝土施工超填量及附加量已计入定额中,设计工程量不再加计这部分工程量,故

设计开挖量=设计开挖断面面积×开挖长度

$$=\pi\times(3+0.5\times2)^2/4\times400=5\ 026.55(m^3)$$

混凝土设计工程量=设计衬砌断面尺寸×衬砌长度

$$=\pi\times[(3+0.5\times2)^2-3^2]/4\times400$$

$$=2\ 199.11(m^3)$$

(2)预计的开挖出渣量=实际开挖量

$$=实际开挖断面尺寸×开挖长度$$

$$=\pi\times[(3+0.5\times2+0.16\times2)^2]/4\times400=5\ 862.97(m^3)$$

(3)备料量。备料量按实际混凝土衬砌量计算。

实际混凝土衬砌量=实际衬砌断面尺寸×衬砌长度

$$=\pi\times[(3+0.5\times2+0.16\times2)^2-3^2]/4\times400=3\ 035.53(m^3)$$

水泥备料量=实际混凝土衬砌量×损耗系数×单方混凝土水泥耗量

$$=3\ 035.53\times1.05\times261=831.89(t)$$

砂备料量=实际混凝土衬砌量×损耗系数×单方混凝土砂耗量

$$=3\ 035.53\times1.05\times0.51=1\ 625.53(m^3)$$

碎石备料量=实际混凝土衬砌量×损耗系数×单方混凝土碎石耗量

$$=3\ 035.53\times1.05\times0.85=2\ 709.21(m^3)$$

(4)设计钢筋量=设计混凝土量×含筋率=2 199.11×50=109.96(t)。

(三)模板工程

1.设计工程量计算的原则及方法

混凝土立模面积是指混凝土与模板的接触面积,其工程量计算与工程施工组织设计密切相关,应根据建筑物结构体形、施工分缝要求和使用模板的类型计算。

定额中已考虑模板露明系数,计算工程量时不再考虑;支撑模板的立柱、围令、桁(排)架及铁件等已含在定额中,不再计算;各式隧洞衬砌模板及涵洞模板的堵头和键槽模板已按一定比例摊入概算定额中,不再单独计算立模面积;对于悬空建筑物(如渡槽槽身)的模板,定额中只计算到支撑模板结构的承重梁为止,承重梁以下的支撑结构未包括在定额内。

项目建议书和可行性研究阶段可参考现行《水利建筑工程概算定额》附录(见表 6-2-5～表 6-2-11)按混凝土立模系数计算,初步设计、招标设计和施工图设计阶段可根据工程设计立模面积计算。

表 6-2-5 大坝和电站厂房立模面系数参考值

序号	建筑物名称	立模面系数（m²/m³）	各类立模面参考比例（%）					说明
			平面	曲面	牛腿	键槽	溢流面	
1	重力坝（综合）	0.15~0.24	70~90	2.0~6.0	0.7~1.8	15~25	1.0~3.0	不包括拱形廊道模板；实际工程中如果坝体纵、横缝不设键槽，键槽立模面积所占比例为0，平面模板所占比例相应增加
	分部:非溢流坝	0.10~0.16	70~98	0.0~1.0	2.0~3.0	15~28		
	表面溢流坝	0.18~0.24	60~75	2.0~3.0	0.2~0.5	15~28	8.0~16.0	
	孔洞泄流坝	0.22~0.31	65~90	1.0~3.5	0.7~1.2	15~27	5.0~8.0	
2	宽缝重力坝	0.18~0.27						
3	拱坝	0.18~0.28	70~80	2.0~3.0	1.0~3.0	12~25	0.5~5.0	
4	连拱坝	0.80~1.60						
5	平板坝	1.10~1.70						
6	单支墩大头坝	0.30~0.45						
7	双支墩大头坝	0.32~0.60						
8	河床式电站闸坝	0.45~0.90	85~95	5.0~13.0	0.3~0.8	0.0~10.0		不包括蜗壳模板、尾水肘管模板及拱形廊道模板
9	坝后式厂房	0.50~0.90	88~97	2.5~8.0	0.2~0.5	0.0~5.0		
10	混凝土蜗壳立模面积（m²）	$13.40D_1^2$						D_1为水轮机转轮直径
11	尾水肘管立模面积（m²）	$5.846D_4^2$						D_4为尾水肘管进口直径，可按下式估算:轴流式机组 $D_4=1.2D_1$，混流式机组 $D_4=1.35D_1$

注:1.泄流和引水孔洞多而坝体较低，坝体立模面系数取大值;泄流和引水孔洞较少，以非溢流坝段为主的高坝，坝体立模面系数取小值。河床式电站闸坝的立模面系数主要与坝高有关，坝高小取大值，坝高大取小值。

2.坝后式厂房的立模面系数，分层较多、结构复杂，取大值;分层较少、结构简单，取小值;一般可取中值。

表 6-2-6 溢洪道立模面系数参考值

序号	建筑物名称		立模面系数（m²/m³）	各类立模面参考比例（%）			说明
				平面	曲面	牛腿	
1	闸室	闸室（综合）	0.60~0.85	92~96	4.0~7.0	0.5(0)~0.9	
		分部:闸墩	1.00~1.75	91~95	5.0~8.0	0.7(0)~1.2	含中、边墩等
		闸底板	0.16~0.30	100			
2	泄槽	底板	0.16~0.30	100			
		边墙 挡土墙式	0.70~1.00	100			
		边墙 边坡衬砌	1/B+0.15	100			岩石坡,B为衬砌厚

表 6-2-7　隧洞立模面系数参考值　　　　　　　　(单位:m²/m³)

	高宽比	衬砌厚度(m)						所占比例	
		0.2	0.4	0.6	0.8	1	1.2	曲面	墙面
直墙圆拱形隧洞	0.9	3.16~3.42	1.52~1.65	0.98~1.07	0.71~0.78	0.55~0.60	0.44~0.49	49%~66%	34%~51%
	1	3.25~3.51	1.57~1.70	1.01~1.10	0.73~0.80	0.57~0.62	0.46~0.50	45%~61%	39%~55%
	1.2	3.41~3.65	1.65~1.77	1.07~1.15	0.78~0.84	0.60~0.65	0.49~0.53	39%~53%	47%~61%
	说明	本表立模面系数计算按隧洞顶拱圆心角为 120°~180°,圆心角小时取大值,反之取小值						顶拱圆心角小时曲面取小值,反之取大值;墙面相反	
圆形隧洞	衬砌内径(m)	衬砌厚度(m)						备注	
		0.2	0.4	0.6	0.8	1	1.2		
	4	4.76	2.27	1.45	1.04				
	8	4.88	2.38	1.55	1.14	0.89	0.72		
	12	4.92	2.42	1.59	1.17	0.92	0.76		

表 6-2-8　渡槽槽身立模面系数参考值

渡槽类型	壁厚(cm)	立模面系数(m²/m³)	备注
矩形渡槽	10	15.00	
	20	7.71	
	30	5.28	
箱形渡槽	10	13.26	
	20	6.63	
	30	4.42	
U 形渡槽	12~20	10.33	直墙厚 12 cm,U 形底部厚 20 cm
	15~25	8.19	直墙厚 15 cm,U 形底部厚 25 cm
	24~40	5.98	直墙厚 24 cm,U 形底部厚 40 cm

表 6-2-9　水闸立模面系数参考值

序号	建筑物名称	立模面系数(m²/m³)	各类立模面参考比例(%)			说明
			平面	曲面	牛腿	
1	水闸闸室(综合)	0.65~0.85	92~96	4.0~7.0	0.5(0)~0.9	
2	分部:闸墩	1.15~1.75	91~95	5.0~8.0	0.7(0)~1.2	含中、边墩等
	闸底板	0.16~0.30	100			

表 6-2-10　涵洞立模面系数参考值　　　　　　　　　（单位:m²/m³）

	高宽比	部位	衬砌厚度（m）					备注
			0.4	0.6	0.8	1	1.2	
直墙圆拱形涵洞	0.9	顶拱	2.17	1.45	1.09	0.87	0.73	
		边墙	1.13	0.76	0.57	0.46	0.39	
	1	顶拱	2.07	1.38	1.04	0.83	0.69	
		边墙	1.32	0.88	0.66	0.53	0.44	
	1.2	顶拱	1.88	1.26	0.95	0.76	0.64	
		边墙	1.64	1.09	0.81	0.65	0.54	
	高宽比		衬砌厚度（m）					
			0.4	0.6	0.8	1	1.2	
矩形涵洞	1		3.00	2.00	1.50	1.20	1.00	
	1.3		3.22	2.15	1.61	1.29	1.07	
	1.6		3.39	2.26	1.70	1.36	1.13	
圆形涵洞	壁厚（cm）	15	25	35	45	55	65	
	立模面系数	8.89	5.41	4.06	3.15	2.62	2.23	

表 6-2-11　明渠立模面系数参考值

序号	部位	立模面系数	备注
1	边坡面	$1/B$（m²/m³）	B 为边坡衬砌厚度;混凝土量按边坡衬砌量计算
2	横缝堵头	$1/L$（m²/m³）	L 为衬砌分段长度;混凝土量按明渠衬砌总量计算
3	底板纵缝	按明渠长度计算,每米渠长立模面系数 $n×B$（m²/m³）	B 为衬砌厚度;n 为明渠底板纵缝条数(含边坡与底板交界处的分缝)

2.定额计算量

模板定额的计量单位均按模板与混凝土接触面积以 100 m² 计。模板在建筑工程的施工中,属于工具性材料,这类材料在施工中不是一次消耗完,而是随着使用次数逐渐消耗,不断补充,多次使用,反复周转,称为周转性使用材料。

现行概算定额中的模板制作定额,已考虑了模板的周转使用,模板制作定额的消耗量是使用一次应摊销的人工、材料、机械使用量。如果采用外购模板,要按照规定对模板的预算价格进行摊销。

计算模板工程量时,应注意编制造价所使用的定额文件的相关要求。现行定额中,水利部发布的《水利建筑工程概算定额》,模板工程是单独计量、单独计价,所以采用水利部定额编制造价时,需要计算模板的工程量;但有些省市(如陕西省)的水利定额,模板的制作、安装和拆除已摊销在混凝土浇筑定额子目中,因此在采用时,不需要单独计算模板工程量。

(四)钻孔灌浆与锚固工程

1.设计工程量计算的原则及方法

钻孔灌浆与锚固工程工程量的计算应符合下列规定:

(1)基础固结灌浆与帷幕灌浆工程量,自起灌基面算起,钻孔长度自实际孔顶高程算起。基础帷幕灌浆采用孔口封闭的,还应计算灌注孔口管的工程量,根据不同孔口管长度以孔为单位计算。地下工程的固结灌浆,其钻孔和灌浆工程量根据设计要求以长度计。

(2)回填灌浆工程量按设计的回填接触面积计算。

(3)接触灌浆和接缝灌浆的工程量,按设计所需面积计算。

(4)混凝土地下连续墙的成槽和混凝土浇筑工程量应分别计算,并应符合下列规定:成槽工程量按不同墙厚、孔深和地层以面积计算;混凝土浇筑工程量,按不同墙厚和地层以成墙面积计算。

(5)锚杆支护工程量,按锚杆类型、长度、直径和支护部位及相应岩石级别以根数计算;预应力锚索的工程量按不同预应力等级、长度、型式及锚固对象以束计算。

(6)喷混凝土工程量应按喷射厚度、部位及有无钢筋以体积计,回弹量不应计入。喷浆工程量应根据喷射对象以面积计。

(7)混凝土灌注桩钻孔和灌注混凝土工程量应分别计算,并应符合下列规定:钻孔工程量按不同地层类别以钻孔长度计;灌注混凝土工程量按不同桩径以桩长度计。

(8)振冲桩应按不同孔深以桩长计算。

(9)现行概算定额中钻孔和灌浆各子目已包括检查孔钻孔和检查孔压水试验。

(10)钻机钻灌浆孔需明确钻孔部位岩石级别。

(11)锚杆(索)设计工程量的长度为嵌入岩石的设计有效长度,按规定应留的外露部分及加工损耗均已计入定额,工程量中不再计算。

(12)混凝土灌注桩工程量计算应明确桩深。若为岩石地层,应明确岩石抗压强度。

2.定额计算量

现行水利概算定额,钻灌浆孔、排水孔、垂线孔等工程量均以设计钻孔长度"m"计量。帷幕灌浆、固结灌浆、土坝劈裂灌浆、高压喷射灌浆等均按延米"m"计量。隧洞回填灌浆工程量按顶拱120°拱背面积以"m^2"计算,高压管道回填灌浆工程量按钢管外径面积以"m^2"计算。接缝(触)灌浆按设计被灌面积以"m^2"计量。灌注孔口管、水位观测孔等以"孔"计量。灌浆定额中的水泥用量系概算基本量。如有实际资料,可按实际消耗量调整。

地下连续墙的成槽和混凝土浇筑都以阻水面积以"m^2"计量。振冲桩以设计振冲孔长度以延米"m"计算。灌注桩造孔和灌注工程量以延米"m"计算。

锚杆按"根"计,锚索按"束"计,定额所列长度为设计锚杆(锚索)嵌入岩体的有效长度,按规定预留的外露部分及加工制作过程中的损耗等,均已计入定额。喷浆按"m^2"计,喷混凝土按"m^3"计,定额以喷浆(混凝土)后的设计有效面积(体积)计算,定额已包括了拌制、运输及回弹的损耗量。

3.案例

1)案例一

已知条件:

某工程的基础处理项目有引水隧洞回填灌浆、固结灌浆;坝基防渗采用混凝土防渗墙及墙下单排帷幕灌浆。坝顶高程1 800 m。工程资料如下：

（1）引水隧洞。隧洞全长1 500 m，衬砌后内径6 m，混凝土衬砌厚0.8 m。进、出口段长度分别为100 m、200 m，强风化岩层，岩石级别为Ⅶ级。全洞进行回填灌浆，范围为顶部120°，排距2.5 m，每排3孔、2孔交替布置。进口和出口段进行固结灌浆，孔深3 m，环距2.5 m，每环8个孔，耗灰量为100 kg/m。

（2）坝基。坝轴线长500 m，地层为粗砂层，混凝土防渗墙墙厚0.8 m，平均深度为38 m，要求入岩0.5 m，墙下帷幕灌浆，岩石级别为Ⅶ级，透水率为12 Lu，孔距2.5 m，墙体预埋灌浆管（不考虑），钻孔灌浆深度平均为15 m，采用单排自上而下灌浆，灌浆试验耗灰量为110 kg/m，检查孔压水试验只考虑帷幕灌浆段。灌浆的灌基面与钻孔孔顶高程相同。

计算：

（1）回填灌浆、固结灌浆钻孔、帷幕灌浆的设计工程量。

（2）若固结灌浆和帷幕灌浆的损耗率为5%，则固结灌浆和帷幕灌浆的水泥消耗量为多少。

（3）计算混凝土防渗墙成槽的设计工程量，并计算岩石层成槽工程量。

解答：

（1）隧洞回填灌浆的设计工程量为顶拱120°拱背面积=1 500×(6+0.8×2)×π÷3

$$=11\ 938(m^2)$$

固结灌浆钻孔设计工程量=[(100+200)÷2.5+2]×8×3=2 928(m)

帷幕灌浆钻孔设计工程量=(500÷2.5+1)×15=3 015(m)

帷幕灌浆设计工程量=钻孔长度=3 015(m)

（2）固结灌浆的水泥消耗量=固结灌浆钻孔工程量×单位耗灰量×损耗率

$$=2\ 928×100×1.05÷1\ 000=307.44(t)$$

帷幕灌浆的水泥消耗量=帷幕灌浆工程量×单位耗灰量×损耗率

$$=3\ 015×110×1.05÷1\ 000=348.23(t)$$

（3）混凝土防渗墙成槽的设计工程量=500×38=19 000(m²)

其中，岩石层成槽工程量=500×0.5=250(m²)。

2）案例二

已知条件：

某工程的基础处理项目基础加固采用灌注桩，地层为卵石层，灌注桩数量为120根，每根桩平均深度为20 m，桩径0.8 m。

计算：

灌注桩的设计工程量。

解答：

灌注桩设计工程量按不同桩径以桩长度计算。

灌注桩的设计工程量=120×20=2 400(m)

（五）疏浚工程

1.设计工程量计算的原则及方法

疏浚工程量的计算，宜按设计水下方计量，开挖过程中的超挖及回淤量不应计入。

吹填工程量计算，除考虑吹填区填筑量，还应考虑吹填土层固结沉降、吹填区地基沉降和施工期泥沙流失等因素。计量单位为水下方。

疏浚与吹填工程的定额计量单位为水下方,提供给造价专业的疏浚与吹填工程量计量单位均应为水下方。

绞吸、链斗、抓斗、铲斗式挖泥船、吹泥船开挖水下方的泥土及粉细砂划分为Ⅰ至Ⅵ类,中砂、粗砂各分为松散、中密、紧密三类。水力冲挖机组的土类划分为Ⅰ至Ⅳ类。如果疏浚区或取土区的土质变化较大,应按地质柱状剖面图分别计算各类土的工程量。

对有多个疏浚区与吹填区的工程应分别计算各分区工程量与总工程量。

根据水利水电工程施工手册,疏浚与吹填工程工程量计算有平均断面法、平均水深法、格网法、产量计算等方法,见表 6-2-12。

表 6-2-12　疏浚与吹填工程工程量计算常用方法

方法名称	方法要点	适用范围
平均断面法	1.先根据实测挖槽或吹填横断面图求取断面面积,进而求得相邻两断面面积的平均值,再用该平均值乘以其断面间距,即得相邻两断面间的土方量,累加各断面间的土方量即为疏浚或吹填工程的总工程量; 2.用该法在进行断面面积计算时,每一断面均应计算两次,且其计算值误差不应大于 5%	疏浚与吹填工程中常用
平均水深法	1.根据疏浚或吹填区的实测地形图,计算平均挖深或吹填厚度,再乘以相应区域的面积,即为疏浚工程量或吹填工程量; 2.用此法计算工程量时,应以不同的分块进行复核,且其误差值应控制在 5% 以内	多用于疏浚工程
格网法	先将吹填区按一定的面积分成许多方格,首先计算出每一方格的平均吹填厚度,再乘以方格面积即得该方格的吹填土方体积,所有方格的吹填土方体积累加即为该吹填工程总工程量。用此法计算工程量时,应注意以下两点: (1)每个方格内用以测算平均吹填厚度的点位应足够多且具有代表性; (2)吹填区边角不规则部位格子的面积计算应足够精确	多用于吹填工程
产量计计算	通过挖泥船所装备的产量指示器自动计算	只能在具备产量计的挖泥船上采用

疏浚与吹填工程量的计算应该符合《疏浚与吹填工程技术规范》(SL 17—2004)规定的质量要求进行计算。

2.定额计算量

现行水利建筑工程概算定额的有关工程量计量规则为:疏浚或吹填工程量均按水下自然方计量,疏浚或吹填工程陆上方应折算为水下自然方。在开挖过程中的超挖、回淤等因素,均包括在定额内。

排泥管安拆按单位管长"管长·次"计量。挖泥船及吹泥船的开工展布及收工集合按次数计算,一般一个工程只计一次。

(六)其他工程

枢纽工程对外公路工程量,项目建议书和可行性研究阶段可根据 1∶10 000~1∶50 000 的地形图按设计推荐(或选定)的线路,分公路等级,分不同的路基、路面标准与型式以长度计算工程量。初步设计阶段应确定对外交通道路布置及与现有永久道路的连接型式,以及交通道路级别、线路设计、路基、路面宽度和路面型式,根据不小于 1∶5 000 的地形图按上述设计确定的公路等级提出长度或具体工程量。招标设计和施工图设计阶段应根据相关行业的规定按分项工程计算工程量,道路基层工程量按设计摊铺层的面积之和计算,道路面层工程量以设计图示面积计算。

场内永久公路中主要交通道路,项目建议书和可行性研究阶段应根据 1∶5 000~1∶10 000 的施工总平面布置图按设计确定的公路等级以长度计算工程量。初步设计阶段应根据 1∶2 000~1∶5 000 的施工总平面布置图,按设计要求提出长度或具体工程量。招标设计和施工图设计阶段应根据相关行业的规定按分项工程计算工程量。

引(供)水、灌溉等工程的永久公路工程量可参照上述要求计算。

桥梁、涵洞按工程等级分别计算,不同设计阶段可参照上述永久公路的计算规定计算出延米或具体工程量。

塑料薄膜、复合柔毡、土工合成材料工程量应区分不同材料和不同部位按设计铺设面积计算,不应计入材料搭接及各种型式嵌固的用量。概算定额中相关的定额子目仅指这些防渗材料本身的铺设,不包括上面的保护层和下面的垫层砌筑。

输水线路中的各类管道,包括钢管、球墨铸铁管、玻璃钢管、PCCP 管、PCP 管等(不包括电站、泵站场内的各类管道),按设计铺设长度(m)计算。

管道防腐应分不同防腐材料按设计涂抹面积(m^2)计算。

管件、阀门应按设计安装数量(个)计算,单体价值超过 5 万元的阀门计入机电设备及安装工程,并按相应规定计算。

永久房屋建筑工程,项目建议书和可行性研究阶段,应根据选定的房屋建筑工程布置方案,分建筑层数、结构形式计算建筑面积。初步设计阶段应根据确定的房屋建筑工程布置方案,计算建筑面积或分项工程工程量。招标设计阶段和施工图设计阶段按相关行业规定按分项工程计算工程量。

永久供电线路工程量,按电压等级、回路数、主导线型号提出长度或具体工程量。项目建议书和可行性研究阶段,可根据拟订的永久供电系统方案或规模,以长度计算。初步设计阶段应根据确定的永久供电系统规模与布置,以长度或具体工程量计算。招标设计和施工图设计阶段按相关行业规定按分项工程计算工程量。

安全监测设施,照明线路,通信线路,厂坝(闸、泵站)区供水、供热、排水等公用设施,劳动安全与工业卫生设施,水文、泥沙监测设施,水情自动测报系统等工程,项目建议书和可行性研究阶段可不单独计算工程量;初步设计阶段应根据工程方案计算工程量;招标设计和施工图设计阶段根据相关行业规定按分项工程计算工程量。

二、施工临时工程工程量

施工导流工程,包括围堰、明渠、隧洞、涵管、底孔等工程量,计算要求与永久水工建筑物相同,其中与永久水工建筑物结合部分(如土石坝的上游围堰等)计入永久工程量中,不结合部分

(如导流洞或底孔封堵、闸门等)计入施工临时工程。阶段系数按施工临时工程计取。

土石围堰按堰体方计算;钢板桩围堰按围堰的有效面积计算。

施工支洞工程量应按永久水工建筑物工程量计算要求进行计算,阶段系数按施工临时工程计取。

施工临时道路的工程量可根据相应设计阶段施工总平面布置图或设计提出的运输线路分等级计算公路长度或具体工程量。

大型施工设施及施工机械布置所需土建工程量,按永久建筑物的要求计算工程量,阶段系数按施工临时工程计取。

施工供电线路工程量按电压等级、回路数、主导线型号提出长度或具体工程量。项目建议书和可行性研究阶段,可根据拟订的施工供电方案或规模,估算工程量。初步设计阶段应根据确定的施工供电系统规模与布置,计算工程量。

临时生产用房工程量可参考类似工程及《水利水电工程施工组织设计规范》(SL 303—2017),不同设计阶段结合工程情况以建筑面积或分项工程工程量计算;临时生活福利房屋建筑工程量,按现行规定计算。

对其他临时工程的工程量,如掘进机泥水处理系统土建设施、施工供水、大型机械安装拆卸、防汛、施工排水等,根据各阶段设计报告编制规程的要求,提出相应工程量。

三、机电设备和金属结构设备工程量

机电设备工程量根据不同设计阶段按已建工程类比确定或按设计图示的数量、有效长度或重量计算。

水轮机、发电机以台(套)为计量单位,并注明其型式、单机容量及设备本体质量;调速器应以台为单位,并注明其型式;油压装置应以套为单位,并注明其型式与设备容量;励磁装置应以台(套)为单位,并注明其设备本体质量。

水泵以台为计量单位,并注明其型式、设计扬程、设计流量及设备本体质量;电动机应以台为单位,并注明其额定功率与设备本体质量。

蝴蝶阀以台为计量单位,并注明其型式、直径和压力等主要规格;其他进水阀以设备质量(t)为计量单位。

起重设备应以台为单位,并注明其型式、起重量(t)及设备本体质量。轨道应按设计铺设长度(双 10 m)计算,并注明其类型。滑触线应按设计铺设长度(三相 10 m)计算。

水利机械辅助设备根据不同设计阶段以项或吨为计量单位,油、压气、水系统管路及附件根据不同设计阶段以质量(t)、有效长度或台为计量单位。

电气设备应以台(套)等为单位。变频器应注明其工作电压与额定功率。变压器应注明其相数、冷却方式、高压侧电压等级、绕组数以及容量。断路器应注明灭弧介质与电压等级。其他设备应注明其型式与主要技术参数。

电缆、母线应按设计铺设长度(m,m/单相,m/三相)计算,电缆应区分控制电缆与电力电缆,电力电缆应注明电压等级与导线截面面积。母线应区分型式与材质,注明截面面积。一次拉线根据不同设计阶段以设计铺设长度(m/单相,m/三相)计算。电缆架、接地装置应按质量计算,并注明其材质;电缆架应区分桥架与支架。

风机、空调应以台为单位,并注明其型式。通风管应按质量计算,并注明其材质类型。

项目建议书阶段,通风空调系统可不单独列项。

通信系统设备按设计图示的数量计算,以台(套)或站为计量单位,并注明其主要技术参数。工业电视系统设备应以台(套)为单位,并注明其主要技术参数。管理自动化系统设备应以台(套)为单位,并注明其主要技术参数。

交通工具根据不同设计阶段以指标或者具体工程量计算。

水工建筑物的各种钢闸门和拦污栅工程量以 t 计,项目建议书可按已建工程类比确定;可行性研究阶段可根据初选方案确定的类型和主要尺寸计算;初步设计阶段应根据选定方案的设计尺寸和参数计算;招标设计和施工图设计阶段根据确定的各类闸门、拦污栅型式和数量,确定的防腐方案计算。

各种闸门和拦污栅的埋件工程量计算均应与其主设备工程量计算精度一致。闸门、闸门埋件防腐应按防腐材料的设计涂抹面积计算,并注明防腐材料类型与厚度。

启闭设备、清污设备工程量计算,宜与闸门和拦污栅工程量计算精度相适应,并分别列出设备重量(t)和数量(台、套),门式起重机还需注明其起重量(t)。

压力钢管工程量应按钢管型式(一般、叉管)、直径和壁厚分别计算,以 t 为计量单位,不应计入钢管制作与安装的操作损耗量。一般钢管工程量的计算应包括直管、弯管、渐变管和伸缩节等钢管本体和加劲环、支承环的用量,叉管工程量仅计算叉管段中叉管及方渐变管管节部分的工程量,叉管段中其他管节部分应按一般钢管计算。

值得注意的是,在编制造价文件时,设备采购与安装工程中的设备购置费与安装费是分别计列的,但是材料的购置费和安装费是合并列入安装费的,所以要区分设备与材料的界限,水利工程的设备与材料划分原则如下:

(1)制造厂成套供货范围的部件、备品备件、设备体腔内定量填充物(透平油、变压器油、六氟化硫气体等)均作为设备。

(2)不论成套供货、现场加工或零星购置的储气罐、阀门、盘用仪表、机组本体上的梯子、平台和栏杆等均作为设备,不能因供货来源不同而改变设备的性质。

(3)管道和阀门如构成设备本体部件,应作为设备,否则应作为材料。

(4)随设备供应的保护罩、网门等,凡已计入相应设备出厂价格内的,应作为设备,否则应作为材料。

(5)电缆、电缆头、电缆和管道用的支架、母线、金具、滑触线和架、屏盘的基础型钢、钢轨、石棉板、穿墙隔板、绝缘子、一般用保护网、罩、门、梯子、平台、栏杆和蓄电池木架等,均作为材料。

四、工程量计算阶段系数

根据规定,各设计阶段按规定计算的图纸工程量乘以表 6-2-13 所列相应的阶段系数后,作为提供给造价专业编制工程造价的设计工程量。

阶段系数表中只列出主要工程项目的阶段系数,对其他工程项目,可依据与主要工程项目的关系参照选取。招标设计阶段的工程量阶段系数,可参考初步设计阶段选取。施工图设计阶段的工程量阶段系数为 1。

阶段系数为变幅值,可根据工程地质条件和建筑物结构复杂程度等因素选取,复杂的取大值,简单的取小值。

表 6-2-13　水利水电工程设计工程量阶段系数表

类别	设计阶段	土石方开挖工程量(万 m³)				混凝土工程量(万 m³)			
		>500	500~200	200~50	<50	>300	300~100	100~50	<50
永久工程或建筑物	项目建议书	1.03~1.05	1.05~1.07	1.07~1.09	1.09~1.11	1.03~1.05	1.05~1.07	1.07~1.09	1.09~1.11
	可行性研究	1.02~1.03	1.03~1.04	1.04~1.06	1.06~1.08	1.02~1.03	1.03~1.04	1.04~1.06	1.06~1.08
	初步设计	1.01~1.02	1.02~1.03	1.03~1.04	1.04~1.05	1.01~1.02	1.02~1.03	1.03~1.04	1.04~1.05
施工临时工程	项目建议书	1.05~1.07	1.07~1.10	1.10~1.12	1.12~1.15	1.05~1.07	1.07~1.10	1.10~1.12	1.12~1.15
	可行性研究	1.04~1.06	1.06~1.08	1.08~1.10	1.10~1.13	1.04~1.06	1.06~1.08	1.08~1.10	1.10~1.13
	初步设计	1.02~1.04	1.04~1.06	1.06~1.08	1.08~1.10	1.02~1.04	1.04~1.06	1.06~1.08	1.08~1.10
金属结构工程	项目建议书								
	可行性研究								
	初步设计								

类别	设计阶段	土石方填筑、砌石工程量(万 m³)				钢筋	钢材	模板	灌浆
		>500	500~200	200~50	<50				
永久工程或建筑物	项目建议书	1.03~1.05	1.05~1.07	1.07~1.09	1.09~1.11	1.08	1.06	1.11	1.16
	可行性研究	1.02~1.03	1.03~1.04	1.04~1.06	1.06~1.08	1.06	1.05	1.08	1.15
	初步设计	1.01~1.02	1.02~1.03	1.03~1.04	1.04~1.05	1.03	1.03	1.05	1.10
施工临时工程	项目建议书	1.05~1.07	1.07~1.10	1.10~1.12	1.12~1.15	1.10	1.10	1.12	1.18
	可行性研究	1.04~1.06	1.06~1.08	1.08~1.10	1.10~1.13	1.08	1.08	1.09	1.17
	初步设计	1.02~1.04	1.04~1.06	1.06~1.08	1.08~1.10	1.05	1.05	1.06	1.12
金属结构工程	项目建议书						1.17		
	可行性研究						1.15		
	初步设计						1.10		

注:1.若采用混凝土立模面系数乘以混凝土工程量计算模板工程量,不应再考虑模板阶段系数。

2.若采用混凝土含钢率或含钢量乘以混凝土工程量计算钢筋工程量,不应再考虑钢筋阶段系数。

3.截流工程的工程量阶段系数可取 1.25~1.35。

4.表中工程量系工程总工程量。

第三节　水利工程工程量清单项目及工程量计算规则

　　本节介绍水利工程的工程量清单项目及工程量计算规则,按《水利工程工程量清单计价规范》(GB 50501—2017)附录中的清单项目设置和工程量计算规则的规定执行,具体详见"清单计价规范"附录 A 和附录 B。

一、水利建筑工程工程量清单项目及计算规则

(一)土方开挖工程

土方开挖工程的清单项目包括场地平整、一般土方开挖、渠道土方开挖、沟槽土方开挖、坑土方开挖、砂砾石开挖、平洞土方开挖、斜洞土方开挖、竖井土方开挖、其他土方开挖工程。

除场地平整按招标设计图示场地平整面积计量外,其他项目都按招标设计图示轮廓尺寸计算的有效自然方体积计量。施工过程中增加的超挖量和施工附加量所发生的费用,应摊入有效工程量的工程单价中。夹有孤石的土方开挖,大于 $0.7 m^3$ 的孤石按石方开挖计量。土方开挖工程清单项目均包括弃土运输的工作内容,开挖与运输不在同一标段的工程,应分别选取开挖与运输的工作内容计量。

(二)石方开挖工程

石方开挖工程的清单项目包括一般石方开挖、坡面石方开挖、渠道石方开挖、沟槽石方开挖、坑石方开挖、保护层石方开挖、平洞石方开挖、斜洞石方开挖、竖井石方开挖、洞室石方开挖、窑洞石方开挖、预裂爆破、其他石方开挖工程。

除预裂爆破按招标设计图示尺寸计算的面积计量外,其他项目都按招标设计图示轮廓尺寸计算的有效自然方体积计量。施工过程中增加的超挖量和施工附加量所发生的费用,应摊入有效工程量的工程单价中。石方开挖均包括弃渣运输的工作内容,开挖与运输不在同一标段的工程,应分别选取开挖与运输的工作内容计量。

(三)土石方填筑工程

土石方填筑工程清单项目包括一般土方填筑、黏土料填筑、人工掺和料填筑、防渗风化料填筑、反滤料填筑、过渡层料填筑、垫层料填筑、堆石料填筑、石渣料填筑、石料抛投、钢筋笼块石抛投、混凝土块抛投、袋装土方填筑、土工合成材料铺设、水下土石填筑体拆除、其他土石方填筑工程。

其中,石料抛投、钢筋笼块石抛投、混凝土块抛投,按招标设计文件要求,以抛投体积计量;袋装土方填筑,按招标设计图示尺寸计算的填筑体有效体积计量;土工合成材料铺设,按招标设计图示尺寸计算的有效面积计量;水下土石填筑体拆除,按招标设计文件要求,以拆除前后水下地形变化计算的体积计量;其他项目按招标设计图示尺寸计算的填筑体有效压实方体积计量。施工过程中增加的超填量、施工附加量、填筑体及基础的沉陷损失、填筑操作损耗等所发生的费用,应摊入有效工程量的工程单价中。钢筋笼块石的钢筋笼加工,按招标设计文件要求按钢筋、钢构件加工及安装工程的计量计价规则计算,摊入钢筋笼块石抛投有效工程量的工程单价中。

(四)疏浚和吹填工程

疏浚和吹填工程的清单项目包括船舶疏浚、其他机械疏浚、船舶吹填、其他机械吹填、其他疏浚和吹填工程。

在江河、水库、港湾、湖泊等处的疏浚工程(包括排泥于水中或陆地),按招标设计图示轮廓尺寸计算的水下有效自然方体积计量。施工过程中疏浚设计断面以外增加的超挖量、施工期自然回淤量、开工展布与收工集合、避险与防干扰措施、排泥管安拆移动以及使用辅助船只等所发生的费用,应摊入有效工程量的工程单价中。辅助工程(如浚前扫床和障碍物清除、排泥区围堰、隔埂、退水口及排水渠等项目)另行计量计价。

吹填工程按招标设计图示轮廓尺寸计算(扣除吹填区围堰、隔埂等的体积)的有效吹填体积计量。施工过程中吹填土体沉陷量、原地基因上部吹填荷载而产生的沉降量和泥沙流失量、对吹填区平整度要求较高的工程配备的陆上土方机械等所发生的费用,应摊入有效工程量的工程单价中。辅助工程(如浚前扫床和障碍物清除、排泥区围堰、隔埂、退水口及排水渠等项目)另行计量计价。

利用疏浚工程排泥进行吹填的工程,疏浚和吹填价格分界按招标设计文件的规定执行。

(五)砌筑工程

砌筑工程的清单项目包括:干砌块石、钢筋(铅丝)石笼、浆砌块石、浆砌卵石、浆砌条(料)石、砌砖、干砌混凝土预制块、浆砌混凝土预制块、砌体拆除、砌体砂浆抹面、其他砌筑工程。

砌体拆除按招标设计图示尺寸计算的拆除体积计量,砌体砂浆抹面按招标设计图示尺寸计算的有效抹面面积计量,其他项目按招标设计图示尺寸计算的有效砌筑体积计量。施工过程中的超砌量、施工附加量、砌筑操作损耗等所发生的费用,应摊入有效工程量的工程单价中。钢筋(铅丝)石笼笼体加工和砌筑体拉结筋,按招标设计图示要求按钢筋、钢构件加工及安装工程的计量计价规则计算,分别摊入钢筋(铅丝)石笼和埋有拉结筋砌筑体的有效工程量的工程单价中。

(六)喷锚支护工程

喷锚支护工程清单项目包括注浆黏结锚杆、水泥卷锚杆、普通树脂锚杆、加强锚杆束、预应力锚杆、其他黏结锚杆、单锚头预应力锚索、双锚头预应力锚索、岩石面喷浆、混凝土面喷浆、岩石面喷混凝土、钢支撑加工、钢支撑安装、钢筋格构架加工、钢筋格构架安装、木支撑安装、其他锚喷支护工程。

锚杆(束)按招标设计图示尺寸计算的有效根(或束)数计量。钻孔、锚杆或锚杆束、附件、加工及安装过程中操作损耗等所发生的费用,应摊入有效工程量的工程单价中。

锚索按招标设计图示尺寸计算的有效束数计量。钻孔、锚索、附件、加工及安装过程中操作损耗等所发生的费用,应摊入有效工程量的工程单价中。

喷浆按招标设计图示范围的有效面积计量,喷混凝土按招标设计图示范围的有效实体方体积计量。由于被喷表面超挖等原因引起的超喷量、施喷回弹损耗量、操作损耗等所发生的费用,应摊入有效工程量的工程单价中。

钢支撑加工、钢支撑安装、钢筋格构架加工、钢筋格构架安装,按招标设计图示尺寸计算的钢支撑或钢筋格构架及附件的有效重量(含两榀钢支撑或钢筋格构架间连接钢材、钢筋等的用量)计量。计算钢支撑或钢筋格构架重量时,不扣除孔眼的重量,也不增加电焊条、铆钉、螺栓等的重量。一般情况下钢支撑或钢筋格构架不拆除,如需拆除,招标人应另外支付拆除费用。

木支撑安装按耗用木材体积计量。

喷浆和喷混凝土工程中如设有钢筋网,按钢筋、钢构件加工及安装工程的计量计价规则另行计量计价。

(七)钻孔和灌浆工程

钻孔和灌浆工程清单项目包括砂砾石层帷幕灌浆(含钻孔)、土坝(堤)劈裂灌浆(含钻孔)、岩石层钻孔、混凝土层钻孔、岩石层帷幕灌浆、岩石层固结灌浆、回填灌浆(含钻孔)、检查孔钻孔、检查孔压水试验、检查孔灌浆、接缝灌浆、接触灌浆、排水孔、化学灌浆、其他钻孔和灌浆工程。

砂砾石层帷幕灌浆、土坝坝体劈裂灌浆，按招标设计图示尺寸计算的有效灌浆长度计量。钻孔、检查孔钻孔灌浆、浆液废弃、钻孔灌浆操作损耗等所发生的费用，应摊入砂砾石层帷幕灌浆、土坝坝体劈裂灌浆有效工程量的工程单价中。

岩石层钻孔、混凝土层钻孔，按招标设计图示尺寸计算的有效钻孔进尺，按用途和孔径分别计量。有效钻孔进尺按钻机钻进工作面的位置开始计算。先导孔或观测孔取芯、灌浆孔取芯和扫孔等所发生的费用，应摊入岩石层钻孔、混凝土层钻孔有效工程量的工程单价中。

直接用于灌浆的水泥或掺和料的干耗量按设计净干耗灰量计量。

岩石层帷幕灌浆、固结灌浆，按招标设计图示尺寸计算的有效灌浆长度或设计净干耗灰量（水泥或掺和料的注入量）计量。补强灌浆、浆液废弃、灌浆操作损耗等所发生的费用，应摊入岩石层帷幕灌浆、固结灌浆有效工程量的工程单价中。

隧洞回填灌浆按招标设计图示尺寸规定的计量角度，计算设计衬砌外缘弧长与灌浆段长度乘积的有效灌浆面积计量。混凝土层钻孔、预埋灌浆管路、预留灌浆孔的检查和处理、检查孔钻孔和压浆封堵、浆液废弃、灌浆操作损耗等所发生的费用，应摊入有效工程量的工程单价中。

高压钢管回填灌浆按招标设计图示衬砌钢板外缘全周长乘回填灌浆钢板衬砌段长度计算的有效灌浆面积计量。连接灌浆管、检查孔回填灌浆、浆液废弃、灌浆操作损耗等所发生的费用，应摊入有效工程量的工程单价中。钢板预留灌浆孔封堵不属回填灌浆的工作内容，应计入压力钢管的安装费中。

检查孔钻孔、检查孔压水试验、检查孔灌浆一般适用于坝（堰）基岩石帷幕、固结灌浆效果检查，混凝土浇筑质量检查。

接缝灌浆、接触灌浆，按招标设计图示尺寸计算的混凝土施工缝（或混凝土坝体与坝基、岸坡岩体的接触缝）有效灌浆面积计量。灌浆管路、灌浆盒及止浆片的制作、埋设、检查和处理，钻混凝土孔、灌浆操作损耗等所发生的费用，应摊入接缝灌浆、接触灌浆有效工程量的工程单价中。

排水孔按招标设计图示尺寸计算的有效钻孔进尺计量。

化学灌浆按招标设计图示化学灌浆区域需要各种化学灌浆材料的有效总重量计量。化学灌浆试验、灌浆过程中操作损耗等所发生的费用，应摊入有效工程量的工程单价中。

钻孔和灌浆工程清单项目的工作内容不包括招标文件规定按总价报价的钻孔取芯样的检验试验费和灌浆试验费。

（八）基础防渗和地基加固工程

基础防渗和地基加固工程清单项目包括混凝土地下连续墙、高压喷射注浆连续防渗墙、高压喷射水泥搅拌桩、混凝土灌注桩（泥浆护壁钻孔灌注桩、锤击或振动沉管灌注桩）、钢筋混凝土预制桩、振冲桩加固地基、钢筋混凝土沉井、钢制沉井、其他基础防渗和地基加固工程。

混凝土地下连续墙、高压喷射注浆连续防渗墙，按招标设计图示尺寸计算不同墙厚的有效连续墙体截水面积计量；高压喷射水泥搅拌桩，按招标设计图示尺寸计算的有效成孔长度计量。造(钻)孔、灌注槽孔混凝土(灰浆)、操作损耗等所发生的费用,应摊入有效工程量的工程单价中。混凝土地下连续墙与帷幕灌浆结合的墙体内预埋灌浆管、墙体内观测仪器(观测仪器的埋设、率定、下设桁架等)及钢筋笼下设(指保护预埋灌浆管的钢筋笼的加工、运输、垂直下设及孔口对接等),另行计量计价。

地下连续墙施工的导向槽、施工平台,另行计量计价。

混凝土灌注桩按招标设计图示尺寸计算的钻孔(沉管)灌注桩灌注混凝土的有效体积(不含灌注于桩顶设计高程以上需要挖去的混凝土)计量。检验试验、灌注于桩顶设计高程以上需要挖去的混凝土、钻孔(沉管)灌注混凝土的操作损耗等所发生的费用和周转使用沉管的费用,应摊入有效工程量的工程单价中。钢筋笼按钢筋、钢构件加工及安装工程的计量计价规则另行计量计价。

钢筋混凝土预制桩按招标设计图示桩径、桩长,以有效根数计量。地质复勘、检验试验、预制桩制作(或购置)、运桩、打桩和接桩过程中的操作损耗等所发生的费用,应摊入有效工程量的工程单价中。

振冲桩加固地基按招标设计图示尺寸计算的有效振冲成孔长度计量。振冲试验、振冲桩体密实度和承载力等的检验、填料及在振冲造孔填料振密过程中的操作损耗等所发生的费用,应摊入有效工程量的工程单价中。

沉井按符合招标设计图示尺寸需要形成的水面(或地面)以下有效空间体积计量。地质复勘、检验试验和沉井制作、运输、清基或水中筑岛、沉放、封底、操作损耗等所发生的费用,应摊入有效工程量的工程单价中。

(九)混凝土工程

混凝土工程清单项目包括普通混凝土、碾压混凝土、水下浇筑混凝土、膜袋混凝土、预应力混凝土、二期混凝土、沥青混凝土、止水工程、伸缩缝、混凝土凿除、其他混凝土工程。

普通混凝土按招标设计图示尺寸计算的有效实体方体积计量。体积小于 $0.1 m^3$ 的圆角或斜角,钢筋和金属件占用的空间体积小于 $0.1 m^3$ 或截面面积小于 $0.1 m^2$ 的孔洞、排水管、预埋管和凹槽等的工程量不予扣除。按设计要求对上述孔洞所回填的混凝土也不重复计量。施工过程中由于超挖引起的超填量,冲(凿)毛、拌和、运输和浇筑过程中的操作损耗所发生的费用(不包括以总价承包的混凝土配合比试验费),应摊入有效工程量的工程单价中。

温控混凝土与普通混凝土的工程量计算规则相同。温控措施费应摊入相应温控混凝土的工程单价中。

混凝土冬季施工中对原材料(如砂石料)加温、热水拌和、成品混凝土的保温等措施所发生的冬季施工增加费应包含在相应混凝土的工程单价中。

碾压混凝土按招标设计图示尺寸计算的有效实体方体积计量。施工过程中由于超挖引起的超填量,冲(刷)毛、拌和、运输和碾压过程中的操作损耗所发生的费用(不包括配合比试验和生产性碾压试验的费用),应摊入有效工程量的工程单价中。

水下浇筑混凝土按招标设计图示浇筑前后水下地形变化计算的有效体积计量。拌和、运输和浇筑过程中的操作损耗所发生的费用,应摊入有效工程量的工程单价中。

膜袋混凝土、预应力混凝土按招标设计图示尺寸计算的有效实体方体积计量。钢筋、锚索、钢管、钢构件、埋件等所占用的空间体积不予扣除。锚索及其附件的加工、运输、安装、张拉、注浆封闭、混凝土浇筑过程中操作损耗等所发生的费用,应摊入有效工程量的工程单价中。

二期混凝土按招标设计图示尺寸计算的有效实体方体积计量。钢筋和埋件等所占用的空间不予扣除。拌和、运输和浇筑过程中的操作损耗所发生的费用,应摊入有效工程量的工程单价中。

沥青混凝土按招标设计防渗心墙及防渗面板的防渗层、整平胶结层和加厚层沥青混凝土图示尺寸计算的有效体积计量;封闭层按招标设计图示尺寸计算的有效面积计量。施工过程中由于超挖引起的超填量及拌和、运输和摊铺碾压过程中的操作损耗所发生的费用(不包括室内试验、现场试验和生产性试验的费用),应摊入有效工程量的工程单价中。

止水工程按招标设计图示尺寸计算的有效长度计量。止水片的搭接长度、加工及安装过程中操作损耗等所发生的费用,应摊入有效工程量的工程单价中。

伸缩缝按招标设计图示尺寸计算的有效面积计量。缝中填料及其在加工及安装过程中的操作损耗所发生的费用,应摊入有效工程量的工程单价中。

混凝土凿除按招标设计图示凿除范围内的实体方体积计量。

混凝土工程中的小型钢构件,如温控需要的冷却水管、预应力混凝土中固定锚索位置的钢管等所发生的费用,应分别摊入相应混凝土有效工程量的工程单价中。

混凝土拌和与浇筑分属两个投标人时,价格分界点按招标文件的规定执行。

当开挖与混凝土浇筑分属两个投标人时,混凝土工程按开挖实测断面计算工程量,相应由于超挖引起的超填量所发生的费用,不摊入混凝土有效工程量的工程单价中。

招标人如要求将模板使用费摊入混凝土工程单价中,各摊入模板使用费的混凝土工程单价应包括模板周转使用摊销费。

(十)模板工程

模板工程清单项目包括普通模板、滑动模板、移置模板、其他模板工程。

立模面积为混凝土与模板的接触面积,坝体纵、横缝键槽模板的立模面积按各立模面在竖直面上的投影面积计算(与无键槽的纵、横缝立模面积计算相同)。

模板工程中的普通模板包括平面模板、曲面模板、异型模板、预制混凝土模板等;其他模板包括装饰模板等。

模板按招标设计图示混凝土建筑物(包括碾压混凝土和沥青混凝土)结构体形、浇筑分块和跳块顺序要求所需有效立模面积计量。不与混凝土面接触的模板面积不予计量。模板面板和支撑构件的制作、组装、运输、安装、埋设、拆卸及修理过程中操作损耗等所发生的费用,应摊入有效工程量的工程单价中。

不构成混凝土永久结构、作为模板周转使用的预制混凝土模板,应计入吊运、吊装的费用。构成永久结构的预制混凝土模板,按预制混凝土构件计算。

模板制作安装中所用钢筋、小型钢构件,应摊入相应模板有效工程量的工程单价中。

模板工程结算的工程量,按实际完成进行周转使用的有效立模面积计算。

(十一)钢筋、钢构件加工及安装工程

钢筋、钢构件加工及安装工程清单项目包括钢筋加工及安装、钢构件加工及安装。

钢筋加工及安装按招标设计图示计算的有效质量计量。施工架立筋、搭接、焊接、套筒连接、加工及安装过程中操作损耗等所发生的费用,应摊入有效工程量的工程单价中。

钢构件加工及安装,指用钢材(如型材、管材、板材、钢筋等)制成的构件、埋件,按招标设计图示钢构件的有效质量计量。有效质量中不扣减切肢、切边和孔眼的质量,不增加电焊

条、铆钉和螺栓的质量。施工架立件、搭接、焊接、套筒连接、加工及安装过程中操作损耗等所发生的费用,应摊入有效工程量的工程单价中。

(十二)预制混凝土工程

预制混凝土工程清单项目包括预制混凝土构件、预制混凝土模板、预制预应力混凝土构件、预应力钢筒混凝土(PCCP)输水管道安装、混凝土预制件吊装、其他预制混凝土工程。

预制混凝土构件、预制混凝土模板、预制预应力混凝土构件按招标设计图示尺寸计算的有效实体方体积计量。预应力钢筒混凝土(PCCP)管道按招标设计图示尺寸计算的有效安装长度计量。计算有效体积时,不扣除埋设于构件体内的埋件、钢筋、预应力锚索及附件等所占体积。预制混凝土价格包括预制、预制场内吊运、堆存等所发生的全部费用。

混凝土预制件吊装按招标设计要求,以安装预制件的体积计量。

构成永久结构混凝土工程有效实体、不周转使用的预制混凝土模板,按预制混凝土构件计量。

预制混凝土工程中的模板、钢筋、埋件、预应力锚索及附件、加工及安装过程中操作损耗等所发生的费用,应摊入有效工程量的工程单价中。

(十三)原料开采及加工工程

原料开采及加工工程清单项目包括黏性土料、天然砂料、天然卵石料、人工砂料、人工碎石料、块(堆)石料、条(料)石料、混凝土半成品料、其他原料开采及加工工程。

黏性土料按招标设计文件要求的有效成品料体积计量。料场查勘及试验费用,清除植被层与弃料处理费用,开采、运输、加工、堆存过程中的操作损耗等所发生的费用,应摊入有效工程量的工程单价中。

天然砂石料、人工砂石料,按招标设计文件要求的有效成品料重量(体积)计量。料场查勘及试验费用,清除覆盖层与弃料处理费用,开采、运输、加工、堆存过程中的操作损耗等所发生的费用,应摊入有效工程量的工程单价中。

块(堆)石料按招标设计文件要求的有效成品料体积计量。条(料)石料按招标设计文件要求的有效清料方体积计量。

采挖、堆料区域的边坡、地面和弃料场的整治费用,按招标设计文件要求计算。

混凝土半成品料按招标设计文件要求的混凝土拌和系统出机口的混凝土体积计量。

(十四)其他建筑工程

其他建筑工程包括其他永久建筑工程、其他临时建筑工程。

其他建筑工程是指上述土方开挖工程至原料开采及加工工程未涵盖的其他建筑工程项目,如厂房装修工程,水土保持、环境保护工程中的林草工程等,按其他建筑工程编码。

其他建筑工程可按项为单位计量。

二、水利安装工程工程量清单项目及计算规则

(一)机电设备安装工程

机电设备安装工程清单项目包括水轮机设备安装、水泵-水轮机设备安装、大型泵站水泵设备安装、调速器及油压装置设备安装、发电机设备安装、发电机-电动机设备安装、大型泵站电动机设备安装、励磁系统设备安装、主阀设备安装、桥式起重机设备安装、轨道安装、滑触线安装、水力机械辅助设备安装、发电电压设备安装、发电机-电动机静止变频启动装

置(SFC)安装、厂用电系统设备安装、照明系统安装、电缆安装及敷设、发电电压母线安装、接地装置安装、主变压器设备安装、高压电气设备安装、一次拉线安装、控制、保护、测量及信号系统设备安装、计算机监控系统设备安装、直流系统设备安装、工业电视系统设备安装、通信系统设备安装、电工试验室设备安装、消防系统设备安装、通风、空调、采暖及其监控设备安装、机修设备安装、电梯设备安装、其他机电设备安装工程。

机电主要设备安装工程项目组成内容包括水轮机(水泵-水轮机)、大型泵站水泵、调速器及油压装置、发电机(发电机-电动机)、大型泵站电动机、励磁系统、主阀、桥式起重机、主变压器等设备,均由设备本体和附属设备及埋件组成,按招标设计图示的数量计量。

机电其他设备安装工程项目组成内容:

(1)轨道安装。包括起重设备、变压器设备等所用轨道。按招标设计图示尺寸计算的有效长度计量。

(2)滑触线安装。包括各类移动式起重机设备滑触线。按招标设计图示尺寸计算的有效长度计量。

(3)水力机械辅助设备安装。包括全厂油、水、气系统的透平油、绝缘油、技术供水、水力测量、消防用水、设备检修排水、渗漏排水、上库及压力钢管充水、低压压气和高压压气等系统设备和管路。按招标设计图示的数量计量。

(4)发电电压设备安装。包括发电机中性点设备、发电机定子主引出线至主变压器低压套管间的电气设备、分支线电气设备、断路器、隔离开关、电流互感器、电压互感器、避雷器、电抗器、电气制动开关等,抽水蓄能电站与启动回路器有关的断路器和隔离开关等设备。按招标设计图示的数量计量。

(5)发电机-电动机静止变频启动装置(SFC)安装。包括抽水蓄能电站机组和大型泵站机组静止变频启动装置的输入及输出变压器、整流及逆变器、交流电抗器、直流电抗器、过电压保护装置及控制保护设备等。按招标设计图示的数量计量。

(6)厂用电系统设备安装。包括厂用电和厂坝区用电系统的厂用变压器、配电变压器、柴油发电机组、高低压开关柜(屏)、配电盘、动力箱、启动器、照明屏等设备。按招标设计图示的数量计量。

(7)照明系统安装。包括照明灯具、开关、插座、分电箱、接线盒、线槽板、管线等器具和附件。按招标设计图示的数量计量。

(8)电缆安装及敷设。包括35 kV及以下高压电缆、动力电缆、控制电缆和光缆及其附件、电缆支架、电缆桥架、电缆管等。按招标设计图示尺寸计算的有效长度计量。

(9)发电电压母线安装。包括发电电压主母线、分支母线及发电机中性点母线、套管、绝缘子及金具等。按招标设计图示尺寸计算的有效长度计量。

(10)接地装置安装。包括全厂公用和分散设备的接地网的接地极、接地母线、避雷针等。按招标设计图示尺寸计算的有效长度或质量计量。

(11)高压电气设备安装。包括高压组合电器(GIS)、六氟化硫断路器、少油断路器、空气断路器、隔离开关、互感器、避雷器、高频阻波器、耦合电容器、结合滤波器、绝缘子、母线、110 kV及以上高压电缆、高压管道母线等设备及配件。按招标设计图示的数量计量。

(12)一次拉线安装。包括变电站母线、母线引下线、设备连接线、架空地线、绝缘子和金具。按招标设计图示尺寸计算的有效长度计量。

(13)控制、保护、测量及信号系统设备安装。包括发电厂和变电站控制、保护、操作、计量、继电保护信息管理、安全自动装置等的屏、台、柜、箱及其他二次屏(台)等设备。按招标设计图示的数量计量。

(14)计算机监控系统设备安装。包括全厂计算机监控系统的主机、工作站、服务器、网络、现地控制单元(LCU)、不间断电源(UPS)、全球卫星定位系统(GPS)等。按招标设计图示的数量计量。

(15)直流系统设备安装。包括蓄电池组、充电设备、浮充电设备、直流配电屏(柜)等。按招标设计图示的数量计量。

(16)工业电视系统设备安装。包括主控站、分控站、转换站、前端等设备及光缆、视频电缆、控制电缆、电源电缆(线)等设备。按招标设计图示的数量计量。

(17)通信系统设备安装。包括载波通信、程控通信、生产调度通信、生产管理通信、卫星通信、光纤通信、信息管理系统等设备及通信线路等。按招标设计图示的数量计量。

(18)电工试验室设备安装。包括为电气试验而设置的各种设备、仪器、表计等。按招标设计图示的数量计量。

(19)消防系统设备安装。包括火灾报警及其控制系统、水喷雾及气体灭火装置、消防电话广播系统、消防器材及消防管路等设备。按招标设计图示的数量计量。

(20)通风、空调、采暖及其监控设备安装。包括全厂制冷(热)机组及水泵、风机、空调器、通风空调监控系统、采暖设备、风管及管路、调节阀和风口等。按招标设计图示的数量计量。

(21)机修设备安装。包括为机组、金属结构及其他机械设备的检修所设置的车、刨、铣、锯、磨、插、钻等机床,以及电焊机、空气锤等机修设备。按招标设计图示的数量计量。

(22)电梯设备安装。包括工作电梯、观光电梯等电梯设备及电梯电气设备。按招标设计图示的数量计量。

(23)其他设备安装。包括小型起重设备、保护网、铁构件、轨道阻进器等。

以长度或重量计算的机电设备装置性材料,如电缆、母线、轨道等,按招标设计图示尺寸计算的有效长度或重量计量。运输、加工及安装过程中的操作损耗所发生的费用,应摊入有效工程量的工程单价中。

机电设备安装工程费。包括设备安装前的开箱检查、清扫、验收、仓储保管、防腐、油漆、安装现场运输、主体设备及随机成套供应的管路与附件安装、现场试验、调试、试运行及移交生产前的维护、保养等工作所发生的费用。

(二)金属结构设备安装工程

金属结构设备安装工程清单项目包括门式起重机设备安装、油压启闭机设备安装、卷扬式启闭机设备安装、升船机设备安装、闸门设备安装、拦污栅设备安装、一期埋件安装、压力钢管安装、其他金属结构设备安装工程。

启闭机、闸门、拦污栅设备,均由设备本体和附属设备及埋件组成。

升船机设备。包括各型垂直升船机、斜面升船机、桥式平移及吊杆式升船机等设备本体和附属设备及埋件等。

其他金属结构设备。包括电动葫芦、清污机、储门库、闸门压重物、浮式系船柱及小型金属结构构件等。

启闭机、升船机按招标设计图示的数量计量。

闸门、拦污栅、埋件、高压钢管,按招标设计图示尺寸计算的有效重量计量。运输、加工及安装过程中的操作损耗所发生的费用,应摊入有效工程量的工程单价中。

金属结构设备安装工程费。包括设备及附属设备验收、接货、涂装、仓储保管、焊缝检查及处理、安装现场运输、设备本体和附件及埋件安装、设备安装调试、试运行、质量检查和验收、完工验收前的维护等工作内容所发生的费用。

(三)安全监测设备采购及安装工程

安全监测设备采购及安装工程清单项目包括工程变形监测控制网设备采购及安装、变形监测设备采购及安装、应力应变及温度监测设备采购及安装、渗流监测设备采购及安装、环境量监测设备采购及安装、水力学监测设备采购及安装、结构振动监测设备采购及安装、结构强振监测设备采购及安装、其他专项监测设备采购及安装、工程安全监测自动化采集系统设备采购及安装、工程安全监测信息管理系统设备采购及安装、特殊监测设备采购及安装、施工期观测、设备维护、资料整理分析。

安全监测工程中的建筑分类工程项目执行水利建筑工程工程量清单项目及计算规则,安全监测设备采购及安装工程包括设备费和安装工程费,在分类分项工程量清单中的单价或合价可分别以设备费、安装费分列表示。

安全监测设备采购及安装工程工程量清单项目的工程量计算规则。按招标设计文件列示安全监测项目的各种仪器设备的数量计量。施工过程中仪表设备损耗、备品备件等所发生的费用,应摊入有效工程量的工程单价中。

施工期观测、设备维护、资料整理分析按招标文件规定的项目计量。

三、措施项目和其他项目清单编制

措施项目清单,应根据招标工程的具体情况,参照表 6-3-1 中项目列项。出现表中未列项目时,根据招标工程的规模、涵盖的内容等具体情况,编制人可作补充。

表 6-3-1 措施项目一览表

序号	项目名称
1	环境保护措施
2	文明施工措施
3	安全防护措施
4	小型临时工程
5	施工企业进退场费
6	大型施工设备安拆费
⋮	⋮

其他项目清单,暂列预留金一项,编制人可根据招标工程具体情况进行补充。

零星工作项目清单,编制人应根据招标工程具体情况,对工程实施过程中可能发生的变更或新增加的零星项目,列出人工(按工种)、材料(按名称和型号规格)、机械(按名称和型号规格)的计量单位,并随工程量清单发至投标人。